积极心理学研究（2024）

李同归　廉串德　史旭宇　主编

经济日报出版社
北京

图书在版编目（CIP）数据

积极心理学研究. 2024 / 李同归，廉串德，史旭宇主编. -- 北京：经济日报出版社，2024. 11. -- ISBN 978-7-5196-1175-0

Ⅰ．B848

中国国家版本馆CIP数据核字第2024HG0612号

积极心理学研究（2024）

JIJI XINLIXUE YANJIU（2024）

李同归　廉串德　史旭宇　主编

出　　版：	经济日报出版社
地　　址：	北京市西城区白纸坊东街2号院6号楼710（邮编100054）
经　　销：	全国新华书店
印　　刷：	三河市国英印务有限公司
开　　本：	787mm×1092mm　1/16
印　　张：	26.75
字　　数：	660千字
版　　次：	2024年11月第1版
印　　次：	2024年11月第1次
定　　价：	158.00元

本社网址：edpbook.com.cn　微信公众号：经济日报出版社
未经许可，不得以任何方式复制或抄袭本书的部分或全部内容，**版权所有，侵权必究**。
本社法律顾问：北京天驰君泰律师事务所，张杰律师　举报信箱：zhangjie@tiantailaw.com
举报电话：010-63567684
本书如有印装质量问题，请与本社总编室联系，联系电话：010-63567684

编委会

主　编　李同归　廉串德　史旭宇

副主编　曲建华　今心（雷泽）　徐国斌
　　　　　衷万明　刘自森　华建明　曾　奇

编　委　孙佩轩　仲点石　刘永芳　李国文
　　　　　韩　军　程　珍　许远亮　乔　琦
　　　　　陈道英　王利平

主编介绍

李同归，北京积极心理学协会理事长，留学心理专业委员会主任委员，教育部平安留学心理服务专家，现任教于北京大学心理与认知科学学院。太原科技大学客座教授、辽宁何氏医学院心理学系客座教授。中国民族医药学会心身医学分会副会长、中国心理学会网络心理学专业委员会委员、中国心理卫生协会特殊职业群体专委会委员、北京漫画学会理事、陕西省心理咨询师协会名誉会长、河北省心理咨询师协会考评委专家，日本九州大学北京事务所副所长。主要研究领域为人事测量、亲密关系、心理健康教育与跨文化适应等。

廉串德，北京师范大学心理学博士，北京积极心理学协会副理事长、积极心理测评专业委员会主任委员。现任北京信息科技大学商学院教授、中国公共就业服务研究中心主任。中国心理卫生协会首批认证督导师、心理咨询师专委会委员、中国健康协会公职人员心理健康分会理事、中国人力资源开发研究会人才测评分会理事、智能分会常务理事、北京决策学会理事，亚洲开发银行特聘专家、人事考试中心命题专家等。主要研究领域为心理测评、职业指导、组织发展与大数据人力资源管理等。

史旭宇，博士，北京大学中国妇女健康工程技术研究中心主任，北大金秋教育发展研究院副院长，北京积极心理学协会第一、二届理事长，中国研究型医院学会理论与实践创新分会副会长，中国健康管理协会公务员心理健康分会常务理事，清华大学积极心理研究中心创始人之一。曾任中国妇女发展专项基金、中国儿童成长专项基金管委会主任，长期从事妇女、儿童幸福健康管理工作。曾主持婚姻家庭指导师、家政服务员、育婴管理师等职业技能培训和鉴定工作，多次荣获中国妇女慈善奖、中国儿童慈善突出贡献奖。

目 录

上篇
积极心理学的研究与应用

积极心理学在毕生发展中的应用 ………………………………… 李同归 3
阴阳辨证疗法
　　——中国的积极心理疏导 ………………………………… 郑日昌 6
家园
　　——苏东坡"四重自我"的修通与整合 ………… 韩布新　周明坤 16

第一部分　学术研究

优秀外交人才胜任力 PKU-PRISM 模型的提出与应用 …………… 李同归 26
基于访谈的生物多样性保护行动者素质模型的建立 ……… 高鑫园　李同归 34
成长型思维对青少年焦虑的影响：基本心理需要的中介作用
　　……………………………………………… 李悦欣　袁梦　王岩 42
构建小学生积极学习生活
　　——基于积极心理学的启示 ………………………………… 杨庆飞 51
心理剧在大学生心理健康工作中的应用
　　——对有早期负性经历大学生的干预分析 ………… 王姝怡　邓丽芳 58
数字重塑背景下的冲击事件对工作投入的影响 ………… 杨聪娜　廉串德 66
职业冲击事件：概念、测量及展望 …………………… 杨柳　廉串德 70
感知压力对大学生手机成瘾的影响：无聊感和自我控制的内在作用机制
　　……………………………………………………………… 周壹 77
感知压力影响青少年生活满意度：思维模式的调节作用
　　……………………………………………… 袁梦　李悦欣　王岩 87
深圳市房地产从业人员职业锚特征及其与人格、离职意向的关系 ……… 郑锦河 96

第二部分　应用研究

心理教练对话促进儿童心理健康 …………………… 史占彪　林可心 110
对话式 EAP：员工心理成长与组织发展的新探索 ……… 邓晴　杨航　史占彪 116
守护健康"心"航程，成就出彩幸福路：新时代中职学生积极心理
　　品质培育的探索与实践 …………………………… 何健勇　谢秋行 124

1

"双减"背景下家校协同改善中学生学习焦虑的实践研究 ………… 吴春红 128
"由心及理"的关联性思维在积极心理教练"聚焦解决"中的探寻 …… 刘勤喜 136
浅谈积极心理学在学校教育实践的应用 ………………………… 胡志俊 140
运用积极心理学原理优化儿童和青少年发展教育策略的研究 ……… 黄海霞 144
积极心理学视角下的中小学校园霸凌预防策略研究 ……………… 李卫飞 146
基于积极心理学视角下的小学英语潜能生转化策略 ……………… 李 凤 149
残疾人就业创业困境及构建积极心理品质促进就业的思考
　　——基于2023年北京市朝阳区残疾人就业创业调研分析报告
　　…………………………………………………… 周迎春 李 多 152
十二秒钟的智慧 ………………………………………………… 孙佩轩 156
穿越迷雾，点亮心灵
　　——积极心理学指引青少年心理成长之旅 …………………… 薛 丽 158
坚定信念，优化策略，促进学生成长和发展
　　——成长型思维模式下提高高中学生学习力的实践探究 ……… 刘晓云 162
儿童抗挫折能力培养探研 ……………………………………… 朱自荣 166
积极心理学对中小学生的作用 …………………………………… 胡 月 172
劳动实践心理学：探究劳动者心理现象与劳动效能的关系 ………… 刘键伟 173
多措并举，以教"育"生命
　　——北京市八一学校附属玉泉中学生命教育实践探索 ………… 姜 杉 174
基于员工辅导计划有效融入思想政治工作的管理实践 …………… 杨志欣 178
蒙医心身互动疗法中的积极心理学特征
　　…………………… 刘婷 纳贡毕力格 包文峰 阿拉登达来 邓伟冬 房 君 186

第三部分　案例研究

积极心理中微笑案例分析及其达成技术 ………………………… 周晓明 196
"巧"字的妙用
　　——倾听反应在课堂教学中的积极作用 ……………………… 李珊丽 200
悦纳自我　养正生命
　　——绘本《你很特别》学科融合之案例研究 ………………… 李小燕 202
积极心理学视角下学生习惯养成教育的实践研究
　　——以"首都师范大学附属实验学校西园校区"为例 ………… 杨晓菲 208
用心浇灌，终会灿烂
　　——金同学成长录 …………………………………………… 胡玉红 214
用爱浇灌，用心教育 …………………………………………… 栗云霞 218
点亮幸福火花　赋能生命成长
　　——积极教育理念下的心理游园会活动案例 ………………… 梁 诗 221
积极心理融入儿童芭蕾舞课程的教学设计
　　——以芭蕾中级班"灰姑娘"主题教学之"二位手双手向前allonge变化
　　动作"为例 ………………………………………………… 刘志音 225
积极心理让"罪恶之花"永无可依 ……………………………… 田 甜 230

积极沟通的效力研究案例 …………………………………… 王爱春　233
积极教育新篇章：小学班主任的实践与学生心理成长 ……………… 张佳林　235

下篇
留学新时代，平安"心"征程

新时代，"心"征程
　　——构建新时代出国留学人员心理健康支持体系 ………… 李同归　243

第一部分　理论篇

留学阶段如何应对压力，感受幸福
　　——积极心理学的科学启迪 ……………………………… 彭凯平　248
留学经历的心理获益与心理成本：文化心理学的视角 ………… 胡晓檬　257
留学人员的文化适应与文化自信 ………………………………… 李同归　266
新全球化背景下中国留学生核心心理品质及其培养策略分析 … 宗　敏　夏翠翠　273
非暴力沟通在中国留学生跨文化交流中的应用研究 …… 胡　月　杨泽垠　张正武　279
海外留学生心理健康问题分析及自助式心理照护方案探索
　　——善用绿色自然疗愈力量 ………………… 王海星　李　媛　洪　瑛　287
出国留学生心理健康问题及应对
　　——基于北京外国语大学国际商学院经济管理国际项目学生的案例研究
　　　　　　　　　　　…………… 王秋菊　杨爱欣　雷　萌　蒋　典　章严平　293
留学生活中的负性情绪调适 ………………… 李旭培　郭　晶　章严平　杨文娟　307
留学期间如何识别和应对抑郁 …………………………………… 曹玉萍　314
维护自尊，增加自信，完善心理支持体系
　　——留学生遭遇电信诈骗后的心理危机干预个案分析 ……… 李同归　322
不同好梦，一样安眠
　　——睡眠质量及其改善方式 ………………………… 张阳阳　陈玉雪　332
"一带一路"共建国家来华留学生跨文化适应性研究 ………… 贾　茹　庄明科　336

第二部分　测评篇

平安留学适应力测试
　　——理论模型建立、编制及运用 ………………………… 李同归　346

第三部分　应用篇

出国留学，应该如何保持自身的心理健康 ……………… 高鑫园　李同归　382

上篇
积极心理学的研究与应用

积极心理学在毕生发展中的应用[①]

李同归

(北京大学心理与认知科学学院，北京 100871
行为与心理健康北京市重点实验室，北京 100871)

　　北京积极心理学协会成立于 2015 年 8 月 10 日，是由清华大学心理系、北京大学心理系、北京师范大学心理学院，以及中国科学院心理研究所发起成立的、以推广积极心理学为核心宗旨的学术团体，是发展北京市积极心理学事业和提高全民积极心理素质的重要社会力量。在中国积极心理学发起人、清华大学社会科学学院原院长彭凯平教授和前两任理事长史旭宇博士的共同努力、领导和推动下，北京积极心理学协会做了非常多的关于积极心理学的应用、推广和学术方面的研究。尤其是在党的十九大报告中提出的增强社会心理服务体系建设的大环境下，北京积极心理学协会作出了自己独特的、重要的贡献。

　　2024 年 8 月，北京积极心理学协会进行了换届改选等相关事务。因为章程的规定，史旭宇理事长不能继续担任协会理事长，他把这一个艰巨的任务传到了我的手上。我希望能够通过新一届理事会成员的共同努力和奋斗，推动我们积极心理学协会的工作更上一层楼。

　　北京积极心理学协会能够在新时代、新要求下，发挥我们的专业优势、专家优势及平台优势，进一步推广积极心理学在各个领域的应用。同时经过本届理事会的商讨，从本届起，北京积极心理学协会计划设立专业委员会和工作委员会。目前已经成立了伦理工作委员会、积极学习指导专业委员会、积极心理测评专业委员会、最美教育专业委员会、留学心理专业委员会、公益志愿专业委员会，以及积极心理教练专业委员会、积极人生专业委员会和积极劳动实践专业委员会。

　　有人说这么多专业委员会是不是有点冗余了？能精简些吗？我倒觉得我们专业委员会不是多了，而是少了。因为根据我们现有的专业委员会的设置，面对的基本上都是大学、中学、小学和幼儿园这类的学生，以及职场中的部分员工。但是很显然，在我们毕生发展过程中，积极心理学都是必不可少的。我们还缺乏针对"一老一小"的专业委员会。

　　举个简单例子，我是做依恋理论研究的，也发表过一些有关孕产妇心理健康方面的论文（李同归 等，2011a，2011b，2011c，2011d；李同归 等，2012；赵丽霞，李同归，2017）。我们都知道从出生到死亡的这个漫长的人生阶段里，我们的亲密关系都在起作用。我接触过很多孕产妇、妇产科大夫和助产士，我曾经问过她们，一名产妇要生孩子的时候，是产妇说了算，还是医生说了算？谁说要生了，然后才开始生产过程呢？大多数妇产科大夫告诉我："李老师，这些都错了，是孩子说了算！一个孩子要出生了，那么就可以出生了。"孩子通过母亲分泌出一些肾上腺素等生化物质，然后让母亲有宫缩，从

[①] 本文是作者在 2023 年 12 月 23 日举行的北京积极心理学协会学术年会开幕式上致辞基础上加以改写的。

而导致母亲有各种生产指征，这是一个瓜熟蒂落的过程，而且不需要有外界特别多的干预的过程!

那么怎样才能让孩子"瓜熟蒂落"？妇产科大夫告诉我，你要让孕妇知道，怀孕其实是一个孕育新生命的幸福的过程，让她在怀孕阶段有一种积极的体验和认知，每一次胎动都意味着孩子的生长，要让孕妇知道这是孩子在体内不断发育的一个过程，是孩子想跟她进行交流的一种表达方式。如果孕妇有了这样的认知，那么她们怀孕阶段的幸福感就会增加。对于孩子的出生来讲，这也是极为有利的。所以孕妈妈积极的体验，积极的亲密关系，其实是分娩时的一个特别重要的先决条件（格雷厄姆·穆西奇，2023）。

如果有可能，我们应该积极孕育这样一个专业委员会，希望吸引更多的妇产科大夫、助产士、孕产妇、孕产妇家属等相关人员，然后通过这个体系进行一些积极的、更加健康的宣传。

另外，我也给民政部做过一些课题，调查过很多养老院、敬老院和临终关怀医院（伍宗云，张福顺，李同归等，2017a，2017b），对目前国内的养老现状，尤其是养老护理员培养等方面的信息，做过较为深入的调查。总体感觉是，现在的养老机构过分强调的是物理环境的满足，总是希望空间再大一点，环境再好一点，养老床位再多一点，但是我们对养老院里的这些长者们进行访谈的时候，他们表示并不愿意待在里面。为什么？大部分的养老机构，因为担心住在里面的老年人会出现问题，所以对他们有很多限制。比如，晚上几点钟必须要回来，做什么事情都要跟护理员说一声，报备一下……所以这些老年人会感到我到这来不是养老的，是"等死"的。他们在这个养老机构里没有一种积极的体验和积极的感受。所以目前的养老理念上还是存在一些问题。我觉得我们还应该有类似积极养老这样的专业委员会，将这些与养老相关的从业人员聚集在这个平台上，然后有针对性地开展一些工作，提升养老服务的专业技能，同时也能够增加这些养老机构里老年人的价值感和幸福感。这对于即将迎来"银发大潮"的中国社会来讲非常必要、迫在眉睫。

最后，要给大家分享一个有趣的研究。这是麻省理工学院的几位神经科学家做的实验（Ramirez, S., Liu, X., MacDonald, C. et al., 2015）。他们感兴趣的是有没有可能通过激光发射器发射蓝光来治疗抑郁症。他们采用一种光遗传学的方式，在老鼠头上不是插电极，而是插一个激光发射器和光导纤维。这个激光发射器能够发射蓝光，这种蓝光可以照射大脑的某一个区域，然后使这个区域处于活动状态。现在的问题是，他们想知道抑郁症患者的大脑里哪些区域存在问题？

实验开始时，科学家给一只老鼠创造了一些快乐的记忆。怎么制造呢？很简单，就是把一只雄性老鼠和雌性老鼠关在一起，让它们自由恋爱。它们同吃同住，相亲相爱，每天嬉笑玩闹，很幸福地生活在一起。当老鼠的大脑在"制造快乐的记忆"时，一定是有些对应的神经细胞在工作的。这时，科学家通过某种生物加化学的技术让正在工作的神经细胞发出某种颜色的光，就能识别出它们，这样就知道了哪些神经细胞是负责制造和储存这段快乐记忆的。于是，他们把蓝光开关连接到这些神经细胞上，必要的时候，只要发射蓝光，这些神经细胞就会被激活，雄性老鼠就会回忆起它和雌性老鼠之间的快乐。

接下来，科学家把这只老鼠关在一个暗无天日的狭窄小管子里进行实验，不出几天，这只老鼠就抑郁了。心理学家知道，抑郁症有几个很重要的特点，首先就是对什么都没有兴趣，然后就是生无可恋。他们开始用实验让这只雄性老鼠抑郁，怎么做？把它关在小黑屋里，电击它，然后无缘无故地把它从笼子里拎出来，放在水里头，按下去几分钟再赶紧把它拿出来，没有任何理由，突然就遭到一阵暴打，然后再把它关在小黑屋里，反复几天以后，这只雄性老鼠就抑郁了。怎么样判断它抑郁了？有两种方式，第一种方式是把这个老鼠尾巴拎起来，倒立，如果是正常的老鼠，它一定会抬起头来，想办法挣扎，表现出强烈的求生欲望，如果是患抑郁症的老鼠，就会生无可恋，脑袋就一直垂下来，耷拉着不动；第二种方式是给老鼠喂食时，左边给的是蔗糖水，右边是白开水。一般来讲，老鼠特别喜欢喝甜的东西，正常的老鼠80%的概率都会喝左边的蔗糖水，很少喝右边的白开水。但是患抑郁症的老鼠，喝蔗糖水和白开水的概率都是50%左右，也就是说它对甜的东西失去兴趣了，说明它已经患上了抑郁症。

那么，怎样才能把它的抑郁症治好？科学家首先想到把雌性老鼠再放进来，然后再让它有这种新的刺激，结果发现这只雌性老鼠进来以后，雄性老鼠完全没有兴趣，因为抑郁症的典型特征就是兴趣缺失。这时，科学家打开蓝光开关，把雄性老鼠之前的快乐记忆激活，他们发现被倒吊的老鼠开始挣扎了！这意味着，本来毫无斗志的雄性老鼠又重燃对生活的热情了，开始求生了。一开始，这种治疗效果是暂时的，也就是说，蓝光开关开一次，雄性老鼠被吊起来的时候就反抗一次，但没有蓝光之后，雄性老鼠被吊起来又懒得反抗了。但是连续对雄性老鼠进行"蓝光治疗"5天之后，科学家发现，这次的治疗效果持续了至少24小时。也就是说，第二天，雄性老鼠被吊起来，依然会反抗，这说明激活快乐的记忆对减轻抑郁的效果，有希望是长久性的。

这个研究给我们一个特别重要的启示，抑郁症有可能被治疗，实际上就是要用蓝光去激活患者愉快的体验和记忆。这些积极的、幸福的记忆和体验相当重要，这为我们治疗抑郁症等疾病提供了一个独特的方向。对于我们来讲也相当有启发，也即我们需要有幸福生活的体验。与此同时，还要唤醒我们这些幸福的生活体验和积极的记忆，这样我们可能会从这种无趣、繁杂、平淡的日常生活中产生更多的激情，从而拥有更多的幸福感。

参考文献

[1]（英）格雷厄姆·穆西奇. 教养与天性—儿童的依恋、情绪、大脑和社会性发展心理学（第2版）[M]. 北京：中国轻工业出版社，2023.

[2] 李同归，韩钦维，李聪捷，等. 孕妇的依恋类型与社会支持 [J]. 中国临床心理学杂志，2011，19（4）：512-514.

[3] 李同归，韩钦维，李聪捷，等. 孕妇的依恋类型与焦虑状况分析 [J]. 中国妇幼保健，2011，26（16）：2449-2452.

[4] 李同归，李聪捷，李楠楠，等. 孕妇的成人依恋与生活取向的相关研究 [J]. 中国生育健康杂志，2011，22（6）：323-327.

[5] 李同归，赵丽霞. 孕妇的依恋类型与抑郁状况之间的相关性研究 [J]. 国际生殖/计划生育杂志，2011，30（6）：444-447.

[6] 李同归，赵丽霞，李聪捷，等. 孕妇依恋类型1170例分析 [J]. 中国实用妇科与产科杂志，2012，28（1）：50-52.

[7] 赵丽霞，李同归. 孕妇的成人依恋与剖宫产意向 [J]. 中国生育健康杂志，2017，28（5）：451-455.

[8] 伍宗云，张福顺，李同归，等. 宗教界养老服务机构护理人员现状及培养对策——以浙江上虞市谢塝大家庭福乐园为例 [J]. 智富时代，2017（4）：350-351.

[9] 伍宗云，张福顺，李同归. 养老机构护理员现状调查 [J]. 社会福利（理论版），2017（7）：

49-55.

[10] RAMIREZ S, LIU X, MACDONALD C, et al. Activating positive memory engrams suppresses depression-like behavior [J]. Nature, 2015, 522, 335-339.

阴阳辨证疗法
——中国的积极心理疏导

郑日昌

(北京师范大学心理学院)

一、理论

阴阳辨证疗法理论既借鉴了西方传统的行为疗法、人本疗法、认知疗法和后现代建构主义哲学，以及在此基础上发展起来的叙事治疗和焦点解决治疗，又整合了中国本土的阴阳学说、一分为二与合二为一的矛盾论思想，更融合了传统文化精华之一的中庸之道。

行为疗法强调奖励强化在学习中的重要性；人本疗法提出真诚、通情、无条件积极关注是心理治疗有效的必要条件；认知疗法通过改变来访者的不合理认知矫正其不良情绪和行为。

建构主义认为科学知识是人类用语言建构出来的，治疗师的职责不是去寻找心理疾病的原因，而是聚焦于解决，引导当事人重新审视和叙说自己的生活经验，利用自己的资源解决自己的问题。主张对人类文化兼收并蓄的多元文化主义，提倡对各种治疗理论的整合与方法的兼容，强调治疗理论与方法的本土化，这两条路线共同导致了阴阳辨证疗法的诞生。

阴阳学说源远流长，古代文献中有很多精辟论述：一阴一阳谓之道。道生一，一生二，二生三，三生万物。万物负阴而抱阳，冲气以为和。阴阳和静，鬼神不扰。阴阳错行，则天地大骇。

太极图是对阴阳理论的形象表达。该图看似简单，其内涵却博大精深，它是对宇宙、物质、生命和精神世界本质的高度概括。图中黑色代表阴，白色代表阳，寓意世界上任何事物都是复杂的系统。小至基本粒子，大至宇宙洪荒，从微观到宏观，从物质到精神，从自然现象到社会现象，从生理活动到心理活动，均是由无数方位和无限层次的阴阳组成的对立统一体，其内部均共存两种力量，并在不断交感和互动。

图中白里有黑，黑里有白，寓意无论阳还是阴，都不是纯粹的单一成分，而是你中有我，我中有你。世界上的人和事，无不好中有坏，坏中有好；利中有弊，弊中有利；得中有失，失中有得；真中有假，假中有真；是中有非，非中有是；美中有丑，丑中有美。

太极图中黑白两部分，酷似两条游动的鱼，寓意阴阳在相互矛盾冲突的运动中此长彼消，此消彼长，相互补充，相互转化，相生相克，相辅相成。其中的两个小圆，则代表与外部条件相呼应、作为变化依据的内因。图中黑白交界的S线代表阴阳的交互作用和动态平衡。

总而言之，万事万物皆有阴阳；阳中有阴，阴中有阳；阴阳互动，此消彼长；阴阳平衡，相辅相成。阴阳辨证疗法的核心理论，是太极图向我们揭示的阴阳四论，即全面论、相对论、发展论、平衡论。

阴阳平衡论实际上就是中国传统文化的中庸之道。世界上万事万物并非由阴和阳简单构成，中庸之道有助于克服非黑即白，把真理和谬误简单二分的思维方式。中庸的关键是一个"度"字。凡事皆有度，过犹不及，真理超越一步便成谬误，无论什么事都要适度。

阴阳辨证疗法的主要策略就是，辅导来访者在看问题时变片面为全面，变绝对为相对，变静止为发展，学会阴阳平衡的中庸之道。

事物的矛盾法则，即对立统一的法则，是唯物辩证法的最根本的法则。有些哲学家又说事物都是"合二而一的"，"一分为二"与"合二而一"两种说法，前者强调矛盾双方的对立性、斗争性，后者强调矛盾双方的统一性、依存性。事物既是一分为二又是合二而一的，这就是辩证法的核心——对立统一规律。

二、方略

阴阳辨证疗法的总体方略是将上述几种理论整合起来，以人本为前提与来访者建立良好关系，在此基础上辅导来访者学习掌握阴阳辨证的思维方式，逐步养成阴阳辨证的思维习惯，学会中庸之道，既一分为二又合二为一地看待一切事物，对人、对己、对事多看积极方面，往好处去想往好处去说，改变认知结构重建人生经验，从而摆脱心理困扰，习得良好行为。

（一）变片面为全面

万事万物皆有阴有阳，无论任何事物都有正反或好坏两个方面。悲观抑郁的人往往只看阴暗的一面，乐观开朗的人则习惯于看阳光的一面。阴阳辨证疗法的首要方略是变片面为全面，引导来访者从多种视角看问题，特别是要更多看事物有利的或积极的方面。具体操作起来可采用以阳克阴、以阴克阳、多重视角三种策略。

1. 以阳克阴

太极图中白的部分增加了，黑的部分便自然减少。聚焦于解决的短程治疗，采用的就是这种以阳克阴、用积极因素克服消极因素的策略。

（1）学会正面关注

为了以阳克阴，首先要学会无条件看事物的阳面，其口诀是"这方面不好那方面好"。

孩子智力一般，学习不好，但看到孩子忠厚老实吃苦耐劳的一面，家长就会心态平和坦然接受，而不会着急上火徒增烦恼了。许多婚姻危机是因为发现了对方的某些缺点或错误，倘若不是原则问题，多想想对方的优点或恋爱时的美好，便可弱化矛盾缓解危机。

古语云："尺有所短，寸有所长。"用其所长皆为人才；用其所短全是蠢材。没有优点的人和没有缺点的人一样，都是不存在的。蠢材不过是放错了位置的人才，关键是要无条件地发现其长处和优点。

发现优势培养兴趣，挖掘潜能，努力提高自己，寻找并利用社会支持，对未来怀有希望和梦想，这些都是通过增加阳来减少阴的以阳克阴策略。

（2）练习积极叙说

同样半瓶酒，看空的那半和满的那半，用不同语言来叙述，感受截然不同。"咳！就剩半瓶了！"难受了。"哇！还有半瓶啊！"开心了。所以，我们不但要学会全面地看问题，还要学会积极正向地表达。

有人问一位盲人是否痛苦，盲人含笑作答："和聋子相比我能听见声音，和哑巴相比我能说话，和瘫痪的人相比我能走路，我还痛苦什么呢？"这就是无条件正面关注和积极叙说给人带来的快乐。

下面列举一些无条件正面关注和积极叙说的句子："我很丑但我很温柔。""我个矮但我很灵活。""我嘴笨但我手很巧。""我人穷但我志不短。""他身体不好但脑子好。""那个人能力不强但人品好。""这个职业工资不高但福利好。""这个单位工作辛苦但人际关系和谐。"

（3）常用方法技术

强化法：当一个人出现正确行为时给予奖赏，这一行为就会保留下来，多次强化就会成为一种良好的行为习惯。正确行为多了，错误行为自然就会减少或消除。作为正确行为强化物的奖赏，可以是物质的也可以是精神的，可以是口头的也可以是书面的，更可以是表情动作等体态语，还可以用某种抽象物作代币或奖励一种喜欢的活动。

渐进法：又称行为塑造，是强化法的一种运用策略，即循序渐进地鼓励奖赏当事人的正确行为，而不是要求太高一次到位。

代偿法：某一方面的功能不足可以用另一方面的功能来弥补。盲人眼睛看不见，耳朵比我们灵敏得多。一个人难免有哪方面的不足，可以在别的方面培养发挥自己的所长，以己之长克己之短。

转移法：心情不好时做些感兴趣或有意义的事转移注意力，也是一种行之有效的以阳克阴。转移的方法很多，比如看书或电影电视、听音乐或唱歌跳舞、练琴棋书画、养花鸟虫鱼、跑步打球、逛街购物、打牌搓麻、旅游钓鱼等等。

助人法：赠人玫瑰，手有余香。助人为乐也是一种有效的心理调节方法。做好事帮助人，不但别人快乐，自己也会快乐。

心像法：一种是想高兴的事情，将当时的情境在大脑浮现出来，把那个感觉找回来再陶醉一回；另一种是想象美好的景色，像小桥流水人家，蓝天白云草地鲜花，采菊东篱下，悠然见南山，床前明月光，月上柳梢头等都可以。

暗示法：指的是不自觉地、下意识地受了自己或别人言语行为的影响。可以是积极的，也可以是消极的，望梅止渴是积极的心理暗示，杯弓蛇影是消极的心理暗示。这提醒我们，无论对自己、下级、孩子、学生，都要多说积极的话，多说鼓舞士气增强信心的话，多给积极的心理暗示。

幽默法：当碰到一种不可调和的或于己不利的情况时，为了不使自己陷入被动局面，最好的办法是以超然洒脱的态度去应对。在关键时刻幽默一下，往往可以使愤怒不安的情绪得到缓解，使紧张的气氛变得比较轻松。笑和哭是人的两种主要表情，笑是阳哭是阴，引人发笑的幽默显然是以阳克阴。

2. 以阴克阳

在生活中有人只看到好的方面，盲目乐观得意忘形，难免乐极生悲，这同样是一种片面性思维，此时引导其看事物不好的一面，以阴克阳就很有必要了。

（1）阳气过重有害

古语有云，"直木先伐，甘井先竭""木秀于林风必摧之，行高于人众必非之"。俗话也说，"枪打出头鸟""出头的椽子先烂"。这都是阳气过重带来的危害。树大招风，人杰招忌。锋芒毕露盛气凌人者必败，低调守拙韬光养晦，含威不露以阴遮阳，往往是制胜之道。曾国藩说："人不可过聪明。"聪明过头，聪明反被聪明误是常有的事。

以阴克阳首先要克服晕轮效应，又称光环效应，它指的是在人际交往中，一个人身上表现出的某一方面的特征，掩盖了其他特征，从而造成以偏概全的认知障碍。

缺乏自知之明骄傲自大，自以为是固执己见；在顺境中盲目乐观，大好形势下看不到潜伏的危机；被胜利冲昏头脑，得意忘形麻痹轻敌。上述几种人都需要学会全面看问题，以阴克阳使头脑冷静下来。

（2）常用方法技术

消退法：人的某些不良行为是获得奖赏形成的，撤销奖赏，这些不良行为就会慢慢消退。如果把奖赏看做阳，把撤销奖赏看作阴，通过撤销奖赏消除不良行为，就可以看作以阴克阳了。

宣泄法：受了伤害或委屈，不妨在亲人面前倾诉并大哭一场，在无人之处高声喊一喊，或在心里骂几句。这种看似消极的发泄，只要运用得当不伤害自己和他人，就是一种以阴克阳的方法。

娱乐法：人在无聊或心情不好时，不妨唱唱歌、跳跳舞、聚聚餐、旅旅游，看看电影电视，逗逗猫狗宠物。这些做法虽谈不上积极，但不失为避免心灵空虚、克服焦虑抑郁的有效方法。如果把"劳"看作阳，把"逸"看作阴，紧张工作之后，开展丰富多彩的文体活动，做到劳逸结合有张有弛，有助于消除职业倦怠，也可以看作以阴克阳。

调息法：当人处于紧张状态时，交感神经兴奋，会心跳加快，呼吸急促，血压升高；当人处于放松状态时，副交感神经兴奋，会心跳缓慢，呼吸变匀，血压回归正常。交感神经和副交感神经，一阳一阴相辅相成，保障人体各个器官系统正常运作。做腹式呼吸时，会诱发副交感神经兴奋，抑制交感神经兴奋，从而消除人的身体紧张，使情绪逐渐平复。

三思法：与人发生冲突时，先思自己有没有理，再思发怒的后果，后思替代的办法。这种三思制怒法，看似软弱可欺，缺乏阳刚之气，却是以柔克刚、以阴克阳的有效策略。

自慰法：打破碗了说"岁岁平安"，丢了钱说"破财消灾"，倒霉了说"因祸得福"，遇到困难说"车道山前必有路"等。这种精神胜利法看起来很消极，其实有合理的成分，偶尔用一下也不失为克服悲观绝望的有效方法。

3. 多重视角

以阳克阴和以阴克阳的前提都是阴阳二分法，但很多事物并非只有阴阳两极，而是具有多个维度多种可能。

（1）片面生烦恼

生活中的许多误会、烦恼、人际冲突和心理困扰，往往是看问题片面所导致的。事物的复杂性和感官的局限性，使人很难了解事物的方方面面，不可能掌握全部信息，因此无论对任何人和事都不要轻易下结论，更不要随便做出评价和道德判断。

（2）发散思维好

任何事情的发生，都可能有多种原因、多种结果。所以看问题必须从多重视角，考虑问题必须用发散思维。任何事物都是多棱镜的万花筒，我们既无法面面俱到，看到事物全部，更不易由表及里，探得深层秘密。虽然无法做到彻底全面，但可以通过发散思维尽可能做到比较全面。

（二）变绝对为相对

除了片面性，看问题绝对化，追求绝对真理、绝对准确、绝对公平、绝对完美，这样的人也常常会出问题。所以，阴阳辨证疗法的第二大方略是变绝对为相对。

1. 绝对有害

好就绝对好，坏就绝对坏，这是绝对化的主要表现。绝对好就会得意忘形，乐极生悲；绝对坏就会悲观绝望，一蹶不振。

（1）绝对公平致悲剧

一位中国留学生老是觉得不公平，制造枪击事件后，自杀了。他的问题主要出在思维方式和思维习惯上，出在绝对化上。

（2）绝对完美出问题

生活中不但不能追求绝对准确，绝对公平，也不要追求绝对完美。一个时时处处事事都认真的人不但活得太累，人际关系不好，而且干不成大事。

（3）"必须""最好"误歧途

有绝对化思维方式的人，喜欢使用"必须""应该""绝不""一定""总是""最好""最坏"等绝对化词语。有人考了二十几次大学，将青春浪费在反复学同样的中学课本上。

2. 阴中生阳

变绝对为相对的首要方法是从太极图的黑中找到白，从不好中发现好，即阴中生阳。

（1）缺点中找优点

孩子胆子小是个缺点，但他谨慎躲避危险，长大后不敢贪污受贿。没心没肺、大大咧咧的人，往往能吃能睡，既不会因挫折或失败一蹶不振，也不会因一点小事耿耿于怀。

（2）坏事中查好事

爱迪生为发明电灯，使用不同材料做了一千多次试验均不成功。有人对他的失败表示惋惜，爱迪生笑着回答："我发现了一千多种材料是不适合做灯丝的。"

（3）挑战中寻机遇

危险同时是个机会，中文叫作危机，挑战与机遇并存就是这个意思。类似的词汇多得很。比如"舍得"，舍就是得。还有"痛快"，痛苦中有快乐。

3. 阳中生阴

变绝对为相对的第三种方法是阳中生阴，从白里找黑，在好中发现不好。

（1）摒弃绝对真理

真理都是相对的，没有放之四海而皆准，千秋万代永不变的绝对真理。一切真理都以时间地点条件为转移，自然科学如此，社会科学更是如此。

（2）好事中找坏事

买彩票中大奖，可能会被抢劫，也可能兴奋过度发生心梗或脑溢血；生活安逸会消磨斗志；工作清闲很难提高能力；无所事事会让人穷极无聊；和平环境会使人放松警惕；一帆风顺会使人麻痹大意。

（3）优点中查缺点

资历深经验丰富，容易摆老资格故步自封。能力强业绩好，可能使人骄傲自满。做事谨小慎微，会被认为缺乏魄力。做事认真追求完美，会牺牲效率。忠厚老实心地善良，容易被人欺侮。争强好胜不甘落后，时间观念强事事往前赶，会增加心脏负担，容易得冠心病。

（三）变静止为发展

阴阳辨证疗法的第三大方略是变静止为发展。

1. 相信一切会变

世界上没有静止不变的事物，万事万物都在不断变化之中。好不会永远好，坏不会永远坏。在黑暗中要看到曙光，在困苦和逆境中要看到前途。

（1）人到绝境是转机

古语云："水到绝境是飞瀑，人到绝境是转机。"艾思奇说："事物的反面在一定情形下变为正面，就发生性质的转变，这叫作'向对立方面转化'，也叫作'否定'。"好事坏事的相互转化，就是辩证法的"否定之否定规律"。

人的生命犹如奔腾的河水，遇到岩石和暗礁可以激起美丽的浪花。自古英雄出炼狱，雷雨过后有彩虹，乌云散去必定阳光灿烂！

（2）悲剧并非不可免

一个人遭受挫折失败或倒了霉，如果你认为这是糟糕至极无法挽回的灭顶之灾，就会因悲观绝望而带来更大的不幸；倘若抱着既来之则安之的心态，在"山穷水复疑无路"中淡然处之，冷静地寻求解决办法，说不定会"柳暗花明又一村"。就是实在解决不了也坦然面对，相信地球照样转动，天塌不了，真塌了还有高个子顶着，没什么了不起！灾祸降临，心理健康者相信一切会变，从容面对便可化险为夷；心理不健康者，认为是无法挽回的灭顶之灾，便会酿出更大悲剧。

2. 寄希望于未来

（1）绝望酿悲剧

没有希望就是绝望，人一绝望往往会酿造悲剧。

（2）活在希望中

莫泊桑说："人是活在希望之中的。"塞利格曼说："宗教带给信徒希望，因为对未来有希望，所以使现在的生活更有意义。"老百姓吃斋念佛不求今生求来世，也能活出希望来。一个人不论多么艰难困苦，哪怕是残疾人或重病缠身，经济上很困难，只要还有希望就能够顽强地活下去。

3. 促使矛盾转化

（1）祸变为福

古语云："祸兮福所倚，福兮祸所伏。"福和祸是可以相互转化的。在困难的时候要看到黑暗即将过去，曙光就在前头，这就是发展的眼光。倒大霉的时候就想一切都会变的，否极泰来，冬天到了，春天还会远吗？

（2）转化条件

祸转为福，坏事变好事不会自然发生，任何转化都是有条件的。只有不断努力才能促使事物向好的方面转化。个人主观努力是矛盾转化的内因，外因特别是机遇也很重要。没有社会大环境的改变，没有改革开放，我们无论如何努力奋斗也不会有今天的幸福生活。但机会总是提供给有准备的人，外因只是条件，内因才是变化的依据。

(3) 转化方法

情绪升华：人的情绪是有能量的，把它宣泄出去是浪费能源，就像把洪水从溢洪道放掉，当然可以避免灭顶之灾，但是用来发电不是更好吗？把强烈情绪的能量引到一个正确的方向上去，让它具有建设性、创造性，对人对己对社会都有利，这叫作升华。

系统脱敏：很多人心情不好是因为对一些事物太敏感，导致情绪反应异常，过度恐惧和焦虑。有一种技术叫暴露疗法，类似于中医的以毒攻毒，按阴阳理论也可称作以阴制阴。暴露疗法中最为常用的是系统脱敏，指的是由弱到强，逐步暴露在恐惧或焦虑的事物前，从而消除对该事物的敏感，克服恐惧和焦虑情绪。

强烈冲击：暴露疗法的另一种技术是强烈冲击法，即把最严重的刺激摆在面前，像洪水一样猛烈冲击一下，你把这个难关渡过了，比它轻微的情况就不成问题了。

厌恶疗法：也是一种典型的以阴制阴的方法。当出现不良行为时，通过施加某种令人不快的刺激产生厌恶感，便能消除该种不良行为。厌恶刺激可以是真实的，也可以是想象的。

批评惩戒：在教育工作中我们提倡要以表扬鼓励为主，并非完全否定批评惩戒的作用。批评惩戒也是一种厌恶刺激，同样能起到以阴制阴，矫正不良行为的作用。

正向迁移：指的是习得的经验对完成其他活动的影响，产生积极影响叫正迁移，产生消极影响叫负迁移。不良行为是阴，我们把它迁移到正确方面来，阴就转化成了阳。

角色扮演：通过角色扮演或心理剧，体验不同人物的内心活动和情绪感受，观察和模仿正确行为，改变和消除不良行为。

（四）变失衡为适度

掌握中庸之道，克服极端思想，变失衡为适度，是阴阳辨证疗法的第四大方略。

万事万物并不是非黑即白，只有阴阳两个极端，而是一个连续体，在黑白两极之间有着广阔的灰色地带，即一系列由白到黑的过渡状态。世界上没有绝对的好事，亦没有绝对的坏事，没有无缺点的好人，也没有无优点的坏人，只是黑白或好坏对错的比例不同，其主要成分或矛盾的主要方面决定了事物的性质，区分出好人好事和坏人坏事。中庸之道并非不讲原则不分是非的折中主义，而是强调阴阳平衡做事有度。

1. 两种应对

人们应对压力有两种策略：问题取向和情绪取向。按阴阳理论，我们可以把问题应对看作阳，把情绪应对看作阴。二者相辅相成缺一不可，必须相互平衡。

(1) 问题应对

遇到麻烦或挫折，首先要问题应对，通过积极努力，克服困难排除障碍，把问题解决了，压力就消除了。

(2) 情绪应对

指的是调整心态，管理好自己的情绪。我们既要不断地解决问题，又要不断地调整情绪。问题应对是改变现实，情绪应对是改变自我。只有把两个应对都搞好，才是一个心理健康适应良好的人。情绪应对不良不但直接影响问题解决，影响事业成功，更会影响人的身心健康，甚至会影响社会和谐稳定。

2. 双向比较

(1) 幸福其实很简单

首先要努力争取成功，未经过努力轻易得到某种东西不叫成功，也不会珍惜；只有经过艰苦努力达到某个目标，才有成就感幸福感。付出的努力越多成就越大，幸福感就越强。成功和幸福成正比，因此是分子，可称作阳。某些人似乎很成功了，为什么还会抑郁甚至自杀呢？原因很简单，因为还有一个分母能抵消它，和幸福感成反比的分母就是人的欲望，可以称作阴，人的欲望越高就越不幸福。我们要增强幸福感，一方面要努力争取成功，扩大分子增加阳。另一方面还要降低欲望，缩小分母减少阴，也就是调整目标，小富则安也会有幸福感。可见，幸福是永不满足的欲望同不断努力争取成功的动态平衡。为了增强幸福感，首先要有欲望努力争取成功，积极向上扩大分子；当成功无望时，则要降低欲望减少分母，保持理性平和的心态。

（2）双向比较很重要

争取成功、积极向上的问题应对和降低欲望、理性平和的情绪应对，看起来相互矛盾是个悖论，但运用阴阳辨证理论却可以将二者统一起来。谋事在人，成事在天。成功与否不是个人完全可以把控的，但欲望却是自己说了算的。欲望主要受参照系的影响，因此要学会比较。我们既要往上比又要往下比。比上不足便会积极进取；比下有余便会知足常乐。通过双向比较，就将两种应对统一起来了。老往上比的人注定是不幸的人，老往下比又一定是没出息的人。因此必须学会比较：既要与他人横向比较，又要与自己纵向比较。往上比，天外有天，要永不止步；往下比，看看不如自己的人，或回忆一下最艰苦的年代，则知足常乐。

3. 凡事有度

《黄帝内经》指出，一切身体疾病和心理疾病都是由阴阳失衡导致的。无论阴盛阳衰还是阳盛阴衰，无论太阴还是太阳，都是麻烦制造者，必须以阳克阴以阴克阳，削其有余增其不足，虚者补之实者泻之，从而达到阴阳平和的最佳状态。

（1）失度危害大

阴阳平衡并非指在数量或比例上的相等，黄金分割不也是一种美吗？中庸之道或阴阳平衡强调的是做事有度，不可走极端。毛泽东说："什么事情都不能过分，过分了就要犯错误。"孔子把做人有分寸、做事有尺度的中庸之道看作道德的最高境界。古往今来，做人做事都离不开"分寸"二字。分寸就是尺度，人生中最难把握的就是做事有度。亚里士多德说："运动太多和太少，同样损伤体力；饮食过多与过少，同样损害健康；唯有适度可以产生、增进、保持体力和健康。"凡事都应有度。做事认真追求完美，皆为优良品质，倘若走到极端，便成为强迫症患者的行为特征。为人要不卑不亢，太卑显得懦弱，太亢会盛气凌人。老实忠厚是美德，一旦过度老实便是无用的别名。总之，无论做事还是为人，均要牢记适度有益，过犹不及的道理。

（2）如何把握度

老子说："重为轻根，静为躁君。"这句话告诉我们，稳重是轻率的控制者，静定是躁动的控制者。只有学会控制方能做事有度。这种控制能力仅靠言传和书本都是教不会的，必须靠个人在生活中感悟，在实践中体验才能真正掌握，知道何时要继续努力，何时该放弃；何时该争抢，何时该谦让；何时该出手，何时该逃避。解决上述问题，首先应从家庭教育入手，父母对子女不要过度保护过多干预，更不要一切包办代替，而应创造宽松和谐的家庭氛围，减少外控培养内控，给孩子更多的自由，让孩子从小学会自我管理，学会与人交往，学会自己做决策，自己解决生活中的各种难题。

在以人为本、构建和谐社会的今天，提倡中庸之道尤其有现实意义。许多人的心理问题或困扰来自于看问题偏激，爱走极端。什么叫和谐？和谐就是阴阳平衡！为此就要讲一点中庸之道，就要深刻领会下面一些话的含义，从而学会心理平衡，做事有度。

严厉必须由宽容来平衡。严肃必须由活泼来平衡。勤奋需要适当休息来平衡。谦让必须要勇敢坚持自我来平衡。慷慨大方必须用敢于说"不"来平衡。认真没有灵活性来平衡就会变成刻板。信任没必要的自我保护来平衡则易受伤。表扬为主，没有适当批评来平衡就是不完整的教育。争取成功没有降低欲望来平衡就会痛苦。积极向上没有理性平和的心态就会失败。民主没有集中的整合就会成为洪水猛兽。自由没有法纪的约束就会变成一盘散沙。权利没有义务的制约会带来极大恶果。

三、实操

在实施阴阳辨证疗法前，首先要将抽象的阴阳理论转化为可操作的实用工具。

（一）实操工具

为了将阴阳理论通俗化，方便记忆理解并易于操作，我从阴阳四论中引申出阴阳四问四答和两种心理，并将两种心理与阴阳四论合并概括为六句箴言，同时用古今中外的名言警句加以补充，再用一篇改编的寓言来形象说明，使来访者一听就懂，并通过正面叙说在生活中加以应用。

1. 阴阳四问

无论个别疏导还是团体疏导，都可以用下面的阴阳四问引导来访者深入思考改变认知。

1.1 对自己不满

全面看我的优点和优势是什么？相对看我的缺点有无可取之处？发展看我的劣势如何改变？平衡看自己的想法是否极端？

1.2 对他人不满

全面看他有无优点及对我的恩惠？相对看他的缺点有无可爱之处？发展看他以后是否可能改变？平衡看对他的想法是否极端？

1.3 对事情不满

全面看事情是否有好的方面？相对看不好本身中是否有好？发展看今后是否会有转机？平衡看这些想法是否极端？

2. 正向叙说

在阴阳四问基础上，先接纳自己的问题或不满，再通过辩证思考，用四种正向叙说的句式回答四问，从而走出误区使内心平和。

2.1 对自己不满

列出对自己不满意的方面。例如：我长得不漂亮、胆子小、不如别人多才多艺、做事过于认真等。先承认自己的不足，然后换个角度思考一下不满意的方面，看看这些方面有没有曾经给自己带来过好处，或是否能改变，思索后用类似下面的句子对阴阳四问做出回答：我虽然长得不漂亮，但我学习很好。我胆子有点小，但我做事很谨慎。我不如别人多才多艺，但我可以培养。我做事认真是对的，但不能事事认真。

2.2 对他人不满

列出对他人不满意的方面。例如：他学习不太好、有点小气、家里贫穷、犯了错误等等。

先认可这些，再换个角度思考一下不满意的方面，提出阴阳四问，然后用类似下面的句子对四问做出回答：他虽然学习不太好，但身体很棒。他是有点小气，但很节俭会过日子。他家里是贫穷，但可以通过奋斗改变。他虽然犯了错误，但不是个坏人。

2.3 对事情不满

列出不满意的事情。例如：丢了钱包、发生瘟疫居家隔离、交通拥堵、车祸受了伤等等。

先接受事实，再换个角度思考一下不满意的事情，提出阴阳四问，然后用类似下面的句子对四问做出回答：虽然丢了钱包，但身份证和银行卡没丢。发生瘟疫居家隔离正好可以休息几天。交通拥堵是暂时的，很快就会畅行无阻。虽然车祸受了伤，万幸的是没有生命危险。

按上述格式，句子列出得越多越好。每当来访者的看法或叙说符合阴阳理论时，就要立即给予鼓励赞赏，及时强化其正向思维。

3. 两种心理

我将酸葡萄与甜柠檬两种心理防御机制，整合到了阴阳辨证疗法中。

3.1 酸葡萄心理

伊索寓言中吃不到葡萄说葡萄酸的狐狸一直被作为反面教材，用于讽刺失败后不求进取而自得其乐的人。实际上葡萄是一分为二的，既有甜的也有酸的。在无法吃到时，若假定葡萄是甜的，心理就会失衡而痛苦，若假定葡萄是酸的，内心就会安然。

3.2 甜柠檬心理

摆脱不好的东西是问题应对，千方百计也摆脱不掉就只能接受，为此说它好就是情绪应对。柠檬是酸的，可自己的柠檬无法改变，不妨说它是甜的，这样心里就会好受一点。

上述两种心理看似是消极的自我安慰，实际并非自欺欺人的精神胜利法，而是语言的积极建构，和叙事疗法有异曲同工之妙，运用得当不失为一种接受现实取得内心平衡、避免精神崩溃的有效方法。

4. 六句箴言

我把阴阳四论概括为方便记忆并具有可操作性的四句口诀：不好中有好，这方面不好那方面好，现在不好将来好，凡事有度才算好。通常，我还用争取不到就说它不好的酸葡萄心理，摆脱不掉就说它好的甜柠檬心理，来对上述四论加以补充。将阴阳四论和两种心理组合起来，便构成阴阳辨证疗法精髓的六句箴言。

5. 名言警句

我在讲课或给人做心理疏导时，为了让学员和来访者加深对阴阳辨证疏导理论与方法的理解，经常会引用一些古今中外的名人名言，启发鼓励来访者。

6. 寓言新编

我在心理疏导和咨询工作中，经常用改编的狐狸与葡萄的故事来启发来访者正确应对压力。

（二）实施程序

阴阳辨证疗法既可个别进行，也可团体实施。个别疏导针对性强，团体疏导效率高。具体实施包括以下步骤：悉心倾听；理论讲解；举例说明；故事启发；讨论交流；学习名言；熟记口诀；搜集资料；分析解读；阴阳四问；正向叙说；及时强化；反复练习；辅导他人；总结收获。

（三）操作要领

首先，在建立良好关系，来访者有了安全感的情况下，让其说出对人对己对事不满意的方面，咨询师悉心倾听，对来访者的心理困扰和痛苦给予接纳和同情。然后，通过对阴阳辨证思想的理论讲解、举例说明、故事启发、巧妙提问、讨论交流、学习名言、熟记口诀等方法逐项加以化解，引导其掌握这方面不好那方面好的全面论，不好中有好的相对论，现在不好将来好的发展论，凡事有度才算好的平衡论。通常，还可以用经过努力还得不到的东西就说它不好的酸葡萄心理，自己不好的东西摆脱不掉就说它好的甜柠檬心理，来对上述四论加以补充。必要时还可布置作业，让来访者注意观察周边的人和事，或从报纸、书籍、杂志、电视、网络等媒体上搜集资料，验证太极阴阳理论。当来访者理解了六句箴言后，可让其联系实际，通过阴阳四问四答，分析解读个人经历和生活事件，反复练习正向叙说，逐步学会辩证的思维方式。让来访者自觉主动运用所学方法帮助周边人摆脱心理困扰，不但可使他对阴阳辨证理论掌握得更牢靠，还能增加个人成就感和幸福感。阴阳辨证疗法有效的关键是，要求来访者将六句箴言熟记心中，学会阴阳提问和正面叙说，并随时随地结合日常生活反复练习，养成阴阳辨证的思维习惯。

阴阳辨证疗法最适合解决人际矛盾和一般情绪困扰，对患抑郁症和有自杀意念的人的效果尤为明显。对有明确诱因的焦虑症、恐惧症也很有效。强迫症患者大多追求绝对完美，做事过分认真，通过阴阳辨证疏导，有助于改变其绝对化思维方式，因而也可收到意想不到的疗效。

家园
——苏东坡"四重自我"的修通与整合

韩布新　周明坤

（中国科学院心理研究所　中国科学院大学心理系）

老子讲"吾有大患，为吾有身"。我们身受时间和空间限制，"这辈子"这个说法就有时、空两方面的概念。"21世纪中国"也有此具体限制，所以本文想说明三点：一是让大家意识到中国人的身份，二是在此身份下发现自我，三是以此身份如何从"受限"实现"无限"。这里需要一个转换，这种转换对于每个人来说，各有其不同的方式，中国的历史文化也提供了太多这种转换的"模板"。

在德国哲学家卡尔·雅斯贝尔斯的著作《四大圣哲》中，代表"轴心时代（公元前200年至公元前800年）"的四大先贤为苏格拉底、释迦牟尼、孔子和耶稣。

我在中国科学院大学给研究生开了一门课程"轴心经典对观——心理健康发展视角"，回顾轴心时代先贤们"上行"的共识"人性趋向超越性以抵御堕落至完全的物性"，并对照科技革命引领的后轴心时代或第二轴心时代。第二轴心时代已过去300年，还有未来的300年。这600年会怎么样？其实我们生逢盛世，面临百年未有之大变局，古今中外的人生核心议题没有改变，只是说我们如何摆脱身心桎梏，达到心灵的自由。这是轴心时代的共识——人性趋向超越性，雅斯贝尔斯在书中所讲到的"共设者"或者"统摄者"即是建立这种连接，"共设者"或者"统摄者"就是我们中国人讲的"道"，但更多的是形而上的"道"，即老子强调的看不见、摸不着但无处不在的"道"（安伦，老子指真）。现代科学技术出现以来，我们面临一个重大困境，就是"上行"的一致结论被逆反，使"人性"越来越趋向"物性"，并冠以科学技术的名义，故人越来越不成其为"人"，人越来越被工具化，必须得有用，必须得物化。尽管阳明先生在500年前已提醒我们——"物无善恶……世儒惟不知此，舍心逐物……故终身行不着、习不察"（《传习录》）。我鼓励大家好好看看《传习录》，从中可知"栽培心上地、涵养性中天"，知道我们为何不自由？为何有种种痛苦？按照阳明先生的说法，自由跟我们当下的职业并无矛盾。不管你是职业科学家、政府工作人员、一家之长、为人母或为人父、为师或为生，一切都是我们修心的最佳场所，被他称为"事上磨"。我们并非割裂，我百分之百是老师，你们百分之百是学生，并不是这样，我们每时每刻都要直面当下的人生重要议题，无论公开还是私下都需要整合身心灵、知情意。

苏东坡给我们立了一个好榜样。近几年我在中国心理学家大会上已讲过家长（父亲母亲）、家风（曾国藩）、家教（梁启超）和家务。我的母亲是一位不识字的家庭妇女，但她非常善于管理，每半年就会给九个孩子重新分配家务，五十年后回想起来，我依然非常感恩。母亲父亲的教育，首先培养我们的人生三感（控制感、归属感、意义感），直到今天，本分、尽心、不放弃依然是我的人生座右铭。苏东坡是一个"不可救药的乐天派"（林语堂），他给我们提供了很好的典范。因为我们像他一样"不自由"，或许还面临着世俗意义上"失败的人生"。照雅斯贝尔斯先生所讲，生老病死是单行线，所以人生必然"失败"，但失败非结束，乃新的开始。佛家讲轮回，是一种解释，基督教讲死后世界或第二次（灵魂）死也是一种解释。先贤们都考虑绝对和相对、物质和精神、肉身和心灵自由等问题。心理学家也关心这些问题，讲必然偶然、内在外在、遗传和环境论，例如发展心理学所讨论的"是遗传决定还是环境决定"？当然，现在发展心理学主流的观点，尤其是英国遗传心理学家 Robert Plomin 的观点，总体来讲环境的作用更大一些。因为遗传会导致我们寻求环境，有的人天生暴脾气，有的人天生慢性子，所以书香门第、行武世家，这种环境可能会跟遗传有关系。比如曾国藩先生，他的家族200多年来涌现几百位文人，家风一直很正派，所以内、外环境都可以有"自己的自由"，即雅斯贝尔斯先生所讲的自由。自由永远相对，没有绝对，如果说"绝对自由"，是因为你的主动选择和意志导致，但事情要成功，需要 partner 或 cooperator 的成全。比如婚姻成功，绝非一个人的事，你得有个伴侣，才能叫婚姻，像张中行先生说的婚姻四层次（可意、可过、可忍、不可忍），肯定是两人搭档才能进行。做实验也一样，取决于师生、实验室团队的努力，还有课题组、研究所、图书馆、研究生部等。有相对、有绝对，智商先天、情商后天，正因为这种心理灵活性才让我们拥有无限可能性。

我很羡慕年轻人，年轻意味着有无限可能性，我的人生在倒计时，但也有骄傲，因为我积累几十年的经验可以分享。"书宜少岁承先法，人到老时盼后贤"，人都有现实和理想的落差，这种落差需要我们自身去解决、拉近、减小，我们可能做不到百分之百、完全拟合，但只要有这种主观意识，就可以直面这种落差。

艾瑞克森教授提出的人格发展八个阶段，尤其是未成年期，比如一岁主要是安全感，三岁是羞耻感，八岁以前是控制感。远远没有"八条目"中讲的从"格物致知"到"正心诚意修身"这五个阶段之后，去"齐家治国平天下"的维度高远。所以我一再批判"实用主义教育观"，否定人本身，工具化至上。

苏东坡作为乐天派，按照积极心理学的讲法，便是不断的"心流"和"兴盛"。情绪、情感和认知虽然常常分裂，但他能不断地用艺术作品进行整合，重新评价了失调的认知，用他的积极性给我们言传身教，用他所有想象力、语言天赋、表达能力和在特定时空情境下积极、美好的认知表达出知行意、身心灵的整合，所以"家园"主要讲"精神家园"或者叫做"心灵家园"。

苏东坡的现实"家园"固然很好。他出生、成长于书香门第。父母亲和祖父母都非常爱他。他（或者说所有人）的现实家园可以说主要由父母（未成年期）和配偶（成年期）及子女（老年期）共同建设、经营而成。这里要讲一讲他母亲程氏。程氏是四川眉山人，大理寺丞程文应的女儿，程家很富裕，程氏受到了很好的家庭教育。司马光为程氏写墓志，赞美她"喜读书，皆识其大义"。程氏不但智慧，也心怀慈悲。苏洵努力读书及出外游学期间，程氏不仅兼主内外，且亲自教育苏轼、苏辙兄弟。苏辙记述母亲"生而志节不群，好读书，通古今，知其治乱得失之故"。苏洵说，他如果专心念书，就没办法赚钱养家，于是，程氏变卖了嫁妆，开始"治生"，且相当成功，几年就致富。可以想象，程氏既主持家务，又养育儿女，生活沉重但生性豁达，这些皆构成了苏东坡"心灵家园"的丰富背景。

一、个人自我

"个人中心自我"重在知行意或身心灵的整合，最难。文天祥、范仲淹、岳飞等英雄，他们为保持自己的"整全"，宁愿失去生命，他们都在保持一种 integrity。我们的人生有时也一样，会有很多重大选择，比如年轻人马上就要面临到哪里工作？和谁结婚？要不要生孩子？这些问题都是人生的重大选择，不适应也是一种选择，不结婚也是一种选择，选择都是利弊相参，没有绝对的好、也没有绝对的坏，但只要选择了就需要负责任，这种具身、求真、面对一朝忧（而非终身患）的方式，即是从技（身）到术（心）再到道（灵）三个层面的学习和修行。

这是修通个人中心自我的关键。在这个层面，傅佩荣老师讲到，关键要"约"。约什么？约是儒家讲的"克己复礼"。"克己"非克制自己，乃实现自己，让真正的自己出来。我一再讲发现天赋、培养兴趣、形成能力，并且最好在十八岁以前完成。我还讲过王阳明先生最大的特点是少年立志。虽然很多人包括我在内都是常立志，但有志者立志常。这最关键，这就是约。

苏东坡的个人自我显然没问题，情商也发展得很丰富。少年时代就看得出来，比如他的妈妈给他讲英雄的故事，他就跟他妈妈讲，他将来要做这个英雄，他的妈妈想，你既然可以做英雄，为什么我就不可以做英雄的母亲呢？

"太夫人尝读《东汉史》，至《范滂传》，慨然太息。公（苏轼）侍侧，曰：轼若为滂，夫人亦许之否乎？太夫人曰：汝能为滂，吾顾不能为滂母耶？公亦奋厉有当世志。太夫人喜曰：吾有子矣！"范滂牵涉党锢之祸，诀别母亲。母亲对他说，人有大名、又想长寿，二者如何兼得？苏东坡兄弟性喜直言，或许与此有关。这就是苏东坡母亲的智慧，唐宋八大家他们一家占了三位，都是因为良好的家教环境。

苏东坡差点儿成为状元，考官欧阳修看到苏东坡的文章，认为能写出这么好的文章的人一定是他的学生曾巩（当时誊抄考卷，所以看不出字迹），不能让他的学生当状元，否则有举内之嫌，结果苏东坡倒了霉，失去了做状元的机会。苏东坡的智商、情商都没问题，后来却很坎坷，被贬至黄州、惠州、儋州，但他没有妥协。到黄州后，他写了《猪肉颂》："净洗铛，少著水，柴头罨烟焰不起。待他自熟莫催他，火候足时他自美。"据说苏东坡改良了七十多道菜，包括我们吃过的东坡肘子、红烧肉和梅菜扣肉。因为羊肉、牛肉古今中外都是贵族阶层专供，老百姓吃不起，他就买猪肉，并且开动脑筋把猪肉烹调得色香味俱佳！他的《卜算子》《定风波》我也在很多场合讲解过（韩布新，2023）："缺月挂疏桐，漏断人初静。时见幽人独往，缥缈孤鸿影。惊起却回头，有恨无人省。拣尽寒枝不肯栖，寂寞沙洲冷。"苏东坡的很多首诗词都界限明确，绝不同流合污，而边界的核心作用是保持人（无论男女老幼）的完整性（integrity）。为此，苏东坡宁愿自请离开朝堂。宋仁宗很高兴，曾说一日给国家招了两个宰相之才（苏轼、苏辙），可惜苏东坡不愿住嘴，一再给友人、同行寄送诗词歌赋等信函，指点江山、明确态度，所以改革派、保皇派都不待见他，但是他"归去，也无风雨也无晴"，他要保持自己的完整性、保卫正直的自由，从身心灵到知情意。

二、社会自我

"社会中心自我"很关键。我们在社会上解决生存、发展两个议题都要靠社会中心自我完善，夫妻、朋友、同学，所有重要的人际关系，松竹梅岁寒三友、桃李杏春风一家。孔夫子讲损友、益友，都是讲在重大人际关系里边去实现自己的人生目标。心理学讲人生护航舰（convoy-theory），人生三大关系（亲子、夫妻、朋友）是我们必须依仗的生存基础和发展的保障。

中国一般看重亲子，不是父母就是孩子，欧美一般是夫妻。无论从哪个角度，苏东坡都给我们做了示范。比如他在职场上从少年得志的狂放到中年的收敛、看得开，再到老年的"绝命诗"，到宇宙中心再回归自我。他崇尚心灵自由，那是他所有努力的根基。"老夫聊发少年狂"反映他做太守、地方行政长官时的与民同乐；《定风波》讲夫妻关系，"常羡人间琢玉郎"，他羡慕被他连累、被发配至岭南的朋友王定国，最后一句"此心安处是吾乡"，是讲王定国的小妾宇文柔奴，在他被贬时愿意跟随去岭南，在那九死一生之地，柔奴遭遇流产，生活十分艰难，但苏东坡"试问岭南应不好"，她却说"心安处是吾乡"，寥寥几句，点出了神仙眷侣的心灵契合，令人感叹。

当然，他最成功的是找到了一批志同道合的朋友。他自称上至玉皇大帝、下至农商百姓，无不能打交道。他在被贬至儋州时经常出去串门，人家看大学士来了，不知道如何跟他打交道，他就说，讲鬼故事吧，讲着讲着，就引出来一些能聊的话题。他在儋州培养出海南的第一个进士。他还培养出黄庭坚、秦观等历史上留名的诗词歌赋书画全才。

三、自然自我

"自然中心自我"告诉我们"万物同源"。我们在大美的自然中找到自我，这种折射和连接是必由之路。很多人都喜欢旅游，旅游本身最初的动机是换环境，实现个人自我和自然自我的连接，因为自然自我里有我们最深层的潜意识。原始社会，人们的衣食冷暖、饥饿饱腹都跟自然有关系，那才是Perceptual representation system，即知觉表征系统。在大自然中，人们形成了安全和危险的感知系统，比如"一日被蛇咬，十年怕井绳"，就是潜意识里的知觉表征系统，让我们能够趋利避害。什么能吃、什么不能吃，也是一种集体潜意识。人类天生能够觉察火的危险性也是祖先遗传下来的集体潜意识。

"兼善"是自然中心自我和个人中心自我连接的核心内容。在自然里找到自我，可以是艺术形式。所以我们喜欢用诗文来表达大自然中的积极情绪，"横看成岭侧成峰，远近高低各不同"，苏东坡写的庐山，便是从自然中得到的灵感。现在还有自然疗法，疗养院、住宅都爱依山傍水、接近自然。苏东坡的"自然中心自我"十分强大、丰润，给我们留下许多美好的诗词，他还留下了"天下第三行书"《黄州寒食诗帖》。那是"乌台诗案"后，他被贬到黄州三年后的寒食节（1082年）。寒食节不准生火，需要吃冷饭，从文字中可以看到他抑郁的心情。心理学上讲，情绪在特定时空情境下产生，而情感则需持续一段时间。《黄州寒食诗帖》给我们留下来的，是苏轼因"乌台诗案"被贬黄州，生活困苦，心境孤寂，感慨春光易逝、人生无常及被贬后的孤独和无奈。这篇诗帖的字体气势奔放、起伏跌宕，故被誉"天下第三行书"。

"自我来黄州，已过三寒食。年年欲惜春，春去不容惜。今年又苦雨，两月秋萧瑟。卧闻海棠花，泥污燕支雪。暗中偷负去，夜半真有力。何殊病少年，病起头已白。春江欲入户，雨势来不已。小屋如渔舟，蒙蒙水云里。空庖煮寒菜，破灶烧湿苇。那知是寒食，但见乌衔纸。君门深九重，坟墓在万里。也拟哭途穷，死灰吹不起。"《黄州寒食诗帖》中的这两首诗体现了苏东坡"四重自我"的修通与整合，更有"道"，叫神韵，所以我们在宏观、中观、微观这三个层面去欣赏这幅书法作品，就可以体会得比较全面。

四、宇宙自我

"宇宙中心自我"涉及单行线。"真正的自我"是否臻于至善，要在这个层面才能回答，这就是孟子讲的"终身患"。孔子也提出了"志于道"，叫少年立志，然后立志常，一生之久。傅佩荣老师讲，这时候要"敬"，也即敬畏感，这是人生价值意义所必需的，也恰恰是当下所缺乏的一种精神境界。我们很多独生子女对很多事情都感到理所当然，平日里不是延迟满足，而是过度满足。"延迟满足"是加拿大裔美国心理学家 Walter Mischael 的研究结论，通俗来说，就是"能等才能赢"。

再来举例苏东坡的《西江月·世事一场大梦》："世事一场大梦，人生几度秋凉？夜来风叶已鸣廊。看取眉头鬓上。酒贱常愁客少，月明多被云妨。中秋谁与共孤光。把盏凄然北望。"苏东坡一生介于北宋和南宋之间，他与辛弃疾的心境不大一样，辛弃疾当然是豪放派，也有类似词作，苏东坡是文官而非武将，虽然他也当过"民兵领导人"——黄州团练副使，相当于"民兵队副队长"，但这里我们讲他的"无奈"，讲他人生的负面情绪。

他的绝命诗《观潮》："庐山烟雨浙江潮，未到千般恨不消，到得还来别无事，庐山烟雨浙江潮。"这里从有形到无形，从实在到虚无，有一个过程。类似人生的三重境界——看山是山、看山不是山、看山还是山。中间是经过，尤其是第二句"未到千般恨不消"——你没去，总觉得差点儿什么，去了后就发现，也没什么。外在环境，你盼望得再心切，最终还是自己的体悟。看了庐山烟雨，看了浙江潮，能不能看到自己最关键。看不到自己，自然环境对你而言没多大意义。现在很多人去旅游，就是上车睡觉、下车拍照，少了这种"看到自己"的自觉。越来越多的环境控制论，环境控制或者环境制度化的设计，使得我们身不由己。

五、四重自我

"四重自我"是加拿大科学院院士、蒙特利亚希伯来医院精神病院 Laurence Kirmaye 教授提出来的。几乎每个人都有个人中心自我、社会中心自我、自然中心自我和宇宙中心自我，但不同文化下的主导自我不同。欧美文化下，个人中心自我主导；中国文化下，包括大部分东亚文化都是社会中心自我主导；但全人类都离不开自然中心、宇宙中心自我主导。中国有萨满教，尤其是南方地区农村都有土地庙，还有祠堂，那都是自然自我和宇宙自我某种意义的折射。汉代自董仲舒以来，中国人祭天和祭祖就被分开了。祭天为皇帝专有的权利，北京天坛祈年殿高悬"昊天上帝"的牌匾，老百姓只能祭祖。血脉和灵脉就这样被分开，影响很大，我称为第三次"绝地天通"。

四重自我的修通和整合是成人必由之路，一个也不能少。孔子讲"志于道，据于德，依于仁，游于艺"。他和 Kirmayer 教授跨越两千五百年的时空，其实在讲同样一件事情，就是每个人都要修通和整合四重自我，方能成人。日光之下无新事。

每个人的整合渠道可能不同，我是幼承庭训（跟随父亲学书法诗文传统，跟随母亲学到担当、兼善、慈悲和真诚）、读书（学习八年中医，本科、研究生阶段接受了系统的整合式人观、健康观、疾病观、诊疗观等所谓精准中医学概念、理论教育与技术培训，进而攻读认知心理学博士学位，再从事心理学研究与管理工作三十余年）和国内外社会志愿服务，得以在四重自我层面经过至少三十年的学习、实践和研究，一直努力让自己心脑兼顾、知行合一。阳明先生讲"事上磨"，我经历了六次恋爱失败，虽然知道自己的短板，即朋友讲的豆腥气、长不大，但总是一厢情愿，不会换位思考，不知道对方真正需要什么。曾经路遇女朋友，我就跟她讲要好好看书，把她给气哭了。好不容易见一面，我却谈这个，真是书呆子。不过，现在知道这种"天生单纯"（不敢说赤子之心），也是让我认识到四重自我的重要基础。

人需要成长。孔子按照东方传统，从宏观、自上而下的视角讲"志于道，据于德，依于仁，游于艺"；Laurence Kirmayer 教授则代表西方微观、自下而上的视角，谈个人、社会、自然和宇宙中心自我。所以文化无处不在，文化的影响更多的在潜意识层面，虽然大多数人都认为"自我中心"（人心）天经地义，但能不能换位思考、形成他位视角（道心）决定你在社会上能走多远，正所谓"独行速，群行远"。

四重自我不是我提的，但是修通与整合四重自我以实现全人成长、阈域健康（成人），是我的观点。这是我在疫情三年里的读书与思考，是我最深处的感受，也即为何要从娃娃抓起、发现天赋、培养兴趣、形成能力，以形成正向发展的趋势。我们的天赋兴趣是需要用一生去（具身）发现的，方能向善、兼善、臻于至善。我退休后有许多事要做，比我工作四十年做的事还重要，对此我有预期。我刚出版的《离退休的心理调适》，虽然是我带领几位研究生一起编写的，但实际是为我自己而写的，很感谢他们，把我这几年在会上讲的观点都融合了进去。

何为研究自我的三部曲？第一部曲是个人主义、集体主义二分，是三十年前西方心理学家 Singles, Triandis, Bhawuk & Gelfand（1995）提出来的，涉及个人中心自我、社会中心自我；同时期 Marcus & Kitayama（1991）还提出了"独立我"和"互依我"，是自我第二部曲，涉及个人中心自我、社会中心自我、自然中心自我（人类学、文化心理）。我提出的"四重自我"，补全了前面所缺失的"宇宙中心自我"。自我第三部曲的主要贡献是恢复了"宇宙"，因为轴心时代都有（傅佩荣，2022）。傅佩荣老师讲孔子

(2018)、孟子（2018）、老子（2018）、庄子（2018），都从四个层面来讲，但他没用四重自我这个词。而是结合人类学视角、信仰、社会学、宗教学、心理学和精神病学等，修通和整合四重自我。

为什么要讲这些？因为要直面"惨淡"的人生。我们要拿得起、放得下、想得开、认得出，要认得出我们生命的源头，正如雅斯贝尔斯（傅佩荣，2022）所讲，每个人都要找到自己的"本我"或他所谓"无限统摄者""有限统摄者"。有限统摄者即形而下的道，就是每一个个体的人。个人要跟超越的无限统摄者或形而上之道连接，才是一个完整的自我、完整个体。我们的生命从"道"来（道生一、一生二、二生三、三生万物），最后要回到"道"去。故此，每个人都需要不断联接社会中心自我、自然中心自我、宇宙中心自我，才能形成一个真正的生命，生命完整才不虚此行。

苏东坡的心灵家园给我们提供了一个典范。首先是在灵脉上（人生四大任务，修成心脉，传承血脉、文脉、灵脉），他用一生诠释了什么叫立德、立功、立言。他作为父母官造福乡里，从徐州的抗洪到杭州的苏堤，从黄州的红烧肉到儋州的进士，造福一乡、改善民生。修通个人中心自我（身心灵整合反映于人格、知情意整合体现在时空情境的适应性、心理灵活性）方能形成心脉，是每个人行走世界的根基，是成人的标志，是众多成年不成人者的试金石。血脉主要体现于结婚生子、成家立业。文脉形成于他想得开、心理的灵活性及其无数诗词歌赋书画给我们树立的榜样、留下的宝贵遗产，惠及中华千万年。他绝不让困境破坏自己的心灵家园。他在黄州，官家旅社不让住了，他又没钱，有朋友帮他找了一块地叫"东坡"，如果朋友给他找的地叫西坡，那他就叫苏西坡了。他放下身段，跟全家人开荒种田盖屋。有个老百姓欠钱，被人告上官府，他询问事情缘由，得知这位百姓欠两万贯，他靠卖扇子的几文钱根本就还不了。苏东坡说你拿几把扇子来，我给你画画，可以涨价千倍，那位百姓卖了二十个画扇，还了钱。灵脉则体现于他至死都问心无愧。他从心脉、血脉、文脉到灵脉都是整合的。

有人说，苏东坡是地仙，放不下世上的真善美。他在吃上从来不嫌费事，不但煮肉，还做酒，为简单的生命加上豆苗发芽、田里生长出秧苗而开心。他的生命绝对接地气。他随时随地可以从惨淡的现实世界里转移到他理想的精神境界、心灵家园，用他的知情意主动选择，或者用雅斯贝尔斯讲的自由去解决相对性问题。所以儒家中庸讲"执其两端，用其中于民"，就是在做这样的事情。他始终选择积极的态度，哪怕一次次被流放和欺侮，一生风雨飘摇，却甘愿"寂寞沙洲冷"。

所以，从现实家园到心灵家园这种转换，从童年的幸福家园到青年狂放再到中年以后的坎坷，在简陋的东坡草堂实现了诗意人生。"问汝平生功业，黄州惠州儋州"，苏东坡的心灵家园是完美的，是整合的，而非分裂的。他给我们指明了修通与整合四重自我、实现全人成长的实践路径。

参考文献

[1] 安伦. 老子指真 [M]. 北京：社会科学文献出版社，2016.
[2] 雅斯贝尔斯，傅佩荣 [M]. 四大圣哲. 北京：商务印书馆，2022.
[3] 傅佩荣. 傅佩荣讲老子 [M]. 北京：北京联合出版公司，2018.
[4] 傅佩荣. 傅佩荣讲孟子 [M]. 北京：北京联合出版公司，2018.
[5] 傅佩荣. 傅佩荣讲庄子 [M]. 北京：北京联合出版公司，2018.
[6] 傅佩荣. 傅佩荣的西方哲学课 [M]. 北京：东方出版社，2022.
[7] 韩布新. 整合四重自我，实现全域健康——以苏东坡诗词为例 [J]. 心理与健康，2023

（10）：22-23.

［8］韩布新. 离退休心理适应. 北京：国家开放大学出版社，2024.

［9］林语堂. 苏东坡传［M］. 西安：陕西师范大学出版社，2006.

［10］MARCUS HE, KITAYAMA S. Culture and the self: Implications for cognition, emotion and motivation［J］. Psychological Review, 1991, 98（2）：224-253.

［11］SINGLES TM, TRIANDIS HC, BHAWUK DPS, GELFAND MJ. Horizon talking and vertical dimensions of Individuals and Collectivism: A theoretical and measurements refinement［J］. Cross-Cultural Research, 1995（2）：240-275. https://www.sohu.com/a/325142656_650625.

第一部分　学术研究

优秀外交人才胜任力 PKU-PRISM 模型的提出与应用[①]

李同归

(北京大学心理与认知科学学院，北京 100871
行为与心理健康北京市重点实验室，北京 100871)

1 前言

外交人员的选拔与任用直接影响一个国家外交的整体水准，因此历来备受各国政府重视。外交职业的特殊性以及其对外交官本身素质的优质要求，决定了外交官任用的有选择性和程序性。要成为一名合格的外交官，既要符合基本的任职条件，又须经过有序的选任渠道，而任职考试或任职前的资格审查则是必要的途径，把好外交人员的"入口关"成为外交人员选拔和任用的第一步重要工作。

中华人民共和国成立之初，周恩来总理作为新中国的第一任外交部长，就曾指出，外交人员要"站稳立场、掌握政策、熟悉业务、严守纪律"。这十六字要求是对外交人员素质的高度概括。它可以细化为诸多具体的素质要求，如坚定的理想信念、高度的爱国主义精神、强烈的事业心和责任感、严格的组织纪律要求、扎实的中外文基础、多领域的知识结构、机智敏捷的反应能力、坚忍不拔的顽强意志、优雅的气质形象、良好的心理素质和健康的体魄等（科兰，1995；领导科学编辑部，2001；丁武丁，1987）。

优秀的外交人才，则有更丰富的含义。费尔萨姆认为，外交人才"既是一个思想家，又是一个实干家；既是一个活动家，又是一个学问家；既开朗，又诚恳；既勤奋好学、深思熟虑，又不明哲保身"（1979）。除此之外，周恩来总理的"大外交思想"也认为，外交人才"不仅要有外语知识，而且一定要学习驻在国语言，尊重驻在国文化，向他们学习"（朱霖，1991）。吴建民指出，外交人才应具备四方面素质，即爱国、懂世界、懂中国、会交流。他认为，爱国比单纯的外语能力更为基本、更为重要（郭敏，2007）。常伟民则更具体地指出，外交人才是"在一定社会条件下，具备外交工作所必需的生理、心理、思想、品格、知识、技能等相关素质条件，能够通过自己的创造性劳动，代表国家，以和平方式处理国家间关系和国际事务，并做出相应贡献的高素质外交人员"（常伟民，2015）。

改革开放以后，特别是进入 21 世纪以来，以经济全球化为代表的全球化进程将全人类的活动和命运紧密联系在一起，国际关系进入了一个崭新的发展阶段，尤其是新冠疫情暴发以来，世界局势风云变幻，波诡云谲，一方面国家间相互依存程度不断加深；另一方面国家间相互竞争力度持续增强。与此同时，中国以"一带一路"为标志的"走出去"战略全面实施，中国的对外交往活动在交往的频率、领域、层次和形式等方面都有了全方位的发展。在这些宏大背景下，时代给中国当代的外交人才提供了前所未有的良

[①] 外交部干部司资助项目。因为保密原因，部分核心数据及涉密信息被省略。作者特别鸣谢外交部干部司考培处的大力帮助。通讯作者：李同归，北京大学心理与认知科学学院，行为与心理健康北京市重点实验室。E-mail: litg@pku.edu.cn。

好就业机遇，同时也对外交人才的基本素质提出了新的挑战。

2 优秀外交人才胜任力 PKU-PRISM 模型的提出

可以借鉴的外交官心理素质模型最早可以追溯到 20 世纪 70 年代初。美国政府发现，尽管那些驻外联络官通过了十分苛刻的考试，但仍有相当一部分人不能胜任自己的工作。戴维·麦克兰德对此作了细致的分析。他认为问题的关键是将智商、知识等作为考查候选人的甄选标准并不能完全、准确预测今后工作的成功与否。为了找到正确的甄选标准，他选择了两组驻外联络官，一组是业绩优秀的任职者，一组是业绩一般的任职者，并对他们逐个进行了行为事件访谈。通过对访谈内容的深入分析，戴维·麦克兰德找到了驻外联络官的三项核心素质。(1) 跨文化的人际敏感性：即深入了解不同的文化，准确理解不同文化背景下他人的言行，并明确自身文化背景可能带来的思维定式的能力。(2) 对他人的积极期望：尊重他人的尊严和价值，即使在压力下也能保持对他人的积极期望。(3) 快速进入当地政治网络：迅速了解当地人际关系网络和相关人员政治倾向的能力。这就是现在"素质模型"的雏形（娄娜，邵慧卓，2020）。

这三种能力虽然具有参考作用，但由于新形势下我国外交事业的特殊性，当今国际形势错综复杂，外交斗争日趋激烈，对外交人员的思维、判断、决策、协调、应变、心理承受、人际沟通等多方面的能力要求都很高。因此，简单地照搬国外的素质模型是绝对不可取的。

这里所谓的胜任力模型，是指能将某一个职位上表现优秀的人员与表现一般的人员区分开来的个体特征，包括动机、特质、技能、知识、社会角色、自我概念等方面的内容。传统的选聘大多重视知识、技能，而素质模型则强调一个人的成功与否与其成就动机、合作能力、自信等特点关联性更大（李同归，宗月琴，2011）。

考虑到在前期的文献收集和整理过程中，没有可以直接参考的有关外交人员心理素质模型的资料，我们采用焦点行为事件访谈法和结构化问卷的方法确定"优秀外交人员胜任力模型"的结构。首先，在从事驻外派遣人员的某部委相关机构的协调下，研究者访谈了近 20 名离退休优秀驻外工作人员，运用 STAR 技术进行访谈，叙述的内容包括事件发生的情境（Situation）、当时所面临的任务（Task）和所采取的行动（Action）、最后达到的结果（Result）。获取优秀外交人才的胜任特征的定性数据资料（言语记录）（李育辉，卫悦容，2013）。具体来说，要求访谈对象叙述其在驻外生涯中所经历的、具有深刻印象的、自我感觉比较成功或比较失败的具体工作事例各 3 件，将语音转化为文字，并对每个访谈记录编码，基于扎根理论，利用 Nvivo 进行分析，提炼出优秀外交人才的主要胜任力素质。

这些访谈毕竟是小范围进行的，可能存在一些偏差，不一定能够代表大多数外交人员的普遍观点。为了取得更多外交人员对外交人才胜任力素质的看法，广泛地听取部内意见，2007 年 12 月至 2008 年初，在从事驻外派遣人员的部委相关机构大力协助下，我们对该部各司局进行了较大范围的结构化问卷调查，共收回 162 份有效问卷。这些受访者在性别、职务级别、常驻经历等方面具有代表性，因而所得到的结果也非常具有指导意义。

这些结构化的调查问卷中，除了研究访谈所得到的主要胜任力素质之外，还涉及一些有关外交人员的"工作绩效体现在哪些方面？""您认为，担任外交工作应该具备哪些必备素质？最重要的个人素质是什么？""在您看来，优秀外交人员理想的工作成绩是什么？"等问题，这些问题，都涉及外交人员对自己职位、工作绩效和应激源的客观认识（严文华，2007），而且所有的问卷均采用匿名回答，以消除顾虑，保证回答的客观性、科学性和准确性。通过对这些调查问卷进行整理与分析，将外交人才的行为描述"翻译"为素质特征，构建起外交人才的胜任力模型的基本框架。

研究结果发现，外交人才的胜任力主要包括：人格因素（Personality）、角色与自我效能（Roles and Self-efficacy）、创新能力（Innovation）、社会认知（Social Skills）、动机与心理健康（Motivation and Mental Health）五个维度，因为这五个单词的首字母连起来是 PRISM（棱镜），简称为"PKU-PRISM 模型"（"北大棱镜模型"）（图1）。

人格因素（Personality）
角色认知与自我效能（Roles & Self-efficacy）
创新能力（Innovation）
社会认知（Social Skills）
动机与心理健康（Motivation & Mental Health）

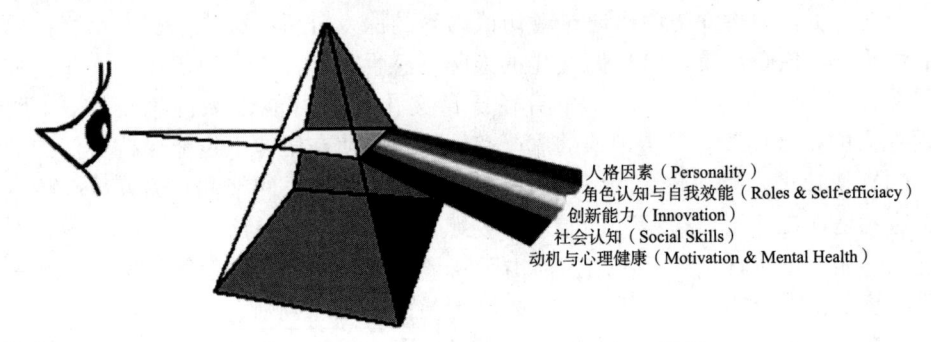

图 1　优秀外交人才胜任力 PKU-PRISM 模型

3　基于胜任力 PKU-PRISM 模型的外交人才测评系统

在外交人才胜任力 PKU-PRISM 模型的基础上，我们研制了一套针对有关驻外工作公务员选拔心理素质测评系统。

目前，外交人才的遴选流程主要包括网上报名与资格审查、公共科目笔试、专业科目考试、面试、体检、考察、择优确定拟录用人选、入部等几个环节（外交部，2014），其中的每一个环节都体现出针对外交人才的某些基本素质的具体要求。与外交人才胜任力素质密切相关的选拔，包括流程中的两部分：（1）在专业科目考试环节，考试内容包括外语、外交、国际政治、法律、经济、中文、心理素质等方面的知识和能力；（2）在面试环节，主要测查人际沟通能力、言语表达能力、综合分析能力、组织协调能力、自我认知能力、求职动机及拟任职位匹配性、情景应变能力、心理适应能力等。

我们的外交人才胜任力素质综合测试，正是在专业科目考试环节中进行的。主要采用传统的自陈式心理测量。众所周知，心理测量是通过科学、客观、标准的测量手段对人的特质（Trait）进行测量、分析和评价的一种方法。它是根据一定法则（心理学的理论和方法）对人的行为用数字加以衡量的方法。即通过观察人的少数有代表性的行为，对于贯穿在人的行为活动中的心理特征，依据确定的原则进行推论和数量化分析的一种科学手段（姜长青，2004；李育辉，卫悦容，2013）。

为了建立外交人员心理素质模型的结构，考虑到进入相关部委的外交人才，在知识、技能方面都能够达到一定的水平，并可以通过各种书面考试（国家公务员考试）或者面试进行选择。根据 PKU-PRISM 模型，我们建立了测评的三个维度，其中人格特质是比较稳定的心理特质，深层次、内隐地影响着个体将来在外交岗位上的表现。而情绪控制与自我认知相对而言，是外显可见部分，表层影响着个体在外交岗位上的表现。比较重要的是，动机和心理健康水平是动态变化的，需要追踪，会突发性地影响个体在外交岗位上的表现。据此，建立起了编制胜任力素质测试系统的优秀外交人才三维度模型（图2）。

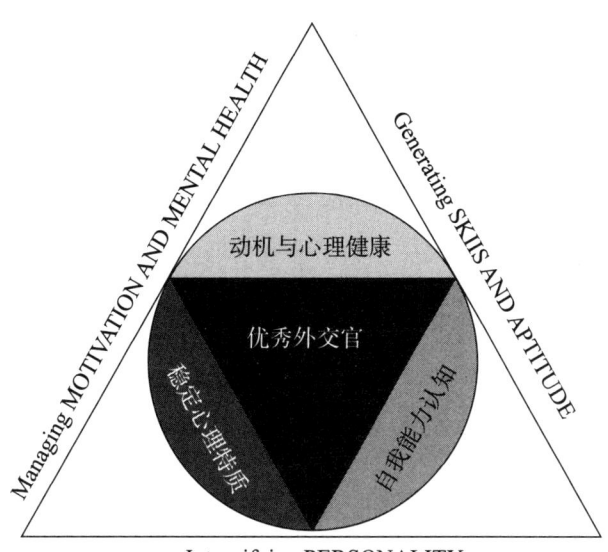

图 2　基于 PKU-PRISM 的优秀外交官心理素质三维度模型

根据这些理论和模型基础，我们编制的外交人才胜任力素质测试从两个大的维度对考生进行测试：一是心理素质，二是心理健康。两者缺一不可（王哲斌，谢铮，2018）。心理素质主要可以从五个大的方面进行测试：人格特质、情绪性、坚持与耐受性、自我认知和环境适应，每个维度下面可以细分为3~5个子维度，各维度的描述见表1。

表 1　优秀外交人才心理素质结构及得分的主要含义

主要维度	细分维度	得分主要含义
人格特质 （共67题）	恃强性	高分者好强固执，低分者谦虚顺从
	怀疑性	高分者刚愎自用，固执己见；低分者真诚合作，宽容信赖随和
	忧虑性	高分者忧虑抑郁，沮丧悲观，缺乏自信；低分者安详沉着自信
	实验性	高分者自由开放，批评激进；低分者循规蹈矩，尊重传统
	自律性	高分者严谨自律，知己知彼；低分者随心所欲，不能自制
	紧张性	高分者常感疲乏，心神不定；低分者心平气和，镇静自若
情绪性 （共43题）	稳定性	高分者情绪稳定成熟；低分者情绪激动不稳定
	情绪控制性	高分者善于控制情绪，遇事不惊；低分者易情绪失控
	洞察他人情绪	高分者察言观色，于细微处洞察对方；低分者不善观察
坚持与耐受性 （共50题）	有恒性	高分者有恒负责，诚信守诺；低分者权宜敷衍，不负责任
	坚韧性	高分者坚忍不拔，意志坚定；低分者虎头蛇尾，不能坚持
	挫折耐受	高分者愈挫愈坚，百折不挠；低分者遇挫消沉，容易灰心
自我认知 （共34题）	自信	高分者相信自己，信心十足；低分者缺乏自信
	自控能力	高分者善于自我控制；低分者易受他人影响
	内外控	高分者把事情的原因归于外界；低分者把事件原因归于自身

续表

主要维度	细分维度	得分主要含义
环境适应 （共21题）	环境适应性	高分者容易适应环境；低分者环境适应困难
	心理适应性	高分者心理上容易融进新环境；低分者局限于过去的环境

  同时，成为合格的驻外工作人员，除了应具有政治坚定、业务精通、才思敏捷等条件之外，健康的体魄和心理也是必备的重要条件。而心理健康则可以细分为八个指标：强迫症、人际敏感、抑郁、焦虑、敌对、恐怖、偏执、精神病性。

  我们根据这个心理素质模型的结构，编制了一套胜任力素质测试题，包括两个部分：心理素质测试（240道题）和心理健康测试（80道题），定名为"优秀外交人才选拔心理素质测试系统"。但框架内各项要素的重要程度、各项素质间的相互关系如何、如何设置各个指标的权重、如何对测量指标进行记分，还必须更细致地分析，需要通过绩效考核中的实践应用来验证心理素质模型的有效性，并不断进行修正，才能最终建立起良好的素质模型。

  对这些问题的回答，我们是通过预测试来完成的。在正式大规模运用于实际选拔工作之前，为了对外交人员的心理素质有更进一步的了解，同时，也因为现有的心理测验大多适用于大学生或其他行业人员，缺乏外交人员独特的心理素质方面的数据，我们于2007年12月底，在某部委对部内工作人员进行了一次中等规模的预测试。

  在某部委相关机构的精心安排下，从各用人司局中有代表性地抽取了工作人员进行了测试，最终得到有效的数据是285人，其中，根据相关机构已有的考核结果，有131人属于比较优秀的外交人员，154人属于工作表现一般的外交人员。这两批人员是通过测试时的编号加以区分的，但是，测试参与者并不知道编号的意义，避免产生效标污染的偏差（所谓效标污染是指由于事先知道两组被试之间存在差异，而导致测试参加者作答时出现偏差）。我们对此次预测试中优秀外交人员和普通外交人员在各细分维度的得分进行仔细分析，对心理素质各项指标的权重值进行有效的设定，对于优秀外交人员与普通外交人员的差异比较大的指标，赋予较高权重，而对于两者差异不大的指标，适当赋予较低权重，这样可以得到心理素质的总分计算方法。这批数据为测评的结果提供了相当重要的解释依据。

4 基于胜任力PKU-PRISM模型的外交人才测评系统的心理测量学指标

  在心理测量学中，信度、效度、项目区分度和有效的常模都是检验测量工具是否具有可靠性、有效性、鉴别性、可比性等良好测量特征的技术指标。

  为了考察"优秀外交人才选拔心理素质测试系统"的信度指标，我们在2008年和2009年进行了系统的追踪研究，对这两年中被某部委录用的人员，间隔10个月左右，再使用同样的测试系统进行重测，把这些人在大考录的得分与重测的得分，进行细致的分析，求出每个测试维度的相关数据，得到重测信度系数。

  在2008年的某部委大考录中，共有814人参加了心理测试。当年共录用了约160人，根据工作程序，被录用者入职后，需要接受为期一年的培训。在2008年12月，即入职6个月左右（距离第一次测试约10个月的间隔），对其中的部分人员用同样的心理测试系统，进行了第二次测试，最终获取了105名有效的数据。

在2009年2月进行的大考录中，采用相同的程序。当年共有726人参加了外交人才选拔心理素质测试，在当年被录用的人员中，选取了164人在2009年11月底进行重测，两次间隔时间约为9个月。

2008年和2009年"优秀外交人才选拔心理素质测试系统"各维度重测信度系数见表2。

表2 2008年和2009年优秀外交人才选拔心理素质测试系统的重测信度系数

主要维度	细分维度	2008年（间隔10个月，$n=105$）	2009年（间隔9个月，$n=165$）
人格特质	恃强性	0.639	0.603
	怀疑性	0.743	0.631
	忧虑性	0.652	0.661
	实验性	0.643	0.615
	自律性	0.661	0.749
	紧张性	0.641	0.554
情绪性	稳定性	0.628	0.779
	情绪控制性	0.647	0.602
	洞察他人情绪	0.653	0.686
坚持与耐受性	有恒性	0.641	0.502
	坚韧性	0.673	0.615
	挫折耐受	0.607	0.669
自我认知	自信	0.683	0.685
	自控能力	0.689	0.613
	内外控	0.717	0.626
环境适应	环境适应性	0.642	0.607
	心理适应性	0.636	0.687
心理健康	强迫症	0.707	0.658
	人际敏感	0.705	0.720
	抑郁	0.728	0.700
	焦虑	0.736	0.636
	敌对	0.705	0.691
	恐怖	0.756	0.676
	偏执	0.730	0.606
	精神病性	0.688	0.684

从表2可以看出，"优秀外交人才选拔心理素质测试系统"各指标的重测信度系数大多在0.60~0.75之间，表明基本上是可以接受的，可以用来进行团体之间的比较。

同时，在"优秀外交人才选拔心理素质测试系统"中，我们设定的量表结构确定了细致的维度，这个版本在2008年、2009年、2010年和2011年的大考录中都使用过，因此，根据这4年的结果，我们可以计算出每年各量表维度的分半信度和α系数（表3）。

表3 2008—2011年优秀外交人才选拔心理素质测试系统的同质性信度系数

年份		2008		2009		2010		2011	
		分半信度	α系数	分半信度	α系数	分半信度	α系数	分半信度	α系数
人格特质	恃强性	0.602	0.651	0.704	0.661	0.639	0.678	0.690	0.646
	怀疑性	0.633	0.667	0.698	0.657	0.653	0.630	0.663	0.618
	忧虑性	0.654	0.637	0.700	0.641	0.656	0.699	0.667	0.626
	实验性	0.604	0.602	0.632	0.603	0.607	0.618	0.629	0.609
	自律性	0.693	0.672	0.707	0.604	0.645	0.639	0.636	0.622
	紧张性	0.623	0.647	0.683	0.628	0.688	0.625	0.644	0.680
情绪性	稳定性	0.689	0.672	0.661	0.652	0.695	0.656	0.691	0.642
	情绪控制性	0.607	0.678	0.667	0.657	0.654	0.604	0.641	0.627
	洞察他人情绪	0.795	0.790	0.810	0.792	0.804	0.799	0.806	0.792
坚持与耐受性	有恒性	0.624	0.642	0.636	0.653	0.675	0.635	0.697	0.706
	坚韧性	0.744	0.817	0.750	0.802	0.742	0.794	0.796	0.804
	挫折耐受	0.649	0.627	0.644	0.647	0.643	0.661	0.669	0.636
自我认知	自信	0.718	0.747	0.688	0.694	0.677	0.654	0.654	0.657
	自控能力	0.713	0.718	0.642	0.664	0.676	0.664	0.652	0.663
	内外控	0.710	0.680	0.756	0.763	0.753	0.760	0.707	0.748
环境适应	环境适应性	0.704	0.712	0.687	0.714	0.744	0.705	0.625	0.639
	心理适应性	0.766	0.639	0.721	0.659	0.703	0.685	0.638	0.698
心理健康	强迫症	0.845	0.853	0.808	0.799	0.830	0.809	0.865	0.829
	人际敏感	0.835	0.832	0.820	0.806	0.772	0.785	0.786	0.802
	抑郁	0.904	0.897	0.817	0.827	0.831	0.818	0.824	0.826
	焦虑	0.890	0.868	0.777	0.758	0.751	0.727	0.767	0.764
	敌对	0.837	0.820	0.739	0.709	0.777	0.763	0.737	0.703
	恐怖	0.756	0.731	0.696	0.752	0.691	0.681	0.682	0.669
	偏执	0.841	0.814	0.741	0.719	0.702	0.763	0.730	0.741
	精神病性	0.802	0.831	0.787	0.764	0.756	0.708	0.709	0.698

从表 3 中可以看出，每年的大考录结果计算出来的各维度的分半信度和 α 系数都集中在 0.60~0.85 之间，比较符合心理测量学的信度指标的标准。表明这套系统的使用，其结果是可靠的，可以用这些指标作为选拔的参考标准。

5　胜任力 PKU-PRISM 模型的前景与运用

尽管在有关胜任力 PKU-PRISM 模型的基础上，我们开发出了一套"优秀外交人才选拔的心理素质测试系统"，并通过大量的实证研究，探讨了该系统的心理测量学的指标的科学性，试用的结果也表明该系统对选拔优秀的外交人才具有一定参考价值。但不可否认的是，这套系统还有需要完善和进一步深入研究的地方。

首先，在已经进行的研究中，我们曾经进行过两次重测，也对每年的大考录的结果进行了详细的信度分析，但还缺乏效度方面的证据，尤其是效标关联效度的评价指标，目前只是通过对某部委相关机构评价为"优秀"和"合格"的两组被试进行过施测，无法收集到被试在实际工作中的客观绩效指标的数据，进行有针对性的效标测试。其次，随着社会的发展和进步，尤其是现在 90 后、00 后已经成为了求职的主力军，因此测试群体的特征就会有些变化。根据近些年使用的结果看，尤其是结合某些部委大考录面试中反馈出来的问题来看，受试群体已经有了比较明显的变化。比如在 2012 年的测试中，增加了有关性别角色方面的测试。主要是因为在测试过程中，可以看出有些男生表现出比较明显的女性特征或者女性行为倾向，因此，在当年的大考录中，增加了被试群体的性别角色方面的测试，并增加了是否存在男性女性化的倾向方面的判断。最后，自陈式心理测量不可避免地会存在一些不足，比如受测验形式制约，它无法对被试的实际行为表现进行测量；测验的实施比较程式化，只能收集到测验中所考察的信息，而对于测验外的信息一无所知；这种测验并不能完全避免考试技巧和猜测等因素的影响。另外，针对不同的岗位设置不同的考试结构，有针对性地考查外交人才的专业技术能力，更好地测评岗位所需的外交人才的素质（祝东梅，2020），提高测试的科学性，仍然是将来不断完善 PKU-PRISM 模型，提升其应用价值的方向。

目前飞速发展的新技术，比如大数据、人工智能、区块链等，为全面、系统地了解个体的行为，以及心理特征提供了更多的便利条件（李洪丽，2019；李育辉，唐子玉，金盼婷等，2019），尤其是脑机接口技术迎来新突破，是否可以通过更加客观的生理指标，来探讨个体的胜任力素质，成为下一个热点领域。

另外，胜任力 PKU-PRISM 模型也可被用于其他领域，比如中学生的专业选择，大学生的职业规划等，都需要以对个体的胜任力进行全面的了解作为基础。这些工作也非常具有实际意义。相关的研究，也在逐步推进之中。相信在不久的将来，PKU-PRISM 模型不仅仅使用在外交人才的选拔上，还能够广泛运用于其他领域的选拔、培训和咨询中。

参考文献

［1］常伟民. 外交人才就业的基本素质要求及培养探析 ［J］. 中国大学生就业，2015（13）：48-55.

［2］丁武丁. 外交官素质赘语 ［J］. 世界知识. 1987，15（1）：15.

［3］费尔萨姆著，胡其安译. 外交学手册 ［M］. 北京：中国社会科学出版社，1979.

［4］韩敏. （2007）. 吴建民访谈录 ［M］. 北京：中国人民大学出版社.

［5］科兰. 试谈外交官应具备的心理和性格素质 ［J］. 外交学院学报，1995，4（1）：58-61.

［6］姜长青. 心理测验学 ［M］. 长春：吉林教育出版社，2004.

[7] 李洪丽. 高校外事外交人才培养的问题及对策研究 [J]. 黑龙江高教研究. 2019 (3): 151-155.

[8] 李同归, 宗月琴. 人事测量 [M]. 北京: 原子能出版社, 2011.

[9] 李育辉, 唐子玉, 金盼婷, 梁骁, 李源达. 淘汰还是进阶?大数据背景下传统人才测评技术的突破之路 [J]. 中国人力资源开发, 2019 (8): 6-17.

[10] 李育辉, 卫悦容. 从文化的角度看外派汉语教师的选拔与培养 [J]. 人力资源管理, 2013 (10): 53-57.

[11] 领导科学编辑部. 建设一支高素质的外交官队伍 [J]. 领导科学, 2001 (3): 8.

[12] 王哲斌, 谢铮. 外交人才心理健康研究综述 [J]. 环境与职业医学. 2018 (1): 78-82.

[13] 外交部. 报考程序 [EB/OL]. [2014-10-15] http://www.fmprc.gov.cn/mfa_chn/wjb_602314/gbclc_603848/bkzn_660695/t1081235.shtml.

[14] 严文华. 跨文化适应与应激、应激源研究: 中国学生、学者在德国 [J]. 心理科学, 2007, 30 (4): 1010-1012.

[15] 祝东梅. 我国公共行政人才测评的问题与对策研究 [J]. 就业与保障. 2020 (10): 120-121.

[16] 朱霖. 大使夫人回忆录 [M]. 北京: 世界知识出版社, 1991.

基于访谈的生物多样性保护行动者素质模型的建立

高鑫园　李同归[①]

(北京大学心理与认知科学学院, 北京 100871
行为与心理健康北京市重点实验室, 北京 100871)

1 前言

生物多样性的保护在全球范围内已经被广泛认同为一项至关重要的任务。在当前的环境背景下, 生物多样性的丧失正在以前所未有的速度发生 (Ceballos, Ehrlich and Dirzo, 2017), 这使得我们更需要理解和解决这个问题。生物多样性的保护并非单纯依赖于科技进步或者政策制定, 它的成功实施在很大程度上取决于保护行动者的行为和行动 (Smith and Sutton, 2018)。这些保护行动者来自各行各业, 包括科研人员、环保志愿者、政策制定者和公众等。他们的行为和态度对于生物多样性保护的实施起着关键的作用。人格特性是影响人的行为、情绪和动机的重要因素 (John and Srivastava, 1999)。理解这些人格特性, 意味着我们可以更好地预测和解释保护行动者的行为, 进一步理解他们面临的挑战, 以及他们如何应对这些挑战。这可以为我们提供宝贵的信息, 帮助我们在招募、培训和管理保护行动者时作出更好的决策。因此, 本研究致力于运用扎根理论深入探讨参与生物多样性保护活动的人的人格特性。我们希望通过这种方式, 为生物多样性保护提供更有效的人力资源策略, 更好地实现保护目标, 以应对日益严重的生物多样性丧失问题。

[①] 基金项目: 深圳市质兰公益基金会资助项目。通讯作者: 李同归, 北京大学心理与认知科学学院, 行为与心理健康北京市重点实验室, E-mail: litg@pku.edu.cn.

2 资料来源与方法

2.1 调查对象

根据研究目的与信息饱和原则，于2022年3—6月采用方便抽样的方法选取28名生物多样性保护行动者。调查对象纳入标准：生物多样性保护行动者机构或组织管理人员，熟悉生物多样性保护工作。

2.2 调查方法

采用线上或者线下面对面访谈法，调查员围绕提纲访谈并记录要点。访谈的主要内容：

1. 请您介绍您的基本情况。关于生物多样性保护，您能谈谈您的想法吗？您是什么时候开始从事生物多样性保护工作的？您都有过哪些记忆深刻的从事生物多样性保护工作的经历？等等。

2. 根据您从事生物多样性保护工作的经历，您觉得要成为一名良好的从事生物多样性保护工作的行动者，需要具备哪些基本的知识和技能？除了这些基本的知识和技能之外，还有哪些特质，您认为是非常重要的？请根据您从事生物多样性保护工作的经历，举些具体的例子，说明您刚才提到的这些内容是很重要的。

3. 根据您从事生物多样性保护工作的经历，在工作期间，如果您要将一位一线管理人员提拔到领导职位，您最看重他的哪些基本特质（比如能力、知识、人格特征等）？请举一些具体的例子，考虑到从事生物多样性保护工作的行动者类型众多，您可以分别举些例子来印证您的观点。

4. 在您的从事生物多样性保护工作的生涯中，您肯定有一些经历过的具有深刻印象的、自我感觉比较成功的具体工作事例。请您尽可能详细地给我们讲两三件这样的例子。在这个成功的具体工作事例中，您认为哪些因素促进了您的成功？当然，如果您有过您觉得特别失败的具体工作事例，也请您尽可能详细地给我们讲一两件这样的例子。同样的，您认为哪些因素导致您觉得失败呢？

5. 如果您对从事生物多样性保护工作的优秀行动者还有其他的看法，也请您告诉我们。

当访谈内容无新的主题出现，信息达到饱和时，访谈停止。

2.3 研究方法

为了理解访谈的材料，我们选择使用扎根理论进行深入分析。扎根理论的基本方法是，基于收集到的数据，识别并研究那些能揭示事物本质的关键概念。然后，通过对数据和理论的对比，我们可以从中提炼出相关的概念类别和属性（Glaser and Strauss, 1967）。扎根理论将实证研究和理论建构紧密联系起来。作为一种质性研究方法，完善了实证研究方法上的不足，为深度访谈提供了手段和策略。扎根理论的研究流程主要包括数据收集、编码分析、撰写备忘录、排序及理论概述、撰写成稿等步骤。这是一个归纳性的过程，主要通过以下三个步骤进行：开放编码、轴向编码和选择性编码。然后，我们使用NVivo软件对收集到的数据进行整理，并进行实质性的编码与分析。

3 结果

3.1 访谈对象基本情况

本次研究共纳入访谈对象 28 人，全部都是从事生物多样性保护相关工作的代表性行业人物，有从事一线工作的保护者，也有相关机构的行动者、政府机构的管理者，以及从事生物多样性保护的研究者，所有访谈者均由深圳市质兰公益基金会介绍。具体信息见表 1。

表 1 访谈对象基本信息

序号	角色	编号	个人介绍
1	保护者	MS1	猫盟创始人之一
2	行动者	WS2	质兰基金会秘书长
3	研究者	WS3	中国科学院动物研究所高级工程师
4	研究者	MS4	首师大生命科学学院教授
5	研究者	MS5	生物多样性保护专家
6	行动者	WS6	猫盟现任首席执行官
7	管理者	WS7	国家林草局工作人员
8	研究者	WS8	昆山杜克大学环境科学教授
9	行动者	MS9	曾任 WWF 秦岭项目负责人
10	行动者	WS10	美境自然秘书长
11	研究者	MS11	阿里巴巴罗汉堂经济学家
12	行动者	MS12	"中国水安全计划"发起人
13	保护者	MS13	桃花源基金会（湖北）工作人员
14	行动者	MS14	海研会负责人
15	研究者	MS15	中山大学教授
16	管理者	WS16	云南林草局工作人员
17	保护者	MS17	原上草自然保护中心负责人
18	保护者	MS18	厦门雎鸠生态负责人
19	管理者	WS19	弄岗国家级自然保护区局长
20	保护者	MS20	西子江生态保育中心负责人
21	行动者	MS21	自然之友前总干事
22	行动者	WS22	海研会员工
23	行动者	WS23	海研会员工
24	行动者	MS24	SEE 副秘书长
25	研究者	WS25	原 WCS 中国项目负责人

续表

序号	角色	编号	个人介绍
26	管理者	MS26	广西弄岗国家级自然保护区管理局工作人员
27	行动者	WS27	美境自然工作人员
28	行动者	MS28	青岛观鸟会秘书长

3.2 资料分析结果

3.2.1 开放式编码

整理回收的访谈资料,开放式编码是指研究者将访谈资料中相似概念范畴化的过程。将有效的访谈内容进行开放式编码,最终归纳为34个一级范畴。

3.2.2 主轴编码

将与开放式编码相关的资料进行比对分析,归纳关系形成5个维度14个主范畴。见表2。

表2 相关资料关系归纳

主维度	主范畴	一级范畴
效度	指导语理解程度	
	社会赞许性	
人格维度（Personality）	坚毅	努力
		兴趣一致性
	专注力	专注力
	勇敢	顽强
		坚定
	遵从	遵从道德
		心理契约
		规则威慑
		遵从意向
角色与自我效能感（Roles and self-efficacy）	使命感	利他贡献
		导向力
		意义和价值
	责任感	关注人类福祉和安全
		关注环境的可持续性
		社会风险和后果的考量
		考虑社会需求和要求
		追求共同利益

续表

主维度	主范畴	一级范畴
角色与自我效能感 (Roles and self-efficacy)	责任感	公民参与和服务
		与公众沟通
		参与政策决策
	效能感	自我效能感
创新能力 (Innovation)	灵活性	心理灵活性
	分析处理问题能力	问题解决信心
		方法回避
		个人控制
社会技能 (Social Skills)	合作能力	合作能力
	沟通	沟通专注
		沟通感知
		沟通反应
	基本共情	认知共情
		情感共情
动机与兴趣 (Motivation and Interest)	成就动机	追求成功
		害怕失败
	兴趣	兴趣

3.2.3 核心编码

在主轴编码的基础上，依据研究目的，深入挖掘主范畴之间的关系，形成 PRISM 模型。

4 讨论

结果表明，通过三级编码，我们提炼出了 14 个基本的生物多样性保护者的人格特征，并将这些特征归纳为 5 个主要维度：人格维度、角色与自我效能感、创新能力、社会技能、动机和兴趣。

4.1 人格维度

我们的研究结果突出了人格维度在生物多样性保护行动者中的重要性。这些人格特质包括了勇敢、坚韧性、独立性和团队精神等因素。这些特质使得行动者在面对生物多样性保护工作中的挑战时，能够始终保持积极的态度，并且愿意做出长期的承诺（Judge and Bono, 2001）。这些人格特质对于生物多样性保护者至关重要，因为它们有助于保护行动者在面对困难和挫折时，能够继续坚持下去（Barrick, Mount, and Judge, 2001）。

在访谈中，有关坚毅、勇敢等特质常常被提起。例如有访谈者提到：

"第一，我是个胆子特别大的人，从小就是一个胆子比男孩子胆子还大的一个人，男孩子以前被我追着哭，你知道吗？就这样的，所以，我其实对于危险没有那么恐慌，甚至有点无所谓，死亡概率比较高的这种人。"对于危险的感知阈限较高，对于危险的感知程度也较低。

"也是有问题，对于野外这一块就是看他们心态的事情。体力一般过一段时间都会好，虽然前面可能慢一点，这个无所谓。但假如你心态好，你爬出来以后满脸都是泥水，你还在那笑，我觉得就没问题；走两步然后就开始咧着嘴，我就觉得你可能再过两天就肯定要回家了。"在遇到挫折或是面对艰苦的环境，依然能够保持一个好的情绪状态，或者是能够迅速恢复到一个好的情绪状态。

"另外因为老要跑基层，一般还是比较辛苦的，比如说你要是不能坐车，或者说是身体特别差，怕脏、怕累、怕苦，这种也还是有问题，还是要能吃苦才行。因为有的时候可能到下面去住的条件也不好，吃的条件也不是特别好那种，你要是太娇气了，或者说是要求太高了，可能也不太好。"

4.2 角色与自我效能感

我们的研究发现，生物多样性保护行动者通常具有强烈的角色认同感和自我效能感（Bandura，1986）。他们深深地认同他们在生物多样性保护中的角色，并且对他们能够有效地完成这些工作充满信心。这种自我效能感是驱动他们持续参与保护工作的重要力量，使得他们能够在面对困难和挫折时，仍然保持积极和乐观的态度（Stajkovic and Luthans，1998）。

有关角色和效能感的重要性，在访谈记录中几乎处处可见，有受访者说道：

"他觉得我很有兴趣听听你说的，然后知道自己哪方面确实是不够，愿意去多听、多想、多学，就那种 be humble，那种虚怀若谷，是非常重要的。"具有较强的求知欲，清楚自己的能力水平以及不足之处，虚心地学习新的知识以及内容，从而提升自己的能力。

个体关注重要的社会问题（价值观），希望这些问题被解决，主动承担改变的责任，形成了使命感，这也是生物多样性行动者的真实写照。有受访者谈道：

"我在读研究生期间接触了很多 International，特别是在国际上面的一些管理，比如说气候大会、气候协议，还有生物多样性的协议、生物多样性的谈判这一些。特别发现一点是，我们社会上谈判，政府之间谈判弄得挺火爆的，但是民间对这些谈判所做的措施是非常不够的，会导致谈判挺火爆，然后谈完了以后，一些措施又没有继续做下去。就导致一个大会从1992年开始谈，谈到2015年终于谈出来了一个东西，只是一个框架，就是花了30年谈出来一个大家愿意去做一些事情。"

4.3 创新能力

在生物多样性保护行动者中，创新能力也是一项重要的特质。在面对生物多样性保护的复杂性和不确定性时，保护行动者需要能够创新地解决问题，寻找新的保护策略（Amabile，Conti，Coon，Lazenby and Herron，1996）。这项能力不仅包括科技创新，也包括在政策、管理和教育等多个领域进行创新（West and Farr，1990）。

有受访者提供了详细的行动过程中碰到的创新性努力，能够分析需求，有的放矢地解决问题。在访谈中提道"同时因为咱这还有一块很重要的，就是他做历史公民的推动，就说怎么能够更有效地促进公众的参与。这个部分有全职的团队去做协调和推动，但是这里面非常广泛的都是志愿者参与。比如说这里边的项目基本上都是属于全职团队，负责一些规则的制定、资源的筹集，有效地落实这些资源。还有很多的人才培养类项目，比如说应对气候变化的行动者培养与支持，也是全职会做人员的招募，一些课程的设计，因为相当于有三四十位项目的伙伴都是志愿者,而他们在全国各地各个领域去关注气候变化,并且行动"。可见,他们能够根据保护的需求,创新性地制订计划,设计项目,筹集资源,有效地分配资源。

4.4 社会技能

社会技能,包括沟通能力、团队协作能力和领导能力,是生物多样性保护行动者必备的特质(Riggio,1986)。这些技巧使得他们能够有效地与各个利益相关者沟通、建立和维护关系,领导和管理他们的团队(Yukl,2012)。这些社会技能对于推动生物多样性保护工作的成功非常关键。在生物多样性保护中,难免会碰到一些保护与发展难以平衡的两难问题,如何解决这些冲突,基本共情能力就比较重要了。有受访者说道:

"比如说跟组织的这种关系,他就有很多私人的情感了,你付出了很多你就不舍得离开,我觉得这是很个人,就是人性的这些东西。说实在的,这过程中我觉得有很多特别好的朋友和很多特别好的人,你跟那些人又产生了关系,比如像友谊,像吕老师这些人,就觉得这么宝贵的一群人,就特想跟他们在一块儿,你觉得跟他们一块儿做事,或者说跟这些人一块儿就觉得这辈子没白活。"在合作的基础上,发现和团队的成员具有相同的价值观,与成员同甘共苦,因而发展出对于团队内的成员情感投入,和同事形成良好的情感联结。

同样地,在实施生物多样性保护过程中,与人沟通的基本技能也相当重要。有受访者提道:"所以我觉得如果说刚才说到他是做事的话,就是这些点,而说到能说会道,其实很重要的是什么?是一个沟通能力。还有就是有效表达,有效表达非常重要,这里边就是说你写一个 E-mail,这个 E-mail 你写的是不是能够五句话就写明白意思?还是你说写了两千个字,对方看完了也不知道什么意思。每一次做工作上的沟通,你能不能事先很清楚打这个电话的目标,还是说准备三分钟,会议三小时,我觉得这些是有效沟通的能力。"理解别人的内容,了解观察别人的生活,传达自己的内容。

4.5 动机与兴趣

我们的研究结果显示,对生物多样性保护工作的内在动机和兴趣是保护行动者持续参与这项工作的重要驱动力(Ryan and Deci,2000)。他们深深地关心生物多样性的保护,并且认为这项工作对于自己和社会都是有意义的。这种内在的动机和兴趣使得他们能够在面对困难和挫折时,仍然坚持下去(Vallerand,1997)。

所有从事生物多样性保护工作的受访者无一例外地提到了自己从小对大自然以及动植物的兴趣爱好。有受访者说道:

"对,我觉得早早地发现自己的兴趣很重要,我有这个特点,这让我觉得学生态适合我的性格。第一个我从小就挺擅长观察的,比如说看一些图书或者是看一些这种东西,我就会喜欢,像我们说的找不同,找出一些细微的差别,这个可能对于搞动物、搞分类、搞生态,它就是接触大自然,你能看到一些生物多样性,找到它们的差别。第二个是我觉得小的时候收集可能会有一些特殊的兴趣,也是从小家里父母都集邮,后来我也集邮,觉得你看一个东西或者看一类的东西,你就想把它给都看全了。比如说你看这个鸟,这个地方有 10 种鸟类,你看了 9 种就总有一种缺憾,所以想把剩下的那种鸟也找到。我觉得这两个特点,可能是很多从事生命科学或者是生态学家,小的时候就有的这样的一种训练或者感觉、兴趣爱好。"

连从事生物多样性保护工作的研究者在招募研究生时,也有这方面的要求:

"很重要的还是看他的兴趣。因为我知道我的成长经历，所以我如果有学生，不是说他要读这样的一个学位，更重要的是他真的是对这个学科感兴趣，而且是他有很强的求知欲，他能够继续深入地去做。"

"我的忠告其实就是希望他们可以选择他们真正热爱有使命感的行业，这个才是他们一辈子觉得职业有幸福感的一个来源。"

总的来说，人格维度、角色与自我效能感、创新能力、社会技能、动机与兴趣等五个维度为我们理解和预测生物多样性保护行动者的行为提供了一个有用的框架。

参考文献

［1］AMABILE T, CONTI R, COON H, et al. Assessing the work environment for creativity ［J］. Academy of Management Journal, 1996, 39（5）: 1154-1184.

［2］BANDURA A, Social foundations of thought and action. Englewood Cliffs ［M］. New Jersey: Prentice Hall, 1986.

［3］BARRICK M R, MOUNT M K., JUDGE T A,（2001）. Personality and performance at the beginning of the new millennium: What do we know and where do we go next ［J］. International Journal of Selection and Assessment, 2001, 9（1-2）: 9-30.

［4］CEBALLOS G, EHRLICH P R, DIRZO R, Biological annihilation via the ongoing sixth mass extinction signaled by vertebrate population losses and declines ［J］. Proceedings of the National Academy of Sciences, 2017, 114（30）: 6089-6096.

［5］GLASER B G, STRAUSS A L, The discovery of grounded theory: Strategies for qualitative research ［M］. 1967.

［6］JOHN O P, SRIVASTAVA S. The Big-Five trait taxonomy: History, measurement, and theoretical perspectives. In L. A. Pervin, O. P. John（Eds.）, Handbook of personality: Theory and research ［M］. Vol. 2, New York: Guilford Press, 1999: 102-138.

［7］JUDGE T A, Bono J E, Relationship of core self-evaluations traits-self-esteem, generalized self-efficacy, locus of control, and emotional stability-with job satisfaction and job performance: A meta-analysis ［J］. Journal of Applied Psychology, 2001, 86（1）: 80-92.

［8］RIGGIO R E, Assessment of basic social skills ［J］. Journal of Personality and Social Psychology, 1986, 51（3）: 649-660.

［9］RYAN R M, DECI E L（2000）. Self-determination theory and the facilitation of intrinsic motivation, social development, and well-being ［J］. American Psychologist, 2000, 55（1）: 68-78.

［10］SMITH B, SUTTON P, Biodiversity and conservation. In R W HOWE, W D ROBINSON（Eds.）, Conservation science: Balancing the needs of people and nature ［M］. 2nd ed. Greenwood: Roberts and Company Publishers, 2018: 135-180.

［11］STAJKOVIC A D, LUTHANS F, Self-efficacy and work-related performance: A meta-analysis ［J］. Psychological Bulletin, 1998, 124（2）: 240-261.

［12］VALLERAND R J, Toward a hierarchical model of intrinsic and extrinsic motivation ［J］. Advances in Experimental Social Psychology, 1997（29）: 271-360.

［13］WEST M A, FARR J L, Innovation at work. In M. A. West & J. L. Farr（Eds.）, Innovation and creativity at work: Psychological and organizational strategies ［M］. New Jersey: Wiley, 1990: 3-13.

［14］YUKL G, Leadership in organizations ［M］. 8th ed. New Jersey: Prentice Hall, 2012.

成长型思维对青少年焦虑的影响：基本心理
需要的中介作用

李悦欣 袁梦 王岩[①]

(首都师范大学心理学院 北京市学习与认知重点实验室，北京 100048)

1 前言

近年来，越来越多的研究者关注到青少年群体的思维模式与其情绪表现之间的关系（Zeng et al.，2016），发现具有成长型思维的个体会更少出现焦虑和抑郁等心理问题（De Castella et al.，2013；Schroder et al.，2015）。有研究表明，32.4%的青少年在 13~18 岁期间曾被诊断为焦虑障碍，且终身患病率为 31.9%（Stockings et al.，2016）。目前已有大量研究对青少年焦虑等心理健康问题进行了探讨（Beesdo et al.，2009；Vallance & Fernandez，2016；Cherewick et al.，2023），但少有研究考虑到青少年处于特殊的成长时期，亟须基本心理需求的满足，否则容易导致个体内部对外界环境的不适应。并且通过对发展过程中心理需求的满足来解决心理健康及焦虑问题的研究还并不多见。因此，本研究考察成长型思维对焦虑的作用，并试图从青少年心理需求的角度来探讨其具体影响路径。

思维模式（Mindset）是指人们对于智力、能力是否可以改变的信念（Dweck & Leggett，1988），主要表现为成长型思维和固定型思维两种。成长型思维是一种以智力可塑为核心理念的思维模式，它认为能力可以通过持续地努力、不断地练习、进一步完善的学习策略以及适当地寻求帮助而得以提升。而固定型思维则认为人的智力、能力是与生俱来的，不会随着时间的积累而增长（Blackwell et al.，2007；Dweck，2014）。二者有着明显的不同，具有成长型思维的个体更倾向于追求能够发展自己的掌握目标，当遭遇失败时会归因于自己不够努力，并产生对挑战的兴趣，坚定成功的决心，从而付出更多的努力以发展和提升自己；而具有固定型思维的个体则更愿意追求能够显示自己聪明的表现目标，将失败归因于自身能力不足，倾向于避免失败，认为自己无法改变现状，从而会出现焦虑、抑郁等问题，并且不愿再付出努力（Dweck，2008；Hong et al.，1999）。

有研究探讨了成长型思维和焦虑之间的关系，结果发现，成长型思维与焦虑呈显著负相关，而固定型思维与焦虑呈显著正相关。一方面，具有成长型思维的个体更少出现无助感、焦虑以及相关的临床症状（Mullarkey & Schleider，2020）。且成长型思维可以缓冲负性生活事件对焦虑的影响（Schroder et al.，2017）。而另一方面，固定型思维的个体也被证明会具有更高的焦虑水平（家晓余等，2022）。不过，对于两种思维模式如何作用于焦虑的途径还并不明确，有研究认为，压力知觉和心理韧性在成长型思维对焦虑的影响中起到中介作用（家晓余等，2022），但此研究以成年大学生为被试，而且并未从成长的角度进行探讨。

[①] 通讯作者：王岩 邮箱：wangyan@cnu.edu.cn

青少年时期是发展基本心理需求的重要时期。自我决定理论（Self-determination theory, SDT）认为，基本心理需求是促进个体成长不可或缺的部分，当基本心理需求得到满足时，青少年才会朝着自我提升的方向发展（吴才智等，2018）。基本心理需求包括自主需求、联结需求以及能力需求三个维度（Deci & Ryan, 2000）。其中，自主需求是指个体能够按照自己的意愿来决定自己行为的需求，能力需求是指个体相信自己有能力完成某件事情的需求，联结需求是指一个人渴望在情感上与其他人产生联系的需求。前人研究显示，这三种需求对个体的身心健康以及其行为和态度都会产生影响。例如，基本心理需求满足与生活满意度具有密切的相关（Van Den Broeck et al., 2016），它对个体的幸福感、精神健康、良好的人际关系都具有积极的预测作用（Gunnell et al., 2013；Patrick et al., 2007）。而且基本心理需求满足情况越好，焦虑、抑郁症状越少（Deci et al., 1996）。它还能对负性生活事件的影响具有抵御作用（Rowe et al., 2013），并降低年轻人的自杀风险（Britton et al., 2014）。

有研究认为，思维模式理论和自我决定理论之间的联系是非常重要且值得探讨的（Lou & Noels, 2020）。他们不仅拥有共同的决定因素，还都对个体的积极发展起着重要的作用。思维模式理论认为，支持性的环境是成长型思维健康发展的必需品（Walton & Yeager, 2020）；而自我决定理论也认为，基本心理需求的满足是由环境能否给予充足的支持性资源决定的（Deci & Ryan, 2000）。并且，他们都提供了对动机以及自我调节的见解（Lou & Noels, 2020）。有研究发现，成长型思维与基本心理需求满足呈显著正相关（Macakova & Wood, 2022）。而一项以中国青少年和大学生为被试的研究中也表明，成长型思维与基本心理需求满足各维度均呈显著正相关（Gu & Wang, 2023）。

综上所述，前人研究发现，青少年处于心理发展的重要时期，满足他们的基本心理需求可以降低焦虑。与此同时，成长型思维与基本心理需求满足呈正相关，与焦虑呈负相关。目前少有研究对成长型思维缓解焦虑的路径进行检验，且没有回答青少年特殊发展时期的心理需求问题。因此，本研究对九年级的青少年进行调查，探讨他们的成长型思维对焦虑的作用，并从自我决定论的角度出发，考察基本心理需求满足的三个维度在其中的中介作用。我们提出三个假设：

假设1：成长型思维、基本心理需求满足及其各维度与焦虑之间分别呈显著相关；
假设2：成长型思维可以负向预测焦虑；
假设3：基本心理需求满足的三个维度在成长型思维与焦虑之间起平行中介作用。

2 方法

2.1 参与者

北京市一所中学的409名（男152人，女226人，未报告性别31人，年龄15±1岁）九年级学生在上课时间完成了自我报告的调查问卷。研究获得该学校行政部门、教师和学生及其家长的同意。并被告知研究目的、所有数据保密且只用于科学研究。本研究获得了首都师范大学心理学院人类研究伦理委员会的批准。

2.2 测量

2.2.1 成长型思维

成长型思维量表（Growth Mindset Scale, GMS）（Dweck et al., 1995）被用来评估青少年的思维模式水平。该量表一共4道题，要求被试根据自身情况在4点量表上进行打分（0=几乎不同意，3=完全同意）。2道题目用来测量成长型思维模式（例如，"不管你的智力水平有多高，你总是能改变它一点"），2道题目用来测量固定型思维模式（例如，"你的智力对你来说是非常基本的，同时无法有太多改变的东西"）。在本研究中，该量表的Cronbach's α系数为0.68。

2.2.2 基本心理需要

基本心理需求满足与受挫量表（Basic Psychological Need Satisfaction and Frustration Scale，BPNSFP）（Chen et al.，2015）被用来评估青少年的基本心理需求满足。该量表一共24道题，分为自主需求满足、自主需求受挫、能力需求满足、能力需求受挫、联结需求满足和联结需求受挫六个维度。每个项目采用5点Likert量表计分（1=完全不符合，5=完全符合）。本研究选用需求满足的三个维度，4道题用来测量自主需求满足（例如，"对于我所做的事情，我有可以自己去自由选择的感觉"），4道题用来测量能力需求满足（例如，"我有信心自己能把事情做好"），4道题用来测量联结需求满足（例如，"我觉得我在乎的人也在乎着我"），本研究中，自主需求满足、能力需求满足和联结需求满足三个维度的Cronbach's α系数分别为：0.79、0.82和0.82。

2.2.3 焦虑

采用焦虑自评量表（Self-rating Anxiety Scale，SAS）（Zung，1971）来评估青少年的焦虑症状水平。该量表包含20个项目（例如，"我觉得比平时容易紧张和着急""我容易心理烦乱或觉得惊恐"），采用Likert4点量表进行评分（1=没有或很少时间有，4=绝大部分或全部时间都有）。在本研究中，该量表的Cronbach's α系数是0.88。

2.3 分析方法

采用SPSS 25.0和Process v4进行数据处理。首先，采用Harman单因素检验法来检验本研究是否存在共同方法偏差问题。然后，计算各变量的描述统计及变量间的相关。接着，采用Process模型4，使用bootstrap采样方法（5000次），进行中介效应分析，考察基本心理需求满足在成长型思维与焦虑间的中介作用。

3 结果

3.1 共同方法偏差检验

为减少共同方法偏差，采用Harman单因素检验法进行共同方法偏差检验。结果表明，未经旋转得到10个特征根大于1的因子，第一个因子所解释的变异量为28.40%，小于40%。说明共同方法偏差问题并不严重（周浩，龙立荣，2004）。

3.2 描述及相关统计结果

本研究各变量的描述统计结果和相关系数如表1所示。成长型思维和基本心理需求满足各维度（自主需求满足、能力需求满足、联结需求满足）均呈显著正相关（$ps<0.01$）；成长型思维和焦虑呈显著负相关（$p<0.01$）；基本心理需求满足各维度与焦虑均呈显著负相关（$ps<0.01$）。

表1 成长型思维基本心理需要与焦虑的描述性统计和相关统计

变量	M	SD	1	2	3	4	5
1. 成长型思维	1.46	0.68	-				
2. 自主需求满足	3.47	0.81	0.280**	-			
3. 能力需求满足	3.57	0.87	0.339**	0.583**	-		
4. 联结需求满足	3.81	0.87	0.191**	0.547**	0.521**	-	
5. 焦虑	1.81	0.50	-0.249**	-0.485**	-0.398**	-0.469**	-

注：**$p<0.01$。

3.3 基本心理需求满足的中介效应检验

根据中介效应检验程序（温忠麟等，2004），首先检验成长型思维对青少年焦虑的总效应。结果表明，成长型思维能负向预测青少年焦虑（$\beta=-0.189$，$p<0.001$）。将基本心理需求满足的三个维度（自主需求满足、能力需求满足和联结需求满足）作为中介变量同时加入模型中，发现自主需求满足和联结需求满足是成长型思维与焦虑之间的中介变量，另外成长型思维与焦虑之间直接相关不显著（$\beta=-0.076$，$p>0.05$）。数据结果见表2及表3。

表2 基本心理需要及其各维度在成长型思维与焦虑关系中的中介作用

Dependent	Independent	Coeff st	SE	t	p	95% confidence interval LLCI	ULCI	F	R^2
焦虑	成长型思维	-0.189	0.037	-5.069	0.000	-0.263	-0.116	25.695	0.059
自主需要满足	成长型思维	0.309	0.052	5.939	0.000	0.207	0.411	35.277	0.080
能力需求满足	成长型思维	0.409	0.056	7.358	0.000	0.300	0.518	54.138	0.117
联结需求满足	成长型思维	0.231	0.057	4.032	0.000	0.118	0.343	16.254	0.038
焦虑	成长型思维	-0.076	0.035	-2.174	0.030	-0.144	0.007	42.219	0.479
	自主需求满足	-0.189	0.039	-4.812	0.000	-0.266	-0.112		
	能力需求满足	-0.035	0.036	-0.976	0.330	-0.106	0.036		
	联结需求满足	-0.178	0.035	-5.149	0.000	-0.246	-0.110		

表3 基本心理需求满足各维度的间接效应检验

	Effect	SE	95%confidence interval LLCI	ULCI
成长型思维→自主需求满足→焦虑	-0.058	0.019	-0.099	-0.026
成长型思维→能力需求满足→焦虑	0.014	0.014	-0.042	0.014

续表

	Effect	SE	95%confidence interval	
			LLCI	ULCI
成长型思维→联结需求满足→焦虑	-0.041	0.014	-0.072	-0.017

这表明自主需求满足和联结需求满足在成长型思维对焦虑的影响中起到完全中介作用，中介效应占比分别为-0.058/-0.189=0.307；-0.041/-0.189=0.217；即成长型思维对青少年焦虑情绪的影响有30.7%是通过自主需求满足起作用的；有21.7%是通过联结需求满足起作用的。模型图见图1。

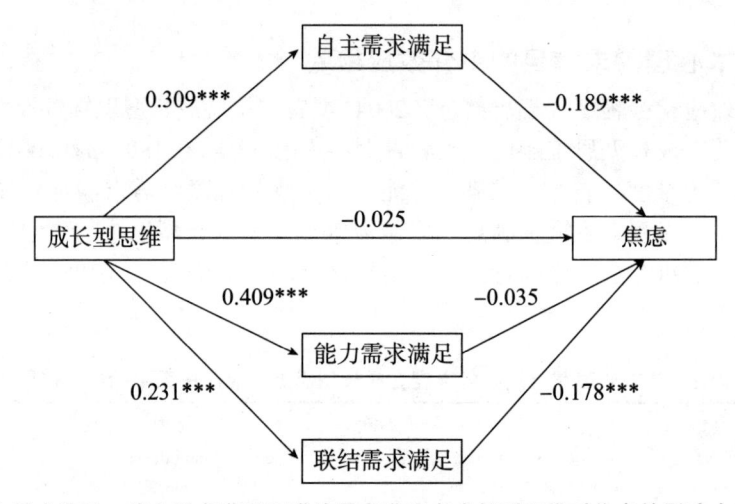

图1 自主需求满足、能力需求满足和联结需求满足在成长型思维对焦虑的影响中的中介作用

4 讨论

本研究旨在考察成长型思维和焦虑之间的关系，并探讨基本心理需求满足的三个维度（自主需求满足、能力需求满足、联结需求满足）所起的中介作用。结果显示，成长型思维和焦虑呈显著负相关；成长型思维和基本心理需求满足各维度均呈显著正相关；基本心理需求满足各维度与焦虑均呈显著负相关。成长型思维能够负向预测青少年的焦虑水平，自主需求满足和联结需求满足在其中起到平行中介的作用。本研究结果有助于青少年通过思维模式的改善，满足基本心理需求而降低焦虑，这或许是一种新型的改善心理困扰的方式。

本研究结果表明，成长型思维能够负向预测青少年的焦虑水平。此结果与前人研究一致。例如，有研究发现，成长型思维与焦虑呈负相关，能够负向预测焦虑情绪（Kern et al., 2015；Zarrinabadi et al., 2022）。且成长型思维与较少的心理痛苦有关（Schroder, 2021），这可能是因为高水平的成长型思维能够抵御压力事件所带来的负面情绪（Zhang et al., 2017）。还有干预研究发现，增加成长型思维可以减轻焦虑等症状（Schleider & Weisz, 2018）。这些研究支持本研究假设2，即成长型思维负向预测焦虑。也就是说，当个体的成长型思维越发达的时候，他们所具有的焦虑情绪就越少，他们会用发展的眼光看问题，相信自己目前的状态只是一时的，是可以通过自己的努力来做出改变的，从而对焦虑情绪起到了缓解的作用。并且，前人研究表明，初中阶段是学生思维品质发展的重要阶段，也是养成成长型思维的关键时期（王晓娜，2023）。因此，提高成长型思维水平应当引起重视，这对青少年焦虑的预防具有积极的意义。

本研究结果还表明，在青少年成长型思维对焦虑的影响中，基本心理需求满足起到了中介作用。一方面，成长型思维和基本心理需求满足的三个维度呈正相关，在中介效应检验中显示成长型思维正向预测基本心理需求满足各维度。另一方面，基本心理需求满足负向预测焦虑，这也与前人研究结果一致（Schotanus-Dijkstra et al.，2016；邓林园等，2019）。

首先，成长型思维可以通过基本心理需求满足的自主维度减少焦虑。自主性意味着一个人能够掌控自我（Hmel & Pincus，2002），与心理健康紧密相关（Bekker et al.，2008）。以往研究发现，成长型思维的个体能够充分寻求机会并接受挑战（Dweck，2008），主动发展各项能力，从而使其自主需求得到了满足。与此同时，根据皮亚杰的认知发展理论（Piaget & Hu，1995），初中生阶段发展出来的复杂的元认知能力使他们能够对自己的思维过程进行认识并进行监控，使得该阶段的青少年具备了进行自主需求的初步能力并且亟待发展。如果能够很好地满足他们的自主需求，则将对于维持个体的幸福感尤为重要（Nie et al.，2015），并且能够更大限度地减少心理行为问题的发生（Deci & Ryan，2012）。研究发现，具有焦虑等内化障碍的病人以自主性缺陷和高水平的他人敏感度为特征，他们较少关注自我。这个模式在大学生（Bekker & Belt，2006），临床（Bachrach et al.，2013）和社区（Maas et al.，2019）样本中均有表现。此结果虽然都是来自成人群体，但也可以从反面支持本研究的结果，如果初中生的自主需求无法得到满足，则焦虑情绪会上升。

其次，成长型思维可以通过基本心理需求满足的联结维度减少焦虑。有研究表明，成长型思维能够正向预测联结需求满足，具有成长型思维的个体对自己的家人、亲朋好友等都会更加满意（Van Tongeren & Burnette，2018）。积极的社会支持有助于减少焦虑（Guilaran et al.，2018；Özmete & Pak，2020）。社会支持与焦虑程度呈负相关（苏畅 et al.，2019）。还有研究发现，社会支持程度低的人出现焦虑症状的可能性要比社会支持程度高的人高出5~6倍（Ma et al.，2020）。也就是说，具有成长型思维的个体会积极寻求社会支持，寻求家人与亲朋好友的更多接触，从而得到更多的支持，帮助自己应对生活中的各种问题，使自己的联结需求得到满足，从而减少焦虑。

最后，本研究结果表明成长型思维并没有通过基本心理需求满足的能力维度减少焦虑。但成长型思维能够正向预测能力需求满足，这与前人研究结果一致，拥有高水平成长型思维的个体对事物的控制力更好（Weisz et al.，2001），且拥有成长型思维的个体更有可能付出额外的努力来发展掌控能力（Hong et al.，1999）。根据动机的社会认知理论，成长型思维的个体以掌握知识和技能为目标，在遇到压力或挫折时会付出更多的努力和坚持（Dweck & Leggett，1988）。但成长型思维没有通过能力需求满足降低焦虑可能是因为本研究的参与者为中国青少年，处于九年级阶段，面临着升学的压力，学习强度较高，竞争较为激烈，因此对于他们来说，即使能力需求能够得到满足，但所面临的境况依旧对其能力发展有较高的要求，所以并不能使他们的焦虑情绪有所缓解。

综上所述，成长型思维能够负向预测青少年焦虑，且自主需求满足和联结需求满足在其中起到平行中介作用。青少年可以通过发展成长型思维，来满足基本心理需求从而降低焦虑。这说明了成长型思维在中国青少年群体中具有积极的作用，而基本心理需求满足的中介作用也为今后干预研究提供了思路。但本研究还存在一些局限性：首先，本研究为横断研究，因此不能得出因果关系。其次，本研究的数据收集于COVID-19大流行期间，已有研究证明这可能会对青少年的焦虑有影响。未来的研究应寻求控制COVID-19大流行的影响，或探究后大流行时代的研究结果。

5　结语

本研究通过对九年级学生的问卷调查，探索了青少年群体成长型思维与焦虑之间的关系，以及基本心理需求满足的三个维度（自主需求满足、能力需求满足和联结需求满足）在其中的平行中介效应，从自我决定论的角度为成长型思维对焦虑影响的具体路径提出了新的思考，可以通过发展青少年的成长型思维，进而满足他们的基本心理需求，来降低其焦虑水平。本研究加强了对青少年群体心理健康的关注，为青少年的心理健康教育以及危机干预提供科学依据，也为提升青少年的心理健康添砖加瓦。

参考文献

［1］BACHRACH N, BEKKER M H J, CROON M A. Autonomy-Connectedness and Internalizing-Externalizing Personality Psychopathology, Among Outpatients［J］. Journal of Clinical Psychology, 2013, 69. DOI：10. 1002/jclp. 21940.

［2］BEESDO K, KNAPPE S, PINE D S. Anxiety and anxiety disorders in children and adolescents：developmental issues and implications for DSM-V［J］. Psychiatric Clinics, 2009, 32（3）：483-524.

［3］BEKKER M H J, BELT U. The role of autonomy-connectedness in depression and anxiety.［J］. Depression & Anxiety, 2010, 23（5）：274-280. DOI：10. 1002/da. 20178.

［4］BEKKER M H J, Croon M A, Balkom E G A V, et al. Predicting individual differences in autonomy-connectedness：the role of body awareness, alexithymia, and assertiveness［J］. Journal of Clinical Psychology, 2010, 64（6）. DOI：10. 1002/jclp. 20486.

［5］BLACKWELL L S, TRZESNIEWSKI K H, DWECK C S. Implicit Theories of Intelligence Predict Achievement Across an Adolescent Transition：A Longitudinal Study and anIntervention［J］. Child Dev, 2007, 78（1）：246-263. DOI：10. 1111/j. 1467-8624. 2007. 00995. x.

［6］BRITTON P C, ORDEN K A V, HIRSCH J K, et al. Basic Psychological Needs, Suicidal Ideation, and Risk for Suicidal Behavior in Young Adults［J］. Suicide and Life-Threatening Behavior, 2014, 44. DOI：10. 1111/sltb. 12074.

［7］CHEN B, VANSTEENKISTE M, BEYERS W, et al. Basic psychological need satisfaction, need frustration, and need strength across four cultures［J］. Motivation and emotion, 2015, 39：216-236.

［8］CHEREWICK M, HIPP E, NJAU P, et al. Growth mindset, persistence, and self-efficacy in early adolescents：Associations with depression, anxiety, and externalising behaviours.［J］. Global public health, 2023, 181, 2213300. DOI：10. 1080/17441692. 2023. 2213300.

［9］DE CASTELLA K, GOLDIN P, JAZAIERI H, et al. Beliefs About Emotion：Links to Emotion Regulation, Well-Being, and Psychological Distress［J］. Basic & Applied Social Psychology, 2013, 35（6）：497-505. DOI：10. 1080/01973533. 2013. 840632.

［10］DECI E L, RYAN R M. The "What" and "Why" of Goal Pursuits：Human Needs and the Self-Determination of Behavior［J］. Psychological Inquiry, 2000, 11（4）：227-268. DOI：10. 1207/S15327965PLI1104_ 01.

［11］DECI E L, RYAN R M. Motivation, Personality, and Development Within Embedded Social Contexts：An Overview of Self-Determination Theory［J］.［2024-10-31］. DOI：10. 1093/oxfordhb/9780195399820. 013. 0006.

［12］DECI E L, RYAN R M, WILLIAMS G C. Need satisfaction and the self-regulation of learning［J］.

Learning & Individual Differences, 1996, 8 (3): 165-183. DOI: 10. 1016/S1041-6080 (96) 90013-8.

[13] DWECK C S. Mindset: The new psychology of success [M]. Random house, 2006.

[14] DWECK C S. Self-theories: Their role in motivation, personality, and development [M]. Psychology press, 2013.

[15] DWECK C S, CHIU C Y, HONG Y Y. Implicit Theories and Their Role in Judgments and Reactions: A Word From Two Perspectives [J]. Psychological Inquiry, 1995, 6 (4): 267-285. DOI: 10. 1207/s15327965pli0604_ 1.

[16] DWECK C, LEGGETT E. A Social-Cognitive Approach to Motivation and Personality [J]. Psychological Review, 1988, 95 (2): 256-273. DOI: 10. 1037/0033-295X. 95. 2. 256.

[17] GU J, WANG J L. Basic psychological needs satisfaction profiles and well-being among Chinese adolescents and Chinese university students: the role of growth mindset [J]. Current Psychology, 2024, 43 (13): 11998-12006.

[18] GUILARAN J, DE TERTE I, KANIASTY K, et al. Psychological outcomes in disaster responders: A systematic review and meta-analysis on the effect of social support [J]. International Journal of Disaster Risk Science, 2018, 9: 344-358.

[19] GUNNELL K E, CROCKER P R E, WILSON P M, et al. Psychological need satisfaction and thwarting: A test of basic psychological needs theory in physical activity contexts [J]. Psychology of sport and exercise, 2013, 14 (5): 599-607.

[20] HMEL B A, PINCUS A L. The meaning of autonomy: On and beyond the interpersonal circumplex [J]. Journal of personality, 2002, 70 (3): 277-310.

[21] HONG Y, CHIU C, DWECK C S, et al. Implicit theories, attributions, and coping: a meaning system approach [J]. Journal of Personality and Social psychology, 1999, 77 (3): 588.

[22] JIA X, HAO L, HE L, et al. Regional gray matter volume is associated with growth mindset: a voxel-based morphometry study [J]. Neuroscience, 2023, 509: 96-102.

[23] KERN M L, WATERS L E, ADLER A, et al. A multidimensional approach to measuring well-being in students: Application of the PERMA framework [J]. The journal of positive psychology, 2015, 10 (3): 262-271.

[24] LAM K K L, ZHOU M. A serial mediation model testing growth mindset, life satisfaction, and perceived distress as predictors of perseverance of effort [J]. Personality and Individual Differences, 2020, 167: 110262.

[25] LOU N M, NOELS K A. "Does my teacher believe I can improve?": The role of meta-lay theories in ESL learners' mindsets and need satisfaction [J]. Frontiers in psychology, 2020, 11: 1417.

[26] MA Z, ZHAO J, LI Y, et al. Mental health problems and correlates among 746 217 college students during the coronavirus disease 2019 outbreak in China [J]. Epidemiology and psychiatric sciences, 2020, 29: e181.

[27] MAAS J, LACEULLE O, BEKKER M. The role of autonomy-connectedness in the relation between childhood stressful life events, current posttraumatic symptoms, and internalizing psychopathology in adulthood [J]. Psychological Trauma: Theory, Research, Practice, and Policy, 2019, 11 (3): 345.

[28] MACAKOVA V, WOOD C. The relationship between academic achievement, self-efficacy, implicit theories and basic psychological needs satisfaction among university students [J]. Studies in Higher Education, 2022, 47 (2): 259-269.

[29] MULLARKEY M C, SCHLEIDER J L. Contributions of fixed mindsets and hopelessness to anxiety and depressive symptoms: A commonality analysis approach [J]. Journal of affective disorders, 2020, 261: 245-252.

[30] NIE Y, CHUA B L, YEUNG A S, et al. The importance of autonomy support and the mediating role

of work motivation for well-being: Testing self-determination theory in a Chinese work organisation [J]. International journal of psychology, 2015, 50 (4): 245-255.

[31] ÖZMETE E, PAK M. The relationship between anxiety levels and perceived social support during the pandemic of COVID-19 in Turkey [J]. Social work in public health, 2020, 35 (7): 603-616.

[32] PATRICK H, KNEE C R, CANEVELLO A, et al. The role of need fulfillment in relationship functioning and well-being: a self-determination theory perspective [J]. Journal of personality and social psychology, 2007, 92 (3): 434.

[33] PIAGET, J., & HU, S. (1995). Fa sheng ren shi lun yuan li [M]. The Commercial Press, 1981.

[34] ROWE C A, BRITTON P C, HIRSCH J K, et al. The relationship between negative life events and suicidal behavior: moderating role of basic psychological needs. [J]. Crisis the Journal of Crisis Intervention & Suicide Prevention, 2013, 34 (4): 233-241. DOI: 10. 1027/0227-5910/a000173.

[35] SCHLEIDER J, WEISZ J. A single-session growth mindset intervention for adolescent anxiety and depression: 9-month outcomes of a randomized trial [J]. Journal of Child Psychology and Psychiatry, 2018, 59 (2): 160-170.

[36] SCHOTANUS-DIJKSTRA M, TEN KLOOSTER P M, DROSSAERT C H C, et al. Validation of the Flourishing Scale in a sample of people with suboptimal levels of mental well-being [J]. BMC psychology, 2016, 4: 1-10.

[37] SCHRODER H S. Mindsets in the clinic: Applying mindset theory to clinical psychology [J]. Clinical psychology review, 2021, 83: 101957.

[38] SCHRODER H S, DAWOOD S, YALCH M M, et al. The role of implicit theories in mental health symptoms, emotion regulation, and hypothetical treatment choices in college students [J]. Cognitive therapy and research, 2015, 39: 120-139.

[39] STOCKINGS E A, DEGENHARDT L, DOBBINS T, et al. Preventing depression and anxiety in young people: a review of the joint efficacy of universal, selective and indicated prevention [J]. Psychological medicine, 2016, 46 (1): 11-26.

[40] VALLANCE A K, FERNANDEZ V. Anxiety disorders in children and adolescents: Aetiology, diagnosis and treatment [J]. BJPsych advances, 2016, 22 (5): 335-344.

[41] VAN DEN BROECK A, FERRIS D L, CHANG C H, et al. A review of self-determination theory's basic psychological needs at work [J]. Journal of management, 2016, 42 (5): 1195-1229.

[42] VAN TONGEREN D R, BURNETTE J L. Do you believe happiness can change? An investigation of the relationship between happiness mindsets, well-being, and satisfaction [J]. The Journal of Positive Psychology, 2018, 13 (2): 101-109.

[43] WALTON G M, YEAGER D S. Seed and soil: Psychological affordances in contexts help to explain where wise interventions succeed or fail [J]. Current Directions in Psychological Science, 2020, 29 (3): 219-226.

[44] WEISZ J R, SOUTHAM-GEROW M A, MCCARTY C A. Control-related beliefs and depressive symptoms in clinic-referred children and adolscents: Developmental differences and model specificity [J]. Journal of abnormal psychology, 2001, 110 (1): 97.

[45] ZARRINABADI N, REZAZADEH M, KARIMI M, et al. Why do growth mindsets make you feel better about learning and your selves? The mediating role of adaptability [J]. Innovation in Language Learning and Teaching, 2022, 16 (3): 249-264.

[46] ZENG G, HOU H, PENG K. Effect of growth mindset on school engagement and psychological well-being of Chinese primary and middle school students: The mediating role of resilience [J]. Frontiers in psychology, 2016, 7: 1873.

[47] ZHANG J, KUUSISTO E, TIRRI K. How teachers' and students' mindsets in learning have been

studied: research findings on mindset and academic achievement [J]. Psychology, 2017, 8 (09): 1363.

[48] ZUNG W W. A rating instrument for anxiety disorders [J]. Psychosomatics: Journal of Consultation and Liaison Psychiatry, 1971.

[49] 邓林园, 辛翔宇, 徐洁. 高一学生焦虑抑郁症状与父母自主支持、基本心理需要满足的关系 [J]. 中国心理卫生杂志, 2019, 33 (11): 875-880.

[50] 家晓余, 张宇驰, 邱江. 思维模式对大学生情绪健康的影响: 压力知觉和心理韧性的链式中介效应 [J]. 西南大学学报（社会科学版）, 2022, 48 (4): 202-209. DOI: 10.13718/j.cnki.xdsk.2022.04.020.

[51] 苏畅, 徐寰宇, 赖诗敏, 等. 四川农村中学生焦虑抑郁在社会支持与自杀意念间的作用 [J]. 中国学校卫生, 2019, 40 (6): 835-838+841. DOI: 10.16835/j.cnki.1000-9817.2019.06.013.

[52] 王晓娜. 培养成长型思维的初中生涯教育课程探索 [J]. 中小学心理健康教育, 2023, (10): 61-65.

[53] 温忠麟, 张雷, 侯杰泰, 等. 中介效应检验程序及其应用 [J]. 心理学报, 2004, (5): 614-620.

[54] 吴才智, 荣硕, 朱芳婷, 等. 基本心理需要及其满足 [J]. 心理科学进展, 2018, 26 (6): 1063-1073.

[55] 周浩, 龙立荣. 共同方法偏差的统计检验与控制方法 [J]. 心理科学进展, 2004, (6): 942-950.

构建小学生积极学习生活
——基于积极心理学的启示

杨庆飞

(北京信息科技大学经济管理学院，北京 100000)

1 前言

近年来，青少年心理健康问题日益严重，尤其学习焦虑小学化现象越来越普遍。在全面落实素质教育改革的新课改背景下，本文尝试基于PERMA模型将积极心理学干预运用于学校心理健康教育课程之中，旨在为预防心理问题和培养积极心理品质奠基，使学生获得积极的心理体验和快乐的学习生活环境，并逐渐完善学校心理健康教育课程体系，构建学校心理健康教育资源目标，为学生健康地成长和成才提供高质量的心理教育服务，缓解学习焦虑低龄化，使学生获得学习幸福感。

2 积极心理学概念和PERMA模型

2.1 积极心理学的概念

积极心理学是心理学的一个分支，其理论内容对于心理健康教育有着深远的指导意义。倡导人类要用一种积极的心态来识别、解读人的许多心理现象，并由此来激发每个人自身所固有的潜在的积极心理品质和积极心理力量，成为推动个人成长和幸福的动力。因此，积极心理学主张以积极认知方式，如遇事乐观、坚韧和自我效能感，积极情绪，如喜悦、感激和爱，积极人格的特质，如勇气、智慧和善良等积极力量为研究对象，强调心理学不仅要帮助处于某种"逆境"条件下的人们知道如何调整心态求得生存和发展,更要帮助那些处于正常情况的人们学会怎样建立起高质量的个人生活和社会生活。

积极心理学认为不仅要关注和解决已经出现心理问题或疾病的群体,更应该充分发挥他们自身心理潜能,运用自己内在积极力量来克服心理上的困难与挑战,从而实现个人成长与发展。当我们深入探讨积极心理学的内涵时,会发现它涉及的范围远比我们想象的要广泛。积极的认知方式,如遇事乐观、坚韧和自我效能感,积极情绪,如喜悦、感激和爱,是我们生活中不可或缺的色彩,它们为我们带来欢乐,也使我们与他人建立深厚的情感纽带。积极人格的特质,如勇气、智慧和善良,是我们成为更好的人的基石,它们塑造我们的品格,也影响我们看待世界的方式。

2.2 积极心理学的幸福感-PERMA模型

"积极心理学之父"马丁·塞利格曼(Martin Selig-man)在《持续的幸福》(2011)一书中提出了幸福感理论的PERMA模型,他认为,幸福感要具备以下5个元素:要有积极的情绪P(positive emotions)、要投入E(engagement)、要有和谐的人际关系R(relationships)、做的事要有意义M(meaning)、完成任务后有成就感A(Achievements)。若将心理学的研究区别划分为-100~100,那么传统心理学主要关注的是-100~0的消极心理问题,积极心理学主要关注的是0~100的积极心理问题。受其启发,本文尝试为学校教育中学习焦虑的对立面——学习幸福感进行如下界定:小学生带着积极的情绪去学习,高质量地参与和投入到和谐的师生关系、生生关系和家庭教育关系中去,并对自己学有所成有长远的人生目标和幸福的成就感,将基于PERMA模型下的积极心理干预运用于学校教育的心理健康教育课程中,旨在缓解焦虑抑郁小学化现状,促使学生采用乐观积极的心态对待事物,积极学习生活,获得学习幸福感。

3 调查对象与方法

3.1 调查对象

选取我任教的民办教育集团中的小学部376位同学作为研究对象,根据广泛性焦虑量表(GAD-7)编制适合小学生的学习压力问卷调查,每个条目0~3分,以无、轻微、中度和重度为4个程度选择,也就是以7个条目(学习压力、家长期望压力、考试焦虑、课堂关系、社交焦虑、害怕父母辅导作业、想到学习会睡不着觉)的分值相加,结果以总分计算,总分范围是0~21分。其中,没有焦虑GAD:0~4分;轻度焦虑GAD:5~9分;中度焦虑GAD:10~14分;重度焦虑GAD:15~21分。这一问卷调查表现出良好的信度和效度,Cronbach's α系数为0.863。共发放问卷376份,回收有效问卷358份,有效回收率为95.21%。

3.2 调查对象基本情况

在358名小学生中,没有、轻度、中度和重度的检出率分别为44.13%、37.43%、14.25%和4.19%。

3.2.1 现状分析

如表1所示,学习压力、家长期望压力、考试焦虑、害怕父母辅导作业的平均值均超过1,测试量表中总分4分为有、无焦虑倾向或焦虑症的警戒线。由此可知,危险因素集中于学习压力、家长期望压力、考试焦虑、害怕父母辅导作业,保护因素为课堂关系和学校社交关系,学习焦虑较多地来自学习本身的压力和家长施加于小学生身上的压力,课堂关系和学校社交关系也有一定的影响。

表1 问卷调查现状分析及结果解读

		学习压力	家庭期望压力	考试焦虑	课堂关系	社交焦虑	害怕父母辅导作业	想到学习，会睡不着觉
个案数	有效	358	358	358	358	358	358	358
	缺失	0	0	0	0	0	0	0
平均值		1.21	1.18	1.22	0.27	0.46	1.37	0.75
标准偏差		0.592	0.779	0.590	0.643	0.700	0.898	0.723
最小值		0	0	0	0	0	0	0
最大值		3	3	3	3	3	3	3

3.2.2 显著性检验分析

GAD-7 的学习压力问卷调查结果中，将学习压力、考试焦虑纳入学习维度，课堂关系、是否存在社交焦虑纳入人际关系维度，家长期望压力、害怕父母辅导作业和想到学习会失眠纳入家庭维度，有、无焦虑组在学习维度、人际关系维度和家庭维度存在着显著差异（x^2 = 94.831、95.624、303.896，$P<0.01$）（表2），说明学习维度、人际关系维度和家庭维度都会对小学生有、无焦虑倾向或症状产生影响。

表2 学习维度、人际关系维度和家庭维度对有无焦虑症状的显著性检验

		平方和	自由度	均方	F	显著性
学习维度	组间	100.523	1	100.523	94.831	0.000
	组内	377.368	356	1.060		
	总计	477.891	357			
人际关系维度	组间	123.667	1	123.667	95.624	0.000
	组内	460.400	356	1.293		
	总计	584.067	357			
家庭维度	组间	833.457	1	833.457	303.896	0.000
	组内	976.356	356	2.743		
	总计	1809.813	357			

3.2.3 相关性分析

如表3所示，7个条目所归类的学习维度、人际关系维度和家庭维度之间的相关系数都是带有两颗星，相关性显著，证明维度之间是两两相关、互相影响的关系，相关系数都大于0，全部显示为正向相关关系，三维度对小学生焦虑倾向和症状均有影响。

表3　问卷数据相关性分析

		学习维度	人际关系维度	家庭维度
学习维度	皮尔逊相关性	1	0.877**	0.897**
	Sig.（双尾）		0.000	0.000
	个案数	358	358	358
人际关系维度	皮尔逊相关性	0.877**	1	0.884**
	Sig.（双尾）	0.000		0.000
	个案数	358	358	358
家庭维度	皮尔逊相关性	0.897**	0.884**	1
	Sig.（双尾）	0.000	0.000	
	个案数	358	358	358

注：** 在0.01级别（双尾），相关性显著。

3.2.4 讨论与分析

由上述数据可知，学习焦虑小学化现象来源是学习维度、人际关系维度和家庭维度。学习焦虑可能导致孩子们产生自卑心理、抑郁情绪、失眠等问题，既影响他们的自信心和学习动力，又影响他们的社交能力和人际关系。小学生学习焦虑的心理问题应该引起学校教育的关注与重视，更应该引起家长的重视：把好教育质量关，在关注孩子成绩和排名的同时，更应该关注心理健康的发展，应该激发孩子的优势和潜能，让孩子在学习中获得学习幸福感，带着积极情绪去学习，健康成长，建立起高质量的学习生活。

4 基于PERMA模型的积极心理学干预研究框架

新课程改革的教育背景下，由于小学生年龄较小，身心素质发展受限，在校园学习生活中主要依靠教师的有效引导而形成正确的个性发展与道德品质，从而健康成长。随着新课改的深入，"双减"政策的落地，我们更关注教师对小学生心理健康的引导。其引导既包括思想品德课程，也包括其他学科课程，最不可忽视的是心理健康教育课程。基于积极心理学PERMA模型的启示，为了缓解学习焦虑小学化的心理健康教育现状，我们尝试构建积极心理学干预小学生学习焦虑的研究框架。下面简要介绍框架。

4.1 研究框架设计背景

目前，小学心理健康教育存在学校心理健康教育形式不够丰富、家庭心理健康教育理念不够科学、社区心理健康资源使用不够到位等问题，小学心理健康服务体系建设未能有效满足学生素质发展需求。校园对心理健康教育资源需求量在增加，但是相关的心理健康资源却没有匹配。很多小学虽然开设了心理健康教育课程，同时设立了专门的小学生心理顾问和咨询中心，但是它们的设置过于形式化。在笔者任教八年的民办教育集团中，小学阶段的心理健康课程形同虚设。根据教育部的统计数据，截至2023年，全国仍有约15%的小学未开设心理健康教育课程。一项针对全国中小学心理健康教育教师的调查显示，约40%的学校没有专职的心理健康教育教师，而是由其他学科教师兼任。数据均表明，学校领导、教师、家长和学生对心理健康教育课程的重视程度不够，认为其可有可无，当前学校评价体系仍过于注重学科成绩，心理健康教育成果的评价往往被忽视，被弱化，甚至被边缘化。

近年来，青少年心理健康问题日益严重。根据某研究机构发布的数据，约30%的中小学生存在不同程度的心理问题，如焦虑、抑郁等。有研究报告显示，无论小学生、初中生还是高中生，他们学习焦虑的检出率都在50%以上。

4.2 积极心理学干预研究框架

PERMA模型的5个元素中，如图1所示，每个元素都有准确的定义，可以被精确地测量，而且每个元素都可以通过学习来增强，并且每个元素与其他元素也存在着联系。比如，工作中我们可以因为成就的达成而出现更多的积极情绪（P），之后会在工作中出现更多的投入（E），与同事相处愉快（R），投入又产出了成就感（A），以此进入工作的良性循环中实现蓬勃发展（well-being），实现工作的意义（M）。

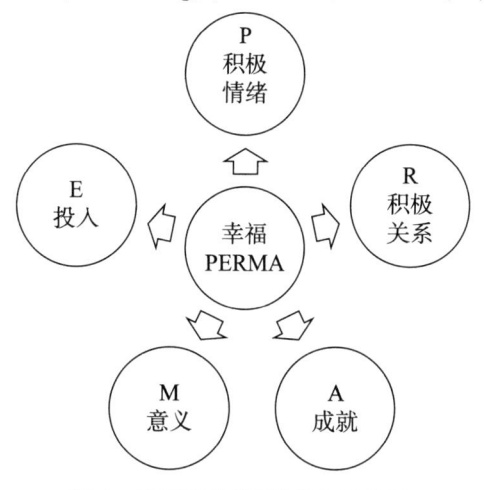

图1　幸福理论模型框架PERMA

在教育领域，PERMA模型可以帮助教育者更好地理解学生的需求和情感状态，小学生学习焦虑的原因一般来自学习，主要表现为对学习任务的过度担心、紧张和恐惧。在考试、课堂表现、作业完成等方面，孩子们可能会因为害怕达不到预期标准或担心被批评，丧失心理安全感，而产生强烈的焦虑情绪。这种焦虑情绪可能导致孩子对学习产生抵触心理，甚至出现注意力不集中、记忆力减退、学习效率下降等问题。一般引发小学生恐惧学习的原因就是家庭、学校这两个地方，家校双方都过于重视他们的文化课作业，每天和孩子打照面最多的就是作业、成绩。家长、教师如果忽视孩子的焦虑情况，没有及时疏导孩子的情绪，仅仅只是口头随意安慰孩子，更容易加重孩子的焦虑，甚至崩溃，出现严重的心理问题和厌学情绪。

我们用PERMA模型来建立研究框架如图2所示，在学校重视心理健康教育课程的情况下，引入积极心理学作为中介因素，起到团体心理干预作用，在心理健康课程中增加积极心理学的内容，如幸福感、乐观主义、积极情绪等，旨在激发学生的积极情绪，发展他们的积极品质，并促进他们建立积极的人际关系，来激发学生的学习兴趣和积极性，培养他们的快乐、满足和自豪等积极情绪（P）。进化心理学告诉我们，追求积极、避免消极是人类的本能。当学生对学习生活充满积极的情绪之后，不仅会构成和谐的生生关系（R），还会对学习有更多的、更向上的投入（E），缓解学习维度带来的学习焦虑。教师和学生之间的积极关系（R）对小学生的心理健康成长也具有极其重要的意义。教师以积极、关爱的态度对待每一个学生，尊重他们的个性，鼓励他们发挥自己的潜能，从而建立起积极的师生关系（R）。在充满心理安全感的情境下，小学生会逐渐在学习上取得成绩，打破家长维度的焦虑，获得更多的学习成就感（A），幸福快乐地学习，探索更多人生的意义（M），形成良性的循环效应。

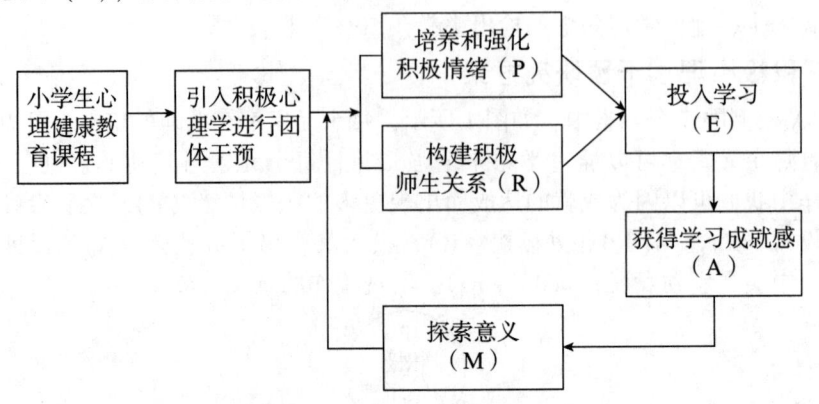

图 2　积极心理学干预研究框架

4.3　团体心理干预方案设计

团体心理干预方案设计，以 PERMA 模型为理论基础，从研究框架出发，解决小学生学习焦虑的核心三维度：学习维度、人际关系维度和家庭维度，通过运用积极心理学干预的方式引导学生发现和培养自己的积极情绪和积极品质，塑造积极人格特质，提升他们的心理韧性和幸福感。运用积极心理学进行团体干预的活动设计有如下 8 种。如表 4 所示。①反转课堂模式：传统的心理健康教育课堂往往是教师讲解、学生聆听的模式，而反转课堂模式强调学生的主动参与和探索；②体验式学习积极心理学；③开展积极心理学的实践活动；④加强积极心理学的宣传和推广；⑤个案心理辅导；⑥提升教师积极心理学素养；⑦跨学科整合；⑧利用数字技术和社交媒体。

表 4　基于 PERMA 模型的小学生焦虑团体心理干预方案

序号	方案	目标	内容设计
①	反转课堂模式	知识内化、个性化发展，激发学生学习兴趣和主动性，调节非适应性认知，提升自我对积极情绪的认知	教师可以在课前提供一些积极心理学相关的资料或视频，让学生提前了解相关内容。课堂时间则用来组织学生进行小组讨论、分享感悟，教师则担任引导者和解答疑惑的角色，释放学习压力，外放学习困惑
②	体验式学习积极心理学	体验积极情绪、学习积极应对策略	通过亲身参与和体验来学习和理解知识。在心理健康教育中，可以设计一些情景模拟、角色扮演、故事体验等体验式活动
③	开展积极心理学的实践活动	帮助学生培养积极的心态并提高情绪管理自我控制能力，构建积极人际关系（生生关系），体会人际交往的理解与接纳	通过心理训练、心理辅导、心理夏令营活动、艺术创作、运动游戏、团队合作游戏（例如："互助拍拍背""解开千千结""人际大富翁"活动）体会社会支持系统及其重要意义

续表

序号	方案	目标	内容设计
④	加强积极心理学的宣传和推广	提高学生和家长对积极心理学的认识和重视程度，树立合理的学习质量观，不唯成绩论英雄，促进家庭教育关系和谐	通过学校宣传板、亲子讲座茶话会、积极心理学讲座、积极心理学相关手抄报比赛、积极心理学相关演讲比赛、家长会、家访、线上沟通等方式潜移默化向学生和家长浸润积极心理学知识
⑤	个案心理辅导	传播积极心理能量，以人为本，因材施教，建立心理支持体系	通过定期的心理健康评估、个性化的教育计划和反馈机制实现以人为本，量身定制教育路径。进行"情绪画廊""烦恼都走开"活动，引导学生放松心态，畅所欲言，通过讲解情绪ABC理论帮助成员缓解焦虑或压力，尝试建立持久的心理支持体系
⑥	提升教师积极心理学素养	教师以积极、关爱的态度对待每一个学生，尊重他们的个性，鼓励他们发挥自己的潜能，从而建立起积极的师生关系	教师是心理健康教育的主要实施者，他们的专业能力直接影响心理健康教育的效果。通过研讨会、讲座学习、共读一本书等方式，加强对教师的培训和教育，提高他们的积极心理学理论水平和实践能力，使他们能够更好地引导学生发现和培养自己的积极品质和情绪
⑦	跨学科整合	培养学生的积极心理品质和积极人格特质	与其他学科进行整合，发挥积极心理学与其他学科如艺术、体育、社会科学等紧密联系的特点，通过跨学科的项目或活动来培养学生的积极心理。例如，通过艺术创作来表达和分享积极情绪，或通过体育活动来培养坚韧不拔的品质
⑧	利用数字技术和社交媒体	传播积极心理学的理念和方法，在线提供心理支持和帮助	开发心理健康教育的在线课程或应用，利用社交媒体平台或者通过在线社区来为学生提供心理支持和帮助

综上所述，积极心理学为小学生心理健康教育课程提升学习幸福感提供了重要的启示。通过培养积极情绪、建立积极的人际关系、塑造积极心理品质、培养心理韧性、注重实践体验以及结合家庭教育等方式，可以有效提升小学生的心理健康水平和学习幸福感，为他们的未来发展奠定坚实的基础。

5 结语

积极心理学在基础教育小学生心理健康教育中的应用具有重要意义。在当前的教育实践中，过于关注问题导向的心理健康教育往往只能解决表面问题，而忽视了培养学生内在的积极心理品质和自我成长的能力。因此，在全面推进素质教育改革的新课改背景下，学校应当引入积极心理学，从预防心理问题、培养积极情绪、积极品质、塑造积极人格特质多方面入手，挖掘心理健康教育课程资源，使学生获得积极的心理体验和快乐的学习生活环境，拥有学习幸福感，弱化学习焦虑情绪，促进学校完善心理健康教育课程体系，构建丰富的心理健康教育资源和教育体系。

参考文献

[1] 郭艳敏. 积极心理学与大学生心理健康教育研究 [J]. 文化产业, 2021 (9): 139-140.

[2] 章玉祉, 谌欣, 郑旭江, 等. 大学生心理健康研究二十年——基于 CNKI 和 Web of Science 数据库的可视化分析 [J/OL]. 内蒙古农业大学学报 (社会科学版), 2024 (4): 1-25.

[3] 张瑞玲, 陈正华. 基于积极心理学 PERMA 模型的大学生外语学习焦虑干预研究 [J]. 海外英语, 2023 (21): 113-115.

[4] 符月梅. 基于"三境"生态心理场域的小学心理健康教育策略 [J]. 智力, 2023 (36): 120-123.

[5] 林波. 新时期小学生心理健康教育现状及优化措施 [J]. 亚太教育, 2021 (24): 85-86.

[6] 王爱芬, 魏楠. 中小学生心理健康状况调查研究 [J]. 教育理论与实践, 2023, 43 (34): 51-57.

心理剧在大学生心理健康工作中的应用
——对有早期负性经历大学生的干预分析[①]

王姝怡　邓丽芳

(北京航空航天大学人文社会科学学院, 北京 100191)

1　前言

　　大学生早年经历的负性生活事件的潜在长期后果可能会对他们的心理健康造成持久的不利影响。早期负性经历包括个人在童年或青春期经历的一系列敌对遭遇, 如暴力和欺凌事件 (Filipkowski et al., 2016)。研究表明, 有早期负性经历的个体容易产生生理与心理问题, 包括如滥用药物和暴力倾向等行为问题 (Gajos et al., 2023; Pournaghash-Tehrani and Feizabadi, 2009), 以及包括情绪困扰等精神障碍 (Zarse, 2019; Shelton and Harold, 2008)。以往研究明确了早期负性经历与抑郁症之间的密切联系 (Gajos et al., 2022; Karatekin, 2018; Goodman and Brand, 2002), 并且发现一部分经历过早期负性经历的个体具有较高水平的复原力和宽恕能力, 有较好的心理健康状况 (Wingo et al., 2010; Brown et al., 2023; Toussaint et al., 2008)。也有研究指出, 心理剧干预对这些经受负性经历的个体有积极作用, 可帮助他们远离消极状态 (Wang et al., 2020)。心理剧干预的形式能使参与者积极参与并深度投入, 能够促进情绪得释放, 加深对自身和人际关系的了解 (Prosen and Jendriĉko, 2019; McVea et al., 2011)。本研究旨在以心理剧的形式对有早期负性经历的大学生实施干预, 考察包含复原力和宽恕元素的心理剧治疗方法对大学生心理健康的影响。

1.1　复原力和宽恕他人作用

　　虽然早期负性经历会对抑郁的发展产生重大影响, 但并非所有经历过此类事件的人都一定会表现出抑郁。复原力理论认为, 必须促进个体积极的适应, 以减少逆境带来的风险与后果。研究表明, 复原力与抑郁之间存在负相关 (Lyu et al., 2022; Watters et

---

[①]　基金项目: 北京市社会科学基金 (23JCC124)
　　通讯作者: 邓丽芳　邮箱: lifangdeng@buaa.edu.cn

al., 2023; He et al., 2022; Tripp et al., 2022), 复原力的增强能够减少特定儿童或患者抑郁情绪（Kim and Yoo, 2004; Min et al., 2014），复原力水平高的人更倾向于减少精神痛苦和保持心理健康（To et al., 2022）。

根据动机的不同，个人对破坏性关系和事件的反应可分为报复性和宽恕性（傅宏，2003），而宽恕对减少抑郁情绪有益，且这一观点具有跨文化稳定性（Toussaint et al., 2023; Rodrigues et al., 2022）。研究指出，宽恕他人与个体身心健康之间存在正向关系（Hirsch, Webb, and Jeglic, 2011; Lee & Enright, 2019）。宽恕他人意味着受害者在遭受创伤后，不再憎恨和报复伤害他们的人，对施暴者的行为表示理解和宽恕。值得一提的是，在宽恕与复原力的研究范围内，参与者主要是经历过早期负性事件的人。因此，本研究中对宽恕的研究将从宽恕他人的维度展开。

复原能力强的个体往往会采取更积极的方式来应对逆境，从而产生更积极的认知和情感，使个体认识到对施暴者怀有敌意和仇恨并不是解决冲突的切实可行的办法。换句话说，复原力更强的个体也表现出更高的宽恕水平。以往的研究表明，复原力与抑郁之间存在明显的负相关。与此同时，宽恕与抑郁之间也存在明显的负相关。此外，复原力程度也会适度影响宽恕，这意味着宽恕可能是抑郁和复原力之间的中介。关于宽恕和复原力的综合影响的研究很少，而且大多数研究都是针对特定群体的。要想促进大多数普通人的心理健康，还应该考虑到复原力和宽恕力的日常培养。

1.2 心理剧干预促进大学生心理健康的可能性

积极心理学认为，心理治疗不应只强调减少心理疾病的影响，还应该增强个人的心理健康（Orkibi, 2019）。心理剧是从"戏剧治疗"衍生出来的一种戏剧表现形式，旨在让所有学生在学习如何应对和解决心理问题的过程中受到教育和启发。在心理剧治疗框架内，参与其中的人并不仅仅是心理咨询中心的来访者，而是面向全校的学生，他们可以在参与戏剧表演的过程中展示日常生活中常见的心理困惑、冲突和矛盾（Biolcati, Agostini, and Mancini, 2017）。心理剧强调从其他参与者那里获得解决问题的积极经验，培养参与者的归属感和与他人的相似感，从而有效促进心理健康。心理剧从个人的生活经历中汲取灵感，同时融合心理剧和戏剧治疗中运用的心理学知识、原理和表现技巧，能有效传达微妙的心理变化，从而达到宣泄、减压和启迪的目的。此外，心理剧有利于参与者在戏剧表演中探知自己的心理困惑。这种探知催化了被压抑情绪和困扰的释放，使观众能够以全新的视角重新审视自己的心理困惑和现实挑战，进而建设性地解决自身问题，走上健康成长之路。

因此，本干预计划遵循心理学框架，研究心理剧干预对大学生复原力和宽恕他人的作用。本文将探讨心理剧干预在缓解和减轻大学生抑郁情绪方面的潜力。在前述论题和基础上，我们提出以下假设：

假设1：心理剧干预能明显减轻参与者的抑郁程度。

假设2：心理剧干预能明显提高参与者的复原力的水平。

假设3：心理剧干预能明显提高参与者宽恕他人的水平。

此外，目前缺乏对于干预措施与结果相结合的中介因素的深入探究（Orkibi and Feniger-Schaal, 2019），因此本研究提出假设4：探讨心理干预在早期负性经历、复原力、宽恕他人和抑郁之间的关系中的作用。

2 研究方法

2.1 研究对象

本研究的样本量通过 G*power3.1 软件确定（$f=0.3$；$\alpha=0.05$），统计结果显示，要想达到 80% 的统计力，至少需要 98 名参与者。研究通过互联网招募了受试者，随后根据入组和排除标准进行筛选：（1）所有受试者必须是全日制本科生；（2）受试者自我报告的一次或多次负性经历对其产生了"中度"或更大程度的影响；（3）性别不限；（4）患有严重精神疾病且正在接受药物治疗的学生和患有器质性疾病的学生除外。最终，共 103 名受试者被纳入研究，其中男生占 44.7%，女生占 55.3%；大一学生占 40.8%，大二学生占 28.2%，大三学生占 13.6%，大四学生占 17.5%。

2.2 研究程序

共有 138 名本科生符合报名条件，研究人员向受试者介绍了本研究的目标和日程安排后，有 16 名学生因日程冲突退出了后续研究。用随机数字表将最终受试者随机分配到两组，干预组将接受心理剧练习，而对照组则不接受任何干预。最终干预组有 57 人参加，对照组有 65 人参加。由于受试者自然减员，最终纳入分析的受试者人数为 103 人。研究在干预前以及干预后两个时间点对所有受试者进行问卷测量，所有受试者都填写了知情同意书。

2.3 干预过程

干预措施包括每周 9 次小组练习，每次练习 90 分钟。具体计划见表 1。首先帮助受试者了解自己并组建小组，然后进行发展性转化练习（Developmental Transformations, DvT）以及"一人一故事"练习，体验心理剧的治愈力量。在初步了解心理剧后，组建一个戏剧小组，创作一部原创心理剧。然后不断完善心理剧创作并进行心理剧排练总结和演出前准备。在演出后反思戏剧疗愈的转化效果，并进行处理分离。

表 1 心理剧干预计划与安排

阶段	目的	主要内容
第 1 周	形成"团体"	介绍课程的性质、滚雪球式的自我介绍、自我扫描和自画像；参与者相互交流、一起制定小组目标并签署小组协议
第 2 周	释放戏剧表现力	DvT 练习：解放心理禁锢，激发创造力
第 3 周	感受戏剧疗愈力量	一人一故事练习：真实故事即兴改编，现场进行戏剧
第 4 周	形成戏剧小组	原创心理话剧的选角和试戏：报名戏剧角色；即兴戏剧小品；根据表演确定最终角色，任务分工完成后，制订分组排练计划
第 5—7 周	心理剧创作和优化	原创心理话剧排练情况检查，讨论剧组遇到的难题和困难，商议解决方案；制订下阶段排练计划，分组排练
第 8 周	排练以及演出前准备	戏剧排练商讨会：讨论排练中遇到的困难，并制定下一步目标；合并小组集合排练，并优化表演；正式展演前的准备工作：确定下一次彩排时间，做好场务、物资、道具、灯光、舞台准备
第 9 周	尾声和总结	自我扫描和自画像，并与第一次自画像对比，感受自我内在；整个戏剧团体课程的总结和分享；团体成员临别赠言、处理分离

2.4 测量工具

2.4.1 大学生早期负性经历问卷

"大学生早期负性经历问卷"改编自负性生活事件量表,参考了我国关于负性经历的相关研究(叶艳等,2014;朱茂玲等,2012),包含9个题目,采用5点计分,1~5分别代表"从不"到"总是"。量表包括两个维度:早期家庭负性经历和早期学校负性经历。例题如"遭遇教师不公正对待、偏见、羞辱、冷暴力等"。此问卷的内部一致性为0.752。

2.4.2 复原力量表(Connor-Davidson Resilience Scale,CD-RISC)

复原力的测量采用Connor和Davidson(2003)的量表,量表包含25个题目,采用5点计分,1~5分别代表"从不"到"总是"。包含三个维度:坚韧性、力量性和乐观性。例题如"我能适应变化"。本研究中,该量表在两个时间点的内部一致性良好(α_{T1} = 0.923,α_{T2} = 0.937)。

2.4.3 抑郁自评量表(Self-rating Depression Scale,SDS)

抑郁的测量采用抑郁自评量表(宋锐、刘爱书,2013),量表包含20个题目,采用4点计分,1~4分别代表"偶有"到"持续",其中10个题目需要进行反向计分。例题如"我觉得闷闷不乐,情绪低沉"。本研究中,该量表在两个时间点的内部一致性分别为:α_{T1} = 0.831,α_{T2} = 0.881。

2.4.4 宽恕量表(Heartland Forgiveness Scale,HFS)

本研究采用了宽恕量表中"宽恕他人"分量表的六个题目(Thompson et al.,2005),采用7点计分,其中三道题目采用反向计分,1~7分别代表"非常不符合"到"非常符合"。例题如"尽管过去他人曾经伤害过我,但我最终还是将他们看作好人"。本研究中,该量表在两个时间点的内部一致性分别为:α_{T1} = 0.709,α_{T2} = 0.789。

2.5 统计分析

数据分析使用SPSS26.0和AMOS23.0进行统计分析、t检验和模型拟合。首先进行描述性分析,比较干预组和对照组在干预前后在早期负性经历、复原力、抑郁和宽恕他人方面的平均得分。最后,进行路径分析以检验干预效果。

3 研究结果

3.1 干预措施效果检验

研究结果表明,两组被试者在基线评估中的得分在统计学上没有显著差异(p值均大于0.05)。为了进一步研究干预对两组的不同影响,进行了重复测量方差分析,在两个时间点(干预前后)测量了三个变量:复原力、宽恕他人和抑郁。表2是描述性分析的结果,表3是方差分析的结果。主要结果如下:

(1)组别和时间均未对抑郁产生显著影响。此外,时间与组别的交互效应不显著,假设1不成立。

(2)组别和时间均未对复原力产生显著影响。此外,时间与组别的交互效应也不显著,假设2不成立。

(3)时间和组别对宽恕他人都有显著的主效应,时间和组别的交互效应也显著。假设 3 成立。

表 2 干预前后各组各变量的平均值和标准差

组别	变量	均值（标准差）	
		干预前	干预后
对照组	早期负性经历	16.10（4.66）	-
	抑郁	45.04（10.68）	45.73（11.32）
	复原力	88.69（14.78）	88.48（14.12）
	宽恕他人	28.54（5.78）	26.33（6.65）
干预组	早期负性经历	15.36（3.44）	-
	抑郁	43.26（9.04）	41.31（8.79）
	复原力	89.15（13.66）	94.12（13.85）
	宽恕他人	30.18（5.81）	30.57（4.98）

表 3 重复测量方差分析结果

变量		F	p	η^2
抑郁	时间	0.83	0.36	0.01
	组别	3.75	0.06	0.04
	时间×组别	1.30	0.26	0.01
复原力	时间	1.51	0.22	0.02
	组别	1.60	0.21	0.02
	时间×组别	3.47	0.07	0.03
宽恕他人	时间*	6.41	0.01	0.06
	组别**	9.00	0.00	0.08
	时间×组别*	4.66	0.03	0.04

注：*$p<0.05$；**$p<0.01$；***$p<0.001$，下同。

3.2 心理剧干预的中介效应分析

在此基础上，本研究以组别为自变量（对照组=1，干预组=2），检验干预效果。中介变量为后测的复原力和宽恕他人，因变量为后测的抑郁；此外，两组的基线分数均被视为控制变量。结果显示，复原力和抑郁之间存在负向关系，复原力和对宽恕他人与抑郁呈负相关。此外，值得注意的是，复原力对宽恕他人有积极影响（见图 1）。bootstrap检验的结果表明，组别对宽恕他人的总效应为 0.34，95%CI 为 [0.17，0.48]；直接效应为 0.29，95%CI 为 [0.11，0.44]；间接效应为 0.05，95%CI 为 [0.01，0.13]，假设 4 部分成立。

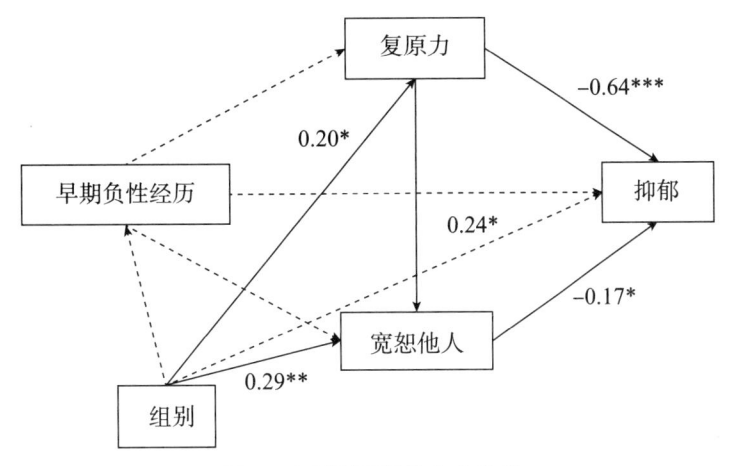

图 1 心理剧干预的中介效应

4 讨论

本研究结合复原力和宽恕干预的元素，设计了一套针对中国大学生的心理剧干预方案，旨在探讨对这些大学生的干预能否显著提高他们的复原力和宽恕他人的水平，从而减少和缓解抑郁情绪，促进他们的心理健康。研究结果表明，干预前，两组学生在抑郁、复原力和宽恕得分上的差异无统计学意义。干预后，两组在宽恕他人方面的差异有统计学意义；但在抑郁和复原力方面没有显著差异。虽然干预未能明显减少抑郁情绪，但却能提高他们的宽恕他人能力，这一结果为提高他们的总体心理健康水平提供了一个潜在的途径。在大学生的心理健康方面观察到了积极的变化，这表明干预是有效的。当个体与其他参与者一起参与干预时，他们会意识到那些痛苦的经历并不只发生在他们身上。很多人都有类似的经历和想法，他们会明白自己并不孤单。因此，他们会愿意与他人分享自己的负性经历和情绪，从而促进了他们之间的交流，这种"与他人的相似经历"将有效缓解他们的抑郁情绪。

本研究提供了更多证据，证明心理剧干预能有效提高大学生的心理健康水平。尽管如此，本研究仍存在一些局限性。首先，干预组中出现的高流失率是本研究的主要局限。因此，有必要使用更大的样本进行重复研究。虽然样本量的计算已经达到了80%的统计力，但样本量对组间差异和关联测量的统计能力造成了限制。其次，对照组没有参加任何干预措施，因此我们无法确定其他干预形式是否会产生同样的效果，有必要进行进一步的调查，探讨心理剧作为一种干预方法与其他干预方法相比的优势。再次，在干预过程中只进行了前后两次测量，中间的干预过程没有进行测量。在长达三个月的干预过程中，我们无法观察到参与者的心理变化过程。如果能够在整个干预过程中增加测量次数，我们可能会发现更多有关参与者心理变化的细节。最后，缺乏干预后的跟踪测试，给评估干预的长期有效性带来了困难。

5 结语

本研究的分析旨在调查心理干预对早年有过负性经历的大学生心理健康的影响。分析的重点是干预对复原力和宽恕他人水平的影响。结果表明，对大学生的干预可以帮助他们提高宽恕能力。心理剧干预措施的实施有可能提高高校学生的心理健康水平。

参考文献

[1] BIOLCATI R, AGOSTINI F, MANCINI G. Analytical psychodrama with college students suffering from mental health problems: Preliminary outcomes [J]. Research in Psychotherapy: Psychopathology, Process, and Outcome, 2017, 20 (3): 201-209.

[2] BROWN M J, GAO C, KAUR A, et al. Social support, internalized HIV stigma, resilience and depression among people living with HIV: A moderated mediation analysis [J]. AIDS and Behavior, 2023, 27 (4): 1106-1115.

[3] CONNOR K M, DAVIDSON J R T. Development of a new resilience scale: The Connor-Davidson resilience scale (CD-RISC) [J]. Depression and anxiety, 2003, 18 (2): 76-82.

[4] FILIPKOWSKI K B, HERON K E, SMYTH J M. Early adverse experiences and health: The transition to college [J]. American Journal of Health Behavior, 2016, 40 (6): 717-728.

[5] GAJOS J M, LEBAN L, WEYMOUTH B B, et al. Sex differences in the relationship between early adverse childhood experiences, delinquency, and substance use initiation in high-risk adolescents [J]. Journal of interpersonal violence, 2023, 38 (1-2): 311-335.

[6] GAJOS J M, MILLER C R, LEBAN L, et al. Adverse childhood experiences and adolescent mental health: Understanding the roles of gender and teenage risk and protective factors [J]. Journal of affective disorders, 2022, 314: 303-308.

[7] GOODMAN S H, BRAND S R. Depression and early adverse experiences [J]. Handbook of depression, 2009, 2: 249-274.

[8] HE J, YAN X, WANG R, et al. Does childhood adversity lead to drug addiction in adulthood? A study of serial mediators based on resilience and depression [J]. Frontiers in psychiatry, 2022, 13: 871459.

[9] HIRSCH J K, WEBB J R, JEGLIC E L. Forgiveness, depression, and suicidal behavior among a diverse sample of college students [J]. Journal of clinical psychology, 2011, 67 (9): 896-906.

[10] KARATEKIN C. Adverse childhood experiences (ACEs), stress and mental health in college students [J]. Stress and Health, 2018, 34 (1): 36-45.

[11] KIM D H, YOO I Y. Relationship between depression and resilience among children with nephrotic syndrome [J]. Journal of Korean Academy of Nursing, 2004, 34 (3): 534-540.

[12] LEE Y R, ENRIGHT R D. A meta-analysis of the association between forgiveness of others and physical health [J]. Psychology & Health, 2019, 34 (5): 626-643.

[13] LYU C, MA R, HAGER R, et al. The relationship between resilience, anxiety, and depression in Chinese collegiate athletes [J]. Frontiers in Psychology, 2022, 13: 921419.

[14] MCVEA C S, GOW K, Lowe R. Corrective interpersonal experience in psychodrama group therapy: A comprehensive process analysis of significant therapeutic events [J]. Psychotherapy Research, 2011, 21 (4): 416-429.

[15] MIN J A, LEE C U, CHAE J H. Resilience moderates the risk of depression and anxiety symptoms on suicidal ideation in patients with depression and/or anxiety disorders [J]. Comprehensive psychiatry, 2015, 56: 103-111.

[16] ORKIBI H, FENIGER-SCHAAL R. Integrative systematic review of psychodrama psychotherapy research: Trends and methodological implications [J]. PloS one, 2019, 14 (2): e0212575.

[17] ORKIBI H. Positive psychodrama: A framework for practice and research [J]. The Arts in Psychotherapy, 2019, 66: 101603.

[18] POURNAGHASH-TEHRANI S, FEIZABADI Z. Predictability of physical and psychological violence by early adverse childhood experiences [J]. Journal of family violence, 2009, 24: 417-422.

[19] PROSEN S, JENDRIČKO T. A pilot study of emotion regulation strategies in a psychodrama group

of psychiatric patients [J]. Journal of Creativity in Mental Health, 2019, 14 (1): 2-9.

[20] RODRIGUES G A, OBELDOBEL C A, Kochendorfer L B, et al. Parent-Child Attachment Security and Depressive Symptoms in Early Adolescence: The Mediating Roles of Gratitude and Forgiveness [J]. Child Psychiatry & Human Development, 2022, 55 (1): 262-273.

[21] SHELTON K H, HAROLD G T. Pathways between interparental conflict and adolescent psychological adjustment: Bridging links through children's cognitive appraisals and coping strategies [J]. The Journal of Early Adolescence, 2008, 28 (4): 555-582.

[22] THOMPSON L Y, SNYDER C R, HOFFMAN L, et al. Dispositional forgiveness of self, others, and situations [J]. Journal of personality, 2005, 73 (2): 313-360.

[23] TO Q G, VANDELANOTTE C, COPE K, et al. The association of resilience with depression, anxiety, stress and physical activity during the COVID-19 pandemic [J]. BMC public health, 2022, 22 (1): 491.

[24] TOUSSAINT L L, WILLIAMS D R, MUSICK M A, et al. Why forgiveness may protect against depression: Hopelessness as an explanatory mechanism [J]. Personality and Mental Health, 2008, 2 (2): 89-103.

[25] TOUSSAINT L, LEE J A, HYUN M H, et al. Forgiveness, rumination, and depression in the United States and Korea: A cross-cultural mediation study [J]. Journal of Clinical Psychology, 2023, 79 (1): 143-157.

[26] TRIPP D A, JONES K, MIHAJLOVIC V, et al. Childhood trauma, depression, resilience and suicide risk in individuals with inflammatory bowel disease [J]. Journal of health psychology, 2022, 27 (7): 1626-1634.

[27] WANG Q, DING F, CHEN D, et al. Intervention effect of psychodrama on depression and anxiety: A meta-analysis based on Chinese samples [J]. The Arts in Psychotherapy, 2020, 69: 101661.

[28] WATTERS E R, ALOE A M, WOJCIAK A S. Examining the associations between childhood trauma, resilience, and depression: A multivariate meta-analysis [J]. Trauma, Violence, Abuse, 2023, 24 (1): 231-244.

[29] WINGO A P, WRENN G, PELLETIER T, et al. Moderating effects of resilience on depression in individuals with a history of childhood abuse or trauma exposure [J]. Journal of affective disorders, 2010, 126 (3): 411-414.

[30] ZARSE E M, NEFF M R, YODER R, et al. The adverse childhood experiences questionnaire: Two decades of research on childhood trauma as a primary cause of adult mental illness, addiction, and medical diseases [J]. Cogent Medicine, 2019, 6 (1): 1581447.

[31] 傅宏. 宽恕心理学：理论蕴涵与发展前瞻 [J]. 南京师大学报（社会科学版），2003，(06): 92-97.

[32] 宋锐，刘爱书. 儿童心理虐待与抑郁：自动思维的中介作用 [J]. 心理科学，2013，36 (04): 855-859.

[33] 叶艳，范方，陈世键，等. 心理弹性、负性生活事件和抑郁症状的关系：钢化效应和敏化效应 [J]. 心理科学，2014，37 (06): 1502-1508.

[34] 朱茂玲，徐晓叶楠，林丹华. 小学生受虐待经历与焦虑的关系：心理弹性的中介作用分析 [J]. 中国特殊教育，2013，(10): 80-84.

数字重塑背景下的冲击事件对工作投入的影响

杨聪娜 廉串德

(北京信息科技大学经济管理学院,北京 100192)

1 前言

近年来,数字化背景下,信息无处不在,全球信息化进程的加快,对就业产生了很大的影响,在宏观层面改变了劳动力市场的分布,在微观层面则对个体职业的选择和价值观的转变带来了影响。远程办公、线上沟通将成为工作新常态,弹性工作制不仅带来了工作时间和内容上的变化,更有可能影响个体的被雇用形式和职业生涯路径(孙健敏等,2020)。那么当个体处于复杂和不确定的现实之中,其职业行为不可避免地受到环境因素尤其是意外冲击事件的影响。但国内较少学者关注到职业生涯冲击的影响,职业生涯冲击研究尚处于萌芽阶段(杨春江等,2010;张勉、李树茁,2002;祝倩等,2010),理论与实证研究都十分欠缺。

因此,本文旨在探讨冲击事件的影响并针对不足之处提出建议和未来可能的研究方向,为中国情境下展开职业生涯冲击研究提供参考。

2 数字化背景的阐述

新技术、新产业、新业态、新模式蓬勃发展,导致规则性、重复性、标准化的职业逐渐被自动化、智能化的机械所取代(Frey and Osborne, 2017)。信息技术的发展推动着社会各领域不断变革与创新,大数据、区块链、人工智能等数字技术促进了现代社会的快速发展。组织施行网络化、平台化与扁平化管理,重塑了职业结构和就业形态(Acemoglu and Restrepo, 2018)。使得我们在信息技术工具设备、业务领域的数字化转型、业务领域的数字化、数字技术的应用等方面得到了极大的改进和提升。这些变化使得个体职业生涯面临中断、转型甚至终止的可能,但也可能会带来一些机遇与机会。

数字化信息为经济活动提供了更好的支持,例如数字化的金融服务、电商平台等为经济交易提供了更加高效的途径,而数字化的生产过程、物流管理等则提高了生产效率和管理效果。如今数字化也导致个体职业发展不能完全遵循内心的兴趣、价值观与意志(Chien et al., 2006; Guindon and Hanna, 2002; 吕翠、周文霞, 2013),从工作时间和内容方面来看,不论是个人还是企业,在进行职业选择和发展的时候都会受到影响。

3 职业冲击事件的起源和内涵

3.1 职业冲击事件的起源

职业冲击事件英文为 Career Shock(Seibert et al., 2013),这一概念起源于离职展开模型提出的 Shock,代表引发个体产生离职想法的重大冲击事件(Lee and Mitchell, 1994)。有学者将 Shock 翻译为"突发事件"(Lee et al., 2017),这些研究主要关注何种类型、典型的外部事件将导致个体离职,强调梳理引发离职的客观外部事件;而国内学者倾向于将其定义为震撼(梁小威等,2005;袁庆宏、陈文春,2008;杨春江、马钦海,

2010)或冲击事件(祝倩、马超、揭水平,2010)。

3.2 职业冲击事件的概念和分类

职业冲击事件指激发员工作出一些心理决策过程的具体事件,学者们认为冲击事件会引发个体对职业发展的关注,并有可能带来个体职业路径的改变(Holtom et al.,2005;Rojewski,1999;Seibert et al.,2013)。

本文认为职业冲击事件是会触发个体思考当前职业状态,并产生改变职业决策想法的重大冲击事件,其影响可能是积极的、消极的或中立的。Lee等(1999)在提出冲击事件时,从三方面考虑事件的属性:可预期或意外、积极或消极、与工作相关或无关。最常见的就是以职业冲击事件的影响作为划分依据,从事件的积极和消极属性进行划分(Akkermans et al.,2018;Ali et al.,2020;Kraimer et al.,2019;Seibert et al.,2013),这种分类方式是经过实验验证,并且得到了学术界认可的。

在当今形式下要理解个体职业发展路径,应注重外部事件对个体职业选择和职业路径的影响,也就是职业冲击事件的影响(Seibert et al.,2013)。

4 冲击事件对工作投入度的影响

通过对文献阅读和总结,我发现很多研究表明职业冲击事件会导致消极的员工认知、行为结果,然而也有一些研究发现职业冲击事件对员工认知、行为具有潜在积极影响。

针对此研究,我们采用了问卷调查的方式,回收有效问卷159份。问卷分为三个部分,第一部分为基本信息的调研,主要包括受调查者的性别、学历、工作年限等;第二部分为工作投入精力的调查;第三部分为数字化背景下职业冲击时间量表,包括积极层面和消极层面。

4.1 样本描述性统计分析

通过问卷发放和回收,本研究最终获取159份有效样本,并且运用SPSS26.0对研究样本的特征进行描述性统计分析,如表1所示。

表1 研究样本特征的描述性统计分析

	样本类型	样本数量	样本占比
性别	男	80	50.3%
	女	79	49.7%
年龄	25岁以下	19	11.9%
	26~30岁	49	30.8%
	31~35岁	39	24.5%
	36~40岁	31	19.5%
	40岁以上	21	13.2%
学历	高中(中专)及以下	18	11.3%
	大专	47	29.6%
	本科	63	39.6%
	硕士及以上	31	19.5%

续表

样本类型		样本数量	样本占比
工作年限	1 年以下	20	12.6%
	1~3 年	51	32.1%
	3~5 年	43	27%
	5~10 年	29	18.2%
	10 年以上	16	10.1%
职位级别	非管理人员	49	30.8%
	基层管理人员	57	35.8%
	中层管理人员	22	13.8%
	高层管理人员	31	19.5%

由有效问卷的样本构成来看,男性员工80人(占比50.3%),女性员工79人(占比49.7%);40岁以下员工占比86.8%,所调查样本整体较为年轻;拥有本科及以上学历的员工94人(占比59.1%),学历层次整体较高;在工作年限方面,1年以下共20人(占比12.6%)、1~3年共51人(占比32.1%)、3~5年共43人(占比27%)、5~10年共29人(占比18.2%)、10年以上16人(占比10.1%);在被调查者的职位级别方面,非管理人员共49人(占比30.8%)、基层管理人员共57人(占比35.8%)、中层管理人员共22人(占比13.8%)、高层管理人员31人(占比19.5%)。以上信息反映了本研究的调查对象具有较好的代表性。

4.2 信效度检验

信度检验是通过检查测量对象被重复测量后其结果的一致性程度或者稳定性程度,反映所用的测量量表是否稳定可靠,信度系数越高,说明量表的可信度越高。在检测测量量表信度时最常用的方法是检验克隆巴赫(Cronbach)的一致性系数(α 系数),当 α 系数大于 0.8 表示测量量表信度极好,若 α 系数介于 0.8 与 0.5 之间尚可接受,若 α 系数小于 0.5 表示信度较低,需要重新设计量表。

通过检测 Cronbach's α 值对问卷所含的项目进行信度验证,一共159个样本量数据,整体量表信度值为 0.829>0.8,证明本量表问卷数据信度良好,如表2所示。

表 2 可靠性统计量

Cronbach's α	项数
0.829	45

常用的效度检验方法是因子分析,而在进行因子分析前要首先进行 KMO 和 Bartlett 的球形度检验,若 KMO 值越接近1、Bartlett 检验结果小于0.05,表示变量间的相关性越好,偏相关性越弱,因子分析有效;若 KMO 值小于0.5、Bartlett 检验结果大于0.05,则因子分析方法不再适用,应重新设计量表结构或者采用其他统计分析方法。检验效度的结果为:KMO 值 0.911>0.9,证明该问卷中的量表题项相关性好;Bartlett 球度检验结果(Sig.)0.000<0.05,说明题项之间的相关系数非常显著,作因子分析很适合。

通过问卷调查以及回收，我们了解到职业冲击事件有两个方面的影响，从积极层面来讲，包括学习数字化技能课程，可能增强了被访问者对工作的适应能力；参与信息化技术创新项目，可能拓展未来的职业发展空间；参加信息技术前沿学术会议，可能为被访问者带来新的工作机会；信息技术工具设备的引进，可能会充实被访问者的工作内容；人工智能技术的应用，可能会改善被访问者工作的方式；数字化转型升级，可能会提升被访问者的工作效率等。

消极影响，包括对人工智能技术的心理排斥，可能会阻碍被访问者获取更多的工作机会；信息技术工具设备的引进，可能会增加被访问者的工作负担；业务领域的数字化转型过程，可能会影响被访问者工作的实际效果；人工智能技术设备的引进，可能替代被访问者当前的工作岗位；数字技术的应用，可能打乱被访问者现在的工作节奏；公司数字化转型和人员调整，可能使被访问者被迫离职或调职。

综上所述，每个人在职业发展过程中都会遇到各种各样的事件，探索职业冲击事件的影响有助于个体进行自我管理和工作重塑，更好地实现职业成功。从组织层面来看，认识职业冲击事件也有助于企业应对突发事件，例如组织变革、破产重组等带来的冲击，做好防范措施，尽可能避免出现员工集体离职的现象，降低潜在人才损失。

5 结语

根据上述调查问卷我们得出，职业冲击事件对员工工作重塑具有"双刃剑"效应，之所以会出现截然不同的影响，关键点在于个体经历负面职业冲击事件后的思维应对方式。一方面负面职业冲击事件对员工的工作重塑产生积极影响，例如促进自身的进步、增强自信心等；另一方面对员工的工作重塑产生消极影响，例如会使员工情绪感到紧张焦虑不安、阻碍职业发展等。目前已有研究除了探讨职业冲击事件对工作投入的中介作用外，还分析了其发挥作用的边界条件，同时也有研究将事件的相关特征作为调节变量引入。从情感事件视角来看，有研究者认为积极的情感会减弱消极冲击事件带来的潜在有害影响，使个体产生更多积极的意义建构，同时积极的情感也会增强积极冲击事件引起的积极意义建构。

由上述总结我们也可以看出，已有研究在一定程度上揭示了职业冲击事件的作用机制，但已有研究所采取的理论视角大多聚焦于资源保存和需求视角以及工作嵌入视角，这些角度较为集中或普遍，我们还需要采取更丰富的理论视角以及单一视角的深入分析和多视角之间的互动对职业冲击事件的作用过程进行深入研究。

6 研究的未来展望

通过对职业冲击事件的文献梳理可以发现，虽然对职业冲击事件的研究已经从最初的员工离职领域发展到现在的对工作投入、职业领域的影响，但是仍有不足之处。第一，对于职业冲击事件的来源及分类分析尚不充分。第二，揭示过程机制的理论视角有待丰富和深入，针对不同情境下职业冲击事件发生作用的分析尤其缺乏；对作用结果的探讨局限于个体层面，也缺乏对单一或同类事件不同作用结果的分析。第三，在研究方法和设计上，已有研究大多还受横截面数据的约束，缺少定性研究、纵向跟踪等多种研究设计的改进。

此外，人力资源服务应围绕劳动者健康安全，把握市场中的变化因素和新需求，提升服务能力（李燕萍、陈文，2020）。了解职业冲击事件的来源能够帮助组织认识事件的潜在威胁，充分认识单个或者某类冲击事件可能带来的人才损失，做好对事件的应对工作，提高对劳动者的保障。当前只有少数研究分析了职业冲击事件的诱发因素。Nair等（in press）在印度情境下对职业冲击事件及其影响结果的研究发现，不同情境中发生的事件所产生的影响会有明显的差异，例如工作场所搬迁、与领导冲突等由组织或者工作因素产生的事件会导致离职，而非工作场所中发生的事件如照顾老人、结婚等会引起个体对于转换工作地域的考虑。由于个体对事件的情感反应不同，冲击事件的诱发因素有待进一步挖掘。本文以积极和消极划分职业冲击事件带来的影响可能缺乏普适性，未来可以探究职业冲击事件的不同来源，考虑宏观层面国家政策变化、经济冲击、公共卫生事件等因素（Kramer and Kramer, 2020），微观层面结合文化情境因素（Guan et al., 2020），考虑个体心理状态的变化带来的冲击，例如集体主义文化中的权力距离，以及与亲戚朋友对比收入、工作状态等对个体带来的冲击。最后，根据来源对事件进行分类，分析不同类别的事件以及不同类别事件的交互对个体在工作场所和非工作场所的相关行为所产生的影响，可以丰富职业冲击事件的结构，也有助于认识对于个体职业生涯起关键作用的职业冲击事件。

参考文献

[1] 黄丽, 崔岩. 职业生涯冲击研究回顾与未来展望[J]. 南大商学评论, 2021 (1): 184-194.

[2] 祝倩, 马超, 揭水平. 冲击事件对员工主动离职的影响[J]. 心理科学进展, 2010, 18 (10): 1606-1611.

[3] 吕翠, 周文霞. 职业发展偶然事件影响研究综述[J]. 外国经济与管理, 2013, 35 (9): 35-43.

[4] 潘晓飞. 全球数字化转型背景下职业教育共建共享研讨会—数字重塑职业教育新生态[J]. 当代贵州, 2022 (35): 12-13.

职业冲击事件：概念、测量及展望[①]

杨 柳　廉串德

（北京信息科技大学经济管理学院，北京 100192）

1 前言

2022年11月，OpenAI发布了一款名为ChatGPT的人工智能产品，它在自然语言处理、文本分析、信息集成以及会话等方面都令全世界瞩目。随着人工智能的兴起，世界上许多国家都制定了相应的政策来推动人工智能的发展，并将其上升到了国家战略高度，试图抢占先机（王林辉等，2023）。随着人工智能技术的不断发展，在某些领域和行业中重复性的任务和工作可以实现自动化，这可能导致一些人失去工作机会，特别是对那些没有适应新技术的技能和知识的工人的职业产生冲击。在人工智能浪潮的影响下，职业岗位的秩序和形式也发生着深刻变化（周近容，2019）。以职业冲击事件（Career Shock）

[①] 基金项目：北京市教育委员会科学研究计划项目资助（SZ 202211232024）

通讯作者：廉串德　邮箱：liancd@163.com.

为代表的影响职业发展的情境因素研究将成为职业领域关键研究方向之一（Akkermans and Kubasch，2017）。

了解职业冲击事件的概念、属性可以帮助个体工作者更好地适应技术的变化。他们可以根据研究结果来决定是否需要获取新技能、转行或者调整自己的职业规划，以应对可能的冲击。可以指导教育和培训机构开设相关的课程和培训项目，以满足市场需求。这有助于确保工作者能够获取他们需要的技能和知识，以适应新的职业环境。因此深入探讨职业冲击事件的概念内涵、结构维度，开发科学的测评工具，对于员工今后的职业发展具有重要的理论和现实意义。

2 理论探讨

2.1 关于职业冲击事件的概念性研究

职业冲击事件（Career Shock）起源于 Lee 和 Mitchell 在离职模型中提出的 Shock 的概念，代表引发个体产生离职想法的重大冲击事件，后由 Seibert 等将此概念引入职业领域的研究并将其定义为任何会触发个体思考并改变重要职业行为的事件，如改变职业、转换就业状态或重新接受教育等等。在 Seibert 等人（2013）的实证研究基础上，Akkermans 等人（2018）提出了职业冲击的定义和初步概念，他们将职业冲击定义为"具有破坏性的特殊事件，是非同寻常的事件，这些事件至少在一定程度上是由个人无法控制的因素造成的并引发了有关个人职业生涯的思考"，这一定义意味着，职业冲击是外生事件与个人感知的结合，这两个因素都是产生职业冲击的必要条件。换句话说，一个重大的外部事件，如果没有引起人们积极思考他们的职业道路，就不会被认为是职业冲击。同样，如果不是由外部事件引发的一个人对职业道路的反思，也不会被认为是职业冲击。

冯晋等中国学者（2021）首次将职业冲击事件这一概念引入国内，认为职业冲击事件是会触发个体思考当前职业状态，并产生改变职业决策想法的重大冲击事件，其影响可能是积极的、消极的或中立的。综上所述，本文认为由外部不可控因素导致的影响个体职业发展的积极或消极的事件均可称为"职业冲击事件"。

2.2 职业冲击事件的属性

Akkermans 等人（2018）区分了职业冲击事件的几个属性。

（1）频率：如发生战争或自然灾害频率比较低，在工作中受到排挤的频率可能较高。

（2）可预测性与可控性：被解雇可能是可预测但是不可控的，生病可能是不可预测的但是可控的。

（3）效价：积极的冲击（意外升职）、消极的冲击（突然裁员）。

（4）持续时间：与一个有影响力的人的突然谈话、公司的漫长重组过程。

（5）冲击的地点或来源：人际关系、家庭关系、组织、环境。

2.3 职业冲击事件的分类

当前文献关于职业冲击的分类有很多，例如压力冲击、精神冲击、组织冲击、个人冲击等，本文总结了较普遍的职业冲击的类型以及基于新的分类标准提出的职业冲击。

1. 以职业冲击结果为划分依据

正面职业冲击：指可能对个体产生积极影响的职业冲击事件（张莹，2023），例如意外升职加薪、获得培训的机会。

负面职业冲击：指可能对个体产生消极影响的职业冲击事件，例如意外失业、重大

2. 以个体认知判断为划分依据

挑战性职业冲击：当个体认为自身和环境因素具备应对该事件的能力并且存在一定的利益，就会将职业冲击解释为挑战性职业冲击。

阻碍性职业冲击：当个体认为自身和环境因素都不具备应对该事件的能力并且存在一定的威胁，就会将职业冲击解释为阻碍性职业冲击。

随着科学技术与社会的不断发展，不同的人群之间可能会面临共同的或独特的职业冲击事件。根据前人的研究，不同的职业冲击可能会发生在不同的人身上。例如，Rummel 等人认为年轻企业家的职业冲击主要与最初的就业过渡有关。相比之下，Pak 等人报告的老年工人的冲击主要围绕着继续工作的动机。Nair 和 Chatterjee 在报告上说明，包办婚姻对女性来说是一个重大的职业冲击。Kraimer（2019）认为赢得著名奖项或发表高影响力论文属于学术界职业冲击。Blokker 等人（2019）认为在年轻专业人士中，他们认为的职业冲击主要是找到第一份工作比预期更快或更慢。这说明在接下来的研究中，需要更加详细的分类标准，去定义职业冲击事件的类型，方便后期对职业冲击的影响进行深入的讨论。

2.4 职业冲击事件的测量

职业冲击事件一般从两个角度进行测量，从定性的角度来看，许多专家与学者使用了不同的方法来评估职业冲击。例如，Pak（2020）等对参与者进行回顾性访谈，并使用模板进行了分析，要求他们反思自己的职业生涯，从而揭示职业冲击与职业之间（非）可持续性的关系。Nair（2020）对 41 名印度 MBA 毕业生进行了深入的半结构化访谈，并按主题进行了分析，以确定导致不同类型过渡的职业冲击。另外，Rummel（2019）的研究采用了定性方法，对欧洲不同国家最近从大学毕业（年龄在 30 岁以下）的企业家进行 25 个半结构化的访谈。总之，这显示了一种研究职业冲击的定性方法的不同模式。

从定量的角度来看，Hofer（2020）等使用了来自瑞士 728 名员工样本的三波时滞后数据。采用时间滞后相关性、间接效应模型和带自举的条件间接效应模型对假设进行检验。Seibert 等（2013 年）提出的职业事件量表基本是到目前为止所有关于职业冲击的定量研究的基础，所有项目均采用 5 分制李克特量表进行测量，范围从 1（强烈反对）到 5（强烈同意）。

随着科学技术的不断发展，利用可靠和有效的测量仪器可以让定性和定量的研究在测量职业冲击的方法上更加精确和一致。并且在定性研究中，建议在职业冲击发生后更近距离地采访参与者，这将确保对职业冲击的准确评估。此外，定量研究应该保障量表的可靠性，使用适当的样本进行定性研究。

3 量表开发

本次量表开发主要针对职场环境下的职业冲击事件。在基于上述文献资料外，同时采取访谈法进行调研。本次访谈对象主要选取工作年限在两年以上的企业员工和管理者。本研究在取样时尽可能考虑了样本的代表性，主要选取了在北京工作 2 年以上的 14 名企业管理人员和 25 名企业员工，年龄阶层划分为 20~53 岁，工作年限在 2 年及以上 5 年以下的占 43.59%，5 年及 5 年以上 10 年以下的占 23.08%，10 年及 10 年以上的占比

33.33%,学历主要集中在本科和研究生。访谈过程中涉及的职业冲击事件包括"被选为最佳表现奖""顺利找到一份想要的工作""新生科技的发展取代了我的工作""社会对任职职业有偏见""家庭发生重大变故"等等。

基于查阅的资料和访谈结果,本研究开发了两个维度的职业冲击量表,分别是积极的职业冲击和消极的职业冲击,每个维度初始测项的建立是通过文献研究、探索性调研、专家征询来实现信息的提取。经过编码和整理,最终开发了包含46道测量题目的工作内卷量表。积极的职业冲击事件是指能促进员工认可当前职业,巩固员工在组织和专业领域的身份和荣誉的职业冲击事件,比如意外获得晋升、参与的项目取得了成功等等。消极的职业冲击事件是指可能对个体产生消极影响的职业冲击事件,比如所在组织发生重大的变革如裁员、并购或者出现道德丑闻等。

4 量表修订与检验

4.1 预调研与量表修订

4.1.1 样本概述

在进行大规模调研之前,需做小规模的预调研,对量表进行提纯。预调研期间,本研究于2021年12月末对来自北京的235名员工进行电子问卷调查,回收有效问卷226份,问卷回收率为96.17%。该有效数据主要用于量表的信度、效度和探索性因子分析。

4.1.2 信度和效度检验

就上述问卷对量表进行信度检验,本研究借助SPSS26.0软件来检验题项的可靠性,若Cronbach's α的系数值大于0.7即说明该量表的可靠性可以接受。通过分析,积极的职业冲击Cronbach's α 为 0.923,消极的职业冲击Cronbach's α 为 0.944,该量表整体的Cronbach's α 为 0.936,均大于0.7,说明该量表的可靠性很好。而后,对量表进行效度检验,相关结果显示,样本的KMO值为0.935,Bartlett球形检验达到 $p<0.001$ 的显著水平,适合进行因子分析。

4.1.3 探索性因子分析

信效度检验后,进行探索性因子分析,对量表进行降维处理。基于主成分分析方法和最大方差旋转方法,按照特征值大于1的因子提取原则进行因子分析。共提取两个成分,累积方差解释率达到66.931%,大于60%,总体可接受。对于自身因子载荷小于0.4的题项逐一剔除,除此之外,删除与因子定义不符的题项,最终形成14个题项。所有题项的因子载荷均在0.5以上,因子聚合结构符合文本编码的预期判断,详见表1。

表1 题项修订后的探索性因子分析

项目	成分 1	成分 2
B42 公司发生道德丑闻,产生不良影响	0.895	
B37 因为家庭需要进行转职	0.895	
B41 企业搬迁,导致上班不便甚至无法上班	0.881	
B40 企业突然破产	0.874	

续表

项目	成分 1	成分 2
B39 企业对内部人员调整，进行裁员	0.807	
B35 家庭与工作出现冲突、无法平衡	0.768	
A2 我顺利找到一份想要的工作		0.824
A9 找到了一份可以体现我自身价值的工作		0.814
A6 参与的项目取得了成功		0.810
A3 晋升速度比预期的要快		0.810
A1 我意外收到一份心仪的工作邀请		0.757
A8 意外地获得了一次加薪		0.748
A5 荣获最佳表现奖		0.737
A4 被选为最佳员工		0.721

4.2 正式调研和量表检验

4.2.1 样本概况

本次研究对象主要是工作年限在两年以上的不同行业从业者，行业范围从互联网、教育、会计、房地产到金融等。调研对象较之以前研究范围更广，涉及群体更多，结果更有代表性。为提高本次调研精度，我们还建立了动态反馈机制。本次发放问卷采取实地、邮寄、网络等形式。

4.2.2 量表检验

在量表开发初期适合使用探索性因子分析，而对量表内部结构有了更深的认识后，使用验证性因子分析来检验量表的稳定性、准确性更为合适，下面采用 Mplus8.0 进行量表的验证。首先，对量表构建测量模型，检验其各拟合指数，并去掉包括 A1—A3、B32—B35 在内的拟合度低的题项，第一个因子题项剩余 3 题，其余因子题项剩余 2 题。优化后的量表相关数据如表 2 所示。

表 2 职业冲击事件验证拟合指数

拟合指标	χ^2	df	χ^2/df	CFI	TLI	RMSEA
结构模型	715.487	169	4.23	0.987	0.967	0.073

如表 2 所示，χ^2/df 为 4.23，小于 5，模型的配适度可以接受，CFI>0.9，TLI>0.9，RMSEA<0.08，说明模型的配适性较好，各拟合指数符合标准，表明该模型可以接受。

之后，检验其因素负荷量的显著性、信度、效度等指标。本研究采用标准化、非标准化系数、误差和 P 值等检验因素负荷量的显著性。

表 3　信度、效度检验结果

维度	题项	因子负荷量显著性检验				收敛效度		
		Unstd.	S. E.	Est./S. E.	P	STD	CR	AVE
积极冲击事件	A4	1.000				0.800	0.852	0.573
	A5	0.951	0.136	6.974	0.000	0.732		
	A6	0.969	0.167	7.289	0.000	0.751		
消极冲击事件	B41	1.000				0.823	0.873	0.789
	B42	1.004	0.416	0.568	0.000	0.784		

据表 3 可知，$P<0.05$，负荷量的显著性水平很高，且各题项 STD 值在 0.7 或 0.8 以上，题项与各维度拟合很好。采用组合信度 CR 检验量表建构信度，两个维度 CR>0.8，组合信度较好，具有较好的建构信度；采用 AVE 检验量表的收敛效度和内部一致性，AVE 在 0.5 以上，比较理想，收敛效度良好。

5　结语

本次研究的目标是开发职业冲击量表，在综合分析文献和实地访谈基础上，提出了职业冲击事件的两个维度模型：包括积极职业冲击、消极职业冲击，开发了共含 14 道题项的内卷量表。该量表开发过程严格遵循开发程序，分别经过查阅文献、开展访谈、整理、预调研、正式调研等过程，虽然题项较为精简，但是覆盖面较广。实证分析表明，该量表具有良好的信度、效度，通过了探索性因子分析和验证性因子分析的检验，符合可操作化的有效量表标准。

本研究的理论贡献主要在于探究了职业冲击事件的维度结构，更加明确了职业冲击事件的研究层次，积极的职业冲击和消极的职业冲击两个维度概括反映冲击事件现状，为更深层次研究探索职业冲击事件提供更加科学的工具，同时，职业冲击事件的两个维度是在大量样本数据的基础上科学合理地划分，具有一定的代表性。此外，科学成熟的量表缓解了职业冲击带来的各种问题，为管理心理与行为研究领域提供了新的借鉴。

尽管文章研究有了一些新的突破，但仍存在一些不足和待解决的问题。一方面，职业冲击事件的概念、内涵需要进一步深入，随着社会的发展，新的职业冲击事件会不断出现，那么就需要研究者们从不同的角度对职业冲击事件进行细化分类，为以后研究职业冲击事件如何影响员工的职业发展奠定基础。另一方面，本研究从积极的职业冲击和消极的职业冲击两个方面构建职业冲击事件的维度，事件的覆盖面较窄，但由于研究资金和时间的限制，本次只做了横截面研究，未进行追踪研究。因此，在未来的研究中，我们将会从更多新的角度研究开发职业冲击量表，进一步检验不同场景下的量表效度，以此完善相关研究，并做长期追踪研究。

参考文献

[1] 王林辉，钱圆圆，周慧琳，董直庆. 人工智能技术冲击和中国职业变迁方向 [J]. 管理世界，2023，39（11）：74-95.

[2] 周金容，孙诚. 人工智能时代的职业冲击与高职人才培养升级 [J]. 职业技术教育，2019，40（28）：18-24.

[3] Akkermans, J., & Kubasch, S. (2017). Trending topics in careers: A review and future research

agenda. *Career Development International*, 22 (6), 586-627.

[4] Lee T W, Mitchell T R. (1994). An Alternative Approach: The Unfolding Model of Voluntary Employee Turnover. *Academy of Management Review*, 19 (1): 51-89.

[5] Seibert S E, Kraimer M L, Holtom B C, et al. (2012). Even the Best Laid Plans Sometimes Go Askew: Career Self-Management Processes, Career Shocks, and the Decision to Pursue Graduate Education. *Journal of Applied Psychology*, 98 (1): 169-182.

[6] Akkermans J, Seibert S E, Mol S T. (2018). Tales of the unexpected: integrating career shocks in the contemporary careers literature. *SA Journal of Industrial Psychology*, 44, a1503.

[7] 冯晋, 蒋新玲, 周文霞. 职业冲击事件: 概念、测量、前因与后效 [J]. 中国人力资源开发, 2021, 38 (5): 6-24.

[8] Jos A, Ricardo R, Mol S T, et al. (2021). The role of career shocks in contemporary career development: key challenges and ways forward. *Career Development International: The Journal for Executives, Consultants and Academics*, 20 (4): 26.

[9] Kraimer, M. L., Greco, L., Seibert, S. E. and Sargent, L. D. (2019), "An investigation of academic career success: the new tempo of academic life", *Academy of Management Learning and Education*, Vol. 18 No. 2, 128-152.

[10] 张莹, 张剑, 张静雅, 巩振兴. 职业冲击的新分类及不同理论视角下的影响效应 [J]. 心理科学进展, 2023, 31 (5): 854-865.

[11] Bakker, A. B., Du, D. and Derks, D. (2019), "Major life events in family life, work engagement, and performance: a test of the work-home resources model", *International Journal of Stress Management*, Vol. 26 No. 3, 238-249.

[12] Nair V G, Chatterjee L. (2020). Impact of career shocks on Indian MBA careers: an exploratory study. *Career Development International*, CDI-11-2018-0297.

[13] Pak K, Kooij D, Lange A H D. (2020), et al. Unravelling the process between career shock and career (un) sustainability: exploring the role of perceived human resource management. *Career Development International*, ahead-of-print (ahead-of-print).

[14] Rummel S, Akkermans J, Blokker R, et al. (2019). Shocks and entrepreneurship: a study of career shocks among newly graduated entrepreneurs [J]. *Career Development International*, ahead-of-print (ahead-of-print). DOI: 10.1108/CDI-11-2018-0296.

[15] Hofer A, Spurk D, Hirschi A. (2021). When and Why do Negative Organization-Related Career Shocks Impair Career Optimism? A Conditional Indirect Effect Model [J]. *Career Development International*, 26 (4): 467-494.

[16] Seibert S E, Kraimer M L, Holtom B C, et al. (2012). Even the Best Laid Plans Sometimes Go Askew: Career Self-Management Processes, Career Shocks, and the Decision to Pursue Graduate Education. *Journal of Applied Psychology*, 98 (1).

感知压力对大学生手机成瘾的影响：无聊感和自我控制的内在作用机制

周 壹

1 前言

随着现代化科学技术的不断进步，互联网通信技术正在以不同的方式悄悄改变着人们的生活。越来越多的"低头族"，乘坐地铁、公交、飞机，在餐厅吃饭，甚至上厕所，因为低头看手机而出现意外的情况屡见不鲜。截至2022年6月，中国互联网络信息中心显示，中国的手机网民量已达10.47亿，使用手机上网的群体遍布各行各业，占人群比例的99.6%（中国互联网络信息中心，2022）。众所周知，手机的使用是一把双刃剑，合理的使用能够满足人们的各种生活需求，但无节制的使用会严重影响人们的身心健康。

自1973年第一台移动电话问世到现在，手机的功能越来越强大，智能手机的使用在大学生群体中日益流行。大学生们面对许多适应问题和挑战，如学业完成、人际关系、职业规划和就业问题，这可能会给大学生带来诸多压力。基于一般应变理论（Jun, 2015），个体使用多种应对策略来缓解紧张情绪，消除其负面后果。智能手机作为一种便捷又多元的交流工具，是大学生应对压力的首要选择，他们不仅可以使用手机观看电影、短片，还可以通过社交网络和玩游戏缓解压力。已有研究证明，压力是导致网络成瘾的重要原因。因此，感知到的压力可能会导致人们过度使用手机，并最终形成手机依赖。

大学是人们成长与发展的关键时期，对于这个阶段的研究应当引起人们的重视。已有研究证明，压力感知作为一个环境因素影响手机依赖，而自我控制和无聊倾向则作为个人因素影响手机依赖。对大学生而言，由于脱离了家庭规则和学校监视，手机使用不再受到很大程度上的限制，完全由自己决定，所以学生的自我控制能力低和无聊状态便成了导致手机依赖的相关因素。基于以上分析，本研究选取大学生群体作为本研究的调查对象，采取线上问卷作答的方式，将压力知觉作为自变量，手机依赖作为因变量，自我控制和无聊倾向作为中介变量，搭建关于压力知觉、手机依赖、无聊倾向和自我控制的链式中介模型，为考察大学生手机依赖补充相关文献知识，探讨大学生形成手机依赖的根本原因，为促进大学生身心的全面发展提供一些参考。

2 理论与假设

2.1 压力知觉与手机成瘾的关系研究

以往的研究显示，大学生群体普遍存在手机依赖现象，过度地沉迷于手机对学生的负面影响不但包括心灵的孤独和身体的健康，还会影响到他们的人际交往以及睡眠质量，甚至导致认知失败。当个体缺乏足够的资源来处理那些被认为是要求或威胁的情况时，他们就会感知到压力。大学生们必须面对许多的适应问题和挑战，比如学业的完成、人际关系的处理、未来职业的规划，等等，这些都可能导致大学生产生巨大的压力。基于一般应变理论，个体在面对压力时，通常会使用多种应对策略来缓解紧张情绪，以消除其产生的负面后果。智能手机是大学生应对压力的一种重要而又方便的手段，因为它可以随时被用来观看电影、玩游戏、刷短视频或与他人聊天从而缓解压力。有研究证明，压力是网络成瘾的重要前提，大学生感知到的压力，可能会导致过度使用智能手机，并最终形成手机依赖。

综上所述，本研究提出假设1：压力知觉与手机依赖存在相关关系，并正向影响手机依赖。

2.2 自我控制的作用机制

研究表明，有问题的手机使用可能与较低的自我控制特质水平有关。对于自我控制特质较低的人来说，使用手机更有可能分散他们对实现目标的注意力，特别是当用于拖延时间（Reinecke and Hofmann, 2016; Hofmann, Reinecke and Meier, 2017），与手机依赖相关的自我控制失败经常发生在个人的日常生活中，例如，社交媒体的使用可能源于自我控制的失败，频繁地检查手机来电或未读消息的诱惑与利用时间追求长期目标和社会需求的目标相冲突。

有大量研究证明，过度的压力会导致个体自我控制能力明显降低。国外学者Mischel和Shoda（1995）在对自我控制和压力水平进行了反复的研究后，首次提出关于认知与情感的个性化系统理论，他们在研究中指出，当个体的压力水平随着外部刺激和内心体验不断升高时，其自我控制水平则会显著下降。

基于以上研究内容，本研究提出假设2：自我控制在手机依赖和压力知觉之间起中介作用。

2.3 无聊倾向的作用机制

无聊倾向被定义为相对较低的唤醒和不满，这种状态是由环境刺激不足引起的（Mikulas and Vodaniovich, 1993），被称为"特质无聊"。在个体中表现出相对持续的对内部和外部刺激低唤醒，并面临集中注意力的困难（Belton and Priyadharshini, 2007; Struk, 2017）。之前的研究表明，无聊倾向可以积极预测有问题的手机使用（Chou, 2018; Wolniewicz, 2020），这可以用补偿性互联网使用理论（CIUT）的观点来解释（Kardefelt-Winther, 2014）。该理论表示，在新冠疫情暴发期间，由于现实生活中缺乏社会刺激，个人可能会感到无聊。因此，他们利用手机功能与他人交往，以缓解无聊的感觉，并最终沉迷于手机。对于有压力的人来说，这种影响甚至更加明显，这表明无聊倾向在压力和手机依赖之间的关系中也发挥了作用。因此，本研究提出假设3：无聊倾向在手机依赖和压力知觉之间起中介作用。

2.4 自我控制和无聊倾向的中介作用

目前国内已有的与自我控制相关的研究，主要集中在个体人格特质方面，与无聊倾向相结合的研究相对较少。已有的研究表明，个体感受到的无聊程度越高，相应的自我控制能力也越低，同时伴随强烈的自我消耗。国外学者Mascho（2005）对大量吸烟人群进行研究，发现对事物的认知程度越低，越容易改变自身想法的个体，其无聊感越高，自我控制能力越差。Lemay（2007）的研究表明，当个体所处的环境过于单调时，对于个体本身来讲，所耗费的个人精力反而越高，自我控制程度也越差。Wills等（2008）在他们的研究中进一步验证了无聊倾向和自我控制之间的负相关关系，并且得出结论，自我控制和无聊倾向的水平都能够较为显著地预测出青少年群体是否长期存在物质滥用的现象。

综上所述，本研究提出假设4：自我控制和无聊倾向在压力知觉和手机成瘾之间起部分中介作用。

3 研究假设

本研究在阅读了大量研究文献之后发现，压力知觉、自我控制、无聊倾向和手机依赖之间可能存在某种程度上相互作用的相关关系。在已有的文献中，没有发现将它们结合在一起的研究或讨论，所以对于这四个变量之间是否存在相关性需要进一步验证。大学生面临着新环境的适应、人际关系的处理、学业的完成以及找工作的压力，而手机的使用在一定程度上缓解了这些压力，大学生通过频繁使用手机来逃避现状，反过来这也在相当程度上加重了大学生感知压力的程度。部分研究显示，自我控制在大学生压力知觉和手机依赖之间起到一定的预测作用，但无聊倾向是否和它们也具有某种相关性尚且未知。本研究将通过对这四个变量间关系的探讨，发现它们之间相互影响的可能性，为之后的研究提供一些可参考建议。

本研究拟探讨压力知觉和手机成瘾的相关关系，深入分析论述无聊倾向和自我控制的中介作用。基于对相关文献的回顾与分析，对四个变量间的关系提出如下假设：

假设1：压力知觉与手机依赖存在相关关系，并正向影响手机依赖。
假设2：自我控制在手机依赖和压力知觉之间起中介作用。
假设3：无聊倾向在手机依赖和压力知觉之间起中介作用。
假设4：无聊倾向和自我控制在压力知觉和手机成瘾之间起部分中介作用。

依据文献综述及相关的研究结论，构建了如图1所示模型。

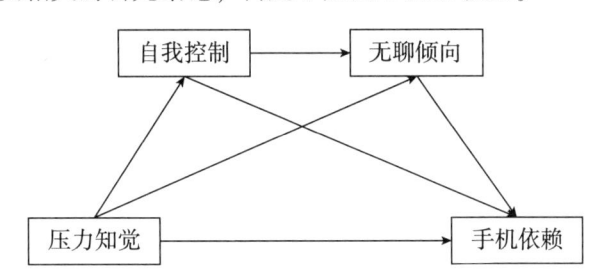

图1 压力知觉对大学生手机依赖的影响：自我控制和无聊倾向的中介模型

4 研究方法

4.1 研究对象

本研究采用方便取样的方法，选取北京、重庆两所高校大学生为被试群体，经由线上平台问卷星向这两地的在校大学生发放问卷设计海报，大学生通过扫码进入小程序内部参与问卷作答，问卷填写人数共计578人，在对问卷进行统一筛查后，获得有效问卷的数量为551份，有效率95.3%，其中参与问卷的女学生339人，男学生212人。问卷的剔除原则主要包括以下4点。①将问卷作答时长计入筛查范围内，最低时长8分钟，对低于最低时长的问卷进行排查。②删除有明显规律的问卷。③在问卷中加入注意力检测题目，例如"不管您的选择是什么，以下选项均选择一般"，将不按标准作答的问卷统一清除。④向问卷星购买测谎题设置，对不达标的问卷统一剔除。

问卷中参与者的分布情况如表1所示。表1呈现的数值特征主要反映了本次问卷中大学生的基本信息及相关情况，其中平均值呈现出大学生在某一维度上的集中分布情况，标准差描述了大学生样本整体波动的趋势。

4.2 研究工具

4.2.1 压力知觉量表

本研究选用国内学者杨廷忠修订的中文版压力知觉量表，该量表是在国外压力知觉量表（PSS）的基础上修订的。量表共计14个题项，采用李克特5点计分，总测量主要从两个维度展开：紧张感和失控感。其中，正向计分题属于紧张感维度，负向计分题属于失控感维度。总分越高，表明个体感受到的压力水平越高。经验证，该量表具有良好的内部一致性，Cronbach's α 为 0.862。

4.2.2 手机依赖量表

本研究采用国内学者熊婕、周宗奎编制的"大学生手机成瘾倾向量表"，该量表共计16个题项，主要从四个维度来考察大学生手机依赖的症状，包括戒断症状、突显行为、社会抚慰和心境改变。问卷采用李克特5点评分。经验证，该量表具有良好的内部一致性，Cronbach's α 为 0.9。

4.2.3 自我控制量表

本研究采用国内学者谭淑华、郭永玉等编制的"自我控制量表"，共计19道题目，评分标准为李克特5点计分，主要从冲动控制、健康习惯、抵御诱惑、专注工作以及节制娱乐5个维度施测，总分越高，说明个体的自我控制水平越差。经验证，该量表的内部一致性较高，Cronbach's α 为 0.899。

4.2.4 无聊向量表

本研究采用国内学者黄时华、李冬玲等编制的"无聊倾向问卷"，总共有30道题目，主要从两个维度展开：外部刺激和内部刺激。外部刺激主要从单调性、约束性、孤独感和紧张感来判断，内部刺激主要从自控力和创造力两个方向分析。量表采用李克特7级评分。经验证，该量表能有效反应大学生的无聊指数，内部一致性系数 Cronbach's α 为 0.936。

5 研究结果

5.1 共同方法偏差检验

本研究采用 Harman 单因素法对共同方法偏差进行检验，分别对4个量表的每一个条目进行探索性因子分析，结果表明，未经旋转抽取出15个特征值大于1的因子，其中第一个因子的累积方差解释率为27.94%，低于40%的临界标准，说明共同方法偏差对本研究的结果并不能造成明显的影响（汤丹丹、温忠麟，2020）。具体数据如表1所示。

表1 共同方法偏差检验结果

成分	初始特征值			提取载荷平方和		
	总计	方差%	累积%	总计	方差%	累积%
1	22.07	27.94	27.94	22.07	27.94	27.94
2	4.24	5.37	33.31	4.24	5.37	33.31
3	3.77	4.77	38.08	3.77	4.77	38.08

续表

成分	初始特征值			提取载荷平方和		
4	3.25	4.12	42.19	3.25	4.12	42.19
5	2.65	3.35	45.54	2.65	3.35	45.54
6	2.38	3.02	48.55	2.38	3.02	48.55
7	2.17	2.74	51.30	2.17	2.74	51.30
8	1.58	2.00	53.30	1.58	2.00	53.30
9	1.53	1.94	55.23	1.53	1.94	55.23
10	1.36	1.73	56.96	1.36	1.73	56.96
11	1.26	1.59	58.55	1.26	1.59	58.55
12	1.10	1.40	59.95	1.10	1.40	59.95
13	1.08	1.36	61.31	1.08	1.36	61.31
14	1.06	1.34	62.65	1.06	1.34	62.65
15	1.04	1.32	63.97	1.04	1.32	63.97

注：提取方法为主成分分析法。

5.2 各变量间的描述统计与相关分析

各变量间的描述统计和相关分析结果如表2所示。从数据分析的结果可以看出，手机依赖与压力知觉、无聊倾向呈显著正相关（$r=0.47$，$p<0.01$），和自我控制呈显著负相关（$r=-0.60$，$p<0.01$）；压力知觉与自我控制呈显著负相关（$r=-0.65$，$p<0.01$），与无聊倾向呈显著正相关（$r=-0.65$，$p<0.01$）；自我控制和无聊倾向呈显著负相关（$r=-0.75$，$p<0.01$）。

表2 各变量间的描述统计和相关分析

变量	M	SD	1	2	3	4
1 手机依赖	35.70	7.86	1			
2 压力知觉	40.54	9.83	0.47**	1		
3 自我控制	48.81	10.73	-0.60**	-0.65**	1	
4 无聊倾向	96.58	26.26	0.56**	0.65**	-0.75**	1

注：*$p<0.05$，**$p<0.01$，***$p<0.001$。

5.3 压力知觉、自我控制、无聊倾向和手机依赖间的回归分析

表3的数据呈现了压力知觉和手机依赖呈显著正相关关系，总效应为（$\beta=0.47$，$p<0.001$），假设1得到验证。在模型中加入中介变量自我控制和无聊倾向之后，压力知觉和自我控制呈显著负相关关系（$\beta=-0.50$，$p<0.001$），与无聊倾向呈显著正相关关系（$\beta=23$，$p<0.001$），中介效应得到验证。

表3 压力知觉、自我控制、无聊倾向和手机依赖间的回归分析

因变量	模型1 手机依赖 β	p	模型2 手机依赖 β	p	模型3 手机依赖 β	p
自变量						
压力知觉	0.47***	0.000	0.14	0.002	0.08	0.097
自我控制			−0.50***	0.000	0.38	0.000
无聊倾向					0.23***	0.000
方程指标						
R^2	0.22		0.37		0.39	
ΔR^2	0.22		0.22		0.02	
F	152.80***		157.46***		114.19***	
ΔF	152.80***		127.04***		17.93***	

注：*$p<0.05$，**$p<0.01$，***$p<0.001$。

5.4 自我控制和无聊倾向在压力知觉和手机依赖之间的中介效应检验

表4和图2反映出数据的整体效应，其中，压力知觉将通过4条路径对手机依赖产生影响。第一条路径为直接路径：压力知觉→手机依赖。第二条路径为：压力知觉→自我控制→手机依赖。第三条路径为：压力知觉→无聊倾向→手机依赖。第四条路径为：压力知觉→自我控制→无聊倾向→手机依赖，如果第二、第三、第四条路径均显著，则可以说明链式中介效应存在。链式中介效应检验结果显示，直接路径标准误为0.06 (95% CI：−0.02~0.21)；间接路径1标准误为0.05，效应量为52.15% (95% CI：0.20~0.41)；间接路径2标准误为0.02，效应量为13.14% (95% CI：0.03~0.13)；间接路径3标准误为0.03，效应量为17.90% (95% CI：0.05~0.16)，结果中显示中介效应的置信区间均不包含0，中介效应占总效应比为83.46%，由此可以判断出链式中介模型成立，4个变量间存在链式中介效应，即压力知觉不仅可以对大学生手机依赖倾向产生直接影响，还可以经由自我控制和无聊倾向形成链式中介作用，具体相关系数如图2所示。

表4 自我控制、无聊倾向在压力知觉和手机依赖之间的中介效应

路径	效应值	Boot SE	Boot LICI	Boot ULCI	效应占比
总效应	0.58	0.05	0.49	0.67	—
直接效应	0.10	0.06	−0.02	0.21	—
总间接效应	0.49	0.05	0.39	0.59	83.46%
间接效应1	0.30	0.05	0.20	0.41	52.15%
间接效应2	0.08	0.02	0.03	0.13	13.41%

续表

路径	效应值	Boot SE	Boot LICI	Boot ULCI	效应占比
间接效应 3	0.10	0.03	0.05	0.16	17.90%

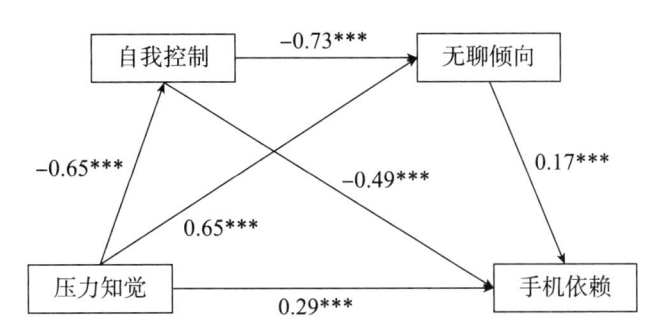

图 2　压力知觉、自我控制、无聊倾向与手机依赖的链式中介模型

6　分析与讨论

6.1　大学生手机使用现状

随着信息化时代的快速发展，手机的使用率在大学生群体中日益增高，部分大学生整日机不离手，对手机产生严重的依赖倾向，当手机不在身边时，会出现躁动不安、情绪低落、易怒甚至魂不守舍的状态，这些现象已经构成当代大学生手机依赖的典型症状。在部分国家，青少年手机依赖的占比达到 30%，而大学生手机依赖的占比约为 46%，并且这一比例仍在显著上升（Jun，2016）。本研究的问卷调查结果显示，74.8%的大学生尚未形成手机依赖，25.2%的大学生每天手机使用时长达到 6 小时以上，已经形成明显的手机依赖。从手机依赖的各个维度中可以看出，性别在大学生手机依赖中存在明显差异，女生相比男生，更容易形成手机依赖，这可能与女性的个人属性有关，比如，女性更容易在网上购物，一不小心可能两三个小时就过去了，和男性相比，女性也更愿意在网络上与好友交流。

6.2　压力知觉与手机依赖的关系

本研究的调查问卷结果显示，压力知觉与手机依赖呈显著正相关关系，这与本文的研究假设 1 相符合。本次研究的结果与前人研究的结果相一致（林雪美，2007；陈功香、孙英红，2011；胡耿丹、项明强，2011；魏华等，2014；Velezmoro et al.，2010；Tang et al.，2014；Yan et al.，2014；Yoo et al.，2014），这也在相当程度上补充了手机使用—认知—行为模型（Davis，2001），即生活内容与个体感受压力的水平是形成手机依赖的主要原因。这表明与压力感知程度较低的学生相比，压力感知水平高的学生更容易形成手机依赖。国外学者 Sinha（2008）认为，压力知觉的形成是学生成瘾倾向发生和反刍的一个重要的风险性因素，这表明较高的压力不仅会增加手机成瘾的风险，而且还会阻碍个体对手机成瘾问题的有效治疗。这也解释了当大学生遇到实际的生活问题或面临具有挑战的情景时，他们会把使用手机作为一种缓解压力的手段或规避风险的逃避行为，当再次面临更多的实际问题时，以此脱离现实、弥补不如意的社会关系（Leung，2007；Yan et al.，2014）以及满足他们逃避现实的需要（Young and Abreu，2010）。例如，当压力来临时，他们选择应对压力的方式是逃避，而这种方式也是形成手机依赖的重要原因（魏华等，2014；Snodgrass，2014）。

6.3 手机依赖与无聊感的关系

本次问卷调查结果表明，手机依赖及其两个维度与无聊倾向的六个维度均存在显著正相关。大学生手机依赖程度越高，无聊倾向越明显。这可能是因为大学生生活的单调性——每天在校园环境中，生活相对比较单一，长期处于低刺激状态。手机依赖程度高，也可能是因为孤独感较为明显——学生从全国各地汇聚在大学校园，脱离了熟悉的环境，面临新的人际关系，不善交往的学生可能长期处于一种比较孤单的状态，因此将手机作为排解孤独的一种方式。也有可能是个体的内在机制决定的，比如当面对不熟悉的人或事时，容易产生紧张感。还有一种可能原因是约束性，在一些环境中，比如课堂发言、学校要求的某些活动，他们不得不去完成，因此通过使用手机来缓冲心理上的约束感。

本研究的结果表明，无聊感越高手机依赖也越高。这与国外学者 Leung L（2008）研究的结果相一致。国内学者冉威（2015）认为，这种相关主要是因为个体缺乏外部刺激，比如长期重复单调的生活，和同伴之间的关系相对冷漠，与外部环境长期脱离从而无法在外部环境中找寻生活的乐趣，因此体验到强烈的无聊感，因而通过无限制地使用手机来缓解这种情绪。从上述原因中可以判断，当个体长期面对无法适应的环境、解决不了的问题或是人际关系出现问题时，就会倾向于向外寻找替代物来弥补心理上的不安感，当代大学生频繁使用手机其实是为了获得心理上的补偿。而从无聊倾向产生的内部刺激的两个维度中可以发现，大学生的自我控制能力和问题性手机使用之间存在显著的负相关关系，因此可以从个体所呈现出来的外在行为来推测其自我控制能力的高低。换句话说就是当个体处于高自我控制的状态时，问题性手机使用的现象会显著降低，也越不容易出现过度依赖手机的现象。

6.4 手机依赖与自我控制的关系

问卷调查的结果显示，手机依赖的4个维度与自我控制的5个维度存在显著负相关，手机依赖倾向越高，自我控制能力越差。该结果与我国学者李雅鑫（2012）的研究结果一致。相关研究证明，从大学生长期沉迷手机的现象，基本可以推断他们属于低自我控制人群，比如容易破坏纪律、上课不专心听讲、嗜酒成性、长期抱着手机不离身等这些外化行为都与大学生的自我控制能力较差显著相关。过度使用手机的大学生无法有效规划自己使用手机的时长，当手机不在视线范围内时，会产生明显的焦虑不安的现象，从而无法安心学习，无法正常生活，这些都是个体自我控制能力低下的基本表现。问题性手机使用的大学生容易被自己的手机支配，不在意时间是否白白流逝，也无法将自己从手机的狭小屏幕里抽离出来，感受不到大自然和身边正在发生的事物的美好。本研究的结果表明，过度依赖手机的大学生，很可能在现实生活中易怒，做事情相对比较冲动和冒失（冲动控制），饮食作息等生活习惯不规律，喜欢长期呆在一个环境里不运动（健康习惯），面对外界传出的各种不实信息或环境中充满诱惑时，无法保持相对冷静的处事方式（抵御诱惑），学习或做其他工作时，注意力比较分散，难以集中精力去做某件事（专注工作），和同学或老师之间的关系无法妥善处理，不愿意参加集体活动（节制娱乐）。自控能力越高的学生，对于手机依赖的程度越低，他们更愿意将大量时间投入到学业中，与他人形成良好的人际关系，做事情有规划，清楚生活的意义和奋斗的目标。

6.5 自我控制和无聊倾向的关系

大学生无聊倾向及其6个维度均和自我控制的5个维度呈显著正相关。这一研究结果与国外学者 Ahmed（2010）的研究结果相符合。已有研究证实，当个体处于无聊状态时，自我消耗的程度也会更高（Lemay，2007）。国外学者 Mascho（2005）通过研究大量的吸烟人群发现，自我控制能力越差的人，他们的无聊倾向也更高，自我控制能力低的人群，对于事物的看法和内在驱动力存在明显的差异。国外学者 Wills 等（2008）的研究也表明，自我控制能力越低的人群，感受到无聊程度越高，这两点可以显著推测出大学生是否存在其他行为方面的问题。导致这种现象产生的原因可以归纳为以下 4 点。第一，大学生长期处在低频刺激的校园环境中，外部环境的刺激不够，就会导致他们沉迷于手机里刺激物相对较多的软件里，长期沉迷其中，自我控制能力越来越差。第二，他们离开曾经熟悉的环境时，家人的鼓励和支持也相对减少，各种适应问题让他们出现短暂的迷茫状态，从而导致自控力也出现降低的现象。第三，部分同学在原来的环境里能力比较突出，到了大学校园，大家的能力参差不齐，部分学生会因为比较产生的能力不足而出现自我贬损的现象，从而开始出现消耗自己，放弃自己的想法。第四，不得不执行一些学校安排的活动，久而久之，开始排斥现实，沉迷于网络构造的虚幻景象，导致自我控制能力越来越低。

6.6 自我控制、无聊倾向在压力知觉和手机依赖之间的中介关系

压力知觉、自我控制、无聊倾向和手机依赖之间的中介作用表明，自我控制和无聊倾向在压力知觉和手机依赖之间起部分中介作用，也就是大学生的手机依赖程度可以通过自我控制能力和无聊程度加以推测。这验证了本研究提出的研究假设部分基本成立。由于目前参阅的文献中，压力知觉、自我控制、无聊倾向和手机依赖之间的关系还未得到相关文章或期刊的证实，所以对于结果的呈现，本研究不具备可参照的标准。我国学者徐晓丹（2014）的研究证明，问题性使用手机的大学生，在某些内在机制方面，可能存在一定的不足。国外的学者 Carlson（2006）有研究证实，自我控制能力越高，越不容易形成手机依赖，通过自我控制能力可以显著预测出大学生手机依赖程度。Magee（2019）关于手机依赖的研究指出，问题性手机使用会严重影响个体感知压力的程度并导致体验回避的现象加重。压力感知强，自我控制能力低，无聊倾向高，会导致大学生手机依赖的程度呈明显上升趋势。

6.7 不足与展望

第一，在人群的选择方向上，由于受时间、空间等现实因素的限制，本研究只选取了北京和重庆两地的大学生作为被试群体。也因此，性别比例在一定程度上可能存在偏差，会影响被试样本的代表性。同时，本研究主要集中在线上发放问卷，被试在作答时，可能会受所处环境的影响，从而使收集到的样本信息效率较高但无效问卷也随之增多。

第二，本研究在变量的筛选上，只考虑了与个人因素相关的压力知觉、自我控制和无聊倾向对大学生形成手机依赖的影响。在接下来的研究中可以加入其他变量因素，分析其对大学生手机依赖的影响程度，从而更加全面地了解并确定这些不同性质的变量因素对大学生身心健康的作用机制，为更好地干预大学生手机依赖发挥一定的作用。

参考文献

[1] 陈必忠，郑雪. 大五人格与大学生社交媒体自我控制失败：错失恐惧的作用 [J]. 应用心理学，2019，13（2）：161-168.

[2] 陈艳，李纯，沐小琳，别致，谷传华. 主观幸福感对手机依赖的影响：自主支持和自尊的链式中介作用 [J]. 中国特殊教育，2019，21（5）：91-96.

［3］高斌，朱穗京，吴晶玲. 大学生手机成瘾与学习投入的关系：自我控制的中介作用和核心自我评价的调节作用［J］. 心理发展与教育，2021，13（3）：400-406.

［4］龚栩，谢熹瑶，徐蕊，罗跃嘉. 抑郁-焦虑-压力量表简体中文版（DASS-21）在中国大学生中的测试报告［J］. 中国临床心理学杂志，2010，32（4）：443-446.

［5］韩登亮，齐志斐. 大学生手机成瘾症的心理学探析［J］. 当代青年研究，2005，21（12）：34-38.

［6］何安明，夏艳雨. 手机成瘾对大学生认知失败的影响：一个有调节的中介模型［J］. 心理发展与教育，2019，13（3）：295-302.

［7］何杰，李莎莎，付明星. 高职学生手机成瘾与心理健康自我控制及自尊关系［J］. 中国学校卫生，2019，23（1）：79-82.

［8］胡珊珊，李林英. 手机成瘾影响因素述评［J］. 社会心理科学，2014，17（5）：61-65.

［9］黄凤，郭锋，丁倩，洪建中. 社交焦虑对大学生手机成瘾的影响：认知失败和情绪调节自我效能感的作用［J］. 中国临床心理学杂志，2021，21（1）：56-59.

［10］黄海，牛露颖，周春燕，吴和鸣. 手机依赖指数中文版在大学生中的信效度检验［J］. 中国临床心理学杂志，2014，22（5）：835-838.

［11］黄海，余莉，郭诗卉. 大学生手机依赖与大五人格的关系［J］. 中国学校卫生，2013，34（4）：414-416.

［12］黄时华，李冬玲，张卫，李董平，钟海荣，黄诚恳. 大学生无聊倾向问卷的初步编制，2010.

［13］黄煜，杨帆，孙翔飞，萨建. 中国大学生不同性别手机依赖情况 Meta 分析［J］. 山西医药杂志，2021，9（21）：3001-3003.

［14］冀嘉嘉，吴燕，田学红. 大学生手机依赖和学业拖延、主观幸福感的关系［J］. 杭州师范大学学报（自然科学版），2014，13（5）：482-487.

［15］李大林，黄梅，秦鹏飞，陈群，吴文峰. 高职大学生压力知觉自尊与手机成瘾倾向的关系［J］. 贵州师范学院学报，2018，34（9）：49-53.

［16］College Students. Chin. J. Clin. Psychol，9（21）：558-561.

［17］SAMAHA M，HAWI N S. Relationships among smartphone addiction，Stress，Academic performance，and Satisfaction with life［J］. Comput Hum Behav，2016，78（57）：321-325.

［18］SKUES J，WILLIAMS B J，WISE L. Personality traits，Boredom and Lone-liness as predictors of Facebook use in on-campus and online uni-versity students. Int J Cyber Behav Psychol Learn，2017，7（2）：36-48.

［19］VODANOVICH S J，VERNER K M，GILBRID T V. Boredom Proneness：It's relationship to positive and negative affect［J］. Psychol. Rep，1991，41（69）：1139-1146.

［20］WANG W C. Exploring the relationship among free-time management，leisure boredom，and Internet addiction in undergraduates in Taiwan［J］. Psychol Rep，2018，122（1）：1-15.

［21］WANG J L，WANG H-Z，GASKIN J，WANG L-H. The role of stress and motivation in problematic smartphone use among college students［J］. Comput. Hum. Behav，2015，17（53）：181-188.

［22］YAN L，GAN Y，DING X，WU J，DUAN H. The relationship between perceived stress and Emotional distress during the COVID-19 outbreak：Effects of boredom proneness and coping style［J］. J. Anxiety Disord，2021，12（77）：102-328.

［23］YANG X-J，LIU Q Q，LIAN S L，ZHOU Z K. Are bored minds more likely to be addicted? The relationship between boredom proneness and Problematic mobile phone use. Addict. Behav，2020，111（108）：106-426.

感知压力影响青少年生活满意度：思维模式的调节作用

袁 梦　李悦欣　王 岩[①]

（首都师范大学心理学院　北京市学习与认知重点实验室，北京 100048）

1　前言

已有大量研究探讨了压力对成人幸福感和生活满意度的影响，普遍发现，压力是成人幸福感的重要预测因子（Diener & Chan，2011；Martin et al.，2024）。但是，对青少年的相关研究还不够充分，他们的生活满意度值得关注，因为青少年正处于重要的发展转型期，他们会面对与儿童时期不同的事件并且要处理可能随着年龄增长而变化的关系模式（Martinez & Bámaca-Colbert，2019），研究发现这些因素都可能增加青少年的压力，从而影响生活满意度。除此以外，还有各类日常生活中可能会遭遇的风险，都会影响青少年的生活满意度，容易出现心理问题（Walsh et al.，2020）。而发展成长型思维则可以很好地帮助他们应对压力，适应这种转型变化。本研究从这一角度进行考察。

生活满意度是对生活的总体评价，属于认知成分，与积极情感、消极情感等情感成分共同组成主观幸福感（subjective well-being）（Diener，1996）。生活满意度在整个人生周期当中会经历起伏波动，而在青春期会呈现出巨大的下降趋势（Orben et al.，2022），其原因可能有生理机制和社会支持等来自个人或外界的因素（Andersen & Teicher，2008；Baile et al.，2020；Kvasková et al.，2022；You et al.，2018）。而青少年生活满意度与其他重要因素，例如感知学业成就（Izaguirre et al.，2023；Watson et al.，2021）、学生参与各种活动（Lewis et al.，2011）及人际关系适应（Gilman & Huebner，2006）呈现显著正相关，而生活满意度的提升能够降低出现抑郁症状的青少年的自杀行为可能性（Yu et al.，2021），并与在学校更好的表现相关（Forrest et al.，2013）。大量研究发现，青少年的生活满意度受到压力的影响，研究表明，压力会导致个体幸福感和生活满意度的下降（Cho et al.，2021；Dyrdal et al.，2019；Xu & Wang，2023）。压力与青少年生活满意度之间存在着显著负相关（Rodríguez-Rivas et al.，2023），包括经历重大生活事件和感知父母冲突（Chappel et al.，2014）以及与学校关的压力（Moksnes et al.，2016），会造成青少年压力增加，生活满意度下降。

以往研究着眼点在压力事件本身，但有研究认为，感知压力是影响个体心理及健康的关键因素（Teh et al.，2015）。压力知觉（perceived stress）是对外部刺激事件中的压力水平进行的认知评估（Cohen et al.，1983）。对其测量可以包括感知压力（perceived distress）和感知应对能力（perceived coping ability）这两个维度（Cohen et al.，1983；Hewitt et al.，1992）。感知压力维度强调的是对外界压力事件造成的威胁性的感知，重点在于知觉感受；而感知应对能力维度（perceived coping ability）强调的是个体自身对外界压力事件能否进行应对的能力的评估。二者有着显著的不同，共同组成测量压力知觉的成分。但是，以往研究较少区分两者对生活满意度的影响，只是笼统地考察了压力知觉

[①] 通讯作者：王岩　邮箱：wangyan@cnu.edu.cn

（perceived stress）对个体幸福感显著的负向影响（Extremera et al.，2009；Yang et al.，2022），本研究旨在从更细致的角度去考察感知到的压力（perceived distress）对于个体幸福感的作用。

个体的认知评价很大程度上会影响他们对于压力的判断（Carpenter，2016），而这种评估会受到思维模式的影响。思维模式（mindset）是指人们对于智力和能力是否可改变的信念（Dweck & Leggett，1988），体现了不同个体在面对难度相当大的挑战时所表现出的差异，可以分为两种：成长型思维和固定型思维，前者认为能力可以通过后天的学习来获得培养和改变，而固定型思维则认为能力是固定的（Dweck，2006）。

有研究发现，成长型思维干预能够显著改善青少年的抑郁情况（Schleider & Weisz，2018），并且发现，思维模式越趋近于成长型，焦虑感越少，所体验到的幸福感越多（家晓余等，2022）。具有成长型思维的个体会报告更高的生活满意度，更低的感知痛苦水平（Lam & Zhou，2020）；另外一项调查研究了香港中学教师的成长型思维以及生活满意度，结果发现具有成长型心态的教师能够更好地面对课程改革的压力，接受度较高，感知到资源的可利用性，对生活更加满意（Lee et al.，2023）。由此可知，成长型思维可以帮助个体更好地降低抑郁和焦虑表现，从而改善个体的心理健康状况（Jiang et al.，2023）。对被试进行操纵培养他们的思维方式，发现更多的成长型思维模式与被试报告更高的幸福感相关（Van Tongeren & Burnette，2018）；对于青少年的一项研究也发现，通过成长型思维的团辅干预活动，能够对中学生的生活满意度进行提升（杨彩霞，2022）。

个体拥有的信念对其幸福感产生重要影响，能够决定压力是否与更多消极结果相关以及是否表现出更多的不幸。例如，有研究认为由于压力与消极享乐状态的体验有关，那些持有消极享乐信念的人，他们的压力与更强烈的幸福感下降相关，使用回顾性和前瞻性研究设计的三个研究结果都支持这一预测（McMahan et al.，2016），对于压力本身所持有的思维模式也会导致不同结果的产生，那些认为压力可以促进好结果产生的个体，处在压力环境下时，比其他认为压力会带来不好后果的个体，在健康、工作表现以及心理健康上有更好的表现（Crum et al.，2013）。以上结果说明，个体所持有的思维模式会影响到压力作用的最终结果。对于成长型思维，有研究发现，随着成长型思维水平的提高，家庭压力与破坏性行为之间的关系强度减弱（Walker & Jiang，2022），这也就意味着当个体处于压力之下时，思维方式可以进行调节，而成长型思维可以削弱压力的负性影响。

综上所述，处在青春期的青少年生活满意度会因为来自个人、学校及社会等方面的诸多因素尤其是压力因素而呈现下降趋势，而成长型思维则可削弱这种负性影响而提升生活满意度。青少年面临着自我身份的转化和认知的调整，同样还有来自于外界及自身学业要求的压力，切实有效地帮助他们更好地调整心态并用积极的思维和眼光去克服存在的问题，是非常重要且有意义的，若能帮助他们找到面对压力并提升幸福感的方法，将会对青少年心理健康促进提供新的思路。

以往研究大多对压力与幸福、成长型思维与生活满意度之间进行探讨，较少去研究压力、成长型思维与生活满意度之间的关系，并且较少聚焦于成长型思维的调节作用。本文基于以上研究，对九年级的青少年进行问卷调查，提出两点假设：

假设1：压力知觉、成长型思维与生活满意度之间存在显著相关；

假设2：成长型思维在压力知觉和生活满意度之间起到调节作用；成长型思维能够削弱因压力知觉而对生活满意度所带来的负面影响。

2 方法

2.1 被试

北京市某中学初三年级学生634名，经过测谎题、数据筛选后，得到有效数据356份，占比56%，其中男生129人，女生197人，年龄15±1岁。学生们在上课时间完成了自我报告的调查问卷，在实施问卷调查之前，参与者被告知本研究项目的目的，并保证所有数据将被保密。本研究获得了首都师范大学心理学院人类研究伦理委员会的批准，以及学校行政部门、教师和学生及家长的同意。

2.2 测量工具

感知压力：压力知觉量表（Perceived Stress Scale，PSS）（Cohen et al.，1983）一共14道题目，每道题计分0~4分，分别表示从不、几乎不、有时、经常、总是，总分为56分，得分越高说明压力知觉越大。分为两个维度，第4、5、6、7、9、10、13题目属于正向描述的题目，为"应对能力知觉"维度（Hewitt et al.，1992），采取反向计分（例如，"对于有能力处理自己的私人问题感到很有信心"）；第1、2、3、8、11、12、14条目属于反向描述的条目，为"压力知觉"维度，采取正向计分（例如，"感觉无法控制自己生活中重要的事情"）。在本研究中的克隆巴赫系数为0.849。

成长型思维：成长型思维量表（Growth mindset scale，GMS）（Dweck et al.，1995）一共4道题目，采用四点计分，分别表示几乎不同意、有一点点同意、比较同意以及完全同意，分数越高说明成长型思维水平越高。分为固定型思维和成长型思维两个维度，1、2题目测量固定型思维，需进行反向计分（例如，"你的智力对你来说是非常基本的，同时无法有太多改变的东西"）；3、4题目测量成长型思维，进行正向计分（例如，"不管你的智力水平有多高，你总是能改变它一点"），在本研究中的克隆巴赫系数为0.664。

生活满意度：生活满意度问卷（Satisfaction with Life Scale，SWLS）（Diener et al.，1985）一共5道题目，每道题计分1~7分，分别表示完全不同意、不同意、有点不同意、一般、有点同意、同意以及完全同意，量表总分35分，得分越高说明生活满意度越高（例如，"迄今为止我已经得到我在生活中想要得到的最重要的东西""如果生活能够重新来过，我几乎什么都不想改变"）。在本研究中的克隆巴赫系数为0.857。

2.3 统计分析

本研究采用SPSS25.0以及Hayes等人编制的POCESS v4.0程序进行数据分析。

3 结果

3.1 共同方法偏差

使用Harman的单因素检验进行共同方法偏差检验（周浩、龙立荣，2004），未旋转的探索性因子分析的结果提取出特征根大于1的因子共5个，最大因子方差解释率为30.40%（小于40%），故不存在严重的共同方法偏差。

3.2 青少年压力知觉、成长型思维及生活满意度的描述性统计和相关分析

表1为压力知觉、成长型思维和生活满意度的总体得分以及各维度得分平均值、标准差以及各变量总体及分维度分数均值相关矩阵（双尾）。

表 1 青少年压力知觉、成长型思维与生活满意度的描述性统计和相关分析

变量	M	SD	1	2	3	4	5	6	7
压力知觉总分	2.99	0.62	1						
压力知觉分维度	2.77	0.83	0.761**	1					
应对能力知觉分维度	2.79	0.81	-0.748**	-0.139**	1				
成长型思维总分	1.45	0.65	-0.327**	-0.217**	0.277**	1			
成长型思维分维度	1.35	0.77	-0.323**	-0.158**	0.311**	0.803**	1		
固定型思维分维度	1.43	0.84	0.214**	0.194**	-0.129*	-0.830**	-0.324**	1	
生活满意度	4.59	1.25	-0.573**	-0.384**	0.483**	0.209**	0.218**	-0.126*	1

注：** $p<0.01$，* $p<0.05$。

压力知觉总分与压力知觉呈显著正相关，并且这二者除与固定型思维呈现显著正相关外，均与其他变量呈现显著负相关；应对能力知觉与成长型思维总分、成长型思维及生活满意度皆为显著正相关；成长型思维总分与成长型思维分维度及生活满意度呈显著正相关，与固定型思维呈现显著负相关；成长型思维与固定型思维之间存在显著负相关，生活满意度与前者呈正相关，与后者呈负相关。

3.3 青少年压力知觉、成长型思维与生活满意度的调节效应分析

采用 Hayes 开发的 PROCESS4.0 宏程序中的 Model 1，分析成长型思维可能存在的调节作用。经过数据拟合发现，压力知觉分维度、成长型思维分维度以及生活满意度进行的分析结果表明，这三个变量所建立的模型中各系数区间均不包含 0，具有统计学意义，交互效应显著。Bootstrap 调节效应分析发现，压力知觉分维度、成长型思维分维度对生活满意度的总变异的解释率为 18.6%〔（F（3，352）= 26.8，$P<0.001$〕，二者的交互作用可解释总变异的 1.3%〔F（1，352）= 5.673，$P=0.018$〕。压力知觉（$P<0.001$）、成长型思维（$P<0.01$）的直接影响具有统计学意义。压力知觉分维度×成长型思维分维度的交互作用对生活满意度的影响也具有统计学意义（$P<0.05$），详见表 2。

表 2 青少年压力知觉、成长型思维分维度对生活满意度的效应

因素	coeff	S.E.	t	p	95%CI LLCI	95%CI ULCI
constant	4.611	0.061	75.781	<0.001	4.492	4.731
压力知觉（X'）	-0.544	0.074	-7.522	<0.001	-0.699	-0.409
成长型思维（M'）	0.251	0.079	3.176	0.002	0.096	0.406
压力知觉×成长型思维（X'M'）	0.200	0.084	2.382	0.018	0.035	0.365

接下来进一步检验在成长型思维调节作用下，压力知觉对于生活满意度的影响。本研究按照平均数加减一个标准差对调节变量进行高中低分组进行简单斜率检验，分析结果发现，成长型思维取低于平均值一个标准差，简单斜率显著（$effect = -0.709, t = -6.963, p<0.001$）；成长型思维取高于平均值一个标准差，简单斜率显著（$effect =$

−0.399，$t=-4.224$，$p<0.001$），当成长型思维取平均值时，简单斜率仍显著（$effect=-0.554$，$t=-7.522$，$p<0.001$）。

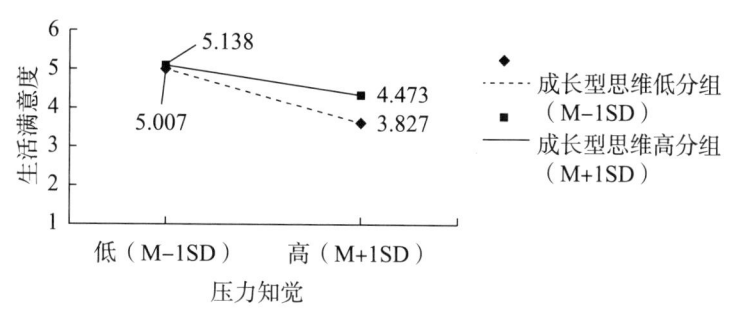

图1 成长型思维、压力知觉与生活满意度的调节效应图

如图1所示，不论成长型思维高分组（高于平均数一个标准差）还是低分组（低于平均数一个标准差），压力知觉对于生活满意度的影响仍旧呈现显著负向预测趋势，但在高分组中压力知觉的负向作用相对较弱。结果提示，成长型思维在压力知觉对生活满意度的关系中起到了调节作用。

4 讨论

本研究对青少年的问卷调查发现，成长型思维和压力知觉、压力知觉与生活满意度、成长型思维与生活满意度之间都存在着显著的相关关系，且成长型思维对压力知觉预测生活满意度的调节模型成立，不同水平成长型思维在不同压力知觉水平下所拥有的生活满意度存在显著差异，提示在较高压力知觉水平下，具有成长型思维高分组的个体相对拥有更高的生活满意度。

本研究结果发现，压力知觉与生活满意度之间有着显著的负相关，这与前人的结论是一致的，有研究以巴巴多斯的学生为样本，发现较高的压力知觉与较低的生活满意度相关（Alleyne et al.，2010），在伊朗的青少年群体样本中也得出了类似结论（Heizomi et al.，2015），并且在这二者之间存在其他变量可以影响它们的关系（Zheng et al.，2019）。个体在面对压力时，会呈现出一些负面情绪甚至对心理、生理健康层面造成损害，表现为抑郁、焦虑甚至是自杀意念（Kingsbury et al.，2020；Moksnes & Espnes，2020；Slimmen et al.，2022），这些都会使个体对生活的满意度降低。

本研究结果显示成长型思维与生活满意度之间存在着显著的正相关，而固定型思维则与生活满意度呈显著负相关。这与前人的研究结果是一致的，都表明了成长型思维对于个体感知幸福和提升生活满意度的积极影响和正向作用（Lam & Zhou，2020；Ortiz Alvarado et al.，2019；Van Tongeren & Burnette，2018），成长型思维的干预能够使个体在面对困难时展现出更多的坚持（Burnette et al.，2019），这使得学生可以改变对挑战的看法，相信自己能够通过努力及其他帮助而克服眼前的难关（Yeager & Dweck，2012），即当人们用成长型思维去思考自己的生活和境遇时，不会像固定型思维的个体那样认为这将是一成不变的局面，与之相反，他们总能发现生活中的可取之处及可发展的空间，从而积极地努力改变，达成目标，提高生活满意度和幸福感。

成长型思维与压力知觉之间也存在着显著的负相关。这个结果同样也得到了许多文献的支持，有实证研究表明，成长型思维得分更高的男性个体在面对压力时，表现出皮质醇峰值水平更低，提示他们的压力水平更低（Fischer et al.，2023）；但是也有研究做出了不同的结果,在一项关于兽医学生学习成绩、压力与成长型思维的研究中(Root Kustritz, 2017),未发现思维模式得分在压力得分或绩点上显著相关。作者认为,固定型思维的个体很可能选择不参与项目,因为他们可能看不到参加的益处,而使得研究结果产生偏差。而与之相反,具有成长型思维的个体往往都会用一种较为积极的、认为事情可以发生改变的眼光去看待周围的事物,因此在面对压力时也会采用这种心态,从而改善了压力造成的影响,这也说明,如何应对压力有时要比单纯应激源的存在对个体的影响更大(Herman-Stabl et al., 1995; Seiffge-Krenke, 2000)。

更有意思的是,本研究发现成长型思维能够在压力知觉与生活满意度之间起到调节作用。在三者构建的回归模型中,压力知觉负向预测生活满意度,成长型思维正向预测生活满意度,二者的交互项正向预测生活满意度,这说明成长型思维能够显著削弱压力知觉对于生活满意度的负向影响。简单斜率检验发现,成长型思维高分组比低分组,更大程度上改善了压力对生活满意度的负面影响,并且随着压力知觉的增加,这种差异也更加明显。也就是说,压力知觉的程度会影响到人们对于生活满意度的评价(Burger & Samuel, 2017; Rodríguez-Rivas et al., 2023; Schoeps et al., 2019),而这个过程会受到成长型思维的调节,成长型思维高分组比低分组,更大程度上改善了压力对生活满意度的负面影响。也就是说,个体感受到的压力越大,成长型思维的正向调节作用就越明显,个体的生活满意度就相对越高。

本研究也存在一些局限性和问题。被试群体局限于北京某中学初三的学生,问卷回答质量偏低造成回收率不高,具有固定型思维的个体可能不愿认真作答,可能会影响到研究的结果。

综上所述,本文通过对九年级学生的问卷调查,探讨了压力知觉、成长型思维和生活满意度之间的关系,发现成长型思维可以帮助个体削弱压力知觉对于生活满意度的负面影响,且压力知觉增高时,调节作用更大。本研究提供了一种新的干预角度来帮助青少年应对压力,提升生活满意度。当他们具备这种认为自己可以通过时间、策略以及努力就可以获得改变的心态——成长型思维时,即使在高压环境下,也可以削弱环境所带来的负面影响,提高生活满意度。培养青少年的成长型思维,帮助他们从自身的思维模式的成长方面去重新思考压力和困难本身,也许为教育工作者提供了一个新的思路。

参考文献

[1] 家晓余,张宇驰,邱江. 思维模式对大学生情绪健康的影响:压力知觉和心理韧性的链式中介效应[J]. 西南大学学报(社会科学版),2022,48(4):202-209.

[2] 杨彩霞. 初中生成长型思维、应对方式与生活满意度的关系及干预研究[D]. 华中师范大学,2022.

[3] 周浩,龙立荣. 共同方法偏差的统计检验与控制方法[J]. 心理科学进展,2004,12(6):942-950.

[4] ALLEYNE M, ALLEYNE P, GREENIDGE D. Life satisfaction and perceived stress among university students in Barbados [J]. Journal of Psychology in Africa, 2010, 20 (2): 291-297.

[5] ANDERSEN S L, TEICHER M H. Stress, sensitive periods and maturational events in adolescent depression [J]. Trends in Neurosciences, 2008, 31 (4): 183-191.

[6] JOSÉ IGNACIO BAILE, INGELMO R G, MARÍA JOSÉ GONZÁLEZ-CALDERÓN, ET AL. The Relationship between Weight Status, Health-Related Quality of Life, and Life Satisfaction in a Sample of Spanish Adolescents [J]. International Journal of Environmental Research and Public Health, 2020, 17

(9): 3106.

[7] BURGER K, SAMUEL R. The Role of Perceived Stress and Self-Efficacy in Young People's Life Satisfaction: A Longitudinal Study [J]. Journal of Youth and Adolescence, 2017, 46 (1): 78-90.

[8] BURNETTE J L, POLLACK J M, FORSYTH R B, et al. A Growth Mindset Intervention: Enhancing Students' Entrepreneurial Self-Efficacy and Career Development [J]. Entrepreneurship Theory and Practice, 2019, 44 (2): 104225871986429.

[9] CARPENTER, R. A review of instruments on cognitive appraisal of stress [J]. Archives of Psychiatric Nursing, 2016, 30 (2): 271-279.

[10] CHAPPEL A M, SULDO S M, OGG J A. Associations between adolescents' family stressors and life satisfaction [J]. Journal of Child and Family Studies, 2014, 23 (1): 76-84.

[11] CHO H, YOO S.-K, PARK C J. The relationship between stress and life satisfaction of Korean University students: Mediational effects of positive affect and self-compassion [J]. Asia Pacific Education Review, 2021, 22 (3): 385-400.

[12] COHEN S, KAMARCK T, MERMELSTEIN R. A global measure of perceived stress. Journal of Health and Social Behavior [J], 1983, 24 (4): 385-396.

[13] CRUM A J, SALOVEY P, ACHOR S. Rethinking stress: The role of mindsets in determining the stress response [J]. Journal of Personality and Social Psychology, 2013, 104 (4): 716-733.

[14] DIENER E. Traits can be powerful, but are not enough: Lessons from Subjective Well-Being [J]. Journal of Research in Personality, 1996, 30 (3): 389-399.

[15] DIENER E, CHAN M Y. Happy people live longer: Subjective Well-Being contributes to health and longevity [J]. Applied Psychology: Health and Well-Being, 2011, 3 (1): 1-43.

[16] DIENER E, EMMONS R A, LARSEN R J, GRIFFIN S. The Satisfaction With Life Scale [J]. Journal of Personality Assessment, 1985, 49 (1): 71-75.

[17] DWECK C S. Mindset: The new psychology of success [M]. Random house, 2006.

[18] DWECK C S, CHIU C, HONG Y. Implicit theories and their role in judgments and reactions: A word from two perspectives [J]. Psychological Inquiry, 1995, 6 (4): 267-285.

[19] DWECK C S, LEGGETT E L. A social-cognitive approach to motivation and personality [J]. Psychological Review, 1988, 95 (2): 256-273.

[20] DYRDAL G M, RØYSAMB E, NES R B, VITTERSØ J. When life happens: Investigating short and long-term effects of life stressors on life satisfaction in a large sample of Norwegian mothers [J]. Journal of Happiness Studies, 2019, 20 (6): 1689-1715.

[21] EXTREMERA N, DURÁN A, REY L. The moderating effect of trait meta-mood and perceived stress on life satisfaction [J]. Personality and Individual Differences, 2009, 47 (2): 116-121.

[22] FISCHER E R, FOX C, YOON K L. Growth mindset and responses to acute stress [J]. Cognition and Emotion, 2023, 37 (6): 1153-1159.

[23] FORREST C B, BEVANS K B, RILEY A W, CRESPO R, LOUIS T A. Health and school outcomes during children's transition into adolescence [J]. Journal of Adolescent Health, 2013, 52 (2): 186-194.

[24] GILMAN R, HUEBNER E S. Characteristics of adolescents who report very high life satisfaction [J]. Journal of Youth and Adolescence, 2006, 35 (3): 293-301.

[25] HEIZOMI H, ALLAHVERDIPOUR H, ASGHARI JAFARABADI M, SAFAIAN A. Happiness and its relation to psychological well-being of adolescents [J]. Asian Journal of Psychiatry, 2015, 16: 55-60.

[26] HERMAN-STABL M A, STEMMLER M, PETERSEN A C. Approach and avoidant coping: Implications for adolescent mental health [J]. Journal of Youth and Adolescence, 1995, 24 (6): 649-665.

[27] HEWITT P L, FLETT G L, MOSHER S W. The Perceived Stress Scale: Factor structure and relation to depression symptoms in a psychiatric sample [J]. Journal of Psychopathology and Behavioral Assess-

ment, 1992, 14 (3): 247-257.

[28] IZAGUIRRE L A, RODRÍGUEZ - FERNÁNDEZ A, FERNÁNDEZ - ZABALA A. Perceived academic performance explained by school climate, positive psychological variables and life satisfaction [J]. British Journal of Educational Psychology, 2023, 93 (1): 318-332.

[29] JIANG X, MUELLER C E, PALEY N. A systematic review of growth mindset interventions targeting youth social-emotional outcomes [J]. School Psychology Review, 2023, 53 (3): 1-22.

[30] KINGSBURY M, CLAYBORNE Z, COLMAN I, KIRKBRIDE J B. The protective effect of neighbourhood social cohesion on adolescent mental health following stressful life events [J]. Psychological Medicine, 2020, 50 (8): 1292-1299.

[31] KVASKOVÁL, RE? KA K, JEŽEK S, MACEK P. Time spent on daily activities and its association with life satisfaction among Czech adolescents from 1992 to 2019 [J]. International Journal of Environmental Research and Public Health, 2022, 19 (15): 9422.

[32] LAM K K L, ZHOU M. A serial mediation model testing growth mindset, life satisfaction, and perceived distress as predictors of perseverance of effort [J]. Personality and Individual Differences, 2020, 167: 110262.

[33] LEE S-L, CHAN H-S, TONG Y-Y, CHIU C-Y. Growth mindset predicts teachers' life satisfaction when they are challenged to innovate their teaching [J]. Journal of Pacific Rim Psychology, 2023, 17: 1-11.

[34] LEWIS A D, HUEBNER E S, MALONE P S, VALOIS R F. Life satisfaction and student engagement in adolescents [J]. Journal of Youth and Adolescence, 2011, 40 (3): 249-262.

[35] MARTIN A J, COLLIE R J, HOLLIMAN A J. The role of health demands, health resources, and adaptability in psychological strain and life satisfaction [J]. Stress and Health, 2024, 40 (3): e3341.

[36] MARTINEZ G, BÁMACA-COLBERT M Y. A reciprocal and longitudinal investigation of peer and school stressors and depressive symptoms among Mexican-Origin adolescent females [J]. Journal of Youth and Adolescence, 2019, 48 (11): 2125-2140.

[37] MCMAHAN E A, CHOI I, KWON Y, CHOI J, FULLER J, JOSH P. Some implications of believing that happiness involves the absence of pain: Negative hedonic beliefs exacerbate the effects of stress on well-being [J]. Journal of Happiness Studies, 2016, 17 (6): 2569-2593.

[38] MOKSNES U K, ESPNES G A. Sense of coherence in association with stress experience and health in adolescents [J]. International Journal of Environmental Research and Public Health, 2020, 17 (9): 3003.

[39] MOKSNES U K, LØHRE A, LILLEFJELL M, BYRNE D G, HAUGAN G. The association between school stress, life satisfaction and depressive symptoms in adolescents: Life satisfaction as a potential mediator [J]. Social Indicators Research, 2016, 125 (1): 339-357.

[40] ORBEN A, LUCAS R E, FUHRMANN D, KIEVIT R A. Trajectories of adolescent life satisfaction [J]. Royal Society Open Science, 2022, 9 (8): 211808.

[41] ORTIZ ALVARADO N B, RODRÍGUEZ ONTIVEROS M, AYALA GAYTÁN E A. Do mindsets shape students' well-being and performance? [J]. The Journal of Psychology, 2019, 153 (8): 843-859.

[42] RODR GUEZ-RIVAS M E, ALFARO J, BENAVENTE M, VARELA J J, MELIPILL N R, REYES F. The negative association of perceived stress with adolescents' life satisfaction during the pandemic period: The moderating role of school community support [J]. Heliyon, 2023, 9 (4): e15001.

[43] ROOT KUSTRITZ M V. Pilot study of veterinary student mindset and association with academic performance and perceived stress [J]. Journal of Veterinary Medical Education, 2017, 44 (1): 141-146.

[44] SCHLEIDER J, WEISZ J. A single-session growth mindset intervention for adolescent anxiety and depression: 9-month outcomes of a randomized trial [J]. Journal of Child Psychology and Psychiatry, 2018, 59 (2): 160-170.

［45］SCHOEPS K, MONTOYA‐CASTILLA I, RAUFELDER D. Does stress mediate the association between emotional intelligence and life satisfaction during adolescence［J］. Journal of School Health, 2019, 89（5）: 354-364.

［46］SEIFFGE-KRENKE I. Causal links between stressful events, coping style, and adolescent symptomatology［J］. Journal of Adolescence, 2000, 23（6）: 675-691.

［47］SLIMMEN S, TIMMERMANS O, MIKOLAJCZAK-DEGRAUWE K, OENEMA A. How stress-related factors affect mental wellbeing of university students A cross-sectional study to explore the associations between stressors, perceived stress, and mental wellbeing［J］. PLOS ONE, 2022, 17（11）: e0275925.

［48］TEH H C, ARCHER J A, CHANG W, CHEN S A. Mental well‐being mediates the relationship between perceived stress and perceived health［J］. Stress and Health, 2015, 31（1）: 71-77.

［49］VAN TONGEREN D R, BURNETTE J L. Do you believe happiness can change An investigation of the relationship between happiness mindsets, well-being, and satisfaction［J］. The Journal of Positive Psychology, 2018, 13（2）: 101-109.

［50］WALKER K A, JIANG X. An examination of the moderating role of growth mindset in the relation between social stress and externalizing behaviors among adolescents［J］. Journal of Adolescence, 2022, 94（1）: 69-80.

［51］WALSH S D, SELA T, DE LOOZE M, CRAIG W, COSMA A, HAREL-FISCH Y, BONIEL-NISSIM M, MALINOWSKA-CIEŚLIK M, VIENO A, MOLCHO M, NG K, PICKETT W. Clusters of Contemporary Risk and Their Relationship to Mental Well-Being Among 15-Year-Old Adolescents Across 37 Countries［J］. Journal of Adolescent Health, 2020, 66（6）: S40-S49.

［52］WATSON P W S J, SOTARDI V A, PARK J（JUSTINE）, ROY D. Gender self-confidence, scholastic stress, life satisfaction, and perceived academic achievement for adolescent New Zealanders［J］. Journal of Adolescence, 2021, 88（1）: 120-133.

［53］XU Y, WANG Y. Job stress and university faculty members' life satisfaction: The mediating role of emotional burnout［J］. Frontiers in Psychology, 2023, 14: 434-1111.

［54］YANG Y, CUFFEE Y L, AUMILLER B B, SCHMITZ K, ALMEIDA D M, CHINCHILLI V M. Serial mediation roles of perceived stress and depressive symptoms in the association between sleep quality and life satisfaction among middle-aged American adults［J］. Frontiers in Psychology, 2022, 13: 822564.

［55］YEAGER D S, DWECK C S. Mindsets that promote resilience: When students believe that personal characteristics can be developed［J］. Educational Psychologist, 2012, 47（4）: 302-314.

［56］YOU S, LIM S A, KIM E K. Relationships between social support, internal assets, and life satisfaction in Korean adolescents［J］. Journal of Happiness Studies, 2018, 19（3）: 897-915.

［57］YU J, GOLDSTEIN R B, HAYNIE D L, LUK J W, FAIRMAN B J, PATEL R A, VIDAL-RIBAS P, MAULTSBY K, GUDAL M, GILMAN S E. Resilience factors in the association between depressive symptoms and suicidality［J］. Journal of Adolescent Health, 2021, 69（2）: 280-287.

［58］ZHENG Y, ZHOU Z, LIU Q, YANG X, FAN C. Perceived Stress and Life Satisfaction: A Multiple Mediation Model of Self-control and Rumination［J］. Journal of Child and Family Studies, 2019, 28（11）: 3091-3097.

深圳市房地产从业人员职业锚特征及其与人格、离职意向的关系

郑锦河

（深圳市深水宝安水务集团）

1 前言

职业是人类社会分工的结果，是人类社会存在、发展的基本条件。职业是社会变迁的媒介，是社会稳定的手段，是区别人类群体之中个体的最重要的标志之一。随着科学技术的发展，生产力水平得到了不断提高，社会分工也越来越精细，职业类别逐渐增多，内涵也越来越丰富。在这种背景下，如何达到人员与职业的最佳匹配就成为心理学和管理学研究的一个重点。

从组织的角度来看，随着科学技术的不断发展，企业之间的竞争愈演愈烈，如何在激烈的竞争中占得优势就取决于人力资源的开发与运用。管理者只有针对组织成员深层次职业需要建立人力资源管理策略，才能够实现组织内部人力资源的最佳配置，最大限度地激发人的才能，从而实现组织效能的最大化，保证组织的良性发展。从个体的角度来看，人的大部分时间都在进行与职业相关的活动。学习阶段的目的是为将来的职业生涯做准备；参加工作后人们生活的主要内容就是职业活动；退休之后，人们享受职业生涯所积累的成果。因此，职业的选择和准备是人生中至关重要的一个环节。

职业的选择是一种动态的过程，个人和职业的匹配不是一次就可以完成的。美国著名职业生涯管理研究者、麻省理工学院斯隆管理学院的施恩（Edgae H. Schein）认为职业生涯发展实际上是一个持续不断的探索过程，在这一过程中，每个人都在根据自己的天资、能力、动机、需要、态度和价值观等慢慢地形成较为明晰的与职业有关的自我概念，逐渐形成一个占主要地位的职业锚。本研究试图从研究者本人的工作出发，初步探讨房地产从业人员职业锚与人格、离职意向之间的关系，为今后进一步的研究提供参考。

2 文献综述

2.1 职业锚的概念

职业锚概念最早是由美国著名职业生涯管理研究者、麻省理工学院斯隆管理学院的施恩（Edgae H. Schein）教授于1978年提出的。1971年，Schein提出职业有内外之分，内职业是从业者个人追求一种职业经历的道路，是其自己的职业通路。外职业是对组织而言，意味着组织努力为雇员在组织的生命中确立一条有所依循的、可感知的、可行的发展通路。外职业是外在的客观存在，而内职业则是其主观面。Schein（Edgar H. Schein, 1971）经过多年的研究，发现了职业过程中组织与个体之间相互作用的心理动力机制，提出了职业动力论和相互作用的职业发展观。Schein认为职业过程就是个人与组织相互作用、内职业与外职业相互结合的过程，在这个过程中内职业（雇员）与外职业（组织）必须得到有效、合理的匹配，以使双方的需要都得到满足，彼此受益。

1961—1975年Schein对麻省理工学院斯隆管理学院的44位毕业生进行了纵向研究。

在该研究中，44名斯隆研究院的毕业生在毕业一年后回到学校，Schein教授对他们进行了单独访谈，访谈的焦点是每个人详实的工作经历，以及作出诸如是否脱离一个组织，是否寻求再教育等选择或决策的各种原因。在这个研究中，Schein教授发现，在进入职业的最初几年，是个人和组织互相发现和接纳的时期，在这期间，个人逐渐获得了自知之明，发展了一种更加精确和稳固的职业自我概念，他称之为"职业锚"。

Schein把职业锚定义为个人在工作过程中逐渐形成的自省的能力、需要和价值观的总和。职业锚是个人在工作过程中依循着个人的需要、动机和价值观经过不断搜索，所确定的长期职业贡献区或职业定位，也就是人们选择和发展自己的职业时所围绕的中心。另外，Schein认为要深入全面理解职业锚的内容，还要注意以下几方面：一是职业锚的定义比工作价值观或作业动机的典型概念更宽泛，它还考虑到以实际工作经验为基础的自省才干和能力的临界作用；二是职业锚产生于职业生涯早期阶段，以雇员习得的工作经验为基础，是不可能根据各种测试提前预测的，只有在早期职业的若干年后才能被发现，它强调由实际经验带来的演变、发展和发现，它实际上是一个不断探索过程所产生的动态结果；三是职业锚强调个人能力、动机和价值观三方面的相互作用与整合；四是职业锚是允许个人其他方面的成长和变化的稳定源，同时它本身不是固定不变的。

2.2 职业锚的分类和结构

1978年，Schein根据自己对麻省理工学院毕业生的研究，提出了五种职业锚：技术/职能能力型职业锚、管理能力型职业锚、创造型职业锚、自主与独立型职业锚、安全型和稳定型职业锚。1996年Schein通过研究在这五种职业锚的基础上又增加了另外三种：服务型职业锚、纯粹挑战型职业锚和生活型职业锚。职业锚的类型由原来的五种增加到八种，以下分别给予详细的介绍。

技术/职能能力型职业锚（technical/functional competence）：具有这种职业锚的人，自我意象与他们所处特定领域的能力感有密切关系，他们对管理本身并不感兴趣，不愿意选择那些带有一般管理性质的职业，把全面管理看作一片"丛林"，一个"政治竞技场"。相反，他们总是倾向选择那些能够保证自己在既定的技术领域中不断发展的职业。他们注重个人在专业技能领域的进一步发展，以及应用这种技术/职能的机会。他们喜欢面对专业领域的挑战，喜欢独立开展工作，拒绝一般管理工作，追求在技术能力区的成长和技能不断提高，他们对自己的认可来自于他们的专业水平，而不是等级地位的大幅度上升。

管理能力型职业锚（general managerial competence）：具有这种职业锚的人，往往表现出成为管理人员的强烈动机，承担较高责任的管理职位是他们的最终目标。具体的技术/职能工作仅仅被看作是通向更高、更全面管理层的必经之路。他们追求并致力于工作晋升，倾心于全面管理，认为这"够刺激"和能"露一手"，且责任越大越好，有强有力的升迁动机和价值观，以提升、等级和收入作为衡量成功的标准，具有分析能力、人际沟通能力和情感能力的强强组合，对组织有很大的依赖性，他们的认同感和成功感来自所在组织的命运，并将组织的成功与否看成自己的工作。

创造型职业锚（entrepreneurial creativity competence）：具有这种职业锚的人，创造的概念存在于自我扩张的发挥之中，有强烈的创造需求和欲望，希望用自己的能力去创建属于自己的公司或完全属于自己的产品（或服务），意志坚定，坚韧不拔，百折不回，勇于冒险和克服面临的障碍。在这些人身上可以感觉到正在驱动着他们，而他们又不会放弃的东西是发明的需要，创造的需要，或者自行建立某种东西的需要。他们个人的强有力的需要是能够感受到所发生的一切是清清楚楚地与自身的创造成果连在一起的。

自主与独立型职业锚（autonomy/independence competence）：具有这种职业锚的人，希望随心所欲安排自己的工作方式、工作习惯、时间进度和生活方式，他们正在追求一种将最大限度地摆脱组织约束，能施展自己的职业能力或技术/职能能力的工作情境，认为组织生活是有限制的、非理性的，侵犯了个人的私生活。他们宁愿放弃提升或工作发展机会，也不愿意放弃自由与独立。他们有较强的职业认同感，认为工作成果与自己努力紧密相连。

安全型和稳定型职业锚（security/stability competence）：具有这种职业锚的人，愿意从事能够提供有保障的工作、体面的收入以及可靠的未来生活的职业。他们对组织具有较强的依赖性，容易接受组织对其职业的定义，追求安全、稳定的前途是这类员工的驱动力和价值观。他们的个人职业生涯开发与发展由于缺乏自我训练，往往受到限制。

服务型职业锚（service competence）：具有这种职业锚的人一直追求他们认可的核心价值，例如帮助他人，改善人们的安全，通过新的产品消除疾病等。他们一直追寻这种机会，宁愿放弃提升或工作发展机会，也不会接受不允许他们实现这种价值的变动或工作提升。

纯粹挑战型职业锚（pure challenge competence）：具有这种职业锚的人喜欢解决看上去无法解决的问题，战胜强硬的对手，克服无法克服的困难障碍等。对他们而言，参加工作或职业的原因是工作允许他们去战胜各种不可能。他们需要新奇、变化和困难，如果事情非常容易，他们马上变得非常令人厌烦。

生活型职业锚（life style competence）：具有这种职业锚的人希望将生活的各个主要方面整合为一个整体，喜欢平衡个人的、家庭的和职业的需要，因此，生活型的人需要一个能够提供足够弹性的工作环境来实现这一目标。生活型的人甚至可以牺牲职业的一些方面，例如，放弃职位的提升来换取三者的平衡。他们将成功定义得比职业成功更广泛。相对于具体的工作环境、工作内容，生活型的人更关注自己如何生活、在哪里居住、如何处理家庭、事业及怎样自我提升等。

1996 年 Daniel C. Feldman 和 Mark C. Bolino 对 Schein 的职业锚模型进行了修整和发展。他们将个人的职业锚分为三种：（1）基于才干和能力的职业锚，以各种工作环境中的实际成功为基础，包括技术/职能能力型、管理能力型和创造型；（2）基于动机和需要的职业锚，以实际情境中的自我测试和自我诊断的机会以及他人的反馈为基础，包括安全与稳定型、自主与独立型和生活型；（3）基于态度和价值观，以自我与雇佣组织和工作环境的准则和价值观之间的实际遭遇为准则，包括服务奉献型和挑战型[4]。

2.3 职业锚的测量

虽然 Schein 指出，对职业锚提前进行预测是比较困难的，但为了让组织发展与个人发展达到有机统一，人力资源管理与开发的研究者和工作者非常热衷于探索了解员工的职业锚类型的方法。在研究和实践上了解员工的职业锚类型主要是采用测量和访谈相结合的方式，即借助问卷、量表进行测量所得到的信息，再结合访谈的情况和平时积累的个人资料，最后作出对员工职业锚类型的评价。根据评价的结果人力资源管理部门就可以针对不同员工所属的职业锚类型，结合资历、能力等进行合理的配置。常用的职业锚类型量表有 Schein 职业锚自我分析表、Schein 职业锚量表（Schein's Career Anchor Inventory）、Schein 于 1985 年开发的由 Igbaria 和 Baroudi 1993 年修改的职业定向测量表简短版（Career Orientation Inventory）、Derr 职业成功图（Derr's career success map）等。

Schein 职业锚自我分析表是一套列举了 10 道开放式问题的问卷，被试要对表中所有的问题进行回答，测试者主要根据被测者职业变化过程中的主要过渡点和进一步职业的意向来决定被试的职业锚类型。

Schein（SCAI）职业锚量表是使用得最广泛的用于测量职业锚类型的量化工具。随着 Schein 对职业锚的划分由 5 种增加到 8 种，相应地 Schein 职业锚量表的分量表的数目也由 5 个增加到 8 个。新的 Schein 职业锚量表中每个分量表都是 5 道题，整个量表共有 40 道题，是一个 6 点量表。在测量的时候要求被试对题目所陈述的情况的真实性进行回答，例如"我宁愿辞职也不愿意接受一个不属于我技术专长的岗位"，被试就要从"完全不真实"到"绝对真实"之间的 6 个等级选择一个。

职业定向测量表简短版由 Schein 于 1985 年开发，后经 Igbaria 和 Baroudi 于 1993 年修改，包括 25 个题目。前 15 个题目要求被试根据重要性做五分评定：1 表示非常不重要，5 表示非常重要；后 10 个题目要求被试根据与实际的符合程度用五级评分做判断，1 表示完全不符合，5 表示非常符合。

Derr 职业成功图实际上也是一种测量职业锚类型的量表，它的特点是考虑了欧洲文化的因素，所以它一般只适合在欧洲使用，另外问卷里陈述的语言比较晦涩模糊，例如"我喜欢处于权力中心"等，所以这种量表的使用并不广泛。

另外，及时对员工的工作绩效进行评价，也有助于员工清楚认识自己的职业锚。只有通过多方面资料的收集，才能对员工职业锚类型较准确地了解，研究者和实践工作者仍在不断探索和完善了解员工职业锚类型的方法。

2.4 职业锚的相关研究

Schein 于 1978 年第一次提出职业锚，之后经过 Schein 及其学生的不懈努力，如今职业锚的概念已经被广泛采用。尤其是近几年，职业锚理论逐渐受到人们的重视，有关职业锚的实证研究也逐渐多起来。例如，职业锚与性别、年龄、工作年限、职业等人口统计学变量的关系，职业锚与人格特征的关系，职业锚与工作满意感、离职意向等变量之间的关系。

2.4.1 职业锚人口统计学变量的相关研究

2001 年，Hwee-Hoon Tan 和 Boon-Choo Quek 在新加坡的教育工作者当中进行了职业锚的调查，结果显示 33.13% 被试具有一重以上的职业锚。其中，生活型、服务型和安全型为教育工作者主要的职业锚类型，并且发现在服务型与技术型之间存在 0.56 的相关，服务型与挑战型之间存在 0.58 的相关。

Magid Igbaria，Suleiman K. Kassicieh，Milton Silver 研究发现，研究、开发和工程技术专业人员中男性有更高的管理和挑战型职业定位，女性则有较高的生活型职业定位；已婚的雇员具有较高的地理安全型、服务型、生活型、创造型职业定位，未婚的雇员具有较高的挑战型和技术/职能能力型职业定位；年龄与工作安全型和管理型职业定位有高相关。

Jane Yarnall 在英国一个雇用了 6500 人的大型服务性组织中选取了 374 人进行了职业锚的调查。结果发现职业锚在年龄和性别上没有显著差异，但在组织等级结构中不同位置的人的职业锚有显著的不同，高职位的人更多的具有管理型职业锚而低职位的人更多的具有安全型和稳定型职业锚。

Verena Marshall 和 Dede Bonner 选取了澳大利亚、美国、马来西亚、南非和英国的

423名商业专业的研究生，研究了职业锚与年龄、性别、文化以及工作经历之间的关系。结果发现年龄与安全型、独立自主型和管理型职业锚有显著的相关；性别对管理型、创造型和挑战型有重要的预测作用；文化对技术型和创造型有重要影响。

2.4.2 职业锚与人格特质的相关研究

Tokar，Fischer和Subich大量的实验证据表明，人格能够显著预测到职业选择行为、职业相关的个体其他差异变量（如职业兴趣和工作价值）和职业调整（如职业满意感、工作表现和工作压力）等。

Jarlstrom对芬兰的533名商业学生进行了MBTI和COI的测试，结果发现MBTI类型与职业锚类型之间存在显著的相关。

Gottfredson，Jones和Holland发现开放性、神经质和研究兴趣之间有正相关。而且，研究者发现外向性、责任性和社交兴趣之间有正相关，宜人性和社交兴趣、责任性和习俗兴趣之间有更少的一致性和更弱的正相关。

2.4.3 职业锚与离职意向的相关研究

2003年，Maxwell K. Hsu和James J. Jiang等人随机选取了500名信息领域的员工，研究了职业锚对离职意向（Intent to leave）的影响，结果显示不同类型的职业锚在离职意向上有显著差异。

2.4.4 国内关于职业锚的研究

目前，国内关于职业锚的研究比较少，最早的是仇海清翻译的Schein在1978年出版的《职业动力学》，于1992年以《职业的有效管理》为名由三联书店出版。相关的文献多是综述性文章，关于职业锚的实证研究几乎没有。只有王重鸣、马可一在2000年对工作情景中认知资源与职业锚关系进行了研究，结果表明工作情景中的压力可分为四个维度：任务压力、竞争压力、人际压力、环境压力。对四种压力的强弱体会与个体职业锚的类型有关。不同职业锚个体对任务压力、竞争压力、环境压力的体会没有显著差异，而对人际压力的体会差异显著。管理锚个体体会到的人际压力最大，而安全锚个体体会到的人际压力最小。孙骏、王重鸣探讨了在工作情境中运用"大五"模型预测工作绩效（个体/团队）的效度问题，认为团队成员的个性组成对团队绩效有显著影响，责任意识能在不同的职业中用来预测个体工作绩效；"大五"因素能有效地预测周边绩效，但并不是所有的个性因素都能预测任务绩效；个性与绩效间的关系受到缓冲变量的影响。

3 问题提出

1978年Schein最先提出了职业锚的概念，他通过对外职业、内职业的区分，职业通路分析及人力资源管理基本模型的建构，描述了职业发展与个体成长之间的关系。他根据生命周期的特点及不同年龄阶段所面临的问题和主要任务，将职业生涯分为成长探索阶段、进入工作世界、基础培训、早期职业的正式成员资格、职业中期、职业中期危险阶段、职业后期、衰退和离职，共9个阶段（1971）。在工作的最初3~5年里，个体经过不断实践，获得社会经验，总结经验教训，重新认识自我，最终确立了自己的职业锚，这是一个组织与个人相互作用的过程。因此，这个过程必然受到许多因素的影响。从个体角度来讲，性别、年龄、工龄、人格、动机、价值观等都会影响个体职业锚的最终确定。从组织角度来讲，工作压力、工作环境等也会影响个体职业锚的确定。

国外关于这方面的研究已经很丰富，而国内关于这方面的实证研究几乎没有。从

1978 年 Schein 提出职业锚的概念到现在已经将近三十年了，在这三十年中，国外已经对职业锚进行了大量的研究，而国内的研究进展缓慢。近几年，关于职业锚的实证研究仅有两篇文章。鉴于此种现状，本文作者从实证角度出发，以房地产从业人员为被试，初步探讨了职业锚与人格特征、离职意向之间的关系。

4 研究方法

4.1 调查对象

本研究采用方便抽样的方法，从深圳市十几家房地产公司抽样，共发放问卷 130 份，回收到有效问卷 113 份，回收率为 86.9%。样本的详细构成见表 1。

表 1 样本构成

特征		人数	百分比（%）
性别	男	66	58.4
	女	46	40.7
	未填	1	
年龄	25 岁以下	43	38.1
	25~30 岁	43	38.1
	30 岁以上	27	23.9
工龄	3 年以下	54	47.8
	3~10 年	33	29.2
	10 年以上	26	23.0
婚姻状况	已婚	43	38.1
	未婚	68	60.2
	未填	2	

4.2 研究工具

4.2.1 职业定向测量表简短版（COI）

该量表由 Schein（1985）开发，经 Igbaria 和 Baroudi 于 1993 修改，包括 25 个题目。前 15 个题目要求被试根据重要性做五分评定：1 表示非常不重要，5 表示非常重要；后 10 个题目要求被试根据与实际的符合程度用五级评分做判断，1 表示完全不符合，5 表示非常符合。本职业定向测量具有稳定的信度和效度（Igbaria&Baroudi, 1993）。8 个职业定向的内部一致性：技术或者职能能力，0.75；管理锚 0.84，自由锚 0.70，安全锚 0.78，挑战锚 0.70，技术锚 0.75，服务锚 0.70，生活锚 0.69，创造锚 0.94。

4.2.2 艾森克人格问卷修订版简版（EPQR-A）

该问卷由 Francis, Brown, Philipchalk 于 1992 年编制，包括 4 个纬度：内外向、神经质、精神质、说谎，每个纬度有 6 个题目，共 24 个题目，要求被试按照自己的实际情况做是或否回答。4 个分量表的内部一致性系数分别为 0.82、0.77、0.52、0.63。

4.2.3 离职意向量表

离职意向使用 Igbaria et al. 的一个项目，该问题问被试打算在现在的单位继续工作多久。用时间段的选项来表示（1）1年或更短，（5）11年或者更长或直到退休。该题目是反向题目，所以被试如果选择（1）则表示他非常想离开该单位。Kraut、Parasuraman 和其他研究者已经证明了这个题目的效度。

4.2.4 个人资料问卷

由研究者自行设计，收集房地产从业人员的个人资料。

4.3 研究程序

采用方便取样的方法，从深圳市各大房地产公司抽取被试。将问卷委托各公司管理人员进行发放，事先对这些人员详细说明指导语、作答方法以及其他注意事项。在工作间隙时间发放问卷，以不记名的形式要求被试作答，并当场回收问卷。

4.4 数据分析

本研究采用 SPSS13.0 统计软件包对数据进行分析，主要统计方法包括 t 检验、方差分析、相关分析。

5 研究结果

5.1 房地产从业人员职业锚总体特征

房地产行业工作人员职业锚的总体特征见表2。结果显示，得分最高的类型为安全锚和服务锚，其次为生活锚、管理锚、挑战锚，最低的为自由锚、创造锚、技术锚。

表2 职业锚总体特征

职业锚	N	M	SD
管理锚	113	10.52	2.34
自由锚	113	9.87	1.98
安全锚	113	13.53	2.63
挑战锚	113	10.41	2.06
技术锚	113	9.20	2.23
服务锚	113	12.03	2.13
生活锚	113	10.97	1.94
创造锚	113	9.42	2.67

5.2 房地产从业人员职业锚在人口统计学变量上的差异

将被试按照工龄分为以下三个阶段：3年以下，3~10年，10年以上。从表4中可知，管理锚和安全锚在不同工龄段存在显著差异。三个组别在各职业锚上的得分见表4，对管理锚的事后检验结果表明10年以上组别与其他两组存在显著差异（$p=0.050$，$p=0.050$）。对安全锚的事后检验结果表明10年以上组与其他两组存在显著差异（$p=0.001$，$p=0.003$）。

表3 职业锚在不同性别上的比较

职业锚	男（66人） M	男（66人） SD	女（46人） M	女（46人） SD	t	p
管理锚	11.00	2.45	9.80	2.00	2.732**	0.007
自由锚	10.12	2.16	9.57	1.63	1.477	0.142
安全锚	13.30	2.71	13.93	2.47	-1.257	0.211
挑战锚	10.48	2.13	10.28	2.01	.506	0.614
技术锚	9.32	2.30	9.02	2.15	0.688	0.493
服务锚	12.41	2.08	11.48	2.13	2.307*	0.023
生活锚	10.88	2.00	11.07	1.87	-.499	0.619
创造锚	10.18	2.59	8.24	2.31	4.08**	0.000

注：* 表示 $p<0.05$，** 表示 $p<0.01$。

表4 不同工龄段被试在职业锚上的方差分析

职业锚	<3年（54人） M	<3年（54人） SD	3~10年（33人） M	3~10年（33人） SD	>10年（26人） M	>10年（26人） SD	F	P
管理锚	10.87	2.46	10.91	1.93	9.50	2.34	3.400*	0.037
自由锚	10.09	2.05	9.52	1.73	9.85	2.13	0.871	0.421
安全锚	13.00	2.55	13.09	2.34	15.19	2.56	7.522**	0.001
挑战锚	10.43	2.03	9.82	2.01	11.12	2.05	2.977	0.055
技术锚	8.93	2.09	9.03	2.44	10.00	2.12	2.227	0.113
服务锚	12.17	2.12	12.30	1.79	11.38	2.49	1.5901	0.209
生活锚	11.13	2.01	10.55	1.33	11.19	2.38	1.148	0.321
创造锚	9.48	2.81	9.79	2.23	8.85	2.89	0.925	0.399

注：* 表示 $p<0.05$，** 表示 $p<0.01$。

5.3 房地产从业人员职业锚的相关分析

从表5中可知房地产从业人员的职业锚之间存在较为显著的相关：管理锚与自由锚、挑战锚、服务锚、创造锚，自由锚与挑战锚、服务锚、生活锚，安全锚与挑战锚、技术锚，挑战锚与技术锚、服务锚、生活锚、创造锚，技术锚与服务锚、创造锚，服务锚与生活锚、创造锚，生活锚与创造锚之间存在显著正相关。

表 5 职业锚的相关分析

	管理锚	自由锚	安全锚	挑战锚	技术锚	服务锚	生活锚
自由锚	0.202*						
安全锚	0.130	0.123					
挑战锚	0.265**	0.306**	0.200*				
技术锚	−0.027	0.182	0.336**	0.228*			
服务锚	0.411**	0.314**	0.056	0.273**	0.198*		
生活锚	0.072	0.304**	0.169	0.369**	0.181	0.229*	
创造锚	0.384**	0.154	−0.011	0.380**	0.188	0.293**	0.193*

注：* 表示 $p<0.05$，** 表示 $p<0.01$。

5.4 房地产从业人员职业锚与人格特征的相关

从表 6 中可以看到，外向性与管理锚、自由锚、挑战锚、服务锚、创造锚存在显著正相关。神经质与各职业锚相关不显著。精神质与自由锚存在显著正相关，与挑战锚存在显著负相关。

表 6 职业锚与人格特质的相关

	外向性	神经质	精神质	说谎
管理锚	0.221*	0.073	−0.073	−0.300**
自由锚	0.202*	0.057	0.202*	−0.178
安全锚	0.010	0.056	−0.122	0.155
挑战锚	0.369**	−0.104	−0.230*	−0.141
技术锚	0.021	0.158	0.075	−0.034
服务锚	0.190*	0.028	−0.135	−0.169
生活锚	0.165	0.064	−0.182	0.056
创造锚	0.304**	0.004	−0.025	−0.291**

注：* 表示 $p<0.05$，** 表示 $p<0.01$。

5.5 房地产从业人员职业锚与离职意向的相关

从表 7 中可以得知，离职意向与安全型职业锚呈显著正相关，与创造型职业锚呈显著负相关，与其他类型职业锚没有显著相关。

表 7 职业锚与离职意向的相关

	管理锚	自由锚	安全锚	挑战锚	技术锚	服务锚	生活锚	创造锚
离职意向	−0.121	−0.136	0.315**	0.055	−0.121	−0.048	0.178	−0.234*

注：* 表示 $p<0.05$，** 表示 $p<0.01$。

6 分析与讨论

6.1 总体特征及人口统计学变量的影响

本研究中房地产从业人员的职业锚类型得分从高到低依次为：安全锚、服务锚、生活锚、管理锚、挑战锚、自由锚、创造锚、技术锚。总体上看，不同的职业锚之间存在明显的倾向，主要集中于安全锚、服务锚两种。说明房地产从业人员对组织有较强的依赖性，比较容易接受组织对其职业的定义，追求安全、稳定的前途；在工作中试图努力帮助别人，通过自己的工作解决别人住房方面的问题。这与前面提到的教育工作者、技术人员、主管人员等人的主要职业锚类型不一致，恰好证明了 Jane Yarnall 在研究中发现，组织等级结构中不同位置的人的职业锚有显著的不同。

许多研究都证明职业锚在性别上存在显著差异。Verena Marshall 和 Dede Bonner 发现性别对管理型、创造型和挑战型有重要的预测作用。本研究中房地产从业人员在管理锚、创造锚、服务锚上存在显著的性别差异，且这三种类型男性得分均高于女性。管理型上存在的男女差异表现了男性在自己未来职业发展方向上更倾向于管理职位，致力于工作的晋升；女性由于社会责任的定位，对承担较高责任没有强烈的动机，因此并不追求自己在管理层方面的发展。Magid Igbaria, Suleiman K. Kassicieh, Milton Silver（1999）研究认为，研究、开发和工程技术专业人员中的女性管理型比较少，与本研究的结果相同。男性由于社会给予其更多的责任，相对女性来说，男性在克服困难、坚忍不拔、意志坚定方面要更强一些，也因此更倾向于创造性的职业锚。

工作年限对房地产从业人员的管理型和安全型职业锚上存在显著影响。这两类从体上看房地产从业人员的职业锚类型在工作年限上的一个显著特点是工作年限在 10 年以上的得分与其他两个组别存在显著差异，这正好说明了工作的前 10 年是职业锚的形成过程，在这个时期，个体广泛参加实践，不断尝试成功与失败，总结经验教训，最终形成了相对稳定的职业锚。

6.2 职业锚的相关分析

前人的许多研究都得出了不同职业锚之间会存在相关，Hwee-Hoon Tan 和 Boon-Choo Quek 针对教育工作者职业锚的研究发现在服务型与技术型之间存在 0.56 的相关，服务型与挑战型之间存在 0.58 的相关。本研究也得出了同样的结论：管理型职业锚的员工同样会热衷于追求自己认可的核心价值，不受拘束、富于创造、勇于接受挑战；自由型职业锚的员工也会关心自己的生活理念，敢于挑战权威；安全型职业锚的员工从技术发展方面追求稳定的前途，他们可以在专业领域向权威发出挑战；挑战型职业锚的员工关心技术、生活及自己的价值观，敢于挑战困难；技术型职业锚的员工渴望在自己的专业领域有所创新；服务型职业锚的员工关心生活、富于创新；生活型职业锚的员工同样注重创新。

6.3 职业锚与人格特征的相关分析

前人的研究大多是以 MBTI 或大五人格问卷对人格进行测量，与职业锚进行相关研究的。虽然使用的具体量表不一样，但都得出了人格对职业锚有显著预测作用的结论。

本研究中，外向性人格特质与管理锚、挑战锚、创造锚、自由锚、服务锚存在显著相关。外向性的人关注的重点在外部事物，他们好交际，喜欢与人沟通，充满自信，渴望刺激和冒险，感情易于冲动，这正与上面提到的职业锚类型的特点相吻合。管理型职业锚者一般具有较强的分析解决问题的能力、人际沟通的能力，善于处理好各种关系。挑战型、创造型职业锚的员工喜欢做难度大的事情，他们需要新奇、变化，在工作中时刻能够提出一些新奇的想法，这也正是房地产行业相关工作内容所需要的特质。服务型职业锚的员工在与他人的相互交流中提供帮助，也正符合外向性的人格特质。自由型职业锚的员工不喜欢受到约束，希望可以自由地安排自己的生活和工作，这与房地产行业的要求并不十分一致。因此，自由锚在该行业中的排位比较靠后，这可以从房地产从业人员职业锚总体特征的分析中得到证明。

精神质人格特质与自由型职业锚呈显著正相关，与挑战型职业锚呈显著负相关。因为精神质的人关注自己内心的感受，不太关心他人，不近人情，感觉迟钝，与他人不友好，喜欢按照自己的思维方式行事。因此，可以自由安排自己的工作时间、工作方式、生活方式的自由型职业锚比较适合。另外，精神质人格特质的人思维方式比较单一，难以适应外部环境的变化，因此，新奇、变化、困难的挑战型的工作不太适合。

6.4 职业锚与离职意向的相关分析

研究发现离职意向与安全型职业锚成呈显著正相关。安全型职业锚者追求的是长期的、稳定的工作，愿意以高度服从组织价值观和准则为条件交换长期的合作，在退休后能得到稳定的经济来源。因此，这类人员在工作达到基本满意的情况下一般是不会产生离意向的。

离职意向与创造型职业锚呈显著负相关。创造型职业锚的员工热衷于创建新的组织、团结最初的人员，对克服初创期难以应付的困难废寝忘食且又乐此不疲，但是一旦度过初创期他们就会因不适应或厌倦正规的工作而退出。因此，对于这种房地产从业人员来说，当公司刚刚起步时他们能够以饱满的热情投入到工作中，一旦公司步入正轨，不再具有挑战性时，他们反而会提出辞职。

6.5 针对房地产从业人员不同的职业锚类型采取不同的激励措施

房地产从业人员的职业锚类型主要集中于安全锚、服务锚这两种。管理人员应该根据这一特点，针对员工的具体要求，采取不同的激励措施。

对安全型职业锚的员工来说，他们追求稳定安全的前途，对组织有很强的依赖，倾向于根据组织要求行事，寻求组织的认同，没有太大的抱负，对这类员工，关怀激励是最好的方法，通过情感交流，利用积极的情感体验形成积极的工作态度，从而激发员工的积极性和创造性。对员工的个人生活，应尽可能地为其排忧解难，解决其后顾之忧，关心他们的福利和正当的物质要求。同时组织应为其提供较为稳定、挑战性较小、对创新要求不高的常规工作，明确工作待遇，设置稳定岗位，减少工作轮换和地区调动，帮助其实现工作与家庭的平衡发展。

对服务型职业锚的员工激励的重点在于给他们提供为心中的理想打拼的机会，以满足他们服务的愿望。钱不是他们追求的根本，他们对组织的忠诚，希望得到基于贡献的、公平的、方式简单的薪酬；要尤其认可他们的贡献，给他们更多的权力和自由来体现他们的价值；上级与同事的认可与支持也是奖励的一种很好的方式。

7 研究的不足及将来的研究展望

7.1 研究不足

第一，样本的局限性。本研究被试全部取自深圳市各大房地产公司，而且采用的是方便取样，因此，样本的代表性不足，研究结果的外部效度不高。

第二，研究方法与工具的局限性。本研究采用问卷调查的方法，而且全部以自我报告的形式进行，形式比较单一。另外，由于采用的量表均是在西方文化背景下编制的，后翻译得到的，对研究结果的真实性有一定的影响。

第三，研究变量的选取。本研究初步探讨了职业锚与人格特质、离职意向之间的相关关系，没有考虑其他变量对职业锚的影响作用，也没有探讨相关变量对职业锚的预测作用，不同职业锚的结果变量也没有进一步地探讨。在以后的研究中，可以增加一些变量，建立合理的结构模型，对职业锚进行更深入的研究。

7.2 研究展望

第一，量表方面。对职业锚量表进行本土化修订，或编制符合中国国情的量表，为我国职业锚方面的研究提供科学、可靠、一致的研究工具。

第二，研究范围。可以考虑扩大取样范围，获得一个更普遍性的结论，增加实际应用的程度。

第三，变量方面。除了人格特质变量，职业锚还受许多其他因素的影响，在参加工作的最初几年是职业锚形成的重要时期，可以对其他变量的影响作用进行更深入的研究。

8 结语

第一，房地产从业人员最主要的职业锚类型为安全锚和服务锚。

第二，房地产从业人员在管理锚、服务锚和创造锚上存在显著的性别差异，且均为男性得分高于女性。

第三，管理锚和安全锚在不同工龄段存在显著差异。

第四，房地产从业人员的职业锚之间存在较为显著的相关。

第五，外向性与管理锚、自由锚、挑战锚、服务锚、创造锚存在显著正相关；神经质与各职业锚相关不显著；精神质与自由锚存在显著正相关，与挑战锚存在显著负相关。

第六，离职意向与安全型职业锚呈显著正相关，与创造型职业锚呈显著负相关。

参考文献

[1] E H SCHEIN, 仇海清. 职业的有效管理 [M]. 北京：三联书店出版社，1992.

[2] 张再生. 职业生涯开发与管理 [M]. 天津：南开大学出版社，2003.

[3] E H 施恩. 职业锚理论 [J]. 中国人才，2002，9（27）：25-27.

[4] FELDMAN D C, BOLINO M C. Careers within careers: reconceptualizing the nature of career anchors and their consequences [J]. Human Resource Management Review, 1996, 6 (2): 89-112.

[5] 黄庆宇. 国有商业银行员工职业生涯管理的研究 [D]. 厦门：厦门大学，2002，9.

[6] JEFFREY BECK, JOSEPH M, LA LOPA. An exploratory application of Schein's Career Anchors Inventory to Hotel Executive Operating Committee member [J]. Hospitality Management, 2001 (20): 15-28.

[7] MAGID IGBARIA, SULEIMAN K. KASSICIEH, MILTON SILVER. Career orientations and career success among research, and development and engineering professionals [J]. Journal of Engineering and Technology Manage, 1999 (16): 29-54.

[8] TAN H H, QUEK B C. An exploratory study on the career anchors of educators in Singapore. The Journal of Psychology, 2001, 135 (5): 527-545.

[9] MAGID IGBARIA, SULEIMAN K, KASSICIEH, MILTON SILVER. Career orientations and career success among research, and development and engineering professionals [J]. Journal of Engineering and Tech-

nology Management, 1999, 16 (1): 29-54.

[10] YARNALL J. Career anchors: results of an organizational in the UK [J]. Career Development International, 1998, 3 (2): 56.

[11] MARSHALL V, BONNER D. Career anchors and the effects of downsizing: Implications for generations and cultures at work-a preliminary investigation [J]. Journal of European Industrial Training, 2003, 27: 6-7.

[12] DACID M, TOKAR, ANN R, FISCHER, LINDA MEZYDLO SUBICH. Personality and Vocational Behavior: A Selective Review of the Literature: 1993-1997 [J]. Journal of vocational behavior, 1998 (53): 115-153.

[13] JARLSTROM M. Personality preferences and career expectations of Finnish business students [J]. Career Development Internatioanl. 2000, 5 (3): 144.

[14] GARY D, GOTTFREDSON, ELIZABETH M, JONES, JOHN L, HOLLAND. Personality and Vocational Interests: The Relation of Holland's Six Interest Dimensions to Five Robust Dimensions of Personality [J]. Journal of Counseling Psychology, 1993, 40 (4): 518-524.

[15] HSU M K, JIANG J J. Perceived career incentives an intent to leave [J]. Information & Management, 2003 (40): 361-369.

[16] 马可一. 工作情景中认知资源与职业锚关系研究 [J]. 浙江大学学报（人文社会科学版），2000, 30 (62): 21-25.

[17] 孙骏，王重鸣. "大五"个性因素模型在工作情景中的效度分析 [J]. 应用心理学, 1998 (2): 60-64.

[18] YAACOV J, KATZ, LESLIE J, FRANCIS. Hebrew Revised Eysenck Personality Questionnaire: short form (EPQR-S) and abbreviated form (EPQR-A) [J]. Social Behavior and Personality, 2000, 28 (6): 555-560.

[19] MAGID IGBARIA. Job performance of MIS professionals: An examination of the antecedents and consequences [J]. Journal of Engineering and Technology Management, 1991, 8 (2): 141-171.

[20] 吕建国，孟慧. 职业心理学 [M]. 大连：东北财经大学出版社，2000.

[21] 钱铭怡，武国城，朱荣春，张莘. 艾森克人格问卷简式量表中国版（EPQ-RSC）的修订 [J]. 心理学报, 2000, 32 (3): 317-323.

[22] 卢纹岱. SPSS for Windows 统计分析（第2版）[M]. 北京：电子工业出版社，2003.

[23] 杨春晖，张晓丽. 员工职业锚的差异及其激励措施初探 [J]. 沧桑，2006 (3): 66-67.

第二部分 应用研究

心理教练对话促进儿童心理健康

史占彪　林可心

（中国科学院心理研究所，北京市朝阳区林萃路16号院，00101，shizb@ psych. ac. cn
中国科学院心理研究所，北京市朝阳区林萃路16号院，00101，linkx@ psych. ac. cn）

1　前言

在儿童的成长过程中，心理健康是至关重要的一个方面。如何有效地促进儿童心理健康已成为心理学及教育领域关注的焦点。对话作为一种重要的交流方式，在儿童心理健康促进中具有独特的作用。它不同于日常的随意交谈或正式的讲话，强调关系对等、信息对称和思想对流，注重对当事人的尊重以及在平等互动中生成智慧与共识。

从理论层面看，社会建构论等相关理论为对话促进儿童心理健康提供了支撑，强调我们建构了世界，这启发我们以全新视角看待儿童及他们面临的问题。同时，心理教练作为一种本土化心理健康促进的干预模式，与传统的心理治疗和心理咨询有所不同，它沿袭了优秀传统文化的智慧和后现代心理学的理念，更加注重激发儿童的潜能、资源和可能性。

本文将深入探讨心理教练对话如何促进儿童心理健康，通过实际案例展示心理教练与孩子开展对话的方式，并阐述心理教练开展对话的基本原则、逻辑、思路、理念和策略，以期为儿童心理健康教育提供有益的参考和指导。

2　对话、讲话与说话

日常生活中，我们每天都在说话，相对随意自在；课堂上特别强调纪律，学生聆听老师讲课，比较规范正式；会议上，领导在台上讲话，下面鸦雀无声，显得严肃认真。那么与平常人与人之间说话，老师和领导的讲话相比，"对话"究竟有什么不同呢？

戴维·伯姆在《论对话》一书中提道："对话"（dialogue）一词源于希腊词"dialogos"。Logos 的意思是"词"（the word），或者按照我们的理解来说它代表着"词的意义"（即 meaning of the word）。Dia 的意思不是"两"个（two），而是"穿越"（through）。对话仿佛是一种流淌于人们之间的意义溪流，它使所有对话者都能参与和分享这一意义之溪，并因此能够在群体中萌生新的理解和共识。

在后现代心理学里有一大学术流派称为"合作对话"，"合作对话"强调人与人之间的合作共创，彼此共享，相互激活。"合作对话"创始人贺琳·安德森博士提道：对话涉及的是我们试图从他人的观点来了解他人的过程。对话式的了解是一个主动且互动的过程，而这个过程需要的是通过响应来联结，了解他人并不在于搜寻事实的真相或细节，而在于我们如何理解我们的当事人。它通过参与历程而非通过理论来预测及了解他们及他们的话语。贺琳·安德森博士在一次会议中提道，一个想法邀请另外一个想法生成新的想法的过程叫作对话。这些说法都在提示我们，要重视对方的想法，我们所有的想法都是为了引出对方的想法，在这个过程里一起生成新的想法，一起转变，一起创造不同。对话有点像谈恋爱，男的带着一个想法，女的带着一个想法，聊着聊着新的想法出来了，

110

爱情来了。对话就是咱们如今所说的谈心、谈话，就是要用心聆听、提问、分享、回应和反馈。

对话特别强调人与人之间的关系，那是一种信任的关系，是一种平等的关系，是一种共创的关系，是一种建构和互动的关系。目前在政府机关思想政治工作中所看重的"谈心谈话"，就是引导领导在和群众互动的过程中，放下级别观念，更加平等自在地交谈互动。当然在教育系统里，很多优秀、资深、有经验的老师，已经在用启发式、探索式、共创式的方式与学生互动，即所谓的双主体教育，这样的教学称之为对话式教育。因为这样的老师极大程度地尊重了学生这个鲜活、立体的生命。用中国传统文化来说，这样的做法将会唤醒本体生命智慧，就像天和地一样，给它阳光雨露，给它水土滋润，把这颗种子的遗传密码所携带的强大的生命力唤醒和激活出来，那么这颗种子生根发芽，开花结果，长成参天大树，就是自然而然的事情了。

对话的理念和实践背后有一个特别重要的思想，就是"建构"。社会建构论的创始人肯尼斯·葛根在《社会建构，进入对话》一书中提道：社会建构基本观点是我们建构了世界。这一基本观点看上去既简单又直白。然而，一旦我们开始探究它的内涵和影响，这种简明性便立刻土崩瓦解。这一基本观点要求我们重新思考已知的关于世界和自我的每一个方面。带着这种反思，我们被邀请参与一系列全新的、令人兴奋的行动。

社会建构论的基本观点看似简单，却意义深远。一切被我们认为真实的东西都来自社会的建构。或者，更夸张一点说，没有东西是真实的，除非人们认可它是真实的。我们建构了世界，一切都是现象、假象、表象，都不是真相，更不是实相，和盲人摸象有点像，一切的理解都是误解。不受任何传统意义上的束缚，从有限的极限走向了无限。当然，这也有风险，把握得好就是"顺其自然"，把握不好就是"放任自流"。

用建构的思想去与孩子对话，并不是否定成年人所看到的孩子的问题，而是带着全新的、积极的视角，去尝试看到孩子的优势与资源，与孩子一起去创造新的东西，更加好奇，走向未来，看到更多的可能性，也就是说既要看到孩子的局限性，更要看到孩子有无限发展的可能性。所以建构就意味着打破常规，打破传统，打破理性，打破局限。

3 心理教练与心理治疗、心理咨询：因"对话"而不同

心理教练与传统的心理治疗和心理咨询有一些不同。心理治疗关注治愈人们的心理障碍，心理咨询关注如何解决人们的心理问题，心理教练更加注重如何激发人们的潜能、资源和可能性。体育教练特别强调激发运动员的体能，心理教练特别看重激发人们的心理潜能。心理教练有一个特别浪漫的说法，叫作"陪伴重要的人物，去他想去的地方"。也就是说，心理教练是很看重当事人的，当事人不得了、了不得，教练是一个陪伴者、好奇者，像是陪着散步的人，到底去哪里，当事人说了算。放在教育系统里面讲，老师跟学生互动，其实可以有很多种方式，如果用教练的方式去对话，老师便扮演一种启发者、引导者的角色，特别注重学生的主动性、积极性、能动性和创造性。很多学科的特级老师，都是用自己的经验尊重孩子的想法，然后陪着孩子去思考，陪着孩子去探索，聊着聊着，孩子在这个过程中激活了对学习的兴趣，就会积极主动地自主学习。

《尚书·大禹谟》里提道："人心惟危，道心惟微，惟精惟一，允执厥中"，这十六个字是儒学乃至中国文化传统中著名的"十六字心法"。王阳明晚年提出四句教："无善无恶心之体，有善有恶意之动，知善知恶是良知，为善去恶是格物。"阳明心学所谓"心之体"指的就是"道心"，"意之动"指的就是"人心"，据阳明心学的思想看来，

尽管人们有私心杂念，难免胡思乱想，但在同时，每个人内心深处还有那颗纯净无染、能生万法、无欠无余、本自具足的本体之心"道心"，即所谓"良知"，只要人们能够"致良知""此心光明"，人人都有可能，做出"立德、立功、立言"的不朽功勋。

心理教练作为本土化心理健康促进的干预模式，沿袭了优秀传统文化的智慧和后现代心理学的理念，极大程度地尊重当事人的内在意愿和想法，最大程度地相信当事人是有力量和能量的，是本自具足的，是有智慧的生命体，通过对话的过程和功夫，不断激发当事人的内在动力、活力、潜力、创造力和生命力，最终推动当事人成为自我解决问题的主体和"专家"。

心理教练具有"教练意识—教练状态—教练技能"三要素，最为突出和明显的当然是技能模块，比如聆听、提问、分享、回应、反馈等，然而除了这几项教练技能之外，还要有教练意识和教练状态。作为父母和老师，与孩子互动的时候，与孩子分享信息、探讨话题，引导对方去思考的时候，成年人的状态一定是非常饱满有力、阳光笃定的，是让人信任的，我们称之为教练状态，包括心态、姿态、仪态、神态。具体而言，心态是阳光、积极的，语态是舒缓、温和、平静的，姿态是谦卑、探索、好奇的，神态是笃定、信任的，即能给孩子营造一种舒适感、安全感和满足感，让孩子自然而然地生出参与感、责任感和使命感。

恰当的教练状态背后一定要有教练意识作为支撑。教练意识体现在相信孩子是自己生命的主人，是自己解决问题的专家，有足够的力量和能量，我们要给他舞台，给他空间。所以这里的合作意识、本体意识、能量意识和空间意识就体现为全然地信任孩子，看到他人性的光辉和人格的力量，由内而外地相信他智慧本自具足。

4 心理教练如何和孩子开展对话？

心理教练如何通过对话激发孩子的生命活力？这里举两个例子。

（一）孩子没有学好、没考好，怎么办？

假如孩子数学考试考了90分，班主任告诉父母，孩子这次考试才考了90分，丢了10分，就孩子自身素质而言，本来是可以考100分的，结果这次只考了90分，班上已经有6个考100分的孩子，孩子排到第18名。

在这种情况下，家长至少有三种方式去应对：第一种方式属于传统模式，虎爸虎妈式，也就是训话的模式。毕竟白纸黑字，事实摆在面前，这个时候对于传统父母而言是教育孩子的最佳时机，可以给孩子来个下马威，借此控制孩子的电子产品使用时间，逼迫孩子改进学习习惯，走向认真学习之路。当然，现在父母，一般都不用这一套，因为孩子太有主意和自尊心了，批评不得，否则后果比较严重。

第二种方式就是现代模式，属于讲话模式。父母尽量做到不生气、不着急，用一种更加人性化的方式，也就是我们常见的发现问题、分析问题、解决问题的模式。这个时候，父母不训斥孩子，不打骂孩子，也不批评孩子，只是平心静气地把孩子的卷子拿过来，首先发现问题，看到卷面丢了10分，然后分析问题，看看这10分是怎么丢的。比如说第三题不应该错，交卷子之前应该检查一遍，第六题不应该错，书上的例子，应该认真听讲。第九题也不应该错，因为这是习题集里面差不多的例题。如此优秀认真、负责任的父母，把试卷拿过来，给孩子分享、辅导、讲述，聊着聊着孩子就明白了。因为父母给他出了主意，提了建议，谈了想法。然而孩子认可父母所说、虚心接受所有建议的估计不到20%，剩下80%的孩子也许会说，"知道了，别说了，吃饭吧！"，80%的孩子里面还有40%的孩子会说，"知道了别说啦，烦不烦啊！"体会一下，我们作为父母忍住不发脾气、不着急，然而你不生气，不着急，他倒着急了，为什么呢？因为孩子没考好，心里本来就很不痛快，尽管父母没有责骂，但是那个带着问题的视角的只言片语里比骂人还难听。

既然以"训话"为代表的传统模式不管用了，以"讲话"辅导的模式也不管用了，咱们只能去试试后现代心理学的模式，也就是心理教练的对话模式：不出主意、不提建议、不谈想法，只是好奇，只是专注，只是欣赏，只是信任。只是尝试用提问的方式引发孩子思考和探索。

你这90分是自己考来的吗？这种情况下，还能考到90分，你是怎么做到的？

如果发挥正常，能考多少分？从现在开始，到下一次考试之前，这一个月，做点什么不一样的，你就能考出理想的成绩？

同桌的99分是怎么考来的，可以借鉴的学习经验是什么？

什么情况下有可能也考个100分？

需要父母和老师支持的是什么？

当我们不再问10分丢哪里去了，只问90分是怎么来的，孩子会很认真地回顾，如果问得细致，可能会有3~5条的心得与方法。为了下一次考得更好，他还会分享2~3条对策。加上来自同桌的学习经验，以及自己对100分可能性的探索，不知不觉中，孩子就能分享出10多条思路和对策。不需要出主意，只是好奇地、专注地提问，引发孩子的反思、觉察、探索和思考，孩子是自己生命的主人，是自己解决问题的专家，他自己就能探索出解决问题的办法来。

当然不仅仅只有技术，技术里还包括聆听、提问、分享、回应、反馈等方法，除了这个教练技能之外，还要有教练意识和教练状态，也就是说刚刚我们谈到父母、谈到老师，去给孩子分享信息、探讨话题，引导对方去思考背后的深层原因，他的状态一定是非常饱满的，状态一定是阳光、笃定的，我们称之为教练状态，包括心态、姿态、仪态、神态，心态是阳光、积极的，语态是舒缓、温和、平静的，姿态是谦卑的。

（二）孩子平常学习不投入，表现出考试焦虑，老师怎么办？

假如孩子因为平常学习不太尽心，到了临考之际，显得特别紧张不安、提心吊胆，明显焦虑的时候，作为老师和父母应怎么办？

我们不能一味指责孩子平时不努力，临时抱佛脚，批评孩子贪玩、学习态度不端正，尽管这也是事实。我们要借助教练意识、教练状态，尝试用"提问"这个教练技能去启发孩子反思，引导孩子探索，促进孩子深深的觉察和领悟：

你对考试有点担心，一定有你重要的理由，能给我分享一下吗？

在这些学科里面哪些科目你学得比较好，你是怎么做到的？

透过学得那么好的学科，对于你学习其他学科可以借鉴的是什么？可以参考的是什么？

你的身边考得比较好的同学，他们是怎么做到平稳发挥的？

他们现在在家里正在做些什么？从他们身上可以借鉴的经验是什么？

你以前考得比较好的经历里，宝贵的经验是什么？

在这个过程中，学生也许会说：数理化我之所以学得好，是因为我有信心，我喜欢做习题集里面的题目，然后我越做越有信心。我的同学其实在考试期间一般也都会刷刷题，还要找到以前的错题吧，但我以前考得比较好的时候，都是比较注重休息、讲究节奏的。那么在考试之前去运动运动，跟朋友稍微聊一会儿，不是总闷在家里面盯着书发呆。同样是考试焦虑，那么有些情况我们作为老师，是站在老师的视角，根据老师的经验，给学生出主意、提建议、谈想法，这样也不错。

但是如果站在对话的角度，就不是老师出主意、提建议、谈想法，而是作为老师用对话式、邀请式、共创式、提问式的方式让学生去思考，会极大程度地激活孩子本来的动力、活力、潜力和生命力，为什么？因为这都是他的想法、感受和经验。

这种发自内心、由内而外地看到孩子的潜力，相信他的智慧本质最重要。所以在虚拟教练对话的时候，这里面特别强调要用一种提问的技术引导孩子去思考、反思、觉察、探索和领悟。

5 心理教练开展对话的五个基本点：原则、逻辑、思路、理念与策略

对话看起来很简单，好像问几个问题就能创造奇迹，其实不然。真正要达成对话的效果，实现引导、启发的价值，还需要把握以下五个基本点：

心理教练对话的基本原则

心理教练对话基于人性心理学、后现代心理学、阳明心学、教练学、对话理论的学术思想，倡导"由心及理、教练合一、激发潜能、助人成事"的对话原则。也就是说，在心理教练对话体系里，强调孩子的学习态度、情绪状况、生活习惯、亲子关系都只是个"事"，关键是要重视眼前做事的这个主体，重视孩子这个"人"，只要我们能够相信孩子的"良知"，看到孩子人性的光辉，用对话激活孩子人格的力量，内在的"潜能"被激发出来，释放出来，孩子这个做事的主体充满力量、能量、信心和希望，他就能无所畏惧、勇往直前、战胜一切困难，把事做好，即所谓：放下事，看到人，走进内心，他自己就把事办了。

心理教练对话的基本逻辑

心理教练对话的出发点是总能看到当事人的美妙和美好，关注到当事人当下的所作所为已经"足够好"，尽管还"不那么好"，也不能算"不好"，而且还要看到他"本来挺好"，已经"越来越好"，将来"还会更好"。这样就能极大程度地给予当事人信心，调动他的主动性、积极性和能动性。

心理教练对话的基本思路

心理教练在对话中，就是要最大限度地相信和信任孩子，全身心托举孩子，要尽量做到：聆听孩子的声音；读懂孩子的想法；慢一点，等一下，退一步，想一步，沉下去，跳出来；给他时间，给他空间，营造人与人之间的和谐关系；相信孩子的智慧本质基础；他有足够的力量和能量，他是自己解决问题的专家；激发他内在的动力、活力、潜力、创造力、生命力；让孩子做自己，成为最好的自己。这是心理教练在对话中必须遵循的基本思路。

心理教练对话的基本理念

心理教练对话在对话中有一种特别注重人文、看重人性的理念。第一，人比事重要。只要能放下事，看到人，这个人自己就把事办了，不是不管事，是通过人去办事。第二，心比理重要，走心比讲理更重要，心到了理就有了。正如阳明先生所言：未看此花时，此花一路同归于寂；来看此花时，此花一时明亮起来。咱们有心，就能看到自己的潜能和光辉，因为一直都在、无欠无余，世界从来不缺少美，只是缺少发现美的眼睛。第三，

引导比指导重要。引导是更加人性化、更有人情味，引导更加重视当事人的智慧与力量。第四，过程比结果重要。一定要给他充分的过程，90 分是怎么来的？从 90 分到 97 分可以做点什么不一样的？99 分可以借鉴的是什么？在什么情况下能拿 100 分？这样一步一步，循循善诱。第五，当事人有想法比我们有想法更重要。只要孩子有了想法，他就会积极想办法，就会生成很多心法和活法，一个有想法、有办法、有心法、有活法的孩子，还用得着咱们去操心吗？第六，关注当事人的需求比给当事人提要求更重要。一旦孩子的基本需求得到满足，鼓励他大胆去追求自己的梦想，走着走着他就能到达不一样的未来，自然而然就能满足我们对他的期待和要求了，甚至是超越想象的风景和风光。

心理教练对话的基本策略

有很多父母和老师抱怨，我们很愿意和孩子交流和对话，可是孩子不愿意和我们对话，好不容易来了，也只是一味地说"我不知道，没啥可说的"。父母和老师在和孩子对话的过程中，要达成效果最大化，还需要掌握以下策略和技巧。

第一，慢就是快。对话的时候一定要慢，只有慢，才能显示你对孩子的尊重，表明你愿意跟对方说话，同时，你也可以边说边思考，同时也给了孩子思考和探索的时间，你在这个过程里慢下来了，他那个结果里就会很快出效果。

第二，心就是理。心到了理就有了，只要用心陪伴孩子去思考，孩子进入到反思、觉察、探索、思考、领悟的过程和意境中，说着说着他就明白了。只要用心，他就能想到很多解决问题的原理和道理。孩子是有智慧的，只需要我们提供氛围和背景。

第三，不知就是道。因为不知，所以就什么都会知道了。这里就是提醒我们要放下自以为是、好为人师、习以为常、理所当然，只要我们做到了全然地尊重生命、敬畏生命、好奇生命，因为谦卑、谦逊和不知，所以给了孩子空间，激活了孩子的创造力和想象力，聊着聊着最后他明白了，你也明白了。

第四，用心用情不用力。用心用情，何须用力，我们太用力，容易给孩子压力，我们只需要给力助力，借力打力，激发出孩子的内在动力、活力、潜力、创造力、生命力。不要太用力，要少用力、巧用力，激活孩子内在的力量。

第五，就叫放空放松放下不放弃。只要做到了放空执念，放松心情，放下姿态，就能确保对话过程很美妙。但是，绝不放弃对美好生活、美好结果的向往，把孩子培养成更优秀的人，这是不能放弃的目标。

第六，我们称之为淡定肯定不确定。作为教育工作者，无论是老师还是家长，要有定力，要拥抱不确定性，保持敏感性，看到孩子有无限发展的可能性。不能刻板、死板、轻易确定和固定，要意识到不一定、不见得、不确定、不知道，过程中保持开放性和敏感性，就有机会创造各种可能性。保持不确定的背后，还应笃定地相信孩子智慧本质具足，有人性的光辉和人格的力量，坚定地朝向发展进取的方向，保持淡定从容，肯定他已经做到的。

只要我们带着这份定力，用心用情，把孩子当回事，陪伴孩子探索和思考，孩子一定不会辜负我们的信任。

参考文献

[1] 伯姆，D.，李尼科（编）. 论对话（王松涛，译）[M]. 北京：教育科学出版社，2004.

[2] 美格根 Gergen, Kenneth J, 美格根 Gergen, Mary. 社会建构：进入对话 [M]. 上海：上海教育出版社，2019.

[3] 史占彪. 安心行动：心理教练对话战"疫"[M]. 北京：化学工业出版社，2020.
[4] 史占彪. 家庭心理支持[M]. 北京：中国妇女出版社，2020.

对话式 EAP：员工心理成长与组织发展的新探索

邓　晴　杨　航　史占彪

（中国科学院心理研究所，北京市朝阳区林萃路 16 号院，00101，dengq@psych.ac.cn
中国科学院心理研究所，北京市朝阳区林萃路 16 号院，00101，yangh@psych.ac.cn
中国科学院心理研究所，北京市朝阳区林萃路 16 号院，00101，shizb@psych.ac.cn）

1 前言

在当今快速变迁和竞争激烈的商业环境中，现代企业员工面临的心理压力和挑战与日俱增。员工不仅需要完成复杂的工作任务，还要应对人际关系的微妙平衡，管理职业发展的期望，同时兼顾个人生活。随着工作强度和要求的增加，员工的心理健康问题逐渐显现，焦虑、压力、职业倦怠等现象已成为影响企业生产力的重要因素。这些心理困扰不仅影响员工的个人幸福感和生活质量，更对企业的整体绩效和稳定性产生深远的影响。

在这样的背景下，员工帮助计划（Employee Assistance Program，EAP）逐渐受到企业管理者的重视。传统的 EAP 主要集中于帮助员工解决心理健康问题，通过心理咨询、危机干预等手段为员工提供支持。然而，随着心理健康问题的多样化和复杂化，仅依靠传统的心理辅导已经不足以满足现代员工的需求。心理教练对话式 EAP 作为一种创新的支持模式，通过引入心理教练的理念，超越了传统 EAP 的局限性。它不仅关注员工的心理健康，还旨在激发员工的内在潜力，帮助员工在职业和个人生活中实现自我成长。

心理教练对话式 EAP 主要通过一对一或小组对话的形式，由专业的心理教练引导员工深入反思自我，识别行为模式和潜在问题。这种模式基于积极心理学、人本主义心理学和认知行为理论等多个理论框架，旨在通过引导员工发现自身的积极品质和心理资本，增强其应对挑战的能力。例如，通过对话引导，心理教练帮助员工回顾以往成功的经历，增强自信心；或者通过重新构建员工的认知方式，使其能够以更积极的心态应对当前的工作压力。

总的来说，心理教练对话式 EAP 在改善员工心理健康的同时，有助于提升其工作效率和职业满意度。它不仅仅是应对心理危机的工具，更是提升员工幸福感和促进组织发展的有力手段。

2 心理教练对话式 EAP 的内涵与理论依据

2.1 内涵

心理教练对话式 EAP 是将心理教练技术与传统的员工帮助计划（Employee Assistance Program，EAP）有机融合的一种创新实践。传统的 EAP 主要集中于为员工提供情绪支持、心理咨询，以及危机干预等服务，帮助员工应对工作和生活中的压力与困扰。然而，心理教练对话式 EAP 则进一步将心理教练的理念融入其中，强调通过深度的教练对话，发掘员工的内在资源和潜能，以实现更为积极的心理和行为转变。

在这一模式中，心理教练通常以一对一或小组对话的方式，与员工展开深层次的沟通交流。心理教练不仅是一个情绪倾诉的聆听者，还是一个积极引导者，帮助员工识别自身的心理状态、行为模式以及潜在问题。心理教练运用专业知识和技能，从非评判的态度出发，与员工建立信任关系，通过提问、反馈、澄清等方式引导员工深入思考自身的问题。在这个过程中，心理教练的目标是帮助员工发现和激发他们的内在动力，使他们能够主动采取行动，推动心理和行为的积极转变。

这种方法的独特之处在于，它不仅是解决员工问题的手段，更是促进员工个人成长与职业发展的工具。心理教练对话式 EAP 鼓励员工在对话中探索自己的情感、认知和行为，帮助他们理解和接受自我，同时激励他们寻求积极改变。例如，心理教练可能会引导员工回忆过去的成功经历，重新发现自己的优势，从而增强他们的信心和韧性。这种通过对话引发的自我觉察和内在驱动力的激活，使得心理教练对话式 EAP 能够为员工提供更加全面和深层次的支持。

2.2 理论依据

心理教练对话式 EAP 的实践基础源于多种心理学理论，包括积极心理学、人本主义心理学和认知行为理论。每种理论都为这种模式的实施提供了特定的框架和方法，确保心理教练在帮助员工成长的过程中，能够运用科学的方式实现积极的心理与行为转变。

2.2.1 积极心理学理论

积极心理学专注于探索和发展人类的积极品质，如自我效能感、乐观、希望、韧性等。它认为每个人都具备一定的心理资本，这种资本能够帮助他们更好地应对生活和工作中的挑战。心理教练对话式 EAP 就是基于这一理论，旨在通过教练对话帮助员工提升心理资本，增强其适应能力和心理韧性。

在教练对话中，教练会鼓励员工关注自己生活和工作中的积极经历，帮助他们看到自身的优势和潜力。这种方法不仅能够提升员工的自信心，还能让他们在面对挑战时保持一种积极的态度。例如，教练可能会问员工在过去的某个困境中是如何克服困难的，或者引导他们回顾以往的成就，帮助员工从中获得启发和动力。这种积极导向的对话让员工学会从正面的角度看待问题，从而增强他们的心理韧性和乐观精神。通过挖掘员工的内在资源，积极心理学为心理教练对话式 EAP 的实践提供了有效的理论支撑。

2.2.2 人本主义心理学理论

人本主义心理学关注个体的自主性、尊严以及自我实现的潜力，认为每个人都有能力实现自我成长和心理健康。心理教练对话式 EAP 受此理论影响，特别注重尊重员工的主观体验和独特价值，倡导在对话过程中以非评判、包容和理解的态度对待员工。这种人本主义的视角为心理教练对话式 EAP 提供了温暖、支持性的对话环境，使员工感到被理解和接纳，从而愿意更自由地表达自己。

在这种对话氛围中，心理教练不会对员工的想法和情感进行评价或批判，而是以开放的心态聆听，并通过积极关注和反馈，帮助员工更深入地了解自己。教练会创造"无条件积极关注"的环境，让员工能够在一个安全的空间中探索自己的内心，表达自己的困惑和不安。例如，当员工表达出对未来的不确定性和焦虑时，心理教练会以共情的方式回应，鼓励他们自由表达内心的感受。这种非评判的态度和深度倾听，使员工能够更深入地进行自我探索，从而加速其自我理解和自我接纳的过程。

2.2.3 认知行为理论

认知行为理论认为，个体的情绪和行为并非直接由外界事件决定，而是受到他们对事件的认知和评价的影响。这一理论强调，通过改变个体对事件的认知模式，可以实现对情绪和行为的调整。心理教练对话式 EAP 运用认知行为理论中的一些核心方法，帮助员工识别和挑战他们的负面思维模式，建立一种更加积极的认知方式。

在教练对话中，心理教练可能会通过提问和引导，帮助员工觉察他们的负面思维，并进一步分析这些思维的合理性。例如，当员工认为自己在团队中没有得到足够的重视时，心理教练会引导员工反思这样的想法是否完全符合事实，或者帮助他们找到一些支持和反驳这种想法的证据。通过这种方式，心理教练能够帮助员工打破僵化的思维模式，逐步建立更加灵活和积极的认知结构。

认知行为理论的应用不仅帮助员工识别自己的思维陷阱，还引导他们进行更为理性的自我评估和情绪管理。比如，当员工认为自己无法胜任某项任务时，教练可能会引导他们回顾过去的成功经验，找到支持他们能力的实际证据，从而帮助员工重新构建自我效能感。通过这种方式，心理教练帮助员工建立一种更加积极的自我认知，提升他们面对挑战时的信心和勇气。

3 心理教练对话式 EAP 的操作流程

心理教练对话式 EAP 的操作流程主要包括五个阶段：准备阶段、对话启动阶段、深度对话阶段、干预与解决方案生成阶段，以及跟进与评估阶段。通过这些系统化的步骤，心理教练能够有效引导员工发现自身的问题根源、制定切实可行的解决方案，并通过持续的跟进实现心理与行为的积极转变。

3.1 准备阶段

3.1.1 需求评估

准备阶段的第一步是需求评估。组织通过问卷调查、访谈等方式，全面了解员工在工作压力、人际关系、职业发展等方面的心理需求和困扰。这种调查可以帮助组织确定 EAP 服务的重点领域，使其更具针对性。同时，需求评估还收集员工对 EAP 服务形式和内容的期望，确保心理教练能够根据员工的实际需求设计更有针对性的对话方案。这一过程为后续的教练对话提供了重要的背景信息和方向性指导。

3.1.2 教练选拔与培训

选择合适的心理教练并进行系统培训是保证 EAP 质量的关键。心理教练应具有心理学专业背景、良好的沟通能力以及扎实的教练技术。在培训过程中，教练会学习企业的文化和员工常见的心理问题，同时掌握实际应用中的教练技术。通过模拟对话和案例分析等方法，心理教练能够提升实战技能，为员工提供更高效的辅导服务。

3.1.3 宣传推广

为了提高员工对心理教练对话式 EAP 的认知和参与意愿，企业需要通过内部通告、邮件、专题讲座等多种渠道向员工宣传该服务的内容、流程和优势。通过宣传活动，企业可以帮助员工理解 EAP 的目的和作用，减少员工对心理辅导的误解和顾虑，从而提高员工参与 EAP 的积极性。

3.2 对话启动阶段

3.2.1 预约与初次接触

在这一阶段,员工可以通过线上或线下的预约系统安排与心理教练的对话。在初次会面时,教练通常会通过友好的态度和开放的交流方式,帮助员工建立初步的信任感。教练会向员工介绍对话的保密原则、目标和大致流程,确保员工感到安全和信任。这种信任关系是成功对话的基础,帮助员工放下防备,更愿意表达内心的真实想法。

3.2.2 建立关系

建立良好的教练关系是对话启动阶段的重要内容。心理教练通过积极倾听和共情的方式,与员工建立情感上的连接。例如,教练可能会认真聆听员工的话语,并通过眼神、肢体语言和简短的反馈来表达关注,适时地回应员工的情绪。教练可能会说,"听起来你最近的压力确实很大,让你感到疲惫不堪"。这种方式帮助员工感受到教练的理解与支持,更加愿意敞开心扉,深入探讨自身的问题。

3.3 深度对话阶段

3.3.1 问题探索

在深度对话阶段,教练会通过开放性问题引导员工详细描述其面临的困扰、产生的背景和带来的影响。教练可能会提出类似"这个问题是从什么时候开始出现的?"或"它对你的工作和生活有哪些具体影响?"的问题,帮助员工系统地梳理问题。除了问题本身,教练还会关注员工的情绪反应和潜在需求,为进一步的目标设定奠定基础。

3.3.2 目标设定

在对问题有了清晰的理解后,教练与员工共同设定对话的目标。这个目标通常是具体、可衡量、可实现、相关联和有时限的(SMART)目标。例如,如果员工表示因工作压力导致效率低下,目标可以设定为"在一个月内掌握三种有效的压力管理技巧,提高工作效率20%"。教练会引导员工审视目标的可行性和重要性,确保其符合员工的实际需求并具备达成的信心。

3.3.3 原因分析

教练帮助员工从多角度分析问题的根本原因,包括员工的思维方式、行为习惯、工作环境以及人际关系等方面。通过提问和反馈,教练协助员工揭示问题背后隐藏的因素。例如,当员工抱怨任务繁重时,教练可能会进一步询问其工作安排方法,或是否有合理授权等情况,帮助员工更全面地理解问题的本质。

3.4 干预与解决方案生成阶段

3.4.1 心理教练技术应用

心理教练在此阶段应用一系列技术来帮助员工实现行为和思维的改变。

第一,积极反馈与肯定。教练及时肯定员工的优点和努力,增强其自信。例如,当员工尝试用新的方法解决问题时,教练会称赞其主动性。

第二,思维重构。帮助员工挑战负面的思维模式。例如,当员工觉得自己不受重视时,教练可以引导其思考其他可能的解释。

第三,行为改变策略。根据员工的需求和目标,制订具体的行为改变计划,例如,为时间管理困难的员工介绍四象限法则，帮助其更合理地分配工作时间。

3.4.2 解决方案制定

教练与员工共同制定解决方案，将大目标分解为小步骤，每个步骤设定明确的责任人、时间节点和预期效果。例如，对于人际关系改善目标，解决方案可以包括每周与同事进行深入沟通、参加团队建设活动等具体行动。在制定方案时，教练应充分考虑员工的实际情况，确保方案的可操作性和顺利实施。

3.5 跟进与评估阶段

3.5.1 行动跟进

心理教练会定期与员工沟通，了解方案执行情况。教练通过电话、邮件或面对面的方式，询问员工在实施过程中遇到的困难和取得的进展。例如，当员工尝试新的时间管理技巧时，教练会询问其是否遇到挑战，并适时调整计划，确保员工持续朝着目标前进。

3.5.2 效果评估

通过多种方法评估心理教练对话式 EAP 的效果，包括员工的自我报告、工作绩效数据以及同事和上级的反馈。例如，员工感到压力减轻、满意度提升，工作效率和质量提高，人际关系得到改善等。综合这些数据和反馈，教练可对后续的对话和干预措施进行调整和优化，以更好地满足员工的需求并提升 EAP 的整体成效。

4 心理教练对话式 EAP 的核心技术

4.1 积极倾听技术

4.1.1 专注与理解

教练在对话中全身心地聆听员工的表述，不仅关注其内容，还留意其语气、语调和情感表达。例如，当员工语速加快且语气激动时，教练能够感知到其情绪的强烈程度，理解背后隐藏的情绪。通过专注倾听，教练向员工传递尊重和关怀。

4.1.2 反馈与澄清

教练适时反馈自己对员工表述的理解，确保准确无误。例如，当员工说"我最近感觉很不好"时，教练可以回应"你的感觉不太好，是指情绪上的低落还是身体上的不适呢？"这种澄清帮助教练更深入地理解员工，避免误解。

4.2 有力提问技术

4.2.1 启发式问题

启发式问题激发员工的创造力，帮助其发现新的可能性。比如，"如果你有更多资源支持，你会如何改变现状？""在类似情况下，你有没有新的方法可以尝试？"这些问题引导员工突破固有思维，寻找创新的解决途径。

4.2.2 挑战性问题

教练通过挑战性问题，引导员工审视思维和行为，尤其是当员工存在不合理信念时。例如，员工认为每件事都必须完美完成，教练可能问"你觉得追求完美对你的工作和心理有什么影响？是否可以适当放宽标准，让自己更轻松？"这种反思能激发员工改变的动力。

4.3 反馈与赋能技术

4.3.1 积极反馈

教练及时肯定员工的积极行为和进步，无论是表现出的勇气还是新的思考方式。例如，"你的这个方法很有创意，说明你在积极寻找解决方案，做得很棒。"积极反馈能增强员工的自信和自我效能感。

4.3.2 建设性反馈

除了积极反馈，教练也会提供建设性反馈。当员工行为或想法需改进时，教练温和地提出具体建议。例如，"你的表达很热情，但稍微放慢语速可能更利于对方理解。"这种反馈有助于员工不断提升沟通能力。

4.3.3 赋能信念传递

教练传递对员工的信任，强调其潜力和能力。例如，"我相信你有能力解决这个问题，你已经具备很多优势，只需适当的时间和方法来挖掘。"这种信念能激发员工的内在动力，让其对自我改变和成长充满信心。

5 心理教练对话式 EAP 的实践案例分析

5.1 案例背景

某大型科技公司研发部门员工小张，入职三年来表现优异。

最近几个月，小张的工作效率明显下降，情绪低落并对工作产生抵触情绪。

小张的主管察觉到这些变化后，建议他参加公司的 EAP 服务。

5.2 对话过程

5.2.1 初次对话

在与心理教练的初次会谈中，小张显得拘谨。

教练通过热情问候及对保密原则的介绍，帮助小张逐渐放松。

小张倾诉了最近的困扰，表达了对新接手项目的压力以及对团队进度的担忧。

教练专注倾听，用点头和眼神回应，向小张传达出理解与支持。

5.2.2 问题探索与目标设定

教练引导小张深入描述项目情况，包括项目要求、技术难点和团队协作问题。

在对话中教练发现，小张在面对新的技术挑战时，过于依赖以往经验，未及时学习新知识，同时在时间管理上也存在不足。

教练与小张共同设定了目标：在两周内掌握项目所需的关键新技术，并制订合理的工作计划，以提升效率和缓解焦虑。

5.2.3 干预与解决方案生成

教练运用积极反馈技术，肯定小张以往的优秀表现，增强其信心。

针对技术难题，教练推荐了相关学习资源，并协助小张制订学习计划。

在时间管理方面，教练引入番茄工作法，帮助小张合理安排工作和休息时间。

教练进一步引导小张调整对项目的认知，理解遇到困难是正常的，关键在于解决问题。

5.2.4 跟进与评估

在接下来的两周内，教练定期与小张沟通，跟进其学习进展和情绪状态。

小张按计划学习新技术，遇到问题时会与教练讨论。在番茄工作法的帮助下，注意力集中，工作效率提高。

两周后，小张已掌握关键新技术，工作逐渐恢复正常，焦虑情绪明显减轻。自我报告、绩效数据和主管反馈均表明小张的状态得到显著改善。

5.3 案例启示

本案例显示，心理教练对话式 EAP 能有效缓解员工的工作困扰，提升其心理状态和工作绩效。

深度对话使教练能准确识别员工问题的根源，并运用适当技术制定个性化解决方案。

跟进与评估环节保障了方案的有效实施，使干预措施得到及时调整，从而推动员工的持续成长与发展。

6 心理教练对话式 EAP 对组织和员工的影响

6.1 对员工的影响

6.1.1 心理健康改善

心理教练对话式 EAP 帮助员工应对工作和生活中的压力、焦虑、抑郁等负面情绪。

通过改变思维方式和行为习惯，员工能够更好地管理情绪，增强心理韧性。例如，学会积极应对压力后，员工在高强度工作环境中能保持心理稳定，减少情绪波动对工作的影响。

6.1.2 职业发展支持

EAP 为员工提供职业发展指导，通过对话帮助其明确职业目标和制定发展规划。

教练协助员工分析晋升所需技能，并制订提升计划，如学习管理知识或提升沟通能力。

这种支持增强了员工的职业竞争力，促进其职业成长。

6.1.3 人际关系优化

心理教练对话式 EAP 改善了员工的人际关系，包括与同事、上级及客户的关系。

通过提升沟通技巧、同理心和理解能力，员工能更好地与他人合作。

有效倾听和表达技能的提升减少了员工之间的冲突，促进了团队协作的顺畅性。

6.2 对组织的影响

6.2.1 提高工作绩效

员工心理健康和工作能力的提升直接提高了工作绩效。

员工在解决心理问题后，积极性和主动性增强，工作效率和质量显著提升。例如，员工在有效应对工作压力和改善人际关系后，能够更高效地完成任务，为组织创造更高的价值。

6.2.2 增强员工忠诚度和留任率

当员工通过 EAP 感受到组织的关怀和支持，其忠诚度显著提升。

EAP 提供的支持渠道让员工感受到组织的温暖和人性化关怀，降低离职意愿。

这种关怀有效减少了员工流失率，增强了员工的组织归属感。

6.2.3 营造积极的组织文化

心理教练对话式 EAP 有助于营造关注员工发展的积极组织文化氛围。

员工之间相互理解和支持，形成良好的工作氛围。

组织对员工心理资本的重视激励员工挖掘自身潜力，形成良性循环，推动组织的可持续发展。

7 心理教练对话式 EAP 的发展趋势与挑战

7.1 发展趋势

7.1.1 与数字化技术融合

随着互联网和移动技术的发展，心理教练对话式 EAP 可以与数字化平台相结合。例如，通过开发在线心理教练咨询平台，员工可随时随地使用手机或电脑预约咨询、参加在线培训课程、获取心理自助资源。

大数据分析技术的应用，能更精准地评估员工的心理需求及 EAP 服务效果，实现个性化的心理支持。

7.1.2 拓展服务内容和对象

未来，心理教练对话式 EAP 的服务内容将更广泛，不仅涵盖个体心理辅导，还包括团队心理建设和组织变革管理。例如，为团队提供凝聚力培训、冲突解决工作坊等服务。

服务对象可能从企业员工扩展至员工家属，形成更广泛的支持网络，增强企业的整体心理健康支持体系。

7.1.3 跨文化应用与发展

在全球化背景下，企业跨文化团队的增加对 EAP 提出新的要求。

心理教练需适应不同文化背景下员工的心理需求，具备跨文化的沟通与理解能力。

教练需根据员工的文化背景调整对话和干预策略，灵活应对不同文化的价值观、信仰和行为模式，以服务全球化的企业员工群体。

7.2 挑战

7.2.1 专业教练人才短缺

心理教练需要扎实的心理学知识、丰富的实践经验和出色的沟通技能。

然而，目前市场上专业心理教练的供给不足，难以满足企业日益增长的 EAP 需求。

因此，培养并留住优秀的心理教练人才，成为 EAP 发展的重要挑战之一。

7.2.2 隐私与保密问题

在心理教练对话过程中，员工会透露大量个人隐私信息，隐私保护成为 EAP 实施中的关键问题。

企业必须确保信息的保密性，建立严格的隐私保护机制，以维护员工的信任感和参与意愿。

任何隐私泄露都会严重损害员工对 EAP 的信任，因此建立并维护高标准的保密协议是 EAP 持续发展的基础。

参考文献

[1] 董丽. EAP 视角下，提高企业员工心理健康的有效策略[J]. 人力资源, 2024 (16): 141-143.

[2] 周靓靓. 积极心理教练技术在初中生人际交往能力培养中的应用[D]. 南昌：南昌大学, 2022.

[3] 李雪青. 员工帮助计划（EAP）综述[J]. 合作经济与科技, 2020 (22), 130-132.

[4] 曾杰儒. 员工帮助计划（EAP）在 Q 公司的应用研究[D]. 深圳：深圳大学, 2020.

[5] 杨志欣, 程睿智. 基于企业心理教练管理模式的员工辅导应用路径研究[J]. 企业管理, 2019 (S1): 2.

[6] 夏婷. 对话的魅力——后现代心理教练技术[J]. 小学时代, 2019 (19), 80-81.

[7] 史占彪, 骆宏, 曾海波. 后现代"心理教练"：助人模式的新趋势[C] // 第七届全国心理卫生学术大会. 2014.

[8] 徐斌. 教练技术的"五步引领"法——深度沟通与心理引导的结合[J]. 中国人力资源开发, 2008 (5): 27-29.

[9] 唐辉, 凌斌, 朱月龙. 教练型管理者：员工的心理咨询师[J]. 中国人力资源开发, 2008 (5): 33-35.

[10] SMITH W A, BONIWELL I, GREEN S. Positive psychology Coaching in the workplace [M]. Switzerland: Springer International Publishing, 2021.

[11] LAURENSON-ELDER R C. What Works at Work? A comparative study of counselling and coaching in the workplace [D]. ResearchSpace@ Auckland, 2023.

[12] CSIERNIK R. A review of EAP evaluation in the 1990s [J]. Employee Assistance Quarterly, 2005, 19 (4): 21-37.

守护健康"心"航程，成就出彩幸福路：新时代中职学生积极心理品质培育的探索与实践①

何健勇　谢秋行

（北京市商业学校，北京102209）

1 前言

积极心理学是一门从积极角度研究传统心理学的新兴科学，采用科学的理论原则和方法，倡导心理学的积极取向，关注个体的积极心理品质、健康幸福与和谐发展。中职学生积极心理品质的培养与党的二十大精神中关于全面提高人才培养质量的要求、扎实推进"三全育人"在中职学校落地生根的要求一脉相通，不仅有利于学生身心健康、全面发展，更是新时代中职学校教育教学高质量发展的内在要求。

2 中职学生积极心理品质培育的实践背景

近年来，职业教育作为类型教育，在培养更多高质量技术技能人才方面发挥了重要作用。有多个研究表明，中职学校学生心理健康与其职业生涯发展、适应企业和社会的

---

① 通讯作者：王岩　邮箱：wangyan@cnu.edu.cn

人才需要存在着密切的联系（苗兰惠等，2023；马业程，2024）。心理健康教育作为中职学生思想政治与德育工作的重要组成部分，经历了多个阶段性发展，呈现出独特的特点，更多侧重于培养未来学生缓解职场压力、适应职业挑战的自我协调能力（陈南苏、王远霞，2024），在增强思政与德育工作针对性、实效性中发挥了重要作用。

2.1 党和国家对于职业院校学生高质量培育的要求

党的二十大报告明确指出："加快建设高质量教育体系，发展素质教育"，并强调要"培养造就大批德才兼备的高素质人才"。教育部部长怀进鹏提出，"把全面加强和改进学生心理健康教育工作作为培育担当民族复兴大任的时代新人的重要内容"。教育部等关于《全面加强和改进新时代学生心理健康工作专项行动计划（2023—2025年）》，要求把心理健康工作摆在更加突出位置，促进学生思想道德素质、科学文化素质和身心健康素质协调发展。这些指示充分展现了党和国家对于职业院校学生高质量培养的迫切要求。

2.2 当前阶段中职学生心理健康水平现状

最近的研究表明，青少年学生的心理健康水平面临着前所未有的多重挑战（王臻、孙远刚，2019；唐硕、庞红卫，2020）。以北京市商业学校为例，通过访谈调研了解到，许多学生正面临着学习不适应、焦虑抑郁情绪、不良人际关系、自我价值偏低等多方面的心理问题；学生心理健康状况的调研结果表明，一成以上的学生调研结果为阳性，且在学习生活的一个或多个方面存在心理困扰，个别程度严重的学生需要专业的心理干预。

2.3 中职学校学生心理健康教育工作的现状

目前，中职学校学生心理健康教育工作仍面临一些亟须改进的方面。首先，学校在开展心理健康教育时，主要以课程育人、心理辅导为主，内容及形式上存在一定局限性，创新性不足，难以充分兼顾普遍性与特殊性，教育工作质效不理想。其次，学校不同于社会心理健康服务机构，仅仅关注学生的异常心理层面，被动等待学生寻求心理援助是远远不够的，发现学生心理问题前的防范教育与心理危机出现后的补偿教育亟须加强。另外，心理健康教育是中职学校构建"三全育人"大思政格局的重要路径之一，需要学校与企业、家庭、社区等育人主体形成协同效应，有效整合心理健康资源。最后，需要从本土优秀文化、校企优秀文化中汲取养分，整合积极心理资源，将积极心理学理念融入中职心理健康教育工作。

3 积极心理品质培育的探索与实践

北京市商业学校高度重视学生身心健康发展，为培育学生积极心理品质，促进学生全面发展，深入开展了丰富的心理育人实践，为培养身心健康、全面发展的职业教育人才提供助力。

3.1 坚持党建引领，组建专业团队

在学校党委统一部署和全面领导下，设立师生身心素质发展中心，将全年心理健康教育工作计划纳入学校年度思政工作要点，在校、系、班三级组织实施心理健康教育活动。系部学生管理副主任负责掌握各系部学生心理健康总体情况，协助班主任开展班级心理教育，加强班级心理委员培训指导，协同应对突发事件。班主任负责做好日常与学生的交流工作，关心学生身心健康，召开主题班会，开展家校沟通，能够识别常见的心理问题并反馈。

学校组织教师定期参加心理健康专项培训、体验活动，以及教育教学理论、心理学

理论、政策法规、育人理念专题培训，开展经验交流会、专家咨询指导沙龙、课程培训等，不断提高专业化水平。

3.2 加强顶层设计，强化制度保障

学校从加强顶层设计、教师帮助指导、学生获取服务等多个维度，完善了心理健康教育工作制度，规范学校心理健康教育工作。《学校心理健康教师内部工作制度》规定了心理健康教师进行学生心理辅导、开展心理健康活动、开展心理测评工作等各项职责要求，以及开展心理教育工作所需要遵循的职业伦理。《学生心理健康普测实施方案》明确了测评对象、采用的量表工具、操作方法、参与组织实施的教师等；《学生服务热线工作办法》为学生学习咨询、生活服务、情绪疏导提供了即时渠道，24小时聆听来自学生的心声；《学生危机干预流程》主要为应对学生危机及突发事件中教师准确识别、及时干预、记录上报等工作提供指导；《个体辅导学生预约管理办法》《个体辅导学生预约单流程》《学生社团管理办法》等被纳入学生教育管理制度，作为《学生教育管理手册》中的重要内容供全校学生学习、参考。

3.3 培育育心文化，成就精神家园

学校积极营造以"育人"为核心、积极向上、自信阳光、温暖友爱的文化生态，通过设立心理文化宣传栏、心语信箱、官微心理健康知识推送、举办心理文化节等方式营造尊重关切、自尊自信、信任接纳的环境氛围。以"科学教育、严格管理、热情关心"的育人原则、"用欣赏的眼光看学生的优点，用发展的眼光看学生的不足"的学生观，引领学校心理健康教育工作的全面开展。心理健康教师、学生管理团队、班主任队伍、各岗位各部门教师，在心理育人方面形成广泛的思想共识和价值认同，同频共振、同向同行，育人实践更有精度、广度、深度和温度，实现积极心理理念文化的落地，构建教育的共同体，彼此支持，彼此成就。学校成为师生快乐学习（工作）、健康成长、幸福生活、共同成就的精神家园。

3.4 充分发挥课程主渠道作用，思政元素全程融入

按照国家标准开足、开齐、开好思政必修课程，《心理健康与职业生涯》课程通过课堂讲授、活动练习、课后作业，向学生传递心理健康知识，引导学生树立身心健康理念，促使掌握心理调适和职业生涯规划的方法。开设《心理发展与成长》《生活中的心理现象》《心理电影作品赏析》等选修课程，通过小组讨论、辩论会、案例分析、艺术欣赏等形式让学生在课堂上主动思考、乐于分享、相互促进，引导学生关注心理健康，学会运用科学的心理知识探索、发现、观察生活，提高审美情趣。

组织专业教师编写团队，编写《通用职业素养训练》等校本教材，在礼仪修养、人际和谐、健康审美等课程内容中融入认识自己、悦纳自己、学会人际交往、异性交往、拥有阳光心态等主题，从个人职业发展、综合素质、成人成才角度使学生认识到拥有健康身心的重要价值。

3.5 建立心理成长档案，提供个性化心理辅导

学校每年定期开展心理健康普查。学生在充分了解调研目的、答题方法、注意事项后，在线完成症状自评量表（Symptom Checklist90，SCL-90）等科学量表。学校通过调研数据了解在校学生的整体心理健康状况和需要特别关注的学生情况，建立并不断更新学生心理成长档案，做到"一生一档案"。抽取一定比例的学生开展心理健康访谈，了解当前学生中主要的心理诉求，以及对学校心理健康教育工作的看法及建议，做有温度

的心理教育。

针对学生个性化的心理需要，师生身心素质发展中心的心理咨询室面向全体学生全天候开放，由心理健康教师提供专业化的学生心理辅导服务，年接待咨询量达 200 人次。学生与心理健康教师进行一对一沟通咨询，必要时可以进行每周连续的心理辅导。学生还可通过班主任预约，进行临时性、一次性会谈。学生与心理健康教师在温馨、接纳、包容的氛围中畅谈心事，增强内在力量，收获心灵成长。

3.6 拓展育人空间，启智育心赋能

充分利用第二、第三、第四课堂，做到课内课外结合、线上线下联动、理论实践并重，使积极心理理念融入学生学习生活各方面。

校级社团"心言心语成长社"每年定期在全校范围内开展招新宣传，学生每周开展一次心理健康兴趣活动。活动主题由所有成员在学期初共同拟定，学生根据兴趣结成小组，自行策划活动方案，收集相关资料，与心理老师一同准备活动道具，如自创心理剧本，设计心理主题的"狼人杀"游戏等。在同学们的共同努力下，逐渐揭开心理学的神秘面纱，激发了好奇心，开拓了广泛的视野。

分层分类开展心理健康培训讲座。由学校心理健康教师及校外专家为学生介绍中职生活适应、和谐的人际关系、积极心理品质等内容。例如，新生入学期间，举办"新学期新挑战，开启'心'生活"讲座，主要讲解中学阶段学生的心理健康目标及发展任务，重点讲解新环境、新关系、新阶段的适应问题，在现场体验环节中指导学生练习自我心理调适的方法。

举办校园心理文化节，结合历年 5·25 心理健康日确定活动主题，组织全校学生参与手抄报展示，绘画比赛，观看心理健康宣传片，提供师生身心素质发展中心心理资源自助手册，让学生了解遇到心理困扰时可以采取的适当方法，及时求助。

充分运用信息化技术和资源，利用加密会议功能在云端进行在线课程、心理辅导、健康讲座等教育活动，发布《心理健康防护指南》，帮助学生进行心理自助。

3.7 家校协同参与，共促成人成功

深耕家校合作，学校与家庭密切配合，建立家长委员会，开设家长讲堂，实施家访制度，建立家校云端会客室，引导家庭履行好孩子的"第一所学校"职责，发挥好家长作为学生的"第一任老师"作用，与学生建立和谐融洽的亲子关系，倡导营造和谐幸福的家庭风气，有效凝聚家校协同育人合力，共同探讨和解决遇到的育人挑战，共同促进学生身心健康发展。

4 积极心理品质培育效果

学校将积极心理理念融入多年心理育人实践，将心理健康教育贯穿学生成长发展全过程，学生将心育活动中的积极体验内化为日常生活中奋进创造的行动力量，有效促进了向上向善的学风、教风和校风建设。学校获评北京市家校协同基地校，先后有 10 名教师经培训考核成为家庭教育指导师。

学校培养出了一大批以全国优秀共青团员李伟嘉同学、优秀志愿者李添乐同学为代表的信念坚定、德技并修的优秀学生，精神面貌凸显新时代风范。据与我校合作的第三方公司麦可思调研显示，99% 的学生对学校心理健康教育感到满意，83% 的学生表示遇到问题获得了帮助或得到缓解。

学校的心理健康教育及学生的成长发展获得了家庭、社会、企业、政府的广泛认可。家长评价："孩子走进北京商校，面貌焕然一新，结交了很多要好的朋友，更加开朗活泼。"企业评价："参加实习的北京商校学生自信、从容，非常善于与他人合作，未来潜力巨大。"社区工作者评价："北京商校的学生志愿者队伍最富朝气，在公益活动中热情友善，为社区居民提供了周到细心的服务。"

5 经验反思与展望

目前中职学校对学生积极心理品质的培育尚处于探索阶段，本文以北京市商业学校心理健康教育工作的实际案例切入有关积极心理学的研究，在育人效果上取得一定突破。在未来工作中，将进一步打造中职学生积极心理品质培育范式，既包含理论探索又包含实施路径及评价方法，从各环节提高心理育人实效，不断完善中职心理健康教育工作。

参考文献

[1] 陈南苏，王远霞. 职业院校学生心理健康教育的问题与对策研究[J]. 湖北开放职业学院学报，2024（4）：59-60，66.

[2] 马业程. 积极心理学视角下的高职学生心理健康教育研究[J]. 科技风，2024（7）：58-60.

[3] 苗兰惠，何晓薇，杜俊鹏. 创新心理育人特色品牌，整合协同育人积极资源——大学生积极心理品质培育模式探索. 第五届创新教育与发展学术会议，延安，中国.

[4] 唐硕，庞红卫. 新冠疫情期间儿童青少年的焦虑和抑郁状况[J]. 中小学心理健康教育，2020（19）：15-18.

[5] 王臻，孙远刚. 中等职业学校学生心理健康现状及对策探究[J]. 中小学心理健康教育，2019（30）：62-64.

"双减"背景下家校协同改善中学生学习焦虑的实践研究

吴春红

1 研究背景与意义

1.1 研究背景

1.1.1 "双减"政策的提出所带来的教育变革

2021年7月，中共中央办公厅、国务院办公厅印发了《关于进一步减轻义务教育阶段学生作业负担和校外培训负担的意见》（以下简称"双减"），在从严治理不规范校外培训行为方面作出了更为详细的规定。"双减"改变了义务教育阶段的教育生态，推动了基础教育的深层次变革。改革以来，"双减"已经深入人心，成为指导中小学实施教育教学常规管理的重要指针。"双减"给中小学校带来的变化是显而易见的，比如，学生作业负担减轻了，学校考试更规范了，校外培训大幅度压减。但由于中高考制度没有变化，"双减"并没有减少学生和家长的焦虑。没有频繁的考试检验，没有公开的考试成绩排名，面对升学的学生和家长们感到无所适从。以期末考试为例，期末考试的目的在于检验学生一个学期的学习情况与学业水平，以发现问题、精准施策。无论是学校还是家长，都应该端正思想、把握本质，正确认识考试的价值与意义，而不是将分数与排名作为关注的重点。但同时，面对升学压力，无论是学生、家长还是学校都无法真正"轻装前行"，尤其是马上面临升学的学生和家长表示，"双减"的实施，使他们对学生水平的纵向把握产生了一定难度，他们对学生的升学，表示了强烈的担忧。

1.1.2 学生业余时间突然充裕，不能自律，导致消极悲观心理

"双减"政策下学生的家庭作业少了，空闲的时间多了，对中小学生而言，适应这种情况也需要一个过程。如果不能有效适应这种状况，学生就有可能浪费大量时间，丢失奋斗目标，迷失发展的方向，养成不良的习惯。"双减"之前，学生的目标一般都相当明确。"双减"之后，全面发展、健康快乐成长成了新的目标，但是，如何在健康成长中全面发展，相比于做作业模糊多了。如果学生自律性不强、自我管理松弛，不能按照老师的指导和家长的督促去建立自己的人生目标，树立为自己一生发展指引方向的人生观和价值观，那么，就容易出现心理和行为方面的一些不适应。

1.1.3 家长焦虑情绪外溢而导致的学生心理焦虑

从外部因素看，家长对"双减"政策下"全面发展、德才兼备"教育目标认识不清，对促进学生身心健康的重要性认识不够，都会导致他们的焦虑感增加，以至于把这种焦虑感传递给学生。例如，一些家长看到学生的作业量少了，不能去课外辅导班，首先担心的就是孩子的成绩。作为学生成长的第一"责任人"，如果家长有了这样的想法，就不能调整好自己的情绪去影响教育学生，学生自然在心理上得不到家长的支持、帮助、鼓励和肯定。有时家长的负面情绪会直接或间接地传递给学生，从而影响学生的心理健康。

1.1.4 家长教育方式落后导致亲子关系紧张

"双减"政策下家长与学生相处时间增多，家长对学生的教育时间也就相应地增加。在这种情况下，家长对学生的教育方式就显得极为重要。如果家长讲究教育的方式方法，学生也容易接受，否则就容易发生冲突，导致亲子关系紧张。事实上，相比于教师，一些家长的教育方式比较保守。在学生作业量少又不能去课外培训班的情况下，家长免不了直接面对孩子。因此，如何适应"双减"背景下亲子关系新格局，是构建家庭教育亲子沟通和良好关系的新要求。家长如果以积极主动的态度学习良好亲子关系形成的策略和方法，就能有效调整和改变自己对孩子的教育方式，否则，不和谐的亲子关系将影响学生的心理健康发展。

1.2 研究意义

疫情之后，面临"双减"的政策调整，学生及家长面对新的学习环境和升学压力，心存很多未知，学生学习焦虑问题更加凸显，在校与家同时面临改革与摸索的情况下，要保障学生的健康成长，首先要研究的就是如何发挥家校协同作用，改善学生学习焦虑情况。针对学生出现学习焦虑等心理健康问题，教育部高度重视，2021年5月，教育部印发《国家义务教育质量监测方案（2021年修订版）》，将九门学科纳入质量监测范围，其中，心理健康俨然在列。2021年7月，教育部办公厅发布的《关于加强学生心理健康管理工作的通知》指出："中小学要将心理健康教育课纳入校本课程，同时注重安排形式多样的生命教育、挫折教育等。"可见，中小学心理健康教育已成为教育领域重点关注

的问题之一。因此，通过家校协同的方式改善学生的学习焦虑，在"双减"背景下显得尤为重要。

2 文献综述

2.1 关于家校协同方面的研究

关于家校协同方面的研究，不论是国外还是国内都有了较多的理论和实践研究。我国家校合作的研究大致分为两类，一类是长期在教学或管理一线的教育工作者的经验总结、实践研究，另一类主要是一些理论上的探讨，来自一些从事教育学、心理学研究的专家学者。总的来说我国家校协同的研究基本上尊重了我国的现实，从实践中概括总结出家校合作的现状，尝试建构模式并取得了一定的研究成果，产生了一些有参考价值的结论。但目前我国家校协同方面的研究还存在着一些不足，具体表现在以下几个方面：国内的理论研究和实践项目缺乏系统规划，没有形成有中国特色的家校协同的理论体系，研究的深度和广度都不够，无法客观揭示现实中家庭与学校关系的真实状态。

国外对于家校协同的相关研究已经较为成熟，不论是对家校协同模式、方式还是制度保障和法律保障都已经发展得较为完善，这也为我国开展家校协同育人提供了重要的参考和借鉴意义。尤其是家校协同模式已经形成基本体系，并从不同的主体以及不同的目的出发，构建模式的层次具有多样性，家校协同的方式已经划分了相应的层次，从低到高依次开展相应活动。对于本研究开展家校协同的实施路径方面提供了一定的帮助。但在借鉴时一定注意国别、国情文化和传统经验的不同，简单照搬别国的经验只能是失败的尝试。

2.2 关于学习焦虑方面的研究

通过对已有相关文献的查阅和研究，学者们针对学习焦虑进行了大量研究，尤其是学习焦虑与心理健康、学业成绩关系的研究，进一步肯定研究学习焦虑的重要性。此外，关于测量学习焦虑也有不同的量表可资借鉴，这为本研究的开展提供了很大的帮助。

关于学习焦虑影响因素的研究，可以得出这样的结论：目前影响学生学习焦虑的因素可以分为内源性因素和外源性因素两大类，内源性因素涉及学生的自我认知、智力水平、学业成绩、自我能力知觉、个性特征、人格类型等；外源性因素来自社会、学校、家庭，主要包括文化因素、家庭教育方式、父母教育期望、教师的教育教学方式、同学间的竞争、学业负担、中高考的竞争及就业压力等。为本研究对现状的分析、原因的探究、策略的提出提供了思考的维度。

在"双减"这一新的背景下，开展家校协同改善学生学习焦虑的策略的实证研究，能够在一定程度上弥补相关研究的不足。

3 研究设计

3.1 核心概念界定

3.1.1 家校协同

郝晓芳（2019）认为，家校协同教育是指通过建立家庭和学校教育机构的密切联系，加强两者之间的交流与互动。学生接受的教育来自家庭和学校，而来自这两者的影响应该是同步的，实现同步教育，就要实现彼此间资源与力量的合力；蓝美琴（2019）认为，家校协同是一种育人体系和机制，家校是这个机制与体系内的责任主体，两者之间的共同目标是对学生进行培养,而多配合、多沟通是实现这一目标的重要方式;"和谐教育就是家校协同教育"是马福兴(2019)等人的观点,和谐指彼此间通过相互配合,达成教育间的完美结合,并在教育过程中更加地融合。综合来看,学者们对家校协同内涵的定义有一定的共性,家校协同是以家庭和学校为共同的责任主体,家庭和学校通过建立密切的联系,积极地配合与沟通,形成协同效应,从而达到共同培育孩子的目的,最终实现教育效果优化。

3.1.2 学习焦虑

学习焦虑就是人们在学习过程中形成的一种特殊焦虑,它指向学习活动,并影响学习活动的效率及效果。由于学生在学习过程中不能克服所遇到的诸多困难或者没能完成既定的学习任务,导致学习自信心下降,热情降低,内心的失败挫折情绪蔓延,久而久之便会形成的一种紧张、担忧,甚至恐惧的学习情绪。常常表现为课堂上不敢表达自己,害怕老师的提问,惧怕来自家长的批评,考试前期感到非常紧张,做题过程中脑袋一片空白,等等。

因此,学习焦虑是个体在受教育的过程中,一些预期或现实情境对自己的价值或自尊心造成威胁时,对自己的学习结果产生担忧和恐惧的情绪反应,过高的学习焦虑势必对学习造成消极的影响。

3.2 研究内容

本研究旨在探索家校协同改善学生学习焦虑的策略方法,通过行动研究法,构建一套学生出现学习焦虑时学校和家庭应如何相互协作改善焦虑现状的策略和方法,从而为家校协同改善学生学习焦虑提供实证研究。

本研究试图解决的关键问题为如何通过家校协同改善学生的学习焦虑。所要解决的问题有三个:一是学习焦虑产生的原因有哪些;二是在改善学生学习焦虑时,该如何定位学校和家庭的功能;三是使用哪些方法可以有效改善学生学习焦虑问题。

3.3 理论依据

斯瓦布关于家校协同模式的研究,为本研究提供了理论依据。他提出了四种家校合育模式:一是保护型模式,二是传递信息模式,三是丰富课业模式,四是伙伴模式(周欣悦,2003)。斯瓦布在制定模式的过程中强调家庭和学校两者的相互沟通与交流,一方面强调家长参与互育的过程,另一方面是重视学校为家长提供相应的指导。

3.4 研究方法

3.4.1 文献研究法

查阅关于"双减"政策、家校协同、学生学习焦虑影响因素的相关资料,确定研究内容、研究重点和研究方式,借鉴有关学者的研究成果,重新设计"'双减'背景下,家校协同改善学生学习焦虑的策略研究"课题的研究突破方向。系统深入地分析"双减"背景下,家校协同对于改善学生学习焦虑的相关影响。

3.4.2 访谈观察法

以往的观察侧重于学生校内定性记录,对分析支撑不够充分。为了充分知晓家长对学习焦虑的了解,以及如果自己孩子出现学习焦虑的情况,家长希望如何去改善这种情况,课题组设计访谈提纲,与学生家长进行面对面访谈。

3.4.3 问卷调查法

本研究采用周步成教授（2004）编制的《心理健康诊断测验》，其信效度达到可接受水平，适合测量中国小学高段学生和初高中学生的学习焦虑程度，α 为 0.689，使用两点计分制，中等焦虑水平得分为 3~8 分，得分高于 8 分说明学习焦虑水平较高，得分低于 3 分说明该个体学习焦虑较低。本研究通过线上问卷的形式，面向研究者所在的学校，展开针对学生学习焦虑现状的研究。

4 研究结果

4.1 学生学习焦虑的现状

调查结果显示：40%的学生做过考试考坏的梦；42%的学生在当众朗读的时候感到紧张；44%的学生在没有开始学习之前就担心完不成学习任务；超过 50%的学生表示"一听说考试，心里就紧张"；54%的学生在成绩不好时，会整天提心吊胆；70%的学生会因忘记原先掌握的知识而感到焦虑；74.85%的学生会因考试成绩不好而感到不快。根据以上数据，发现学生在学习上存在焦虑偏高的现象，对考试有恐惧心理，不能安心专注于学习，十分在乎考试分数，因此不能很好地应对学习和考试压力。

4.1.1 学生学习焦虑与个体身心健康的关系

学生的学习焦虑与个体的身心健康密切相关，学习焦虑适中或偏低的个体往往会以积极乐观的方式看待问题，而消极情绪下个人看待问题也会更加片面和绝对化。中学生大多数不健康的心理问题都与学习焦虑有关，学习焦虑过高与学习焦虑适中的学生相比，各项心理偏常的检出率要高，消极心理更加明显。因此，教会学生产生适宜的情绪体验，学会有效地调节情绪情感，对学生的心理健康有积极的作用。

4.1.2 学生学习焦虑与学习成绩的关系

我们也发现学习焦虑对学生的学习成绩有负向预测的作用，低焦虑水平者学习成绩显著高于高焦虑水平者的学习成绩。学习焦虑水平越高，学习效果可能越与自己所预期的标准不符，长时间发展下去，学生容易出现习得性无助现象。"学习成绩与学习焦虑呈倒 U 型关系"，即中等焦虑水平的人学业成绩会更好。此外，学习焦虑对学习成绩的作用受很多中介或调节因素的影响，场独立型学生体会到较高的焦虑情绪时，学业成绩会受到较大的负面影响，不利于学习进步，而场依存型学生体会到较高焦虑情绪时，可能会在一定程度上有利于学习动机的激发，从而对学习产生促进作用。

4.2 学生学习焦虑的影响因素

通过问卷和访谈结果的分析，发现学生产生学习焦虑的原因主要有以下几个方面：

4.2.1 学习压力过大

我国现行教育中还存在应试教育的倾向，片面追求升学率，学习成为学生的首要任务，学习成绩的好坏直接作为学生学习成效的检验。因此，课程的增多、作业的加重、频繁的考试、社会的竞争等都会给学生造成越来越多的压力。对学生来说，他们心理上的发育相对较缓，思维方式还不成熟，独立解决问题的能力有待提高，因此还无法更好地应对压力，而心理异常或心理障碍的发生率也会相对较高。

4.2.2 父母期望过高

面对激烈的竞争环境，不少家长对孩子从小抱有过高的期望，各种各样的补习班和特长班压制了孩子的天性。父母对学生过高的学习期望，会使学生产生无形的心理负担，特别是父母经常性地将自己的孩子与他人进行比较时，会打击学生的自信心，给学生增加心理负担，造成学习压力。父母合理的期待可以有效地促进学生的学习，但是当父母的期待过高或者超出学生承受水平时，就会降低学生的学习动机和学习效率，给学生造成学习焦虑。

4.2.3 父母与教师的态度

父母和教师是学生成长成才的指引者和培育者，中学生的心智发育尚不成熟，父母与教师作为学生的重要他人，其行为都会对学生造成潜移默化的影响。学生处于半成熟半幼稚的状态，处理问题还不成熟，因此他们渴望得到理解和支持。当学生遇到困难和学习障碍时，父母和教师如果采取控制、批评、漠不关心等态度，学生就会对学习失去信心，久而久之就会产生学习焦虑。

4.2.4 学习动机与学习期望过高

处于青春期的学生还不能全面地认识自我，如果自我期望过高、过多超出自己的现实水平，那么学生的学习焦虑水平也会过高。过分看重学习结果，但学习效率和学习结果不容乐观，造成学生习得性无助，久而久之学生就会丧失学习的信心，进而引起学生焦虑甚至厌学等负面情绪。耶克斯与多德森也提出，学习动机与学习效率之间呈倒 U 形的曲线，学习动机过高或过低都会对学习或任务的完成产生不利影响。

4.2.5 心理素质的高低

心理素质的高低直接影响个体活动的积极性和面对压力性生活事件的心理韧性。心理韧性是指个体在面对困难时的心理调节能力。当个体遇到学习障碍时，如果能够积极地寻求帮助，进行调节，找到合适的归因方式，那么学习焦虑水平就会降低。

4.3 家校协同改善学生的学习焦虑

通过访谈观察法，可以得出家校协同改善学生学习焦虑的两大共识。一是家校要共同落实"双减"政策，通过共同合作促进学生健康成长。二是家校共同组织开展校内外综合实践活动，充分发挥家长委员会的作用，共同设计实施丰富多彩的活动，培养学生适应社会、终身学习发展的思维和能力。

目前，研究者所在学校在家校协同改善学生学习焦虑方面，主要有以下成功经验。

1. 构建具有校本特色的"3+3"家校协同机制，叩开"家门""校门"和学生的"心门"。家庭和学校之间建立彼此支持的教育合作，最终目的在于开启学生的"心门"，助力学生的成长。

2. 在疫情背景下探索"云"端家校协同模式，如搭建"云信件""云班会""云家访"等"云上"沟通桥梁。

此外，我们发现在家校协同实践中仍存在诸多问题，主要集中于：第一，教师与家长因教育理念与教育追寻的不同而互不理解，难以协同的情况普遍存在；第二，家长缺乏与学校合作交流的意识，教师与家长在家校协同过程中对待事物的态度差异较大；第三，家校间还没有建立起相对完善的协作机制，因此协同的形式大于实质，存在表面化、走过场的问题；第四，过度以学校作为协同的中心，两者的地位不对等，平等的沟通较少，家庭教育被忽视；第五，学校与家长协作方式缺乏创新、多样性。

针对现状，目前我们实践的家校协同策略主要有：第一，家长和学校要形成统一的家校协同教育理念；第二，加强舆论宣传引导，形成重视家庭教育的风气；第三，搭建家校协同教育的平台，如在学校中开展相关讲座，请家长进校园，以社区为中介进行家校活动，以及利用微信、教育类 App 等进行家校活动等；第四，创新家校协同教育的形式，如开展家长志愿者活动、建立家校协同特色课程、开展家长讲坛等。

5 结语

5.1 中学生的学习焦虑取决于学生内源因素与外源因素的共同影响

学生个人能力强，内源性因素对学习焦虑的影响就弱，反之则会加强学习焦虑，是反比关系。而外源性因素作用强烈对学生学习焦虑影响就强，反之则弱，成正比关系。当二者共同作用时内源性因素越强，外源性因素越弱则学习焦虑越小；内源性因素越弱，外源性因素越强则学习焦虑越大。

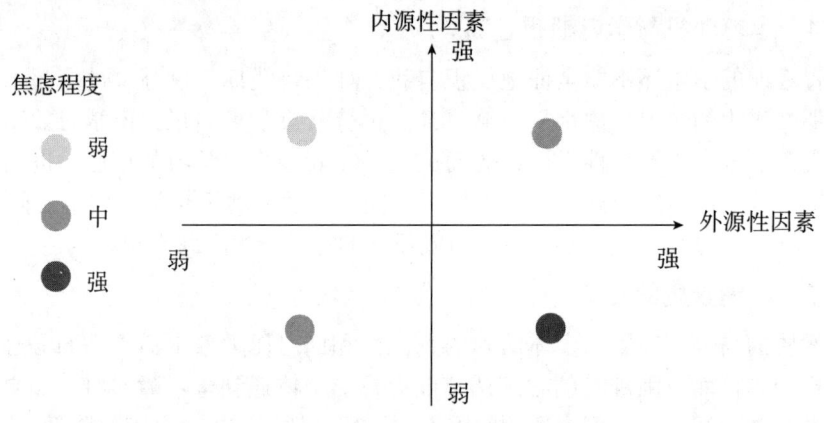

内、外源性因素与焦虑的关系

5.2 学生焦虑可以通过家校协同改善

通过访谈观察，可以得出家校协同改善学生焦虑的两大共识。一是家校要共同落实"双减"政策，共促学生健康成长。二是家校共同组织开展校内外综合实践活动，充分发挥家长委员会的作用，共同设计实施丰富多彩的活动，培养学生适应社会、终身学习发展的思维和能力。家校共同落实"双减"政策的同时降低内源性因素与外源性因素的影响，根据之前研究可以有效降低学生焦虑。而组织更多的社会实践活动可以提高学生能力，让家长不只关注成绩，可以降低外源性因素的影响，同时增强内源性因素影响，大大改善学生学习焦虑。

在家校协同方面，有可以遵循的原则：一是对学校和教师而言，家长是合作者，二者没有轻重之分，应当互相尊重和信任；二是要厘清家校协同中家庭和学校两大责任主体的责任边界，学界普遍认为厘清家校协同中的育人边界是进行良好的家校协同的关键，家庭提供的是个性化的、示范性的、终身性的教育，而学校最重要的责任则在于促进学生的全面发展。

家校协同的方式可分为三类：低层次、高层次和正式组织上的参与。其中，低层次的参与主要包括家庭参与学校活动、家庭与学校保持教育通信等，在这种层次上，家长与学校之间的联系还处于表层状态，没有达到深度沟通；高层次的参与，家长参与相应的教学活动，这种形式的参与充分发挥了家长的知识资源，有益于家庭与学校之间进一步交流与互动；正式组织上的参与，家长参与相应的决策，体现了家长已经具备了一定的管理权与决策权,且具备了一定的合作组织机构。家校合育形式由低到高,由浅入深,有利于增强家庭与学校之间良好的交流与合作。

参考文献

[1] 郝晓芳,薛枝梅. 网络环境下小学生家校协同教育研究 [J]. 办公自动化,2019 (1):31-33,62.

[2] 蓝美琴,张智武. 家校协同育人的实践路径探索 [J]. 教育视界,2019 (3):29-31.

[3] 马福兴,高艳,刘学军. 和谐达家校共育协同促儿童成长——基于研究的家校协同育人初步探索 [J]. 基础教育参考,2019 (9):19-21.

[4] 周欣悦. 谈中美家长参与教育的差异 [J]. 教学与管理,2003 (8):78-80.

[5] SATTES B. Parent involvment:A review of the literature (Occasional Paper No. 21) [M]. Charleston, WV:Appalachia Educational Laboratory,1985.

[6] 孙孝花. 谈美国家长参与学校教育 [M]. 内蒙古师范大学学报(教育科学版),2004 (6).

[7] 马忠虎. 家校合作 [M]. 北京:教育科学出版社,1999,96-138.

[8] 洪明. 论家校合育的基本模式 [J]. 中国青年研究,2015 (9):105-109+83.

[9] 席春玲. 家校合作理论研究述评 [J]. 教育评论,2010 (4):21-22.

[10] 张忠萍,狄永杰. 疫情下的家校协同方式创新实践 [J]. 基础教育论坛,2020 (33):6-7.

[11] 王库,吴少平. 未来教育视阈下中小学家校协同供给侧改革探析 [J]. 中小学德育,2017 (12):14-17.

[12] 焦伟婷,郝晓芳. 小学家校协同教育存在问题及提升策略研究 [J]. 办公自动化,2019 (4):35-37.

[13] 刘苡恒. 中学生的焦虑心理及其应对 [J]. 课程教育研究,2018 (37):2.

[14] 王希永. 中学生学习焦虑及其并发症 [J]. 青年研究,2000 (2):4.

[15] SARIEM. Factors affecting academic performance of Pharmacy students in the University of Jos, Nigeria [J]. Journal of Pharmacy & Bioresources,2014,11 (2).

[16] 林瑞昕. 外语学习焦虑与外语学习成绩的相关性研究——以淮北师范大学 2017 级音乐与舞蹈生为例 [J]. 海外英语,2019 (3):3.

[17] 罗来月. 初中生外语学习焦虑、学习策略与英语成绩的关系研究 [D]. 漳州:闽南师范大学.

[18] 叶丽. 农村地区高中艺术生英语学习效能感、学习焦虑和学业成绩研究 [D]. 桂林:广西师范大学.

[19] 池晓月. 初中生认知方式与学习焦虑,学习成绩的关系的研究 [D]. 呼和浩特:内蒙古师范大学,2011.

[20] 余秀英. 中学生学习焦虑与学习成绩的关系:时间管理,学习策略的调节效应 [D]. 上海:上海师范大学.

[21] 郑岱. 基于 IRT 展开模型的中学生学习焦虑综合量表的编制 [D]. 长沙:湖南师范大学.

[22] 陈妙莹. 中学生英语学习焦虑的影响因素及对策 [D]. 武汉:华中师范大学,2012.

[23] 张缨斌,王烨晖. 父母教育期望与数学成绩的关系:自我教育期望,学习动机和数学焦虑的中介作用 [C] // 第十九届全国心理学学术会议摘要集. 2016.

[24] 王文伟. 初中生负性生活事件,心理韧性与考试焦虑的关系 [D]. 济南:山东师范大学.

"由心及理"的关联性思维在积极心理教练 "聚焦解决"中的探寻

刘勤喜

1 前言

心理咨询是运用心理学的原理和方法，帮助来访者发现自身的问题和其根源，从而挖掘求助者本身潜在的能力，来改变原有的认知结构和行为模式，以提高对生活的适应性和调节周围环境的能力，通俗来讲心理咨询是心理咨询师协助求助者解决各类心理问题的过程。按照心理学助人模式的应用发展趋势来看，现已来到了积极心理教练的应用时代。积极心理教练是一种全新的思维模式、管理模式、沟通模式和生活模式，以解决为导向，聚焦解决，注重解决，让过程美妙，对结果负责，把目的放下，为目标着想，靠对话立足的基本态度。积极心理教练聚焦解决的内涵是什么？聚焦解决就可以解决来访者的心理问题吗？哪些因素对于解决是有帮助的？到达什么样的程度就表示解决了？解决谁说了算？……这些问题的探索不仅具有理论价值，更有积极的现实意义。

2 相关名词概述

2.1 由心及理

心即理，是相应于程朱理学的"理"而提出的概念，也是王阳明脱离传统理学，自成一派的理论基础。宋明理学为人类探知天理指明了方向，但是他们又强调"即物而穷其理"。然吾生有涯，学无涯，为学的工夫就变成了疲于奔命的向外穷索，使得精神外驰，一无所获。所以王阳明在龙场疾呼："圣人之道，吾心自足。向之求理于事物者，误也。"主张"心即理"，理就在人的心中，"心外无物，心外无理"。人心即天理，无需外求，格"心"致知，"心即理"的伟大之处就是指明了我们为学为道的方向，天地之理在心中，而且我们的心"与物""与事""他人"都是相通的。相通的路在哪里？积极心理教练讲由心及理，从心出发，暂时放下概念性的角色局限，不被逻辑思维所绑架，深入体会完整的人，注重人性体验，关注人文反应，尊重人性事故，透过这份过程，最后回到"理"上，找到规律，解决问题，助人成事，方为最佳最快路径。

2.2 聚焦解决

和"聚焦解决"模式相对应的，是"聚焦问题"的模式。聚焦问题的模式即发现问题、分析问题、解决问题，这样的模式往往会陷入问题的旋涡当中。

解决方案与问题并没有必然的联系[1]。聚焦于问题模式对改变的思维是先理解问题后建立解决方案的逻辑，就好比先有了锁子，然后每一把不一样的锁，再配置不一样的钥匙，为了要把这个独特的锁打开，我们就要找到那把特别的钥匙，要是没有那把特别的钥匙，我们就要花大量的时间去研究这个锁的结构，才能重新配对有效的钥匙。这样听起来很合理，但在建构主义者的思想中，适合的概念更受重视，要把一把独特的锁打开，不一定要那一个特别般配的钥匙，而任何一把适合的钥匙就有可能打开这把独特的锁。我们要多谢那些专业的盗窃者，让我们明白世界上有许多的钥匙，虽然跟我们的钥匙不同，但却同样能够打开我们的大门。世界上是有许多把钥匙的，这就是方法总比问题多的积极态度。

积极心理教练的聚焦解决模式中，就是教练不花时间探讨问题（锁子原理）根源，而关注客户想要的是什么，重点探索聚焦解决方案的可能，了解客户的潜能和技巧，使客户潜在的资源浮现，协助客户总结过去的成功经验，找到打开锁子的钥匙。

2.3 关联性思维

关联性思维[2]的概念出处不详，或许可以追溯到葛兰言《中国人的思维》或葛瑞汉、安乐哲等国际知名汉学大师的著作中。

何为关联性思维？从词源上说，correlative 源于 category，就是"种类"的意思。大体上说，关联性思维的原意就是分类，涉及的是两样或者以上的物事，在一定的规则下将之分类或者各就其位。

按葛兰言对"关联性"概念的诠释[3]：其一，"类比"是万物相互"关联"的主要方式；其二，两级性的"对照"（如阴与阳，左与右）是事物相互关联的基本形态，但绝不是西方式的绝对对立，而是彼此"对比"和"对待"；其三，相互关联的事物之间相互对比、补充或转化需要在整体的秩序和范畴之中才能实现，最通常的象征符号就是"道"。

比如，"两只黄鹂鸣翠柳，一行白鹭上青天"中，"白鹭"和"黄鹂"，或者"鹭"和"鹂"并列，这就构成了关联性思维；又如，阴和阳，生与死，不是二元，不是对立，就是关联在一起的基本形式，是互济互动，是流动的，变幻莫测的；心学与理学的互比，由心转化理，由理转化心的过程均可称作是"关联性思维"。

3 "由心及理"的关联性思维

3.1 "由心及理"关联性思维的几种形式

3.1.1 要素类比

早在南宋时期（1175 年），在信州鹅湖镇，陆象山和朱熹两位文化大咖曾经有过一段关于"心"与"理"的"鹅湖会"对话，让我们看到了人们精神世界及"教人之法"的不同层面和意境。

当我们谈到心理活动时，更多地注重对方的内心感受、内心体验、内在情绪，以及由内而外的感动、感觉、感受，就是在"走心"。如果我们给学生作心理问卷调查，统计心理活动规律，找到内在逻辑，验证某种假设，推断某个结论，却根本顾不上去问学生被试填问卷的感受，就是在"讲理"。

类比是关联性思维的主要方式，例如，对话中的慢与快，知与不知，放下与执着，肯定与不确定，现代与后现代，解构与建构，解释与解决，回答与回应，反思与反省，讲话与对话，知道与引导，主人与客人等。积极心理教练就是那种聚焦解决、寻找方案的思维模式。

3.1.2 两极性的"对照"存在

如果将两极性"对照"的关联性思维作为事件本身，那么就还要引入另外至少一种思维方式与之进行，这也是一种解决思路。例如，我们看到来访者有问题困扰，同时也看到来访者在人生中积极的一面，此时这种"聚焦问题"与"聚焦解决"关联起来看，如果没有打破平衡，我们更应该相信来访者有自行解决问题的能力，尊重来访者的意愿，而不应将"问题"强加于来访者，以自己的理论取向和价值判断为依据。

两极性"对照"关联性思维亘古有之。阴阳两仪方能生太极。天下皆知美之为美，斯恶矣；皆知善之为善，斯不善矣。故有无相生，难易相成，长短相形，高下相盈，声音相和，前后相随，恒也。

兄弟反目、夫妇吵架、邻里相斗，乃至国与国之间的争斗，如果我们的立场是处于双方之中，则必然产生是非对错的观点，而如果是处在众生的高度，处在全人类的高度，处在"道"的高度来分析问题，则是非对错就化为无形了。

3.1.3 事物内部的互动

事物之相互对比、补充或转化其实可以用系统观来解读。例如，阴阳太极图，阴在阳之内不在阳之间，更能体现出整个系统范畴内的白与黑的对比、阴少阳多的补充以及转化。该太极图能够体现整体观的思想，由"黑"与"白"构成并服从于一定秩序和范畴结构，"阴"不能离开"阳"而单独存在，同样"阳"离开了"阴"也失去了自身存在的意义，两者之间的制约和影响是内在和双向的。追求"理"多，还是追求"心"多的困惑是个体系统内各种因素相互联系、相互作用的动态结果，并随时随地动态地改变着；心理困惑也不存在绝对的好与坏、对与错和真与假的分别。

在对话中，我们自己能否深入到自己的内心，能否达到来访者的内心，能否到达他人之理，来访者的心和理的认知和感受能否通畅反馈回我们的内心，在这些因素和环节当中，后现代的理念、技术和艺术都不可或缺。

4 "聚焦解决"的探寻

4.1 关联性思维在"聚焦解决"中的探寻

4.1.1 后现代

在心理学范畴内，继精神动力、认知行为、人本学派等关联性思维不同分类的关联，到之后出现的多元文化治疗流派体现了共存、共生和整体系统性的强大关联整合，这是后现代独特的包容性。因为他关注了一个重要的话题，即植入本土文化，关注本土文化意味着助人者需要在实践中更强调理论联系实际，不可忽略来访者文化背景这一重要的环境因素。

以关联性思维来看后现代的话，现实类别是多样性的[1]，不能被零碎地认知。理解者和被理解者的事物是互动的不能分割的，所有实体都处于相对的和同时性的相互影响之中，不可能明显地分辨结果和原因，所以这就要求我们应该以"心"来尊敬来访者的"心"或他的"理"不尝试主动改变，不做专家，尊重人性，保持未知和好奇，跳出现代，相信意义是透过社交过程创造而来的。

4.1.2 保持两极性的"对照"

保持自我的"心"与客户的"心"同频，不偏不倚，在一定程度上也就是保持空性。当我们保持一种放空状态的时候，你的主观愿望、主观要求需放空。面对来访者需要放下什么呢？需要放下判断和预设，放下众多的理论和模式，当你放空了自己的主观要求的时候，你自己就腾出来了。所谓的空杯心态，你的空间大了，胸怀就宽广了，你就可以容纳更多的思想观点愿望和做法。这样你就有机会和客户享受这个过程。当然我们要保持觉察，放空并不是什么都不做，放空就是尽量做有意义的事，以不干扰对方的思考和想法为目标，否则我们的预设和任何的联想都会成为解决问题的障碍。这个层面上讲解决，可以理解为陪着客户去寻解。

4.1.3 互动合作的原则

在由心及理的关联性思维转化流动系统中，是基于黑白共存的原则，助人者也是来访者问题解决体系中的一部分，只要助人者和来访者之间有了交流和沟通，那么这个互动就会发生变化。但是，我们助人者是带着"心"而来，带着好奇欣赏的"心"去探索来访者的"理"，这就有了关系，始终探寻当事人究竟发生了什么积极的改变，因此，此刻的助人者承担的不是专家的角色，而是当事人心路历程中的一个伙伴。当然在过程中有坎坷，这就需要我们和来访者之间不断澄清自己的改变目标。

由心及理中的"及"，原意是抓住，在此可意会为抓住来访者的目标，还可引申为到达、连及等义，在此可以理解为要去的方向和目标，怎么去，走着还是跑着，同时又暗含过程取向的内涵。积极心理教练通常讲是过程专家，在过程中时刻保持专注好奇欣赏和相信，达到"浑然天成"的美妙意境，这就需要更多的淡定从容、顺应人性、顺应规律，资源取向，让客户在过程中自在自由地觉察和领悟。总是盯紧结果常常带来压力，美妙享受过程自然就有了结果。关注目标、淡化结果、追随过程、享受过程、在过程中觉察、在过程中反思、在过程中领悟，就是积极心理教练对话的寻解历程。

4.1.4 人性观原则

心来自于人，王阳明讲，心即理，心即良知，有善有恶是良知，良知包含有人性。积极心理教练秉持人性是工作的灵魂，相信每个人都希望自己很好，可以更好，有力量有智慧，每个人都是独特的等等。对来访者所持的人性观，乃为乐观积极取向，充满人性本善的展现，并持续展现着坚持以当事人为决定者的高度尊重。当然这些价值是相互关联的，彼此影响的，在会谈中应该持续被凸显和被强调。在人性观激发的同时，并不意味着弃问题于不顾，而是希望援用来访者生命的正向力量来创造面对问题的各种"可能性"，而此打开锁子的钥匙和力量的来源是来访者身上已然具备的力量。这种力量比学到的解决技术更加有魅力，能够看到来访者不平常中的事，平常生活中的美，甚至能够看到绝望中的闪光。在这里也可说成"由心及力"，力即力量、动力、自信、幸福的源泉和马达。

其实我们在看到来访者人性光辉的同时，也应该在沟通中注意自己的言行、注意自己跟别人的互动，对很多事物的影响更有助于我们去修炼自己的内心，也就是我们经常说的"塑造一个更好的自己"，也有利于我们更好地去构建一种和谐的人际关系，这可能是后现代心理学给我们带来的更大意义。所以由心及理中的心，先修己，才能清晰地照出来访者的心，这是聚焦解决的根本所在。

4.2 探寻解决

上述对于"聚焦解决"的探讨答案貌似又回到了无穷尽的穷其理，理不清剪不断。然而王阳明认为，心的本体就是性，性由理所赋予，所以性的本体就是天理，人性就是天理，人道即天道。只有穷尽自己的本心，恪尽私欲，明了人性，才能知晓万事万物的理，亦可通彻天理，任何问题也就彻底解决了。但往往我们为什么还会动怒、不满、伤心呢？因为私欲与天理紧密相连，私欲的根也是天理。从天理与私欲的角度来说，天理已经不再是天理。从心照万物的角度来说，欲望已经留在了镜子上，镜子已然照不清事情的本来面目了。王阳明给出了多种办法，立圣人之志，为善改过，不假外求，复知行本体，须在事上磨炼等。

由心及里关联性思维重要的特点是包容性、平衡性、整体性和动态性，以形成动态平衡的思维架构对聚焦解决具有重要的启发意义。在对立冲突中，在整体平衡中，在动态调节中才能使积极心理教练的聚焦解决保持竞争优势。

参考文献

[1] 杨家正.《迎刃而解》[M]. 北京：清华大学出版社，2016.

[2] 余佳. 关联性思维的最基本形式——阴阳对偶 [J]. 华东师范大学学报（哲学社会科学版），2011（1）.

[3] 曾海波. 中国传统文化的关联式思维在合作对话中的应用. 2020-5-9，网络课程.

浅谈积极心理学在学校教育实践的应用

胡志俊

1 前言

积极教育是一种以积极心理学为基础的教育方法，它强调利用个体的优势和潜能来促进个人的成长和发展。在儿童和青少年的发展过程中，积极教育可以发挥重要作用，帮助他们建立积极的人生观和价值观，提高他们的幸福感和生活满意度，增强他们的社会能力和适应能力。

积极教育与儿童和青少年心理健康教育的结合是一种全面促进儿童和青少年发展的教育模式。这种模式强调培养儿童和青少年的积极心理品质，如乐观、感恩、韧性和社会技能，以促进他们的整体发展。本文将依托学校教育的实际案例对积极心理学在学校教育实践的效果进行探讨与展示。

2 积极心理学的评估与实践

积极心理学是心理学领域的一场革命，它强调从积极的角度研究人类的心理现象，与传统心理学关注的问题、病理和修复损伤的焦点不同，积极心理学更关注人类的优势、力量和潜能。这一领域的开创者之一，马丁·塞利格曼（Martin E. P. Seligman）将其定义为一门应用科学，旨在揭示人类的优势并促进其技能的发展。

2.1 评估积极心理学在学校教育实践效果的指标

评估积极心理学在中国学校教育实践的效果通常涉及多个层面，包括学生的心理健康、幸福感、学业成绩、社交能力等方面的改变。以下是作者认为对对于学校教育行之有效的评估方法和指标。

1. 心理健康指标：通过心理健康量表，如抑郁量表、焦虑量表、压力量表等，来评估学生在实践积极心理学前后的心理健康状况。这些量表可以帮助了解学生的情绪状态和心理适应能力。

2. 幸福感指数：使用幸福感量表，如主观幸福感量表（SWLS）、PERMA 模型中的积极情绪量表等，来衡量学生的幸福感水平。这些量表可以反映学生的积极情绪体验和对个人生活的满意度。

3. 学业成绩：通过学生的考试成绩、学习进步和教师评价来评估积极心理学实践对学生学业成绩的影响。可以比较实践前后的成绩变化，以及学生在课堂上的参与度和学习表现。

4. 社交能力和人际关系：通过社交技能量表和同伴评价来评估学生的社交能力和人际关系的改善。这些评估可以帮助了解学生在团队合作、沟通交流和建立积极人际关系方面的进步。

5. 品格优势和美德：通过品格优势和美德量表来评估学生在积极心理学实践中品格发展的情况。这些量表可以反映学生在诚实、勇气、感恩等积极品质上的表现。

6. 教师和家长的反馈：收集教师和家长的反馈，了解他们对学生在积极心理学实践后变化的观察。这些反馈可以提供关于学生行为、态度和情绪状态的额外信息。

7. 学生自我报告：让学生自我报告他们在积极心理学实践后的体验和感受。可以通过问卷调查、访谈或日记的形式进行。

8. 长期追踪研究：进行长期追踪研究，以评估积极心理学实践对学生未来心理健康、职业发展和社会适应的长期影响。

9. 案例研究：通过深入分析个别学生或学校的案例，了解积极心理学实践的具体效果和实施过程中的挑战。

10. 综合评估模型：结合上述多种评估方法，构建一个综合评估模型，以全面评估积极心理学在中国学校教育实践的效果。

通过这些评估方法，教育工作者和研究人员可以更准确地了解积极心理学实践在提升学生心理健康、幸福感和学业成绩方面的有效性，并据此调整和优化实践策略。

2.2 积极心理学在学校教育中的实践体现

随着教育界对学生综合素质发展的注重，以及教育工作者对于心理学知识的学习与研究，积极心理学也不断地在学校教育中进行实践，目前主要体现在以下几个方面。

1. 积极体验的培养：积极心理学强调通过积极体验来提升个体的幸福感和生活满意度。在中国的学校教育中，通常通过开展各种积极心理学相关的课程和活动来实现，如幸福心理学课程、积极心理健康教育等，旨在帮助学生体验和增强积极情绪。

2. 积极人格特质的培养：积极心理学认为个体的积极人格特质，如乐观、感恩、韧性等，对于个体的心理健康和幸福感具有重要影响。在中国的学校教育实践中，通过心理健康教育和品格教育等方式，培养学生的积极特质。

3. 积极的社会组织系统：积极心理学还强调建立积极的社会组织系统，包括家庭、学校和社会的协同合作。在中国，这通常意味着学校、家庭和社区共同努力，为学生提供支持性的学习和成长环境。

4. 教师的积极发展：教师在积极教育中扮演着重要角色。在中国的学校教育实践中，教师的专业发展和培训也被纳入到积极心理学的框架中，以提升他们的同理心和积极教学策略。

5. 积极教育的系统实践：如澳大利亚吉朗文法学校的积极教育实践，中国的一些学校也开始尝试将积极心理学的原理全面融入学校教育的各个环节，以构建全面的积极教育应用框架。

6. 心理健康教育的改进：积极心理学的引入也改进了中国的心理健康教育方法，通过家校合作，共同进行积极心理健康教育，以及将积极心理品质的培养全面渗透到学校教育中。

7. 积极教育的本土化尝试：中国的教育工作者和研究者也在尝试将积极心理学与中国文化传统相结合，设计出符合本土文化的积极教育实践项目。

这些实践表明，积极心理学在我国学校教育中的应用正逐渐深入，旨在通过全面的教育改革，促进学生的全面发展和幸福感的提升。

2.3 积极心理学在学校教育中的实践效果案例

苏霍姆林斯基说："培养人，首先要了解他的心灵，看到并感觉到他的个人世界。"走进孩子们的心灵，让教育成为一种双向的奔赴，是众多教育工作者一直探索追求的目标，更是积极心理学在潜移默化中渗透的力量。作者作为一线教师也是一名班主任，在班级管理中始终坚信"坚定而温柔"最能给孩子教育的力量。事实证明，在班级的孩子出现问题时，对孩子适时进行心理疏导并应用积极心理学的知识与孩子交流，往往事半功倍。在此以作者班级一个实际案例分析积极心理学在学校教育中的实践效果。

我们班有个同学叫乐乐，在班级里是出了名的"斤斤计较"。午间游戏，时常会听到他说"某某你不守规则！""某某你为什么救别人，不救我？""某某凭什么让我下场？"……体育课回来，要是看到满头大汗的他们一个个嘟着嘴的话，肯定就是又有同学因为乐乐的一些话语或者举动闹矛盾了……长此以往，孩子们都不爱跟他玩了。因为这个原因我特意找了乐乐谈话，但是我发现他满脸写着"不服"二字，他在心里认为全班甚至全世界都针对他，而他一点错误没有。在与他的谈话中，我告诉他要自己分析问题，如果内心有答案了，可以主动找我聊。可想而知，我没等到他的主动。

后来，有次课间，乐乐在班级跑跳，不小心碰倒了同学的水杯。他的第一反应却是："不是我，我就从旁边走过去了，我没碰到水杯！"这时全班同学都出来"做证"，只有他一个人经过同学的桌子，再看乐乐的脸，又是写满气愤与委屈，还大喊："我只是碰了桌子，并没有碰水杯！"此时，在我的心里第一反应就是这个孩子的心理出现了问题，他不懂得如何去承担错误。

积极心理学创始人之一马丁·塞利格曼教授有一个有趣的说法：如果把人的心理状态分成正负值的话，有心理问题的人可以是-1、-2或者-6、-8，通过心理治疗，包括咨询或者吃药，勉强恢复到了0的状态，但更多人处于+1、+2的状态，尤其是我们的孩子，天生就是积极快乐的，但为什么上了小学、中学以后就越来越不快乐了呢？这是我们值得思考的问题，就像是我所讲的案例，乐乐为什么习惯性指责别人？习惯性推卸责任？

马丁·塞利格曼在教育心理学里面有一个经典理论——习得无助，用来解释孩子受到挫折打击之后学习无助的现象。他发现既然无助感是习得的，那么反过来积极乐观也是可以习得的，于是从"习得无助"的研究就到了"习得乐观"的研究，这也是积极心理学的研究由来。就像中医的"治未病"一样，提前给孩子们注射积极心理的疫苗，在心理疾病发生之前，就让孩子们有对抗挫折、压力和打击的能力。

所以再面对乐乐，我及时对他进行了心理疏导，并告诉他如何让大家相信他是积极阳光的孩子，如何得到大家的认可。有一次，乐乐的同桌桌底下有纸张碎屑，我说："某某快捡一下。"当时这个孩子一时没反应过来，可乐乐却马上放下手里的笔，弯腰捡起来了！我冲他点了点头，笑了笑。还有一次，在食堂吃饭，他不小心把汤洒了，这要是往常，乐乐一定会悄悄走掉，但是这次他却去找食堂阿姨借了拖把，处理干净之后才离开食堂，当时我马上表扬了他。后来有次班会上，我把这些小事情拿出来和孩子们说，孩子们纷纷给乐乐鼓掌，此时我看到了乐乐脸上绽放的笑容。自此之后他变得更加开朗，同学们告状的情况也越来越少。

这就是积极教育，它主要强调培养儿童和青少年的积极心理品质和社会技能，如乐观、感恩、韧性等，以促进他们的全面发展。

3　结语

本文首先介绍了积极心理学的定义及评估积极心理学在学校教育实践效果的指标，接着对积极心理学在学校教育中的实践体现做了简要综述，最后对积极心理学在学校教育中的实践效果进行案例分析。

总之，积极心理学视野下的学校教育，亦即积极教育，强调通过营造积极的教育生态，促成学校、家庭、班级、老师、学生间相互关系的积极建构，并最终形成有助于学生蓬勃发展的教育系统。显而易见，积极心理学在我国学校中有着广阔的应用空间。国内外学者和实践者对这一领域的兴趣越来越浓厚，这方面的学术积累和实践经验，也将更大程度地促进本领域的更快发展。

由此而来的积极学校管理学与积极学校领导学，将使教育管理者成为更有效能的领导者；相应而生的积极德育和积极班主任工作，会使德育教师和班主任的工作更加入脑入心；因此而变的课堂将促成更为积极的师生关系以及学生与知识、技能的关系，使学生更富学习力，进而也会推动形成积极的家园、家校关系，以及更为积极的亲子关系，从而营造出积极家庭教育乃至积极家风的氛围。循着这样的趋势，教育将更加人性化，也将更好承担起培育英才、启智解困及教化众生之使命。

我们有理由相信，在尝试解决当前教育困境、真正实现教育目标的过程中，积极心理学与积极教育将为人类提供更具正能量、更具整合性，特别是更具人本主义特点的解决尝试方法。积极心理学为教育带来的希望种子必将在中国教育实践的沃土上茁壮成长。

参考文献

[1] 杨宏飞. 心理咨询效果评价的组织和概念图式简介 [J]. 心理科学，2002.

[2] 乔·博勒. 成长性思维至关重要 [J]. 上海教育，2024（35）：20-21.

[3] 郑兰. 积极心理学在小学心理健康教育中的应用研究 [D]. 南京：南京师范大学，2011.

[4] 蔡伟林. 中小学生积极心理品质与学校心理健康教育的相关研究 [J]. 吉首大学学报（社会科学版），2014.

运用积极心理学原理
优化儿童和青少年发展教育策略的研究

黄海霞

1 前言

随着现代社会的发展，儿童和青少年面临着愈发复杂的成长环境，他们的心理发展与健康成长已成为社会关注的焦点。在这一背景下，如何优化发展教育策略，更有效地促进他们的全面发展，显得尤为迫切。积极心理学作为近年来兴起的学科领域，为我们提供了全新的视角和理念，强调关注个体的积极特质与力量，通过积极体验和行为来推动个人成长。

本研究旨在深入探讨积极心理学原理在优化儿童和青少年发展教育策略中的应用。通过梳理相关理论和实证研究，我们期望揭示积极心理学如何提升儿童和青少年的自尊、自信及抗挫能力，进而促进他们的全面发展。此外，我们还将关注如何将积极心理学的理念和方法融入日常教育实践，以创造更加积极、健康的成长环境。

2 积极心理学的应用

2.1 积极心理学原理概述

2.1.1 积极心理学的核心概念和原理

积极心理学倡导关注并培养个体的积极品质与体验，以促进个人的全面发展和幸福感的提升。它强调积极情绪的力量，如乐观、喜悦与满足，这些情绪能够拓宽思维，增强创造力，提升生活满意度。同时，积极心理学关注个体的积极特质，如坚韧不拔、自信与善良，这些特质有助于我们更好地应对生活中的挑战。此外，积极的人际关系也是其重要内容，通过建立和谐的人际关系，我们可以获得情感支持，增强社会适应能力。

2.1.2 积极心理学在教育领域的适用性

积极心理学在教育领域的适用性广泛而深远。它倡导的教育理念强调培养学生的积极情绪、特质和社会关系，从而促进其全面发展。通过积极心理学的引导，教师可以帮助学生建立积极的学习态度和自我认知，激发学生的学习热情和创造力。此外，积极心理学还为教育者提供了一种关注个体内在优势的新视角，使他们能更准确地评估学生的潜能和需求，为学生提供更具个性化的教育支持。在实践中，积极心理学的原理与方法已经被广泛应用于课程设计、课堂教学、心理辅导等多个环节，取得了显著的教育效果。因此，积极心理学不仅有助于提升学生的学业成绩，更能够促进他们身心健康和幸福感的提升，实现教育的真正价值。

2.2 积极心理学原理在教育中的应用

2.2.1 积极情绪的培养

积极情绪对于个体的发展具有深远的影响。在教育实践中，教师可以通过多种方式培养学生的积极情绪。首先，创造积极、和谐的学习环境是至关重要的。教师可以通过设计富有创意和趣味性的教学活动，吸引学生的注意力，激发他们的学习兴趣。此外，及时的表扬和鼓励也是培养学生积极情绪的有效手段。当学生取得进步或表现出色时，教师应及时给予正面的反馈，以增强他们的自信心和成就感。

除了教师的努力外，家长和社会也应在培养孩子积极情绪方面发挥重要作用。家长应关注孩子的情感需求，与他们建立亲密的关系，给予他们足够的关爱和支持。社会则应营造积极向上的文化氛围，传播正能量，为儿童和青少年的健康成长提供有力的支持。

2.2.2 积极人格特质的培养

积极心理学认为，积极的人格特质如乐观、坚韧、自律等对于个体的成功至关重要。在教育过程中，教师应注重培养学生的积极人格特质。例如，教师可以通过组织具有挑战性的活动来锻炼学生的意志力和抗挫能力，使他们学会面对困难和挑战时保持积极的心态。同时，教师还可以引导学生参与团队合作和公益活动，培养他们的协作精神和社会责任感。

此外，教师还应关注学生的个体差异，因材施教。每个学生的性格、兴趣和能力都有所不同，教师应根据他们的特点制定个性化的教育方案，帮助他们充分发挥自己的潜能和优势。

2.2.3 积极社会关系的建立

积极的社会关系对于儿童和青少年的心理健康和社会适应能力具有重要意义。在教育实践中，教师应努力为学生营造温馨、友好的班级氛围，让他们感受到集体的温暖和归属感。同时，教师还应鼓励学生积极参与校园文化和社区活动，拓宽他们的社交圈子，增强他们的社会适应能力。

此外，家校合作也是建立积极社会关系的重要途径。家长和教师应保持密切的沟通与合作，共同关注孩子的成长和发展。通过定期举办家长会、开展亲子活动等方式，增进家长与教师之间的了解与信任，形成教育合力，共同促进孩子的健康成长。

2.3 优化儿童和青少年发展教育策略的具体措施

为了将积极心理学原理更好地融入儿童和青少年发展教育中，我们提出以下具体措施。

2.3.1 加强教师培训，提高积极心理学素养

为优化儿童和青少年发展教育策略，加强教师培训，提高教师积极心理学素养至关重要。首先，应定期组织教师参加积极心理学专题培训，深入理解其核心理念，掌握实践技巧。同时，鼓励教师将积极心理学原理融入日常教学，通过课程设计、教学方法创新等方式，营造积极的学习氛围。此外，建立教师交流平台，分享积极心理学在教育实践中的应用经验，促进教师间的相互学习与成长。通过这些措施，不仅能提升教师的积极心理学素养，更能助力他们更好地关注学生的全面发展，激发学生的潜能，培养积极向上、乐观坚韧的品质；同时，也有助于形成更加和谐、积极的教育环境，为儿童和青少年的健康成长奠定坚实基础。

2.3.2 建立多元化的评价体系

在优化儿童和青少年发展教育策略的具体措施中，建立多元化的评价体系尤为关键。传统以分数为唯一标准的评价方式已无法全面反映学生的能力和潜力。因此，我们需要

构建涵盖学业成绩、技能发展、情感态度、社交能力等多维度的评价体系。通过定期的观察记录、作品展示、实践活动等方式，收集学生的表现数据，进行综合评价。同时，鼓励学生自我评价和同伴评价，培养他们的自我认知能力和合作精神。这样的多元化评价体系不仅能更准确地反映学生的真实水平，也能为他们提供更全面的发展指导，激发他们的学习兴趣和动力。通过实施这一措施，我们可以为儿童和青少年的全面发展创造更加公平、科学的教育环境。

3 结语

通过本研究的深入探讨和实证研究，我们深刻认识到积极心理学原理在儿童和青少年发展教育中的重要性和有效性。将理论与实践相结合，优化教育策略，不仅有助于提升学生的学业成绩，更能促进他们的全面发展。

同时，我们也应认识到，优化教育策略是一个长期而复杂的过程，需要教育者、家长和社会的共同努力。未来，我们将继续深化对积极心理学原理的研究，探索更多有效的教育方法和手段，为儿童和青少年的健康成长贡献更多的力量。同时，我们也期待更多的教育工作者和家长能够关注并积极参与到这一过程中来，共同为孩子们创造更加美好的未来。

参考文献

［1］胡轶男．在班级文化建设中渗透心理健康教育［J］．考试与评价，2021（2）：106．
［2］赵天霞．积极心理学视域下的德育工作开展方法研究［J］．考试周刊，2021（97）：19-21．
［3］买慧君．积极心理学视域下的小学德育管理工作［J］．新课程研究，2020（25）：90-91．
［4］J M 索里，C W 特尔福德．教育心理学［M］．北京：人民教育出版社，1983.
［5］戈登·克罗斯，李维，等．学习心理学［M］．贵阳：贵州人民出版社，1984.

积极心理学视角下的中小学校园霸凌预防策略研究

李卫飞

1 前言

2022年3月广西贺州一高中女生因不堪校园欺凌跳河自杀；同年4月，安徽灵璧一初中生因校园欺凌致死；一波未平一波又起，就在2024年3月，河北邯郸三名初中生杀害同学埋尸并转走了受害者的微信余额。校园暴力冲击着神圣洁净的象牙塔。通常，发生在中小学的校园霸凌具有力量不均衡性、重复发生性和故意伤害性特点（程淑华、于童，2018），身体、语言、社交、网络、性霸凌是其主要表现，校园霸凌不仅影响受害者的身心健康，也对施暴者乃至整个校园环境造成负面影响。随着短视频和直播平台的传播，其负面影响不可估量（张悦歆，2022）。轻则影响学生全面发展，重则严重威胁学生生命健康。

预防和干预校园霸凌成为教育工作的重要内容，积极心理学强调挖掘人的潜能，提升内在力量（马晓羽、葛鲁嘉，2017），对于预防校园霸凌具有重要的指导意义。本论文旨在探索如何将积极心理学的理论与实践融入校园霸凌的预防工作，从而营造和谐、友善、尊重的校园氛围。

2 积极心理学与校园霸凌预防的理论关联

积极心理学作为一门研究人类优点、潜能、积极情绪、积极人格特质以及能带来幸福感和有意义的生活实践的心理学分支，其核心概念中包含了积极情绪、乐观主义、流畅体验、幸福感、积极人格特质、个人优势与美德等。

中小学校园霸凌现象频发因素包括主、客观两个方面，具体包括其家庭结构、家庭社会经济地位、父母教养方式，个性特征如性别、外貌形象、体质状况等、校园环境、同伴关系等主客观因素（于阳、史晓前，2019），客观因素直接影响主观选择，影响着霸凌与被霸凌者初始阶段时的抉择，即沉默、反抗、寻求帮助。积极心理学的核心概念及其在校园霸凌预防中的适用性，如自我效能感、情绪智力发展、班级团队建设等在预防校园霸凌现象中起到较好的适用性，其关系如图1所示。

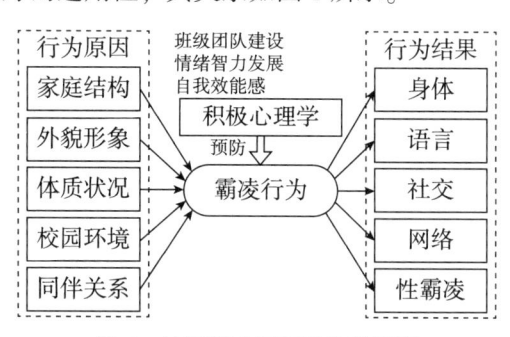

图1 校园霸凌诱因及结果干预

3 积极心理学视角下的校园霸凌预防策略

中小学校园霸凌产生的原因，主要来自家庭、学校两个方面。

3.1 家庭教育功能缺失

据调查北京中小学学生家庭结构90%以上为双收入家庭。多数家庭中父母每天疲于工作，学生在青少年时期未得到父母应有的正面关注，且他们的父母对其学习过程关注较少，而对学习结果（学习成绩）关注更多，学生每天在学校发生的事件鲜有与父母主动沟通，而父母也会忽视学生每天的具体表现。正是由于缺少了父母的积极关注和有效引导，学生心理逐渐产生如固执、焦虑等情绪。当霸凌现象发生时，青少年学生极有可能产生扭曲、偏激等心理问题（徐柱柱，郭丛斌，2020）。

正是处于该种情绪价值中，霸凌者甚至以虐待凌辱同学为乐，逞凶斗狠，吸引家长注意。而被霸凌学生由于缺乏来自家庭的引导、支持，导致长期无法摆脱自己的困境。因此亟须开设积极心理教育课程，如情绪管理、人际交往技巧等，鼓励学生表达和分享正面情绪，帮助学生学会调控负面情绪，避免因情绪失控而引发的霸凌行为，引导学生学会用积极的方式来应对和解决冲突（朱焱龙，2018）。同时，构建积极校园文化，营造尊重、包容、和谐的校园氛围，让每个孩子都能感受到被接纳和尊重，降低霸凌行为发生的可能性。此外，更重要的是家庭与学校联动，家长与教师共同参与，运用积极心理学的理念，帮助孩子树立正确的价值观，提高抗压能力和心理韧性，父母应意识到良好亲子关系的重要性（张子豪，2018）。

3.2 忽视学生心理需求

几乎所有校园霸凌的初次发生地都在校园里，因此学校应在预防校园霸凌中承担主要责任，"一个国家的强盛，是在小学教师的讲台上完成的。教育，是最廉价的国防"，近年来，随着国家和教育部门对课堂思政的重视，非思政类课程同样以润物无声的方式担任着引导、教育学生心理健康的责任，对于学生的心理波动，任何一门课的任课老师都应采取积极主动的预防措施（何树彬，2022）。

尽管每个学校都已经设立了心理健康、德育课程，然而这些课程的真正价值发挥不足，一方面家长、学生、教师的重视程度不够，另一方面，与学校片面地追求"正课"成绩提升极大相关。在作者调查的部分学校里面，竟有德育课教师代课心理健康课，学校层面、年级层面极大忽视正在建立"三观"的青少年的心理需求（李朝宝，2018）。此外部分学校、教师面对被欺凌者的哭诉，往往采取大事化小、小事化了的态度，当事件发生时简单化处理，私下秘密解决，欺凌者未受到严厉教育，被欺凌者未得到有效安抚，旁观者习以为常，三者均未得到正确引导教育，校园霸凌文化逐渐养成。学校要正视问题，要积极处理，任何躲避、忽视或者消极应对都是错误的，不仅可能违法，也是对欺凌的纵容甚至鼓励。

因此学校在面对霸凌现象时，应一手抓治，一手抓防，一手抓保。

治：在2020年12月通过的《刑法修正案（十一）》中，已经将刑事责任年龄从14周岁降至12周岁，充分表明了防治青少年犯罪的严峻性，年龄不是罪恶的保护伞，更不能让部分处于校园霸凌边缘的青少年存在"反正我还小，犯错了也不会受到严重惩罚"的错误认知。学校应是对霸凌者实施"惩戒"的第一人，塑造以尊重、包容、公平为核心的校园文化，让每一个学生感受到自己在集体中的价值，从而消除校园霸凌发生的土壤。对霸凌者的治既要有威慑，还要正确引导，要让霸凌者感受到自己行为的危害性和难以承担的后果，对霸凌者的惩罚具有一定的反面示范效应，且随着自媒体的传播，一些处于霸凌边缘的青少年以此为戒，停止对受害者的霸凌行为。学校应重视心理课程的重要性，制定全面的心理健康教育课程，注重学生个体的品格培养与情感教育。定期开展反霸凌的主题活动，强化师生、家长对此问题的认识和应对策略。加强家校联动，共同打造无霸凌的安全成长环境。

防：惠平、张净（2021）总结了容易被霸凌的青少年特点。身体素质差，没有拿得出手的体育技能；学习成绩较差，与老师沟通较少；性格孤僻朋友少；出身普通，缺少一定的自信和社会支持。学校要更加重视心理课程建设，不要空话大话，不要死记硬背，要春风化雨，动之以情晓之以理，要用温度打动和感动孩子的心，培养学生的安全意识和自我保护能力，提高教师预防和应对校园欺凌的能力。通过识别并培养学生的个人优势，增强他们的自我效能感和自尊心，使他们具备抵抗霸凌的能力，同时也能降低成为霸凌者的可能性。通过专门的课程或者专题讲座，让学生了解校园欺凌的危害，培养反欺凌意识，学会保护自己。老师要以鲜活的案例和生动的方式告诉学生，在遇到欺凌时，怎么做会是更好的应对。比如，直视对方眼睛，告诉对方这是不对的；逃离现场，及时告诉老师或父母；和信任的同学结伴同行，与欺负过你的人保持距离等。

此外，学校可根据本校实际情况设置预防校园欺凌专职岗位，建立积极的学校规定，明确具体的行为准则和奖惩措施，开展教师培训和家长培训，增强家长识别以及帮助孩子应对校园欺凌的能力。

保：严重的霸凌发生有一定的过程，初次发生霸凌时，多数情况下，旁观者是见证的第一人，因此旁观者举报在揭发霸凌现象中起着重要作用。

惩治校园霸凌，举报者敢于掀开校园"隐秘的角落"，站出来揭露校园霸凌行为是非常值得赞扬和鼓励的，教师和学校应确保在此过程中的信息保密和核实工作，不泄露举报人的身份信息。还应匿名公开或私下表扬举报人的正义、担当，树立正面典型。同样地，旁观者同时也是受害者，学校应及时提供心理辅导，使其明白自己的行为是正确的，消除其可能产生的内疚感和担忧，同时教会他面对可能出现的压力和挑战。如有必要，及时调整班内座位布局和上下学路线，避免其受到潜在威胁。教师应与举报人家长及时沟通，告知学生家长孩子的正义之举，取得家长的理解和支持，家校共同为孩子创造安全、友好的成长环境。

4　结语

对待校园霸凌，不能等出了严重的刑事责任，甚至是出了命案再重视，小恶不惩，终酿大祸。积极心理学为预防校园霸凌提供了全新的思路和方法，强调在关注问题的同时，更要发掘和培育学生的积极品质，只有充分调动学生的内在积极性，激发他们的潜能，才能真正实现从源头上防止校园霸凌，构建一个安全、健康、友爱的校园环境。

基于积极心理学视角下的小学英语潜能生转化策略

李　凤

1　前言

积极心理学是一门研究人的潜能与积极品质，关注人类幸福与和谐发展的学科。它主张以积极的情绪体验，积极人格的培养激发人内在的积极性，从而体验生活的美好。积极心理学与教育教学的融合体现在我们可以运用人的积极心理因素促进人的全面发展。英语课程标准在情感态度目标中指出，保持积极的学习态度是英语学习成功的关键。

小学生正处在"勤奋对自卑阶段"。勤奋对自卑阶段为从事学前教育的美国心理学家 E·埃里克森提出的个体心理社会性发展的第四阶段（6~12岁）。这个阶段的主要任务是培养儿童获得勤奋感而避免自卑。因此，教师应在日常教学中运用积极心理学原理，激发潜能生学习兴趣，引导他们树立自信心，形成健康向上的品质，使其能够积极地投入英语学习，从而充分发挥英语学习潜能，提升英语核心素养。

2　小学英语潜能生成因分析

《中国小学生积极心理品质量表》由孟万金等国内研究团队研制。该量表主要涉及认知、情感、意志、律己、利群、超越六大维度，涵盖了13项积极心理品质，如创造力、求知力、爱、执着、谦虚、理想等。根据此量表，可从以下五个维度分析小学英语潜能生的成因。

1. 认知维度。第一，潜能生普遍不善于独立思考，在学习中缺乏好奇心，创造性不强。第二，归因不合理，他们倾向将成绩差归因于自己的智力因素和学科难度大等，由此产生的自卑感与习得性无助阻碍其进步。第三，他们大多英语基础薄弱，英语学习时兴趣不足，目标不明，方法不当，导致其不能较好地理解并运用知识，英语成绩长期不理想，从而产生强烈的自卑感。

2. 情感维度。第一，家庭关系不和谐。大多潜能生的父母对孩子陪伴少、赞扬少、打骂多，将其与其他孩子做比较等。这些行为都会使孩子在家庭中感受不到爱，变得冷漠和消极。第二，师生关系不和谐。教师更关注优等生，而忽视成绩较差的学生，甚至因其拉低班级平均分而责怪他们，导致其自尊心受挫，更加抵触英语学习。

3. 意志维度。第一，潜能生普遍缺乏英语学习的动力与热情。第二，英语学习的坚持性差，存在畏难情绪。第三，他们意志薄弱，经不起诱惑，易受不良社会风气误导，形成不良嗜好，严重影响正常的生活和学习。

4. 律己维度。第一，他们英语学习态度不端正，常常敷衍了事，马马虎虎。第二，自律性与自控力差，缺乏英语学习的主动性，且无法精力集中地听讲与完成学习任务，英语课上经常做小动作。第三，由于缺乏自信，他们不敢直面自己英语学习中的问题，因担心自己被同学嘲笑而不敢提问。

5. 超越维度。第一，他们没有明确的英语学习目标，没有意识到英语学习在提升语言能力与素养、促进个人发展上的重要作用；第二，因为长期成绩不理想、表现不理想，他们对自我失去希望，甚至自暴自弃，形成恶性循环，成绩越来越差，自卑心理越来越重。

3 基于积极心理学视角的英语潜能生转化策略

3.1 巧用"依恋理论"，营造良好的师生关系

积极心理学的依恋理论是一种关于人际关系和情感连接的心理理论，最早由约翰·鲍尔比（John Bowlby）提出。该理论强调了早期的亲子关系对个体情感形成和发展的重要性。《中小学教师职业道德规范》指出教师的重要职责之一就是关爱学生。因此在英语教学中，教师可以利用依恋理论对英语潜能生给予关注和尊重并进行积极评价。良好的师生、生生和家庭关系可以促进英语潜能生的转化。作为英语教师如何体现对学生的关爱呢？第一，关爱在课堂。课上教师要多提问潜能生，尽量将他们不会的问题在课堂40分钟内解决。教师要充分关注潜能生的课堂表现，可以向他们提问难度较低的问题，让他们充分展示自己，答对后给予其肯定与鼓励；若他们回答不准确，也要避免直接否定的评价。比如学习第三人称单数时，潜能生说"She go to school."教师可以直接说出正确句型"She goes to school."教师要间接提醒引导学生重复正确句型，不要直接否定，维护其自尊心。同时，教师还应经常对班级全体学生进行积极的思想教育：成绩不是评价学生的唯一标准，全班同学是一个 Team（团队），我们的目标是全班共同成长与进步，不让一个同学掉队。教师要引导学生们去帮助潜能生而不是嘲笑他们。第二，关爱在课下。教师应及时主动地关注潜能生们的英语学习情况，通过观察与沟通了解他们的问题与困难。教师利用课余时间给潜能生补课并和家长沟通孩子的学习表现，使其真正感受到教师的关怀。教师在维护他们自尊心的同时督促其上进，有利于其走出学习困境。鼓励能使学生怀着愉悦的心情努力学习，而嘲讽只会让他们在英语学习上的表现越来越糟糕。

3.2 运用"罗森塔尔效应"，提高期待，增强学生学习动力

罗森塔尔效应指的是当一个人得到别人的高期望时，他会表现得更好。教师的暗示

与期待在无形中影响着学生的学习态度和自我概念的形成。华东师范大学胡东芳教授认为，教师不应以成人的角度和标准对学生进行静态评价，要看到学生的可能性。在小学阶段，潜能生很容易因成绩等原因自我否定，此时，教师要帮助他们发现自身优点，引导他们客观全面地进行自我评价。英语教师应为潜能生提供更多展示自我的机会。课上可多组织小组活动，还可在教授课本知识的同时进行情感、态度、价值观的渗透。比如，作者在教北京版小学英语五年级下册 Unit6 的 "What will you do in the future?" 一课中让学生谈论自己未来的职业，教师让学生写出自己未来的理想职业，并鼓励学生只要努力学习一定可以实现自己的理想。

3.3 利用归因理论，增强学生自我效能感

潜能生常把英语考试的失败归因于自身能力不足、运气不佳等不可控因素，形成英语学习的"习得性无助"，因此他们很容易自暴自弃。基于此，对于学习努力但成绩不佳的学生，教师要对其努力进行肯定和赞扬，同时引导其分析是否是学习方法的原因导致学习效率低。这样做既保护了潜能生的自尊，使其积极地看待自我能力，又激发了他们的学习动机。把时间还给学生，积极归因激发学生主动探究学习。培养积极的学习态度，独立思考、解决问题的能力有利于学生的成长。在有限的课堂时间里要提倡教师少说，让学生多说多练。比如，作者所教的是本年级成绩垫底的班级，班级中有很多潜能生，作者在对全班归因成绩差的原因时引导学生发现是由于他们的纪律太差导致，学习效率太低，并制定下次年级第三的目标。总之，教师要在平时教育教学中引导学生们学会积极地归因，从而更主动地去学习。

3.4 创情境，教方法，增动机

课堂活动是提升学生英语核心素养的主要途径。教师要让学生积极主动地参与课堂，就要给学生更多积极的情绪体验。积极的情绪体验有利于形成创造性思维，促进个人发展。积极心理学在教育中的运用就是要让学生在英语学习中找到成就感和幸福感。第一，激发兴趣，转化动机。布卢姆说："学习的最大动力，是对学习材料的兴趣。"兴趣会使潜能生内化英语学习动机，产生认知内驱力，学习由他律转为自律。教师应了解学生心理，设计贴近他们生活的有趣的英语情境，在情境中组织学生进行学习，吸引潜能生主动参与其中。这些活动和个性化任务，会使潜能生发现英语学习的乐趣，对英语的抵触心理慢慢消减，从而促进英语学习"沉浸式体验"的形成。第二，引导学生掌握高效的学习方法。教师的引导与帮助是基础，学生学会自主学习才能真正进步。教师要引导潜能生寻找合适的英语学习方法，帮助其养成良好的学习习惯，提高英语学习能力。

4 结语

英语的学习是日积月累、循序渐进的过程。这个过程不仅需要教师的耐心，也需要学生的自信和勤奋。潜能生身上已有的自卑感和懒惰不可能在短时间内解决，在此期间肯定会伴随着学生错误的反复、自我的矛盾，甚至师生情绪的崩溃。同时，由于潜能生的情况千差万别，教师要积极关注和付出，对症下药，因势利导，切轻易失望与放弃，要有迎难而上的精神，把学生的发展与成长作为教育目标而不懈奋斗。

参考文献

[1] 陈红. 小学数学教学中渗透积极心理品质培养的研究提名 [D]. 扬州：扬州大学，2017：13.
[2] 程湘楠，王文. 提高初中英语课堂参与度的策略研究 [J]. 湖北师范大学学报（哲学社会科

学版），2020（1）：146-148.

残疾人就业创业困境及构建积极心理品质促进就业的思考
——基于2023年北京市朝阳区残疾人就业创业调研分析报告

周迎春① 李 多

（北京市朝阳区残疾人联合会，北京 100020
北京市朝阳区曙光残疾人就业服务中心，北京 100020）

1 前言

就业是残疾人参与社会活动，实现自身价值的重要途径，残疾人就业情况关乎社会和谐稳定，积极促进残疾人就业是我国残疾人事业发展的重要内容。在解决残疾人就业的问题上，我国形成了较为完善的政策扶持体系，在政府主导下，部门联动，通过"访企拓岗""党政机关、企事业单位带头安置残疾人"等措施，扩大残疾人就业机会和范围，通过不同形式和渠道帮助残疾人实现就业，提高了家庭经济收入，解决了很多基本生活问题和社会问题。但也应看到，随着产业转型升级加速，工业化和信息化、先进制造业和现代服务业融合发展进程加速，新旧动能接续转换，残疾人就业形势发生了复杂的变化。本文基于2023年北京市朝阳区就业创业调研分析报告的相关数据，分析朝阳区残疾人就业创业现状，探讨制约残疾人就业的各类因素，提出构建残疾人的积极心理品质从而促进就业的建议。

2 北京市朝阳区残疾人就业创业现状

2023年9—10月，北京市朝阳区残联对辖区内362名残疾人就业创业状况进行了调研，调研主要采取问卷调查和一对一访谈的方式。调查对象为就业年龄段内有就业意愿、有劳动能力的残疾人，他们在2020—2022年曾以求职者的身份，接受过北京市朝阳区残联提供的职业指导和就业支持服务。数据显示，362人中，239人已就业，占比66.02%；119人待就业，4人已创业。男性198人，占比54.7%；女性164人，占比45.3%。

从就业形式看，158人实现按比例就业，占比65.02%；46人灵活就业，占比18.93%；公益性岗位就业27人，受当前经济环境影响，残疾人创业积极性不高，自主创业4人，其他就业形式就业8人。见图1。

2.1 残疾人就业创业现状分析

已就业的243名残疾人中，从残疾类别看，肢体残疾人102人就业，占比41.98%；听力残疾人51人就业，占比20.99%；言语残疾人8人就业，占比3.29%；智力残疾人39人就业，占比16.05%；视力残疾人14人就业，占比5.76%；精神残疾人11人就业，占比4.53%；多重残疾人18人就业，占比7.41%。朝阳区残联支持性就业工作的努力，使得包括智力残疾人在内的就业困难人员就业率逐步提升。

从单位性质看，132人在民营企业就业，占比54.32%；国有企业就业36人，占比

---

① 通讯作者：周迎春 邮箱：zyc84552318@sina.com

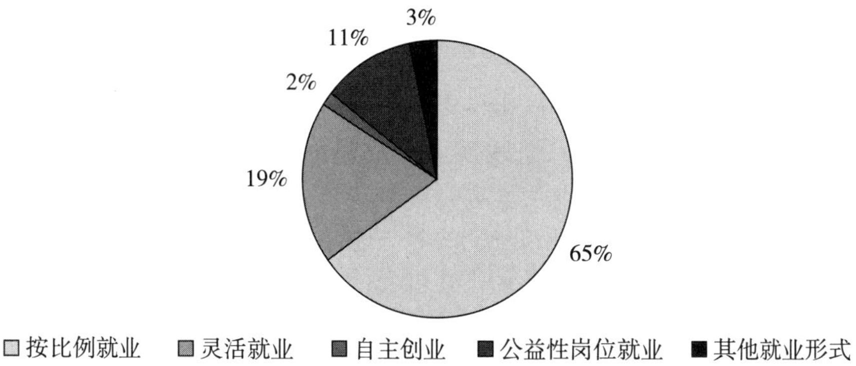

图 1 已就业残疾人就业形式占比情况

□按比例就业　灵活就业　自主创业　公益性岗位就业　■其他就业形式

14.81%；政府机关及事业单位就业28人，占比11.52%；其他经济类型单位就业47人，占比19.34%。依靠"国家鼓励用人单位按比例安置残疾人就业"的相关政策，民营企业提供了更多残疾人专项岗位，显示出巨大的生机和活力。部分企业通过残联提供的用人指导策略，综合评估岗位职责、残疾人身体状况，合理地进行了岗位调整，使残疾员工能较好地胜任工作岗位。

从残疾人月工资水平看，60人月平均工资在3500元以下，占比24.69%；3500~5000元的87人，占比35.8%；5001~8000元的53人，占比21.81%；8001~10000元的31人，占比12.76%；1万元以上的12人，占比4.94%。调查对象表示，通过朝阳区残联的岗位推荐，他们从事的工作普遍高于期待值。

2.2 待就业残疾人就业意愿分析

待就业的119名残疾人中，分析就业意愿，"体制内"仍是求职残疾人的首选，侧面反映出残疾人就业"求稳"心态仍然突出。37.82%的残疾人希望在政府机关及事业单位工作；希望在国有企业工作的占比27.73%；希望在民营企业工作的占比18.49%；其他经济类型的单位占比15.96%。

调查残疾人就业主要考量的几类因素，受身体功能障碍影响，54人倾向于工作地点离家近的单位，占比45.38%；41.18%的残疾人希望从事稳定的工作；36.13%的残疾人注重薪资福利待遇；31.09%的残疾人希望从事压力小的工作；26.89%的残疾人希望从事专业对口的工作；21.85%的残疾人希望从事的岗位工作时间较为灵活；其他依次是注重个人发展空间的占比14.29%、其他因素的占比6.72%、创业机会多的占比2.52%。见图2。

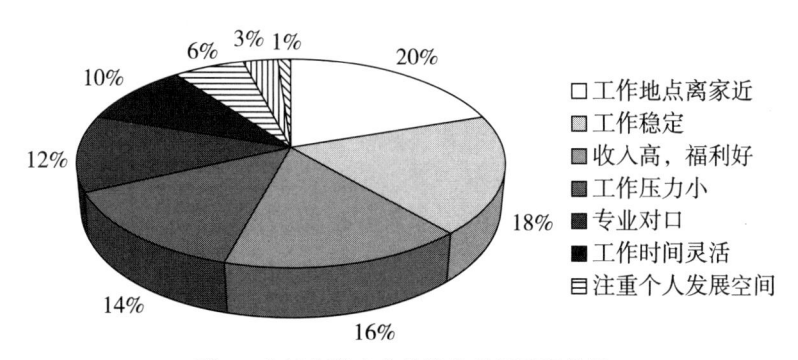

图 2 未就业残疾人的就业考量因素分析

3　制约残疾人就业创业的因素

残疾人就业创业问题的形成原因比较复杂，主要有以下几个方面。

3.1　政策扶持力度加强，但残疾人高质量就业缺乏针对性

残疾人在就业过程中，会面临一系列挑战和困难，包括身体障碍、技能不足、就业歧视等，进一步加剧了他们在就业市场上的劣势地位。因此，从调研结果不难看出，残疾人寄希望于稳定性岗位以获得长久的工作机会，这种就业心态较为普遍。对此，政府出台了一系列政策法规，完善了残疾人就业政策体系。党中央、国务院一直高度重视残疾人就业工作，提出了"党政机关、事业单位及国有企业要带头安置残疾人"的明确要求。2023年北京市事业单位面向残疾人定向招聘，虽然106个事业单位带头开展了招聘工作，面向残疾人提供107个专项岗位，但由于招聘单位不了解残疾人的特殊人力资源比较优势、残疾类别和特点，在考虑能胜任岗位职责的前提下，以招聘肢体三级、四级和听力四级的残疾人为主，导致招聘范围窄，很多残疾人没有招录资格。

3.2　就业形势严峻，结构性就业难的压力依然存在

制造业是吸纳残疾人就业的支柱产业，操作工、包装工、勤杂工等岗位就职人员较多。但随着产业结构升级和国企改革深化，加之北京疏解非首都功能，传统的制造业逐步退出，导致劳动力需求减少。招聘市场上，金融、餐饮业、新能源、汽车、软件和信息技术等行业提供的就业岗位很多，但相当数量的残疾人学历低、经济困难，所掌握的职业技能主要集中在传统技能上，学习新的技术又有难度，面对新兴的劳动力市场形势，他们难以适应高层次的职位要求和现代科学技术发展所提供的就业机会，因此，供需双方呈现出结构差异，结构性错位使残疾人就业面窄，求职周期长，就业难度大。

3.3　残疾人自身客观因素导致就业困境

残疾人因身体、心理等客观因素，其就业选择范围会受到影响而缩小。残疾人因身体功能障碍，在选择就业职位时受到许多限制，例如，听力言语残疾人，虽然有一定的劳动能力和较高的文化水平，但存在沟通障碍，难以胜任一些需要沟通交流的工作岗位，限制了其就业和发展。再如，残疾人能否便捷出行影响择业，调研显示，残疾人外出工作，首要考虑出行的安全性及便利性。又如，残疾人的心理状态或多或少致使其陷入学习、生活和就业方面的困境，如果他们从亲属及其他社会关系中得不到足够的支持和帮助，甚至遭受歧视，容易陷入自我否定，缺乏融入社会的勇气，因消极焦虑主动放弃就业机会，或是造成就业岗位稳定性低。

3.4　用人单位雇用残疾人面临一些现实问题

用人单位雇用残疾人是一种社会责任和公益行为，应该受到尊重和鼓励，但用人单位在聘用残疾人时面临着一些现实问题和挑战。首先是用人单位成本问题，用人单位雇用残疾人，不仅需要考虑到他们的工资待遇、福利待遇、培训费用等成本因素，还要考虑到健康和安全成本、特殊设备和无障碍设施，以及其他隐性成本，这些成本会增加用人单位的负担。其次是用人单位招聘需求问题，许多用人单位受经济效益影响，业务萎缩，收入减少，现有在职员工被迫辞退，致使用人单位招聘残疾员工的需求相应减少。再次是残疾人的职业能力使用人单位有顾虑，由于市场竞争的加剧，用人单位更关注员工的职业能力，有的员工一岗多职，即一个员工担任多个岗位的工作，以完成多项任务。由于用人单位对残疾人职业能力、素养、身体状况、安全等多种因素的顾虑，无法确定

残疾人是否能够胜任工作，或者是否能够长期稳定就业。

4 构建残疾人积极心理品质促进就业的建议

积极心理学是20世纪末兴起的，致力于研究普通人活力与美德的科学。在探索残疾人自身就业的途径和方法中，引入积极心理学视角，具有建设性的力量，把集中应对消极"问题"的视角转变为"积极力量"，引导残疾人面对就业困难时，积极看待就业压力，保持良好的职业心理。残疾人在求职、成功就业、稳岗、个体发展等各个阶段都会碰到各种困境，以积极情绪激发残疾人自身内在力量，实现就业问题解决方式的转型升级。

4.1 挖掘自身优势，塑造积极就业观念

残疾人由于自身身体功能障碍的影响，比一般就业人员存在更多的心理问题，例如抑郁、人际敏感、躯体化、偏执等。积极心理学关注人的积极特质，残疾人不光存在着上述心理问题，还有很多积极的心理品质等待着被挖掘。残疾人在面对工作时有畏难情绪，本次调研显示，待就业的119人中，注重个人发展空间的残疾人仅占14.29%，近半数人员关注工作地点的距离和岗位的稳定性，在竞争性劳动力市场中，明显处于弱势地位。因此，帮助残疾人发掘自身职业优势，转变不良的就业观念，是提升残疾人自立自强能力的关键点，引导残疾人理性审视当前严峻的就业形势，与其抱怨现实，不如从自卑、焦虑、敏感等消极的就业心理中跳出，发挥其的主观能动性，努力提升自己，积极地争取就业机会，在激烈的社会竞争中找到个人和职业的最佳对接点。

4.2 培养积极品质，建立评估机制

积极心理学认为，每个人都有某些方面的心理优势，这些心理优势在做真正感兴趣的工作时会发挥作用，产生心流体验，这种体验使个体获得幸福感，消极情绪得到抑制，积极心理力量得到提升。因此，在就业促进工作中，不仅要关注残疾人的职业人格特点，还要关注积极人格的构建和培养，使残疾人具有更加积极、成熟的就业心理品质，越挫越勇，从容自信，保持良好的就业状态。残疾人就业服务机构可根据就业市场实际需求，建立残疾人积极职业心理品质评估机制，通过相关测评，及时发现残疾人在就业积极职业心理品质方面的优势和不足。对于积极品质发展水平较高的残疾人，可通过朋辈间的小组互助活动，分享积极经验，使他们的优势得到正向反馈和巩固；对于欠缺积极品质的残疾人，可以及时调整就业指导策略，有针对性地培育残疾人健全、积极的职业心理品质，增强他们的就业素质。

4.3 体验积极互动，增强就业潜能

北京市朝阳区残联在团体就业辅导中，曾做过一些有益的探索。在了解残疾人个体需求的前提下，组织有共性特征的成员开展以就业指导为主题的团体活动。在职业指导师的带领下，通过线上或线下小组活动，围绕成员共同关心的就业问题开展互动，了解自我、探索自我，有利于残疾人就业能力的提升。研究显示，团体辅导对大学生的积极心理品质有正向影响，这一结论可应用到残疾人团体辅导中。基于积极心理学方法与理论，让残疾人在团体氛围中更好地接纳自己，通过朋辈人际互动，在同类群体中寻找榜样的力量，对自己的能力、认知、行为水平等方面形成更客观的认知。同时，在团体辅导过程中，残疾人之间的互动更容易形成积极的情绪情感体验，这种模式较职业指导师与残疾人"一对一"的指导模式更能发挥残疾人自身的潜能，使特殊群体之间形成互

助、合作的氛围，增强残疾人的职业自信、成就感、理性认知，提升社会认同度。

4.4 构建积极网络，支持融合就业

积极心理学认为积极的社会关系包括健康的家庭、关系和睦的社区、有效能的学校以及有社会责任感的政府。在残疾人就业工作中，需要协助残疾人构建积极的社会支持网络，诸多社会因素密切配合，为残疾人提供有效的就业支持，这与积极心理学的理念具有共通之处。残疾人在面临就业困境时，家庭的支持和帮助往往是最长久有效的，家庭是社会的基本单元，家长对残疾人的就业支持最符合个体需求，亲子关系越和谐，越容易形成自立自强、乐观向上的正向价值观。积极心理学倡导家长培养孩子独立的人格，协助缓解残疾人就业心理压力。学校除了教授知识外，更重要的是培养个体积极向上的价值观，促进学生健康的心理品质。残联更多的是发挥外部支持作用，助力残疾人按比例就业，依法保障残疾人就业权益，强化残疾人优先政策，提升残疾人就业服务水平。

5 结语

综上所述，残疾人就业面临的挑战是多方面的，需要政府、企业、学校、家庭和残疾人自身的共同努力。在残疾人就业支持体系下，通过完善政策法规、加强宣传教育、无障碍环境建设、提供有针对性的培训和支持等方式，逐步改善残疾人的就业状况。探索积极心理学在残疾人就业工作中的运用，对促进残疾人"以人为本"的就业工作具有重要意义，运用积极视角，使残疾人充分感受到被尊重和被关注，营造出更加包容和友好的氛围，促进残疾人平等就业，使其更好地融入社会，增加幸福感和获得感。

参考文献

[1] 杨立雄，郝玉玲. 城镇残疾人就业："问题"的转移与政策隐喻[J]. 西北大学学报（哲学社会科学版），2019（4）：74-88.

[2] JulietC. Rothman 著，曾守锤，张坤等译. 残疾人社会工作[M]. 上海：华东理工大学出版社，2008.

[3] 陆根书，刘敏. 大学生的就业能力及其影响因素分析[J]. 中国高等教育评论，2012（3）：208-230.

十二秒钟的智慧

孙佩轩

十二秒钟很短暂，你可以品一口香茗，尝一口醴酒，享受一口美食；十二秒钟却足够重要，它可以是宇宙飞船升空的最后准备，可以是一个新世纪的倒计时，也可以避免一个误会甚至创造一个奇迹。

我做班主任工作的第一年是我参加工作的第二年，面对一个班集体的创建和管理，我还很稚嫩。在日常的教育教学管理和与学生、家长的沟通中都有些手忙脚乱，面对一些管理中的问题和突发事件更是难免急躁。通过学习教育教学管理的相关书籍和案例，我掌握了"十二秒钟情绪管理法"（一种情绪管理技巧，主要是指在愤怒或冲动情绪即将爆发时，通过深呼吸或其他放松方法来数到12秒，以此来控制情绪），我也不断地提

示自己要在实际教育和教学管理中运用这种方法管理好自己的情绪。

开学的第一周,正是一个新的班集体确立日常管理规章制度的最佳时期。好的开始能为学生良好的学习和生活习惯奠定坚实的基础,对形成良好的班级氛围也有着至关重要的作用。为此,作为班主任的我对开学初的各项工作都做了精心的准备,如考勤、值日、文明礼仪等方面都制定了细致的要求,并以班干部为管理抓手做好班级日常工作的管理和监督。其中,班级的日常值日工作我作了较为周全的工作安排,将男女学生搭配分组并选出一名负责任、爱劳动的同学作为组长,同时对组长、组员的值日职责和要求都作了详细的分工和安排。在此基础上,我让生活委员对每天早、午、晚的值日按照"班级卫生值日检查标准"进行检查,并于第二天班务处理时间进行反馈总结。

但开学的第一天,C 和 Y 两位同学在该组第一次晚值日时未做值日便离校了。生活委员很是负责,第一时间向我报告并很气愤地说:"老师,我觉得这两位同学,第一次值日就逃跑,明天您应该狠狠地批评他们。"面对这样的情况我也很是气愤,毕竟刚刚开学,这两位同学就如此公开违反班级纪律、挑战班规,我想必须对他们进行严厉的批评和教育,但是面对班干部我必须控制好自己的情绪。于是我在心里默默地数了十二秒,强压怒火、故作镇静地表扬了生活委员对值日工作负责的态度和行为,并表示要对 C 和 Y 的恶劣行为进行严肃批评和处理。

心情平复之后,我开始考虑如何处理这两个"逃兵"。刚开始,我准备在明天早上的班务处理时间,当着全班不给他们解释的机会,直接进行严厉的批评,并让他们向全体同学作出保证。但冷静下来后转念一想:刚刚开学,每一个学生都想给班级其他同学和任课老师留下良好的印象,而且学生对学校和班级的校规和班纪都还持有畏惧之心,不至于第一次就如此公开大胆地挑战权威,何况还是两个人同时违反纪律。我马上否定了"惩罚"计划,心想还是先对事件和当事人进行调查后再做决定。

俄国教育家乌申斯基曾说过:"如果教育学希望从一切方面去教育学生,那么就必须首先也从一切方面了解学生。"于是,我查阅了"班级自然情况登记表",发现 C 和 Y 两个同学的家都在首都机场附近,而我们学校地处三环以里,距离他们的居住地相对来说是很远的,如果乘坐公交车单程至少也得一个半小时,还不包括中间换乘的时间。看了这个情况,我基本上明白了一半,庆幸自己能够控制好情绪,没有冲动、不问青红皂白地对 C 和 Y 进行批评处理,同时坚定了我对这两个"逃兵"进行事实调查的信心。

第二天早上处理班务的时间,我依据卫生情况和生活委员的报告情况对昨天的值日进行了总结,主要对值日的情况进行表扬,并重点强调了班级值日小组要合作,用合力做好值日工作,为同学创造一个良好的学习环境和生活环境,而对两个"逃兵"的行为一句也没有提。值日总结后,我看到生活委员和该组的其他组员一脸惊讶的表情,但是由于我是以表扬为主作的总结,他们当时也都没有提出异议。

不出意料,上午第一节课的课间,C 和 Y 同时来到办公室找我,没等他们开口我便故作严肃地对他们说:"两个'逃兵'来找我有什么事情么?"C 和 Y 两人同时低下了头,脸也刷地变红了,二人几乎同时说:"老师,我们错了。"面对他们的表现我先笑了,并追问道:"有什么理由?你们说说吧。"经过两个同学的解释我才知道,原来他们小学时就认识,因为他们每天放学都要尽快地乘车到班车地点乘坐机场班车回家,他们的父母都在首都机场工作,和大多数上班族的工作时间不一致,经常会有晚班,没有时间给他们做晚饭,辅导他们功课,所以 C 和 Y 从小学就一起上下学,并经常互相督促在放学后一起学习做功课。他们两个昨天逃避值日也是因为要赶班车,因为班车的时间是固定的，如果晚了，等下一班班车就要间隔一个小时，这样他们到家就很晚了。听了他们的陈述后，我更加肯定自己面对班级管理过程中出现问题时的这份冷静了，正是冷静的这"十二秒钟"才避免了一个大误会。正如马卡连柯说的"老师不经意的一句话，可能会创造一个奇迹；老师不经意的一个眼神，也许会扼杀一个人才"。

我庆幸自己能够用十二秒钟冷静法则来管理自己的情绪。听完他们的陈述，我马上关切地表明我对他们的理解，并对他们敢于承认错误给予肯定和表扬，同时鼓励他们在这种特殊情况下更要努力学习，用优异的学习成绩来回报辛劳的父母。面对这种情况，我提出 C 和 Y 马上向组内的其他同学说明原因并可以利用在校时间多做些值日，这样放学后他们就可以及时离校去赶回家的班车。我也告诉他们以后如果有类似的情况可以提前与我沟通并一起商量解决。

C 和 Y 听了我的话后不停地点头并高兴地表示，他们愿意利用在学校的时间承担更多的值日任务。看到他们两个高兴的样子，我马上鼓励他们可以牵头其他同学，利用在校的休息时间做一些除了班级值日之外的公益性、义务性劳动，从而用实际行动告诉大家，他们能够做好值日并能成为其他同学的榜样。

反思值日"逃兵"事件，我庆幸自己能够管理好自己的情绪，当生气或愤怒时能够先给自己十二秒钟反思和冷静的时间。正是"十二秒钟情绪管理法"才使我们避免了误会和错误的发生，同时也保护了一颗颗单纯、诚实的心灵。

十二秒钟虽短但却蕴含着大智慧。

穿越迷雾，点亮心灵
——积极心理学指引青少年心理成长之旅

薛 丽

1 前言

什么是积极心理学？积极心理学的定义与特点是什么？

谢尔顿和劳拉·金给出的定义为："积极心理学是利用心理学目前已经比较完善和有效的实验方法与测量手段，来研究人类的力量和美德等积极方面的一个心理学新思潮。"这揭示了其本质特点是致力于研究人的发展潜力和美德等积极品质。

另一定义指出，积极心理学是对促进美好生活的个人品质、生活选择、生活环境和社会文化条件的科学研究，以幸福、身体和心理健康、生活有意义和美德为界定标准。

传统心理学更多地关注人类的消极面和弱点，而积极心理学则倾向于关注人类的善良、好的以及积极的一面。它研究的内容包括积极的主观体验（如幸福感）、积极的个人特质（如乐观），以及有助于个体健康和幸福的社会制度和社区环境等因素。

2 积极心理学助力解决儿童青少年心理问题

2.1 当前儿童青少年心理问题剖析

1. 学习压力：青春期阶段随着学校各种课程的增多，青少年的学习压力逐渐增大，进而可能会引起烦躁、焦虑、情绪低落、意志消沉等症状。

2. 生理压力：青春期是性发育的重要时期，青少年可能会因为自身的性器官逐渐发育而产生自卑心理，进而会逐渐表现为不苟言笑、郁郁寡欢，甚至是自暴自弃等症状。

3. 情感冲动：青春期也叫作"叛逆期"，多数青少年会表现出上课不注意听讲、厌学、暴力冲动情绪，强烈要求自己做主、竭力想要摆脱家长的管束等症状。

4. 情感抑郁：青少年可能因为各种外界压力而产生抑郁症，一般会表现为注意力不集中、思维迟钝、冷漠、食欲不振、喜欢独处、全身乏力，甚至会产生轻生的念头。

5. 人际关系：青春期的孩子心理处于快速发育阶段，独立意识开始增强，向往自己在社会中的交际、发展关系，从而获得一种精神上的成就感。在人际关系处理上比较差的青少年，通常会比较自卑、敏感，对于外界的评价非常在意，人际交往关系比较差的人心理承受的压力会随着时间越来越大，甚至可能发展为抑郁症。

6. 抑郁症：儿童青少年期间由于性格不稳，常会被身边的人或者事影响情绪，从而引发抑郁症。

7. 焦虑症：青少年涉世不深，承压能力较小，当碰到高压的学习氛围时容易出现焦虑症。

8. 精神分裂症：长期无法自我排解压力，没有得到身边人关心，以及很多客观因素，均会导致青少年儿童发生精神分裂症。

9. 厌食症、强迫症：过度在意自己的外观，过度节食从而引发厌食，女孩会比男孩严重。

10. 适应障碍：青少年儿童从小学过渡到初中，初中过渡到高中，学习环境以及接触的同学老师均会发生变化，若没有提前适应很容易引发适应障碍。

11. 逆反心理：青少年会逐渐出现独立思想，如果家长想要过多干预，就可能会出现逆反心理，所有事都和家长的期望反向而行，想要摆脱家长的管束。

12. 自卑心理：青少年会逐渐开始发展自己的人际关系，如果人际关系处理不好，就容易出现自卑心理，对自己失去信心。

2.2 从积极心理学角度剖析青少年儿童心理问题

2.2.1 积极主观体验

积极情绪是积极心理学研究的一个主要方面，它主张研究个体对待过去、现在和将来的积极体验。在对待过去方面，主要研究满足、满意等积极体验；在对待当前方面，主要研究幸福、快乐等积极体验；在对待将来方面，主要研究乐观和希望等积极体验。

2.2.2 积极人格特质

积极人格特质是积极心理学得以建立的基础，因为积极心理学是以人类的自我管理、自我导向和有适应性的整体为前提理论假设的。

积极心理学家认为，积极人格特质主要是通过对个体各种现实能力和潜在能力加以激发和强化，当激发和强化使某种现实能力或潜在能力变成一种习惯性的工作方式时，积极人格特质也就形成了。

2.2.3 积极社会环境

马斯洛、罗杰斯等人指出，当孩子的周围环境和教师、同学和朋友提供最优的支持、同情和选择时，孩子就最有可能健康成长和自我实现。相反，当父母和权威者不考虑孩子的独特观点，或者只有在孩子符合一定的标准才给予被爱的信息的话，那么这些孩子就容易出现不健康的情感和行为模式。

2.2.4 积极情绪与健康的关系

研究表明，长期处于极大压力和消极情绪下的人们更容易生病，因为这会抑制免疫系统降低身体对抗疾病的能力；相反，积极情绪则有助于恢复和保持身心健康，甚至可能延长寿命。

2.2.5 对待生活的态度与应用价值

从应用角度看，积极心理学鼓励人们用积极的态度来对待生活中遇到的所有事情。这样的心态可以帮助人们在面对挫折时仍然感到快乐和幸福，而不是变得沮丧或失落。

综上所述，积极心理学不仅为我们提供了理解和提升自身及他人幸福感的新视角和方法论工具，还强调了培养和发展积极品质和力量在实现美好生活中的重要性。

2.3 儿童青少年心理建立在积极的家庭教育模式里

家庭是儿童成长过程中最重要的环境，对于他们的心理健康和发展起着至关重要的作用。积极的家庭教育模式能够促进儿童的全面发展，提升他们的自信心和社交能力。我对家长有一些建议，或许能帮助家长们更好地实践。

2.3.1 深入理解儿童心理发展阶段

儿童心理学研究表明，儿童的心理发展存在着一定的阶段性特征，不同阶段的儿童有着不同的需求和行为特点。因此，家长应该了解并深入理解各个年龄段儿童的心理特点，以便更好地与他们沟通和互动。例如，在小学一二年级段，他们处于对自己的身体和环境探索的阶段，家长可以通过提供安全的环境和丰富的刺激来促进他们认知能力的发展；三四年级段，孩子开始考虑如何与小伙伴相处才能受到"喜欢"，家长要经常关注孩子与同伴相处的现状，引导孩子正确分析矛盾或问题，及时处理；五六年级段，孩子开始有"交朋友"的欲望，会在同学中寻求情感亲近者，家长一定不要简单制止或批评，要了解孩子对选择朋友的标准，适时加以引导，帮助孩子结交益友。

2.3.2 培养良好的沟通方式

良好的家庭教育模式需要建立在良好的家庭沟通基础之上。家长应该尊重儿童的感受和意见，给予他们充分的表达空间。同时，家长也要在沟通中表达清晰、简单的信息，避免使用过于抽象或复杂的语言。此外，家长还应该耐心倾听儿童的需求和困难，并与他们一起寻找解决问题的方法。

2.3.3 培养积极的心理素质

积极的家庭教育模式应该帮助儿童培养积极的心理素质，使他们能够应对挫折、树立自信心并培养解决问题的能力。家长可以鼓励儿童尝试新的事物，帮助他们树立正确的目标和价值观。同时，家长也要给予他们适当的奖励和鼓励，以增强他们的自我肯定和成就感。

2.3.4 提供适当的教育资源

家庭教育模式需要提供充足和适当的教育资源，促进儿童的学习和发展。家长可以为儿童提供各种学习机会，例如图书、游戏、文化活动等。此外，家长还应该关注儿童在学校的学习情况，与教师保持密切的联系，共同为儿童的学习成长创造良好的环境。

2.4 学校如何运用积极心理学助力青少年应对心理学问题

教育是一种有目的地培养人的活动，旨在促进人的全面发展。将积极心理学理论运用到日常学校教育中，对学生积极人格的发展、品德观念的形成、自信心的建立以及促进社会发展具有重要的推进作用，同时对消减教育的负向功能具有重要意义。

2.4.1 增加学生积极情绪体验，构建多元化课堂教学环境

首先，要增加学生的积极情绪体验。传统"标准化"课堂教学中由于教师只注重知识理论的灌输，忽视了学生兴趣爱好、个性以及天赋等的培养，使学生处在紧迫压抑的学习状态之中。教师要以增加学生积极情绪体验为前提，积极地了解学生，充分关注学生的个性差异，从而构建学生的积极人格，更好地帮助学生健康成长。

2.4.2 制定符合学生的教学目标

激发学生的体验兴趣，培养学生的发散性思维，引导学生进入学习情景中去体验思考，彻底打破"满堂灌"的填鸭式教学。营造良好的教学环境。教师要创建启发式教学课堂，让学生在课堂中学会思考、学会认知，鼓励学生参与到课堂讨论中来，使学生在幸福中成长。

2.4.3 发挥自身积极力量，建立积极的师生关系

教师要利用积极心理学的相关理论完善自己，提高文化素养，形成积极品质，这样更有利于了解学生，促进学生成长。

2.4.4 以身作则，言传身教

教师的言行举止对学生的学习和人格的养成有很大的影响，教师的良好品质和高尚的人格会直接作用于学生，对学生产生潜移默化的影响，唤醒学生的积极情绪体验。

教师要正面引导学生，切勿采用简单粗暴的教学管理，以免对学生产生消极的影响。教师要积极主动地关爱学生，平等地对待学生。教师不要居高临下俯瞰学生，要建立平等的师生关系。教师可以在赏识教育中观察、欣赏、肯定学生，从而使学生养成积极主动的思想意识，树立自信和归属感。

2.4.5 强化学生个体幸福的培养

主观的幸福感主要包括三方面的内容：生活满意、积极情绪以及消极情绪。教育者要让学生有较高的主观幸福感。首先就必须激发学生有较高的主观幸福感意识。必须激发学生的积极情感体验，使学生在学习与生活中获得更多的快乐体验。其次是使学生获得沉浸体验。

例如，教师应该组织各种娱乐活动，培养学生之间的友谊。学生可以从中获得支持、友情、理解和关怀，从而使人产生积极体验，有利于增强人的主观幸福感。另外，教师还可以根据每个学生的个性差异，分层次、有针对性地设计学习目标，让学生获得沉浸体验，以此来增强学生的主观幸福感。

2.4.6 加强积极心理学调研，了解常用的教育与辅导方式

现阶段，我校的心理健康教师以及相关研究者应当加强对积极心理学的研究，通过主题研讨、专项研讨、实践调研等多种形式来探讨积极心理学在现阶段学校心理健康教育工作中所发挥的作用，现阶段经常采用的心理健康教育方式和辅导方式，学生经常咨询的心理健康问题、学习问题和个人发展问题等。然后采取有针对性的导入工作，对心

理健康教育教学活动进行改造，体现积极心理学特点，成为积极心理学健康教育活动。教师可以经常性地做一些调查问卷，通过线上的形式组织学生进行填报，及时了解学生对于心理健康教育和对于积极心理学融入的看法，从而发现更多的问题，对于现阶段所采用的辅导形式和教学模式可以进行更好的优化。我校还可以开设更多的心理咨询热线，延长心理咨询室接待时间，建立更多的积极心理学调研小组来开展相关工作，相信会为教学与辅导形式的创新奠定坚实的基础。

未来几年，我校的心理健康教育工作将会在学校德育工作和积极心理学理念与方法的指引下，在"静待花开、陪着小树一起慢慢长大"的学校心育目标的引领下，构建以培养学生乐观、积极、向上的心理素养为目标的心理健康教育体系。

参考文献

[1] 黄惠金. 积极心理学视角下的高校《心理健康教育》课程建设路径 [J]. 山西青年，2023 (12).

[2] 谢雨涵. 积极心理学视角下高校心理健康教育工作探究 [J]. 决策探索（下），2021 (11).

[3] 刘亚敏. 积极心理学视角下高校大学生心理健康教育策略分析运用 [J]. 邯郸职业技术学院学报，2022 (2).

坚定信念，优化策略，促进学生成长和发展
——成长型思维模式下提高高中学生学习力的实践探究

刘晓云

（湖南省衡阳市铁一中学）

1 前言

2019 年，本人第一次阅读美国心理学家卡罗尔·德韦克的著作《终身成长》，为成长型思维对一个人发展与成长的巨大影响和作用感到震撼，尤其书中提到在学校教育实践中的积极作用让我一直希望在教育教学中践行，促进学生的成长和发展。

成长型思维是一种信念，成长型思维也是积极心理学的重要内容，这种思维模式的重要理念是相信通过目前的努力、刻意练习、方法和策略调整等，人的能力、性格甚至智力都可以得到根本性的改变。该观点的主要理论基础是学生身心发展规律和大脑神经科学原理，立足点不是目前的位次和能力，而是如何才能让自己变得更好。根据大脑神经科学原理，经过专门的刻意训练，大脑神经元会产生多元连接和新的连接，从而促进人的能力甚至智力的提高和发展。

2020 年 11 月—2024 年 5 月，我先后分为五个阶段在学生中开展培养成长型思维模式的教育教学实验，实验目标是高中英语教学为主的学生综合能力的发展，实验对象包括四个方面：学生个人、学习小组、班级、年级。从实验结果来看，成长型思维模式对学生的学业成绩、心灵成长、优秀品质和良好习惯培养都有较明显的作用。

2 学习成长型思维

2.1 学习成长型思维模式理念，了解原理、特点和培养方法

主要形式：成长型思维模式为主题的《终身成长》整本书阅读。

对象：高一年级750名左右学生。时间：3个月。

方式：阅读整本书，以笔记和心得形式反馈。

2020年4月底，疫情后复课，在高一全年级700多名学生中开展以成长型思维培养为主题的《终身成长》整本书阅读，通过让学生了解思维模式的特点，对照和识别自己平时的思维习惯和行为习惯，认识到成长型思维的重要性，有意识地调整自己一直存在或偶尔出现的固定型思维模式，并自主地根据科学方法培养成长型思维模式。

具体做法：

根据每个章节的导读和提问，每周阅读一个章节，主要以阅读笔记和心得的方式进行反馈。

在整本书阅读过程中，学生使用康奈尔笔记法和思维导图两种笔记方法。康奈尔笔记通过"索引"和"笔记内容"主要培养学生抽象思维和形象思维的熟练转换，在"总结区"与过去相关知识产生链接，并通过设想以后可能运用该知识的场景提高知识学习和运用的有效性和动力。每个章节阅读结束时，撰写阅读心得，以此帮助学生将知识内化为助力学生成长的有效养分。

实验结果：从全年级收集到的2个重点实验班级2.8万多字的阅读心得。从中看出学生的主要变化包括三个方面。第一，自我认知的提高，对能力的提高和未来发展更有信心。认识到思维模式的改变，重新定义成功和失败，通过观念和方法的调整就能发生。学生反馈这个阅读项目非常有帮助，让他们开始重新审视自己。第二，人际关系上的改善，包括亲子关系、师生关系、同学关系等。第三，学业成绩上的进步。放下过去以位次为评价学习的主要标准，而是转向对"我如何做才能有新的进步？"关键问题的关注，不断投入到对新的学习方法、更多的努力等探索和学习中去，不仅减轻了压力，提高了学习效果，同时缓解了同学竞争引起的同学关系的紧张。

我们得出实验结论：是阅读而不是说教，让学生心智慢慢发生改变。

2.2 综合发展阶段

时间：第一次，2020年11月—2021年1月，共12周；第二次，2021年5月10日—5月30日，共20天。

对象：希望提高英语学习能力的高三学生。

过程：

第一次实验招募对象时，并无限制，愿意每天在平时学习基础上，多花15分钟学习和提高英语成绩的都可以报名，根据"自愿选择自主坚持"的原则招募，大约15位学生参加。

具体做法：

1. 由英语老师根据新高考背景下高中英语学习规律和方法制订一个周计划。学习内容是最近3天课堂学习内容和习题，由学生自主盘点学习情况，对疑点和难点进行精准学习。每周6天学习安排的内容分别是：周一、周二"3+1"，即翻译3个长难句，并仿写其中一个句子；周三，一篇应用文限时写作；周四"9+1"，近期9个生词和用生词造

句 1 个；周五，一个段落的读后续写；周六，听写听力套题中前 5 个小题中 1~2 个小题的原文，不放过任何一个单词甚至是一个重读音节。

2. 由英语老师逐个批改、书面指导和反馈。项目开始前 2 周，每天由学生本人亲自将作业本交给老师，之后轮流安排同学值周，以此培养学生的自觉性和主动性。

3. 结果：学生在第一个月中成绩已有较明显的进步，提分平均 30% 以上。项目结束时学生反馈，这个项目不仅让他们的英语学习习惯和效果有改善，提高了英语水平，而且培养了他们积极主动、时间管理、坚持和专注等非智力性因素，这些是影响学生终身成长和发展的因素。

4. 结论：通过刻意练习和老师的指导及鼓励，学生的学习成绩和坚持、主动等优秀品格同时发生较好的变化。

2.3 英语学科补短小组

时间：2021 年 5 月 10—20 日

对象：即将参加 2021 年高考的英语基础相对较弱的 9 个学生。

过程：遵循"自愿选择自主坚持"的原则招募学生。

高考前英语学习需要较多的实战练习，这也是最好的提分时机。招募的学生普遍基础较弱，我采用了以语篇理解为主的方式训练学生的思维品质和阅读理解能力。每天晚上花 15 分钟的时间通过翻译语篇的形式，提高句子和阅读理解能力，同时复习和巩固了词汇。尤其重要的是，持续大约 20 天的"每日一刻"英语学习项目坚定了学生参加高考的信心。

结果：

高考成绩出来后，相对 3—5 月份三次联考成绩平均分，一个学生提 27 分，2 个学生分别提 17.6 分和 16.7 分，其余学生均有 7 分左右的提高。

后来，这些学生反馈 20 天每天 15 分钟给他们带来的影响是：项目给自己带来的不仅仅是成绩的提高，还有能伴随一生的良好习惯。由开始的完全被动变为主动，成绩方面有起色，也更有信心。

结论：每个学生都是一座潜在的宝库，在被看到、被理解、被鼓励下，他们的学习潜能可以无限地发挥，成绩和自信心得到切实的提升。

2.4 学习专题演练阶段

时间：第一次，2022 年 4 月 1—30 日；第二次，2023 年 12 月—2024 年 3 月。

对象：第一次安排的主题活动的目标是提高高二全班同学感恩品质和写作的创新能力；第二次是 5 个需要提高英语听力的高三学生。

在第一次为期一个月的 30 个感恩主题系列英文创新写作中，主要目标是培养学生的六大美德 24 项优秀品格中"感恩"的品格，开展每天 10~15 分钟中文或英文的限时写作，写作的 30 个主题包括：你对什么气味、颜色、书、质地、新技术、经历、身体器官等感恩。

结果：

在这个"感恩月"的创新写作活动中，一个班级的英语成绩较前一个月月考平均分提高了 3.2 分，学生的积极情绪状态如感恩、平静、喜悦等提高了 40% 左右（按照前后测 10 分打分的方式进行评估）。组织语文和英语老师对学生感恩月的写作作品进行评价、集结成册，并组织演讲比赛，以圆满完成该项目。

结论：该主题活动通过刻意练习，较好提高了学生的积极心理品质和英语学习能力。

第二次：高三听力专项训练。

时间：2024年2月—2024年4月。

对象：5位希望在听力上有突破、尝试了较多提高英语总分的方法但不太见效的学生。

过程和结果：该小组训练时，没有采用常规的听力套题，而是从句子听写着手，同时辅以微型写作，如造句的练习。前后分为两个时期，第一个阶段1个月，反复听写英语套题中的前5个小题，写准每一个单词，并两两一对复述听写句子。第二个阶段2个月，听写课本课文句子，并就要点仿写句子。3个月后学生的进步明显，由班级20名进步到班级前6名，班级30多名进步到10多名等。在这个过程中，策略的调整很重要，某些单词或发音技巧如连读、弱读需要在标准的课本句子练习中逐个练习，同样起到提高作用的是学生在刻意练习过程中体现的坚持、专注等积极心理品质。

结论：不是通过大量地刷题来提高成绩，而是主要进行基于英语学科思维品质、学习能力以及学生学习策略调整和刻意练习，同时注重学生专注、积极、毅力等优秀品质的发现和培养，共同促进高考成绩的提高和生命的成长。

2.5　基于学生思维特质的个性化辅导和针对性对班级学生开展学习力课程的探索

时间：2023年11月—2024年5月。

对象：经过FAI系统测评的个体学生；充分了解学情后的班级。

过程和结果：

2023年11月开始，以FAI课程为基础，结合英语学科教学开展基于学生思维品质为基础的个性化学习辅导，并逐步扩大范围到整个班级，从实验数据看，英语学习取得了很明显的进步。

FAI课程是Family Artificial Intelligence的简称，它根据十大学习潜能、人格和社会化程度、专业兴趣与发展、综合心理健康和积极心理品质五大特质，经过FAI专业培训的老师给学生定制个性化辅导方案。

在3个月中，我对高三学生的英语学习通过以管理学生学习而不是直接辅导英语学习的方式开展教学实验，该生数理逻辑能力强、注意力和信息加工能力强，表达能力、语言能力和注意转化能力相对较低，创造力高，属于深思型、直觉、视觉和综合的学习风格。对英语学习有较重的畏难情绪，逆商和人际交往能力偏低，但非常希望能提高成绩，愿意花时间来突破。根据基本情况，主要以"主题调用""刻意练习""自我讲解""错题精修"四种方法为主的学法配方进行学习管理。在1个月内学生的英语学习在语法填空、完形填空和阅读理解方面取得较明显的进步，3个月内从班级第32名，进步到班级第18名，年级进步260多名。该辅导激发了学生的学习潜能和优势，培养了学习能力。

在高三英语教学中，我主要采用"公开讲解""错题精修""提振信心""刻意练习""记忆编辑""主题探究"等学习方法，在不到5个月内一个班级的英语成绩由年级最后一名提升了4个名次。

结论：在了解学生的学习潜能、人格和社会化水平等情况后，采用合适的学习方法和学能训练，能针对性地提高学生学业成绩、促进学生健康成长和发展。

从近4年的教育教学实践中，基于成长型思维模式和个人潜能、性格和积极心理品格，我始终相信，通过努力、方法和策略的调整和改善以及刻意练习，学生的学习能力和综合素质可以得到较大提高。这是教育教学中非常有启发并让我备受激励的一次教育教学实验。在以后的教育生涯中，我会不断优化策略，助力更多学生的成长和发展。

参考文献

[1] 卡罗尔·德韦克，楚祎南. 终身成长 [M]. 南昌：江西人民出版社，2017.
[2] 中华人民共和国教育部. 普通高中英语课程标准 [M]. 北京：人民教育出版社，2020.
[3] 桑国勇等. 学习指导：FAI 学习指导师课程 [M].
[4] 维果斯基的发展理论，教育和发展的关系——最近发展区.
[5] 马丁·塞利格曼. 30 个感恩主题.

儿童抗挫折能力培养探研

朱自荣

1 前言

当前，社会发展进程不断加快，人们的生活水准也在不断提升，然而，作为当代小学生，他们的抗挫折能力却在不断减弱。在社会风气的影响下，在家庭条件越来越好的环境下，情况反而变得越来越糟。这已成为家庭、学校和社会无法回避的现实问题。目前，我国独生子女的比例不断上升，独生子女教育已成为现代教育的重要组成部分。培养孩子抵御挫折的能力，就等于培养孩子的独立性和责任感。然而普遍来看，学生的抗挫折能力都不够强大，而且这一态势还在逐年加重，对此，相关人员必须要加以重视。小学生具有一定的特殊性。他们所经历的事务过少，思想相对幼稚，对于教育和环境依赖性强。在逆境中处理问题的能力会影响未来成年步入社会的能力。是否可以适应外界环境，达到自我照料和自我管理是我国未来社会下一代发展需要考虑的问题。

在国内外大量研究的基础上，许多学者对挫折理论提出了自己的观点，归纳起来主要有以下几个方面。"挫折"本能论：W. Mcdougall 解释人类所有行为的动机都是本能，本能有其相应的特殊情绪。人类活动中因挫折而产生的情绪及由此产生的各种挫折行为反应都是本能冲动的结果。"挫折-侵犯"理论：1939 年，美国心理学家 J. dollard、L. Doob 等人提出了"挫折-侵犯"假说，认为人们因挫折而产生的负面情绪必须以某种方式发泄。他们认为，是否存在攻击性取决于四个因素：挫败驱动力的强度、挫败驱动力的范围、先前挫败的频率，以及攻击反应可能受到的惩罚程度。"挫折"行为理论：20 世纪中期，美国心理学家 A. Amsel 提出"挫折-奋进理论"，也称为"挫折效应"理论。这一理论从操作的本质上定义了挫折，并提出了挫折的概念是指生物体先经历奖励，然后又没有奖励的情况。该理论认为，人们可能会在遭受挫折后努力奋斗。

对国内中小学生抗挫折能力现状的研究主要从地区差异、性别差异、年级差异等方面进行分析。小学生的总体抗挫折能力处于中等水平，但随着年龄的增长，高年级段的心理抗挫折能力水平逐渐降低。学者研究 4~6 年级小学生心理韧性时发现，整体心理抗挫力水平随年级增长而下降，研究城市小学生挫折教育现状时提出，随着年级的增长，城市小学生对挫折的积极认知和积极情绪呈下降趋势。在六年级，学生对挫折有负面认知，认为挫折会使自己越来越沮丧。当一些五六年级学生遇到挫折并产生消极情绪时，他们会采取攻击性行为，这种行为逐渐增多。张静（2019）在研究小学高段学生耐挫能力时得出结论：小学高段学生可以正确地将自己归因于挫折，但他们不愿意承担问题的后果，无法有效消除逆境的负面影响。大多数学生能够正确地面对挫折，但在面对更复杂的困难时，他们找不到及时有效的解决办法，这很容易让人灰心。穆苗苗（2011）研究了初中生抗挫折能力的现状。结果表明，初中生的抗挫折能力在年级上存在显著差异。王芮（2018）研究发现，高年级学生在性别和是否独生子女方面的心理弹性没有显著差异，但在年级、籍贯和是否为班干部方面存在显著差异。通过对国内学者抗挫折能力现状的研究，可以看出我国中小学生总体抗挫折能力水平如下：第一，学生抵抗挫折的能力因地区而异，也因年龄组而异；第二，小学生的抗挫力随着年龄的增长而下降。所以本文聚焦小学高年级的学生这一研究对象有一定的研究价值。

基于此，本文通过文献资料法和归纳总结法，首先阐述了抗挫折能力的概念及理论，并从抗挫折教育、培养体系、培养方法等方面指出了小学生挫折教育存在的问题，最终结合自己所学的专业知识提出了针对性的对策，期望对我国小学阶段学生处理问题的成长起到一定的作用。

2 相关概念界定及理论基础

2.1 抗挫折能力

在个体心理方面所具备的品德中抗挫折能力是最基础的，这一品质不仅参与构成了个体的人格，也是个体自我意识表达中的关键主体要素。个体要正确看待遭受的挫折与压力，增强面对挫折的积极心态，才能自由应对挫折，保持心理平衡。

美国心理测试专家 Rosenzweig（1941）首先提出了"挫折容忍度"的概念。他对挫折容忍度的定义是：在没有不良反应的情况下抵抗挫折的能力，即个体适应挫折、抵抗和应对挫折的能力。简言之，它是个体在挫折后避免异常行为的能力。

布鲁克斯和戈尔茨坦指出，挫折承受能力应包括以下能力：（1）有效应对紧张和压力并适应日常挑战的能力；（2）从失望、困难和创伤中恢复过来，制定明确、切实的目标来解决问题；（3）与他人相处，尊重自己和他人。布鲁克斯和戈尔茨坦进一步提出，挫折承受能力也需要提高，要有勇气面对和解决生活中的困难，以免被困难击倒。因此，在当前激烈的竞争中，挫折承受能力是个人必须具备的最重要的能力之一。

2.2 挫折教育

美国的《哲学百科全书》一文中提出挫折教育要关注普通人，教育的内容应当强化人们自身的能力和价值，注重人的认知要素，特别是理性的选择对采取决定的作用。在心理学视角上看来，1984年国际心理学联合会编写的《心理学百科全书》指出，挫折教育的对象不单是患者，不能只是临床医疗的形式，更多的是处于面临普通社会生活中有压力急需帮助的正常人。因此，挫折教育主要针对正常人，尤其是身心正在成长中的青少年和小学生。

针对挫折教育张泽玲学者认为这一教育的出发点在于帮助学生更好地建立面对挫折和压力的积极心态，提高应对挫折的技能，在今后遇到挫折时有应对挫折的正确方式，而不是让挫折击败学生。在教育过程中教育从业者要制定适宜的教育方式，保证学生在挫折教育中始终具备良好、正能量的乐观健康心理。也有部分学者将挫折教育看作抵抗挫折教育或者磨砺锻炼教育[6]。

李海州、边和平认为，挫折教育就是有意识地利用和设置挫折情境，通过知识和技能的训练，使学生正确认识挫折、预防挫折、正视挫折，增强抗挫折承受力的教育。他们认为挫折教育包含多个层次和方面。马克思主义人生价值观是引导教育的思想标杆，需要借助教育学的力量融入人生学和心理学知识，并有机结合现代教育思想体制，进而把握挫折出现的影响要素；要注重个体对挫折的态度和看法，面临挫折时的承受度、应对措施以及应对结果，把握青少年面临挫折时有效的教育方式和应对方案，进而将上述涉及的内容做细致剖析总体概括开展挫折教育的方式和目标[7]。

2.3 挫折理论

探究主体行为中挫折对主体造就的影响的理论被称为"挫折理论"。这一理论指出，主体在有目标性地开展某一项活动时遭受到阻力或者不良影响进而影响主题目标的达成就构成了挫折。挫折可以带来两种影响，好处是让主体吸取经验和教训，以便在下次中更好地达到目标。坏处是造成主体心理消极情绪，主体因此消沉停滞不前乃至出现报复行为等。

3 小学生抗挫折能力培养存在的问题

儿童青少年已经身处多元化时代，必须要有抗挫折能力。儿童青少年正面临越来越早到来的学业和成长的压力，很少有快乐游戏的童年时光；被未来不确定性的恐惧所捆绑的有责任而少情感的亲子关系；被网络信息碾压的业余生活的空洞和焦灼……时代的巨变已经来势汹汹，个体要想在时代洪流中稳步前行，除了心智的开发、职业能力的提升，更需要这一代人拥有极强的抗挫折能力，去直面生命中的困难，突出重围，继续前行。

3.1 对教育中抗挫折能力培养不重视

挫折教育在实行过程中被部分教育者看作吃苦教育，在教育过程中让学生多感受困难就达到了目的。事实并非如此，教师应当在课程中合理地制造挫折和压力的氛围，指引学生们面临挫折时更加的勇敢、果断，帮助他们去击败挫折[9]。学生长时间处于一帆风顺的境地会丧失面对挫折时的果断处理能力，只有在挫折环境中才能让他们对挫折有清晰的认知，进而在挫折中成长。通过上述环节，学生变得更加勤奋，意志更加坚定，良好性格得到了培养。教师还存在一种错误理念，他们认为离开了挫折情境，学生的抗挫折能力就无法得到提升，因此必须要加入有关的挫折技能的锻炼。学生面对挫折从树立克服意识到最终解决挫折是需要时间的，这个过程学生们对待挫折的经验是不断累积的。部分教师并不考虑学生们的实际环境，所营造的挫折问题没有实际意义，对学生们培养应对挫折的能力并无好处。有教师还提出，要想改变孩子任性的特点，改掉被宠坏的毛病，一定要用极端困难的条件去磨炼他们，并一味地增强挫折问题的困难度，强迫学生们去克服。长此以往，教师逐渐淡忘小学阶段学生们身心发展规律，忽视学生们的心理状态，学生更脆弱。

3.2 抗挫折能力培养未形成体系

学校教育方面幼小衔接不够充分。我国现在幼儿教育普遍存在的现象为学校加强对幼儿认知和学习能力的培养，幼儿园负责学生的方方面面，学生独立性和自我管理能力得不到充分发挥，在家庭中也处于被照料的角色。缺乏练习导致学生无法培养照顾自己的能力和抵御挫折的意识。其次，在小学教育阶段，缺乏对学生生活、实践和劳动课程的教学，过于注重文化课程，造成了教育素质的偏差。课程开展期间，为了帮助学生更好地掌握知识而不断推行背诵方式，甚至不加理解地去记忆背诵，这导致众多小学生丧失了对学习的兴趣，成为知识的被动接受者。相较于课堂学习，课外活动成了摆设和浪费学习时间的代名词，学生们习惯了填鸭式教育，导致了思维想象的缺乏及实践能力的缺失，在面对挫折和压力方面也更加脆弱。当前实行的挫折教育还停留在指导学生认识挫折方面，教育者对于引导学生认识和克服挫折压力的方式不够全面和科学，教育的手段和课程容量不足，这些导致了学生抗挫折能力的缺失。我们身处一个日新月异不断更迭的时代，每个个体需求都在更新换代，学生们同样如此。教育者要重视学生个体发展规律，在适宜的阶段为学生做好挫折的恰当引导[10]。教育者要不断学习和充实教育的方法和理念，做好学生性格和阶段的了解，这样的挫折教育才会更加全面合理。

3.3 抗挫折能力培养的方法单一

挫折教育并不是一成不变和死板的，而是讲求动态、连续和发展。学校开展挫折教育并不能只把教育场合放置在校园内，要引导学生更多地走出校园，充分感受社会环境。因为小学阶段学生年龄和行为不够成熟，校方为学生安全而减少甚至取缔了校外课外活动的机会，这样做使得学生每天重复单一的挫折教育，并无长进。学校内挫折教育的内容和活动并未随时更新，挫折教育更多的是班会式的口头教育[11]。教师只能从理论层面告诉学生遇到挫折时该怎么办。在对相关内容进行学习时，小学生过于机械、被动，主观经验严重不足。在教育活动当中，学生占据的是主体地位，他们的参与十分关键。如果只是教师的理论活动，教育的效果肯定不理想，没有实际效果。

3.4 家长过度重视学习成绩的不良心态

家长在"再穷不能穷教育，再苦不能苦孩子"思想影响下，尽其所能地为孩子提供最好的物质生活环境，竭尽全力帮助孩子解决所有问题，为孩子铺平成长的道路，让孩子生活在一个没有挫折和困难的环境中，使得孩子很少得到锻炼，缺乏艰难困苦的经历，剥夺了孩子在挫折中成长的机会。卢梭说：人们只想到怎样保护他们的孩子，这是不够的。应该教会孩子保护自己，教他经受得住命运的打击，教他不要把奢华和贫困放在眼里。

4 小学生抗挫折能力的培养对策

挫折能力培养是有效的教学手段之一。在儿童遇到挫折的时候给予他们正确指导，有利于儿童身心的健康成长。潜移默化中提升他们的认知水平、主体优势，接下来的教学活动能够推进得更顺利。幼儿教师根据孩子的个体差异，优化教学设计，合理安排活动，给予他们有价值的情感体验，同时拉近师生间的距离，妥善解决互动形式化的问题，广大幼儿乐于实践，敢于对抗挫折，实现个性化的成长目标指日可待。对此，结合相关知识，笔者提出以下对策。

4.1 重视教育中抗挫折能力的培养

想要帮助学生建立对抗挫折的正确观念教师可以从下列角度入手。首先，要让学生脑海里对挫折有一个存在概念，挫折作为抽象的存在不随时间地点的改变而变化，主观的思维不能消灭挫折。教师应该引导学生树立正确看待挫折的态度，困难的不是挫折而是无法应对和击败挫折。面对挫折逆来顺受不会让事情向更好的方向发展，迎难而上给予挫折迎头痛击才可以为自己开辟出走向成功的路径。接下来教师可以从思想方面帮助学生辩证看待挫折，挫折带来的不只是困难、压力和阻碍，更要把挫折看成老师在帮助我们学习和积累经验，建立不屈的意志。我们应对挫折时是不断突破自身极限和挖掘潜力的过程，经历过挫折才能在未来面对困难时更加自信。将挫折带来的消极能量转化为积极的态度，不向挫折轻易低头才是我们面对挫折正确的态度[12]。人际交往和文化的传播都意味着个体要不断扩大自身的社交范围和圈子，压力和竞争不可避免。积极的态度能够造就健康的磁场帮助个体更加优秀，所以学校在今后的挫折教育中要重视对学生态度和心态的培养，让学生在面对压力、竞争和挫折时更加具有斗争的勇气。态度的改变，就说明学生已经拥有了打败挫折的勇气，距离成功不远了。生活上也好，学习上也好，无论面临何种困难和挫折，学生们都要冷静地应对。

4.2 完善抗挫折能力培养的体系

学校，在对学生心理教育课程进行设置时，不管是数量，还是上课频次都要增加，这样一来，学生的心理知识才会丰富、扎实，才会获得健康的心理。教师除了进行心理教育知识以外，还可以开设与学生进行心理沟通的咨询室，学习一定的心理沟通语言和技能，帮助学生排除一些心理问题，纠正不良的心理认知。从事教育心理咨询的老师要具备专业的知识和技能，确保自身经验充足。一旦学生面临挫折压力心理出现问题，教师能够及时科学地进行心理辅导，从而让他们的挫折抵御防线变得牢固、强大，使其心理健康程度不断提升。再有，教师个人的素质和人格魅力也在悄无声息地改变着学生的认知，教师通过履行国家政策实施教育手段来传授知识和塑造着学生的人格。可以说，教师的作用十分关键。一方面决定着学校的教学质量，另外学生知识掌握情况、心理素质高低也与老师有着紧密的关系。所以挫折教育同样受到教师个人素质的影响。针对这一问题需要对教师综合素质提出更高的要求，开展挫折教育的教师应当在学识技能方面足够优秀，有终身学习的理念。教师要把握挫折教育的发展历程和规律，不断扩展有关挫折教育的新技能，深入研究与挫折教育有关的文献，不断总结自身教育课程开展过程中的经验和教训，不完善之处加以整改。要将不断调整的理论充分应用到对于学生的挫折教育中，这不仅提升了挫折教育的效果，也促进了自身知识素质的提升[13]。

4.3 指导学生应对挫折方法的多样化

第一是运用好心理防御机制。从心理咨询的角度来看，当一个人遇到挫折时，他的心理会发生变化，会有一些麻烦。有很多应对方法可以使人们的心理更好地适应和改善。比如说，借助实际行动，我们可以把问题妥善解决；你也可以暂时忽略它，冷静地处理它，或者以一种聪明和适当的方式对待它。人体本身有心理防御机制。心理防御机制，顾名思义，是指当遇到挫折时，人往往会自动调整和修改自身与现实的关系，使个体能够轻松接受挫折，类似于应激能力。这可以有效缓解不良情绪的负面影响，帮助人们早日摆脱困境，恢复健康的心理。第二，学会自我扩散。有这么一种情况，那就是在挫折面前，学生会产生自责心理，他们会认为"我真是太笨了，老师、家长、同学都会看不起我，我没有脸面去跟他们见面了"。这种情绪是不良的、负面的，对学生的健康成长非常不利，如果不能得到扭转，就不能勇敢地去面对困难，不能将挫折战胜。所以，当教师看到这一情况时，必须要担负起教育责任，引领学生正确认识挫折，帮助他们摆正心态，从沮丧悲伤的情绪中走出来，建立起克服困难的信心[14]。

4.4 家长要引导孩子树立一种成长型心态

俄国文学评论家别林斯基说："不幸是一所最好的大学。"不是每个人都有面对挫折的勇气。从来没有经历过挫折和困难的孩子，他的抗挫能力处于一个未开发的原始状态，根本谈不上有抗挫折的能力。父母要有科学的认识——勇敢面对挫折是锻炼孩子心性和抗挫折能力的最基本的方式。父母要引导孩子把生命中的挫折和困难都当成人生中成长的契机，是提升自己能力的机会，这样的心态就是一种成长型心态。孩子学会以这样的心态面对挫折，才会不怕挫折，并且会欢天喜地地迎接生命中的每一个挫折，乐于去迎接挑战。以成长型心态面对挫折，可以从三方面获得成长。一是可以提升面对当下困境的能力。当我们集中精力思考如何提升能力解决当下问题时，注意力放在解决问题上，自然没有了焦虑恐惧的时间和精力。二是学会接受现实。无论问题结果怎样，我们都因经历解决问题的过程而得到了成长，这即是能力提升，问题得以解决，压力解除；如果通过努力，问题没有解决，由此而认识到不是所有的问题都能解决，这是一种人生常态。三是对挫折有充分的心理准备[15]。人活着就会遇到挫折，这个困难可能是暂时克服不了的，学会与困境同在，能够带着问题前行，更是一个成熟的个体应有的一种积极心态。总之，要引导孩子认识到，所有的挫折都是来帮助我们成长的，因此，不要惧怕挫折，而是以一种准备的、开放的心态迎接生命的挑战。

5 结语

多方面要素的影响对我国当今社会的人才提出了更高的要求，人才要想更加优秀，不仅专业技能要娴熟，专业知识要丰富，心理素质同样不容忽视，这样才能应对一直伴随生活工作学习而产生的各种压力和挫折。现代教育除了重视知识的培养也要加大挫折教育的培养力度，培养学生们的抗挫折能力。这一能力使个体遭遇压力挫折时能够保持积极的心态和昂扬的态度，保持情绪稳定并且快速冷静地寻找应对挫折的最佳方式。培养抗挫折能力能够帮助个体健全人格品质，更好地适应生活和社会环境。

本文首先引出了论文的研究背景及意义，紧接着梳理了抗挫折能力、挫折教育、挫折理论相关内容。之后归纳了小学生抗挫折能力培养存在的问题，分别是对教育中抗挫折能力培养不重视、抗挫折能力培养未形成体系、抗挫折能力培养的方法单一、家长的过度重视学习成绩的不良心态。最后结合抗挫折相关知识，提出小学生抗挫折能力的培养对策，依次是重视教育中抗挫折能力的培养、完善抗挫折能力培养的体系、指导学生应对挫折的方法的多样化、家长要引导孩子树立一种成长型心态。培养幼儿的抗挫折能力很难一蹴而就，要求我们教师选择应用有效策略，积极探索多种途径，结合儿童发展的实际情况，更好地展开教学指导，来为广大幼儿身心的健康成长、内在潜能的深入挖掘、创新思维的不断活跃、知识经验的不断积累等提供强大助力。

参考文献

[1] 杨思帆，庞贞艾. 小学生困难与挫折教育的价值审视与实践路径——基于新冠疫情影响分析[J]. 教师教育学报，2020，7（5）：119-124.

[2] 王瑞红. 小学生挫折教育浅论[J]. 新生代，2020（3）：59-61，41.

[3] 庞晓文，王晓明. 积极心理学视角下的小学生挫折教育[J]. 中小学心理健康教育，2020（14）：72-75.

[4] 石晓丽. 试论挫折教育对于小学生健康成长的重要意义[J]. 课程教育研究，2019（34）：18-19.

[5] 任锋，王绍文. 基于现实观照的小学生挫折教育提升策略[J]. 中国德育，2019（12）：30-33.

[6] 都丽丽，范雪慧. 让生命激起美丽的浪花——加强小学生挫折教育的方法和途径[J]. 中小学心理健康教育，2019（2）：56-58.

[7] 周明环. 浅析健全人格视域下小学生挫折教育的途径 [J]. 福建教育学院学报, 2018, 19 (11): 103-104.

[8] 丁娟. 小学生挫折教育现状及对策研究 [D]. 聊城: 聊城大学, 2018.

[9] 张莹. 小学生挫折教育的现状调查与对策研究 [D]. 扬州: 扬州大学, 2018.

[10] 刘笑铭. 正视脆弱的"蛋壳心理"——小学生抗挫折能力培养策略分析 [J]. 才智, 2020 (9): 188.

[11] 李俊芝. 浅谈小学生抗挫折能力的培养 [J]. 赤子 (中旬), 2021 (2): 240.

[12] 刘璐. 谈小学生承受挫折能力的培养 [J]. 才智, 2021 (6): 95.

[13] 吴旻. 小学生抗挫能力的培养 [J]. 大连教育学院学报, 2020, 26 (2):55-56.

[14] 薛盈弟, 刘桓旭, 白秀杰. 抗挫折能力培养的家庭实践探析 [J]. 白城师范学院学报, 2021, 35 (6): 57-61.

[15] 周海宏. 如何培养自信心与抗挫折能力——培养孩子心理健康的教育要点 [J]. 音乐生活, 2019 (12): 66-71.

积极心理学对中小学生的作用

胡 月

（北京积极心理学协会劳动实践专委会）

1 前言

积极心理学作为心理学领域的新兴分支，关注人类优势与潜能的发掘与培养，致力于提升个体的生活满意度与幸福感。在中小学教育中，这一理念的实施有助于优化学生的心理发展环境，提高其学习效率及社会适应能力。

随着积极心理学的发展与普及，其在教育实践中的应用愈发广泛。本文旨在探讨积极心理学在中小学生群体中的应用及其作用效果，通过分析积极心理学的核心概念、理论框架以及在中小学教育中的实际应用案例，揭示其对学生个体心理健康、学习动力和人际关系等方面的积极影响。此外，本文还将讨论实施积极心理学干预策略的挑战与未来发展趋势。

2 积极心理学的核心理念及其与中小学生的相关性

积极心理学重视个体的积极体验、积极个性以及积极机构的建设。对中小学生而言，这意味着教育者和家长需要关注学生的情绪管理、自尊自信的培养、抗挫折能力的强化，以及正面行为的激励等方面。

3 积极心理学在中小学教育中的应用

（1）学校教育环境中积极心理学的应用包括创设积极的班级氛围、开展情绪教育活动、实施优势发展计划等。

（2）家庭环境中积极心理学的应用：家长通过肯定孩子的长处、鼓励正向行为、建立积极的家庭交流模式等方式来应用积极心理学原则。

（3）个人层面的积极心理学实践：培养学生的自我认知能力、自我激励技巧和目标设定等。

4 积极心理学对中小学生的具体作用

（1）增强心理韧性：通过积极心理学的实践，学生能够更好地应对生活与学习中的压力和挑战。

（2）提升学习动机：积极心理学的应用有助于激发学生的内在兴趣和学习热情，进而提高学习效率。

（3）改善人际关系：积极心理学强调同情心与合作精神的培养，有助于学生建立和谐的同伴关系。

（4）促进全面发展：积极心理学不仅关注学业成绩，还关心个体的情感、道德和社会技能等非智力因素的发展。

5 积极心理学在中小学教育中面临的挑战与展望

尽管积极心理学为中小学生的教育与发展提供了新的视角和方法，但在具体实践中仍面临教师专业发展不足、教育资源分配不均等问题。未来应加强相关培训，完善政策支持，并在教育实践中不断探索适合学生个体差异的积极心理学应用策略。

6 结语

积极心理学为中小学生提供了一种全新的教育视角，通过培养和强化学生的优势与积极特质，可以有效促进其心理健康、学习动力的增强和社会能力的发展。将积极心理学理念转化为教育实践的具体操作，需要教育者、家长以及政策制定者的共同努力和支持。未来的研究和实践应持续关注积极心理学在中小学教育领域的深入融合与发展。

劳动实践心理学：探究劳动者心理现象与劳动效能的关系

刘键伟

（北京积极心理学协会劳动实践专委会）

劳动实践心理学是心理学的一个重要分支，它研究劳动者在劳动实践中的心理现象及其与劳动效能的关系。本文旨在探讨劳动实践心理学的基本理论、研究方法和应用领域，以期为提高劳动者的工作效率和心理健康提供理论支持和实践指导。

1 前言

劳动实践心理学结合了劳动过程和心理学知识，对劳动者的心理现象进行深入研究。劳动者的心理状态、动机、行为等因素对劳动效能产生重要影响。因此，研究劳动实践心理学对于提高劳动者的生产力和工作满意度具有重要意义。

2 劳动实践心理学的基本理论

劳动实践心理学以普通心理学、社会心理学、管理心理学等为基础，结合劳动实践的特点，研究劳动者的心理反应、心理活动和心理规律。它关注劳动者的需要、动机、行为、个体心理素质、群体心理现象，以及劳动者心理保健和安全生产等问题。

3 劳动实践心理学的研究方法

劳动实践心理学的研究方法主要包括观察法、调查法、实验法和案例研究法等。通过观察劳动者的实际工作过程，了解他们的心理现象和行为表现；通过问卷调查、访谈等方式收集劳动者的心理数据，分析他们的心理特点和需求；通过实验手段操纵劳动条件，探究不同条件下劳动者的心理变化和劳动效能；通过案例研究，总结劳动实践心理学的应用经验和教训。

4 劳动实践心理学的应用领域

劳动实践心理学在人力资源管理、安全生产、职业培训和心理健康等方面有广泛的应用。在人力资源管理中，劳动实践心理学可以帮助企业选拔合适的员工，提高员工的工作满意度和忠诚度；在安全生产方面，劳动实践心理学可以分析事故原因，提出预防措施，降低事故发生率；在职业培训中，劳动实践心理学可以帮助培训者了解学员的学习需求和心理特点，制订更有效的培训方案；在心理健康方面，劳动实践心理学可以为劳动者提供心理咨询和心理疏导，缓解工作压力，提高生活质量。

5 结语

劳动实践心理学作为心理学的一个重要分支，对于提高劳动者的生产力和心理健康具有重要意义。未来，随着劳动环境的不断变化和劳动者需求的日益多样化，劳动实践心理学将面临更多的挑战和机遇。因此，我们需要进一步加强对劳动实践心理学的研究，完善其理论体系和应用方法，为劳动者的劳动实践提供更加全面和深入的理论支持和实践指导。同时，我们也应关注劳动实践心理学在实际应用中的问题和挑战，积极探索有效的解决策略，以推动劳动实践心理学的发展和应用。

多措并举，以教"育"生命
——北京市八一学校附属玉泉中学生命教育实践探索

姜 杉[①]

（北京市八一学校）

1 前言

党的十八大把"立德树人"确立为社会主义教育的根本任务，这是对教育本质认识的一次历史性飞跃。随着经济的发展和社会的进步，教育的工具性价值将被逐渐淡化，其本体性的功能将会得到凸显，那就是丰富人心、涵养人性、拓展生命的内涵，提升生

---

① 本文系北京市教育学会"十四五"教育科研 2022 年度课题"初中生生命教育课程体系构建研究"（课题编号：HD2022—020）的阶段性研究成果之一。

命的价值和意义。在新一轮义务教育课程修订中已经得到体现,《义务教育课程方案和课程标准（2022年版）》就明确要求将生命安全与健康等教育内容有机融入课程与教学，实现重大主题教育与学校课程的整合。党的二十大报告提出"健全学校家庭社会育人机制"的要求，这需要学校积极发挥在协同育人机制中的主导作用，认真学习和落实党和国家关于学校家庭社会协同育人的方针与政策。作为实施生命教育的主阵地，北京市八一学校附属玉泉中学为了引导学生关注生命、尊重生命、敬畏生命、热爱生命，进行了一系列探索，打造了一个多元化的生命教育平台。

北京市八一学校附属玉泉中学前身是北京市第六十七中学，2015年由北京市八一学校承办。学校位于著名的旅游区颐和园与香山之间，东临颐和园，西倚玉泉山，环境幽雅，人杰地灵。学校传承八一学校的文化精髓，梳理本校的文化脉络，既继承两校的红色传统，又在传承中不断开拓创新，在实践探索中将学校文化凝练为"上善文化"。善，是中华民族传统美德中不可或缺的基因，"上善"，则成为全校师生指引自身发展的价值标尺，这对弘扬社会主义核心价值观，完成立德树人的根本任务有着重要的意义。"上善文化"并不是空中楼阁，是促进学校和师生发展的顶层思想，更是行动指南。学校从"上善文化"的内涵出发，进一步确立了学校的育人目标以及学生发展核心素养，将"上善文化"切实落实到育人的全过程，发挥文化育人的强大功能。

2 认识生命：以课题打开生命教育的密码

学校是育人的场所。以教育智慧助力孩子们发展完满的人性、实现生命的价值是教育工作者的最高追求。然而，现实中学校教育的实践并不完全服务于这一追求，升学竞争、应试主义盛行，在沉重的学业负担之下不少学生身心疲惫；重智育轻德育、重分数轻能力的现象也普遍存在，学校教育在一定程度上背离了育人的初衷。因此，如何落实生命教育这一重大主题、引导学生追问生命的价值和意义就成为重要的研究课题。2022年，学校申报了北京市"十四五"教育科研课题"初中生生命教育课程体系构建研究"及海淀区教育科学规划专项课题"'双减'背景下初中生生命教育课程建设研究"，通过课题对初中生生命教育的理念和课程建设进行了系统研究。

课题研究的基本目的表现为两个方面。一是对生命教育的理念进行研究和阐释，结合特定的教育教学事件对生命教育进行诠释和理解，形成有关生命教育的正确认识。二是结合我校教育的具体实际，将生命教育纳入学校课程建设的范畴，推动生命教育校本化实施，开发系列生命教育课程模块，并在课堂层面实施生命教育课程，探索符合学校实际的教育教学模式。

3 体验生命：把课程作为生命教育的载体

课程建设是学校取得长远发展的基石。我校成立了课程建设小组，在北京师范大学杨明全教授的指导下，不定期举办教师工作坊，积极开展相关调研和课程开发，构建了具有鲜明特色的五大课程群（社会与道德、自然与科学、劳动与实践、人文与社会、运动与健康），并且将生命教育课程作为特色课程进行建设，打造了具有自身特色的生命教育课程体系，实现了生命教育与学校课程的融合，将生命教育渗透到各个学科的教学设计中。

"八一玉泉"在继承八一学校部分品质基因的基础上，结合"上善文化"的文化内涵、我校学生发展核心素养指标体系和学生发展特点和水平，确定了适合"八一玉泉"

学生的八大"上善基因"。这是学生外在表现出的向善意识和向上能力必须具备的内在基因特质，是培养向善、向上的现代公民所应具有的。《日新如泉》德育读本包含学生读本以及教师读本，它凝结了对学生八大"上善基因"培育的心血，以"泉"的特质为线索，以每个月的"上善基因"为牵引，为学生在"八一玉泉"三年的成长创设了八个站点的基因体验活动。

第一站为"爱的甘霖润心田"，是九月份尊重月的基因活动；
第二站为"千姿百态展新颜"，是十月份创新月的基因活动；
第三站为"滴水石穿意志坚"，是十一月坚毅月的基因活动；
第四站为"泾渭分明会思辨"，是十二月明辨月的基因活动；
第五站为"千里融汇诚心连"，是三月份诚信月的基因活动；
第六站为"以水为镜知沉淀"，是四月份慎独月的基因活动；
第七站为"烟波浩渺行无限"，是五月份开放月的基因活动；
第八站为"百转千回驶向前"，是六月份自主月的基因活动。

课堂是实施生命教育最重要的场所，为此我校根据学科特点，在心理、生物、音乐、英语等课程中加入生命教育元素。我校参与了广东省中小学"百千万人才培养工程"初中名校长项目交流活动，在活动中我校教师做了以"生命成长"为主题的生命教育展示课，获得名师团高度认可。其中，贺泽行老师的心理课"生命的色彩"、盛洁老师的音乐课"拉德茨基进行曲"、耿云冬老师的生物课"生命的精彩"及刘珊老师的英语课"吵闹的邻居（Noisy Neighbors）"，受到名师团广泛好评。同时，生命教育课程的研发呈现多学科融合的特色，通过跨学科课程设计树立生命教育的意识。如初一年级的心理课在亲子沟通、青春期教育、情绪管理等领域融入生命教育元素；初二年级的生物课开展"生命之旅——见证小鸡孵化"主题教学，在实验室老师指导下，经过15天的观察和记录，孩子们共同见证了小鸡破壳的过程，认识到生命的奇妙与珍贵，更加尊重敬畏生命。类似的生命教育和教学活动在语文、美术、音乐课堂时时发生着。

另外，德育课程是生命教育的重要载体。我校开展了丰富多彩的德育课程，其中最受学生欢迎的是实践活动。高一、高二全体学生前往昌平国防教育培训学校，学习了紧急救护知识，体验了高空平衡桥、穿越地网、野炊等项目。此外，学校通过安全教育日、学习雷锋纪念日、国旗下演讲、劳动课程等校级活动，以及主题班会、青春期讲座、体能锻炼等班级活动，宣传生命安全知识，统一班级板报主题，引导学生热爱生命、珍惜生命，延长自然生命长度，将精神生命升华到更高层次。

3 润泽生命：以教师培训提升生命教育的力量

教师是生命教育的执行者，教师幸福力直接影响生命教育实施的质量。为了提升我校教师幸福力，学校邀请生命教育科普促进会会长、北京师范大学肖川教授为全体教师开展"生命教育：朝向幸福的努力"系列报告。肖教授为老师们赋能，通过一系列问题启发老师们理解生命，理解幸福，以及如何在教学中落实生命教育。会后老师们纷纷表示能量满满，获益良多。贺泽行老师说："有幸聆听了肖教授讲座，此刻心流涌动，自己也开始重新审视生命的意义。生命可以影响生命，每个人都有多重的社会角色，在每个角色中你是能量满满的，积极阳光的，身边的每个人都会因你的存在而幸福，享受生命的美好。同时生命教育也是'爱自己'的教育，这种爱不是狭隘的，而是能量的源泉，努力在生活、家庭、工作中爱自己，才有能量爱民胞物与。"人间所有的一切都源于生命的存在。没有了生命，一切都不存在了。教育的目标是让人活出精彩，活出意义，生命教育是培植学生的生命情怀。每个人都应该对自己的生命确认、接纳和喜爱，只有对自己生命的肯定，才有对整个生命世界的肯定，对生命教育的认识必须要提高到这个高度。可以说，生命教育是教育的最底线。教育者对生命的遗忘是最大的悲哀，对生命的漠视是教育最大的失职与不幸。耿云冬老师写道："生命教育就是朝向幸福的努力和造就强健的个体。作为一名教师，在我们的教学中，培养孩子们的幸福能力是我们教育的目标，让学生学会爱，发现和创造，并不只是知识的传递，更是追求幸福的能力。现在回想课堂上自己的教学太单薄，今后，我要多发现孩子们的闪光点，让他们拥有幸福感、认同感和意义感，做好一名教师的生命教育！"

另外，面对疫情期间师生存在的心理问题，与中国科学院心理所合作，在全校开展应用心理教练培训，70%的教师完成专业测试考核。建设心理健康对话空间，助力教职工通过自身的智慧和资源找到生活、工作中所面临的各种心理困扰的解决办法，这个"小屋"已经成为心灵与心灵对话、生命与生命共舞的空间。利用寒假，22位班主任及德育干部完成家庭教育指导师的培训及考核。

4 托举生命：以家校携手促进生命教育的发展

每个新生命的历程都是一个神秘的过程，蕴含着无限的可能性。处于不同时代、不同家庭的生命个体，都将迎来天地间属于自己的那份独特和唯一。家庭，一个由亲子组成的、以爱和生命为载体的组织，承担着人类生命成长的伟大主题。面对百年未有的大变局、人工智能时代的到来、实现伟大复兴人才培养的需要、家庭教育促进法的颁布与实施、"双减"背景下实现高质量教育所需，学校携手家长走在改革与结构重组、结构优化的最前沿，隆重举行了家长学校成立暨生命教育大讲堂启动仪式。学校成立了"校级—年级—班级"三级家长学校，将专家和家长请进校园，开展亲子沟通、家校共育专题讲座，开设家校共育学习平台，先后为家长推出16次讲座以帮助家长转变教育观念，在关注子女学习和生活的同时，更加关注孩子的心理健康。教育需家长和老师的共同努力，作为家长，要想更好地培养孩子，就必须站在一定的高度，不断地学习、提高自己。"爱其如是，非爱其如我所愿"，家长要学会真正地去爱自己的孩子，让家庭成为孩子成长的沃土。

总之，生命教育旨在教人理解生命的真谛，促进个体生命价值的实现。北京市八一学校附属玉泉中学将始终坚持以"上善文化"育人，不断拓展生命教育的广度和深度，为打造受学生、老师欢迎的生命教育文化而努力。我们相信，只有不断推动生命教育的发展，才能让我们的学生在健康、有爱、有尊严的环境中成长，让每一个学生都能够拥有一个快乐、充实的人生。

参考文献

[1] 肖川. 生命教育：朝向幸福的努力 [M]. 北京：新华出版社，2020.9.

基于员工辅导计划有效融入思想政治工作的管理实践

杨志欣

1 前言

广东电网公司（以下简称"广东电网"）是中国南方电网公司的全资子公司，现有员工超10万人。2012年，南方电网将员工辅导计划①引入思想政治工作，借助其科学性和实用性，完善方式方法。进入新时代，员工辅导计划的价值发挥又面临新形势。

2 实施背景

2.1 贯彻国家政策的需要

党的十九大报告指出，要塑造社会成员的健康人格，培育自尊自信、理性平和、积极向上的社会心态，22个部委联合印发《关于加强心理健康服务的指导意见》，新时代社会治理高度关注个体心理健康。就企业而言，员工心理健康是组织心态的重要构成，是企业治理的重要部分。

2.2 顺应时代变革的需要

一是多重思潮碰撞带来价值心态混乱。自由主义、拜金主义、享乐主义等滋长蔓延情况存在。媚外心理侵袭人心，冲击主流价值塑造。二是社会快速发展带来心理适应挑战。发展方式、生活节奏、认知观念快速变化，容易引发心理焦虑和心态失衡。新冠疫情、重大事故等突发情况极易使心理出现较大波动，带来心理适应挑战。三是信息交互迅捷繁杂带来心理情绪波动。信息化催生情绪化，情绪化在网络中形成群体情绪并快速积聚扩散，容易形成群体非理性。

2.3 支撑企业发展的需要

一是世界一流企业创建的重要保障。南方电网董事长、党组书记孟振平指出，要建设以人为本的"幸福南网"，把关心关爱员工和严格要求员工统一起来。二是全国最好、世界一流省网企业的标志之一。南方电网党组《关于不断提高党的建设质量推动党建工作与改革发展生产经营深度融合的指导意见（2020版）》将"加强人文关怀和心理疏导，因地制宜开展员工辅导计划"作为重要举措之一。三是企业治理体系和治理能力的重要体现。南方电网印发《员工辅导计划五年规划（2017—2021年）》，为员工辅导计划工作落地作出部署。

---

① 员工辅导计划EMP（Employee Mentor Program）是在南方电网企业文化理念指导下，思想政治工作和员工辅导计划的融合，以"助人自助"为基本理念，对员工实行人文关怀和心理疏导，达到倾听员工心声、改善员工感受、引导员工行为、传达企业愿景、传递文化价值、灌输组织战略的目的。

2.4 破解现实困局的需要

一是融入企业难。员工辅导计划作为西方管理心理学概念被引入中国，由于文化差异、概念陌生，难以获得员工信任和普遍接受，对企业认证的辅导员专业性也产生怀疑。二是融入工作难。与传统思想政治工作方式方法的结合度不足，存在"两张皮"现象，很多时候流于形式，缺乏实用性抓手。三是融入业务难。与生产、营销等业务领域的融合不充分，导致呈现发展不均衡、不持续的状况，难以体现价值。四是融入日常难。与员工日常黏合度不高，存在感不够，获得感不强，导致部分基层单位推进该项工作动力不足，员工的参与意愿不高。

3 内涵做法

广东电网立足员工辅导计划的价值发挥，探索形成了系统模型和创新做法。

3.1 核心内涵

基于"借助员工辅导计划科学性推动常态下思想政治工作有效落地、借助员工辅导计划实用性解决应急下思想政治工作面临问题"的双定位，依托各级管理人员和各级政工人员的两大群体，通过"构建'1+1'管理模型、加强团队专业塑造、推动工作本土转化、研发业务融合工具、健全心理量化测评"五个创新做法，有效解决落地见效不足、员工接受度不高、工作操作性不强、业务结合点不清、日常黏合度不深等突出问题，达成了员工辅导计划价值发挥的目标，填补了以安全心理评估防范生产作业风险的技术应用的空白，开辟了思想政治工作创新管理的普适路径（详见图1）。

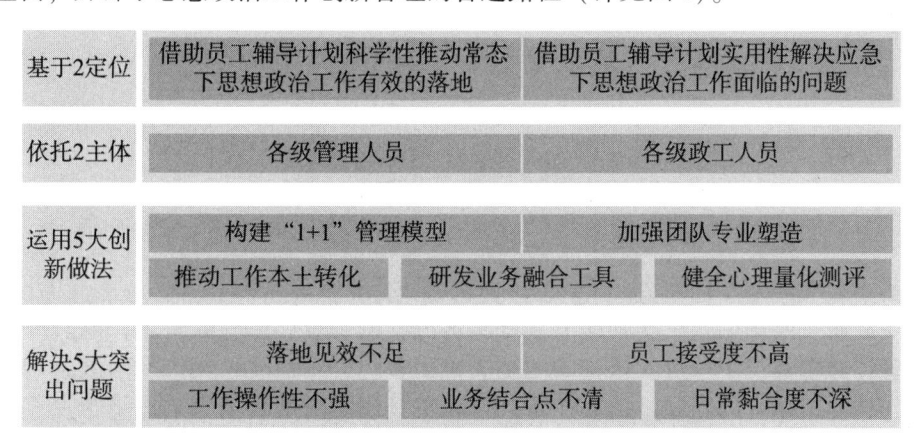

图1 员工辅导计划有效融入思想政治工作的核心内涵

3.2 主要做法

3.2.1 构建管理模型，形成科学有效的工作体系

运用7S管理工具，对结构、制度、风格、员工、技能、战略、共同价值观7个方面综合分析，立足实际构建了"1+1"管理模型（详见图2），形成一个"支撑体系"和一条"实施路径"。

3.2.1.1 建立支撑体系，确立价值基础和管理基础

确立"员工辅导计划价值发挥"目标、分解"服务企业发展"四个管理子目标。确立"六个一"支撑策略和保障做法，即一个完善的组织架构，一支专业化的辅导员队伍，一套基础管理制度，如《员工辅导管理办法》《个体辅导业务指导书》《团体辅导技

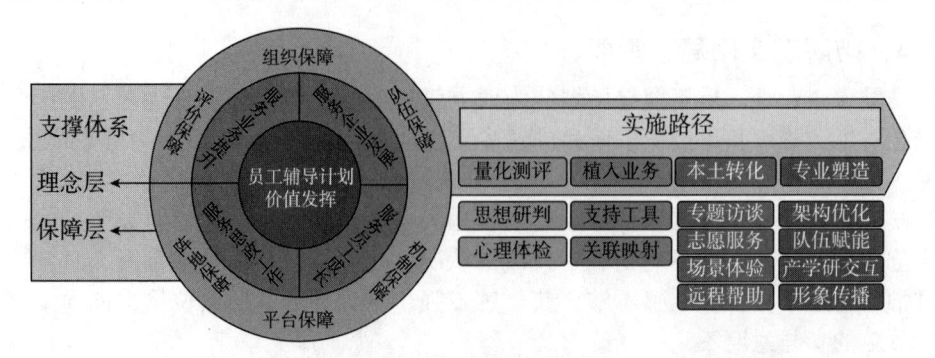

图 2　员工辅导计划有效融入思想政治工作的"1+1"管理模型

术指导书》等，一个三级工作阵地（省级示范基地、一批地市级工作室、一批基层单位服务站），一个评价机制（将员工辅导计划的实施情况纳入各单位党的建设工作评价考核），一个信息化平台（详见图3，推进数字化转型，自主开发移动应用平台，逐步建立协会管理、阵地管理、心理体检等管理模块和应用模块。）

图 3　员工心理健康移动应用平台

3.2.1.2　建立实施路径，推进工作落实落地

立足破解现实困局，由浅到深形成逐次递进的四个载体。专业塑造，以资源优化配置破解难以被企业员工理解、接受的问题。本土转化，以精简管用为导向破解难以与思想政治工作有机结合的问题。植入业务，以新工具研发破解和业务工作结合点不清的问题。量化测评，以思想动态研判、心理体检等方式破解难以融入员工日常的问题。

3.2.2　加强专业塑造，融入企业实现态度转变

3.2.2.1　完成架构优化，突出专业运营

将原有"省公司、地市单位、基层单位"三级单向推进模式，调整为"分级管理、专业运营"组织模式（详见图4）。其中，"分级管理"延伸至省、市、地、县四级管理人员和政工人员，各尽其职。"专业运营"以心理健康协会为主体，整合内外部思想政治工作人员、心理辅导专业人员资源，打造专业化团队。目前，已开展调研1次、知识讲座7次，制定方案2个，形成各类案例超500个。

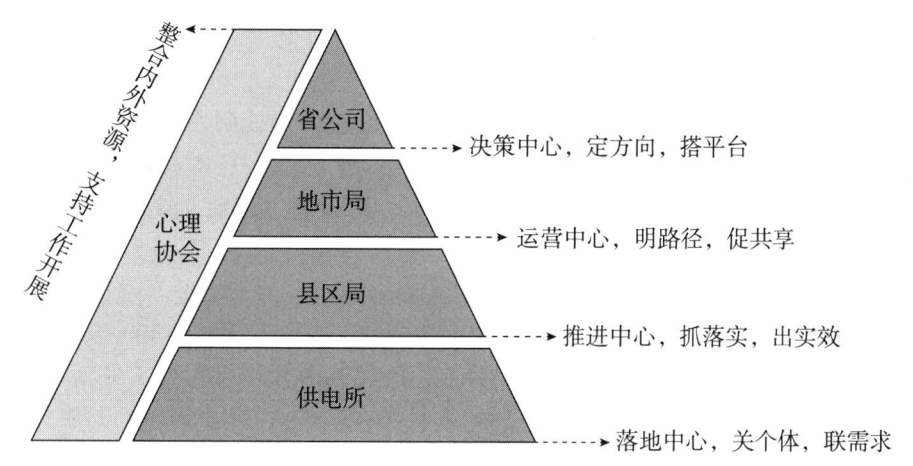

图 4 "分级管理、专业运营"组织模式图

3.2.2.2 实现队伍赋能，提升队伍专业度

确立"让专业的人做专业的事"原则，对原有的"辅导员、高级辅导员、专家级辅导员"三级队伍模式进行分工调整：明确专家级、专业级辅导员才能实施团体辅导、个体辅导，增强权威性。辅导员、高级辅导员只负责掌握各类心理工具，服务思政工作日常开展。

3.2.2.3 加强产学研交互，整合专业资源

创新开拓与中国科学院心理研究所、北京师范大学、华南师范大学等高等院校、国际国内知名心理咨询机构建立长期合作关系，共建实践基地，推动技术攻关、专利申报、人才培养、理论研究、管理创新。

3.2.2.4 开展形象传播，扩大品牌影响力

打造"心·赫兹"品牌，形成品牌标识、理念、视觉识别系统和系列子项目。"心·赫兹"品牌已在中共中央宣传部"学习强国"、国务院国资新闻中心、经济日报、青春南网、知行南网等平台进行广泛宣传推广。

3.2.3 推进本土转化，融入工作加强价值认同

3.2.3.1 专题访谈，做"活"思想政治工作

以"走传谈"项目为载体（走入基层、走近员工、走上讲台；传承历史、传播文化、传递能量；恳谈诉求、交谈工作、畅谈梦想），以各级管理人员、政工人员为主体，通过传统思想政治工作与员工辅导计划技术应用相融合的方式进行。目前，"走传谈"活动已覆盖公司四级单位，在约40个班站所班组累计举办专题讲座6期，开展国家政策、公司制度解读、南方电网企业文化理念宣讲23场，走访调研15次，收集各类意见问题51个，开展"安全文化进班组"活动16场、"走传谈——幸福大篷车"活动90场。

3.2.3.2 志愿服务，做"实"员工心理辅导

以志愿服务的形式，让心理辅导走近员工。63名专家级辅导员通过团体辅导和个体辅导形式开展。目前，已形成"5步团辅工作法""4步工作管理指引"和"4大辅导资源数据库"。制定团体辅导计划8个，实施142次，形成分析报告14份；开展个体辅导364次，帮助解决员工工作生活平衡问题60个，婚姻家庭问题51个，工作压力问题121个，人际交往问题24个。

3.2.3.3 场景体验，实现心理健康可"感"

以公司心理健康工作基地为平台，已建成心理测评室、心理减压室、行为训练室等十个功能分区，囊括各类心理生理体验分析仪器180套，形成阳性强化、合理情绪、短程焦点等12项工具疗法，累计开展员工体验24期457人次、各类心理测评314次、心理健康宣传5次、心理沙盘团辅20次、VR心理减压49次。已有7个党组织、182个青年员工分12批次参与体验。

3.2.3.4 远程帮助，实现心理健康可"亲"

远程帮助以专业级辅导员、外部专业心理咨询师为主体，通过"400-6506-605"心理热线远程提供心理咨询、危机干预等。目前，已配备前台轮岗人员7名，后台分析人员3名，咨询项目包括婚姻、亲子教育、情绪等10项，全天24小时不间断服务。目前，共服务900余天，形成典型案例233个。

3.2.4 深化业务融合，融入业务达成业务支撑

3.2.4.1 开发心理支持工具，支撑全业务员工状态评估

基于心理学基础和业务实际，根据员工心理变化情况分为日常、失调、紧急三个状态维度，从心理教练、咨询辅导、危机干预三个方面建立工具库（详见图5）。聚焦"各级管理者"这一关键层级，在施工前夕、客户沟通、机构调整、职业规划、紧急任务、组织谈话、舆情事件、突发事故、家庭变故9个关键环节，入职、调动、提拔、处分、退休5个关键阶段，提供合适的工具服务管理者做好日常思想政治工作。目前，已在客服、生产，各级支部书记谈心谈话、新员工入企心理适应等领域实现融合。

3.2.4.2 研发关联映射工具，防控生产作业风险

开创微表情、微动作与心理状态关联映射技术，聚焦生产作业安全心理识别，将前期、中期的预控作为重点，应用文献论证、专家经验、头脑风暴等管理工具，研发了安全心理大数据映射识别工具（详见图6、图7）。具体创新做法如下。一是建立基于身体状态、个性倾向、规则意识等维度的安全心理测评体系。二是完成行为表征识别选点。三是完成人脸、步态、语音及行为无侵扰式音视频数据采集。四是通过机器学习算法和大数据分析等创新工具应用，校准模型准确性。目前，工具软硬件验证已完成，正向自主知识产权转化和广泛实际应用方向推进。

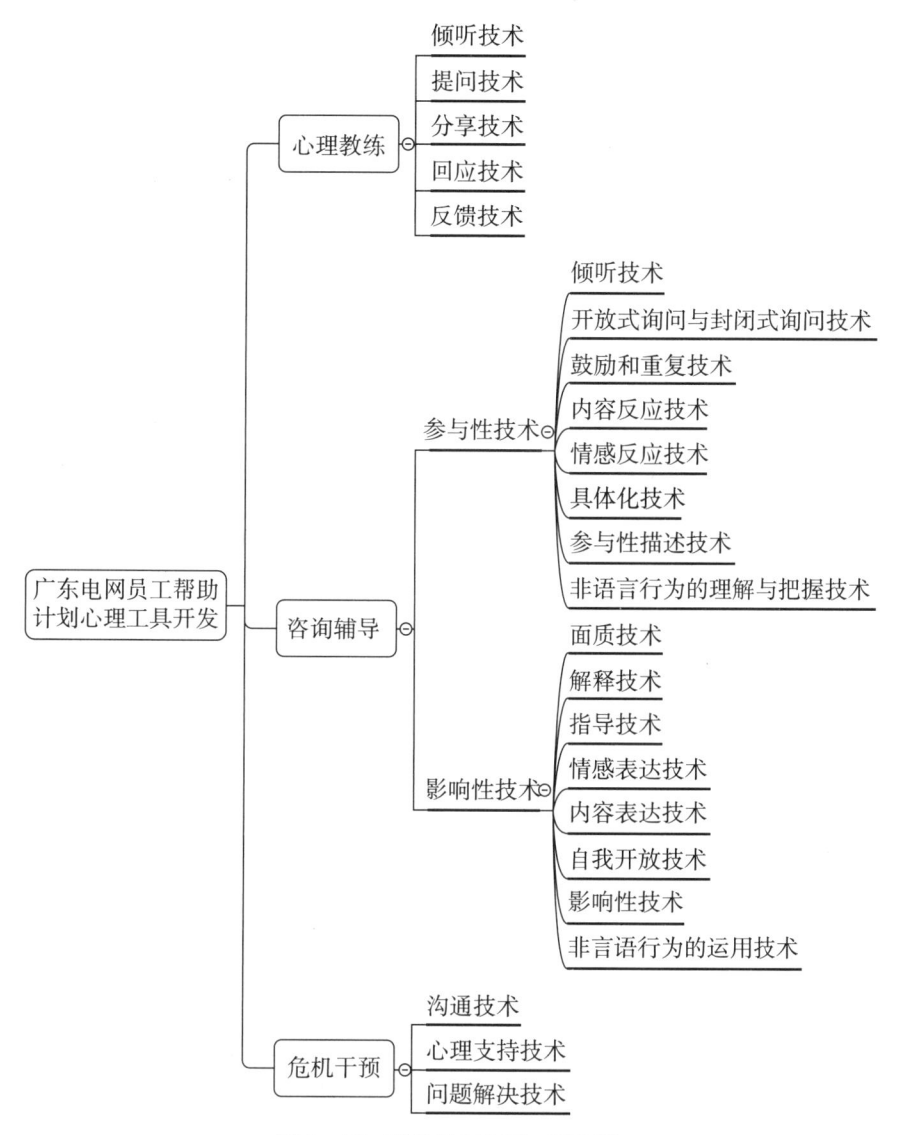

图 5　员工辅导计划心理工具开发

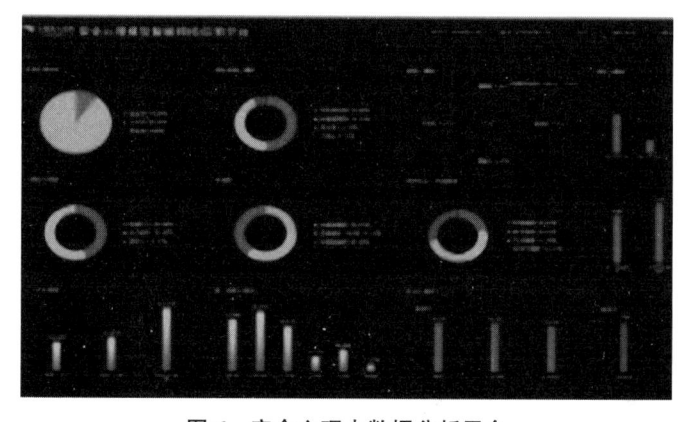

图 6　安全心理大数据分析平台

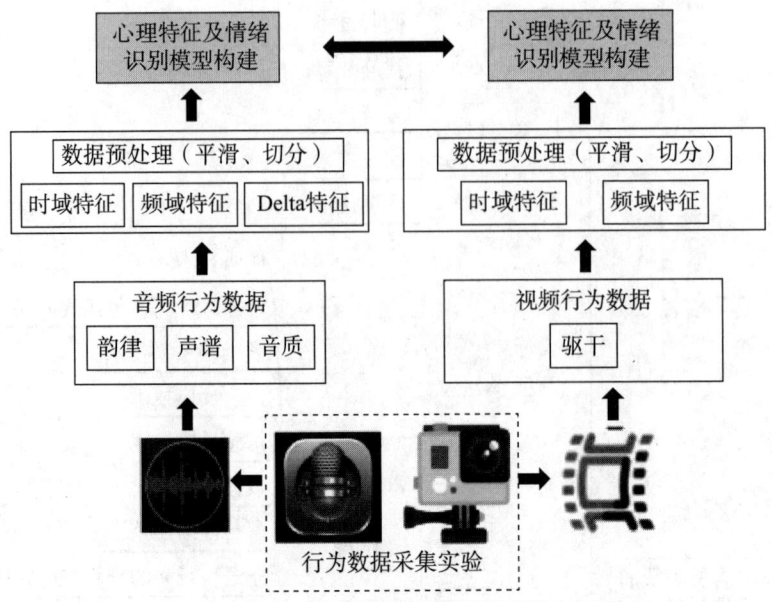

图7 安全心理大数据映射识别技术研究框架

3.2.5 完善量化测评，融入日常达成日常观照

3.2.5.1 思想动态研判，辅助公司决策管理

员工思想动态研判模型，包括"指标模型""数据采集""数据分析""管理增效"四个部分。该模型帮助员工了解自己的思想状况与企业社会倡导的价值偏差，辅助公司掌握意识形态数据，为进一步加强和改进思想政治工作提供决策依据（表图8、图9、图10）。

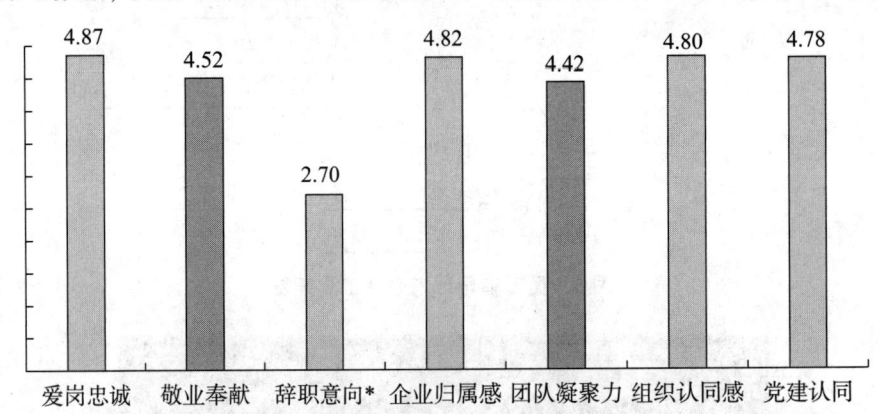

图8 2019年员工思想状态各维度均值

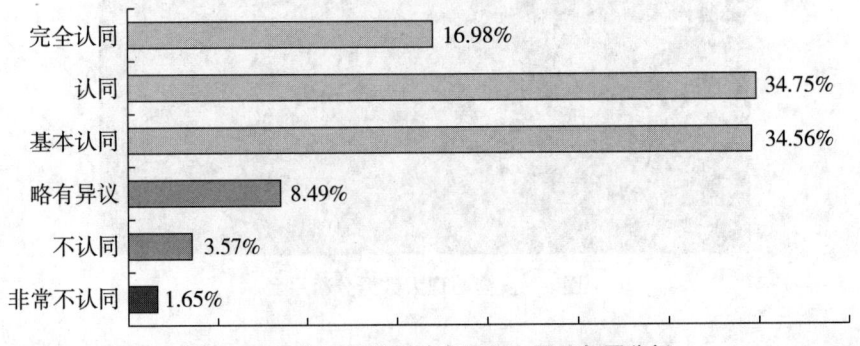

维度	均值
爱岗忠诚	4.87
敬业奉献	4.52
辞职意向*	2.70
企业归属感	4.82
团队凝聚力	4.42
组织认同感	4.80
党建认同	4.78

图9 2019年员工思想动态调研之团队氛围分析

选项	百分比
完全认同	16.98%
认同	34.75%
基本认同	34.56%
略有异议	8.49%
不认同	3.57%
非常不认同	1.65%

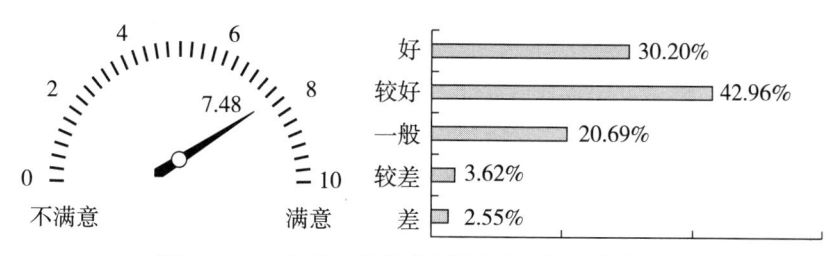

图10　2019年员工思想动态调研之组织满意度评价

3.2.5.2　心理健康体检，动态评估心理状态

建立不定期自测、年度全员心理健康普检的评估模型和工作机制。整合工作满意度量表、症状清单量表（SCL-90）和心理压力应激量表（PSTR），形成公司心理健康状况评估报告，对异常人群、异常现象提出心理支持建议和管理对策。目前，年度心理健康体检在每年员工年度体检前后同步开展。上线以来，144996人次登录平台，3374人次完成测评，关注程度、参与人数持续增加。

4　实施效果

4.1　管理目标成功实现

一是服务企业发展。纳入广东电网创建全国最好、世界一流建设工作方案。建立了《员工心理危机应急预案》等一系列管理制度。形成了《青年思想动态调研报告》等一系列专项分析报告。二是服务员工成长。为员工了解思想心理状态提供帮助和咨询辅导渠道。2019年组织凝聚力提升至86.24%、归属感94.23%、员工愿意为公司发展建言献策95.73%、员工劳动生产率12.1%、人均素质当量同比提升3.5%。三是服务思政工作。丰富落地载体，提升队伍整体能力和专业水平。目前，公司拥有国家二、三级心理咨询师70名、国际认证EAP专员40名、中国科学院专业心理教练40名、督导心理教练10名。四是服务业务提升。心理工具逐步被各级管理者掌握，在客服岗位、生产岗位、书记谈心谈话、新员工入企心理适应等方面有效融合。安全心理大数据识别技术工具对生产作业风险建立有力防线。

4.2　管理经验落地推广

一是全网率先实现员工辅导计划有效落地推广。管理模型成熟运作，四个管理载体落地有力，员工辅导计划已覆盖全省三四级单位。管理数字化平台已覆盖协会管理、心检管理、阵地管理等工作管理全范围，获软著两项。二是开辟思想政治工作创新管理参考范本。在中宣部社会主义核心价值观经验交流会上发言并在中宣部《思想政治工作研究》刊发经验。三是多项成果具备全国最好、世界一流领先特性。安全心理大数据映射识别、员工情绪自动识别、员工工作满意度识别等技术创新，思想动态研判机制、员工心理健康体检等管理创新全国领先。

4.3　管理成果赢得认可

一是上级肯定。相关成果助力公司获得国资委中央企业思想政治工作先进集体，中国企业思想政治研究成果一等奖。二是行业认可。在国内知名期刊发表论文11篇，其中SCI收录1篇、EI收录6篇、中文核心论文4篇。申请专利3项；授权软件著作权6项。获得奖励3项，其中全国电力职工技术成果奖一等奖1项、二等奖1项。三是公众好评。在中宣部"学习强国"平台、国资委平台、《经济日报》《南方日报》等多家国内主流媒体获得关注报道。

蒙医心身互动疗法中的积极心理学特征

刘　婷　纳贡毕力格　包文峰　阿拉登达来　邓伟冬　房　君#

（内蒙古自治区中蒙医药研究院　心身医学研究所）

1　前言

在当前全球气候变化、流行病、经济差距和不平等加剧等威胁的背景下，精神健康问题在全球范围内不断增加（Alexander et al., 2021）。21世纪人类的疾病谱特点是以心源性疾病为主，同时也是心身医学发挥重要作用的时代。蒙医心身互动疗法充分发扬传统蒙医学理论，包括心身统一理念和人体自身有调节并恢复身体健康的强大自愈力等。该疗法是通过心身互动、医患互动、病友互动等方法促进积极心理暗示、改变生活方式达到健康教育，从而使众多患者受益于新型医学模式，坚持将医学人文作为医学的起点理念，通过加强患者关怀，强化积极心理暗示逐渐形成具有民族特色，深受患者喜爱的心身互动疗法。

2　积极心理学及其治疗

20世纪30年代，Martin E. P. Seligman认为心理学的研究焦点应转向人类经验的积极方面，即积极心理学，并自90年代开始正式形成心理学运动，2000年他在《积极心理学导论》一文中首次明确提出积极心理学概念。积极心理学以一种开放性、欣赏性眼光对待社会人群的内在潜能、行为动机和正向能力等，突出强调心理学应该为普通人的心身健康与生活质量给予技术支持。当下积极心理学集中研究人类积极情绪和体验（如幸福）、积极个性特征（如美德和性格优势）、积极心理过程（如美好生活、对抗压力、提高自我发展），从而弥补了消极心理学研究的不足（白延丽等，2016）。世界精神病学协会（World Psychiatric Association）在其官方期刊中评论说"精神病学未能提高普通人群的平均幸福水平和幸福感"（Cloninger, 2006），这表明促进幸福感是精神卫生系统的目标之一。

积极心理治疗（Positive Psychotherapy）是由积极心理学运动发展而来的一种治疗方式（Seligman et al., 2005；Seligman et al., 2006）。它是一个通过发展参与快乐的意义来促进治疗变化的一种积极心理学干预措施，侧重于扩大个体幸福感而不是改善疾病，最初在经历抑郁症状的人群中得到验证（La Torre, 2007；Slade et al., 2012），并具有长期效果（Otto et al., 2022）。积极心理治疗可以应用于团体或个人，主要关注个人优势、积极情绪和其他积极资源，促进个体成长和发展，提高个体幸福感和生活质量。其包含在传统的精神病心理治疗方法中并不强调的正念疗法、宽恕疗法、感恩疗法和各种形式的幸福感疗法（Riches et al., 2016）。研究发现积极乐观情绪可以增加人的心理资源，勇于面对各种压力事件，相信结果会更好也更不易生病；积极心理学能有效提升人们的幸福感，并能激发人们面对各种问题时的潜力，如应用于教学领域可促使学生勇于面对各种难题的挑战；应用于医学领域则能够缓解患者紧张情绪，由此提升机体免疫力促进术后康复效果（许燕等，2020；刘娟，2018），通过积极心理学的引导，患者面对后续治疗也会更为自信，对医务人员建议的依从性也会显著提升。这与医院的治疗目的具有高度的一致性，且该方法远比药物、手术、理疗等其他治疗效果更好。

医学积极心理学主要由心理资本、希望、心理韧性、乐观和自我效能五要素构成。基于蒙医心身互动疗法是一种叙事性的医学群体治疗方法，我们更多关注整体的团队积极心理学。其中，团队心理资本（Team Psychological Capital）指团队成员参照团队并与之共享心理能力的一种一致性评价，这不单单是多个成员个体心理资本的简单叠加，而是团队成员在沟通交流和合作之后产生的动态心理资本变化。而团队希望（Team Hope）指团队成员认为有多种途径来实现团队期望的目标的一种能力，团队韧性（Team Resilience）指团队成员暴露于挑战、压力，以及生活中逆境等期间或之后普遍具有保持或快速恢复心理健康的能力。团队乐观（Team Optimism）指在重要的生活领域中成员普遍地、稳定地期望出现积极的结果。团队效能（Team Efficacy）指团队成员一致相信采取特定行动一定会产生预期的功效，达成特定的目标（宋广文、董存妮，2023）。蒙医心身互动疗法将干预重点放在积极情绪的促进上，因为人有一种内在的成长、发展最佳功能的倾向，通过对患者不加评判的和无条件的积极关注，以帮助他们实现真正的积极情绪，从认知和行为的变化对身体带来好转变化。本文围绕积极心理学的心理资本，希望，心理韧性，乐观态度和自我效能等特点，讨论蒙医心身互动疗法的相关积极心理学特征，期望有效提高其在临床实践中的作用。

3 蒙医心身互动疗法的积极心理作用

蒙医心身互动疗法自1990年开始至今已在探索中发展了30多年，逐渐成为深受患者信赖的医学模式。与传统疗法或干预措施相比，蒙医心身互动疗法通过多样化的健康教育平台，利用包括积极心理学在内的现代心理学方法，同时进行团体治疗达到良好的治疗效果。患者通过参与蒙医心身互动疗法的治疗，其心理资本、希望、心理韧性、乐观态度和自我效能都发生了改变，如图1所示，减少对疾病引起的痛苦，包括肿瘤复发或死亡的恐惧引起的焦虑和心理困扰，有效提升了患者的幸福感和生活质量。

3.1 建成多层次团体心理资本的模型

个体心理资本被认为是团队心理资本发展的基础，主要通过团队内部的示范及感染过程对团队心理资本产生影响（于兆良、孙武斌，2011）。团队成员对其他团队成员表现出情绪提升、激励和团结行为的程度有助于形成积极的团队氛围和团队合作。通常而言，个体会采纳并内化那些对其产生重要影响的人的观点，积极临床共情促进共同参与式诊疗模式。治疗师耐心倾听患者情感体验，快速认知患者心理情绪，可激发患者脑部情感调节过程。与患者共情，鼓励患者表达内心愿望能够增强机体免疫力并且缓冲负性情绪压力，从而促进疾病康复与转归。蒙医心身互动疗法主要采取受益患者汇报自身情况的治疗形式，通过这种形式患者可以宣泄以往治病过程中积压的负面情绪，抒发受益后的喜悦心情，并获得现场其他患者在情感上的支持与共鸣，从而起到深化治疗、巩固疗效的作用。另外，由于患者也具有不同程度的治病需求以及相似的求医问药、家庭情感等经历，可以很好地激发听众的参与意愿，有效解决分享患者与听众团体的心理阻抗，使他们在心理和情感上产生共鸣，从而释放心身压力，给机体自愈奠定基础。公开集中治疗可提高幸福感和生活质量，对汇报者来说通过自身的积极行为获得了更多的积极性、被鼓舞的积极体验。蒙医心身互动疗法提高了患者的个体心理资本。

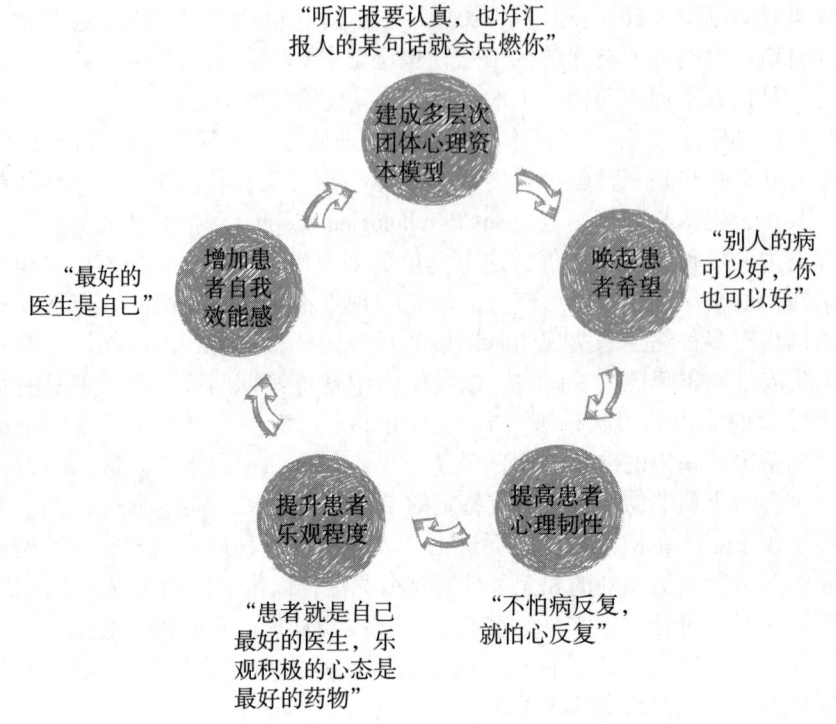

图 1 蒙医心身互动疗法的积极心理作用

团队成员的互动与交流促使心理资本在团队层面产生了一个与个体层面相比更为动态、更具互动性的结构（宋广文、董存妮，2023），社会感染过程是团队心理资本必要的生成条件。一是团队中某些个体的心理资本感染了其他成员，二是团队内部的互动交流使得团队成员暴露在他人的观点之中，促使彼此之间关于团队积极心理能力的知觉得以相互影响。在整个治疗过程中，约有300人在一起共同接受治疗，形成了有共同目标的健康团队；主持医生最先进行的理论讲解蒙医心身互动疗法的治病机理，其中包括蒙医学、心身医学、心理学、养生学等方面的知识；后由患者汇报分享自己患病缘由、认识及感悟；最后是医生点评，通过解释、劝说、安慰、鼓励等一系列心理疏导和心理暗示治疗技术引导患者积极思考。团队成员通过多维度互相感染不断调节自己的认知行为过程及方式以提升心理资本，达到在团体层面上的心理资本并增加总体绩效。

3.2 唤起患者希望

斯奈德希望理论将希望定义为一个人创造通往其期望目标的途径并激励自己利用这些途径实现目标的感知能力（Lancaster and Van Allen，2023）。已有研究显示希望可能有利于应对和适应慢性病。肿瘤患者的化疗过程给患者带来生理和心理上的压力，而希望作为一种有效的应对策略，给予他们克服困难的勇气，提高了预后和生存率（Li et al.，2021）。另有多项研究发现，希望在儿科人群中发挥着保护作用，希望与药物依从性、生活质量、积极应对、家庭功能障碍程度较低呈正相关，且希望的变化与积极的健康变化相关（Lancaster and Van Allen，2023）。蒙医心身互动疗法认为世界本来是美好的世界，之所以你觉得世界美好了，是因为你的心理改变了。在治疗过程中通过这种身临其境、现身说法的患者叙事使其他有相似疾病的患者感同身受，在亲自感知到其他患者疾病康复的叙述后，患者心理状态随之改变并得到激励。蒙医心身互动疗法在疾病治疗过程中常常通过对比唤起了患者治愈的希望。"别人的病可以好，你也可以好"，提高期望促进希望指标发挥更大的作用。

3.3 提高患者心理韧性

心理韧性通常被理解为应对挑战、压力，以及生活中逆境的能力（Waugh and Koster，2015），也被定义为在暴露于重大压力源期间或之后保持或快速恢复心理健康的能力（Kalisch et al.，2017）。有研究显示，在确诊为癌症后，有超过1/3的患者在接下来的5年中会出现抑郁、适应障碍或焦虑障碍的症状（Mitchell et al.，2011）。除生活质量下降外，这些与压力相关的心理健康问题会导致治疗计划的依从性下降和其他不利影响，对肿瘤的预后有负面影响（DiMatteo et al.，2000）。为了提高肿瘤等慢性病患者的生存质量和预后，需通过各种方式提高患者心理韧性。

通常心理韧性的研究集中在个人身上，但人们越来越关注群体的心理韧性（Masten and Motti-Stefanidi，2020）。因为一个水平上的韧性并不意味着另一个水平上的韧性，不同水平之间会相互作用并相互影响（Masten and Motti-Stefanidi，2020；Troy et al.，2023）。蒙医心身互动疗法恰恰是一种通过大规模群体叙事来提高患者心理韧性的群体治疗，患者在放松的状态下聆听其他患者的汇报，患者自身对疾病带来痛苦和压力会在患者汇报和医生点评的过程中减轻，从而建立较强的心理韧性以及对生活的积极态度和美好憧憬。同时，心理韧性被认为是适应压力源的结果，并且越来越被理解为一个可以训练的过程（Kalisch et al.，2014）。就持续时间而言，心理韧性是相对持久而不是短期的结果（Troy et al.，2023）。蒙医心身互动疗法中的视频互动疗法往往以21天为一个小疗程，35天为一个大疗程，并且通过不断地巩固加强治疗，从而持续不断地提高患者心理韧性。医生点评时常说"不怕病反复，就怕心反复"。治疗次数越多，时间越长，心理韧性的建立和维持更为持久。这与随着干预持续时间的增加，心理恢复力和创伤后成长的效应更大的研究结果相呼应（Ludolph et al.，2019）。

3.4 提升患者乐观程度

动机的期望值模型表明乐观是一个人潜在期望好感度的反映，Scheier和Carver（1985）将乐观定义为相对稳定的、普遍的期望，即在重要的生活领域中会出现积极的结果。一项将性格乐观与客观身体健康结果联系起来的研究发现，对一组冠状动脉搭桥手术后康复的患者的心电图和血液酶的分析表明，乐观程度较高的人在手术期间心脏病发作的可能性明显低于乐观程度较低的人（Scheier et al.，1989）。许多研究显示，性格乐观可以加快伤口愈合速度（Ebrecht et al.，2004），可以得到更为健康的胎儿出生体重和胎龄（Lobel et al.，2000），以及更高地体外受精成功率（Bray et al.，2012）。也有数据表明乐观情绪可能会被本质上非常消极的事件所侵蚀：一项研究追踪了在诊断为肝胆胰晚期癌症后18个月期间乐观情绪的变化（Krane et al.，2018），研究者发现在研究期间患者的乐观程度明显下降。蒙医心身互动疗法认为"患者就是自己最好的医生，乐观积极的心态是最好的药物；治病先治心，心态好，病才会好；治病先治心的关键是通过治心来激发自己的内在潜能，达到自愈"。有研究显示乐观与较低的心血管疾病风险、心脏全因死亡率相关（Tindle et al.，2009），其中机制虽尚不清楚，但可能是通过健康行为来进行（Amonoo et al.，2021）。通过蒙医心身互动疗法的治疗，可以提升患者的乐观程度，进而改变其不良生活方式，减少疾病带来的心身痛苦。这与促进心理应对技巧减少癌症患者的痛苦，提高患者在不同癌症阶段的生活质量，减少药物的使用的文献报道相呼应（Forte et al.，2022）。

3.5 增加患者自我效能感

Bandura（1977）将自我效能感描述为一个人相信采取特定行动并产生特定结果的功效预期。自我效能感不是一种特质，而是一套信念。人们必须相信他们的行动可以产生一定的效果，否则他们不会在困难的情况下坚持下去。人们对自己效能的信念对实现目标有直接影响（Bandura，2018）。因此为了改善疾病过程的自我管理，患者必须提高自我效能感，并坚信他们可以控制自己的疾病（Van Berkel et al.，2015）。此外，任何患有慢性疾病的患者都需要一套包含自我效能感的管理疾病的技能，探索提高自我效能感将改善慢性病患者的健康结果（Fors et al.，2018；Willis，2015）。自我效能感信念为动机、幸福和成就提供了基础（Bandura，2004），可以改善慢性疾病患者的预后和生活质量（Wu et al.，2016）。

传统医疗模式下患者与医生通过口头或书面沟通，但这种沟通患者是被动地接受信息，并不能提高其自我效能感或改变患者自身行为。而蒙医心身互动疗法提出"对疾病的态度透射出我们内在的能量状态，最好的医生是自己，要把健康的钥匙牢牢掌握在自己的手中"。这将患者被动接受医生给予的信息转化为通过聆听汇报学员的分享来深化一个人有能力通过自己的行动来实现改变的核心信念，提高了患者自我效能感和依从性，并且医生在分享后给予患者集中反馈提升了其自我能量，积极发挥患者自身能动性，并积极主动改善自身行为。

4 蒙医心身互动疗法的积极心理治疗影响

国内中西医学、蒙医学、心理学等领域的权威专家曾对"蒙医心身互动疗法应用研究"进行课题论证，主要评定结果为"心身兼治、多病同治、疗效高、见效快"等。蒙医心身互动健康教育讲座的疗效，远远突破了现有医学叙事研究中涉及的病种和诊疗科室的局限性（纳贡毕力格 等，2021；李同归 等，2020）。不少疑难杂症患者用"创造了生命奇迹""拯救了我的家庭"等字眼来肯定治疗效果。近期，发表了许多关于蒙医心身互动疗法治疗失眠、抑郁症、癌症等疾病的报道。失眠、抑郁和焦虑是现代社会高发的疾病，研究结果显示该疗法对慢性失眠有较高的治愈率，并能在治疗后保持长时间治疗效果（He et al.，2018）；抑郁症患者接受蒙医心理治疗后更愿意参与社会活动，悲观抑郁情绪减弱，治疗有效性显著高于单纯性药物治疗（陈红云、纳贡毕力格，2022）；同时强制戒毒人员在戒毒过程中容易出现的躯体化症状或抑郁状态在接受该疗法治疗后均得以减轻（房君等，2022）。另外，肿瘤愈发成为现代社会威胁人类生命的高发疾病，而研究显示接受 21 天该疗法治疗后可显著提高食管癌患者的进食能力（Chagan-Yasutan et al.，2020）；并帮助接受化疗治疗的肺癌患者减轻由于化疗带来的心理和身体上的负面情绪和痛苦，从而提高接受化疗治疗的肿瘤患者的生活质量（斯琴图亚 等，2023）。

5 结语

当今医患共同参与式诊疗模式正在成为临床医疗的主流方向（李杰、高红艳，2015），积极心理治疗就是基于科学且与艺术相结合的一种艺术性治疗体系。蒙医心身互动疗法以积极心理学为基础，体现了积极心理治疗的艺术性，并取得了显著的积极心理治疗影响。在蒙医心身互动疗法治疗过程中，对饱受疾病带来的心身痛苦困扰的患者来说，通过感同身受的聆听汇报者的叙事故事，并配合医生鼓舞患者的积极心理暗示式的点评，个体心理资本增加，从而叠加形成最终增加了团队心理资本绩效，表明蒙医心身互动疗法建成具有动态多层次的团体心理资本的模型。同时通过治疗，患者学会笑对人生，并坚信可以通过改变心理状态，改变不良生活习惯来缓解病痛甚至治愈疾病，表明心身互动疗法成功唤起了患者希望，提升了患者乐观程度。此外进行多个疗程的治疗，患者在面对人生的各种压力、挑战和突发不良事件时普遍可以保持乐观面对的态度，表明心身互动疗法训练提高了患者心理韧性。通过经常性的鼓励改善疾病过程的自我管理，提高了患者自我效能感。

本文通过对蒙医心身互动疗法积极心理学特征的探讨，明确了该疗法的积极心理知识在临床实践中的作用，下一步将对接受该疗法的患者进行积极心理学相关量表的调查，阐述积极心理学的影响效果。

参考文献

[1] 白延丽，顾立学，张锦英. 心灵的力量：积极心理学在临床医学中的作用 [J]. 医学与哲学 (B)，2016，37 (07)：66-8，78.

[2] 陈红云，纳贡毕力格. 团体心理治疗对抑郁症患者疗效的影响因素 [J]. 中外医药研究，2022 (6)：83-85.

[3] 房君，德宝军，纳贡毕力格等. 蒙医心身互动疗法对强制戒毒人员影响的探索性研究 [J]. 中国药物滥用防治杂志，2022，28 (12)：1724-1728，1734.

[4] 李杰，高红艳. 医疗资源的分配正义：谁之正义？如何分配？[J]. 医学与哲学 (A)，2015，36 (11)：4-8.

[5] 李同归，纳贡毕力格，沙日耐，林洁，高桥良博，高桥浩子等. (2020). 蒙医心身互动疗法：中国民族医药中发展起来的心理治疗方法 [J]. 中国民族医药杂志，2020，26 (3)：4-8.

[6] 刘娟. 积极心理学理论在精神分裂症康复护理中的应用效果 [J]. 中国医药指南，2018，16 (07)：247-8.

[7] 纳贡毕力格，吴红云，包文峰. 蒙医心身互动疗法的叙事特征 [J]. 医学与哲学. 2021, 2 (43)：42-45.

[8] 斯琴图亚，阿拉腾沙，孟根花. 蒙医心身互动疗法对于肺癌患者化疗后负性情绪的影响 [J]. 中国民族医药，2023，29 (01)：16-18.

[9] 宋广文，董存妮. 团队心理资本的研究范式及其意义 [J]. 临沂大学学报，2023，45 (02)：127-37, 84.

[10] 许燕，伍麟，孙时进，吕小康，辛自强，钟年，彭凯平. 公共突发事件与社会心理服务体系建设（笔会）[J]. 苏州大学学报（教育科学版），2020，8 (02)：1-31.

[11] 于兆良，孙武斌. 团队心理资本的开发与管理 [J]. 科技管理研究，2011，31 (02)：157-60.

[12] AMONOO H L, CELANO C M, SADLONOVA M, et al. Is Optimism a Protective Factor for Cardiovascular Disease? [J]. Curr Cardiol Rep, 2021, 23 (11): 158.

[13] BANDURA A. Self-efficacy: toward a unifying theory of behavioral change [J]. Psychol Rev, 1977, 84 (2): 191-215.

[14] BANDURA A. Swimming against the mainstream: the early years from chilly tributary to transformative mainstream [J]. Behav Res Ther, 2004, 42 (6): 613-30.

[15] BANDURA A. Toward a Psychology of Human Agency: Pathways and Reflections [J]. Perspect Psychol Sci, 2018, 13 (2): 130-6.

[16] BRAY, F., JEMAL, A., GREY, N., FERLAY, J., & FORMAN, D. Global cancer transitions according to the Human Development Index (2008-2030): a population-based study [J]. Lancet Oncology, 2012, 13 (8), 790-801.

[17] CHAGAN-YASUTAN, H., ARLUD, S., ZHANG, L., HATTORI, T., HERIYED, B., &

HE, N. Mongolian Mind-Body Interactive Psychotherapy enhances the quality of life of patients with esophageal cancer: A pilot study [J]. Complementary Therapies in Clinical Practice, 2020, 38, 101082.

[18] CLONINGER, C. R. The science of well-being: an integrated approach to mental health and its disorders [J]. PubMed, 2006, 5 (2), 71-76.

[19] DIMATTEO M R, LEPPER H S, CROGHAN T W. Depression is a risk factor for noncompliance with medical treatment: meta-analysis of the effects of anxiety and depression on patient adherence [J]. Arch Intern Med, 2000, 160 (14): 2101-7.

[20] EBRECHT M, HEXTALL J, KIRTLEY L G, et al. Perceived stress and cortisol levels predict speed of wound healing in healthy male adults [J]. Psychoneuroendocrinology, 2004, 29 (6): 798-809.

[21] FORS A, BLANCK E, ALI L, et al. Effects of a person-centred telephone-support in patients with chronic obstructive pulmonary disease and/or chronic heart failure-A randomized controlled trial [J]. PLoS One, 2018, 13 (8): e0203031.

[22] FORTE A J, GULIYEVA G, MCLEOD H, et al. The Impact of Optimism on Cancer-Related and Postsurgical Cancer Pain: A Systematic Review [J]. J Pain Symptom Manage, 2022, 63 (2): e203-e11.

[23] HE, N., LAN, W., JIANG, A., JIA, H., BAO, S., BAO, L., QIN, A., BAO, O., BAO, S., WANG, N., BAO, S., DAI, S., BAO, S., & ARLUD, S. New Method for Insomnia Mongolian Mind-Body Interactive Psychotherapy in the assessment of Chronic insomnia: a Retrospective study [J]. Advances in Therapy, 2018, 35 (7), 993-1000.

[24] KALISCH R, BAKER D G, BASTEN U, et al. The resilience framework as a strategy to combat stress-related disorders [J]. Nat Hum Behav, 2017, 1 (11): 784-90.

[25] KALISCH R, MüLLER M B, TüSCHER O. A conceptual framework for the neurobiological study of resilience [J]. Behav Brain Sci, 2015, 38 (e92.

[26] KRANE A, TERHORST L, BOVBJERG D H, et al. Putting the life in lifestyle: Lifestyle choices after a diagnosis of cancer predicts overall survival [J]. Cancer, 2018, 124 (16): 3417-26.

[27] LA TORRE M A. Integrative perspectives. Positive psychology: is there too much of a push? [J]. Perspect Psychiatr Care, 2007, 43 (3): 151-3.

[28] LANCASTER B D, VAN ALLEN J. Hope and pediatric health [J]. Curr Opin Psychol, 2023, 4910-1500.

[29] LI Y, NI N, ZHOU Z, et al. Hope and symptom burden of women with breast cancer undergoing chemotherapy: A cross-sectional study [J]. J Clin Nurs, 2021, 30 (15-16): 2293-300.

[30] LOBEL M, DEVINCENT C J, KAMINER A, et al. The impact of prenatal maternal stress and optimistic disposition on birth outcomes in medically high-risk women [J]. Health Psychol, 2000, 19 (6): 544-53.

[31] LUDOLPH P, KUNZLER A M, STOFFERS-WINTERLING J, et al. Interventions to Promote Resilience in Cancer Patients [J]. Deutsches Ärzteblatt international, 2019.

[32] MASTEN A S, MOTTI-STEFANIDI F. Multisystem Resilience for Children and Youth in Disaster: Reflections in the Context of COVID-19 [J]. Advers Resil Sci, 2020, 1 (2): 95-106.

[33] MITCHELL A J, CHAN M, BHATTI H, et al. Prevalence of depression, anxiety, and adjustment disorder in oncological, haematological, and palliative-care settings: a meta-analysis of 94 interview-based studies [J]. Lancet Oncol, 2011, 12 (2): 160-74.

[34] OTTO A K, KETCHER D, REBLIN M, et al. Positive Psychology Approaches to Interventions for Cancer Dyads: A Scoping Review [J]. International Journal of Environmental Research and Public Health, 2022, 19 (20):

[35] RICHES S, SCHRANK B, RASHID T, et al. WELLFOCUS PPT: Modifying positive psychotherapy for psychosis [J]. Psychotherapy (Chic), 2016, 53 (1): 68-77.

[36] SCHEIER M F, CARVER C S. Optimism, coping, and health: assessment and implications of

generalized outcome expectancies [J]. Health Psychol, 1985, 4 (3): 219-47.

[37] SCHEIER M F, MATTHEWS K A, OWENS J F, et al. Dispositional optimism and recovery from coronary artery bypass surgery: the beneficial effects on physical and psychological well-being [J]. J Pers Soc Psychol, 1989, 57 (6): 1024-40.

[38] SELIGMAN M E P, RASHID T, PARKS A C. Positive psychotherapy [J]. Am Psychol, 2006, 61 (8): 774-88.

[39] SELIGMAN M E, STEEN T A, PARK N, et al. Positive psychology progress: empirical validation of interventions [J]. Am Psychol, 2005, 60 (5): 410-21.

[40] SLADE M, LEAMY M, BACON F, et al. International differences in understanding recovery: systematic review [J]. Epidemiol Psychiatr Sci, 2012, 21 (4): 353-64.

[41] TINDLE H A, CHANG Y F, KULLER L H, et al. Optimism, cynical hostility, and incident coronary heart disease and mortality in the Women's Health Initiative [J]. Circulation, 2009, 120 (8): 656-62.

[42] AMONOO H L, CELANO C M, SADLONOVA M, et al. Is Optimism a Protective Factor for Cardiovascular Disease? [J]. Curr Cardiol Rep, 2021, 23 (11): 158.

[43] TROY A S, WILLROTH E C, SHALLCROSS A J, et al. Psychological Resilience: An Affect-Regulation Framework [J]. Annual Review of Psychology, 2023, 74 (1): 547-76.

[44] VAN BERKEL J J, LAMBOOIJ M S, HEGGER I. Empowerment of patients in online discussions about medicine use [J]. BMC Med Inform Decis Mak, 2015, 15-24.

[45] WAUGH C E, KOSTER E H. A resilience framework for promoting stable remission from depression [J]. Clin Psychol Rev, 2015, (41) 49-60.

[46] WILLIS E. Patients' self-efficacy within online health communities: facilitating chronic disease self-management behaviors through peer education [J]. Health Commun, 2016, 31 (3): 299-307.

[47] WU S F, HSIEH N C, LIN L J, et al. Prediction of self-care behaviour on the basis of knowledge about chronic kidney disease using self-efficacy as a mediator [J]. J Clin Nurs, 2016, 25 (17-18): 2609-2618.

第三部分 案例研究

积极心理中微笑案例分析及其达成技术

周晓明[①]

(海南热带海洋学院 三亚 572000)

积极心理学是 20 世纪末开始兴起并被广大心理学家广泛应用和研究的一种新领域。1998 年墨西哥会议确定积极心理学研究的三大支柱有积极的情感体验、积极的人格和积极的社会组织系统。目前积极心理学的研究主要集中在提升生命幸福指数，激发学生学习潜能，基于人文主义关怀价值观的管理科学，达到改善人动力源的目的等。有的应用于高校学生管理工作，有的在高职艺术院校心理工作中实践，有的探讨其在自主学习、教学改革或心理护理等方面发挥的作用，有的探究基于积极心理学的学生心理健康状况和心理或自我意识干预模式。这些研究均表明积极心理对幸福指数的提升、新人的培养、团队精神动力的成长等方面都发挥着正向的推动作用。然而，微笑作为积极心理学中的积极情感体验，其实践技术和具体认知领域方面的科学基础目前尚未见报道。

会哭是人类与生俱来的本能，而微笑，却需要大脑的发育并加上适当的心理或外部环境因素的刺激才能启动。微笑践行推广者贺岭峰教授在微笑主义公益心理服务过程中创建了火山模型和吾脑理论，并认为真正的微笑代表与吾脑的连通。微笑与运动和呼吸一样，既受到大脑意识的控制，又影响其运行程序。因为运动可通过增加分泌的大脑内啡肽来改善身体机能、改变情绪，从而影响认知；大脑有意识地调整和控制呼吸，也可以改善情绪、增加幸福感和抗压能力。微笑也具有类似的功能，即一旦笑起来便会驱散其他情绪。

Enriquez-Geppert 等人发现冲突和抑制对神经生理学脑电波 N200 和 P300 产生了强烈的影响，在 go/nogo 和 stop 信号任务中诱发的大脑反应实验结果表明 N200 主要反映了冲突相关的影响，而 P300 主要代表运动抑制。因此，微笑主义认为 P300 微笑是假笑，没有价值。

对脑电波 N400 振幅变化的检测常作为否定加工困难的重要标识。Davis 等在具身效应如何影响语言的研究中发现，N400 对肌肉控制非常敏感，积极情感的句子能够唤起微笑，从而激活微笑的面部操作。刘华峰等人在否定对笑的抑制作用的具身性研究中，将牙齿咬笔（微笑模型）、嘴唇咬笔（紧张模型）作为实验范式，通过检测 N400 进行研究，结果发现笑肌抑制能够促进与之相关的否定情绪词加工。因此，N400 的微笑被认为是真笑。微笑是需要有能力的，幸福力也需要积极心理学的介入。

微笑可以传递情感，缓解紧张气氛，甚至能够改变人际关系。然而，微笑也有不同的类型，包括真诚的会心微笑、嘲讽的鄙视微笑和不自然的尴尬微笑。其中，只有会心的微笑是积极的微笑。长期处于微笑态的人更容易具有积极向上的心理特质，更符合积极心理学的思维方式。学会会心一笑是幸福的源泉，幸福可创造心情舒畅的境遇和生活。因此，本文通过微笑作用案例分析了其蕴藏的积极心理作用，并基于微笑主义整合心理

[①] 本文是作者在 2023 年 12 月 23 日举行的北京积极心理学协会学术年会开幕式上致辞基础上加以改写的。邮箱：zhouxm0451@163.com。

学理论创研了针对不同人群的微笑达成技术。

一、微笑蕴藏的积极心理案例分析

案例一，幽默营造愉悦的情境。微笑创造幸福美好的心境。人生是一场修行和体验之旅，每个人的人生境遇各有不同，但是，你想体验感受什么，决定权在你，如果你使用微笑，就可以为你抵御人生所有的苦难。因为，从身心一体论角度说，微笑将创设好心境。境随心转。促成个体来访和群体咨询结束后，想巩固良好心态，我想到运用笑起来的方式。

疫情期间，我有幸受聘于市政府两个部门，作为两个专家团队——心理学团队和身心调理团队的特聘心理专家，独立在隔离点群做了60人的公益心理援助工作。这期间有驻群团体线上心理辅导，运用幽默风趣的语言，带动群里的氛围，减轻隔离点人员整体的心理压力，

一位老者，在群里夸我幽默时，还带上了"哈哈"的表情包，我顺势说，您赶紧去照一下镜子，看看您笑起来有多美，我马上在群里发送歌曲《你笑起来真好看》。这个团体辅导，带动性很强，有些心理危机者不再沉默，完成了压力群体的心理破冰！个体线上模式语音咨询破解了困惑，改善了情绪，化解了心结，规避了风险。危机干预成功后，为了让线上来访者巩固心态，我还开玩笑地说，您刚说跳楼，您是几楼啊！他说二楼，我说那就麻烦了啊！您这二楼，有逃逸之嫌啊！话音未落，对面便传来"咯咯"的笑声。这一笑巩固了来访者的心态，直到他隔离结束，依然和我保持着联系。他说，以前认为心理咨询没什么用，现在改变了看法，没有您语音链接的线上辅导，我可能真的就跳下去啦！

案例二，艺术疗愈，创造好心境，达成微笑态。同样的隔离孤独寂寞，对于无兴趣爱好的来访者，只有呐喊释放，对于那位同楼层的艺术家，面对超期隔离的待遇，好在他有葫芦丝为伴，能够化解这份意外带来的创伤。这个艺术疗愈的音乐，能使他得到安抚，平衡内心。他带着困扰来访时，我就告知他，既然现实无法改变，接纳才是最好的应对方式。我建议他适当练些快节奏、欢欣愉悦的曲目（音乐的节奏和频率对身心的调整作用，现代量子力学理论已有证实），透过艺术疗愈，音乐的频率疗愈调整心态，个体心理疗愈效果达成。愉悦身心的欢快音乐，达成了他的微笑态。音乐是最能触达心灵的，也是调节情绪最好的解药。所以，艺术疗愈作为后现代的心理学疗法，一直在脑科学领域发挥着作用。

案例三，积极正念互动，用儿童N400的笑治愈母亲的身心困苦。积极引导双重压力者（自己和孩子都有新冠感染的风险），我使用科学知识为带小孩子还有心脏病的母亲进行减压，后续更多的是鼓励她多和孩子做互动游戏，玩耍中让孩子的笑为其赋能。现在看，儿童N400的笑确实巩固住了我为她咨询后的情绪。这位患有心脏病的母亲万分感激，希望保持与我的链接。

案例四，服务奉献者的笑是情怀与担当。半个月的隔离点生活，对于年轻人是很难熬的，发现情绪，积极引导他服务于群队长，让他做群管理员工作。没有单独辅导，只是在群里为他赋能，鼓励他参与服务。青年人因有事做而不空虚，价值感让他顺利愉快地完成隔离，同时隔离点的工作也得到分担，群内团队的服务人员及领导都因我的工作感到愉快而大加赞赏。团体心理涉及如何创设积极的团体氛围，增进成员之间的亲密感、安全感和归属感，提升团体的距离和协作效率等。对于群体赋能，是针对疫情给到基本

的有效防控知识，专注当下、正向引导，做快乐且有意义的事，让生命充满活力。

案例五，面对假笑，音乐调节心境，缓解压力。群内一位体温连续升高的疫情密接者伴有睡眠障碍，我第一时间感到她是心因性的焦虑导致。找到焦虑来源，我给她放舒缓的音乐，使她很快改善了情绪。现在回想起这位大姐，每天都在群里强颜欢笑，我当时误以为她欢喜过度，神经兴奋所致睡眠不好。内在的困扰没有解决，问题还在，隔离结束后她如是说。她焦虑于密接给家人带来的诸多麻烦。那个笑是假笑，这样的微笑没有一点儿效力。现在回想，这也可作为微笑主义整合心理学微笑练习的一个反面教材，没有眉心打开式的微笑就是假笑，从具身认知角度说，这是微笑的壁垒，是练习时必须规避的问题。规避假笑，后续我在微笑学习者群里又设计出"哈气法"。当面部肌肉群放松时，自然产生积极情绪，面部肌肉处于紧张状态时，抑制积极情绪的产生。《否定对笑的抑制作用》中，如同嘴唇咬笔和牙齿咬笔，其具身认知的不同，通过产生语词符号链接的理解结果产生的差异，得出微笑态具有放松身心的积极价值。犹如现代舒缓的音乐是放松的一种方式，这种音乐疗愈也会产生积极的治愈力一样，异曲同工。

案例六，用眉心打开式微笑，隔离困扰，实现治疗睡眠障碍。在疫情期间，因现实问题，导致困扰失眠，我就开始不断打开眉心。在这个练习眉心打开式微笑的过程中，逐渐进入睡眠，亲身证实微笑的力量是不可小觑的。

案例七，微笑故事分享会中，带动群体感受微笑的力量。

纯真孩童的笑是治愈，苦难者的笑是释然，服务奉献者的笑是情怀与担当，反向形成的案例让微笑成为经典。

六位微笑故事分享者，有透过练习眉心打开式微笑实现自我觉察和个体成长的 A，滞留菲律宾，参与线上湖北疫情公益心理咨询，感受觉察活在当下为同胞付出的那份美好；有护士长 B，无奈的抉择后，调整心态的方式是在与孩子做游戏中，用孩子的 N400 微笑感染疗愈自己，用公益心理的大爱情怀，为自己赋能，一直保持着微笑态；老师 C 更是践行微笑主义，把这份爱融入社会心理服务体系的学会创立者，力拔万难的公益心理大爱情怀，在路上服务身边的人，用微笑感召更多的微笑传递者；老师 D 说微笑主义不经意间的遇见，成为生命中值得窃喜的事，惠及生命的美好；设计师 E 也在年少时反向练习的痛苦不堪的回忆中，再次反证了发自内心的笑，具有强大美好的力量；老师 F 在生活赋予她众多苦难的状况下，能放下沉重的负荷，练习眉心打开式微笑，不要说微笑层级的高低，单就笑起来都是一件伟大的事，而且如此乐观的、力图打通吾脑的微笑练习，那份坚持与面对生活的勇气、那份包容及谦和而从容的微笑态，成为力拔苦难的英雄范本。

作为心理咨询师，要不断精进练习，提升微笑能级，要从生者的笑晋升到能者的笑，努力跃升为强者的笑、智者的笑。当然，心理师打通吾脑最终还是要有觉者的笑。对于刚刚练习的人来说，只要能够会心地微笑，真心的微笑就可以。只要笑起来，就会改善情绪，提高生活质量。在传统的道家文化中，微笑可以改变能量场，释放阴性能量，感召美好。即笑与天地共振！

微笑有涟漪，笑是有感染力和辐射力的。殷秀梅老师作为歌唱表演艺术家，更是用她的歌声与波浪式微笑的美感，成就了美好的艺术作品，感染到更多的人。正如体验者小张所说，她的微笑不仅让父亲很快康复，还惠及同病房的其他人，他们都得到了情绪的改善。所以说，微笑态是有震动波的，可以引起蝴蝶效应，带动治愈他人。我们见过的各类公共场域关于微笑引发的场域涟漪，就是最好的实证案例。

二、微笑的达成技术

苦难深重的人是笑不起来的，抑郁的人处在痛苦的感受中也笑不起来，当你紧张或者是恐惧的时候都会笑不起来。因为这些情况下整个身体是紧绷的，你要全然放松才能够启动微笑。那在无法微笑的情况下，如何达成微笑？首先你要学会放松，全然地开始欣赏这个世界，这时你内在的大门就会敞开，微笑才可能发生。也即在松的基础上才有内心的安定，微笑可使人心安，心安方可开启智慧。因此，我们研发了6种微笑达成技术的方法步骤及训练音频，在近500人的群训练演示练习中取得了理想的实证效果。

1. 眉心打开式。（基于具身认知）眉心向两侧，不断打开，感受两耳向外扩展，额头筋腱外展。（可选择打哈欠的方式轻松做到）

2. 眉心开花式。（意向新脑成像技术）想象你最喜欢的花儿，在眉心一遍遍不断开放。

3. 沉浸式。（自我催眠）回忆你生命中最愉悦的事件或你最爱的人或物，感受此刻心情。例如，春风得意马蹄疾，一日看尽长安花，就是这种自我感觉良好的笑。

4. 情绪感染式。（故事疗愈）看个搞笑的相声段子或滑稽电影，感受此刻心情。

5. 开怀大笑式。（积极行动策略）寻找生活中可笑的点滴，达成身心愉悦。

6. 慵懒式。（大道至简）微笑障碍者可达成技术的环节：

（1）打哈欠微笑带动身心：伸个懒腰，打个哈欠，感受眉心打开（可以同时揉一揉眉心）。

（2）视听心境营造：美好意向视听感受微笑，保持住这份好心境（实际选择可因人而异）。

（3）强化练习：眉心打开式微笑，意念植入"花开"过程，强化微笑态。

笑，从本质来讲是人类的自然行为；从具身认知角度讲，笑具有影响心理情绪的作用；从场域论角度讲，笑也具有感染力。笑由视听两部分构成。从身心一体论角度讲，笑有积极意义并符合积极心理学的幸福观，换句话说，笑是一种幸福力。

当我们通过眉心打开式的微笑练习改善情绪后，我们能更好地感知"迦叶尊者的拈花一笑"的美。看见世界的真，世界便如初见般美好；看见人的善，人间便时时有爱在心田；看见时光不老的美，便会袒露发自心底的笑。你的身影，你的声音，你的回眸一笑，舞动出如此美好的灵魂。大爱无言，这些外置后的重构更是锦上添花，整合出一个个圆满的人生故事。让我们看见自己，用心微笑，让我们近500人团队的微笑去带动整个世界的美好！蝴蝶效应里，有你有我，更有我们在一起的力量之美！看见心理学之美，感知心理学之爱，把微笑主义整合心理学的爱带给你，我们和微笑在一起，就会有无边的幸福力。

参考文献

[1] 盖笑松，林东慧，吴晓靓等. 积极心理学 [M]. 上海：上海教育出版社，2019.

[2] 韩玉. 高校学生管理工作中积极心理学的应用探究 [J]. 湖北开放职业学院学报，2022，35（24）：53-54，57.

[3] 张海莉. 积极心理学在高职艺术院校心理工作的实践应用 [J]. 科普田园，2020（21）：185，234.

[4] 吴彩虹，卿再花，曹建平. 基于积极心理学的"心育"课程自主学习教学模式探讨 [J]. 湖北第二师范学院学报，2020，37（1）：5.

[5] 胡敏辉，涂巍．"大学生心理健康"课程教学改革研究——基于积极心理学理论[J]．中国多媒体与网络教学学报（上旬刊），2018（12）：28-29．

[6] 王媛．基于积极心理学理论的心理护理在2型糖尿病患者中的应用[D]．新乡：新乡医学院，2016．

[7] 荆奥棋．基于积极心理学的高校学生心理健康探究[J]．美与时代（城市版），2017（10）：122-123．

[8] 吴越．基于积极心理学的大学新生入学心理干预模式探究[J]．教育教学论坛，2016（48）：35-36．

[9] 胡韬．积极心理学心育课程对小学生自我意识的干预研究[D]．曲阜：曲阜师范大学，2016．

[10] 杜小溪．积极心理学实现职业院校人文关怀[J]．现代职业教育，2017（12）：164-165．

[11] 贺领峰．微笑主义整合心理学课程讲义[M]．微笑主义课程平台．2020．

[12] ENRIQUEZ GEPPERT S, KONRAD C, PANTEV C, et al. Conflict and inhibition differentially affect the N200/P300 complex in a combined go/nogo and stop-signal task [J]. Neuroimage, 2010, 51（2）：877-887.

[13] HALD L A, HOCKING I, VERNON D, et al. Exploring modality switching effects in negated sentences: further evidence for grounded representations [J]. Frontiers in Psychology, 2013（4）：93.

[14] Evidence for grounded representations [J]. Front Psychol, 2013（4）：93

[15] NIEUWLAND M S, KUPERBERG G R. When the truth is not too hard to handle: An event-related potential study on the pragmatics of negation [J]. Psychological Science, 2008, 19（12）：1213-1218.

[16] LÜDTKE J, FRIEDRICH C K, DE FILIPPIS M, et al. Event-related potential correlates of negation in a sentence-picture verification paradigm [J]. Journal of cognitive neuroscience, 2008, 20（8）：1355-1370.

[17] Picture Verification Paradigm [J]. Journal of Cognitive Neuroscience, 2008, 20（8）：1355-1370.

[18] YURCHENKO A, DEN OUDEN D B, HOEKSEMA J, et al. Processing polarity: ERP evidence for differences between positive and negative polarity [J]. Neuropsychologia, 2013, 51（1）：132-141.

[19] JIANG Z, LI W, LIU Y, et al. When affective word valence meets linguistic polarity: Behavioral and ERP evidence [J]. Journal of Neurolinguistics, 2014（28）：19-30.

[20] DAVIS J D, WINKIELMAN P, COULSON S. Facial action and emotional language: ERP evidence that blocking facial feedback selectively impairs sentence comprehension [J]. Journal of Cognitive Neuroscience, 2015, 27（11）：2269-2280.

"巧"字的妙用
——倾听反应在课堂教学中的积极作用

李珊丽

1 案例描述

这是我校一位年轻教师在讲授人教版小学一年级下册《认识时间》一课时的案例。本课主要知识点就是认识钟面的大格与小格，明确1时与60分之间的关系，初步读写几时几分。

在教学完认识钟面的大格小格后，开始感知1时与60分之间的关系。该教师是用实物钟表进行演示的，演示前教师提出观察要求（声音顿时小了点儿且带些神秘色彩）："待会儿请你们仔细观察时针、分针的走动情况。"当分针转动一圈时，时针正好走了一个大格,老师刚演示完,有个孩子就随口说了句"真巧呀!"(这个班的孩子相对其他班在课上比较守纪律,一年级敢随口接话的现象很少,因为该生觉得自己随便说话不对,当时声音不是很大,所以说完后马上捂住了嘴。)但是老师当时却听到了,而且机智地马上接过话问:"哪儿巧呀?"该生见老师没批评,反而对于他的接话给予了追问肯定。他来了自信,高高地举起小手期待回答。但老师当时看举手的孩子并不是很多,为了让其他孩子认真观察"巧",于是又演示了一遍后问:"谁来说说他刚才所说的'巧'是什么意思?"这时班里学生几乎都跃跃欲试地举起小手,老师叫了刚才那个插话的学生,该生回答道:"当分针转一圈时时针正好走了一大格。""那分针转一圈是多长时间呢?""分针转一圈就是60分!""你是认为这里'巧'吗?"(教师冲接话的孩子问道,看到孩子满意地点头后教师又面向全班)"那你们知道为什么这么巧吗?"这时孩子七嘴八舌地忍不住都在说因为1时等于60分呀"那你们能用一个等式来表示时与分之间的关系吗?"学生说教师板书1时=60分。老师又让几个孩子说过后,这一环节就顺利地在学生说"巧",教师抓"巧",集体探"巧",总结概括出"巧"的关系中快乐地度过了。(因为试讲时该教师做了一个龟兔赛跑的课件来证明1时=60分,而做出来的课件当时未让孩子有本节这么真切的体会,演示也就形同虚设。)

2 案例反思

认识时间是联系生活比较紧密的一个生活化的数学知识,有些同学通过各种渠道对知识有了一定的了解,对时分秒间关系也有所了解,但绝大多数孩子只知道结论性的知识,对于为什么?怎么回事?等内涵性的知识则从未有过真切的体验,而本节课通过教师倾听到的"巧"而又马上作出了接下来的反应将这一环节处理得恰到好处。

亚里士多德(Anstotle)在《形而上学》中主张:在诸感觉中,我们尤重视觉,因为视觉是知识的首要源泉,并且能揭示出事物之间的许多差异。于是,"看"拥有超出"听"之上的特权,形成了"视觉中心主义",然而,听觉的价值和意义远比人们想象的要高。试想这节课如果老师未听到孩子的反馈又会怎样完成这一环节呢?我想肯定不会这么顺畅。

古希腊先哲苏格拉底说:上天赐人以两耳两目,但只有一口,欲使其多闻多见而少言。寥寥数语,形象而深刻地说明了"听"的重要性。倾听其实是一种幸福。通过本节课相信老师和孩子们都体验到了这种幸福。

著名心理学家JohnP. Dickinson说:好的倾听者,用耳听内容,更用心"听"情感。本节的教师动手实物演示及配合的认真倾听及时反应将学生带入了主动探究的氛围中,"兴趣是最好的老师"这是我们再熟悉不过的一句名言了!孩子都是有思想的,他们渴望探究,所以我们应设计好情境带领他们一起快乐探究,相信这样的学习过程不会有太多学困生。

《给教师的一百条新建议》中"教师作为一个完整的人"第一部分中有关"学会倾听不容易"让我感触颇深,别说年轻教师,就连老教师们也不可能时刻都做到认真倾听每个孩子的发言,更别说是孩子的随意接下茬,简直是无法忍受的。因此我认为我校这位年轻教师的这个"巧"字抓得恰到好处,既让接话的孩子重新找回了自信,又抓住了本课的一个知识重点,即理解1时等于60分的道理,而不是以往老师们通过简单演示后的死记硬背得来的公式,相信这次探究"巧"会给孩子今后的学习带来深远的影响,大家的探究意识也会有所增强,这种积极的主动的学习状态会给孩子们传递一种正能量。

因为数学课上有时回答问题是随口而出的情不自禁行为，如果老师总是盯着纪律那么就会束缚学生思考的深度及广度。众所周知，一节好课都是在学生的生成中被老师捕捉到的，这个捕捉过程就是积极心理学所追求的。师生这种互动既免去了随口说话学生的尴尬，同时还成为了大家"效仿"学习的榜样。老师的要求不是一成不变的，只要是在课堂上主动学习的过程就应该被尊重、被认可，相信这样的课堂才是平等、和谐、出彩的课堂。这就是我们当今所倡导的学生主动学习、主动发现、主动探究吧！

倾听反应是教师的教学基本功，意味着平等与尊重。我们不要将孩子教死，当学生接话有意义时一定要及时作出反应。优秀教师都是在这种课堂生成中带领学生一起探究数学知识与方法的。教师只有善于关注、倾听学生，及时作出反应，适时调整自己的教学行为，才有可能扮演好自身的角色。"教育的过程是教育者与受教育者相互倾听与应答的过程。……倾听受教育者的叙说是教师的道德责任。"倾听是一种等待，让我们学会在倾听中交流，在倾听中沟通，最终实现教学相长。

悦纳自我　养正生命
——绘本《你很特别》学科融合之案例研究

李小燕

1　理论依据

本案例依据积极心理学，把美术、音乐、语文、教育戏剧、心理冥想多学科融入绘本《你很特别》教学之中。积极心理学发起者是美国心理学家塞利格曼，倡导人类要用一种积极的心态来对人的许多心理现象和心理问题作出新的解读，并以此来激发每个人所固有的某些实际的或潜在的积极品质和积极力量，从而使每个人都能顺利地走向属于自己的幸福彼岸。积极心理学认为，学生的心理品质既有积极的一面，也存在消极的一面，因此，研究和培养学生的个性心理品质，对学生的发展尤为重要。积极心理学注重树立学生的自信心，要求学生正确认识自我、评价自我、对待自我，能够坦然面对生活中的困难与挫折，勇敢地迎接社会生活的挑战，并对未来充满信心。

2022年版《艺术课程标准》中也明确指出：美术课程要突出课程综合性，即以各艺术学科为主体，加强与其他艺术的融合；重视艺术与其他学科的联系，充分发挥协同育人功能。

2　教学背景分析

2.1　教学内容分析

绘本《你很特别》是美国作家陆可铎编写，马第尼斯绘制的一个绘本故事。有一群叫做微美克的小木头人，每天做着同样的事：为人贴上金星贴纸或是灰点贴纸，漂亮的、漆色好的木头人会被贴星星；有才能的也会被贴星星。可是，那些什么都不会做的或是褪了色的木头人，就会被贴丑丑的灰点贴纸。胖哥就是。这世界告诉孩子们："如果你聪明，美丽，有才能，你就很特别。"但是，微美克人的创造者木匠伊莱对胖哥说："你很特别，因为人就是很特别，不需要任何条件。"在畅销书作家陆可铎笔下的这个精彩的绘本故事中，木匠伊莱帮助胖哥使他了解自己有多么特别。这对孩子们是一个重要的信息：无论世人怎么评估他们，上天总是会珍爱每一个人。

2.2 学生情况分析

通过采访、交谈，了解到四年级学生对自己的认知仅限于身高、外貌、兴趣，等等。但这些都是一种很表面化的认识行为。他们对自己内在品质没有更深刻的认识。同时，很多学生是独生子女，以自我为中心，对别人也缺少理解。针对以上问题，把本课的教学目标设定为了解每个人存在的独特性和价值，进而认识自己，肯定自己，接纳他人，热爱生命。

2.3 教学方式、教学手段说明

本节课教学采用体验式的教学方式。利用故事、图片、音乐等，充分调动学生的学习兴趣和积极性。为学生营造一种良好的学习氛围，并将学生带入创设的情景之中进行情感体验。使学生在亲身体验的过程中有所收获，认识自我，激发情感。

2.4 技术准备

2.4.1 教师准备

为学生提供绘本故事，音乐资料，剪好的彩色纸张。

2.4.2 学生准备

签字笔、水彩笔。

3 教学目标

（1）通过欣赏、观察、思考、分析、讨论等方法理解绘本的定义与特点。能够用绘画的方式大胆表达自我。

（2）感受绘本的美，同时了解每个人存在的独特性和价值，进而肯定自己，接纳他人，热爱生命。

4 教学重难点

（1）教学重点：了解绘本的定义、特点。认识自己，肯定自己，树立信心，并接纳他人。

（2）教学难点：通过绘本的学习，认识自己，肯定自己，树立信心。

5 教学过程

5.1 热身游戏：肢体表演，打开自我

教师：请同学用肢体表演你收到礼物时的表情与动作。

游戏规则：夸张生动，大胆表现。

三位学生展示，参与表演游戏。

教师：今天老师奖励你们一个小礼物，它是一个很有意思的故事，这个故事发生在一个神奇的村庄里，让我们一起走进这个村庄看看吧。

设计意图：教育戏剧进课堂，调动学生打开自我，有效激发兴趣，做好课前铺垫。

5.2 创设情境，导入新课

背景音乐响起。

教师：今天老师要带大家去的这个村庄的名字叫做——微美克村，微美克村住着一群小木头人。

设计意图：播放音乐，创设情境，激发学生学习兴趣。

5.3 品读绘本，分析讨论

5.3.1 一个学生朗读故事的片段

学生欣赏、思考。

5.3.2 学生讨论分析

教师出示问题。

（1）故事里的胖哥为什么被贴满了灰点点？

学生回答：他想要跟别人一样跳很高，却总是摔得四脚朝天。一旦他摔下来，其他人就会围过来，为他贴上灰点点。有时候，他摔下来时刮伤了他的身体，别人又为他再贴上灰点贴纸。然后，他为了解释他为什么会摔倒，讲了一些可笑的理由，别人又会给他再多贴一些灰点。有些人只因为看到他身上有很多灰点贴纸，就会跑过来再给他多加一个，根本没有其他理由。

（2）胖哥为什么只找身上有灰点点的人打交道？

学生回答：他觉得"是啊，我不是个好微美克人了"。他很少出门，每次他出去就会去跟有很多灰点点的人在一起，这样他才不会自卑。

（3）如果胖哥一直这样下去，他的人生会是什么样子？

学生讨论分析：这样下去，胖哥只会有一个灰暗的人生了。

教师：故事接着出现了转机，故事怎么发展的呢？

5.3.3 继续欣赏，学生分角色朗读绘本故事

教师出示思考题。

（1）伊莱告诉胖哥，露西亚身上贴不上贴纸是什么原因了吗？

学生回答：伊莱说："当你在乎贴纸的时候，贴纸才会贴得住。你越相信我的爱，就越不会在乎他们的贴纸了。"

（2）故事结尾，胖哥的灰点点掉了一个，为什么？

学生回答：伊莱说："记住，你很特别，因为我创造了你。我从不失误的。"胖哥相信了他的话，有了自信，灰点点掉了一个。

（3）这个故事你懂得了什么？

学生回答：我们很特别，要相信自己，不要在乎别人说什么。

教师：每个人存在的独特性和价值，我们每个人都要肯定自己，也要承认别人的价值，尊重并接纳他人。

教师出示课题《绘本——你很特别》。绘本是美国陆可铎编著，马第尼斯配图。

设计意图：学生了解故事，通过交流探讨，认识自己，相信自己，解决本课重点。

5.4 了解绘本，归纳特点

教师：绘本产生于17世纪的欧洲，俗称"图画书"。英文称 Picture Book，即指以绘画为主，并附有少量文字的书籍。

下面我们再欣赏一下《你很特别》的图画。

5.4.1 这些画的色彩有什么共同点？（图1）

图 1

小组讨论。

教师：黄绿色调，优雅的灰调子。绘本要求有统一色调，形成统一的风格。

5.4.2 看看画中的胖哥，你感受到了什么？（图2）

学生：孤独、寂寞、悲伤、绝望、无奈。

教师：抓住表情、动态，深入刻画，感动人心。

设计意图：通过欣赏和小组研讨，学生了解了这个绘本特点，解决本课重点。

图 2　　　　　　图 3

5.5 戏剧表演，角色代入

1. 教师：你能表演一下孤独、悲伤的胖哥吗？

学生表演。

教师请四位学生上台和老师一起展示，共同表演，形成一个群体雕塑。（图3）

设计意图：通过表演和角色代入，体会胖哥的感受。激发学生的同情心。

5.6 语言疏导，心理冥想

背景音乐响起，学生们趴在桌上，闭上眼睛。

教师：世界上没有完全相同的两片叶子，你很特别，你是独一无二的存在。从父母孕育我们到我们呱呱落地，一个崭新的生命与众不同的旅程就开始了。无论高大还是弱小，无论富有还是贫穷，我们都要勇敢面对，快乐接受。

我们总有一些想说的话，因为各种原因不能说或不敢说，今天老师给你一个空间，给你一点时间，请你用你的手把它画出来，用你的笔把它写出来。

5.7 美术实践

5.7.1 画一画"特别的我"

作业要求：

（1）图文并茂。

（2）主体突出。

（3）抓住人物特点，深入刻画。

5.7.2 教师巡回辅导

设计意图：学生实践，认识自我，表现自我，解决本课难点。

5.8 作业展评（图4）

图 4

学生的作品展示在生命树上。（图5）

学生自评，生生互评，教师总评相结合。

设计意图：通过画特别的自己，反馈学生学习的效果，初步让学生认识自己，反思自己，培养动手能力和表达能力。

5.9 归纳总结

教师：相信自己，尊重他人。我们每个人都如此不同，记住你我他都很特别，让我们每个同学的生命美丽绽放。

设计意图：再次鼓励学生相信自己，热爱生命。

图 5

6 教学成效

6.1 音乐创设情境，通过心理冥想，达成沉浸体验式教学

这节课，采用了体验式的教学手段。播放音乐，创设情境，学生闭上眼睛，趴在桌上，放松身心，我们总有一些想说的话，因为各种原因不能说或不敢说，今天老师给你一个空间，给你一点时间，请你用你的手把它画出来，用你的笔把它写出来。

学生在心理冥想中，完成心灵的疏导。心理冥想的方法充分放松了学生们的身心，调动了学生的情感参与。学生心灵得到解放，大胆表现，满怀激情地进行绘本创作，出现了大量真诚感人的艺术作品，在完成作业的过程中，学生进一步认识自己，剖析自己，解放自己，促进了自我生命的成长。我们也由此了解了一个个动人的灵魂。

6.2 开拓创新，教育戏剧元素融入绘本教学中

大胆尝试，研究绘本教学中的跨学科课程整合。经过不断尝试，创造性地运用绘本教学，把诗歌、音乐、美术、心理、教育戏剧等不同学科进行了深度融合。

教育戏剧，是近年出现的一种新的教学方法，就是以戏剧的手法，将文化课程的主题与戏剧的形式相结合，引导学生在戏剧化的活动过程中进行团队合作来展现课程内容。它注重的是戏剧活动的过程，而不是戏剧演出的结果，让学习变得深刻、有趣，让呈现内容得以提升，是学生们非常喜欢的一种学习的方式。

教育戏剧融入到绘本教学中，融入到生命教育活动中，活化了课堂，带来了鲜活的生命力。在教育戏剧范式中，学生们释放了天性，绽放了自我，激发了各种潜能，发展创造力和想象力，在角色融入中，体验了人与人之间的关系建设，这是其他方式教学所不能的。

6.3 树立信心，大胆表现，促学生生命成长

"你很特别"这节课中，从美术的角度研究绘本的色彩、细节处理，认识了绘本的美。在情境中，学生把"特别的我"以图文并茂的形式展示在一棵大树上面。每件作品都是小作者用智慧的眼睛去审视自我，用大胆的笔触去描绘自我，用真挚的语言抒发自我。每个学生是一片树叶，或是一个果实，在生命之树上灿然绽放。这种形象的展示，传达出生命的意义，有效激发了学生对生命的热爱。

7 教学故事

五年级的杜同学，因为行为习惯不好，一直不被同学们喜欢，班里他没有朋友。为了引起大家的注意，他总搞恶作剧，他会故意把唾沫吐在别人后背上，或是涂在自己手上，去乱摸别人，引得别人大叫。结果同学们不喜欢他，反而离他更远。老师们对这个惹是生非的学生也没有好感。杜同学俨然已经是个被贴上标签的坏孩子。只要他和别的同学发生冲突，不管对错，老师和学生都一致指责他。

恰巧，我上了一节"你很特别"的绘本课。整节课中杜同学听得特别认真，没有捣乱，一反常态。当听到故事中的胖哥因为身上灰点点太多，就被别人不问青红皂白又贴上灰点点时，同学们的眼光都同情地看向杜同学。当讲到胖哥身上灰点点太多，不愿出门，即使出门也只和有灰点点的人打交道，胖哥的人生变得很灰暗时，又有同学同情地偷偷看向杜同学。而整个过程中，杜同学一直若有所思。

课堂作业：以图文并茂的绘本的形式画画特别的"我"。杜同学画得认真极了。他在作品上写道："我是一个被某些人用鄙视的眼光来看的，但是也不会让我放弃，随他们去吧，我不在乎，我常常犯错误，招来某个同学鄙视的眼光，可是谁没犯过错，我常常反省人生，我的人生，不是被别人掌控着，所以别人说说吧，用心做事，不要用别人来评价你。"（图6）

看着他写的文字，我百感交集，找到班主任把杜同学的作品给他看。随后班主任给杜同学安排了一个图书管理员的职位，同学们借阅书籍都要通过杜同学，借还之间，杜同学开始和同学们有了正常的接触，而杜同学整理书架认真负责，自己的卫生情况也越来越好。同学们说他变了……

每一个孩子都是独一无二的，走进他们的心灵，激发他们的美好，生命会焕发出它应有的美丽。

图6

参考文献

［1］李婴宁．教育戏剧概论［R］．上海戏剧学院艺术教育专业教育戏剧课程讲义，2007．
［2］刘济良．生命教育论［M］．北京：中国社会科学出版社，2004．

积极心理学视角下学生习惯养成教育的实践研究
——以"首都师范大学附属实验学校西园校区"为例

杨晓菲

1 前言

中学阶段是良好习惯培养的又一个关键期。特别是初中阶段，青少年正处于身心快速发展的时期，正是世界观、人生观、价值观形成的重要阶段，可塑性强，对青少年人生的成长具有特殊意义。培养初中生的各种良好行为习惯，使他们顺利度过初中"危机期"，为他们的健康成长打下坚实基础。《国家中长期教育改革和发展规划纲要（2010—2020年）》（以下简称《纲要》）在义务教育阶段的发展任务中明确提出，要注重学生的品行培养，激发学习兴趣，培育健康体魄，养成良好习惯。

多年来，学校一直致力于培养学生良好的习惯，虽然在实践中取得了一定的成效，但往往体现在经验和做法，并未形成理论体系的支持。随着学生数量的不断增加，从2021年的300人到2022年的400人乃至2024年500人的学生数量，学校、老师逐步认识到之前的经验做法不足以支撑学生的习惯培养。同时整体的实施效果未形成体系，框架不完整，方法和主题杂乱，迫切需要理论体系的支持，2023年暑假校区依据学校的办学理念并结合积极心理学的理论基础尝试用积极心理学的理论指导培养学生良好行为习惯。因此，基于积极心理学培养良好习惯，是校区去年实践的一项重要工作，更是年级组、班级的重点工作。

2 积极心理学的内涵

积极心理学起源于 20 世纪末，其归属于美国心理学研究的一个全新分支，具有相对系统和完善的实验方法与手段，能够对人类行为中那些具有创造性、积极性和令情感满足的因素进行分析和研究，主要是对人的美德和发展潜力等积极品质进行研究的一门学科。积极心理学中人的积极因素是研究的重点，并以人所具有的固定的、潜在的、建设性的以及实际的美德、力量为出发点，尝试着用积极的心态去诠释人的心理现象从而有效挖掘和激发人潜在的优秀品质和积极力量，使其养成良好的行为习惯。

3 校区中学生不良习惯养成的原因

3.1 中学生个人轻视良好行为习惯养成

中学生的不良行为习惯的养成在一定因素上是个人因素，个人的价值观不同，对于行为习惯养成有着不同的看法。大多数的中学生认为社会所需要的人才为高素质人才，而成为这种高素质人才最重要的是专业知识的积累与个人学位的获得，对于道德素质的培养并不重视。并且，中学生的自控力非常低，他们懂得需要培养良好的行为习惯，却无法付诸行动[1]。所以，中学生个人的价值观对于良好行为习惯的养成有不可或缺的地位。

3.2 家庭当中轻视良好行为习惯养成

中学生的行为习惯在幼儿时期便有所形成，家庭当中，父母所表现出来的生活状态对于孩子有着极其重要的影响，这种影响有一定的不可替代性。在家庭教育当中，父母为了孩子的未来考虑，总是让孩子利用零散的、完整的时间去学习，孩子的自理能力便被家长所忽略[2]。孩子对于父母的依赖性十分强烈，不良行为习惯逐渐养成并且不易改变。

3.3 校区教育忽视良好行为习惯养成

西园校区是九年级校区，是毕业年级校区，成绩是一个硬性指标。校区的工作中心着重放在知识教学上，在校学生的大部分时间都在学习，忽视了良好行为习惯养成的重要性。

4 积极心理学视角下中学生良好行为习惯的养成

4.1 帮助中学生形成良好行为习惯的意识

积极心理学强调从积极的视角看待家长和学生，关注家长、学生身上的发展潜能、积极品质和积极力量。通过分析已有文献资料也发现，积极心理学方向家庭教育的研究越来越被重视，但并没有系列的课程研究。关于积极心理学和家校社共育的结合，有研究探索了积极心理学对家校社共育的启示，但对共育模式的研究较少。

在积极心理学视角下，要想更好地帮助中学生养成行为习惯意识，要着力激发家长、学生身上的发展潜能、积极品质和积极力量。将积极心理学、习惯养成和家校社共育的结合，校区为此着重做好三个方面工作。

4.1.1 自我定位

在积极心理学视角下，中学生在良好行为习惯养成的过程当中，应该对自我有一个正确的认知,这个认知应该是学生个人正确处理自己的优缺点,结合自身实际情况,促进个人道德素质的提升,并且也可以提升个人素质,以此培养良好的行为习惯。

4.1.2 提高个人自控力,坚持做事不妥协

提高个人自控力是比较困难的一件事情,可以先从一点点的小事做起,然后再慢慢地扩大事件范围,使得中学生形成意志品质并且更加坚定。

4.1.3 调节好个人情绪

中学生能调节好个人情绪,在处理事情时可以做到从容镇定[3]。

4.2 实施的做法

2022年底,学校在总结实践的基础上,重新修订了习惯培养方案。依据实施方案,校区全体教职工、学生家长及学生全员参与,创造性地、持之以恒地开展习惯培养教育实践活动,做到了培养工作系统化、教育活动系列化、评价反馈科学化,使学生习惯培养工作得以有效落实。确定以"积极心理学"为培养学生习惯养成的重要抓手。培养工作系统化是指在习惯培养的实施内容、实施途径、培养方式、操作手段、规范化要求、组织管理等方面形成密切联系,形成可操作的实施方案。

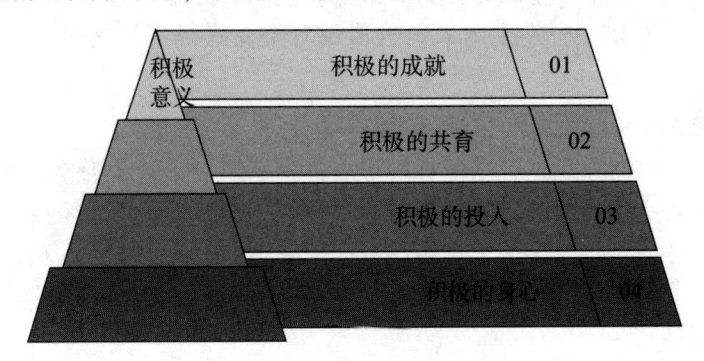

积极意义
积极的成就 01
积极的共育 02
积极的投入 03
积极的身心 04

图 1 积极意义图

4.2.1 确立培养的基本原则,在培养方式上遵循知行统一的原则

在习惯培养过程中首先让学生知道什么是好习惯、养成好习惯的重要性,从而激发学生的主动性、积极性。在此基础上,重视让学生进行实践活动,在实践中训练、体验、内化,使之形成良好的习惯。在操作手段上,遵循渐进强化的原则。良好习惯的形成遵循由被动到主动再到自觉的建构规律。良好习惯的培养要循序渐进,通过行为训练和强化来进行,经历提出目标、确立规范、树立榜样、强化训练、引导纠正、总结评估的过程。在培养内容、方式上,遵循尊重差异的原则。在培养良好习惯的过程中,充分考虑不同年龄和不同个体的差异,根据学生特点,有针对性地制定培养目标和选择适宜的培养方式,使每个学生得到发展。在实施途径上,遵循课程与活动结合的原则。课程与教育活动是培养学生良好习惯的主渠道。良好习惯的培养不仅要通过各种教育活动具体实施,更要渗透到课堂教学活动中。学校要求学科教学在课程实施的各个环节中关注学生"四个良好习惯"的培养,每位教师要成为学生良好习惯的指导者。

4.2.2 制定具体措施,健全良好习惯的培养体系

形成校本课程和测评工具;完善测评反馈、评选、奖励等制度;建立家长学校,落实家长学校的讲座课程;学生处把习惯培养列入每学期工作计划;组织学生学习学习礼

仪；协助年级组策划和组织"主题教育"活动；通过值周评比加强日常管理，纠正学生的不良习惯；每学年组织好测评、反馈工作；每学年进行一次良好习惯示范班、良好习惯标兵的评选，大力表彰先进。年级组依据学生处习惯培养的计划和要求，结合各年级学生特点，提出相应的策略并开展有效的教育活动；指导班主任在班集体建设中培养学生的良好习惯；通过巡检规范学生行为、每学期期末以年级为单位进行一次学生自主培养良好习惯交流活动，树立榜样。班主任落实学校、年级的要求并具体实施相关的教育活动；每学期前两周组织学生学习《积极心理学礼仪培养方案》，组织学生选择个人习惯培养目标，制定学生自主培养良好习惯计划；在日常教育管理中强化行为训练；每学期的期中、期末组织两次总结、交流、评价活动。同时，班主任根据班级学生特点和班集体建设的需要，采取灵活多样的方式方法，创造性地开展有班级特色的习惯培养教育活动。任课教师通过教学各环节侧重对学生学习习惯的培养；依据学科特点，挖掘有助于培养学生良好习惯的教学内容，通过课堂教学主渠道渗透学生习惯养成教育；积极参与对学生课堂行为习惯的评价。

表1　积极父母研习坊课程内容

积极心理	积极心理学父母研习坊主题	积心理学亲子课后练习
积极自我	优势——善用孩子的品格优势	积极自我介绍
	自尊——提高孩子的自我价值感	家庭优势树
积极情绪	感恩——培养孩子的积极情绪	感恩练习
	乐观——培养积极乐观的孩子	乐观归因训练
积极关系	依恋——与孩子建立良好的依恋关系	家庭会议
	ACR——提升人际互动能力和幸福指数	非暴力沟通
积极成长	成长型思维——改进思维方式	成长型思维之八问
	心理韧性——培养意志品质	成就项目手册

4.2.3　教育活动系列化教育活动

系列化是指将专题讲座、主题活动和常规管理有机地结合在一起，形成有效的培养措施，使培养良好习惯的教育活动形成系列。

（1）系列讲座。我校注重通过讲座强化学生的道德认知，激发学生培养良好习惯的愿望。多年来，学校依托大学资源与各方面的专家学者建立了长期的合作关系，组建了强大的专家团队，形成了一系列特色讲座。

（2）系列"主题教育"活动。学校层面培养良好习惯的活动主要有三大类：第一类是已经形成传统的教育活动；第二类是针对习惯培养新创设的专题活动；第三类是由学生社团组织自主开展的活动。传统活动中融入培养良好习惯的内容。如艺术节、科技节、学科月等竞赛活动多设置集体类项目，培养学生善于合作的道德习惯；在嘉年华、心理游园会等体验类活动中由学生承担活动的组织管理工作，培养学生讲礼仪、守规则、讲秩序等习惯；远足和贯穿全年的体育嘉年华、超级联赛等体育活动很好地培养了学生坚持锻炼、科学锻炼、身心健康的健身习惯等。专题活动强化良好习惯养成的训练。例如："用礼仪沟通心灵，让文明变成行动！"的礼仪名片活动。活动时间贯穿初一年级上下两个学期，分成三个阶段，包括邀请专家开展礼仪讲座；通过学校电视台与广播站、板报、班会等宣传礼仪知识，营造礼仪教育氛围；学生送出"礼仪名片"等。经过三个阶段的行为渐进强化训练，大多数同学的礼仪行为得到提升。搭建自主教育活动的平台。学生们利用课余时间，在重阳节走进社区敬老院慰问老人；在假期走进博物馆做义务讲解员；学生电视台、广播站的采编团队及时发掘身边的教育素材，报道身边的好人好事；每周国旗下的讲话"名人名言解读""学论语讲修养"引导学生审视自身行为，提升个人修养。这些自主教育活动都渗透着自觉养成良好习惯的教育内容，形成健康的校园文化环境，潜移默化地培养学生的良好习惯。

（3）建立课堂管理制度，明确教师管理责任。培养学生良好的习惯是每个教师的责任，规范的课堂管理对于培养学生良好的行为习惯、学习习惯十分重要。我校将习惯养成教育纳入学校的课程体系，明确了教师在培养学生良好习惯方面的职责，要求全体教师在学科教学的各个环节中培养学生的"四个良好习惯"，每个教师都能成为学生养成习惯的指导者。采用可视化管理，创新管理手段。可视化管理是以直观的方式将评价结果及时呈现出来的具有激励、示范作用的一种教育管理方式，是我校在习惯培养上的一种创新举措。如良好习惯标兵在校服上佩戴徽章，代表了对学生优异表现的积极肯定；良好习惯示范班会在教室门上张贴标识，增加了集体荣誉感，促使学生继续努力维护班级的荣誉；课间操当场亮"牌"，以不同颜色图案及时反馈，提醒学生以更高的标准要求自己；课堂上教师根据学生整体学习状态和表现贴评价卡，鼓励学生认真上好每节课。丰富学生自主管理方式，激励学生自我管理积极性。班级形象展示是我校激发学生参与学校日常管理，自主培养良好习惯的新探索。班级形象展示活动将值周工作由被动安排变为自主申报，由单一值周管理转变为综合教育活动组织展示，内容包括升旗、国旗下讲话、佩戴标识展示礼仪形象、记录校园里发生的好人好事、文明班检查评比、制作班级展板、组织特色活动等。通过这项活动，不仅落实了学校的日常管理，同时搭建了班级的展示平台，促进了班集体建设，更重要的是在班级形象展示的过程中，学生能够更好地了解行为规范，形成良好的行为习惯。

表2 积极家长云课堂目录（部分）

积极养育	目标	积极家长云课堂主题
积极自我	帮助孩子提升自我认知能力，培养健康、积极的自我意向，包括自尊、自我效能、自爱、自我接纳等。认识、发掘、培养和利用自己和孩子的品格优势和美德。	【自我接纳】做好父母从接纳自己开始
		【优势】善用品格优势成就蓬勃人生
		【自尊】培养孩子自尊提高孩子自我价值感
积极情绪	帮助孩子认识、了解情绪，觉察并接纳情绪，学会创造和提升积极情绪，调节消极情绪，教出感恩乐观的孩子。	【家长情绪管理】积极管理情绪提升亲子温度
		【主观幸福感】培养积极情绪助力孩子幸福成长
		【乐观希望】培养积极乐观的孩子向着未来奔跑
积极关系	培养孩子对他人的爱心，发展社交技能、沟通能力、换位理解能力，掌握积极有效的沟通技巧，如非暴力沟通、主动建设性回应等。	【共情】学会共情让亲子关系更和谐
		【沟通】让沟通架起积极关系的桥梁
		【欣赏式探询】越欣赏越优秀

续表

积极养育	目标	积极家长云课堂主题
积极投入	培养孩子对生活、学习的内在动机,提升对当下所从事活动的专注度与投入度,主动创造"福流"体验,体会过程中的快乐。	【福流体验】享受当下提升福流力
		【福流】巧用福流助孩子快乐学习
积极成长	认识生活中的压力和挫折,寻找资源,体验生命的美好。培养人的韧性、毅力、才干、思维模式,具备实现有价值目标的能力。	【刻意练习】坚持刻意练习人生成功可期
		【抗逆力】为孩子打造一副坚韧的铠甲——抗逆力
		【自我效能】提高自我效能成就美好人生
积极意义	帮助孩子树立正确的价值观,追求有价值的理想,在更大范围内、更高层次上获得崇高的生命价值感和精神体验。	【灵性】带领孩子探索生命的意义珍爱生命
		【积极目标】规划人生幸福生活走向成功

5 激励机制:建立"星级管理",积极营造共育氛围

校区建立健全管理制度,把积分制管理植入好习惯行为培养体系,用量化分数形象直观地体现家长对孩子成长的付出,累计积分作为评选优秀家长的依据。

5.1 家校联动形成制度

学校组织家校工作会议,与家委会核心成员、家庭教育指导师团队等共同探讨促进家长成长的家校联动制度。经过多方讨论,制定"积极家校社共育好习惯家长积分制",初步形成"智慧家长"和"公益家长"的积分方式。家长参加学校组织的标准课程、公益课程、特色课程等线下学习活动和线上学习,积极参加每一次学习的讨论分享等,都可以获得"智慧家长"积分。为家长、学生授课,协助学校组织家校活动等可获得"公益家长"积分。

5.2 多条渠道宣传解读

"积极家校社共育家长积分制"讨论制定的过程,也是向家委会核心成员、家庭教育指导师团队宣传的过程。在积极家校社项目启动仪式上,学校向全体校级家委会解读了"积极家校社共育家长积分制",并邀请他们向班级家长宣传和解读该制度。随后,学校通过微信公众号进行进一步宣传,使全体家长明晰制度制定的初衷与实施过程,得到了全体家长的理解,家长学习的积极性高涨。

5.3 建立平台保障实施

学校根据积分制度建好钉钉家长积分平台,为"积极家校社共育家长积分制"顺利实行提供保障。学习任务由学校统一发布,家长根据要求,在参与学习后用微信或钉钉扫码形成个人学习积分。家长和老师可以通过积分看板看到个人积分排名、智慧家长排行榜、公益家长排行榜等,随时了解学习情况,调整学习状态。

5.4 表彰优秀营造氛围

学校根据家长、学生好习惯学年学习积分统计排名,评选出积极参与家长课程学习的"智慧家长"、积极参与组织活动的"公益家长"、习惯养成的"最美学生"及"最美老师"。为扩大影响,学校通过线上线下进行双向表彰。线上通过微信公众号公布表彰名

单和经验分享，线下通过家长会、学生集会、亲子活动等进行表彰，宣扬先进事迹，从而吸引家长、学生、老师共同参与到好习惯养成的活动中来。

6 结语

一年来校区年级组进行了两次测评，形成年级、班级各层面反馈报告共10余份，班主任反思文章14篇，开展报告反馈、反思改进和学习交流活动10次。在学校领导和专家的指导下，年级组和班主任调整制定了基于积极心理学的习惯培养改进计划。以上活动极大地提高了我校习惯培养的针对性、实效性，避免了培养过程的盲目性，同时进一步提升了教师的教育反思和教育管理能力，改善了教师的教育行为，促进了师生关系的和谐发展。

未来几年，校区年级组继续依托积极心理学的理论基础并在学校的统筹规划下健全良好习惯的培养体系，形成富有成效的系列教育实践活动，建立科学的评价反馈机制，使我校学生的行为表现、综合素养进一步提高；使学校教师形成培养学生良好习惯的责任意识、主动意识和较强的实践能力；使学校习惯养成教育的实践和研究达到一定水平，最终打好学生发展的基础，为学生铺设通向成功的阶梯。

参考文献

[1] 范楚晗. 微信时代大学生行为习惯及相应的引导策略研究 [J]. 山西青年，2017（15）：137.

[2] 王凤军，大学生行为习惯养成教育的措施与方法研究 [J]. 当代教育理论与实践，2014（12）：129-130.

[3] 金新，陈宝佳. 积极心理学视野下高校育人新模式的构建 [J]. 科教文汇，2015（15）:9-10.

[4] 徐晓晖，高职心理健康课程改革与探索山 [J]. 南方农机，2017，48（16）：192.

[5] 林红丽，兰春红，曾黎源. 幸福共育：积极心理学视角下家校社共育模式的构建 [J]. 中小学心理健康教育，2024（2）.

用心浇灌，终会灿烂
——金同学成长录

胡玉红

1 前言

在班主任岗位上已经工作了整整8年，这几年中，身边形形色色的人来了又去，去了又来。这几年，我感受了初上讲台的激动，经历了教育教学大赛的紧张，处理过棘手的问题，见识过不同家庭教育下不同的学生，多少故事发生，多少情谊留存，多少教训铭记，多少回忆珍藏，班主任这个工作岗位让我不断成长。在工作上，我们总会遇到困惑和不解、纠结和郁闷，因为我们的工作对象是活生生的人，我们所面向的群体是汇聚于一线城市中各种不同教育背景下的家长和学生们。对我们而言，就必须有清醒的头脑去适应各种突发状况，要不断学习才能胜任这项工作。但是无论怎么样的学生，怎么样的群体，怎么样的差异，只要我们用心去付出，用爱去温暖他们，结果就不会太差。

每个班级中都会有几个让老师尤其挂心的学生，这几个学生，可能会占用我们大量的时间和精力，让我们时时牵挂、寝食难安。在茶余饭后，他们的名字会随时蹦到我们的脑子里，不由自主会想马上联系他的家长，问问状况，聊聊学习。多年的案例和事实说明，精准帮扶可以有效缓解一个存在严重心理问题学生的焦虑。

2 正文

2.1 案例概述

在我所带的四年级7班里有这样一个男生。只要有体育课，只要一起打比赛，他回来后必定大哭一场，谁劝他都没有用；在班级里，只要跟同学有一点点矛盾，必定又是满目涕零；在家里，自己对自己的要求不严格，不按时写作业，拿手机玩游戏，却对家里人要求很高：家庭聚餐必须要用公筷，如果不用就闹脾气，经常搞得大家不欢而散；班级大扫除时，哪怕所有人都干得热火朝天，他自己依然可以淡定地坐在座位上，雷打不动；老师让他帮忙拿个书，发个作业，他也会理所当然地拒绝，举手之劳，在他看来，也是额外负担。

2.2 案例解决思路与过程

本案例是一个典型的因心理调节障碍导致的情绪调节困难，其根本成因是在家里有了妹妹后，全家人的重心都放在了妹妹身上，孩子缺乏关爱，迫切需要大人的关注，于是就想通过情绪释放来达到想要的效果。在家人的冷落中，这种情绪愈发严重。在解决过程中，需坚持"以生为本"的理念，从学生实际出发，了解其内心所需，以真诚换取信任，着力解决学生的困难，通过家庭参与、增强同理心、支持性干预、正面反馈、建立信任的行为模型等渠道增强实效性。

1. 家庭参与。在向任课老师和同学了解了孩子的情况后，我没有就此事专门去联系家长，而是在和家长沟通孩子语文学习情况的时候，很自然地反映出孩子在心理方面的小问题，并告知家长，这是学习之外的事情，因为喜欢孩子，从长远角度来看，这些小问题不利于孩子将来的发展，所以才告知此事，希望孩子在各个方面都有所突破。让家长明白这不是告状，是在帮助孩子，从而和家长达成共识，形成统一战线。

2. 增强同理心。三年级上册习作中有一次写身边有特点的人，讲解后，孩子交上来的作文让我惊讶万分，惊喜连连，有《昆虫谜》《智多星》《变脸大师》《调皮大王》等等。其中，让我最意外的是出镜率最高的是"金同学"，他既是"智多星"又是"变脸大师"，是同学们公认的"有特点的人"。孩子们的文章源于生活，又用活生生的例子写出了他平时的一些真实表现，作为语文老师，我的喜悦溢于言表。于是我让这几个小作者在全班朗读作文，我将他们录制下来，记录到抖音里。借此机会，我不但大大鼓励了这几个小作者，还找准时机，告诉金同学："你在咱们班备受关注，一看就是个风云人物。通过他们的介绍，我对你有了一部分了解。当然，你不必因为'变脸大师'感到难堪，因为每个人的性格都有两面性，你的优势就是敏感，能够捕捉到其他同学感受不到的东西，这是一个大作家所具备的能力，一般人都不具备。你的劣势嘛，就是容易和身边的人发生矛盾，影响彼此的关系。如果你能扬长避短，将来一定可以大有作为！"当时的他，有些开心，又有些害羞和难为情，他万万没想到自己会成为大家笔下的主人公，他觉得自己第一次如此受关注。他也隐约觉得，老师的话中更多的是对自己的鼓励，自己应该为自己的性格改变做些努力。

3. 支持性干预，积极倾听学生诉求，建立安全感，从而达到共情和理解，建立师生信任关系。有一次，金同学和班里一名比较爱惹事的孩子因为鸡毛蒜皮的小事儿发生了矛盾，他向我反映了问题。第二天，我非常严肃地处理了他们之间的矛盾，并告知对方，有胡老师在这里维持正义，不要欺软怕硬、仗势欺人。后来，他们之间又发生了矛盾，我严肃地处理了之前班主任认为鸡毛蒜皮，学生可以自行解决的"小事"，并教育了对方，要求过错方向金同学道歉。事后，等金同学的情绪稳定下来后，我告诉金同学："自己要有控制情绪的能力，哭解决不了问题，倒不如像个男子汉一样，挺直腰杆，去和对方理论，如果自己解决不了，老师是你坚实的后盾！"后来我得知，这件事对金同学的影响非常大，因为从这个时候起，他真实地感觉到自己受到了保护，自己不必惧怕任何人，自己也可以自信地去学习，去生活，从那一刻开始，老师的形象在他心目中高大了起来。

  4. 正面反馈，提供积极的反馈和鼓励，帮助学生建立自信和自我效能感。语文课上，金回答出一个问题的时候，我就大肆表扬，说出一个词语，听写全对的时候，更是大大赞赏。慢慢地，孩子成绩越来越好，在班级的影响力也越来越大，当他把注意力都放在学习上的时候，一些鸡毛蒜皮的小麻烦就越来越少。一个学期过去了，我跟家长联系，告知孩子的各方面进步非常大，尤其性格方面，希望家长转告并表扬孩子，表达老师对他的期望。开班会时，我会利用班会时间毫不吝啬地表扬他在性格方面的改变，说他像换了一个人，学生的自我效能感在悄然生成并快速蔓延。

  5. 建立信任的行为模型。在以后处理班级事务的时候，我会了解事情的来龙去脉，抓住问题的关键，奖罚分明，对于一些经常欺负人的同学一定严厉批评。慢慢地，孩子们的关系越来越和谐。我想，这是因为那些"弱者"找到了靠山，"强者"也意识到了他们欺负人的时代已经落幕，已然成为过去，识时务者为俊杰，就此作罢。金在这种班级氛围中也有了满满的安全感。

  6. 正面激励。在四年级上学期的"三好学生"的评选工作中，按照金同学的各方面成绩，可以作为候选人，但为了让金同学珍惜这次的荣誉，更为了激励他在以后的学校生活中能积极参与班级的劳动，能主动承担起自己在班级里的一些角色，我采用了一些"小手段"。评选之前，我一本正经地指出哪些孩子可能成为下学期的候选人，哪些学生是没有此次评选的资格。当我提到"金同学这次也没有评选资格，原因是在平时的大扫除中，金同学从来不参与其中，只是自顾自地忙自己的事情，如果每位同学都像他这样，我们的教室将会变得脏乱不堪！"这些内容时，我注意金同学的变化：眉头紧锁，嘴角下沉，一副垂头丧气的样子。等我说完的时候，他已经泣不成声。我知道我的话见效了，我赶紧趁热打铁，把他叫到跟前，语重心长地和他谈话：

  "——你觉得老师刚才说的这番话冤枉你了吗？"

  "——你觉得这样做是否公平？"

  "——你有什么委屈可以跟我说，我愿意听听你的想法……"

  他低头不语，脸上的泪痕形成了两条明亮的线，反射到我的眼睛里，我看得真切。等我说完，他面露惭色，用低沉的声音说："老师没冤枉我。"我便顺势问："那你觉得以后应该怎么做？"他没有说话，但我从他的表情中看到了坚定和希望，我让他回座位，看他转身，我觉得时机成熟，我把他叫住，告诉他："我相信你会做出改变，也愿意给你一次机会，希望你能感受到这个名额的分量，能够好好把握这次机会，做名副其实的"三好学生"。最后，经过评选，金得到了"三好学生"的奖状。

  四年级上学期期末，我想选一个得力的干将，可是班里学习优秀的过于柔弱，缺少领导才能，能力具备的，又不够优秀，不足服众。于是我有意无意地透露出想让他当班长的想法，但他的小私心告诉他，当班长影响学习。看出他的小心思后，我又晓之以理，动之以情，最终他同意下学期试试看。

2.3 案例总结与反思

1. 经过一学期的改变，金同学已经能够对自己的情绪进行调控，再也没有出现因为体育课上玩手球或和其他学生玩游戏而哭鼻子。之所以有这样的进步，不是一蹴而就的，用他的话说，是老师给的安全感，让他自信了起来，坚强起来，他觉得除了父母之外，自己背后有一个为自己撑腰的人。当老师做到公平公正去对待每个学生的时候，他们有一种认同感，觉得大家是在一个纯净透明的环境下学习和竞争，只要付出就有收获，只要努力就有进步！

2. 家校共育给孩子带来的影响也不容小觑。在金同学即将转学前夕，我专门找到他进行专访，他告诉我："除了老师，妈妈在家里也会常常教育我，她会告诉我应该去帮助老师和班级做一些力所能及的事，在家里要帮助奶奶做一些家务活。不要惧怕作文，你的强项就是观察，要把观察到的事物再具体化后进行再加工，就会成为一篇不错的文章……"这让我意识到家庭教育的重要性，教育的路上，靠老师这条单行线，效果是微乎其微的。

3. 除了得到家长的支持外，在和家长的沟通过程中，我们像朋友一样聊家常，聊孩子，聊教育。孩子回忆："每次妈妈和老师语音聊天的时候，妈妈都是面带笑容，虽然不知道具体聊的内容，但从妈妈的反应来看，应该聊得非常愉快，这让我觉得，老师不是高高在上的，也是可以成为妈妈朋友的人，让人感觉很亲切！"学生的一番话，让我感觉每一次的家访都意义非凡，这不但是家校的沟通，更是建立信任和友好关系的桥梁。

4. 现在，每周五的大扫除都能看到金同学忙碌的身影，同学有困难，他也会主动上前帮一把，以前那个对老师都爱答不理的小男孩成了热情、阳光、温暖的大男孩。我想，这还得益于一些小细节，一些我们不以为然，却让他印象深刻的瞬间：帮我放作业，我顺手给的一个小零食；元旦联欢会后，带他看节目，吃晚餐，师生一起的美好小时光；外出游玩时，坐在一起聊天，睡着时借出去的一个肩膀……

3 结语

一年以后的今天，金同学品学兼优，成绩名列前茅，成了班级里学习氛围的带动者，做了班长，成了我的得力助手。在他身上，我看到了教育的希望，没有人想到每天都会哭鼻子的一个小男孩会成为小小男子汉，也没有人会想到，和同学因为一点鸡毛蒜皮的小事都能哭上半天的孩子能成为班里的中流砥柱。他的转变，让我更加坚信了教育的力量。我想，那些打过的电话，那些夜晚躺下的思考，那些绞尽脑汁想出来的"小伎俩""小手段"，归根结底就是一个字——"爱"。只要我们心存希望，我们希望他好，我们认为他能变好，我们用心对他好，我们用实际行动让他感受到我们的好，每个孩子都会按照我们所希望的样子——好起来！我们用心浇灌，教育之花定会万般灿烂！

参考文献

[1] 李佩. 教育部办公厅关于加强学生心理健康管理工作的通知 [R]. 北京：中华人民共和国教育部政府门户网站，2021.

[2] 谢沂楠. 教育部等十七部门关于印发《全面加强和改进新时代学生心理健康工作专项行动计划（2023—2025年）》的通知 [J]. 北京：中华人民共和国教育部政府门户网站，2023.

[3] 姜春玲. 班主任工作中渗透心理健康教育的有效策略［J］. 中小学教育，2021.

用爱浇灌，用心教育

栗云霞

1 前言

学生就像一棵棵幼苗，需要老师用绵绵的爱作为甘露浇灌幼苗的成长。爱能温暖童心，爱能融化寒冰，爱是富含营养的乳汁，爱是建立师生情感联结的桥梁，因为爱所以信服，因为爱所以幸福。爱让学生如沐春风，爱让老师春风化雨。桃园芳菲无限意，唯有师爱赛春风。种瓜得瓜，种豆得豆，付出爱收获爱，付出辛苦，收获学生的健康成长。积极的心理暗示能够给孩子前进的动力，必要的情感支持可以让孩子重建自信。孩子要跨越波涛滚滚地成长的河流，老师的鼓励和善意的赞美都将幻化为不惧风浪的小船，带着孩子到达梦想的彼岸。为孩子插上飞翔的翅膀，他们就会像雄鹰一样搏击长空。语言是带有能量的，一个鼓励的眼神，一个鼓励的动作，一句鼓励的语言都将对身边的学生带来不可估量的影响。

2 教师的关键作用

教师对孩子的成长和成才起着至关重要的作用，随着社会的发展，人们对老师提出了更高要求，特别是人格上的"为人师表"。有人说：教师是人类灵魂的工程师。作为培养人才的教师，其自身素质也越来越受到大家关注。

2.1 师生关系的好坏，教师起到关键作用

说到师生关系，大多数人认为教师的行为态度是决定师生关系亲疏的决定因素。年龄越小的孩子越有着强烈的"向师性"，在他们眼里老师就是标杆，老师的话就像圣旨，老师的肯定对他们来说非常重要。老师的话在他们心中很有分量。这样的师生关系一般都比较好。因为孩子们想得到老师的认可，所以会尽力约束自己，从而形成良好的行为习惯。随着年龄的增长，孩子的人生观价值观逐步形成，也有了思考问题的能力，学生的自主性越来越强，他们有了自己想的法，在与老师的相处中会出现不一致的情况。这时候老师的权威就会受到挑战，如果老师处理得当，师生关系可以化干戈为玉帛，处于良好状态。如果老师不懂得迂回，和孩子硬刚，或者说不能采取得体的方式处理就会导致师生关系紧张。

通过对班里的学生进行调查发现：大多数的同学和班主任的关系不错。一小部分同学认为自己和班主任的关系非常融洽，这些同学多数成绩较好，遵守纪律，是大家心中的"好学生"，是老师和家长眼中的"好孩子"，有一部分是学习一般但情商较高和老师沟通顺畅，本身也非常自信的孩子。一小部分认为自己和老师关系不好，原因是这些学生不守纪律不爱学习，对老师提出的要求也不当回事，老师管理起来比较棘手。

作为老师如果能够通过有效的方法解决这一小部分孩子存在的问题，化解师生之间的矛盾，那将是一件非常了不起的事情。百分之二十的孩子耗费老师百分之八十的精力，我发现二八定律放在班级管理中同样适用。如果老师用简单粗暴的方式对待后进生，那

必将恶化师生关系，引起学生的反感和叛逆。如果老师有足够的耐心，用爱浇灌这些成长遭受挫折的孩子，让孩子在爱的春风里幡然醒悟，发自内心地爱上学习，融入集体，走上成长的正常轨道，那么，孩子长大后会对老师感激不尽，家长也会对老师心怀敬意。作为一名老师看到孩子的脱胎换骨何尝不感到欣慰呢？

每一个孩子都是一个独特的存在，存在即合理，我们不应用刻板的标准来要求这些活生生的孩子。成长的过程就是一个不断摸索的过程，孩子在试错的过程不断长大，老师要允许孩子犯错，不能一见孩子犯错就如临大敌，精神紧张，接着就狂风暴雨，劈头盖脸一顿训斥。我们要看结果，如果你的大动肝火对孩子没有任何帮助，除了伤自己身体之外又有什么意义呢？所以一个优秀的老师一定要像母亲一样包容自己的学生。哪怕他做了令人气愤的事情，我们依然要在批评之后给他一个大大的拥抱，让孩子真切感受到你是为孩子着想，你期待着孩子的进步，你呕心沥血是在爱孩子。情感纽带建立起来了，孩子就不会从心里抵触老师，对于老师的劝解和引导也就能听进去了，教育孩子也就成功了一半。作为老师，不要给孩子贴标签，每一个孩子都是潜力股，老师要选择合适的契机把孩子的潜力发掘出来。这样孩子就像金子一样发出夺目的光彩。如果每个孩子都相信自己是金子，能够发挥自己的长处，能够自信地对老师说："我可以，我能行！"这就是成功的教育。好的教育不是分出三六九等，也不是培养唯命是从的应声虫，更不是生产整齐划一工厂零部件，更不是培养只会学习的考试机器，而是尊重孩子的个性，挖掘每个孩子的潜力，让他们健康快乐自信幸福地成长。

2.2 尊重、理解、鼓励、赏识学生

每一个学生都渴望得到老师的尊重、理解和平等对待，当他们遇到困难心情低落的时候也渴望得到老师的鼓励。作为一名优秀的老师，要赏识自己的学生，发现学生身上的闪光之处，帮助学生客观看待自己和他人，形成积极乐观的人生态度。在学生遇到挫折的时候，不畏困难，迎难而上，拥有战胜困难的决心和毅力。

"师生关系等同于父子关系，一日为师终身为父"的旧观念已经过时了。"打是亲，骂是爱"的教育观念也过时了。现在的师生关系是一种平等的人际关系，哪怕是一年级的小豆包，或者是幼儿园的小不点，都应该得到老师的尊重。尊重学生是教育成功的关键，也是达到教师和学生心灵相通的基本前提。教师的爱就像源源不断的泉水，能够滋润孩子的心灵。孩子的心灵本应像万花筒一样丰富多彩，可现如今随着生活水平的提高，物质生活有了极大丰富，心灵空间却逐渐缩小了，幸福感反而不如以前。想想我们小时候，放学后上山摘野果，下河摸鱼虾，课间十分钟有着各种好玩的游戏，在校园里种花种菜，暑假还和小伙伴去给植物浇水，当然也会分到一些新鲜蔬菜，那可是自己亲手种出来的菜。劳动的同时感受着收获的快乐。秋天雨后去农场捡豆子，豆子被雨水泡过像一个个胖娃娃，我们捡来换豆腐吃。麦收时节拣麦穗，感受颗粒归仓珍惜粮食的喜悦。现在的孩子生活在现代城市里，有着读不完的书做不完的题，家长的期待，老师的要求，同伴的比对让孩子压力山大。老师的包容、理解、鼓励、赞赏，能给孩子的心灵注入力量，让孩子感受到成长的快乐，从而构建坚持奋斗、披荆斩棘、当仁不让、志在必得的信念。

我们班上有一个学生，父母离异，很淘气。她的母亲告诉老师，孩子有多动症，希望老师能够严加管教，还专门为老师带来一根戒尺。这位母亲对老师说如果孩子不听话就用戒尺教育。我默默收下戒尺，转头就扔掉了，因为我觉得用武力征服的永远不是内心，孩子可能因为害怕老师而暂时收敛自己，但仇恨的种子也在心中发芽，孩子和老师

心理上的距离会越来越远。要想让孩子彻底改变，就得采用"攻心计"。有一次孩子犯错了，我找到他，他很忐忑地看着我，问我是不是要戒尺伺候。我平静地说，戒尺不知道去哪里了，咱们还是聊聊天吧。孩子不解地看着我，我让他坐下，拿出自己的零食对他说："聊天时吃点零食会更惬意"孩子更是疑惑，心想，老师的葫芦里卖的是什么药。我和孩子聊了很多，刚开始他还很有顾虑，不敢说太多，后来发现我确实没有要"收拾"他的意思，于是一边吃零食一边敞开心扉和我聊他生活中的趣事。孩子很聪明，思维很灵活，很有个性，也很有想法，不服管教，所以没少挨揍，但他明白他妈妈是爱他的。老师对他的包容和理解，他很感激，觉得自己的老师是世界上最好的老师。他很喜欢来学校，因为学校里有他的小伙伴，也有他喜欢的老师。他的作业有时会拖拉，但他的好胜心也那么强，当他听写满分时也会高兴得一蹦三尺高。放学一见到妈妈就拿给妈妈看。这就是一个孩子，一个有血有肉的孩子，有时令人生气，有时又那么招人喜欢。他说最喜欢在放学后遇到老师。因为这时候老师总是那么和蔼可亲，一点都不凶。平时不写作业、调皮捣蛋难免挨训。我听他这么说还真是挺有道理。哪个老师会对放学后给自己打招呼的孩子板着脸呢？可见老师的笑容满面对孩子来说也很治愈。最后，我和孩子约定：以后还可以犯错，但犯错的频率能不能低一点。比如说不写作业，以前一周有三次，能不能降到一次；比如说上课说话，之前一天4次，能不能降到2次，慢慢再减少，直到改掉不写作业、上课说话的毛病。给孩子时间，而不是一刀切，让孩子一点点进步，就像大人戒烟一样。我们约定只要他有进步我就发奖励，为了得到奖励也为了感谢我的包容，他在努力改变，做操时他站直了，不再左摇右晃了。听课时虽然有时还会管不住嘴巴，但笔记工整了很多，作业质量也明显改善了。我班会上表扬了他，还给他发了进步奖。他有点不好意思，但从他甜美的笑容里我读出了他的自信和自豪。孩子的进步是老师最大的幸福。成绩固然重要，孩子习惯的养成，行为的变化对老师何尝不是一种回报呢？

用爱去温暖每一个孩子，哪怕他不那么完美；用爱浇灌每一个花朵，即使他没有那么芬芳。

2.3 静待花开，花开不败

有人说老师是园丁，我非常认同这个观点。园丁管理花苗，修枝剪叶，只为让每一棵花木都能茁壮成长，园丁不会因为某一棵花木长相不好就放弃管理，花枝上开出的每一朵花都是对园丁的回报。每个孩子都像一个花朵，每种花的花期不同，老师作为园丁要有足够的耐心静待花开，一旦花朵盛开将永不败落，这就是孩子们与园子里的花的区别。院子里的花一旦枯萎就随风飘零了。而孩子的好习惯一旦养成就会伴其一生，终身受益。孩子们一旦认识到读书的重要性，就会坚持读书，从中获益。愉悦身心，储备知识，受益无穷。正确的人生观价值观将影响孩子的一生，甚至改变孩子一生的轨迹。有很多名人就是因为受到了小学老师的影响，而立下大志，成就一生的事业。所以学生这样的花朵一旦开放就不会败落，而是开满一生，直到生命的尽头，有的在离开这个世界以后仍然芳名远播，影响一代又一代人。

孔子弟子三千，弟子又有弟子，一代传一代，儒家文化流传至今，成为中华文明的瑰宝。如果不是孔子洒下爱的种子，浇灌出一朵朵灿烂之花，怎么会有后来的让世界为之动容的儒学经典呢？

作为老师，因材施教，我们要向孔子学习，学习他那宽阔的胸襟，学习他那尊重学生成就学生的做法。孔子不愧为我们的圣贤先师，他的教育思想还会影响一代又一代的人，我们以史为鉴，是不是在教育上可以做得更好呢？

作为老师要有悲天悯人的情怀，看到班上那些不听话的小淘气，我们可以像母亲一样去关心他们，感化他们，让他们在迷失的道路上醒悟过来，帮助他们遇到优秀的自己。

苏霍姆林斯基曾经说过：老师的语言就像外科医生的手术刀，我们说话做事要小心翼翼，不能伤到孩子。手术刀存在的意义是刀到病除，有益健康，而不是刀刀错位，遍体鳞伤。

爱是最美的歌谣，没有声音却最动听；爱是最美的语言，没有韵律却最动情；爱是最美的呵护，能够抚平心中伤痛，让人获得新生。作为老师，我们不仅要有充足的知识储备，而且要有满满的爱心，这样才能培养浇灌祖国的花朵，托举成就祖国的未来。

3 结语

作为一名班主任，我深知自己肩头的重任，我希望班上的孩子在爱的浇灌下成为祖国的栋梁之才。成就了孩子也就成就了我自己，我今天用爱浇灌用知识哺育，明天，我的学生将用智慧报效国家，用爱心回馈社会。作为老师，爱孩子就是爱自己，爱孩子就是爱国家。

点亮幸福火花　赋能生命成长
——积极教育理念下的心理游园会活动案例

梁　诗

1 前言

2023年11月13日和11月16日午间，首都师范大学附属中学举办了第九届心理季"点亮幸福火花赋能生命成长"之心理游园会活动，初高中各学段的同学们积极参与了本次活动，活动现场热闹非凡，同学们畅游其中，享受了一次幸福的心灵之旅。

2 活动过程

2.1 活动背景与依据

清华大学社会科学院院长、心理学教授彭凯平指出："我们的教育培养的都是打工人，没教孩子怎么去开心。"在教育内卷严重、学生学业压力大、后疫情时代心理问题多发等一系列现象下，学生抑郁、焦虑的检出率越来越高，学生幸福感不足，无意义感普遍。那么如何提升学生幸福感，培养更多的积极心理品质呢？

积极心理学之父塞利格曼教授认为蓬勃人生取决于五个元素：积极情绪（Positive emotion）、投入（Engagement）、人际关系（Relationship）、意义（Meaning）及成就（Accomplishment），简称PERMA。

在PERMA理论基础上，我国彭凯平教授等人提出中国积极教育的PERMAS模型，即同时强调积极情绪、积极投入、积极关系、积极意义、积极成就和积极自我的技能培训，以及身心健康调节系统和品格优势培养系统的建立。具体而言，"积极情绪"是让学生学会情绪的自我管理，拥有更多乐观向上的积极情绪；"积极关系"是让学生学习换位思考和人际沟通的技巧，建立爱与被爱的能力；"积极意义"是让学生树立梦想，制订计划，追求有价值和目标的人生；"积极投入"是让学生体验过程的快乐，提高投入度和专注度；"积极成就"是让学生塑造意志力和抗挫力，为未来的成就奠基；"积极自我"是让学生发挥优势，建立自信。

2.2 活动目标

本次心理游园会依据积极教育的 PERMAS 模型理论设立六大区域——"缤纷心情区"帮助同学们增加积极情绪体验，提升幸福感；"全情投入区"让同学们体验心流的快乐，提高专注力；"相知相惜区"让同学们在互动中建立爱与被爱的能力；"心向未来区"引导同学们树立梦想，追求有意义的人生；"闪耀如你区"让同学们在挑战中培养意志力，体验成就感；"自信如我区"引导同学们发扬优势，增强信心。

我们还根据 PERMA 理论的五个维度设计了五个相框供学生拍照打卡，相框上分别印有"我在首师附很幸福""我在首师附全力以赴""我在首师附感觉很温暖""我在首师附天天向上""我们的追求是：正志笃行成德达才"等体现学生积极情绪、积极投入、积极人际、积极成就、积极意义的词句。

本次活动以学生实际需求为出发点，以积极心理学理念为依据，通过丰富的活动内容和生动的活动形式，引导学生发现和培养内在的幸福感，激发积极心态，培养积极心理品质，营造和谐友爱的校园氛围，为同学们带来美好和幸福的学习与生活体验。

2.3 活动内容与形式

2.3.1 缤纷心情增快乐

"阳光明媚、水波温柔、清风拂来、云卷云舒
陷落美好，满意温柔
收集点滴温暖，发现身边确幸
在每个平凡的日子里储存幸福
在每个平凡的日子里溢出欢喜
永远为生活心动！"

在"积极情绪"模块，我们设计了"我的小确幸"和"微笑打卡"两个子活动。

小确幸是生活中小小的幸运与快乐，是流淌在生活的每个瞬间且稍纵即逝的美好，是内心的宽容与满足，是对人生的感恩和珍惜。在"我的小确幸"活动中，学生在爱心贴上写上最近发生的一件让自己感到幸福的小事，回味幸福，分享美好。

在"微笑打卡"活动中学生举起代表着幸福五要素的相框，记录与好友的幸福瞬间，幸福感在彼此的微笑中油然而生。

2.3.2 全情投入享心流

"当你沉浸于当下的事情或某个目标的时候
当你感受到全神贯注、全情投入
你便进入了心流（Flow）的状态
忘我，忘记时间的流逝
不必苦苦追寻，回过头来幸福自在身边
让我们一起进入专注的场域
感受幸福的流淌吧！"

在"积极投入"模块，我们设计了"约会曼陀罗""专注弹珠"和"手脚并用"三个子活动。

学生在"约会曼陀罗"活动中认真地给图案上色；在"专注弹珠"活动中耐心地用筷子夹弹珠；在"手脚并用"活动中沉浸式面对挑战。通过需要注意力高度集中、全身心投入的游戏，让学生体验心流，感受幸福。

2.3.3 相知相惜感受爱

"漫漫成长路上，有人陪你长大
TA 是朋友、老师或是亲人，是你情绪的疏导者或精神支柱
生命的意义在于人与人的相互照亮
单方面的麻烦，是索取，彼此间的帮助，是奔赴
向 TA 表达你的感激、赞赏与祝福吧
把美好传递，用赤诚之心相互照亮
你也将享受更多幸福与美好！"

在"积极关系"模块，我们设计了"送你一朵小红花"和"幸福大转盘"两个子活动。

"送你一朵小红花"活动中学生从三类精美卡片（祝福卡、点赞卡、感恩卡）中选择一张，在卡片上写下对好友、老师、亲人等的欣赏、感恩或祝福语，然后把卡片送给TA，传递美好。

在"幸福大转盘"活动中学生需完成随机转到的人际互动挑战任务比如"夸一夸你身边的同学""逗笑你身边的朋友"，在爱的互动中感受幸福。

2.3.4 心向未来圆梦想

"人生道路上有目标指引着你前进
前路浩浩荡荡，万事皆可期待
当你还在追寻，还在茫然，又或是困惑
不如回首过去，从点滴中积蓄能力
也可放眼未来，让目标指引你前进
在这里写下你对未来的期许
祝愿你心存希冀，追光而遇
目有繁星，沐光而行"

在"积极意义"模块，我们设计了"诗意拼贴"和"梦想风铃"两个子活动。

在"诗意拼贴"活动中学生通过绘画、贴纸等来装饰明信片，创造出富有想象力和表现力的作品，形成一首属于自己的独一无二的诗，表达自己对未来的畅想，对生命意义的探寻。

在"梦想风铃"活动中学生在卡片上写下对未来的期待、目标、祝愿，把风铃系在绳子上。让梦想随秋风作响，让阵阵清脆的风铃声，传递对美好生活的祝愿。

2.3.5 闪耀如你敢挑战

"挑战极限、突破自我
体育、知识、眼力、传统文化点燃热情
打破界限，追求卓越
让我们一起迎接挑战，创造属于自己的极限纪录

成为校园中闪耀的明星吧！"

在"积极成就"模块，我们分别设计了体能和脑力挑战活动。

在"弹跳之巅""眼力大作战""沙包投手""飞镖达人"活动中，学生充分发挥身体智能优势，感受成就感带来的幸福体验。

"诗词接龙""百科知识问答"活动让学生动用脑力，挖掘个人知识储备，在充满智慧火花的问答中，体味脑力激荡的快乐！

2.3.6 自信如我有底气

"自信，是心灵的明灯，照亮前行的道路，

是内心的力量，支撑我们无畏前行。

自信，是一种美丽的姿态。

提升自信，展现底气，散发你独特的魅力吧！"

在"积极自我"模块我们设计了"套住幸福"和"美好书签"两个子活动。

品格是一个人成长发展的核心，在学生一生中发挥重要作用。在"套住幸福"活动中，分别贴有24项品格优势的校服熊排排坐，学生瞄准自己已经具备或希望具备的品质挑战远距离套圈。

在"美好书签"活动中学生在书签上完成句式填空：我爱我自己，因为我_____／虽然我_____，但我依然爱我自己。学生将写好的书签挂在成长树上，并从树上取一张精美的励志书签作为奖励。

2.4 活动反思

本次心理游园会体现出如下亮点。

多方宣传动员：通过升旗仪式、广播、展板、网络等多途径发布心理游园会的信息，吸引学生眼球，提升学生兴趣，制作心理游园会手册，提前发至各班，进行活动预热和动员。

集章得奖的趣味形式：学生携带心理游园会手册，参与一个活动即得到一个印章，集齐相应数量的印章可得到相应的小奖品，这种形式大大激发了学生的参与热情。

学生自主管理：心理游园会的所有活动都由高中心理志愿者组织实施，经过前期的细致培训和明确分工，活动现场热闹非凡而秩序井然，达到了同伴互助、同伴教育的目的，营造了"以学生为本"的和谐校园氛围。

制作精美的游园指南：游园会共设六大区域17个子活动，每个区域都有一块醒目的图文合一的宣传板，再结合人手一本的游园手册，让每一个参与的学生都能一目了然地快速了解游园会每一个子活动的参与规则。这些宣传板既是靓丽的游园布景，也是游园的秩序指南，更宣传渗透了积极心理学的理念。

学生作品展：展板上贴着的写有各种小确幸的爱心贴、彩绳上挂着的写有学生梦想和祝愿的风铃、成长树上挂着的写有自我悦纳相关语句的精美书签……无不渲染着积极向上的校园氛围，渗透着积极教育的理念，同学们在欢笑中传递着幸福与美好。

形式多样的活动：这里没有枯燥乏味的说教，有的是趣味十足的，动静结合的，需要动口、动手、动脚、动脑的多项活动。同学们在活动中回味过去，投入当下，期许未来，沉浸式体验了一场幸福的心灵之旅。

3 结语

本次心理游园会让学生感受了积极情绪带来的欢喜，体验了全情投入带来的心流状态，领悟了相知相惜带来的幸福与美好，感悟了心向未来时的期待与憧憬，享受了闪耀如你时的校园高光时刻……学生这样说道："心理游园会让我们在繁忙的学习生活中得以小憩，这些有趣而丰富的小游戏不仅仅让我们感到放松愉悦，更让我们学会如何从日常的生活中发现火花，发现幸福，创造属于自己独特的快乐时光和美好记忆。""心理游园会活动让我更加关注生活中那些容易被忽略的美好瞬间。当我们放慢脚步，认真感受当下的生活，可以发现幸福其实无处不在，一个灿烂的微笑、一句温暖的问候，都能让我们倍感温馨。"

本次活动注重学生在过程中的积极感受，在体验式活动中挖掘学生的积极品质，鼓励学生利用自身的积极力量去面对各种挑战。实践证明，在积极心理学背景下开展的心理游园会可以收到良好的效果。

积极心理融入儿童芭蕾舞课程的教学设计
——以芭蕾中级班"灰姑娘"主题教学之"二位手双手向前 allonge 变化动作"为例

刘志音

（中国儿童中心，北京 100000）

1 活动依据

1.1 教育理念

芭蕾基础训练由于长期强调开、绷、直、立、轻的动作要求以及高贵、优雅的贵族文化，更加容易使得学生的身体姿态变得优雅美丽。但传统古典芭蕾基础训练课，以讲授、重复练习芭蕾技能为主，学习内容、方式单一乏味，难以达到激发学生学习兴趣，促进学生积极心理及全面发展的目标。为了规避此类问题，中国儿童中心的儿童美育芭蕾课程，强调在故事情境中开展情境、探究式学习，融入积极心理品质，凸显学生主体地位，激发学生主动参与、主动体验、主动思考、主动创作、主动评价，提升学生的创新性思维。

本学期的儿童美育芭蕾课程以灰姑娘的故事为蓝本，结合积极心理品质培育，形成主题教学。本次活动选择芭蕾二位手双手向前 allonge 这个变化动作作为教学内容，引导学生探究二位手的变化。教师将表演性、情境式技能组合、游戏及创编，融入二位手双手向前 allonge 的训练中，以减少基础训练的枯燥感，提升学生学习的兴趣与主动性，推动学生全面发展。

1.2 学情分析

本班学生 7~8 岁，20 人，学习程度位于中级三期，多数学生已有一年半的芭蕾基础，学习专注，对新知识及探究式学习抱有好奇心及热情，已经不满足于仅被动式、单一技能灌输的教学方式，希望增加自主探索的空间及综合修养的提升。学生已经初步掌握芭蕾基本的审美标准，能够总结、评价出部分元素动作的要领，也能根据音乐创作简单的舞蹈动作。

多数学生掌握了基本站、坐姿及七个手位，但学生舞蹈天赋有限。为了体态更加优雅、表演更加生动，学生需要进入二位手的变化阶段。

1.3 内容分析

新授内容为二位手双手向前 allonge 这个变化动作。二位手的变化在芭蕾上肢动作中发挥了重要的过渡作用，能够增强臂部的力量、灵活性，纤长臂部肌肉，丰富动作语汇。二位手双手向前 allonge，是最简单及常用的二位手变化动作。

2 活动目标

1. 审美感知：根据已经掌握的芭蕾审美常识，能够感知二位手双手向前 allonge 的美。推理出动作要领、美在何处，评价他人动作是否优美。

2. 艺术表现：通过图片欣赏，在表达、练习、互评、创编、表演的过程，初步做出二位手双手向前 allonge 的基本要领。

3. 创意实践：编出含有二位手双手往前 allonge 及其他的二位手变化动作。

4. 文化理解：聆听中世纪德国贵族对于舞蹈姿态的审美标准，进而认识到不同文化、时代中美的标准是不同的，都值得被尊重。以灰姑娘为主题，教师创编了"我能行""追赶""想念您，我的妈妈"三个组合，学生从中感受到在面对困境时要抱有善良、仁爱、勇敢、坚持、乐观的积极心理品质。

3 重点难点

重点是探究及创编环节。在教师没有讲授的情况下，学生自己能够通过观察、体会、推理，说出动作美在哪里及要领，完成新授动作的基本步骤和编出含有新授动作及二位手变化的舞蹈动作。难点是初步做出新授动作的基本要领。

4 活动时间

一个课时活动90分钟，共2课时。

5 活动准备

图片、手机、音响。

6 活动过程

环节及用时	教师活动	学生活动	设计意图
（一）基本功导入（15分钟）	1. 集合 让学生中间一大横排集合，测温、点名后，教师向学生问好，请学生集体向左转身，拉起裙子，半脚尖跑向自己的位置，集体转向一点方位站好。 2. 基本功 教师带领学生复习热身"我能行"、勾绷脚"水晶鞋"、外开"繁星满天"及中间"追赶"组合。在复习中同步进行重点动作提问。每段音乐开启前教师要适时告诉学生在困境面前我们要像灰姑娘一样乐观、勇敢，并用语言营造童话氛围，例如，加油我能行，用指尖划出繁星满天等	1. 集合、测温、问好。 2. 学生跟随教师复习基本功组合，回答问题并跟随教师语言情境，想象自己就是灰姑娘，在愉悦的氛围中主动练习组合	1. 教学从洪亮的声音、整齐划一的行动开始，有助于集中学生的注意力。教学组织井然有序，旨在培养学生的守规意识。 2. 四个组合用于活动关节、复习基本功。用灰姑娘的故事串联，能将学生快速带入童话情境中并且启发学生面对困难要抱有善良、勇敢乐观的积极心态。问题设计帮助学生养成思考在先的学习习惯。四个组合里大量地运用了手指尖带动的动作，为后面的探究环节作铺垫
（二）自主探究实践（45分钟）	1. 回顾 教师要求学生向自己围拢、安静，然后拿出一张童话图片，简述灰姑娘的故事及其产生背景。教师边做动作边并提问学生当时德国贵族舞蹈姿态的由来及特点。最后告诉学生，我们是中国人，虽然芭蕾很美但是中国文化更加博大精深，中国舞蹈也非常美丽。 2. 观察 教师先示范一遍多种二位手的变化动作，提问学生，这些手位都经过了什么动作而完成？然后告诉学生二位手的变化动作有多种做法并经常作为中间过渡动作而出现。许多舞种都用芭蕾二位手的变化动作，只是各有特点 3. 大胆推理 教师请学生仔细观察，跟随教师体验，回答问题。教师慢慢地演示几遍新授动作，然后提问全体学生，这个动作属于哪种美，优雅美还是……稍后，教师不讲解动作要领，只要求学生跟随教师做三遍新授动作并抢答，然后给予鼓励。	1. 学生向教师围拢，回答提问并倾听讲述。 2. 学生观看教师动作示范，回答问题并聆听讲解 3. 学生观察、体验并抢答教师问题。	1. 教师选用符合本阶段儿童心理的童话图片，讲解背景文化有助于学生理解当时德国贵族舞蹈文化，教师强调爱护本国文化有助于增强学生文化自信。 2. 在没有讲解动作要领的前提下，学生通过自主观察、抢答、听讲储备基础知识 3. 新授动作过程相对简单，可引导学生直接进行动作要领的推理。自主回答启发学生自主知识探究习惯的培养。提问学生动作属于哪种美，并用语言概括，是测试学生的审美感知，促进其发展推理、判断的高阶思维。

续表

环节及用时	教师活动	学生活动	设计意图
（二）自主探究实践（45分钟）	4. 总结归纳 教师告诉学生新授动作在后续组合中的意义，表达了灰姑娘渴望飞向美好新生活的愿景。然后将学生推断的动作要领，边归纳边讲解边示范并要求学生集体背诵两遍，教师随机点问要领。 5. 实践体验 ①教师开始在教室中间逐个纠正学生的新授动作，其他人环绕。教师边纠正动作，边带领围观学生重述新授动作要领并评价他人动作。教师请学生评估自己的学情，自己选择到镜子前面练习还是跟随教师边看边学。 ②最后教师要求学生站回中间位置，播放空灵悦耳的音乐，带领学生做一遍含有新授动作的组合——"我想飞"。教师告诉学生，灰姑娘在不断地突破困境，对生活充满期望。	4. 学生倾听教师讲解、复述新授动作要领，背诵并回答问题。 ①学生逐个接受教师辅导，体验新授动作、重述要领及评价。学生根据自己的学情，选择练习或继续学习观察。 ②学生站回位置，聆听教诲，跟随教师共舞。	4. 教师讲解动作的含义，帮助学生理解人物。根据学生所说的进行总结归纳，提升学习成就感。教师要求学生集体背诵，回答问题，能加深理解和集中注意力，再次为突破难点做准备。 ①基本功动作只有教师亲自辅导效果才好。教师提问、学生互评及自己选择学习方式，既能引发学生学习的主动性又能检验学习效果、强化记忆。 ②由于探究环节，学生站立时间略长，此时跟随音乐及教师的情境语言跳一遍，能调节气氛，活动关节，再次加深动作印象，进一步突破难点。教师说出灰姑娘当时的心境，引导学生在困境面前要保持善良自信乐观的积极心理品质才能最后成功。
休息（5分钟）	教师带领教辅人员看护学生休息。	休息。	安全考虑。
（三）游戏与创编（15分钟）	1. 游戏 教师请学生聚拢坐在地上，神秘地告知大家今天要玩一个"反应与控制"的小游戏，并播放一段节奏分明的现代音乐。其间，某一小节没有声音。这时教师让学生猜猜，应该跳舞还是静止？然后教师继续播放音乐，声音响起，请学生再猜。接着，教师请学生上场随意站好，跟随音乐即兴发挥，感受跳跳停停音乐的变化并想象舞蹈形象，最后教师揭秘游戏叫"反应与控制"的原因。	1. 所有学生聚拢，边听音乐边回答问题，然后体验音乐，想象舞蹈形象。 ①通过教师讲解，学生明白二位手变化动作有多种而且很重要。 ②学生找寻位置静心创编。 ③学生展示创编成果。	1. 将游戏渗透进创编之中对小学生来说是非常有趣的，节奏分明的音乐可以调节探究环节相对缓慢的节奏。"猜一猜"的小场景迅速把学生带入进游戏中。两遍音乐的重复聆听才能对旋律有些许印象。 ①教师通过创编环节告诉学生，二位手变化动作很重要。这段创编既是对创编及反应、控制能力的锻炼，又是对前面学习的巩固。 ②学生自己寻找角落能够静心创编，创编的3个动作放在开场方便记忆。 ③创编展示加之教师赞扬，既提升学生的学习成就感又启发天性提升创编能力。

228

续表

环节及用时	教师活动	学生活动	设计意图
（三）游戏与创编（15分钟）	2. 创编 ①教师再次强调二位手变化动作并不是只有往前的allonge，可以有多种做法，它是重要的，要认真练习。 ②教师让所有学生选择角落创编，引导学生最少创编3个以上含有1个新授动作及两个二位手变化的动作，然后连在一起，放在音乐开场部分，后面可以无限制地即兴创编。 ③教师播放音乐，要求学生选择任意位置准备好造型进行展示，再次提醒学生创编的3个动作要放在开场，后面可随意发挥。教师给予鼓励。		
（四）总结（10分钟）	1. 表演 教师要求学生站回中间位置并告诉学生，灰姑娘在困境面前仍保有善良的品质是对的，她爱自己的母亲并善待他人，所以最后才能改变命运。最后跟随教师集体跳一遍含有新授动作的再见组合"想念您，我的妈妈"。 2. 评价 教师让学生聚拢坐在地上。表扬学生能够勇敢说出动作要领、自信评价他人动作、认真完成动作步骤、大胆编出带有新授动作的舞段。然后引导所有学生评价自己的表现、收获及愿景，最后留作业。	1. 学生聆听教师教诲跟随教师跳一遍再见组合。 2. 学生坐好，接受教师赞扬。学生说出自己的想法及愿景，记好作业并解散。	1. 再见组合的设计初衷是共情。创编环节激情四射，再见组合温暖感人。节奏对比及教师语言易于将学生带入情境中，充分享受芭蕾的美感。新授动作的融入，加深学生对于难点动作的理解，帮助突破难点。再见组合启发学生遇见困境也要坚持善良乐观、仁爱的积极心理品质，给教学一个温暖感人的结尾！ 2. 活动全程皆以鼓励为主，学生自我评价和说出愿景，既提升学生的表达、思考能力还使教师更加了解学生的所思所想，帮助完善下一步的教学设计。作业能促使学生巩固及思考新授动作。

7　学习效果测评

活动设计了过程性与总结性评价。一是过程性评价，在教学不同环节对学生的多项能力进行评价，检验教学目标是否达到。二是结果性评价，在教学最后教师对学生本次课进行总评，并进行鼓励。

8 教师评价表

评价内容		评价标准
审美感知	合格	能够说出新授动作的要领。 能够说出新授动作属于哪种美。 能够评价他人动作的优点与不足。
	不合格	没有说出动作要领。 说不出动作美在何处。 不能评价他人动作的优点与不足。
艺术表现	合格	初步做出新授动作的基本要领。
	不合格	不能做出新授的基本要领。
创意实践	合格	能够编出其他二位手的变化动作。
	不合格	不能编出其他二位手的变化动作。
文化理解	合格	能够说出中世纪德国贵族舞蹈身姿的审美标准，以及这种审美标准展现了什么样的美。 在学习中展现出积极乐观的精神面貌。
	不合格	说不出中世纪德国贵族舞蹈身姿的审美标准，也无法感受这种审美标准展现了怎样的美。 无法专注地投入学习，表现出无精打采的状态。

积极心理让"罪恶之花"永无可依

田 甜

1 前言

最近有一个很热的话题——邯郸初中生遇害。这起案件轰动全国，让更多的人关注青少年的心理健康。作为一名小学教师，为被害者感到惋惜的同时，我也陷入深深的思考，作为一名教育工作者，我如何用自己的微薄之力，投身到教育之中避免悲剧的发生呢？怎样保证学生的身心健康呢？这不禁让我想到了积极心理学。

2 正文

2.1 积极心理学概述

想要把积极心理学投入教育中，先要了解才能实施。积极心理学是美国心理协会前主席、著名心理学家塞利格曼教授创立的。是一种以积极品质和积极力量为研究核心，致力于使个体和社会走向繁荣的科学研究。积极心理学认为，心理学不应该只是关注心理疾病，还应该关注人类积极的一面，带人们发现自身的潜力和美德。

2.2 消极情绪

与积极情绪相悖的就是消极情绪，而在青少年犯罪中，消极情绪起着至关重要的决定性作用。消极情绪是人类情绪体验的一个重要组成部分，它包括悲伤、愤怒、恐惧、焦虑等多种情绪状态。这种情绪如果没有得到及时疏导，长期的积压膨胀之下会导致青少的心理扭曲，直至走上犯罪的道路。在日常的学校生活中，学生的消极情绪是很容易暴露的。例如，优秀学生的嫉妒心理，两个孩子发生争执后的报复心理，由于家庭角色缺失学生的抑郁情绪，等等。这些都是生活中的小事，也不是很严重，不会导致什么恶劣的后果。但什么事情都怕积少成多，负能量一旦形成，积压得越来越多，就会产生质变。在我的班中就曾发生过一个类似的事件。有几个男孩常常在一起玩，但总是逗其中的一个 L 姓男孩。我总认为孩子之间没有恶意，没有过多的干预。没想到对 L 姓男孩来说，对方的行为带给他的是恐惧、压抑。有一天，他爆发后，抓住一个男孩使劲地捶打，被我拉开后情绪还是不能平息。与之聊天后，我才发现，他已经产生了一点仇恨的心理，所以才进行报复。后来，我在想，如果我能早一点把当事者找到，一起深入地聊一聊，并且观察一阵，可能就能避免那一次的打斗。通过这件事，我意识到消极情绪的可怕之处。

通过这个案例，我明白对于消极情绪要关注并及时疏导，倾听和站在对方角度思考问题是很奏效的方法。先要让消极情绪发泄出来，允许有情绪，体会情绪者的情绪点，然后得到对方认同后再提出自己的想法并且给予正确的引导。举个例子，当孩子哭闹时，如果马上制止，他就会越哭越凶，但如果抱在怀中，先让孩子哭一会，然后抓住时机说出他哭的原因，这样幼儿就觉得你懂他，他也能冷静下来，倾听接下来的正确引导了。

总之，消极情绪不可被忽视，重视它才能更好地进行积极心理引导。

2.3 积极心理

积极心理学中有很多方法，其目的在于让学生形成健全的人格，获得幸福感。因为涉及的比较多，不能全部都应用于其中，所以本次我选择了两方面进行研究，也确实取得了比较良好的效果。

2.3.1 优势教育

这里本指通过发现和培养每个学生的优势和闪光点，帮助他们建立自尊和自信。我个人的理解就是要因材施教，因为每个孩子就像世界上不同的叶子，没有完全相同的，所以不能像印刷一样，使用同样的方法。例如，班级中调皮的学生比较多，我观察每个人的个性和特长，找出他们的优势，进行分析与计划。班内 L 姓男孩，心思比较单纯，没有坏主意，但会淘气并和其他几名学生打闹，喜欢得到别人的夸奖与认同，擅长跑步。于是在运动会中，我让他发挥自身优点，代表班级参赛。看到他很在意，我又借机把他推荐到学校的田径队，增强他的自信心。在这期间，我发现用体育约束他也会有一个好的效果，这也是优势教育的成果。

2.3.2 成长型思维

成长型思维，是通过正面的反馈和鼓励，培养学生面对挑战时的积极态度和不断成长的思维方式。实验表明，当一个人在专注做一件事时，如果有人在旁边一直批评他，那个人就会很紧张，以至于频繁地出现错误。如周遭的人处处表扬，做事的人就会信心倍增，把事情做得更好。这就是正面的反馈与鼓励的好处，给学生的心理带来正能量。

这个思维方式，我在班级的教学中是这样运用的。每天我都会大量地表扬学生，被表扬的学生可以获得积分，哪怕是微不足道的小细节，我也要当着全班这个大群体广而告之。如果学生犯错误，我不是批评，而是反馈他的错误点，并让他抽取错误盲盒，盲盒中都是正能量的"惩罚"，比如给父母洗一次脚，给班级同学唱一首歌，反馈加上正能量的引导，让学生的心理更正向。在挫折中寻找正确的道路，培养积极的态度和成长型的思维模式。

2.3.3 感恩教育

感恩教育，通过日记、讨论或艺术活动等方式，引导学生表达对生活中积极事物的感激之情。这有助于培养学生的感恩心态，减少负面情绪。

在学校生活中，培养学生有一双发现美的眼睛，班级设立一个小活动，发现别人的闪光点。如果你发现了哪个同学为了班级做贡献，可以和老师反馈，如果情况属实，老师就会在班级多多表扬。例如，班内有一个男孩，LYT，这名学生每天第一个到学校。有一次，班级的椅子因为打扫卫生都放在了桌子上，他去了之后，默默地把椅子放下来。第二个去的同学发现了，下课后和我反馈。我核对后在班级表扬了这名做好事的同学，同时也表扬了发现别人优点的同学。这样一来，给班内的孩子们树立了两个榜样。另外，在日常的教学中，我会引导孩子写观察日记，当然布置时一定强调要写美的事物。当学生在观察中发现日月的变化，植物生命力的生长，自然而然地也会联想到自己的生活，从而有了感恩之心，减少了负面的情绪。

2.4 环境与幸福

环境对个人的幸福感有着显著的影响。积极心理学研究表明，当人们体验积极情绪时，如愉悦、满足、敬畏、自豪和爱等，他们倾向于扩展对自身环境的认知，并对他人产生更多的好奇心。这种扩展的认知和好奇心有助于构建人际关系，进而增强个体的幸福感。

我的班级有点特殊，淘气的孩子比较多，之前我的关注点都在淘气的孩子身上，自己每天筋疲力尽，但并不奏效，反之越来越糟糕，后来我尝试，放松对淘气孩子的过度关注，转而对其他同学的鼓励，让班级越来越多的孩子加入正能量的一面，形成一个好的气候，带动自律性不强的孩子。就是这样，我发现淘气的孩子在看到他人都做好后，为了给自己的小组积攒分数，也会被感染。有一个例子是最好的证明。学生刚开始，一到学校书包乱放。我就对摆放好的孩子，进行表扬。第二天就会有更多的孩子这样做。营造了这样的环境，越来越多的孩子和我一样只关注好的事情，就会做得很好。好的环境就像一个磁场，不停地吸收，最后整个磁场都是好的。而在这个过程中，学生获得了成长体验的快乐，增加了自身的幸福感。

3 结语

教育面对不同的个体，也会面临不同的问题，重视消极情绪的疏导，进行正确的积极情绪的引导，才能让学生获得更多的幸福感。

总之，积极心理学不是单一存在的，它需要更多的衬托与发展，在已有经验的基础上，结合生活实际、自身体会等去研究，才能更好地运用到生活和学习当中。在学校的教育中，积极心理学往往渗透于小事当中，为的是避免学生剑走偏锋，从小情绪变成大罪恶。积极心理学就像一个净化器，净化学生心理，让学生可能出现的罪恶之花永无可依！

参考文献

[1] 梁宁建，当代心理学理论与重要实验研究［M］．上海：华东师范大学出版社，2007.
[2] 刘翔平，积极心理学［M］．北京：中国人民大学出版社，2018.

积极沟通的效力研究案例

王爱春

1 案例背景

小贺本人比较爱运动，体能好，人也外向，快人快语。和班级同学处得很好，是班级体育委员，运动会上的佼佼者。小刘是个腼腆、内向的男孩，偏安静，爱画画，平时不太说话，好朋友是小陈。就是这样两个性格迥异的孩子，原本没有什么交集，各自有专属的朋友圈，但在班级却水火不容。小刘的画被小贺嘲讽，小贺也总能感受到来自小刘的不屑。老师调解多次，效果不理想，双方家长也想尽办法，收效甚微，甚至小刘还产生了厌学的情绪。

2 案例分析

2.1 家庭因素

经过调查发现，小贺在家里是有个性的，家长比较民主。小刘的家长显得更细腻，更关注孩子的内心感受，看到孩子情绪低落也是非常着急的。

2.2 学校教育因素

学校教育中，需要关注学生全面发展。学生在班级群体中的存在感强，会有更多积极的心理感受；如果在班级受到来自伙伴的排斥，会影响学生的身心发展。

小贺和小刘在班级的矛盾越来越大，甚至有一些人身攻击的倾向，班主任老师也是非常着急。分别找两位同学沟通，双方各执一词。让两个孩子面对面沟通，也是面和心不和，总觉得工作没有做到心里去。

班主任最后选择求助学校的心理辅导室。

2.3 自身因素

每个孩子都是独特的个体，造成矛盾要考虑到自身因素。

小贺外向，他觉得作为体育委员就应该让班级每一个同学都好好锻炼，所以就经常催促小刘快点跑，甚至有时会有些蔑视的语言，让小刘非常不爽。小刘擅长绘画，也被小贺贬低。小刘感觉到自己被针对，也就采用极端的方式反制小贺。

小刘因性格问题，交朋友不容易，将小陈视为知己。但恰好小贺也和小陈是朋友。都想让小陈和自己更好一些，于是又多了一层的"竞争"，都不想与对方分享这位好友。

3 解决方法

3.1 分别沟通平等对话

作为学校的心理辅导老师，同时又负责学生的德育工作，我的身份会让学生有一种距离感。当我和孩子沟通时，就需要平等对话，创造轻松的氛围，让学生能放松心情，自如沟通。

我分别请两位同学到温馨的心理小屋聊天。小贺明显更健谈一些，山南海北地聊过之后，转入主题。我重点了解他对小刘的感觉，和小刘总是针锋相对的原因。他倒也真诚，竹筒倒豆子，一顿输出。通过聊天，我明白其实孩子并没有恶意伤害同学的想法。至于去贬损小刘的画，也都是逞口舌之快，其实内心是认同小刘画得不错的。沟通之后，我发现孩子的世界很简单，没有大人猜想的那样"凶险"。

跟小刘沟通，明显费力一些，他自身主动输出的意愿不多，要适当引导才能让谈话继续。放松过后，小刘也说出了心中的担忧，觉得小贺就是故意欺负他，内心不甘，所以才会反抗。还有个担心，就是自己的好朋友会更愿意和小贺玩耍，怕自己失去这个好友。

在这个过程中，我始终处于"倾听者"的位置，不作任何评价，不发表自己的看法。孩子都能够放松表达，不用担心语言不当，不会轻易被打断。

3.2 构思方案搭建平台

跟两个孩子分别沟通后，我认真分析了情况。总体感觉孩子之间没有什么不可调和的矛盾，主要就是彼此猜测对方的想法，有一些误解的成分。揣摩对方的意图出现错位，信息不对称，所以隔阂越来越大，冲突也愈演愈烈。

我决定给两个孩子搭建平台，坐到一起心平气和地沟通，让信息更加透明，让彼此更加了解。我试探了两个同学的想法，他们也愿意一起交流。

3.3 积极引导打开心结

一个愉快的下午，两个孩子同时来到心理小屋。我先让每个孩子说说自己的心里想法，如果在哪件事上不理解对方，可以在保持冷静的状态下进行交流。孩子们完全打开心扉，当对方问到某些细节的时候，立刻能得到正面回应，沟通效率非常高。我在其中扮演的是"旁观者"的角色。真正打开孩子心结的是孩子自己。

3.4 持续关注巩固效果

两个孩子愉快沟通后表示，回去后一定能够和睦相处。为了验证效果，我经常会利用巡视的机会，碰到孩子，就会关切地问问情况，得到的回应是最近没有什么问题。后来再问的时候，就告诉我，他们是好朋友了。见到他们的笑脸，我心里由衷地高兴。

4 案例启示

4.1 培养积极的心理状态，提升人际交往能力

积极心理学视野下的学校教育，亦即积极教育，强调要营造积极的教育生态。积极的教育环境下，学生就会有积极的心理状态。我理解的积极心理状态，并不是每天都要笑呵呵，而是无论面对顺境还是逆境，都能够用积极的心态面对。要相信，一切都会过去的。即使再难，挺一挺也会过去的。

上述案例中的小刘，最初的心理状态就有些消极，没有积极沟通，而是用自己的揣摩去面对同伴，进而激化了矛盾。当双方放松地沟通之后才发现，事情远不是自己想象的样子，放下彼此的芥蒂，自然就可以成为好朋友。这样的积极心态，也提升了孩子的人际交往能力。

4.2 坚持拿到第一手材料，提高沟通效率

苏霍姆林斯基说："培养人，首先要了解他的心灵，看到并感觉到他的个人世界。"这句话给我带来很大的启发。在面对一个个可爱的、独特的学生时，要走进他们的内心深处，才能够共情他们的快乐和悲伤。

有时候老师特别容易站在道德的制高点说教，貌似说得慷慨激昂，貌似说的都是真理，但学生就是听不进去。究其原因，还是没有走进心灵，没有和孩子的情感达到共鸣状态。

其实大多数情况下，学生可以自己明白道理，不需要掰开了揉碎了去讲。作为教育者一定要善于倾听学生的想法。当孩子的语言组织不到位，说得不清楚时，老师不要妄加推测。因为老师在引导时，容易不自觉地加入自己的主观想法，导致事情的真相被掩盖起来，学生会关闭沟通的门，老师就不容易探寻到事情的真实情况。

积极心理学的理念告诉我们，用积极的状态去沟通，用真诚的耳朵去倾听，世界就在你面前展开，你就可以拿到第一手材料，你所做的工作就一定会到学生的心坎上，从而大大提高了积极沟通的效力。

4.3 提供良好的沟通平台，持续助力

在本案例中，我通过心理辅导老师这一角色，给学生搭建了良好的沟通平台，让学生真正放下所有的"防御"，在松弛状态下进行沟通。沟通中能彼此积极回应，所有的误解烟消云散，释放了自己真诚的交友想法，两个小伙伴真的处成了"铁哥们"。在后续的关注中，我看到两个孩子积极交往的成果，很有成就感。

积极心理学的引入改进了中国的心理健康教育方法，通过师生合作、生生合作、家校合作，共同进行积极心理健康教育，培养积极健康的心理品质。相信一定会迎来更加灿烂、繁花似锦的春天。

积极教育新篇章：小学班主任的实践与学生心理成长

张佳林

1 前言

积极教育起源于1998年，由心理学家马丁·塞利格曼提出，旨在补充传统心理学关注疾病和障碍的倾向，转而强调人类幸福和优势的研究。它基于积极心理学的原则，专注于理解人们如何实现最佳生活状态，包括幸福感、意义感和个人优势。

在教育心理学中，积极教育的地位日益重要。它不仅关注学生的学术成就，还致力于培养学生的积极心理品质，如乐观、韧性、感恩和社交技能等。积极教育的实施有助于提升学生的幸福感，增强他们面对挑战的能力，并促进他们的整体发展。通过这种方

式，积极教育为学生提供了实现个人潜能和生活满意度的途径，从而在教育领域内形成了一种全新的教育模式（彭凯平，2016）。

积极教育在小学尤其是四年级班级管理中的应用具有重要价值，因为它能够在学生情感、社交技能、学业成就、韧性、家校社合作以及心理健康等方面产生积极影响。在四年级这一关键时期，积极教育通过培养乐观、感恩等积极情绪，增强学生的社会技能和团队合作能力，提升学业动机和表现，改进教授应对挑战的策略，促进家校社的紧密合作，为学生的全面发展打下坚实基础。如何通过积极教育对学生产生各个方面的积极影响呢？由此提出本次研究的问题：积极教育如何通过班主任的创新实践影响学生的心理发展和家校社合作。

2 积极教育的理论探索

2.1 积极教育的定义及其对教育心理学的作用

积极教育是一种以培养学生积极心理品质和幸福感为目标的教育方法。它超越了传统的以学术成绩为中心的教育模式，强调在教育过程中发展学生的优势、兴趣和潜能，以及提升他们的情绪智力和社会技能。积极教育鼓励学生认识和利用自己的长处，培养乐观和感恩的态度，增强面对挑战时的心理韧性，并促进积极的人际关系（Seligman，2011）。

在教育心理学中，积极教育的作用体现在多个层面。首先，它帮助学生建立起积极的自我认知，提高自尊和自信，使他们更有动力去追求个人目标。其次，积极教育通过各种活动和课程设计，教授学生有效的情绪管理方法和压力应对技巧，这有助于他们在面对生活和学习中的困难时保持坚韧不拔。此外，积极教育还强调社交技能的培养，如团队合作、沟通能力和冲突解决，这些都是学生未来社会适应和成功所必需的关键技能。最后，积极教育通过家校社合作，形成了一个支持学生全面发展的良好环境，使他们能够在家庭、学校和社会的共同关怀下健康成长。

2.2 积极教育的核心原则及其对班主任工作的启示

1. 积极教育的核心原则

（1）关注优势和美德：积极教育强调识别和培养学生的个人优势和美德，而不是仅仅修正缺陷或问题。这种关注点的转移鼓励学生发挥自己的长处，增强自信心和自我价值感。

（2）积极情绪的培养：积极教育致力于创造积极的学习环境，促进学生的积极情绪体验，如快乐、兴趣、满足感等，这些积极情绪能够提升学生的学习动力和生活满意度。

（3）投入和参与：积极教育鼓励学生全身心投入到他们感兴趣的活动中，通过参与感来提高学习效果和个人成就感。

（4）关系建设：积极教育认识到积极的人际关系对于学生的成长至关重要，因此鼓励建立和维护支持性、合作性的同伴关系和师生关系。

（5）意义和目的：积极教育帮助学生发现和追求生活中的意义和目的，使他们的行为超越个人利益，与更大的社会价值和目标相联结。

（6）成就和实现：积极教育支持学生设定并实现个人目标，通过克服挑战和取得成就来增强他们的自我效能感。

2. 对班主任工作的启示

通过这些核心原则的应用，班主任不仅能够促进学生的学术成就，还能够在更广泛的层面上支持学生的全面发展和幸福感。

（1）个性化关注：班主任应当关注每个学生的独特优势和兴趣，为他们提供个性化的支持和鼓励，帮助他们实现个人潜能。

（2）积极班级氛围：班主任可以通过组织积极活动和正面激励，营造积极的班级文化，让学生在快乐和支持中成长。

（3）情感支持：班主任应当提供情感支持，帮助学生理解和表达情绪，教授他们有效的情绪管理技巧。

（4）合作学习：班主任可以提供合作学习的机会，促进学生之间的互助合作，增强他们的团队精神和社交技能。

（5）目标导向：班主任应鼓励学生设定个人目标，并提供必要的指导和资源，帮助他们实现目标，从而提升自我效能和动力。

3 小学班主任的积极教育实践

通过以下具体的教学和班级管理活动，老师不仅能够在语文教学中传授知识，还能够在学生的日常生活中培养他们的积极心理品质，从而促进学生的全面发展。

3.1 积极阅读体验

我会在语文课上引入各种积极主题的书，如《夏洛的网》等，讨论书中角色如何克服困难、展现勇气和同情心。通过角色扮演和小组讨论，学生能够体验到故事中的积极情感，并将其应用到自己的生活中。

3.2 写作活动中的积极表达

利用一个月的时间，组织了"感恩日记"写作活动，鼓励学生记录他们感激的事情。这种活动不仅提高了学生的写作技能，还帮助他们培养积极的心态和感恩的习惯。

3.3 班级文化建设

利用班级墙报创建一个"积极角"，展示学生的优秀作品、好人好事和班级活动照片，营造积极、鼓励的班级氛围。或者"优势发现"工作坊，学生可以通过一系列活动识别自己的优势和美德，并在班级中分享，从而增强自我认识和自尊。

3.4 积极行为的奖励制度

班级还设立"每周之星"奖励，表彰那些在学习和行为上表现出色的学生。这种正面的激励机制鼓励学生展现出更好的自己。另外我会经常给予学生正面反馈，强调他们的进步和努力，而不仅仅是成果，这有助于学生建立积极的自我形象。

3.5 情绪管理工作坊

在班会时间，我会引导学生通过绘画、写故事或角色扮演来表达和管理自己的情绪。例如，学生可以创作关于如何处理冲突的故事，通过创作过程学习情绪调节技巧。或者在班级活动中，让学生扮演不同的角色，模拟各种情绪场景，通过角色扮演学习如何在不同情境下调节自己的情绪。

3.6 家校合作的积极沟通

经常通过家长微信群或家长会分享积极教育的策略和学生的积极变化，鼓励家长在家中也使用类似的积极教育方法，如一起阅读积极主题的书籍，共同参与家庭活动。未来有机会的话，也想邀请家长参与学校活动，如家长志愿者阅读日，让家长在阅读活动中与孩子互动，共同分享阅读的乐趣，这种家庭参与有助于学生在家庭环境中继续发展社会技能。

3.7 社区参与项目

我会鼓励学生采访社区中的老人，记录他们的生活故事和智慧，然后将这些故事编辑成小册子，在班级和社区中分享，这样的活动既提升了学生的语文实践能力，又培养了他们的社会责任感。

4 学生能力提升与积极长远的影响

在积极教育的熏陶下，学生们经历了深刻的心理成长和行为转变。他们不仅在自我认知上有了显著提升，更加了解自己的内在价值和潜力，而且在情绪管理上也变得更加成熟，能够有效地识别和调节自己的情绪，应对生活中的起伏。社交技能方面，学生们学会了更有效的沟通和协作，能够在团队中发挥更大的作用，建立更深层次的友谊。他们的学习态度变得更加积极主动，对探索新知识和解决问题充满热情。面对挑战时，学生们展现出了更强的韧性，他们不仅能够从失败中迅速恢复，还能从中吸取教训，不断前进。此外，积极教育还提高了学生们的幸福感和生活满意度，使他们更加珍惜当下，乐观面对未来。在社区参与方面，学生们变得更加热心公益，积极投身于各种服务活动，体现了他们的社会责任感和领导潜能。这些积极的变化为学生们的未来发展奠定了坚实的基础，使他们成为更加全面和均衡的个体。

积极教育如同播撒在学生心田的种子，随着时间的流逝，这些种子逐渐生根发芽，开花结果，对学生的未来发展产生深远的影响。它不仅激发了学生对知识的渴望和对学习的热爱，使他们在学术上持续取得进步，而且培养了他们的心理韧性，使他们能够在面对生活的风风雨雨时保持坚韧不拔。在人际交往中，他们学会了同理心和有效沟通，能够建立起稳固而和谐的社会关系网。积极教育还塑造了学生的健康生活习惯，为他们的身体和心理健康提供了坚实的保障。更重要的是，它培育了学生的社会责任感和终身学习的精神，使他们成为不仅关心个人成长，也关注社会发展的全面人才。在未来的职业生涯中，这些学生将以积极的态度和卓越的能力，成为各自领域的领导者和创新者，为社会的进步贡献自己的力量。

5 未来发展方向与挑战

积极教育就像是给孩子们的成长之路铺设了一层阳光，让他们在学校里不仅能学到知识，还能学会如何快乐、自信地面对生活。将来，我们可能会看到更多这样的教育方式，它会让课堂变得更加生动有趣，帮助孩子们发现自己擅长什么，喜欢什么，同时教会他们如何和朋友好好相处，怎样在遇到困难时不轻易放弃。不过，要把这种教育方式做得更好，我们还有不少问题需要解决。比如，怎样确保每个孩子都能公平地享受到这些好处，不管是城市的孩子还是农村的孩子，都能从中得到帮助。还有，老师们也需要更多的支持和培训，以便他们能够用新的方法来教孩子们。最重要的是，学校、家长和整个社区都需要携手合作，共同创造一个让孩子们感到被支持、被鼓励的环境。这样，积极教育才能真正发挥它的作用，帮助每个孩子都能健康、快乐地成长。

为了持续优化积极教育实践并适应教育变革的需求，教育者需要不断更新自己的教育理念，积极参与专业发展培训，以掌握最新的积极心理学研究成果和教学策略。同时，学校应建立一个开放的反馈机制，鼓励学生、家长和教师之间的沟通，共同评估和改进积极教育的实施效果。此外，教育者应利用多元化的教学资源和技术工具，创新教学方法，如通过数字故事讲述、在线协作项目等，使积极教育更加生动和互动。最后，学校应与社区资源建立联系，为学生提供更广泛的学习和实践平台，让他们在真实的社会环境中应用和发展积极心理品质。通过这些措施，积极教育将更加贴合学生的发展需求，助力他们为未来的挑战做好准备。

作为班主任，推动积极教育的创新策略需要从全面了解学生的个性和需求出发，设计多样化的教育活动，以培养学生的积极心理品质（赵国权、张慧，2014）。这包括定期组织反思和感恩练习，鼓励学生认识并欣赏自己的成长和进步。同时，班主任应注重培养学生的目标设定和自我激励能力，引导他们在学习中找到意义和动力。此外，通过建立合作学习和团队工作的机制，加强学生的社交技能和团队精神。班主任还需不断寻求家校社的协同合作，共同营造一种支持性的环境，让积极教育的理念在学生的日常生活中得到体现和实践。通过这些策略，班主任能够有效地将积极教育融入日常教学，促进学生的全面发展。

6　结语

积极教育通过培养学生的乐观、韧性和感恩等心理品质，显著提升了学生的心理健康水平（李红，2018）。它不仅帮助学生建立起积极的自我形象，还增强了他们应对压力和挑战的能力。同时，积极教育还促进了学生社交技能、创造力和解决问题能力的提升，为他们未来的学习和生活奠定了坚实的基础。

未来积极教育的实践应当更加注重个性化和差异化教学，以适应每个学生的独特需求。建议教育者们利用大数据和人工智能技术来跟踪学生的进步，从而提供定制化的积极心理支持。同时，应加强跨学科的融合，将积极教育的理念融入各个学科中，让学生在不同的学习领域都能体验到积极情绪和成就感。此外，家校社合作模式需要进一步深化，形成更加紧密的合作网络，共同为学生创造一个全方位支持的成长环境。展望未来，积极教育将成为教育体系的核心，不仅培养学生的学术能力，更关注他们的心理健康和生活技能，为培养全面发展的人才奠定坚实基础。

参考文献

[1] 彭凯平. 积极心理学：科学的幸福感. 北京中国人民大学出版社，2016.

[2] SELIGMAN MEP. *Flourish：A visionary new understanding of happiness and well-being* [J]. Simon & Schuster, 2011.

[3] 赵国权，张慧. 积极教育的理论与实践 [J]. 教育研究，2014，35（5）：73-79.

[4] 李红. 积极教育在小学班级管理中的应用研究 [J]. 教育科学，2018，34（2）：62-66.

下篇
留学新时代,平安"心"征程

新时代，"心"征程
——构建新时代出国留学人员心理健康支持体系

李同归

（北京大学心理与认知科学学院，北京 100871
行为与心理健康北京市重点实验室，北京 100871）

2013年3月22日，时任教育部留学生服务中心主任孙建明先生邀请北京外国语大学资深教授陈琳先生、时任北京大学心理学系书记吴艳红教授、时任清华大学心理学系主任彭凯平教授，以及北京大学李同归老师、何燕老师，连同时任教育部留学服务中心出国处处长的丁莉女士、副处长王达先生、副处长姚娜女士，召开了重要的座谈会，主要是为那些准备出国留学和已经在海外留学的中国学生们提供完整的心理健康支持服务，大家达成了初步合作意向。成立"北京大学——清华大学出国人员心理健康支持项目组"，来具体负责教育部留学服务中心每年进行的"平安留学伴你行"大型活动中的心理教育服务项目。

这个项目组的起源，来自一封呼吁书。2013年1月，随着出国留学人员的日益增加，留学已经从"精英化留学"向"平民化留学"转变，随之而来，留学海外的中国学生的心理问题日趋严重，因心理问题而导致的极端事件时有发生。因此，北京大学心理学系（现已更名为北京大学心理与认知科学学院）联合清华大学心理学系（现已更名为清华大学心理与认知科学系）向教育部提交了一份呼吁书，联合呼吁成立"中国出国留学人员心理健康社会支持系统联合筹备小组"，建立中国出国留学学生心理健康社会支持系统。在北京外国语大学资深教授陈琳先生的帮助和参与下，两校的呼吁书顺利呈交到时任教育部副部长郝平教授手中，郝部长旋即批示给教育部国际司，责成教育部留学服务中心与两校合作，建立相应的保障机制。

从2013年5月起，由北京大学和清华大学牵头组织的心理专家开始参与到由留服中心承办的"平安留学"出国留学行前培训的工作中，经过十余年的努力，建立起了一支40余人组成的国内顶级心理专家团队。在教育部留学服务中心的指导下，配合进行"平安留学行前培训"工作。心理专家团队负责编写了针对留学生的自我心理调适小册子，每年进行100余场的行前心理健康教育工作（每年直接面授听众超过6万人次，网络访问超过300万人次）。连续多年参加"中国国际教育巡回展（北京站）"，进行现场心理测评和心理咨询等方面的工作。

在积极参与面对面行前培训的同时，我们也抓住一切机会进行广泛的宣传。尤其是在每年两会期间，我们努力争取代表委员为我们发声。2014年3月9日《北京晚报》以专访的形式发表了全国政协第十届委员陈建功"建立出国留学生心理健康扶助机构"的呼吁书。此外，我们还积极配合海外中国留学人员社团，支持和鼓励他们利用心理学专业知识，直接为在海外的中国留学生服务。如在美国爱荷华州立大学就读的留学生们，在网上看到我们的呼吁书后，在导师的支持下组织当地中国留学生筹建了 UOF IOWA A-GAPE "爱加倍"心理社团；英国爱丁堡大学中国留学生成立了 Welcome Home Multi-Language Support 中心社团，并与我们项目组建立了联系，我们也及时提供了力所能及的专业支持。2017年12月26日，我们收到了教育部留学服务中心发来的感谢信，称赞我们"在平安留学行前培训工作中，致力于为出国留学人员提供心理健康支持服务，得到了广大出国留学人员及社会各界的好评及认可"。同时，我们在《人民日报》（海外版）及《神州学人》等面向留学生群体的主流刊物上，发表多篇论文，受到留学生们的欢迎。2021年10月18日，我们参与了外交部领事司官方微信号《领事直通车》"平安开学季，领保伴你行"系列的录制，就留学生的心理健康问题，与主持人进行深入交流。

疫情期间，我们与教育部留学服务中心合作举办线上"平安留学伴你行"活动，录制平安留学心理健康系列课程，并与央视网合作，推出"留学生心理辅导公开课"。同时，我们参与了各驻外使领馆组织的活动（目前已经参与了联合国纽约中文处、中国驻俄罗斯大使馆、中国驻日本大使馆、中国驻乌克兰大使馆、中国驻波兰大使馆、中国驻韩国大使馆、中国驻泰国大使馆、中国驻荷兰大使馆、中国驻奥克兰总领事馆、中国驻阿德莱德总领事馆、中国驻慕尼黑总领事馆等组织的活动），以及海外各大学的中国学生学者联谊会等组织（如北美中国学生艺术学者联合总会、全泰中国学生学者联合会、全荷中国学生学者联合会、中国留俄学生总会等），联合进行远程心理健康讲座及咨询。

同时，在教育部留学中心的支持下，开发出了一套针对性强，符合心理测量学指标的"平安留学适应力测评系统"，目前依然是广大出国留学人员了解自己留学适应力的首选测评工具。

2023年12月，在北京积极心理学协会年会上，在原来的"北京大学——清华大学出国人员心理健康支持项目组"的基础上，成立了留学心理专业委员会。这样将只有协调功能的项目组，转变成实体机构。北京积极心理学协会留学心理专业委员会将汇聚教育部、外交部及各使领馆，以及国内的心理专家、留学中介机构、国际学校、留学行业从业人员、留学生家长和所有对留学生群体感兴趣的朋友开展深入合作，进行有关针对留学生群体的学术研究，同时也致力于开发面向留学生及家长的系列课程，并面向留学生进行从测评到讲座、咨询和追踪的完整社会心理支持活动。

尽管很占篇幅，但我们仍然要将参与留学生心理健康支持活动的各位专家们列举出来。他们是北京大学周晓琳教授、吴艳红教授、方方教授、刘兴华研究员、庄明科博士、姚萍博士、刘海骅博士、易春丽博士；清华大学彭凯平教授、樊富珉教授、陈绍建博士、李松蔚博士；北京师范大学乔志宏教授、蔺秀云教授；中国科学院心理研究所韩布新教授、黄铮教授；北京信息科技大学廉串德教授；北京林业大学訾非教授；外交学院心理素质教育与咨询中心宗敏主任；中央民族大学心理健康教育与咨询中心张阳阳主任；中国传媒大学张静教授；首都师范大学邢淑芬教授、王岩教授；南开大学袁辛教授；大连理工大学胡月教授；中南大学曹玉萍教授；电子科技大学李媛教授；河南大学王瑶教授；陕西师范大学陈青萍教授；河北师范大学王欣教授、王宏方教授；上海师范大学沈勇强教授、杨安博博士；南京大学桑志芹教授；华南师范大学刘勇教授；西华大学吴薇莉教授；重庆大学王浩教授；云南师范大学李辉教授；山西大学刘丽教授；南昌大学陈建华教授。

北京积极心理学协会留学心理专业委员会在2023年12月成立。主任委员李同归（北京大学）；副主任委员有宗敏（外交学院）、张静（中国传媒大学）、张阳阳（中央民族大学）、邢淑芬（首都师范大学）、王岩（首都师范大学）、李旭培（中国科学院心理研究所）、王豪［昂道（大连）教育咨询有限公司］、殷晓莉（中国科学院心理研究所）、刘昊鹏（北京市顺义区君诚国际学校）、薛梅［阔真（北京）云科技有限公司］；秘书长斯琴高娃（内蒙古兴安职业技术学院）、副秘书长高鑫园（北京大学）；委员包括江欣（北京大学）、艾钰栋（北京大学）、郭晶（中国科学院心理研究所）、金灿（中国科学院心理研究所）、杨文娟（北京外国语大学）、章严平（北京外国语大学）、蒋典（北京外国语大学）、李悦欣（首都师范大学）、袁梦（首都师范大学）、陆双鹤（北京潞河国际教育学园）、田宇凌（北京中企泰和技术咨询服务有限公司）、安宁（保定牧豆教育科技有限公司）、田文慧（保定牧豆教育科技有限公司）、孙小燕（上海玥铃心理）、邵燕（上海吾心心理）、沈江涛（上海伽蓝集团）、郑承昊（英国曼彻斯特大学）、房君（内蒙古中蒙医药研究院）、刘婷（内蒙古中蒙医药研究院）、阎莉（唐山市第十二中学）、蒋玫果（深圳中国国际旅行社有限公司）、谢瑞俭（深圳市尚用来环保科技有限公司）、郑锦河（深圳市深水宝安水务集团）、刘宝香（武汉归去来兮心理咨询有限公司）、张恺伦（中国政法大学）、李青蔓［阔真（北京）云科技有限公司］、蒙克［阔真（北京）云科技有限公司］、李俊（中央民族大学）、尧家慧（中央民族大学）、谷雨（北京航空航天大学）。

　　北京积极心理学协会留学心理专业委员会作为目前所有相关协会中唯一一家以面向留学人员提供专业心理服务的机构，在通往中华民族伟大复兴和构建人类命运共同体宏伟奋斗目标的征途上，将致力于利用丰富的专家资源，为广大出国留学人员提供系统而专业的心理服务。助力留学人员平安留学、健康留学，成功留学，将来能够学成归国，以自己所学报效祖国。"把爱国之情、报国之志融入祖国改革发展的伟大事业之中，融入人民创造历史的伟大奋斗之中！"

第一部分 理论篇

留学阶段如何应对压力，感受幸福
——积极心理学的科学启迪①

彭凯平

（清华大学心理与认知科学系）

有没有一些积极心理学的方法能够帮助我们调整心态，让我们保持一种积极向上的力量？由于生活、学习和工作中的各种挑战产生的压力，我们应该如何去调整？在这篇文章里，我有一些小小的建议，来讲讲如何保持一种积极向上的力量，让自己活出积极的、心花怒放的人生。

1 应激反应三轴心

人类有一个很重要的身心保护机制，叫作"应激反应三轴心"。当我们遇到一些麻烦，无论是风险、挫折、打击，我们的身体会有应激的反应状态出现，主要反应身体里三个很重要的器官上：一个是下丘脑，一个是脑下垂体，一个是肾上腺。在遇到各种挫折、打击、风险的时候，它们会释放出各种压力激素。压力激素会让我们处于应激状态，表现出来就是血液循环加速，心跳加快，感觉更加敏锐，眼睛更加毒辣，耳朵更加灵，然后我们的肌肉力量和骨骼力量都会提升。

这样一种应激状态有什么作用？它能够让我们面对挑战压力做两件事情：一个叫做斗，一个叫做逃。几千万年的人类进化历史中，我们遇到过很多挑战和挫折，我们的典型反应就是去斗或者逃，英文叫做 fight of flight，打得赢就斗，打不赢就逃，这两种机制做完以后，我们的压力激素就释放了，然后就恢复到正常的放松状态，准备迎接下一个挑战。大家读圣经，都知道"末日四骑士"：战争、瘟疫、饥荒、死亡，遇到这些基本就是"世界末日"了。

人类在历史上经历过无数次的战争、瘟疫、饥荒、死亡，但是末日根本就没来，这说明我们人能够熬过各种各样的新的挑战，然后成为现在的自己。所以，我们的一生，甚至人类这个物种，已经经历过很多灾难，问题在于如果压力的反应时间太长，我们就会产生一些心理问题，它让我们的消化系统、免疫系统、睡眠，特别是让我们的情绪受到影响，所以我们经常谈到的焦虑、抑郁、烦恼、暴躁、压抑、恐惧、绝望，包括现在流行的内卷、丧、emo，其实都是因为压力调整机制出了一些问题，包括身体上的腹泻、失眠、疼痛、食欲变化、强迫、自残、伤害他人等行为。

那么如何去解决我们这样长时间不能够反应过来的应激状态呢？心理学家建议过很多方法。弗洛伊德的精神分析法，亚伦·特姆金·贝克（Aaron Temkin Beck）的认知疗法，还有各种各样的心理探索方法，甚至一些传统文化的方法，也用来解决问题，但现在发现效果并不是太好，我们的心理问题，似乎越来越多。

---

① 本文是根据作者在 2022 年 5 月 27 日基辅时间 12：00-13：00（北京时间 17：00-18：00）通过线上平台，由中国驻乌克兰大使馆联合教育部留学服务中心举办的"平安留学伴你行"乌克兰线上专场活动上的讲座录音进行整理而成的。

哈佛大学一位很有名的心理学教授叫丹尼尔·瓦格纳（Daniel Wagner），1987年，在弗吉尼亚大学做教授的他做了一个非常经典的实验。这个实验的灵感，来自俄国大文豪陀思妥耶夫斯基的一部作品，叫作《冬天记的夏天印象》。在这部随笔集里，陀思妥耶夫斯基谈到一个现象，如果你的脑海里头出现了一头白色的北极熊，你想忘掉它，你发现很难，这只熊每分每秒还在你的脑海里出现。瓦格纳教授就根据陀思妥耶夫斯基的这个小小的灵感，做了一个很正式的心理学实验。他请弗吉尼亚大学的学生去想象一头白色的北极熊，这叫作"形象思维"，你闭着眼睛，想象一头白色的北极熊，在白雪皑皑的北冰洋的冰面上信步行走。然后，瓦格纳教授就让学生们去忘掉这头白色的北极熊，他发现，越想忘掉这头熊的同学，越忘不掉，大脑里这头白色的北极熊的形象就越来越鲜明。所以，根据这个实验，瓦格纳教授就做了很多类似的研究。他发现，用压抑、控制、管理、忘掉等这些逃避的方法来解决这个白色北极熊的问题是解决不了的。同样发现，所有的创伤、痛苦、困扰、难受等，如果你是想用这种忘却的控制方法，都无法起到效果，甚至会产生负面的反弹，所以也把它叫作"反弹效应"。心理学上也把它称作"白熊效应"。

瓦格纳还发现，不仅是出现忘不掉这个熊的形象的现象，我们生活中的很多事情，比如痛苦，你越想忘掉它，这个痛苦感受越深刻。奥运会射击选手打靶的时候很紧张，他告诫自己不要紧张，想控制自己手不要抖，手反而抖得越厉害。还有想减肥的人，越想减越减不掉，想戒烟的人，越想戒越戒不了，他认为这就是"白熊效应"的一种影响。

这篇文章一发表，让心理学家们一下子就有了灵感，也许我们以前教授大家如何去压抑、忘却、逃避、控制管理你的痛苦、创伤、困扰，只会让这样的问题更加强大地影响我们自己的身心。那么要如何忘掉这头"白熊"呢？我们可以尝试联想一些积极体验，比如孩子的笑脸、春天的鲜花、灿烂的阳光，"白色的北极熊"自然而然就消失了，这就是对积极心理学家的启示。

2　积极心理品质：心理韧性

著名心理学家马丁·塞利格曼教授提出，以前心理学总是讲人怎么去管理、控制我们的负面体验，现在也许应该用积极的心理体验来替代、转移和升华这些负面体验，所以，他把这样一个新思路叫作"积极心理学"，就是要用一些科学方法，使我们心理学的科学研究和实践重新关注人类内在的积极性力量，把它们挖掘出来，然后再提升人类的普遍幸福感，这就是积极心理学。

在人类的积极心理中，当下我们最需要的就是心理韧性。韧性指的是在我们在遭遇挫折、打击和痛苦而感到失落时，我们能够很快地恢复到正常状态，而且还能够不断成长。

那么心理韧性如何去修炼？我发现有三种方法：第一种就是复原，在遭遇挫折、打击、失败之后，我们能够恢复到正常状态，有人把它叫作 resilience，也有人把它叫作"反弹力"，也即能够从这种痛苦的体验中恢复到正常状态。曼德拉曾说过"生命最大的荣耀，不是从来没有失败过，而是每一次失败后还能够不断奋起"，一个再伟大的人，一个了不起的人，也不会一直顺遂，而是受到伤害之后能够爬起来，擦干眼泪，继续前行，这叫作"复原"。

第二种心理韧性的境界，是耐力，即不仅能够复原，还能够为了伟大的前途和目标，不断地努力和奋斗，这就是我们说的"抗压力"。宾州大学有一位教授叫安吉拉·李·

达科沃斯（Angela Lee Duckworth），是一位华人心理学家，他用英文单词grit，来描述这种人的抗压力，grit是什么？很难翻译成中文，类似铺路的"小沙粒"。沙粒虽小，但无论你用多么重的推土机、压路机去碾压它，始终不变形，这就是一种耐磨的表现，我们也把它叫"意志力""自控力"和"抗逆力"。中国传统文化提倡"天行健，君子以自强不息"，指的就是这样一种生生不息的、打不死的精神，这种精神就是一种抗逆力、耐磨力。

达尔文说过，进化能够选择下来的生物，不一定是最强大的生物，恐龙非常强大，首先就被淘汰掉了；也不是最聪明的生物，比如尼安德特人，就比我们人类的先祖要聪明，但最后是人类胜出了。这说明什么？不是最聪明的生物，而是最能够适应变化的生物才能够存活、发展、生生不息。这一点恰恰就是"中庸之道"的原意。中庸之道是什么？"致中和，天地位焉，万物育焉"，我们首先要定位，要适应，然后不断成长，就是万物育焉。一个叫位，有定位，一个叫育，是生长。所以清华大学以前有位教授叫潘光旦，他把进化论的"适应性"翻译成"位育"，讲的就是这个道理。

我们讲心理韧性的第三重境界，叫作"创伤后的成长"，即不仅仅能够恢复正常，而且还能够耐磨，最重要的是还能够创造和成长，基于逆境和其他挑战和经历的积极心理变化和心理功能的提升。最早提出这个概念的是心理学家特德斯奇与卡尔霍恩（Tedeschi & Calhoun），他们发现不是所有遇到了灾难、挫折打击的人都会有这种创伤后应激障碍PTSD，不少人能够自我痊愈，还有不少人能够在创伤之后，变得更加卓越优秀。比如按照我们以前传统的说法，一个女孩子被人伤害了，那是一辈子的阴影，结果他们发现，很多女孩子最后都能够超越这些伤害，活出灿烂的人生。这就叫作"创伤后成长"。我把它翻译成PTGD，如尼采所说"任何不能杀死我的，都会使我更加强大！"

3 负性情绪调节"八正法"

那么如何去锻炼，去提升自我，如何复原和耐磨，如何创造和成长。我总结出了一套简单易行、可操作的方法，叫作"八正法"。

八正法，来自中国佛学的"八正道"，但八正道比较抽象，正念、正观、正行等，我把它抽象和宗教的意思去掉，直接把操作方法拿出来，比如你生活、学习遇到麻烦，肯定心情不好，在这种情况下，如何让自己恢复到正常状态，在这个负面的体验席卷自己时候，如何保有一种积极的心态，这里有八个简单的方法。

第一个就是学会深呼吸。心理学家发现人类负面情绪加工的一个中心叫做杏仁核，就在鼻子后面。如果把气慢慢地吸进来，你会发现对你的心情调节很有帮助。所以为什么到山里闻到清新的山风，会觉得神清气爽，因为凉气进到鼻腔，就会让杏仁核和负面信息加工中心的温度下降，所以当一个孩子生气，往往出气比较粗，气呼呼、气鼓鼓；还有为什么这个人特别亢奋的时候，比如冲锋陷阵，一定要把这个气呼出去，就是让自己激动起来、亢奋起来。但想要让自己心情好转起来怎么办？得把气慢慢地吸进来，所以在特别紧张和恐惧的时候，深吸几口气，就像奥运会体操运动员、跳水运动员一样比赛之前猛吸一口气，这是一个简单方法，一学就会！

第二个方法就是闻香。嗅觉和其他感觉不一样，直接对我们的情绪产生调节作用，因为闻进来的味道，要经过杏仁核，马上就对我们的心情有很好的安抚作用。其他的感觉如视觉，看到一个东西是不是要开心，你得要先想一想，所以说，其他的感官，需要走心，思考以后才能够产生情绪反应，但是，我们的嗅觉不一样，它先有情绪反应，后有认知评价。

所以庙为什么要烧香？就是因为在人间受尽苦难的善男信女，走进庙宇，闻到这个香的味道，心情就立马好转。

英语里有一个劝人的方法叫作 Smell the Roses，就是别那么急，闻一闻玫瑰的芬芳，因为闻香有这样的作用，所以中国古代有个说法叫"君子佩香"，即你要修炼自己的情操，一定要闻香。毛主席在他的卧室里写过一副对联，叫作"万里风云三尺剑，一庭芳草半床书"，君子佩香，无产阶级革命家也需要闻花香、书香，家里准备点香精、香油和香水。实在难受的时候，洗个澡，换件衣服，闻到这个清香的味道，都会让你心情好转。

第三招是抚摸身体。我们现在发现情绪紧张、恐惧、难受的时候，抚摸身体是很有帮助的。抚摸什么地方？第一，抚摸这个膻中穴，两个乳房之间这个地方叫膻中穴，我们心情不好的时候，总觉得这个地方堵得慌。抚摸它有安抚作用。第二，抚摸自己的肚子，对情绪也有很好的抚慰作用。因为我们人类的肠胃直接跟大脑的情绪通道相通，所以说胃口好，往往是因为心情好，心情好，往往胃口也好，二者之间有一个很直接的对应关系。还有一个抚摸方法，就是抚摸掌心，那里有特别丰富的触觉神经元，所以说抚摸手掌很开心，特别开心，就是鼓掌。大家想想为什么古今中外，都有这个击掌而呼的传统，就是因为两掌心互相碰撞让你开心，所以掌声从来都不是献给领导，献给老师的，掌声是献给你自己的！

第四个方法，就是幽默。幽默来自于英文单词，由林语堂先生翻译而来。这个意思就是，要悠悠地想、默默地笑。因为它跟笑话不太一样，他是要想一想才觉得好笑，而这样的会心一笑，往往让你情绪得到很好的缓解。所以朋友见面，其实可以给对方看个段子。比如我在网上看到一个段子，就是一个小朋友历史考试交了白卷，老师很不解，历史考试你都交白卷，你随便写几句，我都可以给你分数。但没想到，这个小朋友一脸诚恳地说："我怕篡改历史！"我一下子就笑了起来，而这个笑，是会心的微笑，对我们的情绪调节有很大的帮助，所以准备点幽默的段子、相声、喜剧、笑话，有需要的时候看一看也很好。

第五个方法叫倾诉，就是找人聊天，最好能够聊半小时，太短了没有用，太长了也很累。30分钟左右，能够把自己的一些感受和体会说出来，人类的一个优势就是会说话，我们一定要把这个优势用到。

第六个方法就是运动。心情不好，给自己找个事做，跑步、打球，或者就是做做家务事，甚至是唱歌，换换衣服。总而言之，就是给自己找个事做，千万不躺在那儿，歇在那儿，宅在那儿，躲在那儿。任何感到痛苦、难受、别扭的时候，一定要迈开第一步，迈开第一步后面就好办得多，一定要行动，要运动。

第七个方法叫"专念"。专念其实是一种状态，英文叫 mindfulness。我们很多人把专念跟禅修、冥想等同起来。其实他们搞错了，禅修、冥想只是手段，专念是一种心理状态。你的意念、心念、你所想的事情，能够守在一个地方，专心致志守在这个地方。就像我们练气功的人，经常说要气沉丹田，就是你的心思，你的意念守住丹田这个地方，打太极拳的人，都知道要怎么做，一定要这个把意念守在两者之间，好像你抱了火球一样。这即是所谓的专心致志。所以你心情不好，你只要把自己的意念，转移到一个地方来守着他，马上你就发现情绪好转。比如你开车上班有人并道，差点造成追尾事故，你肯定很生气，怒向胆边生，怎么办？你完全可以把自己的意念集中到一点。这一点可能是你的手跟方向盘的紧密接触，也可能是你的身体跟座椅亲密接触的那一点，守住它，你刚才的紧张和愤怒都会烟消云散。因为我们人类的大脑不可能同时做两件矛盾的事情，他在做积极的事情，消极的理念就会自然而然地下降。

第八个方法是写作。当你把自己的积极感受写下来，对心情调节都是有很大的帮助的。在疫情期间，我前前后后两年至少被隔离了七八周，怎么去化解？我发现，第一个就是读书，第二个是运动，第三个，对我来讲特大的帮助就是写作，所以疫情三年我写了三本书，大家可能觉得。其实人人都会写，只要是真情实感，不一定要出版，也不一定要给别人看，写东西对情绪调节挺有帮助的，如果实在不知道写什么，那就写一些遇到的好事。把你遇到的好事记下来，将来心情不好的时候，你才发现生活多美好。平时因为发现问题比较多，我们心理学叫做负面信息加工优势，现在我们的理性的增加正面信息的加工。

星期一写好事，星期二就写新的感悟。你遇到了一些新的人，你看到了一些新的事物，你想到了一些新的观点，你读了一本新的书，不管怎么样，你把这个生活中间发生的新的事情写下来。星期三，你可以写生活中间你觉得应该感谢的人，总有一些人在你成长过程中间对你有所助益，写下自己的感恩。星期四，你可以写一写对未来的憧憬、追求和梦想。星期五，你可以写一写你新掌握的一些技能，以及刚做的一些事情。星期六，你可以写一写，有哪些人和事让你吃了亏、上了当，又是怎么宽恕的，如何超越的，把自己的心胸描述出来。星期天就别写了，星期天上帝都要休息一天，可以让自己休息一下，去运动，去活动，去做一些事情，这就是负面情绪调整方法。

上述八个方法大家可以去试一试，立竿见影。

4 积极情绪培养的"五施法"

"五施法"来自佛学的"五施"。佛学认为人类至少有五个天生的本领，我们舍不得用，但其实应该把它们用出来，给自己也予他人，所以叫作"施舍"。

这五个施舍是什么？第一叫"颜施"，即舍得把自己的笑脸献给他人，也献给自己；第二叫"身施"，即舍得让自己的身体动起来。我们有很多人有一种错误的认知，认为不动才好，比如乌龟不动，能活千年。其实这种看法错了，乌龟的竞争优势是不动，而人的特性是动，一定要把这个优势用到；第三叫"言施"，言施是什么意思？就是要说话、要沟通、要表达。人的竞争优势特点就是会说话，我们说话的时候开心，开心的时候说话，所以一定要把这样的优势用到极致；第四个叫"心施"，就是我们人类能够有感悟、有感触、有感动，这时就把自己的心施舍出来，让自己感受生活中那些真、善、美的事情；第五叫"眼施"，眼施就是要用心去看，不是简单地用肉眼去看，而是要用"心眼"去看。心眼是什么？就是我们的大脑前额叶视皮层。我们以前总以为视觉器官就是眼睛，那只是肉眼，其实还要用心眼再去看一遍，所以中国人叫"观"，就是"又见"的意思。

把这几个施舍做出来，我们就会拥有一种积极的力量。具体操作如下：

颜施有一个很简单的操作方法，就是"迪香式微笑"（Duchenne Smile），迪香是一个法国人，1862年他发现如果把脸部三块肌肉的活动同时呈现出来，就会产生积极的效果，这三块肌肉分别是我们的嘴角肌、颧骨肌和眼角肌。嘴角肌上扬，牙齿露出来，压迫了颧骨肌，颧骨肌上提，面颊提高，压迫了眼角肌，眼角肌收缩，让我们眼周出现皱褶。如果我们的面部表情，有这三块肌肉同时活动，你呈现出来的，就是一种迪香式的微笑，让人感到特别开心。

我以前在伯克利加州大学当教授，后来回国在清华大学工作。我有一个同事，他的名字叫达克·卡特勒（Dacher Keltner）。2001年，他带着我当时的一个研究生，对伯克利附近的Mills女子学院1960年毕业的同学的照片放大，让人分辨哪些同学是迪香式的微笑，哪些同学是装笑，哪些同学没笑，然后这两位教授一一去回访。当时有114个女同学毕业，他不去做研究，只是标记出迪香式的微笑、装笑或没笑。两位学者把结果拿出来，再和当年她们照相的习惯进行对比。结果意外地发现，凡是当年喜欢以迪香式的微笑上镜头的女士，他们27岁结婚的比例要高于那些不笑的女生，所以女孩子会笑，是可以增加你的魅力的。中国古语有绝代佳人"一笑倾城，再笑倾国"，所以倾国倾城的美貌，一大半是"笑"出来的。而且两位学者还发现，那些在家里现在还能够会心一笑的人们，一定是幸福的家庭。

笑是人的天性，有位学者叫艾克曼，他就说笑脸其实每个人都有，盲童生下来什么都看不见，但他出生后第四个星期，也会露出自发的微笑。不需要学，不需要模仿，这是天生的本领。所以我们也应该学会把这种天生的本领"施舍"出来，别舍不得用。怎么做出来？就是告诉自己，露出迪香式微笑，便可以产生积极的效果。

有位心理学教授叫Robert Soussignan，他做了一个研究，把女同学请到心理学实验室，让她们每个人做一件事情，每个人拿支笔含在嘴里，对着镜子5分钟，不一会儿这些女孩子全都笑了起来，为什么？因为把笔含在嘴里，牙齿露出来，嘴角肌就被迫上扬，压迫了颧骨肌，再看自己"卖萌"的样子，就会情不自禁笑出来。所以说笑虽然可以装出来，但装久了就真的笑了，这就是颜施。

那么第二种方法就是身施。人是行动的生物，运动、触摸、尝试、行善等行为都能让自己心情变得更好。我们常说乐于助人，就是因为在帮助别人的时候，大脑分泌出大量的serotonin，翻译成中文就是血清素，所以说行动产生多巴胺，产生内啡肽，产生血清素，都会让我们心情特别好。

第三种施舍方法，就是言施。人类说话其实不是单单为了传递信息，也不是简单的交流观点。说话的一个特别重要的作用，是我们人类的感情重要的产生方法。

现在很多人说话是功利性的，就是信息交换，甚至是情绪发泄。马歇尔·罗森堡教授写了一本书，叫做《非暴力沟通》，因为他发现我们很多的沟通是带有伤害性的，暴力性的沟通、指责、批判、辩解，甚至破口大骂，这些都是暴力沟通。如何做到非暴力沟通，有四个要素非常重要。第一个就是一定要谈事实，不要纠结观点。丈夫答应下午做卫生，结果没打扫，反而打了两个小时的游戏，太太回家肯定很生气，这个时候一定要控制情绪，就事论事——你答应我做两个小时的家务，结果却打了两个小时的游戏，这是事实，没法去辩解和逃避。但是很多人他不讲事实，只讲观点——"你又打游戏了！"这个"又"字一下子就把你的观点和看法说出来了。"你就知道打游戏！自私懒惰！"那丈夫肯定不承认，这就是上纲上线，而非就事论事了。

第二要多谈感受，不要谈观点，因为讲感受，也能够感同身受。"你打游戏，没做家务，让我很失望"，太太这么说，丈夫肯定觉得对不起。你若说"你就知道打游戏！"，丈夫就会说"我还会干其他的事情！"。所以说观点很难被认同，但是感受我们容易认同。这就是我经常讲的沟通是特别重要的技巧，要讲感情。讲道理行不行？也行的。但是更重要的还是讲感情。

第三个方法，一定要讲自己的想法，而不是去猜别人的想法，你总在想"他这么做就是想干什么？"我们很多时候不说自己的想法，反而去猜测别人，这也是沟通误区。然后，一定要有效沟通，就是要把让他做的事情，说清楚、讲明白。比如你希望丈夫能打扫卫生，就应该说，"我希望你能够打扫卫生"，这才是有效沟通。

我们发现，成人有很多发泄情绪的误区，对孩子，我们喜欢说教。孩子难过，很多家长会说"你必须怎么样，你应该怎么样"，或者是轻视，"没事，一会儿就好，不至于"，其实难过是很正常的事情，早早地陪伴孩子体验过，正确沟通会对孩子的心态有特别积极的帮助。

积极沟通还有一个很重要的技巧，就是正面和负面沟通的比例是5∶1到8∶1。有一位心理学教授叫洛萨达，他曾经调查了51家公司的1万多支团队，发现成功团队沟通的特点，是正负沟通比5∶1，即夸赞、欣赏一个人的说法和批评指责的说法比例为5∶1。但如果有问题你不说，解决问题，所以不可能一味地赞扬，一定要有个比例。也即5句好话，配1句批评建议的话，而很多离婚的夫妻往往是倒过来的，5句坏话才有1句好话，所以说我们要有一个科学的比例，我把它叫做打一打揉五揉。

让我们产生积极力量的第四个方法叫心施，即敞开自己的心扉，充分品味和体验那些让我们开心的事情，让我们温暖的事情，让我们觉得有意义的事情。

5 澎湃的福流：积极心态的作用

有一个心理学体验就叫作FLOW，是著名心理学家米哈里·契克森米哈赖（Mihaly Csikzentmihalyi）提出来的，他的名字比较难念，米哈里是匈牙利人，他告诉美国人如何念他的名字，叫作Check send me high，意思是"你把这个支票送给我，我很开心"。在1975年的时候，这个教授就发表了一篇震惊世界的报告。从1960年开始，他追踪一些非常成功的人，包括科学家、艺术家、运动员、象棋高手，各行各业领军人物，想看一看这些人做到自己事业极致的秘密是什么。结果他发现不是那些成功学兜售的观点，比如勤奋、知识等。能够让一个人成功的原因，就是他在做事情的时候，能够全神贯注，沉浸其中，以至达到一种"物我两忘"的境界。时间观念、周遭环境的知觉，暂时都消失，做的时候十分开心、愉悦，有一种发自内心的快乐。他把这样的体验，用了一个英文单词"Flow"来描述，所以有人把它翻成心流，心理的心，流动的流，我后来决定把它翻译成"福流"。

为什么我要翻成福流？第一，Flow和福流的发音比较接近。第二，我发现中国自汉代便曾经用过"福流"这两个字，但是后来消失了。东方朔在汉代曾经发明了一个卦，叫"福流卦"，被广泛使用，可惜后来失传，讲什么、做什么都不知道了。但这个"福流"已经存在于我们的历史中，所以我决定把这么一个沉睡了2000多年的古老的概念，穿越到现代社会，赋予它新的意义，也算是我对中国文化的一次贡献。

特别重要的是，福流和庄子提出的"庖丁解牛"有相通之处。庄子在《南华经》里特意描述过一个普通中国人的福流体验，这个人就是庖丁，所谓庖丁解牛，其实就是一种澎湃的福流状态。原文如下：

"庖丁为文惠君解牛，手之所触，肩之所倚，足之所履，膝之所踦，砉然向然，奏刀騞然，莫不中音。"

庖丁为文惠君"解牛"的时候，他手碰的地方、肩靠的地方、脚踩的地方，每一次碰触都有声音，每一个声音都像音乐一样动人；每次碰到都有动作，每个动作像跳舞一样优美，"合于《桑林》之舞，乃中《经首》之会"。文惠君看到非常震撼，就问庖丁如何做到如此出神入化、行云流水？庖丁说：三年前解牛，我眼中只见牛；三年后解牛，眼中无牛。这就是我所讲的，他心中充满了澎湃的福流。所以我的书《吾心可鉴：澎湃的福流》中专门介绍了我们能够在生活中收集得到、感受得到、体会得到的这种极致的幸福体验，对于我们心理韧性的增强很有帮助。

福流有什么特征？第一条是注意力高度集中，全神贯注，以至于达到物我两忘的境界。借用一位诗人的话，就是此时不知是何时，此身不知在何处；第二就是自我意识、空间意识、时间意识都暂时消失；第三是做起来特别地顺，特别地流畅，知行合一、一气呵成，有一种驾轻就熟的掌控感；第四就是愉悦地感受到活动的反馈。点滴入心、丝丝入扣，你能够感觉到分分秒秒的活动；最后有一种酣畅淋漓的快感，即是我们澎湃的福流体验。

常常让我们产生福流体验的，就是做自己喜欢做的事情。当你喜欢别人的时候，就会产生大量的多巴胺，而多巴胺让全身愉悦、感到开心，所以说做自己喜欢做的事，能够让我们沉浸其中、物我两忘。

运动也能带来福流，我们发现跑步 30 分钟之后，你都不需要去控制和支配自己的脚，它就会自动往前跑。所以为什么有些人打麻将打到半夜不回家，有些企业家打高尔夫，打得废寝忘食？都是因为产生的福流。追剧、看电影，特别是好的电影，好的电视连续剧，都可以产生福流体验，所以可以看上五六个小时，但只一瞬间过去，没有那么长。

疫情期间，我恶补了很多电视连续剧，因为以前没看过，没时间，但现在一隔离，就有一些空余的自由支配时间，我就发现这个自由时间不自由了，为什么？只要我开始看了一个电视剧，我就停不下来，上一次看《琅琊榜》，三天三夜基本上都在看，终于把它看完了。这说明了什么？说明追剧，可以追出澎湃的福流！

爱情生活也可以产生福流，两个人谈情说爱，煲电话粥，一聊就是几个小时，为什么？进入到福流状态。社交活动、朋友聚会、聊天、谈心，都可以产生福流。学习也可以产生福流，一本好看的书，你舍不得放下，手不释卷。一项有意义的工作，你停不下来，这些都是福流满满。

饮食、美容也可以产生福流。好吃的东西，吃撑了你都停不下来。有些人美容、化妆，在楼上一搞就是一个小时，因为产生了福流体验。

那么很少产生福流的是做什么事情呢？杂事，东一榔头西一锤头，杂乱无章，很难产生福流。比如看电视，不停地跳台、换台，或者一心多用，一边看电视，一边看手机，一边看报纸，一边聊天，一边吃饭，这些很难产生福流。所以，人做事情一定要有一个闭环，也即沉浸其中，来龙去脉都要体验，有头有尾，有始有终，容易产生福流，闲逛、无聊很难产生福流，这就是我们讲如何产生积极心态、这样的福流体验，显然是很重要的。

最后，如何产生幸福积极的体验？我现在发现慧眼禅心的修行很重要。也即我们不能简单地只是用肉眼去看，一定要用心再去看一遍，不然你是看不见的。

为什么这么说？1981 年哈佛大学的两位教授，一位叫胡伯（David H. Hubel），一位叫怀斯（Torsten Wiesel），获过诺贝尔生理学奖。为什么得奖？因为他们一辈子的研究发现一个简单的道理：视觉不仅仅是眼睛的事情，其实也是大脑的事情。换句话说，不只是有肉眼的作用，还有"心眼"的作用。我们中国人讲心眼，心眼在什么地方？就在我们的大脑前额叶的视觉皮层，所以很多时候我们只是用肉眼看，其实等于没看见。如何才能做到这点？这就得学习我们中国文化里提倡的"又见"，即"观"，肉眼看了一遍，心眼再看一眼。比如请大家看这个图，你看到什么了？

很多朋友此时此刻看到的可能只是一片混沌，杂乱无序，看不出什么名堂出来。当我就告诉你这里面有个人，这张图似乎就有了意义。这个意义感是怎么来的？来自于你的大脑前额叶，帮你产生了意义。有了这个意义之后，你再去看这个图，这时就不是杂乱无章和混沌无序了，而是明明白白、清清楚楚。这也是我们对世界的认识。

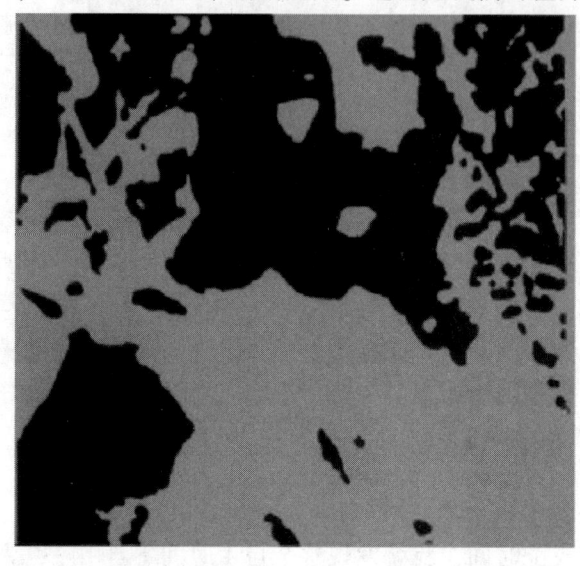

怎么去做？给大家一个特别简单的练习。晚上回家用心找一找，有没有被你忽视的事情，能不能看到一些新的事物。除了用眼睛去看以外，再用你的心去看，所谓"一花一世界、一树一菩提、一沙一净土、一念一境界"。用心去发现，用心去欣赏身边的一些虽然很小，但是美好的、善良的、真实的、有意义的事情，从身边开始，从小事情开始。

我们知道苏东坡一生非常坎坷，他曾经被贬过三次，一贬黄州，再贬惠州，最后贬到儋州，也就是海南岛。在这样的人生过程中，苏东坡始终保持一种积极的心态，也是他的心理韧性的一种完美体现：

莫听穿林打叶声，何妨吟啸且徐行，

竹杖芒鞋轻胜马，谁怕？一蓑烟雨任平生。

料峭春风吹酒醒，微冷，山头斜照却相迎。

回首向来萧瑟处，归去，也无风雨也无晴。

——宋·苏轼《定风波·莫听穿林打叶声》

莫说风风雨雨的干扰，何妨高歌前行，轻装上阵没关系，只要我们有这种任意平生的豪情。开心的时候，得意扬扬，料峭春风让我们清醒；心情低落的时候，山头的斜照又开始欢迎，那么回首再看看人生的历程，我们想到的风风雨雨，其实就是付之一笑，也无风雨也无晴。

留学经历的心理获益与心理成本：文化心理学的视角

胡晓檬

(中国人民大学心理学系)

1 前言

随着全球化浪潮和中国经济的繁荣发展，中国出国留学人群规模也在快速增长。当下，中国已是全球第一大留学生输送国。根据教育部公布的出国留学数据，2018 年我国出国留学人数为 66.21 万人，同比增长 8.88%，2019 年还在继续增长，初步估计 2019 年留学人数在 71 万左右，2019 年海外留学生总人数约为 89 万人。美国国际教育协会 IIE (Institute of International Education) 发布的《2019 美国门户开放报告》显示，在 2018—2019 学年中，美国国际学生人数创历史新高，达到 1095299 人次，占美国高等教育总人口的 5.5%；而中国则连续第 10 年成为最大生源国，中国学生在全美国际学生数中占比高达 33.7%。

当前，有关留学生的心理学研究主要集中在留学生的文化适应问题，比如留学生在异国他乡的心理适应情况如何、主要有哪些文化适应压力源、哪些个体及社会因素导致或者加重文化适应压力、哪些方法及手段可以缓解文化适应压力（Wang and Mallinckrodt, 2006; Lee and Ciftci, 2014; Kashima and Loh, 2006; Billedo et al., 2020; Zhang and Goodson, 2011）。留学生的心理健康状况也是许多学者关注的问题（王扬、滕玥、彭凯平、胡晓檬，2022），也有一定数量的研究考察留学生心理干预治疗的有效性（Choy and Alon, 2018; Khosravi et al., 2018; Elemo and Türküm, 2019; Zhuang et al., 2019; Xu et al., 2020）。此外，留学经历带来个体的心理重塑与行为改变也在日益成为学者关注的议题。随着留学热潮的兴起和持续，已有不少学者对留学经历带来的好处及其可能的负面心理效应进行了探究（Yang et al., 2011; Smith and Khawaja, 2011; Lee et al., 2012; Mapp, 2013）。当然，留学生的海外生活自然以学习学业为主，有关留学生对海外教学的满意度，其自身的学习效果、学习模式及学业压力管理方面，也有一定的研究关注（Ding, 2016; Sam, 2001）。最后，学者也研究了留学生选择出国学习的决策机制（María Cubillo et al., 2006; Jiani, 2016）。

本文尝试厘清留学经历所导致的心理获益和心理成本，同时根据现有的实证研究探讨这些效应的影响机制和边界条件，为本领域的学术理论、实践应用与政策制定提供新的洞见和启示。具体来说，在理论意义上，留学经历属于多元文化经历的一种形式（胡晓檬、喻丰、彭凯平，2018）。研究者指出，多元文化经历具有双刃剑效应（胡晓檬、韩雨芳、喻丰、彭凯平，2021；滕玥等，2024），当个体拥有丰富的多元文化经历之后，尤其是具有一定广度或深度的文化经历，个体既可以有诸多心理获益，比如认知灵活度增加，广义信任提升以及外群体偏见减少，提升创造力，提高成长性思维；但在一定的边界条件下，多元文化经历也可能导致文化认同威胁、文化适应不良以及不道德行为的增加等负面心理效应。留学经历是一种特殊的多元文化经历，其核心动机是为了获得更加优质的教育资源、开阔自己的视野、体验异国文化，因而离开了熟悉的母国环境（home culture），来到了陌生的异国他乡（host culture）。那么，留学经历究竟改变了个体原有哪些心理过程和行为模式？留学经历影响个体心理与行为背后的心理机制又是什么？这些问题亟须心理学家的关注和探究。另一方面，虽然留学经历对人们心理与行为的影响在一定程度上是普遍的规律，比如多元文化经历的增加、跨文化胜任力的提升和心理成本的增加等，但是不同国家和地区的留学生去到不同国家和地区留学的经历体验及其对个体带来的影响可能存在文化差异。Cao 等人（2016）对在 6 个欧洲国家的 463 名中国留学生进行了文化适应压力的调查研究，他们发现，在法国留学的中国学生比在英国留学的中国学生在语言方面和日常生活方面遇到了更多的限制与困难。由此可见，留学经历对个体心理和行为的影响可能会因留学时长、留学阶段、留学国家、个体特征等因素的差异而不同。在实践意义上，从文化心理学视角去认识和理解留学生海外学习之后心理与行为层面到底发生了哪些变化，有助于我们更好地了解这个群体的深层心路历程，帮助他们巩固留学带来的心理获益、减少回国后的反向文化震荡（廖思华 等，2021）、增加国内就业的匹配程度、重新适应祖国的社会文化环境等，从而为指导留学生回国后的学习和生活提供科学参考和政策建议（胡晓檬、彭凯平、陈晓华，2021）。

2 留学经历的心理获益

2.1 跨文化胜任力

研究发现，留学经历有助于个体提升跨文化敏感性、跨文化意识、跨文化胜任力以及文化智商的提升。Yang 等人（2011）探讨了留学经历对跨文化胜任力的影响作用，所谓跨文化胜任力，即指个体了解当地人的行为方式、信仰以及对所在国文化的社交技巧。他们采用定性和定量相结合的方法，即问卷调查和焦点访谈的方法，对在 20 个国家学习或从事海外实习或志愿工作的 214 名本科生的参加出国项目的目标、出国经历和出国项目给自身带来的收益进行了调查。结果发现，留学经历确实能够提高个体的跨文化胜任力。Nguyen 等人（2018）则针对留学经历对文化智商的作用进行了研究，文化智商是指能帮助个体在不同文化背景下适应良好的跨文化的知识、技能和意识。研究者采用混合设计方法，考察了短期留学项目对多元文化个体和单一文化个体文化智力的影响。通过对 79 名受试者的数据追踪，他们发现留学经历有助于单一文化的个体文化智商的提高，而对多元文化个体则没有这样的效果。另外，Holtbrügge 和 Engelhard（2016）探究了跨越文化边界（cultural boundary spanning）（CBS）在个体动机与文化智力（CQ）关系中的中介作用，以自我决定理论（self-determination theory）为指导，研究者对来自 46 个国家 901 名大学生进行了调查。结果表明，跨越文化边界（CBS）对文化智力（CQ）的四个维度均有正向影响；结构方程模型进一步揭示了内在动机和高度自我决定的外在动机与跨越文化边界的行为（CBS）呈正相关，且这些动机对文化智力的影响是以跨越文化边界行为（CBS）为中介的。

Medina-López-Portillo（2004）采用定性和定量方法相结合的案例研究方法，对分别参加在墨西哥塔斯科举办的为期 7 周的暑期项目（18 名学生）的留学语言项目和在墨西哥城举办的为期 16 周的学期项目（10 名学生）的留学语言项目的两组学生的跨文化敏感性进行了前后时间点对比与组间对比。结果发现，两组的跨文化敏感性和对目标文化的认知发生了不同程度和不同方向的变化，两组学生在出国留学后的跨文化敏感性都有提高。其中，参加较长项目的大多数学生的跨文化能力都达到了更高阶段。Kitsantas 和 Meyers（2001）则探讨了留学经历对学生跨文化意识的影响，采用跨文化适应性量表

(CCAI),研究者分别对参与留学项目和国内课程的两组学生在项目前后的跨文化意识进行了测量,并进行了横向与纵向的对比。结果发现,在国外学习的学生在情绪弹性、灵活性和开放性、知觉敏锐性和个人自主性的所有 CCAI 子量表上的得分都高于在国内学习的对照组参与者;对于出国留学的学生,其完成留学课程后的文化适应量表得分要显著高于起始的得分,说明留学项目有助于提升个体的跨文化适应能力。Mapp(2013)采用前后测设计,定量评估短期留学项目对本科生跨文化适应能力的影响。研究者同样采用跨文化适应性量表(CCAI)作为前后测量的工具。研究发现,短期游学后所有子量表和总分都有显著变化,因此支持了短期留学项目可以提升跨文化适应力这一观点,其中,变化最大的是个体的情绪弹性。有趣的是,游学时间的长短差异、游学目的地是否是以英语为母语的国家以及学生之前是否有过国外经历并不会影响研究结果。

以上这些发现表明个体的跨文化敏感性、跨文化适应力以及跨文化胜任力都会随着留学时间的增加或者对异国文化接触的加深而逐渐提升,且该心理效应对于来自不同文化背景、前赴不同国家或地区留学的学生都有一定作用,可见这一心理机制是更加普遍的。但是,跨文化胜任力是一个复合多维的概念,究竟哪些因素在其中起到了中介或者调节的作用,比如人们对于多元文化接触的不同应对策略——多元文化习得和文化遗产保护(Chen, et al., 2016)是否影响不同个体跨文化胜任力的获得和提升,这些内在机制和边界条件的探讨尚未缺乏,因此未来研究应当挖掘隐藏在背后的心理机制。

2.2 人格开放性

另外一些研究发现,留学经历会对个体的人格发展产生影响。Zimmermann 和 Neyer(2013)采用前瞻性对照组设计(prospective control group design),对短期留学旅居(一个学期)、长期留学旅居(一个学年)和控制组三组大学生的人格变化进行了追踪。结果显示,无论是长期留学还是短期留学,都有助于留学生开放性和宜人性的增加,同时也有助于个体神经质倾向的降低。此外,研究发现,留学生在海外建立起的跨国社会支持很大程度上解释了留学生人格开放性的增加和神经质的降低。对于人格开放性的增加,根据文化学习框架的假设,跨文化关系经历可为国际学生提供文化差异的第一手经验,从而促成其行为上的改变;这样,文化学习框架与社会基因组学模型(Sociogenomic Model)相对应,即这种社会关系经历导致了具体的行为变化,进而自下而上地促进了个体特质上的变化,即开放性的增加。对于神经质的降低,早期研究表明成功地处理文化适应压力可能会导致特质焦虑的下降,而多项研究也表明处理多元文化的社会接触是国际旅居的一大挑战。由此,在当地建立良好的社会关系,与当地社会成功融合被认为是克服文化适应挑战的一个重要步骤,进而可以减少个体压力和焦虑,最终转化为个体人格神经质的降低。

但是也有学者发现,留学经历不一定必然带来开放性倾向的增加。Ying(2002)以 97 名在美留学的中国台湾地区青年为研究对象,通过问卷调查的方式,对其赴美前、来美一年和来美两年后的人格变化进行了追踪。研究发现,个体的内在度(degree of internality)和自我实现程度(self-actualization)都会提高。此外,被试总体没有表现出对规范偏好的减少,但是留学经历与性别存在交互作用,即留学经历使得女性的社会规范偏好有所降低,而男性的社会规范则没有变化。总的来说,女性似乎是适应了美国文化,而男性仍然固守之前的社会规范。Niehoff 等人(2017)通过重复测量的方式探究留学旅居和留学生大五人格变化的关系。他们使用德文版的大五人格量表(Lang et al., 2001),对出国留学和未出国留学的两组学生进行了追踪调查,发现留学经历有助于外倾性和宜人性的增加及神经质的降低，而对开放性倾向没有影响。同时，研究者发现初始的尽责性水平和出国留学存在交互效应，即初始分数低的学生留学后尽责性水平会提高，而初始水平高的个体在出国留学后尽责性会下降，而出国留学个体返回后的尽责性平均水平接近 Lang 等人（2001）报告的标准样本的尽责性水平，这些结果说明留学经历会影响个体的尽责性，使个体的尽责性水平趋中。另有 An 等人（2015）通过问卷调查对中国一所大学中的留学生的适应情况进行了研究，研究发现随着时间的推移，这些留学生的开放性和社会灵活性（social flexibility）并没有发生显著的变化。以上的研究结果显示，留学经历对个体人格发展的影响是存在的，追踪数据对于因果关系的推论具有一定的说服力，但是留学经历也并不一定导致人格维度的显著变化，如上文所述，赴美的中国台湾地区留学生的开放性倾向就并未增加，来中国大陆留学生的开放性也并未随着留学时长的增加而有所提升。这些不一致的研究发现说明留学经历对人格的影响可能存在一定的边界条件，比如性别、基线水平、个体的文化背景、文化适应情况、社会交往情况等等。未来研究尚需更加精细地设计和测量，建立解释力更强的理论框架，更为严谨地考察留学经历与人格变化之间的关系。

2.3 自我效能感

学者同时发现，留学经历能够提升个体的自我效能感。Mapp（2013）采用混合设计方法，考察了短期留学项目对多元文化个体和单一文化个体自我效能感的影响。通过对 79 名受试者的数据追踪，发现留学经历有助于单一文化的个体总体自我效能感的提高，而对多元文化个体则没有这样的效果。Petersdotter 等人（2017）对一所大学出国留学一个学期和在国内学习的两组学生进行了自我效能感的重复测量研究，两个测量时间点之间大约有 6 个月的时间间隔。结果发现，出国留学是学生第二次测量的自我效能的重要预测因素。该结论在排除了出国留学和不出国留学学生的人格差异之后仍然成立。以上两个研究均是以国外学生作为被试，尚无以中国留学生为被试探究留学经历对其自我效能感的作用，但是我们认为留学经历对自我效能感的提升应当是较为普遍的心理机制，但也可能会受到个体的文化适应、基线水平等因素的调节，未来研究可以中国留学生为研究对象，通过实证研究论证这一关系是否成立，同时探索可能的边界条件。

2.4 自我意识与文化认同重构

另外，也有研究发现，出国留学有助于个体自我意识的增强，促进个体对自身文化认同的重构。Yang 等人（2011）采用定性和定量相结合的方法，对在 20 个国家学习或从事海外实习或志愿工作的 214 名本科生参加出国项目前的目标、出国经历和出国项目给自身带来的获益进行了调查。结果发现，留学经历能够提高个人的自我意识和个体独立性。Gieser（2015）采用半结构式访谈等定性研究方法，对在南非留学的 9 名美国留学生的留学经历进行了研究，发现留学经历能够使得个体具有更强的自我意识，并能更好地认识和理解不同文化间的差异；同时该研究验证了出国留学是美国学生与自身美国身份认同的再认识这一观点，因为异国他乡的社会接触能让个体更为深入地理解和重新思考自身的社会身份。Maeder-Qian（2017）则以德国大学 17 名中国学生为研究对象，进行了为期一年的三轮访谈。研究表明，尽管中国学生表现出不同程度的跨文化适应，但相较于对其他文化的认同，大多数被试都增强了对自身的核心文化认同——中国身份的认同感。这些研究发现揭示了当个体被暴露在异国文化的环境之下时，个体与异国文化元素或者异国文化成员的接触与互动不但对生活层面（比如衣食住行）产生了很大的影响，且对深层次的自我层面和文化认同层面也产生了实质而深刻的影响，且上述研究也初步反映了该心理机制作用的普遍性。异国文化可能导致个体的自我确证（self-affirmation）的需求增强，引发文化认同威胁（cultural identity threat），从而加强了原有的文化认同并且构建了新的认同体系。然而目前的研究手段过于单一，大多依赖问卷调查和质性访谈，因此我们需要更多的追踪数据和实验证据才能做出更强的推论。

3 留学经历的心理成本

3.1 焦虑、抑郁与生理症状

Smith 和 Khawaja（2011）在其对留学生的文化适应综述中指出，文化适应压力会对个体的心理和社会文化适应产生负面影响。文化适应压力的确切表现形式尚不清楚，但以往研究表明它可以通过多种方式表现出来。例如，处于文化适应压力的国际学生报告会出现身体不适，如睡眠和食欲障碍、疲劳、头痛、血压升高、胃肠道问题等；文化适应压力也会导致心理症状，如孤独、无助、绝望、悲伤、失落感、愤怒、失望和自卑感，严重情况下甚至会导致临床抑郁症。同时有研究表明，在亚洲与拉丁美洲的留学群体中，对自我跨文化能力的忧虑是预测个体心理焦虑的重要因素；自尊水平较低的个体会遭受更多文化适应压力带来的困扰。而针对中国留学生的研究也验证了这一现象，Han 等人（2013）对耶鲁大学 130 名中国留学生进行的匿名问卷调查发现，45%的学生报告有抑郁症状，29%的学生报告存在严重焦虑的症状。由此可见，因文化适应压力而导致的焦虑、抑郁与不良的生理症状是留学生出国在外较为普遍的现象，同时个体因素如自尊水平、焦虑特质、非适应性完美主义（Maladaptive Perfectionism）、文化背景、跨文化能力的自我效能感等因素也可能会对这些负面的心理后果产生调节效应，未来学者应当采用更为全面的实验设计对可能的调节作用加以分析。

3.2 社会支持减少和孤独感增加

Smith 和 Khawaja（2011）对国际学生文化适应的文献综述中指出，社会支持减少也是国际学生心理成本的重要组成部分。研究表明，依恋风格、特质焦虑和外向性等人格变量会影响国际学生结交朋友的能力，进而影响社会文化和心理适应。此外，东道国的文化规范、语言障碍和友谊性质也可能阻碍留学生建立友谊关系，搭建社会支持网络，从而增加他们自身的孤独感。其中，亚洲留学生在与当地人结交朋友时的困难更大。亚洲文化是典型的集体主义文化，而西方文化更加强调个人主义、果敢（assertiveness）和自主（autonomy）而非相互间的依赖与关系，因此亚洲留学生在与本地学生互动和尝试建立友谊时可能会遇到更多困难。

同时，Yan 和 Berliner（2010）通过访谈和调查，发现由于中美文化的差异，赴美的中国留学生很难与当地美国同龄人结交建立友谊，这种出国之后社会支持网络的减少会导致留学生的焦虑感与挫折感。Pedersen 等人（2011）在一项关于国际学生安全感的研究中，通过对居住在澳大利亚的国际学生进行了 200 次密集访谈，研究发现，三分之二的留学生都遇到过孤独或被孤立的问题，尤其是在最初的几个月里。作者指出，国际学生的孤独感既来源于因远离家人的个人孤独，也来自于因失去人际网络的社交孤独，同时还来源于因所在地区缺乏所喜欢的文化、语言环境而产生的文化孤独感。Ding（2016）则以 2013 年的问卷调查和深度访谈为基础，以上海为例，考察在上海高校的来华留学生在中国的生活经历后发现，来华留学生对中国学校的教学方式不甚习惯与满意，其中社会支持服务不到位是留学生不满的一大因素。

综上所述，出国留学后社会支持减少、孤独感增加是留学生普遍遇到的问题，但这一心理成本又会受到依恋风格、特质焦虑和外向性等人格变量、个体的文化背景、东道国的文化特征等因素的调节影响，比如已有研究指出该问题对于来自集体主义文化去到个体主义文化留学的国际学生较为严重，集体主义文化下成长的个体更希望建立相互依赖的关系，而这与强调独立自主的个体主义文化下个体的观念有所冲突，从而来自集体主义文化的留学生可能会受到更多文化冲击，并在建立社会支持网络上会遭遇挫折和困难。这方面的研究也对中国留学生群体具有实践意义，因绝大多数中国留学生都是从集体主义文化到个体主义文化留学，未来研究可进一步探究对于从集体主义文化到个体主义文化留学和从个体主义文化到集体主义文化留学的个体，他们所承受的社会支持减少、孤独感增加等这些心理成本是否有所差异；并可进一步探究海外中国留学生社会支持减少、孤独感增加背后的作用机制以及相应的心理干预措施。

3.3 感知到的社会歧视

海外留学生遭受社会歧视也是心理成本的要素之一。Smith 和 Khawaja（2011）的文献综述指出，与国内学生或欧洲留学生相比，来自亚洲、非洲和拉丁美洲的留学生通常会报告遭受明显的社会歧视，这些歧视从轻到重包括对自身民族身份的自卑感（feeling of inferiority）、直接的言语侮辱、求职时的歧视以及被人身攻击（向其扔掷物品）。无论是隐蔽抑或是公开的歧视行为都会对留学生的文化适应产生负面影响，并可能会影响心理健康，加重抑郁情绪，使个体有更高程度的乡愁。Poyrazli 和 Lopez（2007）通过调查来自同一所大学两个校区的 439 名大学生（198 名国际学生和 241 名美国学生）在感知歧视上的群体差异，证明了留学生受到的歧视水平明显高于美国本地学生。由此可见，感知到的社会歧视是留学生出国留学不可忽视的心理成本，且由于种族歧视等普遍存在的社会因素，该问题主要发生在来自亚洲、非洲和拉丁美洲的留学生身上。

3.4 文化适应压力

文化适应压力是留学生普遍遇到的困难，文化价值观等方面的差异会给到了全新环境的留学生带来文化冲击与适应压力。Wen 等人（2018）通过留学生普查和留学生体验与满意度调查的数据发现，来华国际学生面临的主要挑战是难以适应中国的社会文化。留学生在对中国的"文化和价值观适应"上遇到了很大的问题，其次是对生活环境的适应。他们发现，来华留学生在中国会遇到问题包括语言交流障碍、饮食住宿不适应、处于较为隔离的留学生公寓而缺乏对中国社会的有效了解途径等文化适应困难。因此，心理学研究应当明确揭示这些困难和挑战，从而提出行之有效的干预策略和管理建议，提升留学生的文化适应能力，改善现有的管理模式，为留学生提供更为友好的留学条件。

3.5 反向文化震荡

有学者指出，个体在经历较长时间的海外生活回国后会经历不同程度的反向文化震荡（reversed cultural shock）。Kranz 和 Goedderz（2020）通过对 510 名 16~29 岁在国外待了 6~60 个月且主要目的是接受教育的被试进行了研究。根据埃里克森的认同模型，个体有承诺、深度探索和重新审视承诺这三种不同的母国文化认同构建（home-culture related identity formation）过程。通过数据分析，研究发现，回国问题的严重性（reentry problems）（反向文化震荡）与对祖国文化的承诺呈负相关，而与深度探索呈正相关，与重新审视承诺更是呈显著正相关。而这种模式在以个体为中心的分析上也得到了证实，处于暂停（moratorium status）状态（即对本国文化低承诺、高探索、高审视）的个体报告了更多回国适应问题（反向文化震荡），而处于关闭（closure status）状态（与暂停状态相反的模式）的个体则报告的问题最少。由此可见，诚然个体在海外留学后会经历反向文化震荡，但回国问题的严重程度因人而异。但对于旅居者来说，形成多元文化认同虽是挑战也是机遇，正如该研究指出，重新审视对祖国文化的承诺虽然与回国后的跨文化再适应困难有关，但也与个体更为开放的体验有关，而这将有助于个体更好地适应多元文化。反向文化震荡的研究相对有限，上述研究仅是针对德国被试的研究，尚没有针对中国留学生的研究，反向文化震荡是否也存在于归国的中国留学生群体之中？又有哪些边界因素会调节这一关系？这是未来学者可以探讨的开放问题。

4 总结与展望

4.1 贡献与启示

首先，随着近年"留学热"的兴起，留学经历给个体带来何种心理和行为的变化愈发成为一个学者、家长和教育工作者广泛关注的话题；其次，留学经历是一把双刃剑，既有心理获益，也有心理成本，我们需要更好地认识和理解留学经历究竟会给留学生带来哪些正面效应与负面效应，而其背后的作用机制又是什么；再次，关于留学经历对心理与行为的影响的理论建构有限，我们需要更为精细地描述这些复杂多变的心理效应，同时凝练出具有解释力的理论模型；最后，基于丰富可靠的实证依据，我们需要将这些基础研究的学术成果更好地转化和应用于社会实践，比如海外留学生心理援助、回国适应、归国就业。

4.2 局限与未来方向

当前研究存在一些局限与不足。首先，研究大多探讨一些表层影响和组间差异，缺乏留学经历对个体深层心理变化的影响的相关研究；其次，有关留学经历的中介机制和调节作用的研究十分稀少，不利于学者建构相关的小理论，从而清楚地描述和解释留学经历的心理后果及其内在机制；再次，已有研究采用的是访谈观察等定性研究方法或者问卷调查等相关证据，缺乏整合不同的技术手段所提供的交叉验证，研究结果并不稳健，未来应当采用更多定量研究来验证或者拓展已有的研究结果；最后，未来研究应进一步挖掘研究成果的应用价值，即留学经历带给留学生心理与行为的影响是否可以运用于提升留学生的跨文化胜任力、就业竞争力、心理健康、幸福感，减少文化适应压力、焦虑抑郁情绪、偏见与歧视等，这些仍需研究者在后续研究中深化和拓展。

综上所述，未来研究应进一步揭示和描述留学经历给个体带来的心理和行为的影响及其背后的作用机制，从而帮助中外留学生减少留学经历对个体消极的心理冲击和高昂的心理成本，增加留学经历对个体的心理获益和诸多好处，对现实世界中留学相关的政策制定、留学生的心理疏导以及高等教育的国际化提供行之有效的科学指导与政策建议。

参考文献

[1] 滕玥, 张昊天, 赵偲琪, 彭凯平, 胡晓檬*. 多元文化经历提升人类对机器人的利他行为及心智知觉的中介作用 [J]. 心理学报, 2024.

[2] 王扬, 滕玥, 彭凯平, 胡晓檬*. 新冠疫情期间海外中国留学生心理健康的影响因素及其干预策略 [J]. 应用心理学, 2022.

[3] 胡晓檬*, 彭凯平, 陈晓华. 全球化悖论的文化心理学解读 [J]. 应用心理学, 2021.

[4] 廖思华, 丁凤仪, 徐迩嘉, 胡平, 胡晓檬*. 从"留学热"到"海归潮": 海归群体反向文化震荡的心理与行为效应 [J]. 应用心理学, 2021, 27 (3): 204-214.

[5] 胡晓檬, 韩雨芳, 喻丰*, 彭凯平. 多元文化经历的双刃剑效应: 心理后果与边界条件 [J]. 应用心理学, 2021.

[6] 胡晓檬, 喻丰, 彭凯平*. 文化如何影响道德? 文化间变异、文化内变异与多元文化的视角 [J]. 心理科学进展, 2018, 26 (11): 2081-2090.

[7] CAO C, ZHU C, MENG Q. An exploratory study of inter-relationships of acculturative stressors among chinese students from six european union (eu) countries [J]. International Journal of Intercultural Relations, 2016: 55, 8-19.

[8] CHEN S X, LAM B C, HUI B P, NG J C, MAK W W, GUAN Y, LAU V C. Conceptualizing psychological processes in response to globalization: Components, antecedents, and consequences of global orientations [J]. Journal of Personality and Social Psychology, 2016: 110 (2): 302.

[9] CHOY Y, ALON Z. The Comprehensive Mental Health Treatment of Chinese International Students: A Case Report [J]. Journal of College Student Psychotherapy, 2018, 33 (1): 47-66.

[10] DING X. Exploring the Experiences of International Students in China [J]. Journal of Studies in International Education, 2016: 20 (4): 319-338.

[11] ELEMO A S, T RKM A S. The effects of psychoeducational intervention on the adjustment, coping self-efficacy and psychological distress levels of international students in Turkey [J]. International Journal of Intercultural Relations, 2019: 70, 7-18.

[12] GIESER J D. A Sociocultural Investigation of Identity: How Students Navigate the Study Abroad Experience [J]. Journal of College Student Development, 2015, 56 (6): 637-643.

[13] HADIS B F. Why Are They Better Students When They Come Back Determinants of Academic Focusing Gains in the Study Abroad Experience [J]. Frontiers: The Interdisciplinary Journal of Study Abroad, 2005, 11 (1): 57-30.

[14] HAN X, HAN X, LUO Q, JACOBS S, JEAN-BAPTISTE M. Report of a mental health survey among Chinese international students at Yale University [J]. Journal of American College Health, 2013, 61 (1): 1-8.

[15] HOLTBR GGE D, ENGELHARD F. Study Abroad Programs: Individual Motivations, Cultural Intelligence, and the Mediating Role of Cultural Boundary Spanning [J]. Academy of Management Learning & Education, 2016, 15 (3): 435-455.

[16] JIANI M A. Why and how international students choose Mainland China as a higher education study abroad destination [J]. Higher Education, 2016, 74 (4): 563-579.

[17] KITSANTAS A, MEYERS J. Studying Abroad: Does It Enhance College Student Cross-Cultural Awareness Paper presented at the combined Annual Meeting of the San Diego State University and the U. S. Department of Education Centers for International Business Education and Research. San Diego, CA, March 28-31, 2001.

[18] KRANZ D, GOEDDERZ A. Coming home from a stay abroad: Associations between young people's reentry problems and their cultural identity formation [J]. International Journal of Intercultural Relations, 2020: 74, 115-126.

[19] LEE J Y, CIFTCI A. Asian international students' socio-cultural adaptation: Influence of multicultural personality, assertiveness, academic self-efficacy, and social support [J]. International Journal of Intercultural Relations, 2014: 38, 97-105.

[20] MAEDER-QIAN J. Intercultural experiences and cultural identity reconstruction of multilingual Chinese international students in Germany [J]. Journal of Multilingual and Multicultural Development, 2017, 39 (7): 576-589.

[21] MAPP S C. Effect of Short-Term Study Abroad Programs on Students' Cultural Adaptability [J]. Journal of Social Work Education, 2013, 48 (4): 727-737.

[22] MEDINA-LPEZ-PORTILLO A. College students' intercultural sensitivity development as a result of their studying abroad: A comparative description of two types of study abroad programs [D]. University of Maryland, Baltimore County.

[23] NGUYEN A-M D, JEFFERIES J, ROJAS B. Short term, big impact Changes in self-efficacy and cultural intelligence, and the adjustment of multicultural and monocultural students abroad [J]. International Journal of Intercultural Relations, 2018: 66, 119-129.

[24] NIEHOFF E, PETERSDOTTER L, FREUND P A. International sojourn experience and personality development: Selection and socialization effects of studying abroad and the Big Five [J]. Personality and Individual Differences, 2017: 112, 55-61.

[25] PEDERSEN E R, NEIGHBORS C, LARIMER M E, LEE C M. Measuring Sojourner Adjustment among American students studying abroad [J]. International Journal of Intercultural Relations 2011, 35 (6): 881-889.

[26] PETERSDOTTER L, NIEHOFF E, FREUND P A. International experience makes a difference: Effects of studying abroad on students' self-efficacy [J]. Personality and Individual Differences, 2017: 107, 174-178.

[27] POYRAZLI S, LOPEZ M D. An exploratory study of perceived discrimination and homesickness: a comparison of international students and American students [J]. The Journal of Psychology Interdisciplinary and Applied, 2007, 141 (3): 263-280.

[28] SAM D L. Satisfaction with life among international students: an exploratory study [J]. Social Indicators Research, 2001, 53 (3): 315-337.

[29] SMITH R A, KHAWAJA N G. A review of the acculturation experiences of international students [J]. International Journal of Intercultural Relations, 2011, 35 (6): 699-713.

[30] YAN K, BERLINER D C. Chinese international students in the United States: demographic trends, motivations, acculturation features and adjustment challenges [J]. Asia Pacific Education Review, 2010, 12 (2): 173-184.

[30] ZHANG J, GOODSON P. Acculturation and psychosocial adjustment of Chinese international students: Examining mediation and moderation effects [J]. International Journal of Intercultural Relations, 2011, 35 (5): 614-627.

[31] ZHUANG X Y, WONG D F K, NG T K, POON A. Effectiveness of Mental Health First Aid for Chinese-Speaking International Students in Melbourne [J]. Research on Social Work Practice, 2019, 30 (3): 275-287.

[32] ZIMMERMANN J, NEYER F J. Do we become a different person when hitting the road? Personality development of sojourners [J]. J Pers Soc Psychol, 2013, 105 (3): 515-530.

留学人员的文化适应与文化自信[①]

李同归

(北京大学心理与认知科学学院，北京 100871
行为与心理健康北京市重点实验室，北京 100871)

1 文化适应是留学价值的重要体现

改革开放40多年以来我国留学事业蓬勃发展。在新时代下，受到国际形势和国内发展态势的影响，特别是2020年暴发的新冠疫情带来的国际关系的变化，使得出国留学事业呈现出新的趋势，突出表现在留学价值出现分化的现象（李强、孙亚梅，2018）。

1.1 留学价值

所谓留学价值是指因出国接受教育而在专业知识、思维方式、人际交往、生活体验等方面取得的收获，尤其是相比于在国内接受教育而言，通过出国获得的比较优势（李强、孙亚梅，2018）。留学价值一方面来自学生在国外教育方式下对思维方式的训练和对知识的掌握；另一方面来自异文化生活环境带来的益处，如锻炼外语能力、开阔国际视野、增强交往和适应能力、丰富生活体验等。与之对应，留学价值可通过两个方面体现：一是海外文凭赋予的在就业薪资和发展前景上的优势；二是异文化环境中个人能力和综合素质的提升。就目前来看，留学生群体内部在两个方面都存在分化。

随着国内高等教育质量的高速发展，海外文凭在国内的就业市场已经不那么炙手可热，但异文化适应带来的综合素质的提升是不言而喻的，仍然是留学价值的重要体现。那些具有国际视野的留学人员是服务中国经济高质量发展的重要人才资源。而留学价值分化的现象，很大程度上正是来源于对异文化适应的差异上。

留学价值也是留学生们心理契约的重要体现。根据心理契约理论，个人与所在组织之间"除了正式的契约"，还存在着一些"隐形的、未公开化的、非正式的相互期望与承诺"（朱仙玲、姚国荣，2019）。任何人对于新环境的心理适应都要经历期待、调整、平衡三个阶段，在不同适应阶段，心理契约有不同的特点（李小聪，2008）。留学生的心理契约是在出国留学之前就形成的。在入学前，除了拥有入学通知书，即与所要留学的学校的"正式契约"之外，他们还从内心对即将开启的留学生活充满了憧憬和期待，渴望维护自身心理契约的平衡。而出国一段时间后，基于文化差异等多种因素的影响有可能导致其产生心理落差。心理平衡受到冲击并造成心理契约破裂，进入心理契约的调整过渡阶段。留学生的跨文化适应需要了解他们的期待是什么，分析其心理失衡的原因，需要调整和重构他们的心理契约，使其尽快进入平衡的心理契约阶段（单彬，2022）。这种心理契约重新调整和构建的能力，也正是留学生们留学价值的重要组成部分，是他们异文化适应的重要内容之一。

1.2 文化适应

文化适应作为留学生面临的首要挑战，也是能够顺利完成学业的基本保障（薛碧莹，

[①] 原文经修改后发表在《神州学人》杂志2022年第3期。

2023）。"文化适应"是指在群组层面上两个文化接触的时候出现的群组上的改变（Redfield, R., Linton, R., and Herskovits, M. J., 1936）。一个移民或者少数种族个体在试图适应主流文化和行为的准则时进行的个人价值观，信仰，行为和生活方式的改变。文化适应的过程要求个体在面对自己对家乡的文化中的信念，社会关系的承诺的同时，也要面对再适应所在环境，融入其社区群体的选择。

研究者提出了文化适应过程模型（Berry, J. W., Kim, U., Minde, T., and Mok D. 1987），认为影响文化适应有五个因素：社会环境、文化适应群组的类型、文化适应的类别、个体基本情况及社交情况、个体的心理特征。并进一步指出文化适应有两个维度：对自己家乡文化的态度（也就是个体坚持自己家乡文化的程度）和对主体文化的态度（包括自己的个人价值观、期望，以及主动与主体产生文化接触）。根据在这两个维度上得分的高低，研究者们提出了四种文化适应的类别（见图1）（孙淑女，2018）。个体认为保持家乡文化和与融入主体社会群体的关系同样重要，属于整合（integration）类型；只对自己家乡文化看重，不看重主体文化，是分离（separation）类型；看重融入主体社会群体关系而不保持自己家乡文化的个体，属于是融入（assimilation）类型；不看重自己家乡文化，也不看重融入主体社会群体的个体，属于边缘（marginalization）类型。

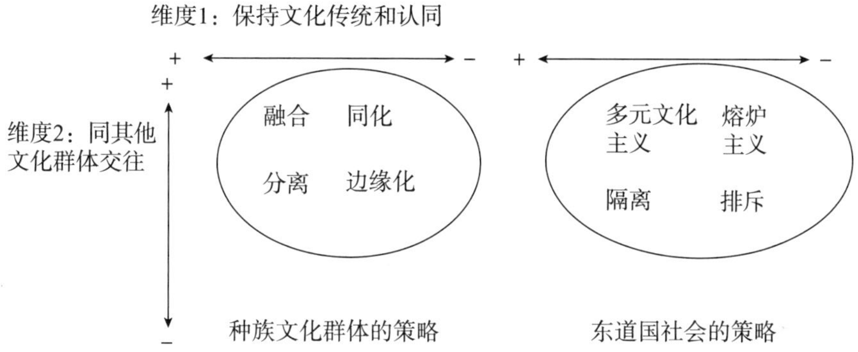

图 1　跨文化适应策略

不同的文化适应类型对不同的文化适应压力以及心理适应有不同的影响。边缘类型或者分离类型的留学生更容易感受到文化适应的压力以及心理适应问题，但整合类型的留学生报告了较少的压力，也能够更好地适应主体社会，从而能够获得更多的留学价值。

1.3　文化适应压力与心理健康

文化的底层是心理，其基本核心包括传统的（即由历史衍生及选择而得的）观念，特别是与群体紧密相关的价值观念（钟年、彭凯平，2005）。尽管大多数留学生适应周边物理环境不会有太多的困难，但可能遇到很多其他心理问题，比如社会融入困难、思乡之情、社会角色冲突、学业问题、抑郁、身体症状，以及在文化适应上的困难（Wang, C. C. D., Mallinckrodt, B. 2006; Rahman, O., and Rollock, D. 2004）。这种进入异国他乡并且进行文化适应后个体感知到的社会上和心理上的消极反应称为"文化适应压力"。譬如中国留学生受集体主义思想的影响，与加拿大等西方国家崇尚个体主义文化很不相同，这使得中国留学生在课堂上表现得安静并且尊敬，不会在课堂上表达观点或者提出问题。从社交的角度上看，中国留学生养成了谦卑、中庸，不直接表达以及挽回脸面的习惯（Ho, D. Y. F., 1989）。这使得中国学生和加拿大等西方国家同学交往时更易感到不易融入他们更直接的对话，不容易适应他们直接的情感表达等，类似这些场景都给中国留学生的人际交往以及社会支持系统的构建带来压力，从而导致心理健康问题的发生。

Kreienkamp等人提出心理文化适应的概念，认为它是一个复杂的过程，涉及个体在新的文化环境中的调整和适应。这一过程在不同文化背景下可能表现出多种不同的具体形式。心理文化适应的概念可以结构化为情感（如感觉宾至如归）、行为（如语言使用）、认知（如种族认同）和欲望（如独立愿望）。心理文化适应的表现是多维度和多层次的，受到个体特征、新旧文化差异、社会支持系统和个体所处的特定环境等多种因素的影响。因此，不同个体在不同文化背景下的适应过程和表现可能会有很大差异（Kreienkamp，J.，Bringmann，L. F.，Engler，R. F. et al.，2024）。

Zhang和Kong（2023）探讨了中国移民父母在美国经济弱势背景下的心理适应问题，特别是他们与青少年子女之间的文化适应差距（acculturation gap）对心理调整的影响。首次同时考察了中国移民父母的文化适应、他们青少年子女的文化适应，以及父母—青少年之间的文化适应差距对低收入背景下中国移民父母心理调整的影响。研究发现，与他们的青少年子女相比，中国移民父母在英语能力和美国文化吸收方面较低，但在中文能力和中国文化维护方面较高。这种差异在青少年子女中尤为明显，因为他们强烈渴望独立。研究还发现，父母的自尊与子女的英语能力呈正相关，父母的生活满意度与自己和子女的英语能力呈正相关，父母的抑郁程度与自己对美国文化的适应呈负相关。此外，父母与青少年子女在英语能力上的差距较小与父母更高的自尊有关，而在中文能力上的差距较小与父母更高的生活满意度有关。他们强调个体层面的文化适应和家庭层面的文化适应差距对低收入背景下中国移民父母心理调整的重要性。

多伦多大学"春节发冥币红包"事件无疑会对中国留学生带来心理上的压力，校方的对中国文化的误解，会导致他们认为不被校方尊重，从而产生心理上的消极反应。而消解这种心理压力的方式，最重要的就是要坚定文化自信。

2 文化自信是植根于留学生骨子里的精神动力

文化自信体现着文化主体对自身文化价值的自觉坚守和坚定信仰。它是创建我们中华民族的共同的精神家园，也是让我们每个人都有与时俱进的信念和心态，是在文化市场的竞争中产生出来的积极价值观念和行为规范，中国古代文化中的积极元素，如仁、义、礼、智、信、孝、勇、廉等，都可以是很好的精神和行为价值观念（彭凯平，2010）。

2.1 中华民族传统文化的"同心结"及文化认同

中华民族传统文化在历史的长期发展中拥有一个"同心结"，即传统文化伦理价值观。这成为所有留学生建立起稳定性、持续性和传承性文化认同的基石，也是中华民族的精神支柱，具有独特的中国印记，世代相承，在中华儿女的心中占据重要地位（张梅艳，2022）。它在构建文化自信中起奠基性作用，无论我们身处何处，对传统文化的认同和继承，是我们从内心深处建立起文化自信和文化认同的关键，也使得留学生的文化自信具有持续性和不可动摇性，能够从根本上克服文化自卑心理。

文化认同是指人们之间或个人与群体之间对共同文化的确认。共同的文化符号、文化理念、思维模式和行为规范都是文化认同的表现。研究者们进一步将文化认同细分为三个层面：认知、情感和行为意向（王文慧，2021）。在我国语境下，文化认同是指对中华民族的历史故事、民俗习惯、语言文字等传统文化的认知程度；情感层面上可理解为对祖国的归属感和对中华文化的喜好程度；行为意向层面上的文化认同指按照中华传统文化的理念、规范展开行动的意向，以及在日常生活中与其他国人保持一致的意向。

在多伦多大学"春节发冥币红包"事件中，可以看出中国留学生们有强烈的文化自信。他们在认知、情感和行为方面，都表现出了对中华传统文化的高度认同感。春节发红包是千百年来中国人的过年习俗，不仅仅是渲染节日气氛，更多的是体现出尊老爱幼的传统美德。但冥币只是在清明节祭祖时才会用到，用冥币作为红包，是暗示着一种诅咒含义。学生们发起抗议活动无疑也是从行为上表达他们的文化自信。

2.2 中华民族传统文化的"时间感应性"

中国传统文化的基因中，还有一种植根于心的乡愁文化，它有着明确的属于中国特色的属性因子。乡愁文化是一种怀旧情感和文化现象，具有独特的"时间感应性"，传统节日就是这一特性最好的体现，是乡愁文化一项重要组成部分，也是我们国家和民族的灵魂，早已深深融入民众的血脉中（胡海晓、王艳贞，2022）。从传统节日文化的角度去探寻文化自信的时间维度，为我们分析多伦多大学"春节发冥币红包"事件提供一个新的视角。

中国传统的节日文化，是中华传统文化的宝贵活态遗产，也是大众思想精神和情绪载体。在五千多年的历史长河中，记载了中国人的喜怒哀乐、悲欢离合、阴晴圆缺，蕴含着无数的精神食粮和文化宝藏。譬如春节的团聚，合家团圆，辞旧迎新；元宵的灯会，燃灯满城，天官赐福；清明的祭祀，踏青扫墓，万物复苏；端午的驱邪避疫，龙舟竞渡，艾香升平；中秋的团圆，花好月圆，千里婵娟……这些节日既是古代天人合一的哲学思想的体现，更是中华民族博大精深的人文精神，穿越几千年的时空与当下时代的互动，润物细无声般地浸润着每一位中华儿女的心灵。浓厚的亲情文化与民族特色带给每一位中国人享不尽的"乡愁"，道不尽的思绪。也是我们不同于其他国家与民族的中国特色标签。

文化自信具有一定的时间传承性，这种传承性具有明显的节日概念和时间维度，具有中国古老的节日文化特色，这种特色会随着时间的推移越来越明显。文化自信具有"家国情怀"的人文素养和"民族自强"的激励人心的力量。如果把文化自信比作是一幅水墨山水画卷，远景是华夏一派大好河山，中景是乡土故居的民俗风情，而画中的主体则是以个体为单位的每一位中华儿女。传统民俗风情贯穿着整个文化自信的画卷，以"乡愁"的画笔在这幅人文佳作上书写着浓墨重彩的一笔。多伦多大学的中国学生们，无疑把这种乡愁文化刻在了骨子里，成为他们抗议校方行动的强大推动力。

2.3 文化自信为"人类命运共同体"的构建提供文化基础

近年来在国家和政府的倡议下，传统节日在民间也受到更多的政策上的支持和民众心理上的重视，这也为树立文化自信的时间维度打下良好的基础。然而，对于身处海外的留学生们而言，文化自信的建立不仅要从内部确立起文化认同感，还需要在不断的文化交流融合中确立起文化认同感（张梅艳，2022）。尤其是在全球化背景下，中西文化交流中面临着难以绕过的深层暗礁，这就是不同文化价值观、社会制度和意识形态的矛盾和挑战，我们在保持传统文化的同时，应博采众长，不断增强不同文化间的同步互塑。另一方面，国际文化的交流也恰恰使得各个国家的自我认同与民族自尊得到加强。这是因为在国际交流中人们感知到与别国文化间的差异，使其更加确知自己，进而在内心深处更加认同自己的文化。可以说，各国在国际文化交流中确知了"自我"，进而也更加明晰了作为"他者"的文化与自我之间的差异。如此，文化之间的碰撞、冲突、融合不断激发文化之间的交流互鉴，达到了共赢发展、平等发展的目标，也同步促进完善了现代文化，为"人类命运共同体"的构建提供了文化基础。

文化的开放包容也是文化进步的内在要求，凸显文化发展的动态性。这种开放性和动态性最直接的现实表征，是通过文化交流互鉴来实现的。多伦多大学"春节发冥币红包"事件中，多伦多大学校方也表示将"加强校园教育工作，以增加对多元社群的理解"，果真如此，中国留学生们争取到了一次宣传中国传统文化，增加文化交流的绝佳机会。

3 文化适应与文化自信都是为了追求心理安全感

在跨文化适应理论中，有一批学者强调交际技能在跨文化适应过程中的核心作用。Ellingsworth（1988）认为，由不同文化成员参与的人际交流可视为跨文化适应过程的缩影，因此，交际双方的交际风格是跨文化适应的中心。研究者也提出以"陌生人"概念为切入点，将跨文化适应看作是陌生人对新文化环境的适应。跨文化适应的焦虑/不确定性管理理论认为，进入新文化环境的"陌生人"存在认知上的不确定、行为上的不知所措和情感上的焦虑，成功的跨文化适应需要对这种不确定性和焦虑进行有效的管理（Gudykunst，2005；孙淑女，2018）。陈向明（2004）对在美国学习的中国留学生的跨文化人际交往进行了深入研究，他通过访谈、观察和实物分析收集原始材料，提出了两个基本观点：跨文化交往的目的是重建个人的文化认同；文化对人们的"自我"和"人我"概念和人际交往中的行为具有导向性的影响。在研究中他考察了中国人对自我定义、自我形象、自尊和自我实现等观念的定义。同时，海外中国留学生在跨文化人际交往中的困难也被暴露出来，他们渴望建立亲密关系，需要更多的情感支持，因为他们具有一种与生俱来的思维方式和情感模式。但发展的结果却令他们失望，大多数参与研究的留学生都认为他们的自我价值以意想不到的方式受到考验，感到自己变得"无知""没用"甚至"愚蠢"（薛碧莹，2023）。

可以看出，留学生在留学阶段所遇到的环境转变，困难以及文化适应的过程，与心理学中依恋理论所提出的"陌生环境"（Ainsworth, M. S., Blehar, M., Waters, E., and Wall, S. 1978）有很大相似性。进入留学阶段，意味着个体的物理环境发生很大改变，同时也和自己的家人朋友有了物理上的分离。留学所在国的主体文化对留学生来说是十分新奇的，可以引发对这个新环境的好奇或者恐惧。

对文化和世界观的坚守以及对自尊追求，是人类的两个基本的恐惧管理机制，研究也发现亲密关系是自尊与世界观获得的最初且主要来源（刘亚楠、许燕、于生凯，2010）。依恋理论进一步提出亲密关系有三个核心功能：①寻求亲近；②反抗分离；③安全基地。当婴儿处在一个相对安全的环境下，会把照顾者作为一个重要的探索活动的基地。只有在照顾者身边的时候，才会表现出更多的探索行为，比如玩玩具，而这时其依恋系统处于不被激活，或者处于低激活状态。这种现象称为依恋的"安全基地现象"（Secure Base Phenomenon）。依恋行为是对某个特定的对象而言的，如果一个人在儿童需要保护和安慰时，给予支持，则他很容易成为依恋对象。当这个依恋对象是可以接触到，而且对婴儿的要求总是作出积极反应的时候，依恋行为可能仅仅是瞅一眼，或者时不时听一听，确认一下依恋对象的位置（李同归，2006）。

依恋系统的作用在于使个体与照顾者保持密切的接近，并提供安全感。探索系统则促使个体进入周围世界，去学习、了解环境，从而提高其生存能力。但探索活动本身对个体来说是危险且具挑战性的，因而，当个体害怕时，依恋系统就会被激活，促使个体从依恋对象那里寻求保护与支持；而当依恋对象被看作为可得到的、支持的，个体才会满怀信心地探索外部世界。依恋系统和探索行为系统是相互补充且密切交融的，即个体把照顾者当作一个安全基地，并从那里出发以探索外部世界（李同归、加藤和生，2006）。

这种"安全基地"现象同样也适用于成年人群体。研究者认为（Bowlby，J. 1988），到青春期后一直与父母保持安全依恋关系的，且一直得到父母的回应的个体发展出内化的安全感，这使得他们探索外部物理和社会环境的能力不断增强。因此，对于安全依恋的成年人来说，哪怕他们处于不熟悉的环境，不在自己的家人朋友身边，他们也能够唤起具有安慰作用的精神家园图像。然而对于不安全依恋的成年人来说，他们就没有在陌生社会环境中探索时的依恋情感支持。

从成人依恋理论的角度，安全依恋型的留学生，能够把这种安全感内化成一种心理表征模式，从而能够使他们在主体文化中更好地面对压力和困难，更加深入地探索新的社会环境，发展出新的社会关系，寻找新的社会支持来源，这些都增加了他们保持心理健康水平的可能性。与之相反的，具有较高依恋回避水平的中国留学生，拥有一个消极的探索模型时，更可能在面对文化适应困难的时候，不能积极主动寻求帮助，使得他们不容易在主体文化中发展出合适的人际交往关系；具有较高依恋焦虑的留学生，则更倾向于在独处的时候感到不安，在依恋对象不在的时候感到沮丧，在与依恋对象分离的过程中，他们也要面对在一个陌生的新环境里，自己一个人生活的困难，导致他们的心理健康水平可能会下降（Fraley，R. C. and Dugan，K. A.，2021）。而且，依恋焦虑与对母国文化的自恋有密切的正相关，依恋回避则与母国文化的认同有较强的正相关（Marchlewska，M. Górska P. et al.，2024）。而安全型依恋与更高的关系满意感和更健康的冲突管理方式有关（Paradis，G. and Maffini，C. S，2021）。

无论是文化适应还是文化自信，本质上对于留学生而言，都是要寻求心理上的这种安全感，即一个能够让自己感到舒适，同时又能激发起探索欲望的"安全基地"，是适应新的留学环境的重要心理机制。期待通过这次"春节发冥币红包事件"，多伦多大学能够真正给所有留学生们提供一个多文化融合的环境，让他们能够在这里专心学习和探索。

参考文献

[1] Ainsworth, M. S., Blehar, M., Waters, E., & Wall, S. (1978). Patterns of attachment. Hillsdale, NJ：Erlbaum.

[2] Berry, J. W., Kim, U., Minde, T., & Mok, D. (1987). Comparative studies of acculturative stress. International Migration Review, 21, 490-511.

[3] Bowlby, J. A secure base：Parent-child attachment and healthy human development. 1988. New York：Basic Books.

[4] Ellingsworth, H. W. A Theory of Adaptation in Intercultural Dyads, in Y. Y. Kim & W. B. Gudykunst (eds.), Theories in Intercultural Communication, Newbury Park：Sage Publications, Inc., 1988, 259-279.

[5] Fraley, R. C., & Dugan, K. A. (2021). The consistency of attachment security across time and relationships. In R. A. Thompson, J. A. Simpson, & L. J. Berlin (Eds.), Attachment：The fundamental questions (147-153). Guilford.

[6] Gudykunst, W. B. Anxiety /Uncertainty Management (AUM) Theory of Strangers' Intercultural Ad-

justment, in W. B. Gudykunst (ed.), Theorizing Intercultural Communication, Thousand Oaks: Sage Publications, Inc., 2005, 419-457.

[7] Ho, D. Y. F. (1989). Continuity and variation in Chinese patterns of socialization. Journal of Marriage and the Family, 51, 149-163.

[8] Kreienkamp, J., Bringmann, L. F., Engler, R. F., Peter de Jonge & Epstude K. The Migration Experience: A Conceptual Framework and Systematic Scoping Review of Psychological Acculturation. Personality and Social Psychology Review. 2024, 28 (1): 81-116.

[9] Marchlewska, M. Górska, P., Green, R., Szczepańska, D., Rogoza, M., Molenda, Z. & Michalski, P. From Individual Anxiety to Collective Narcissism? Adult Attachment Styles and Different Types of National Commitment. Personality and Social Psychology Bulletin, 2024, 50 (4): 495-515.

[10] Paradis, G. & Maffini, C. S. Navigating Intercultural Relational Dynamics: The Roles of Attachment and Cultural Values. Journal of multicultural counseling and development, 2021 (49): 199-213.

[11] Rahman, O., & Rollock, D. (2004). Acculturation competence and mental health among south Asian students in the United States. Journal of Multicultural Counseling and Development, 32, 130-142.

[12] Redfield, R., Linton, R., & Herskovits, M. J. (1936). Memorandum for the study of acculturation. American Anthropologist, 38, 149-152.

[13] Wang, C. C. D., Mallinckrodt, B. (2006). Acculturation, attachment, and psychosocial adjustment of Chinese/Taiwanese international students. Journal of Counseling Psychology, 53 (4), 422.

[14] Zhang, X., & Kong, P. A. Immigrant Chinese parents in New York Chinatowns: Acculturation gap and psychological adjustment. Asian American Journal of Psychology, 2023, 14 (2), 145-154.

[15] 陈向明. 旅居者和"外国人": 留美中国学生跨文化人际交往研究. 北京: 教育科学出版社, 2004.

[16] 胡海晓, 王艳贞. 基于乡愁文化的中国特色社会主义文化自信探究. 产业与科技论坛, 2022, 21 (3): 7-8.

[17] 李强, 孙亚梅. 对于中国大学生出国留学四个趋势的认识与思考. 北京行政学院学报, 2018, 5: 93-100.

[18] 李同归. 依恋理论中的几个热点问题概述. 北京大学学报（自然科学版）, 2006, 42 (1): 18-25.

[19] 李同归, 加藤和生. 成人依恋的测量: 亲密关系经历量表（ECR）中文版. 心理学报, 2006, 38 (3): 399-406.

[20] 李小聪. 运用心理契约缩短新生适应期——以刚入学大学生为例. 吉林省教育学院学报, 2008, 24 (11): 120.

[21] 刘亚楠, 许燕, 于生凯, 恐惧管理研究: 新热点、质疑与争论. 心理科学进展, 2010, 18: 97-105.

[22] 彭凯平. 大国心态: 中国社会经济转型期间社会心理问题及对策的心理学浅议. 经济界, 2010, 4: 21-23.

[23] 澎湃新闻: 春节给学生发"冥币红包", 多伦多大学道歉. https://baijiahao.baidu.com/s?id=1724154552591687958&wfr=spider&for=pc.

[24] 单彬. 基于心理契约理论的来华留学生跨文化适应问题研究. 湖北开放职业学院学报, 2022, 35 (21): 28-30.

[25] 孙淑女. 多学科视角下的跨文化适应理论研究. 浙江学刊, 2018 (1): 214-221.

[26] 王文慧. 疫情下中国留学生的文化认同研究——基于社交媒介使用的分析. 新闻研究导刊, 2021, 12 (9): 155-157.

[27] 薛碧莹. 留学生跨文化适应问题研究的综述. 文化创新比较研究, 2023, 15: 169-173.

[28] 张梅艳. 新时代坚定文化自信的路径选择. 唐都学刊, 2022, 38: 53-60.

[29] 钟年, 彭凯平. 文化心理学的兴起及其研究领域. 中南民族大学学报（人文社会科学版）, 2005, 25 (6): 12-16.

[30] 朱仙玲, 姚国荣. 心理契约：研究评述及展望. 广东石油化工学院学报, 2019, 29 (6): 88-92.

新全球化背景下中国留学生核心心理品质及其培养策略分析

宗　敏　夏翠翠

（外交学院心理素质教育与咨询中心　北京师范大学心理健康教育与咨询中心）

前言

当下，世界发展正经历百年未有之大变局，国际体系和国际秩序深刻调整，大国博弈加剧，社会发展的不确定性日益增加。进入21世纪以来，超越"西方中心主义"的传统全球化模式，秉承更加开放、平等、包容和共享的和平发展理念，推动国际社会更加可持续发展的新全球化趋势日益得到更多学者认可（熊光清，2021；张福贵，2020）。党的十八大以来，"人类命运共同体"理念已经被多次写入联合国决议，中国在新全球化的进程中越来越频繁地参与全球事务，在全球治理中发挥更大作用、作出更大贡献，对全球化人才的需求也大大加强。世界进入新全球化时代，一些曾经属于精英人士的外语、跨文化沟通、跨文化领导力等，已经成为普通人日常生活和工作必不可少的能力（葉珍玲，2019），对留学生来说更是如此。出国留学，跨境国际交流与文化活动能够丰富学生对多元文化的认知，是一种重要的提升全球胜任力的途径（储昭卫，2022）。最近几年，全球留学继续保持增长势头，中国依然是最大留学生源国，2021年中国在海外高等教育机构留学的学生为102.1万人，比第二名的印度多一倍（全球化智库，2023）。但是应对跨文化环境中的挑战对留学生来说是一项心理上的挑战，一项针对中国留学生的调查显示，约有60%的中国留学生在海外留学期间曾经历过心理健康困扰，其中包括焦虑、抑郁等症状（Chen，2021）。这些心理健康问题不仅影响着留学生的学业表现和个人生活，也给他们的跨文化交流带来了挑战。留学生需要具备一系列心理素质或心理品质，以更好地应对国外生活和学业上的挑战和压力。这些素质不仅有助于留学生克服文化差异和语言障碍，还能增强其与当地人群的交流和融合，提升留学生的整体生活质量和学习体验。但是在培养全球胜任力前提下讨论留学生的心理素质，针对中国留学生在海外学习前后需要培养哪些心理品质，结构和关系如何，目前研究较少。因此本研究聚焦新全球化背景下的中国留学生核心心理品质及其干预策略，对于培养留学生的全球胜任力，提高留学生的心理健康水平以及促进跨文化交流具有重要意义，本研究所讨论的一些针对性的心理健康教育和支持措施，也能为相关机构和教育管理部门制定相应的政策提供科学依据。

1　全球胜任力与留学生的心理品质

1988年，美国国际教育与交流委员会（CIEE）在《为全球胜任力而教：国际教育交流咨询委员会报告》中最早开始使用全球胜任力的概念，指出"为了使美国人具备全球胜任力，涉及数学、科学、教育、商业、技术、经济学和国际事务等领域的学生应出国学习，以学习与其他国家学术领域内不同的观点"（CIEE，1988）。随着经济全球化的深化，世界越来越需要具备全球胜任力的人才，全球胜任力更是逐渐被视为所有学生的个人必备素质。有学者认为全球胜任力包括跨文化沟通能力、文化敏感性、全球意识等多个方面，对留学生在跨文化环境中的表现和发展起着关键性作用（Zhang and Li, 2017）。培养留学生的全球胜任力有助于其在国际职场中取得成功（Brown and Lee, 2020）。然而在新全球化的背景下，培养全球胜任力不能简单地以西方为中心，必须综合考虑国际话语体系、价值取向、民族认同和未来发展。储昭卫认为新全球胜任力需要以推动构建人类命运共同体理念为目标，秉承包容合作、互利共赢、友好尊重的态度，能够与来自其他文化背景的人们就全球重要议题进行公开、适当和有效的交流互动，以及为全球发展贡献独特智慧和多元行动的能力（储昭卫，2022）。全球胜任力主要包括知识（全球化知识、对其他国家和区域的知识、有关文化的重要知识），价值观（开放性、灵活性、容忍文化差异等；共情能力和价值认同）和能力（外语沟通能力、跨文化沟通能力、跨文化礼仪和其他重要思维能力）三个层面的含义，其中价值观和能力部分与个人的心理素质密切相关。

心理素质实质上是一个由认知品质、个性品质和适应性构成的心理品质系统（张大均、王鑫强，2012），在我国文化环境中更多被用于个体处在某种问题情境时对个体表现的评价，指在某种问题情境中，一个具有合理自我效能感的正常人所表现出的认知分析能力与环境适应能力的综合（刘运全，2014），因此谈心理素质和心理品质需要考虑情境性的特点，不同时代所需的心理品质也有所区别。2023年4月，教育部等十七部门印发的《全面加强和改进新时代学生心理健康工作专项行动计划（2023—2025年）》指出，全面加强和改进新时代学生心理健康工作，要坚持预防为主，培育学生热爱生活、珍视生命、自尊自信、理性平和、乐观向上的积极心理品质（教育部 等，2023），需要培养学生更能适应环境或时代要求的积极心理品质。当前我国正进行深入参与全球化的历史新阶段，在新全球化以及培养全球胜任力人才的背景下，中国海外留学生该具备何种心理品质需要进一步探索。有研究发现自我调节能力、适应性、社交能力以及跨文化沟通能力等是留学生在国外生活中至关重要的心理品质（Brown and Lee, 2020; Wu, 2019），但是各项心理品质之间是何种关系，该如何培养还缺乏深入的探讨。

2 新全球化背景下中国留学生核心心理品质及其结构

随着全球化进程的不断深化，海外留学形势也在发生着新的变化，全球化智库（CCG）研究组编写的《中国留学发展报告蓝皮书（2023—2024）》指出未来中国留学发展将逐步进入平稳发展新阶段，传统留学目的地留学人数趋于稳定，新的留学目的地不断形成（全球化智库，2023），选择留学的家庭和学生都需要面临着新的决策挑战。留学生是否能够在不确定的环境下保持情绪的稳定，作出更适合新全球化思维的决定，坚持行动实现目标以及实现多元文化下的合作就显得尤为重要。此外，从心理发展阶段理论来看，青少年和大学生所面临的心理挑战是完成自我同一性，克服自我同一性混乱，形成稳定的自我认同。从心理发展任务上看，大学生要在心理上完成与家庭的分离个体化，脱离父母的影响，成为成人世界中的一个独立的个体，适应社会。多重发展任务叠加可能会增加学生的迷茫、波动和探索，而出国留学带来的环境变化，可能会给留学生带来更大的挑战。因此，探讨新全球化背景下的留学生核心心理品质框架，既需要考虑留学环境和国际形势变化的实际要求，也需要考虑学生的内在心理发展任务的需要。经历走访调研和文献综述，本研究从情绪、认知和行为三个层面提出以下六大留学生核心心理品质框架。

2.1 六大核心心理品质

2.1.1 幸福体验能力

积极心理学认为，幸福不仅仅是人的主观的心理体验，更是一种能力。它包括感受幸福（即获得积极的情绪体验），以及主动寻求幸福的能力（包括了解自己，投入生活，获得成就感和价值感等）（陈思，2016）。主观幸福感能够在大学生面对消极生活事件和压力时发挥重要的缓冲作用（刘芷含，2019），过往的积极情绪体验和幸福的时刻都能成为面对压力时的心理资本，成为抵御抑郁和焦虑的重要心理品质。面对留学形势的波动和变化，是否能够主动获取积极情绪，主动关注生活中的积极面，获得幸福体验能力代表着一个人获取积极情绪的程度，是留学核心心理品质的情境基础层。

2.1.2 逆境管理能力

逆境管理能力指能够管理自己的压力，面对压力能够解决问题、调节负面情绪，在逆境中能够复原、保持心理弹性的能力，代表着一个人能够应对消极情绪的程度。具备较强的抗压性和心理弹性是在国外适应留学生活所需的重要心理品质，通过管理压力所形成的心理弹性能够帮助个体预防应激压力对健康的消极影响，促进积极心理的发展，提高个体身心健康水平（王梦晗，2016）。

2.1.3 反思觉察能力

反思觉察能力是一种对自我的元认知能力，指个体理解自己，接纳自己，从反思中成长的心理品质，是对过去与现在的行为进行一种自然的思考过程，并引导未来行动的发展（吴继光，2008）。现代管理研究认为自我反思对于提升组织绩效和公务员素质都有着十分重要的意义（杨长福、张译文、曹倩，2015）。能够自我反思的个体可能比其他人具有更强的动机去寻求意义（Webster, Weststrate, Ferrari, Munroe and Pierce, 2017）。大学生本来就有认识自我的内在动力，学会正确的自我认识，用更为宽广的视野观察自我和当时的经历，更有利于形成自我概念的清晰性和连续性，推动个体走向更有目的、有价值的人生。反思觉察能力能够帮助个体在留学生活中保持理性，获得智慧。但是需要注意的是自我反省包含两种视角，一种是消极的自我沉浸视角，即让自己重置到情境中让问题重现，沉浸其中；另一种则是积极的自我抽离视角，即超越自我的状态从他者的视角审视自己（Kross and Ayduk, 2011）。只有自我抽离的视角才能帮助个体改善情绪，减少基本归因错误，形成客观的认知。

2.1.4 系统思维能力

系统思维能力指更全面地认识事物，关注事物背后的背景信息，多视角、动态、整体地看待问题，能够开展实际的调查研究，不断整合信息，以期产生"整体大于部分之和"的系统效应的能力。把握当前复杂的国际形势，需要具备系统思维，处理留学生活中的个别问题，也需要具备系统思维。留学生活中的问题不再拥有标准答案，面对不断出现的新问题，可以通过换位思考、尊重多元文化、寻求多方意见、逐步解决等方法得以解决。管理心理学的研究发现系统思维的关键特点"归因复杂性"是形成全球思维的关键组成部分，与跨文化领导力高度相关（Lakshman, Vo and Ramaswami, 2020），具备系统思维能力的个体将不再做单一的因果推论，依赖简单的线性解决方案，而是努力调动各方资源，相信相互影响的作用。具有系统思维是多角度解决问题的重要认知基础。

2.1.5 自我管理能力

自我管理能力指个体对自己的生活有目标，有规划，有热情，愿意在感兴趣的专业领域持续投入的能力。能够表现出坚毅的个性特点，能够抵御诱惑，减少拖延，有自控力。自我管理能力是一种行动力，能够帮助个体延迟满足和完成目标，获得更高的学业成就（张华玲、陈惠惠，2014）和心理健康水平（谭树华、郭永玉，2008）。具有更高自我管理能力，比如坚毅特质的人，更愿意视困难为挑战和成长的机会，能够表现出长时间坚持不懈的努力。很多优秀的留学生都具备高度的自律精神，面对各种跨文化学习中的难题，高水平完成学业。

2.1.6 人际合作能力

人际合作能力指个体能够看到别人的优势，愿意与他人合作，能够促进沟通、处理冲突的心理品质。在新全球化背景下，积极开展国际对话与合作是大势所趋，人文交流是国际关系的重要基石和润滑剂，正在成为世界和平稳定的新压舱石（全球化智库，2023），在国际局势紧张情况下发挥着更为重要的作用，而留学生在民间外交和人文交流方面具有独特优势，具备较好的人际合作能力。善于与人合作，有效管控冲突，是建立良好人际关系、获得心理健康的重要基础（马倩，2021），也是重要的核心心理品质。此外，对留学生来说，获得社会支持也是帮助自己尽快适应跨文化生活的关键（Smith and Wang, 2019）。

2.2 六大核心心理品质的关系框架

这六大核心心理品质分别从情绪基础、中间认知和实践行动三个层面呼应了新全球化背景的留学生活需求（见图1）。幸福体验能力和逆境管理能力分别强调积极情绪促进和消极情绪调节的能力，是核心心理品质的基础情绪成分。这两个能力将帮助留学生在面对国外的学习生活时更能保持积极情绪和调节负面情绪，对获得心理健康，参与全球

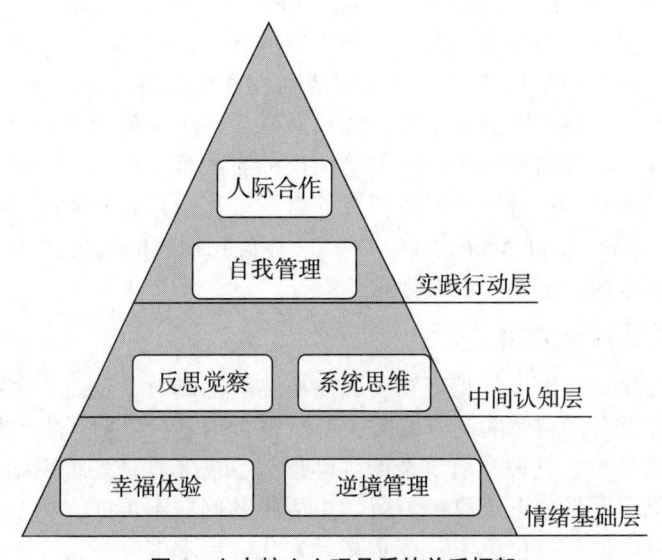

图1 六大核心心理品质的关系框架

治理，从事国际工作都起着基础性作用。反思觉察能力和系统思维能力是核心心理品质的认知成分，代表着个体的深度学习和深度思考能力，这两个能力将保障留学生具备解决复杂生活问题及自我完善的能力，为应对未来复杂的工作生活提供扎实的认知储备和思考动力。自我管理能力和人际合作能力则是核心心理品质中的实践行动部分，能够保障留学生自律地完成学习任务，与各种文化背景下的人们合作，构建良好的人际关系，是帮助大学生实现人生理想、获得幸福生活的关键因素，也是适应留学生活的核心技能和重要的胜任力。这六大核心心理品质所组成的心理品质群，同时关注了情绪、认知和行为三个层面，代表着新全球化背景下中国留学生的基本心理品质，为留学生核心心理品质培养提供了方向。

3 促进留学生核心心理品质的策略与建议

为不断完善和提高对出国留学人员服务工作水平，倡导"平安留学"理念，预防安全事件发生，保障在外学生学者权益，教育部留学服务中心自2009年起开始举办"平安留学"出国留学行前培训。从2013年5月起，由北京大学心理系牵头联合清华大学心理系开始在"平安留学"培训的工作中增加心理健康讲座，在全国范围组建了一支留学心理服务专家团队，开展了多项专业的留学心理健康支持工作，每年培训超过100场，发挥了普及留学心理健康的关键作用。但是以往的培养模式更多基于经验总结，并未结合当前新全球化的背景，且只通过单次的行前培训并不能深入培养留学生的核心心理品质，因此有必要进一步以培养留学生核心心理品质为目标，倡导留学心理服务覆盖留学生涯的全过程。

3.1 进一步加强留学心理培训的系统性

依托现有的教育部留学服务中心"平安留学"项目，结合六大核心心理品质开展覆盖全国的心理教育行前培训，并结合"平安留学"网络平台资源录制相关的心理微课，通过线上平台提供模块化的主题线上培训，帮助学生学习成长。在统一培训的基础上，建议各高校在国内教学过程中加强全球胜任力、多元文化交流，以及留学心理的训练课程，加强在地化的国际教育培训，促进学生加强主动培养自己留学心理品质的意识。

3.2 在留学中介机构中加入心理服务模块

目前的留学中介服务机构在中国学生赴海外留学过程中扮演着重要的角色，但是中介服务机构的主要功能是帮助学生和家庭选择国外高校，完成留学申请。有些机构在服务中会在对学生的面试辅导中加入情绪调节相关的培训，但并未深入。建议中介服务机构在留学服务中加入心理服务模块，加强对学生全球化的认知，提升留学情绪、认知和行为层面的核心心理品质方面的培训，全面提高学生的心理素质和全球胜任力。

3.3 建构留学期间心理支持服务平台

目前北大和清华心理系发起的"平安留学"心理培训项目，已经组成一支全国心理学专家团队，加上目前互联网视频交流技术的成熟，建议成立一个全国性的心理支持服务平台。学生通过平台学习相关的自助课程，并可以通过平台寻找匹配的具有多元文化背景的咨询师进行线上咨询，进行个性化的咨询服务，学习应对压力和挑战的有效方法，帮助留学生的综合发展和学业成功。通过平台建构线上学习和支持社群，设立留学生支持小组或心理健康俱乐部，提供情感支持和心理辅导，让留学生有归属感和安全感，为留学生提供交流的机会。

4 加强留学生心理品质培养和全球化思维培养的研究和交流

在当今新全球化的背景下，出国留学逐步进入平稳发展新阶段，留学人员回流趋势日渐明显等新变化，在新的形势下培养留学心理品质需要与留学情境变化相结合，这需要研究者继续加以探索和实践。此外还需要加强探索有效的具有跨文化背景的心理咨询方法，培养专业人员新全球化思维，加强督导工作，保障心理咨询和培训工作与时俱进。

参考文献

［1］BROWN J, LEE M. Assessing the work environment for global competence development among international students［J］. Journal of International Business Studies, 2020, 51 (4): 1154-1184.

［2］CHEN Y, et al. Mental health status of Chinese international students abroad［J］. Psychological Reports, 2021, 128 (1): 213-229.

［3］CIEE. Educating for Global Competence: The Report of the Advisory Council for International Educational Exchange［R/OL］. Council for International Educational Exchange, 1988.

［4］KROSS E, AYDUK O. Making meaning out of negative experiences by self-distancing［J］. Current Directions in Psychological Science, 2011, 20 (3): 187-191.

［5］LAKSHMAN C, VO L C, RAMASWAMI A. Measurement invariance and nomological validity of the Attributional Complexity Scale: Evidence from Estonia, France, India, United States, and Vietnam［J］. International Journal of Cross Cultural Management, 2020, 20 (1): 89-111.

［6］SMITH R, WANG L. Cross-cultural adjustment among international students: The role of social support and personality traits［J］. International Journal of Intercultural Relations, 2019, 72: 45-58.

［7］WEBSTER J D, WESTSTRATE N M, FERRARI M, MUNROE, M, PIERCE T W. Wisdom and meaning in emerging adulthood［J］. Emerging Adulthood, 2017, 6 (2): 118-136.

［8］WU H, et al. Psychological qualities needed for Chinese international students to adapt to foreign study life［J］. Psychology in the Schools, 2019, 56 (10): 1753-1766.

［9］ZHANG Y, LI Q. Global competence and its impact on the cross-cultural adaptation of international students［J］. Journal of Studies in International Education, 2017, 21 (3): 261-276.

［10］陈思. 大学生幸福观的现状及教育对策研究［D］. 南京：南京师范大学, 2016.

［11］储昭卫. 新全球化背景下研究型大学本科生全球胜任力培养模式研究［D］, 杭州：浙江大学, 2022.

［12］教育部等. 全面加强和改进新时代学生心理健康工作专项行动计划（2023—2025 年）［R/OL］. 教育部, 2023, http://m.moe.gov.cn/srcsite/A17/moe_943/moe_946/202305/t20230511_1059219.html.

［13］刘运全. 大学生心理素质研究现状与发展趋势研究［J］. 思想政治教育研究, 2014 (3): 130-133.

［14］刘芷含. 大学生就业压力与主观幸福感：双向中介效应［J］. 中国临床心理学杂志, 2019 (2): 378-382.

［15］马倩. 合作型外交话语的话语空间建构研究——以中国"和合"话语为例［D］. 北京：外国语大学, 2021.

［16］全球化智库. 中国留学发展报告蓝皮书（2023—2024）［R］. 全球化智库（CCG）, 2023.

［17］谭树华, 郭永玉. 大学生自我控制量表的修订［J］. 中国临床心理学杂志, 2008: 468-470.

［18］王梦晗. 大学生对所读学校转型的认同、心理弹性和学习适应的关系研究［D］. 重庆：西南大学, 2016.

［19］熊光清. 新型全球化的兴起及发展趋势［J］. 人民论坛, 2021, 4 (13): 36-39.

［20］杨长福, 张译文, 曹倩. 中国基层公务员自我反思诱因特征的探索性研究［J］. 重庆大学学

报（社会科学版），2015（5）：178-184.

[21] 叶珍玲. 国际教育的核心：提升全球素养的教学[J]. 教育研究月刊，2019，305（9）：4-19.

[22] 张大均，王鑫强. 心理健康与心理素质的关系：内涵结构分析[J]. 西南大学学报（社会科学版），2012（3）：69-74.

[23] 张福贵. 人类命运共同体意识与"新全球化"理念[J]. 学习与探索，2020（12）：1-7.

[24] 张华玲，陈惠惠. 大学生自我控制与学业成就相关性研究[J]. 合肥师范学院学报（2），2014：111-114.

非暴力沟通在中国留学生跨文化交流中的应用研究

胡　月　杨泽垠　张正武

（大连理工大学马克思主义学院，辽宁大连 116024

大连海事大学法学院，辽宁大连 116026）

1 前言

党的二十大报告指出："教育、科技、人才是全面建设社会主义现代化国家的基础性、战略性支撑。"中国现代化建设需要更多的国际化人才支撑，以推动国家经济、社会、科技、产业等各方面的发展，使中国与世界全方位接轨。《国际人才蓝皮书：中国留学发展报告》显示，中国是全球最大的留学生来源国，改革开放46年以来，中国大陆留学人员累计超过800万人，若加上港澳台地区的海外留学人员，中国的留学人员总数将超过1000万人（王辉耀等，2022）。

跨文化的沟通与交流在全球化背景下变得日益重要，同时也是留学生在日常学习和生活中最常遇见的问题，尤其是对于中国留学生而言（Xie，2022）。随着全球化的发展，中国留学生的数量持续增加。他们选择出国留学的原因各不相同，有的是为了追求更好的教育资源，有的是为了拓宽国际视野，有的是为了获得更广阔的发展机会。然而，与之相伴随的是在海外学习和生活中所面临的种种挑战，其中，跨文化的沟通与交流是留学生在海外学习和生活中最为常见的挑战之一。由于语言、文化等方面的差异，留学生往往会遇到与本地学生和其他国际学生之间的沟通障碍，同时，他们还可能面临自我提升方面的困境，如自信心不足、社交能力不强等（Zhu and Bresnahan，2021）。因此，探讨中国留学生的沟通问题并提出相应的提升策略具有重要意义。

作为社会的重要组成部分，留学生对不同文化的理解和沟通能力对其在全球化环境下的个人发展至关重要。然而，由于文化背景、语言等因素的不同，留学生往往在跨文化交流中会遇到各种问题，这也给他们带来许多困惑和压力（Camilla and Antonella，2021）。如何有效地提高中国留学生的跨文化交流能力，已经成为我国教育研究领域亟待解决的问题。非暴力沟通是一种专注于深层需要的沟通方式，它强调倾听和使用富含同情心的语言，有助于人们超越固定的思维模式，找到富有创造性的共赢策略，其理论阐述和实践方法为解决跨文化交流问题提供了新的视角和解决策略（Rosenberg，2021）。本文以非暴力沟通理论为基础，结合中国留学生的跨文化交流的特性和问题，深入探讨非暴力沟通在解决跨文化沟通与交流问题、提高跨文化沟通效率中的应用价值。此外，本文旨在通过对留学生跨文化交流的现状和案例的深度剖析，验证非暴力沟通在提升中国留学生的跨文化交流效果，降低文化冲突，增进文化理解等方面的作用。本文将有助于进一步理解和提高非暴力沟通在留学生跨文化沟通与交流中的作用，同时也对中国留学生的跨文化交流能力的提升，以及跨文化理解的促进有着深远的影响。

2 非暴力沟通的理论与实践

2.1 非暴力沟通的理论阐释

非暴力沟通（Nonviolent Communication，NVC）是由美国心理学家马歇尔·罗森堡在20世纪60年代提出的一种沟通模式。NVC 的理论基础在于，每个人都有一系列的基本需要和愿望，而发展出的语言和沟通方式往往会建立在这些需要和愿望之上。基于这样的观察，NVC 框架由四个关键部分构成：观察、感受、需要和请求。在 NVC 模型中，首先是观察，这个阶段的目标是理解对方的观点和需求，并尽量避免在此过程中出现评判或者偏见。其次是感受，需要对自己的情绪反应有高度的觉察并能够与之公正对话，这时候语言工具的使用能力非常重要。紧随其后的是需求阶段，这是 NVC 模型的关键，在这里，个体需要识别、认清并表达出自己的基本需要。最后一个阶段是请求，这个阶段要求个体明确表达自己的需求，并提出实际、可行的请求。然而，在实践中 NVC 并不是修复所有关系或解决所有冲突问题的通用解决方案。因为 NVC 的运用需要深化自我觉知，提高沟通技巧和情绪管理能力，这需要时间和恒心来学习和练习。而且，一些研究者指出，NVC 的实施可能会受到文化差异、语言障碍、权力不对等、性别不平等等因素的影响。尽管有以上困难，但 NVC 依然在全球范围内被广泛应用，帮助人们建立有效的沟通和良好的人际关系。具体来说，NVC 提供了一个结构化的框架，可以帮助我们更清楚地认识自己和他人的需要，帮助我们表达自己，同时对他人表示尊重和理解。通过在沟通中识别和表达我们的需求，我们可以寻求满足这些需求的策略，从而避免冲突和误解。总的来说，非暴力沟通是一套丰富的沟通理论，包括具体的四步沟通模式，以及对人的基本需求和人际关系的深入理解。虽然在实施过程中可能会碰到文化差异、语言障碍等问题，但仍然是一个很有价值的沟通方法。

2.2 非暴力沟通的实践方法

非暴力沟通的实践方法主要包括四个步骤，即观察、感受、需求、请求。首先，观察是指我们对事情的清晰、无评价的观察，它是非暴力沟通的出发点。观察应当精准到位，减少对事物的主观解读和偏见，使我们能够更清楚地理解事实并分析问题。其次是感受阶段，非暴力沟通要求我们表达内心的感受，而不是表达判断或评价。我们需要看到自己内心的情绪变化，而不是只看事实。我们应尝试去理解和接纳自身的情绪，而不是抵抗或者逃避。这样做可以帮助我们真实地面对自己，提升自我理解和接纳。接着是需求，非暴力沟通强调需求的实现是非暴力沟通行之有效的途径。需求不仅包括物质需求，更多的是情感和精神的需求。了解自己的需求并将其清晰地表达出来，可以帮助我们面对冲突和问题时建立起有效地解决问题的策略。最后是请求，非暴力沟通鼓励我们表达请求，而非提出命令。请求的方式应当尊重他人，允许他人有权力决定是否接受。尊重他人的权利，能够降低沟通的阻力，提高沟通的效率。值得注意的是，非暴力沟通的实践方法需要我们在日常生活中反复练习，虽然充满挑战，但从长远来看会显著提升沟通效率并降低沟通冲突。在具体的实际过程中，非暴力沟通并不是一种固定流程，它允许灵活使用，适应每个人和每个情况的独特性。不论是在家庭生活还是在学术研究、跨文化交际的环境中，非暴力沟通都可发挥积极的作用，显著提升沟通效率并降低沟通冲突，有助于我们建立良好的人际关系，更好地理解和解决问题（刘元玲，2018）。

3 中国留学生跨文化交流现状分析

3.1 中国留学生跨文化交流总体特征

中国留学生跨文化交流的总体特征有很多层面。首要的一点就是语言使用。由于语言是最直观同时也是最重要的交流工具，中国留学生在跨文化交流中，通常会面临语言理解和表达困难。这并不仅是因为语言本身的难度，还包括对于所在国家的语境、俚语、句式、习惯用法等了解不足的问题。其次，中国留学生的跨文化交流也显示出思维方式的差异。由于在成长过程中接受的教育和文化熏陶的不同，中国留学生的思维方式往往和他们留学所在国家的人存在差异。这种差异常常体现在对事物的理解、分析问题的角度、逻辑推理的方式等方面。再者，中国留学生在跨文化交流中，对于他国文化的了解程度也是一个重要特征。这包括他们对当地文化习俗、生活方式、价值观、行为规范的理解和接受程度等。对于多数中国留学生而言，初到国外，对当地的文化了解往往有限，甚至存在误解和偏见，这都可能成为他们跨文化交流的阻碍。此外，中国留学生的交流特征还体现在他们的移情能力，这体现在他们能否理解并感同身受对方的感受和观点，以及理解对方的文化背景、价值观等。换言之，他们能否在交流中保持开放的态度，接受并欣赏他人与自己不同的观点和看法。随着交流频次和深度、外语熟练度以及对当地文化理解程度的增强，中国留学生的跨文化交流能力逐步提升。但同时，他们也可能会遇到来自学习压力、生活适应、文化差异的种种困扰，如何有效地运用非暴力沟通的理论和方法对这些问题进行应对，显得尤为重要。

3.2 中国留学生跨文化交流存在的问题

跨文化交流是来自不同文化背景的个体或群体之间的信息交流，这种交流模式常常伴随着理解差异、观念冲突等困扰，并对交流效率和效果产生影响（胡晓檬 等，2021）。中国留学生，作为海外背景的学术追求者，面临的跨文化交流问题主要有以下几个方面：语言障碍、文化适应、学业压力、社交焦虑。

3.2.1 语言障碍

留学生在海外学习中往往面临着语言障碍（Kin，2019）。在国内时，觉得自己的英文水平比较高，但是出国之后却发现适应全英文的学习环境并没有那么容易。造成语言障碍的原因就是，学生在国内学习时，抱有很强的目的性，通过学习英语单词和语法达到考试的最高分，这种机械化的英语学习并不能满足国外正常的教学与交流需要。即使学生就读的国内本科学校是 985 工程高校，雅思考试分数也是 7 分以上的，但是他们也无法快速地跨越留学的语言障碍。他们起初上课时也十分吃力，因为考试的内容与上学所学的是不太一样的，无论是单词与专业词汇还是人们说话的方式与习惯都不太一样，大多数留学生也是经过 2~3 个月的适应期才开始慢慢习惯的。由于英语非母语，他们可能在听、说、读、写等方面存在不同程度的困难，导致沟通效果不佳，甚至产生误解和冲突（Wang，Wei and Chen，2015）。

3.2.2 文化适应

中国留学生在海外留学期间，面临着深刻的文化适应挑战，这些挑战涉及语言、饮食、宗教、礼仪、价值观等方方面面。具体地对海外文化进行适应，对中国留学生而言是至关重要的（Imamura and Zhang, 2014）。首先，语言是文化适应的核心环节。留学生需要花费大量时间学习本国语言，掌握日常交流所需的词汇和语法。针对性的语言培训，包括口语、听力、写作等方面的训练，对留学生的文化适应至关重要。其次，饮食习惯也是文化适应的重要组成部分。中国留学生需要逐渐适应当地的饮食文化，包括饭菜口味、饮食时间、餐桌礼仪等方面。针对留学生的不同口味和饮食习惯，提供当地美食介绍和饮食文化交流，有助于加快他们的文化适应进程。此外，在宗教、礼仪和价值观方面的文化差异也需要留学生认真地学习和适应。针对留学生的宗教和价值观知识普及和相关活动举办，有助于加强留学生对当地文化的理解和接受，从而更好地融入当地文化。在生活中，留学生需要适应不同的文化习惯、价值观念和社会规范，例如言谈举止、人际交往和节日习俗等。不同国家之间文化存在着诸多差异，如，价值观念、社会习俗、行为规范等，中国留学生可能因为不了解或不习惯当地文化而产生困惑和隔阂，导致与他人的沟通受阻（Meng, Li and Zhu, 2019）。

3.2.3 学业压力

对中国留学生来说，顺利完成学业并拿到学位，是他们对自己最基本的要求，也是家庭对他们的期望，而这往往也是他们的压力之源。美国 WholeRen 教育机构于 2023 年 5 月发布的《2023 留美中国学生现状白皮书——劝退学生群体状况分析》显示，学术表现差是 2023 年中国在美留学生被劝退的一大主因。海外院校的教育模式与国内存在较大差异，这是留学生学习初期产生不适感的主要原因。在陌生的授课环境中，不少留学生会出现无法领会课程内容、过于"沉默寡言"、课堂表现不佳等问题，久而久之，甚至会陷入挂科和被劝退的困境。很多留学生遇到最多的问题是课堂上听不懂老师在说什么，因为国外是全英文讲授，也不会因为一个人或几个人听不懂，重复讲解知识内容。此时，留学生们的信心都会大打折扣，甚至产生自我怀疑，怀疑自己是否不够努力，甚至怀疑自己是不是就是天生的学习能力就落后于别人。在学术交流方面，中国留学生可能面临着与导师、同学等如何进行有效沟通的难题。不同的学术文化和交流方式可能导致误解和沟通不畅，影响了研究和学术成果的达成（Song, Zhao and Zhu, 2021）。

3.2.4 社交焦虑

身处异乡的留学生面临着适应和调整社交方式的问题。周遭环境的改变，使留学生要从行为、生活方式甚至是价值观等方面作出全面的调整，在这个过程中难免遇到一些挑战。根据对中国学生留学问题的调查，社交问题占了全部问题的 38.26%，排名第一，超过学业、饮食习惯和交通问题所占比例。留学生独自到国外读书，许多事情都要依靠自己。初到国外，一时难以适应陌生的环境，容易产生孤独和失落感（Poyrazli and Lopez, 2007）。在国外，留学生身边没有深交的朋友，加上陌生的语言环境和文化环境，一时难以进入别人的社交圈，容易产生自卑感和被边缘化的感觉。社交恐惧比较严重的人，既渴望得到别人的关注和认可，又害怕别人关注自己，因此形成了心理冲突。严重的话还会出现一定程度的幻听，过度关注自己的缺点和不足，仿佛听到或看到有人在议论和嘲笑自己，而深感痛苦。在陌生的文化环境中，中国留学生可能会面临社交困扰，缺乏自信心，不敢与当地人交流，导致孤立和自我封闭，影响了他们的学习和生活质量。此外，中国学生在社交模式上通常比较保守，羞于表达自己的观点和看法，这种习惯在一定程度上限制了他们社交和建立友谊关系的能力。

4 非暴力沟通在中国留学生跨文化交流中的应用

4.1 非暴力沟通在解决跨文化交流障碍中的价值

跨文化交流障碍是留学生面临的一大问题，这时，非暴力沟通就凸显出其价值。非暴力沟通的核心思想在于抛弃传统的"对错"评判方式，通过对话与理解建立真诚的连接，让互动双方能够满足各自真正的需要，从而达到和解、解决问题的目的。它强调的是理解和尊重，而不是简单地指责和争斗。首先，在解决跨文化误解中，非暴力沟通有着巨大的作用。留学生在跨文化交往过程中，对于涉及价值观，思想观念等深层次的文化内容，往往会存在误解和歧视，而通过非暴力沟通的方式，可以更好地表达自己的情感和需求，同时也能理解并尊重对方的感受和需要。这样不仅减少了误解，提高了沟通的效率，也拓宽了彼此的视野，从而实现多元文化的交流和理解。其次，非暴力沟通在提升沟通效率方面也有极高的价值。在跨文化交流中，信息的传递和理解状况直接影响到沟通的效果。而非暴力沟通模式以诚挚的关心，强调共享需求和诉诸结果穿越文化的局限，使得双方都能够真正地被理解，确保信息被准确有效地传递。再者，在处理矛盾冲突上，非暴力沟通同样表现出很大的作用。非暴力沟通以真诚的理解为基础，以满足各方的需要为目标，以平等尊重为原则，能够很好地解决跨文化交流中的冲突矛盾。尤其是在涉及某些核心价值观的深度冲突时，非暴力沟通让互动双方都有机会平衡满足个体需求和妥协让步，达到真正的理解和和解。最后，非暴力沟通还能有助于提升留学生的情绪管理能力。在留学生的生活中，由于语言障碍和文化差异，他们往往会面临很大的情绪压力。而非暴力沟通的理念是通过倾听自我内心的需求，理解和照顾自己的情绪，从而实现了对情绪的自我管理。这样，也为他们在跨文化交流中保持良好心态，提供了一种有效的方法。通过上述分析，我们可以看出非暴力沟通在解决跨文化交流障碍中的价值显著。然而，要注意的是，非暴力沟通并非一种简单的技巧，而是一种哲学观念和生活态度，需要长期的实践和体验。它要求留学生提升自我认知、情绪管理能力，同时也需要尊重和接纳饮食差异，跨越文化差异，实现真正意义上的沟通。

4.2 非暴力沟通在提高跨文化沟通效率中的价值

非暴力沟通在提高跨文化交流效率中的显著作用表现在两个方面：一是它能够帮助人们以一种更具包容性和尊重他人的态度进行沟通，二是它提供了一种具有深度理解对方需求的专业沟通方法，从而更有效地展开交流。强调尊重和包容，这是非暴力沟通的基本原则之一。跨文化交流中，尤其是中国留学生与他们所去留学国家的当地人交流时，常常出现一些由于双方文化差异造成的误解和冲突。这些情况通常发生在政治意识，生活习惯，价值观和社会规范等方面。如果没有一种更具包容性的交流方式来缓解这些冲突，对话过程中的压力和焦虑就可能会增加，进而影响交流效率。然而，非暴力沟通为我们提供了一个非常有益的解决策略，就是激发和加强对他人的尊重和对他人文化的包容。这种方式不仅有助于弥合跨文化差异，减少冲突，而且还能增加信息的流通，提高交流效率。同时，非暴力沟通侧重于具有同情心的倾听，力图理解他人的需求和感受。这使得中国留学生能有更大的可能理解并接受他人的观点和立场，促进双方之间的信任与理解。在此基础上，非暴力沟通强调以非批评、非评价的方式表达自我，即明确、直接地陈述自己的需求，而不是质疑或攻击他人，用这样的方式进行沟通会更能够有效地传达信息，大幅提高了交流的效率。在实际生活中，中国留学生通过非暴力沟通，不仅可以避免因文化差异造成的误解和冲突，更可以及时地了解和适应他们所在留学国家的学术环境、生活环境和社交环境，使得他们能够尽快融入新环境，实现留学生活的平稳过渡。而更加深入的是，非暴力沟通能够使中国留学生更深刻地理解自己和他人，这使他们能够开展更有用的人际交往，提升个人能力，为他们在攻读学位、找工作、申请高级研究项目等方面提供了重要的支持。所以，在这个意义上来看，非暴力沟通在提高中国留学生的跨文化交流效率中具有重要的作用。

5 非暴力沟通在中国留学生跨文化交流中的应用案例分析

5.1 非暴力沟通在留学生跨文化交流中的实践

在跨文化交流的实际运用中，非暴力沟通提供了一种具有实效的策略，特别是在中国留学生群体中此理论表现出了显著的效果。在以下的案例分析中，我们将以实际应用为载体，分析非暴力沟通如何在应对跨文化交流冲突中发挥积极的作用。首先，以某中国留学生小A在美国生活学习的过程中的实际案例为例。小A在与室友沟通时，因为文化背景的差异和对英语的不熟练，经常会遭遇一些困扰和难题。小A的室友是一个对生活细节极其讲究的美国学生，对于小A的一些习惯感觉不理解，例如，小A有时候对于公共区域的卫生情况处理得不够彻底，甚至在共享空间的使用上与他人产生矛盾，造成了室友间的紧张气氛。在此背景下，小A开始了解和学习非暴力沟通的相关理论，并尝试运用到实际生活中。在一个尴尬的矛盾冲突发生后，小A主动找到室友，首先表达了自己的心情和需求，同时也倾听并接纳了室友的观点和情绪。他用平和的态度，真诚地表达了自己愿意改变，遵守共享空间的规则，并尽可能满足室友的需求。室友在听到小A的表态后，也同样表达了自己的需求，两人最终通过交谈，找到了互相都能接受的解决方案。在后续的生活中，小A持续运用非暴力沟通的方式进行交流，与室友的关系得到明显改善。此外，非暴力沟通在解决留学生日常生活冲突中的效果也非常显著。例如，中国留学生小C在聚会中因文化差异引发的冲突中，通过运用非暴力沟通有效解决问题。小C在参加一次由多文化组成的聚会中，由于个人的言语行为误触了他人的敏感问题，引发了一次尴尬场景。在事情发生后，小C通过非暴力沟通的方式，详细解释了自己的想法，同时也表示了对对方感受的理解和歉意，采取了更为和谐的处理方式。结果，当事人接纳了他的解释，恶性的争端得以平和化解。这些例证都说明非暴力沟通对于解决留学生日常生活中的冲突问题有显著效果。综上所述，非暴力沟通的实际应用效果得到了验证。这种以理解和接纳为基础，通过倾听对方需求、表达自身需求的交流方式，能够很大程度上解决由文化差异引发的冲突，有助于提升跨文化交流的效率和质量。

5.2 非暴力沟通在解决留学生日常生活冲突中的效果

在解决中国留学生日常生活中的冲突方面，非暴力沟通理论蕴含了巨大的价值和潜力。在实际生活中，中国留学生经常会遇到一些因文化差异、语言障碍等因素引发的冲突，如同伴间的误解、与教师的沟通难题等。以对自身需求的理解和反映为切入点，非暴力沟通可帮助学生更好地面对并解决这些冲突。在因误解引发的冲突中，通过非暴力沟通的方法，学生能明确表达自己的需求，更好地理解他人的需求，大大减少了因表达不清或误解对方而引发的冲突。在教师与学生之间的冲突中，通过非暴力沟通的四步法（观察、感觉、需要、请求），学生能更具体、客观地描述问题，清晰地表达自己的需求，这极大增强了问题解决的可能性。具体实例表明，非暴力沟通在解决中国留学生日常生活冲突中的效果显著。例如，在一次团队项目中，由于文化差异和语言障碍，一名中国留学生与队友产生了严重的冲突。在引入非暴力沟通理论后，他开始尝试进行更具建设性的沟通，积极寻求和队友的共识。经过一系列的非暴力沟通实践，他与队友建立了更深的理解和信任，成功解决了该冲突。此外，在一项有关留学生与教师交流的研究中，非暴力沟通理论同样显示出了显著的效果。研究指出，当学生在与教师的交流中采用非暴力沟通理论，教师更倾向于理解和满足学生的需求。这意味着，非暴力沟通理论不仅有助于改善中国留学生的跨文化交流，也有助于提升其在学术环境中的交流效率和质量。从上述实例和研究中可以看出，非暴力沟通在解决中国留学生日常生活冲突中具有显著效果。通过运用非暴力沟通，中国留学生能更好地理解自身的需求，更有效地表达自己的观点和感受，更高效地解决日常生活中的冲突问题。这无疑对于改善和提升他们的跨文化交流质量有着深远影响。

5.3 非暴力沟通在促使留学生进行有效沟通中的作用

在沟通中，我们经常会无意识地引发自己和他人的痛苦，这便是暴力沟通。在种种社会规条的约束下，大部分人已经舍弃了身体的暴力，选择一种更文明的暴力，即语言的暴力，用这种方式继续去折磨人，侵害他人。现实中有很多需求不被满足的时候，人们就会有挫折和阻碍，如果消化不了，就会产生愤怒和怨恨的情绪，这种愤怒和怨恨的情绪就变成了语言的暴力，转向社会他人或转向自身。语言的暴力要远胜于我们身体的暴力。与西方文化不同的是，中国人是集体主义取向和关系取向的，谦逊且中庸，遇事往往希望能够和谐地解决，所以中国留学生经常会以压抑自我的方式解决问题，压抑的方式必然会导致个体躯体化的反应。小C在留学期间，遇到压力时经常胃疼头晕，失眠。然而身边的同学十分崇尚个人奋斗，不掩饰自己的情绪，相对来说比较自信，比较注重的是规则和秩序。因此，小C无法与身边的同学倾诉自己的难处和痛苦，久而久之陷入自暴自弃的境地，经常与身边同学产生不可调和的矛盾。在了解非暴力沟通后，小C开始能够直面自己的问题，学会沟通，因为善于沟通也是成熟的一种表现。有效的沟通都是基于需要的一种沟通。在沟通之前，第一，要了解沟通的对象就是了解当地的文化和特色，然后要了解沟通对象的兴趣爱好和性格特点。第二，要尊重理解沟通对象，既要体会自己的需要和感受，也要体会他人的需要意愿。第三，要学会换位思考，能够设身处地地站在对方的角度去考虑问题。第四，学会求同存异，每个人成长于不同的环境，不同的家庭，有不同的经历，对一些事物的认识会存在一定差异。留学生要学会接纳这些差异。第五，要学会表达，比如，用具体的语言表达出自己的请求和需要、感激，甚至去表达愤怒。小C洞悉了以上的五点，深刻理解了非暴力沟通的含义后，与同学的关系有了明显的改善。良好的沟通，可以使情谊相通，彼此连接。如果想跟他人有和谐的沟通，首先要跟自己能够很好地沟通，学会爱自己和了解自己，了解自己生命的渴望，了解自己生命中的恐惧。当知道身边很多人同样渴望成功，渴望爱，渴望关心时，当能够学会跟自己进行良好的沟通，去爱自己时，就可以更好地去爱他人。

6 结语

本文着重探讨了非暴力沟通理论在中国留学生跨文化交流中的应用，并分析了其在解决跨文化交流障碍和提高跨文化沟通效率中的价值。同样，对留学生在日常生活中的跨文化交流案例进行了深度剖析，有效验证了此理论在改善留学生跨文化交流状况，降低冲突，增进理解等方面的有效性。然而，本文仍然存在一些局限，如非暴力沟通的操作实践难度、对情境应变能力的要求较高等。展望未来，针对上述不足，我们可以从提升留学生非暴力沟通的培训和教育入手，进一步优化非暴力沟通的实践策略，提高其在中国留学生日常生活中的适用性。中国留学生跨文化沟通能力的提升是一个长期的过程。非暴力沟通理论在中国留学生的跨文化交流中具有重要的参考价值和实践意义，对于提升中国留学生的跨文化交流能力，促进留学生个人全面发展，具有深远的影响。

参考文献

[1] 胡晓檬，韩雨芳，喻丰，彭凯平. 多元文化经历的双刃剑效应：心理后果与边界条件 [J]. 应用心理学，2021，27（1）：1-9，19.

[2] 刘元玲. 非暴力沟通在中美气候外交中的运用及启示 [J]. 绿叶，2018：10，42-47.

[3] 王辉耀，苗绿，郑金连. 全球化智库（CCG）中国银行，西南财经大学发展研究院. 国际人才蓝皮书：中国留学发展报告 [M]. 北京：社会科学文献出版社，2011.

[4] 王扬，滕玥，彭凯平，胡晓檬. 新冠疫情期间海外中国留学生心理健康的影响因素及其干预策略 [J]. 应用心理学，2022，28（2）：134-146.

[5] CAMILLA M, ANTONELLA M C. Correlates of international students' intergroup intentions and adjustment: The role of metastereotypes and intercultural communication apprehension [J]. International Journal of Intercultural Relations, 2021: 82, 288-297.

[6] IMAMURA M, ZHANG B Y. Functions of the common ingroup identity model and acculturation strategies in intercultural communication: American host nationals' communication with Chinese international students [J]. International Journal of Intercultural Relations, 2014: 43, 227-238.

[7] KIM J. International students' intercultural sensitivity in their academic socialisation to a non-English-speaking higher education: a Korean case study [J]. Journal of Further and Higher Education, 2019, 44 (7): 1-17.

[8] MENG Q, LI J F, ZHU C. Towards an ecological understanding of Chinese international students' intercultural interactions in multicultural contexts: Friendships, inhibiting factors and effects on global competence [J]. Current Psychology, 2019: 40, 1-14.

[9] POYRAZLI S, LOPEZ M D. An exploratory study of perceived discrimination and homesickness: A comparison of international students and American students [J]. The Journal of Psychology, 2007, 141 (3): 263-280.

[10] ROSENBERG M. 非暴力沟通（修订版）. 北京：华夏出版社，2021.

[11] SONG B, ZHAO Y, ZHU J. Covid-19-related traumatic effects and psychological reactions among international students [J]. Journal of Epidemiology and Global Health, 2020, 11 (1): 117-123.

[12] WANG K T, WEI M, CHEN H. Social factors in cross-national adjustment: Subjective wellbeing trajectories among Chinese international students [J]. The Counseling Psychologist, 2015: 43, 272-298.

[13] XIE X J. Transnational higher education partnerships in China: exploring the impact of Chinese students' intercultural communicative competence on their motivation to study abroad [J]. Educational Research and Evaluation, 2022, 27 (3-4): 280-308.

[14] ZHU Y, BRESNAHAN J M. Chinese international students and American domestic students' intercultural communication in response to group criticism: collective face and discomfort feelings [J]. International Journal of Conflict Management, 2021, 33 (2): 311-334.

海外留学生心理健康问题分析及自助式
心理照护方案探索
——善用绿色自然疗愈力量

王海星 李 媛 洪 瑛

（电子科技大学学生心理咨询中心）

我国是全球重要的留学生生源国，留学目的地遍及全球100多个国家。随着国家经济水平的提升和国民收入的不断提高，我国成为世界上最大的留学输出国，1978—2019年度，各类出国留学人员累计达656.06万人。尤其是进入21世纪以来，中国出国留学人数增长迅猛，从2000年的3.9万人到2019年的70.35万人，增长了接近18倍。据联合国教科文组织统计，中国为2020年国际学生派出人数位居首位的国家，是排名第二的印度的两倍。除了大量的出国留学生之外，截至2022年7月，全国普通高校本科及以上层次在办的中外合作办学项目已达1400余个，2022年，中外合作办学项目本科阶段招生通过高考招生人数达13.8万余，高等教育阶段的在校生规模已超70万人，年保有量和出国留学人数基本相当[1]。大规模大体量的出国留学和中外合作办学项目使我国海外留学生人群规模庞大。随着留学生人数的增加，越来越需要关注海外留学生的心理健康问题。

1 海外留学生心理健康问题现状分析

海外留学生群体心理健康问题有着其鲜明的特点，例如心理困扰人群比例高，可获得资源少、导致的问题严重等。一方面，留学期间海外留学生面临着跨文化适应、身份认同、归属感、自我发展、孤独感、语言障碍等多种多样的特殊困难之外，同国内大学生一样同样面临着学业压力、就业压力甚至经济压力等多种现实问题，导致留学生群体成为多种精神障碍的易感人群。例如较早的一项针对澳大利亚本土学生与海外学生抑郁和孤独感的调查研究表明，与澳大利亚本土学生相比，海外学生经历中度甚至重度临床抑郁和孤独的可能性显著增加[2]。就中国留学生来说，一些调查研究也表明中国海外留学生的心理健康问题不容忽视，例如耶鲁大学2013年的一项研究显示，45%在耶鲁学习的中国留学生报告自己有抑郁症状，29%的学生报告自己有焦虑症状。纽约时报中文网报道60%的中国留学生曾罹患抑郁或受焦虑等情绪困扰[3]。世界卫生组织关于国际留学生精神障碍的一项调查也表明，35%的海外留学生遭遇情绪障碍，这一比例高于国内大学生罹患情绪障碍比例。调查表明，抑郁、焦虑、孤独感和迷茫感在海外留学生群体中普遍存在。另一方面，海外留学生与国内大学生相比，孤身在外能够获得和利用的资源例如家人和朋友的支持等较少，当出现心理问题时很难第一时间获得帮助，求助专业帮助时也会面临着国外精神科医生和咨询师文化背景、语言沟通等多方面的障碍。同时超过八成的我国海外留学生选择完成学业之后回到祖国发展，报效国家，回国发展成为留学生的普遍选择。从社会发展的角度来看，留学生是国家未来发展的重要人才资源，他们在海外接受的高等教育和国际化视野使他们有可能成为推动国家社会进步和创新的关键力量。如果海外留学生在留学期间出现严重的心理健康问题，不仅可能影响他们未来的学业和职业发展，还可能导致人才的流失和浪费，因此为了国家的长远发展和利益，非常有必要关注海外留学人群的心理健康状况，为其提供必要的心理支持服务。囿于海外留学生群体其自身特殊性，面向大学生群体的心理健康教育方案的有效性可能受到限制，有必要梳理影响海外留学生群体心理健康水平的因素，并针对这些因素的具体特点探索出具体、有效、适合留学生群体的问题解决方案。

2 影响海外留学生群体心理健康水平的原因分析

导致海外留学生群体出现心理困扰、影响个体心理健康水平的原因有很多，梳理社交网站（例如小红书"留学生心理"笔记）出现过的原因，并通过问卷星平台对20位海外留学生进行调查，我们总结了两种类型的心理健康影响因素，第一类是特殊因素，第二类是共性因素。

2.1 影响海外留学生群体心理健康水平的特殊因素

2.1.1 文化适应与缺乏归属感带来的挑战

中国留学生在海外留学会因为中国和多数西方国家在文化、价值观、社会习俗等方面的显著差异而面临挑战[4]。这些差异包括思维方式、情感表达、行为准则甚至宗教信仰等，例如在中国文化背景下成长起来的留学生们从小被教育"要谦虚"，这种"谦虚"也许并不适合国外大学的课堂。大多数中国留学生在适应海外留学生活的过程中都体验过紧张、迷茫或者慌乱和不确定，有过被他人从情感上或行为上排斥拒绝的经历，体验到社会排斥感。这导致留学生群体会在西方思想和中国文化根基之间摇摆不定。一方面自感要去接纳、适应西方的文化，另一方面在适应西方社会文化时又挑战重重。再加上中国留学生群体普遍展现出的去国怀乡的海外游子情怀和故国情结等，留学生群体往往从外在行为、表达、生活方式上尽量适应西方社会，而非转变内在的文化特征。从这个角度来讲留学生群体和西方社会常常是隔膜的、陌生的，难以在西方文化背景下建立稳定的、深层次的有意义的联结[4,6]。同时这种隔膜和陌生带来了归属感的缺失。在学校环境下，归属感是心理健康和幸福感的重要来源，往往与各种重要的学业成就和生活质量有关。归属感的缺失伴随着个体无法适应新的文化、无法融入新的环境，无法找到自己在新环境中的定位和价值，会给个体带来强烈的孤独感和无助感，甚至引发自我认同危机，出现身份认同的困惑和挑战。从另一个角度来看其他文化背景下的留学经历也给留学生们的价值取向、人际关系等带来新的思考，这些也会削弱留学生群体原来在国内的人际关系联结。

2.1.2 语言障碍

中国留学生在海外留学期间，语言障碍对于个体的影响是显著的。尽管大部分学生都通过了雅思或是托福考试，但是使用英语的批判性思维能力、口头表达沟通能力、写作能力仍然面临着挑战。语言障碍影响了留学生在学习和学业成就上的表现，进而导致个体对自身能力的怀疑。由于不自信或者感觉不够安全，大部分中国留学生在课堂上显得沉默寡言。同时语言障碍也会加剧留学生的思乡之情和孤独感，在陌生的文化背景下，语言不仅仅是交流沟通的工具，也是文化认同和归属感的重要载体，当个体使用一个不熟悉的语言工具进行交流时，他们可能无法顺利表达自己的感受和想法，产生和周围环境的疏离感。

2.1.3 人际关系变化

人际关系是个体在面对压力和问题时最重要的支持资源，良好的社交关系能够为留学生提供情感上的支持和慰藉，这种支持能够减轻孤独感和抑郁情绪，增加心理韧性，削弱由于新的环境或者缺乏归属感带来的不良影响，例如，有研究表明中国留学生的社会支持和抑郁呈显著的负相关，也就是说他们得到的社会支持越多，他们变得抑郁的可能性就越小[7]。社会支持度低的个体更有可能对新环境感觉到不舒服。中国海外留学生的人际关系由于留学行为的发生面临着巨大的挑战，呈现出复杂而多元的特点。一是海外留学生需要努力适应全新的语言和文化环境，与来自世界各地的人们建立联系，这需要克服语言障碍、文化背景差异等带来的困难，除此之外，海外留学生也面临着与国内原有的关系和联结的分离，如何在远距离且有时差的情况下维系原有的人际关系网也是一个新的挑战。这就意味着，对于国际留学生而言，社交关系不仅仅是资源和支持，更是一项挑战性的任务。人际关系能够带来的社会支持作用也随之减少。海外留学生的人际关系变化还有一个重要的特点就是由于距离和时差等原因导致大量的社交行为发生在线上。线上社交关系是否对个体的心理健康起到促进作用目前是有争议的，总的来说，线上社交关系对个体心理健康的维护既有有益的一面也有消极的负面影响。以 Facebook 为例，有研究表明[10]，Facebook 社交网站中发布的照片的微笑强度可以预测个体的生活满意度的变化，人们也可以通过增加用户的日常社交联系来减少孤独感，这意味着 Facebook 可以促进个体的社交关系和心理健康。但另一方面也有研究表明，Facebook 好友的数量与大学生的自尊和学业成绩呈现负相关，频繁的线上互动也与更大的压力有关，这似乎又表明线上社交关系对于个体的心理健康呈现负面消极影响[15,16,17]。

2.1.4 寻求专业帮助的困难程度

中国留学生在海外求学期间遇到心理困扰想要求助专业帮助时可能会比国内大学生有着更多的困难，一方面，有研究表明，与本土学生相比，国际学生对于报告自身心理健康问题有着更消极的态度和更低的意愿，许多留学生认为寻求心理帮助是软弱和失败的表现，由于这种自我污名化，他们更害怕向专业精神科医生和心理咨询师透露自己的问题和困扰。另一方面，海外留学生寻求专业帮助时需要使用英语语言，这会带来一些具体的问题，一是这可能会导致个体自身的困扰和感受不能很好地被表达和理解，某些在中文文化中常见的表达和情感概念，在英语文化中可能没有直接对应的词汇或表达方式。即便留学生能够找到讲英语的精神科医生或者心理咨询师，也可能会因为无法完全理解或表达自己的问题而难以建立有效的治疗关系；二是对于非母语者使用英语表达内心感受可能会带来羞涩、尴尬、不安的感觉；三是在与讲英语的专业助人者进行交流时，留学生可能也会遇到文化认同或者是信任的问题，他们更倾向于与能够理解自己文化背景或者经历的人分享自己的困扰，而合适的人在英语环境中并不容易找到。研究表明，许多讲中文的留学生更愿意独自处理问题，或者依靠亲密伴侣、家人、朋友的帮助[11,12,13,14]。

2.2 影响海外留学生群体心理健康水平的一般因素

除了以上提及的原因之外，影响中国海外留学生群体心理健康的因素还有很多，例如学业成就压力、朋辈比较压力、就业压力、经济压力、家庭期待压力、时间管理压力等。尽管影响程度不同，但这些方面的影响因素在青年大学生人群中具有普遍性，不仅仅是留学生群体，国内大学生群体的心理健康水平也会受到这些因素的影响。

总的来说，海外留学生群体心理健康问题的凸显与"海外留学"这一事件带来的生活环境、心理环境、社会环境的重大变化有关。这种变化导致个体被突然放置到不熟悉的、陌生的甚至是具有排斥性的环境中，稳定的人际联结出现动荡甚至断裂，由于语言及文化的原因重新构建稳定的人际联结也是一种挑战。对留学生群体来讲，英国诗人约翰·唐恩在《没有人是一座孤岛》这首诗中所描绘的人与人之间彼此联结的状态遭到破坏，个体成了"一座孤岛"。

3 关于海外留学生心理健康问题的几点思考

一是服务留学生的相关机构，需要专门针对国际留学生的心理健康教育干预，以提升海外留学生的心理健康素养，增强他们主动求助的意识，尤其是消除心理健康问题的污名化。有研究表明寻求帮助是管理心理健康的重要手段之一，而较高的心理健康素养水平是预测遭受心理困扰的个体寻求帮助的关键因素。加强海外留学生群体的心理健康教育工作，提升群体求助意识，增加其对自身心理问题的认识和了解对于提升海外留学生群体的心理健康水平具有积极意义。

二是服务留学生的相关机构应该增加心理咨询、精神科就医等专业心理帮助服务的便捷易得性，提供双语心理咨询服务，解决双语问题可能带来的表达和理解障碍。

三是海外留学生群体应该充分重视支持性社交关系的重要意义，积极构建稳定的线下人际关系。一项超过10000名海外留学生参加的调查结果表明留学生的心理健康水平与社会支持显著相关，一直处于亲密关系中的个体心理健康水平高于单身的个体，参加团体聚会频率更高的个体心理健康水平更高，几乎没有认识新朋友的个体心理健康水平显著低于有新认识人并且建立密切关系的个体。

四是考虑开发海外留学生能够自助式提升自身的心理健康水平的自我关怀方案。近年来，教育部主动适应国内外留学服务工作新形势，努力构建在海外留学生"出国前、在国外、回国后"的三个阶段全链条的管理服务体系。针对心理健康服务来说，在出国前有"平安留学"心理健康相关培训，在留学生归国后如果有需要也能够获得高水平的心理健康服务。而"在国外"这一阶段既是多种心理问题的发生阶段也是缺乏有效、必要的心理健康干预措施的阶段。例如，海外留学生是否能够获得双语心理咨询服务是不确定的，留学所在的学校是否有针对国际留学生的心理健康教育系统方案也是不确定的。因此有必要开发"自助式心理照护"方案帮助海外留学生增加对自身心理健康的控制感。

五是构建有意义的联结对于从根本上改善海外留学生的心理健康水平有积极意义。这种联结不仅是指个体的社交关系，也包括个体与自己的价值观、童年经历、个体与自然环境、个体与世界等的关系。英国记者 Johann Hari 的著作 *Lost Connection* 一书中认为先进的物质生活并不等同于我们对生活的全部追求，人们真正需要的是联结。我们需要与自身联结，让我们可以感受自己真实的喜怒哀乐而不是刺激欲望麻痹不想要的负面情绪；我们需要与他人有情感上的联结，避免孤独、怕被抛弃的不安全感；我们需要与工作和社会联结，让我们觉得自己的付出是有意义的，被尊重的；我们需要与大自然联结，获得滋养的力量，成为地球生命循环中的一部分。被隔离开来，稳定的人际联结遭到破坏，成为一座孤岛的留学生个体需要重新建构有意义的联结。这种联结不一定是通过人际关系构建的，也可以是通过与大自然、与生命的意义等建立联结来形成的。

4 基于园艺疗法的海外留学生自助式心理照护方案设计

基于海外留学生自身的特点及制约因素，便捷易得，易于操作，能够不受时间、地点及机构限制，为个体提供心理支持的自助式心理关怀方案，对提升海外留学生的心理健康水平具有积极的意义。通过以上几点思考，结合海外留学生自身特点及现实困难，我们提出了借助园艺疗法善用自然疗愈力量的海外留学生自助式心理照护方案。

园艺疗法是一种利用园艺或者与园艺相关的活动令参与者获得福祉效益，也就是说在生理、心理、社交、认知以及经济上获得正面的效益，是一种通过专门设计的园艺活动来帮助人们疗愈身心，恢复并促进健康的治疗手段。园艺疗法的形式多种多样，包括植物、园艺、园林景观、与植物有关的手工制作、与植物有关的活动、疗愈性景观体验等。环境心理学家 Kaplan 等人认为自然环境可以恢复城市生活给人们带来的注意力疲惫和涣散，从而改善情绪和感知等功能。自然是生活中有意义的一部分，人类将环境视为信息的重要来源，不断地从周围环境中接收到各种各样的信息，因此把自然环境作为一种媒介来改善人的心理健康是一种非常重要且合适有效的途径。Ulrich 提出了压力恢复理论，认为人类对无威胁的自然环境例如风景元素、绿色植物元素、特定的自然景观元素等的反应是即时的、无意识的，并且需要极少的认知资源来加工，因此，当人们处于无威胁的自然元素时，能快速地从应激中恢复体力，获得积极的情绪体验，从而较快地从压力中恢复过来。基于园艺疗法的活动对个体心理健康的促进作用已得到多项研究证明。最近的一项纳入了 40 项研究的 Meta 分析结果显示[18]，与对照组相比，园艺疗法互动组对参与者的心理健康有着显著的积极影响，对于个体的幸福感有显著的积极作用。

在园艺疗法的实践活动中，我们发现园艺活动能够帮助参与者从与植物生命相处的过程中增加对人类个体生命的积极认知。还能够通过欣赏自然景观、花叶果实的色彩姿态、植物的芳香味道、声音和触感等在不同程度上帮助人们消除紧张、疲劳，带来放松愉悦的感受，并促使大脑镇静，改善睡眠，缓解焦虑，维护并促进身心健康。使用园艺疗法活动，人们可以增加对周围环境的感受力，通过看、听、闻、触、品尝等细微处去感觉，丰富生活中的感知觉元素。通过这些活动个体日常环境中的新异刺激增加了、增强了与自然的联结，提升了个体对日常生活的参与感与卷入度。与自然的联结也为我们创造了更广泛的归属感，超越了人类自身。

借助园艺疗法活动的载体，结合海外留学生群体的特点，我们设计了以下多种面向海外留学生群体的自助式心理照护方案。

打开五感，感受生活：仔细地用视觉、嗅觉、听觉、触觉、味觉等五种感官去感受身边能够获得的任何植物元素比如花朵或者树叶等。可以尝试这样去欣赏一朵牵牛花：首先，我们先来观察牵牛花的色彩与姿态，花朵的形状是优美的喇叭口，花儿的颜色是渐变的，从根部的白色一点点变为花瓣边缘的粉色。花蕊是白色的，从花瓣深处悄悄探出，看上去很稚弱。花瓣的边缘布满了夏日清晨的露珠。靠近端详，发现牵牛花的花瓣有透明的质感。风吹来时花朵的姿态是风中摇曳，楚楚可怜。用手轻轻抚摸一下花瓣，你会感到花粉的颗粒在手指尖摩擦的感觉。凑上前闻一闻，淡淡的花香萦绕鼻尖，不浓烈，不甜蜜，有一种清爽的味道。

森林绿道散步：在任何森林公园绿道散步 15 分钟以上。与城市街景环境相比，在森林绿道中行走能够降低参与者交感神经活动，降低个体心率，令参与者感觉更舒适放松或是自然[19]。

盆栽绿植栽种：在自己的居住环境、学习环境中摆放一盆自己喜欢的植物盆栽并长期照顾养护。研究表明[20]，以盆栽植物的形式将自然引入室内，能够加强房间的恢复性品质，缓解房间居住者的心理压力，并对他们的认知表现起到促进作用。

插花创作：使用花泥或者剑山创作插花作品。将花泥或是剑山固定在容器内，选择喜欢的花材，斜剪后垂直插在剑山上，调整花材的位置直到达到自己满意的效果。

植物手工艺品制作——压花：将植物材料经过压制、干燥后，保持其原有的形态和色泽，用于装饰或者艺术创作。首先选择完整的且水分较少的植物花瓣或者叶片，用压花器或是较厚的书本，内部铺上吸水纸，将植物材料均匀地平铺其中进行压制。压制好的花材可以用于制作书签等工艺品。

植物手工艺品制作——拓印：准备色彩鲜艳、水分适中、脉络清晰的新鲜花朵或是树叶材料，将植物材料用透明胶带固定在棉布上合适的位置，使用橡胶锤或是小木槌耐心而又细致地轻轻捶打，将植物的纹理脉络和色彩拓印到棉布上。

倾听自然之声：在树林环境中闭上眼睛侧耳倾听，每当听到一种不一样的声音就竖起一根手指。

以上这些活动可以利用留学生群体碎片化的时间进行，不需要特殊的时间、地点和场合，也不需要其他人的协助，参与者可以根据自己的兴趣爱好，选择其中的某些活动参加。这些活动对参与者身心压力的舒缓能起到明显的作用，长期使用园艺疗法的活动还能带来更多与大自然的联结感，给参与者带来更多的福祉和利益。总的来看，基于园艺疗法的活动能够增进个体与环境的联结，增加积极情绪，减少消极情绪，经济便捷，易于获得，适合在海外留学生人群中推广应用。

参考文献

[1] 马宁. 中国留学生海外分布更趋多元化 [N]. 环球时报，2024-03-04（013）.

[2] ALHARBI E, SMITH A. A review of the literature on stress and wellbeing among international students in English-speaking countries [J]. Int Educ Stud. 2018, 11 (5)：22-44.

[3] 王扬，滕玥，彭凯平，胡晓檬. 新冠疫情期间海外中国留学生心理健康的影响因素及其干预策略 [J]. 应用心理学，2022, 28 (02)：134-146.

[4] ARSLAN G. Psychological maltreatment, social acceptance, social connectedness, and subjective well-being in adolescents [J]. Journal of Happiness Studies, 2018, 19 (4)：983-1001.

[5] 吕催芳. 中国在美留学生心理和社会文化适应质性研究 [J]. 教育学术月刊，2017, (05)：3-13.

[6] 阎琨. 中国留学生在美国状况探析：跨文化适应和挑战 [J]. 清华大学教育研究，2011, 32 (02)：100-109.

[7] OEI TPS, NOTOWIDJOJO F. Depression and Loneliness in Overseas Students [J]. International Journal of Social Psychiatry. 1990, 36 (2)：121-130.

[8] YAO C W, MWANGI C A G. Yellow Peril and cash cows：the social positioning of Asian international students in the USA [J]. High Educ. 2022；84, 1027-1044.

[9] FANGHONG Dong, YEJI HWANG, NANCY A HODGSON. Relationships between racial discrimination, social isolation, and mental health among international Asian graduate students during the COVID-19 pandemic [J]. Journal of American College Health, 2022.

[10] LI Y, LIANG F, XU Q, GU S, WANG Y, LI Y, ZENG Z. Social Support, Attachment Closeness, and Self-Esteem Affect Depression in International Students in China [R]. Front Psychol. [2021-03-04], 12-618105. doi：10. 3389/fpsyg. 2021. 618105. PMID：33746837；PMCID：PMC7969666.

[11] ZENG F, JOHN W C M, QIAO D, et al. Association between psychological distress and mental help-seeking intentions in international students of national university of Singapore：a mediation analysis of mental health literacy [J]. BMC Public Health 23, 2358 (2023). https：//doi. org/10. 1186/s12889-023-17346-4.

[12] HYUN J, QUINN B, MADON T, LUSTIG S. Mental health need, awareness, and use of counseling services among international graduate students [J]. J Am Coll Health. 2007, 56 (2)：109-18.

[13] NEWTON D, TOMYN A, LAMONTAGNE A. Exploring the challenges and opportunities for improving the health and wellbeing of international students: perspectives of international students [J]. JANZSSA-Journal of the Australian and New Zealand Student Services Association. 2021, 29 (1): 18-34.

[14] LIAN Z, WALLACE BC, FULLILOVE RE. Mental health help-seeking intentions among Chinese international students in the US higher education system: the role of coping self-efficacy, social support, and stigma for seeking psychological help [J]. Asian Am J Psychol. 2020, 11 (3): 147.

[15] GROBE DETERS F, MEHL M R. Does posting Facebook status updates increase or decrease loneliness An online social networking experiment [J]. Soc. Psychol. Personal. 2012, Sci. 4, 579-586. doi: 10.1177/1948550612469233.

[16] FOREST A L, WOOD J V. When social networking is not working individuals with low self-esteem recognize but do not reap the benefits of self-disclosure on Facebook [J]. Psychol. Sci. 23, 2012: 295-302. doi: 10.1177/0956797611429709.

[17] PANTIRU I, RONALDSON A, SIMA N. et al. The impact of gardening on well-being, mental health, and quality of life: an umbrella review and meta-analysis [J]. Syst Rev 13, 45 (2024). https://doi.org/10.1186/s13643-024-02457-9.

[18] SONG C, IKEI H, KAGAWA T, MIYAZAKI Y. Effects of Walking in a Forest on Young Women [J]. International Journal of Environmental Research and Public Health. 2019, 16 (2): 229. https://doi.org/10.3390/ijerph16020229.

[19] NICOLE VAN DEN BOGERD S, COOSJE DIJKSTRA SANDER L, KOOLE, JACOB C. Seidell, Jolanda Maas, Greening the room: A quasi-experimental study on the presence of potted plants in study rooms on mood, cognitive performance, and perceived environmental quality among university students [J]. Journal of Environmental Psychology, Volume73, 2021, 101557, ISSN0272-4944, https://doi.org/10.1016/j.jenvp.2021.101557.

出国留学生心理健康问题及应对
——基于北京外国语大学国际商学院经济管理国际项目学生的案例研究

王秋菊　杨爱欣　雷萌　蒋典[①]　章严平

(北京外国语大学国际商学院)

1　背景介绍

北京外国语大学国际商学院成立于2001年，从建院之初就开始做出国留学项目，又称"经济管理国际项目"。最初项目的规模较小，基本是学院计划内的老师兼职授课，学院的行政岗老师兼职做一些招生和管理的工作。2007年与教育部留学服务中心签约后，项目的规模不断扩大，招生规模从2007年60人左右的规模发展到目前每年招生300人，在读学生超过500人的规模。学生的来源主要是中国公立高中、国际学校的毕业生。目前出国留学培训项目分为高中12年级、本科阶段和研究生阶段三个层次。专业方向也由单一的经济管理类，拓展到人文社科、理工类、商科+艺术等方向。合作的国外大学也由最初英国的大学拓展至澳大利亚、美国、加拿大、法国、德国、新西兰、新加坡、日

---

① 通讯作者：蒋典，北京外国语大学国际商学院　电子邮件：jiangdian@bfsu.edu.cn.

本、韩国、马来西亚、泰国，学生升学路径更加多元化。

北京外国语大学与中国留学服务中心签订合作协议以后，对基地项目的学生实行统一的管理。学生入学后按照国际班学生注册，有统一的学生证和校园一卡通。在学生住宿方面，项目学生与本科生享受同等资源，学生享有校内住宿的条件，学校按照计划内学生的标准进行管理。同时，在学习资源方面，自习室、图书馆、资料室、体育馆、各种体育设施等全部对项目学生开放。出国留学项目学生同样可以加入学生会以及学校各类社团，完成学业的同时也可以在团队协作、领导能力、实践能力方面得到很好的锻炼。学院一直非常重视对出国留学项目学生的培养，奉行的培养理念是让他们在出国前成为人格健全、拥有很好的跨文化沟通能力、独立生活能力和辩证思维的大学生。为了实现上述培养目标，我院聘请数名全职辅导员，并安排任课老师作为每个班的班主任，从学业和校园生活两方面为同学们提供支持和服务。班主任主要在学术上进行引导，辅导员会更多帮助同学们解决生活问题、学生矛盾、心理问题等。

随着学生人数的逐年增加，我院对学生的心理问题也越来越关注。学院的各个部门联动为需要帮助的学生提供全方位的支持。首先从招生的环节就进行面试排查，入学后辅导员老师也会通过问卷和心理咨询师谈话的方式排查出需要特别关注的学生。对于症状较为严重的会建议去专科医院进行治疗。症状轻的同学，辅导员老师和班主任会对学生多加关注，经常和学生交流，了解学生思想行为的变化，并通过和家长的配合，积极帮助学生康复。对于部分已经有极端行为的同学也会请同宿舍的同学对其多照顾和关注，及时疏导和排查出学生可能面临的潜在风险。

多年来我院已经积累了帮助学生疏导心理问题丰富的经验，想通过此文和国际教育领域的同仁以及从事心理辅导一线的工作人员进行交流和分享。

2 文献综述

2.1 出国留学生面临的主要心理问题

当前国内外对出国留学生面临的主要心理问题已开展了一定的相关研究。Auerbach（2018）等学者开展了一项世界卫生组织对国际大学生心理健康调查的研究，旨在探究常见精神障碍的患病率与基本社会人口统计学的相关性。通过对全世界8个国家、19个大学的大一学生进行网络自评量表调查，筛查学生们是否患有常见的6种终生和12个月的DSM-Ⅳ型精神失常，包括重度抑郁症、躁狂/轻躁狂症、广泛性焦虑障碍、恐慌障碍、酒精使用障碍和物质使用障碍。结果显示，一万余名全日制受试学生中，三分之一的学生至少存在一种终生精神失常筛查呈阳性；另有三分之一的学生出现至少一种12个月的精神失常筛查呈阳性。患病群体中典型症状最早出现在青春期中期。谭瑜和陶瑞（2014）通过对国内5所高校参加中外合作办学项目的学生开展问卷调查发现，在心理适应方面，少部分学生存在抑郁症状，且本科生心理适应情况要弱于硕士生。Yu（2023）等学者对疫情期间中国学生出国留学的心理健康状况进行调查。研究通过对256名主要居住在加拿大的16岁及以上的中国国际学生开展在线调查的方式进行。作者采用量表评估中国国际学生心理健康状况，其中15.3%、20.4%和10.5%的受访者分别报告了严重至极度严重的抑郁、焦虑和压力水平。学者们的研究成果表明出国留学生存在一定的心理问题，这似乎成为一种较为常见的现象，主要表现为抑郁、焦虑。研究普遍针对国际生或中国留学生，而以国内中外合作办学项目学生为对象的研究相对较少。

2.2 影响出国留学生心理健康的因素

在探究出国留学生面临的主要心理问题的基础上，许多学者从不同角度发掘影响出国留学生心理健康的因素，并取得一定成果。Mori（2000）指出在美留学国际生与普通学生相比往往更容易因文化适应产生较大心理健康问题。而其问题来源于语言障碍、由于较大文化差异带来的处理社会关系的不适应以及经济上的困难。国际生往往因长期处于文化适应的压力中，表现出长时间的食欲不振、失眠等症状。此外，他们还会出现认知疲劳，即"信息超载"的结果。他们长时间高强度地以自己的文化方式处理各种类型的信息，很容易导致精神疲惫和倦怠，致使他们难以集中注意力，他们的工作效率可能会受到严重影响。Liu（2009）回顾了在美留学的中国学生常见的心理问题的来源。研究指出中国国际学生报告了各种心理健康和个人问题，包括社会互动和沟通问题、社会联系、社会支持、孝道、语言障碍、思乡问题、学术、经济和其他困难，如种族主义与歧视等。Smith（2011）等学者回顾了基于国际学生在西方国家学习生活经历建立的文化适应模型。学生经常产生压力的来源包括语言障碍、学习困难、孤独、歧视以及由于环境变化带来的相关实际问题。研究指出社会支持确实一定程度上缓解了由文化适应压力带来的心理健康问题。文化适应压力会导致国际学生报告躯体疾病，如睡眠和食欲障碍、疲劳、头痛、血压升高和胃肠道问题。研究还指出文化适应压力也会导致心理症状，如孤立、无助、绝望、悲伤、失落感、愤怒、失望和自卑感，在严重的情况下可能导致临床抑郁症。Auerbach（2018）等学者筛查出精神失常呈阳性的最强相关性体现在以下几个方面：较大年龄、女性、未婚、去世的父母、没有宗教信仰、非异性恋身份和行为、低中学排名以及考入大学的外部动机。谭瑜和陶瑞（2014）指出影响中外合作办学项目学生心理适应和社会文化适应状况的主要因素在于在国内接受语言训练、专业与文化知识的学习、参与社会实践的机会和时间，接受上述相关训练，使得学生们在面对新的社会文化环境时具备较强的跨文化知识和技能，能够更有效地应对海外生活中的各类问题。这也是解释硕士生心理适应往往强于本科生的重要原因。周毅敏（2015）以桂林电子科技大学爱尔兰"2+2"项目为例，探究了广西少数民族大学生出国前焦虑成因，包括心理因素、文化适应与社会环境。其中心理因素方面涉及学生自豪感向自卑感的转换，自身强烈的民族意识与国外文化相冲突，原有思维的狭窄固定性与思维的开阔灵活性之间的碰撞。Sahu（2020）的研究则试图从19年新冠疫情暴发对教师以及学生的心理健康影响来探究。其研究指出，疫情的暴发给学生带来极大压力，而这种压力给学生的学习以及心理均造成不利影响。国际生源受到的影响似乎更多。国际生源远离自己的家乡，不仅仅需要担心自己的身体健康、安全以及教育这些诸多方面的问题，同时也对远在家乡的亲人们的身体情况感到深深担忧。作者指出受新冠疫情影响，许多毕业生由于受到期末考试推迟等诸多不利因素的影响，面临延迟毕业以及疫情带来的全球性经济衰退带来的不利就业压力与挑战。非毕业年级学生也担心因疫情的影响会导致其考试表现。由此，学生们往往容易产生焦虑情绪。纵观学者们对出国留学生心理健康影响因素的分析可以看出，学生们产生的心理问题往往由内外因共同作用导致，且与不同文化适应带来的压力密切相关。

2.3 应对出国留学生心理问题的措施

根据影响学生们心理健康的因素分析，国内外研究者结合当下全球整体环境、国情、校情以及学情，进行综合考虑，提出了一系列不同措施。Mori（2000）指出考虑到国际学生普遍因为爱面子而不愿意接受心理辅导的情况，建议心理健康相关设施设在法律、财政、语言、教育、社会和医疗援助等非心理服务区域范围内。研究从四个方面提出改进心理咨询工作，重点落脚在帮助学生缓解压力。一是改进压力管理的方法，例如，为了提高学生的力量感，可以引入和练习诸如呼吸技巧、想象和冥想等实用的放松方法帮助学生缓解压力；二是提升学生在不同文化语境下的沟通技巧；三是帮助学生进行必要的学术过渡和发展有效的学习技能；四是帮助学生提升职业与生活规划能力。Zhou（2008）等学者在前人文化适应模式研究的基础上，探究了文化适应模式在国际生接受高等教育过程中的应用。研究指出来自留学国家的户主或留学生的同乡对国际生的支持，都有助于其提升心理健康水平，尤其是缓解思乡情绪。Sahu（2020）提出，面对诸多压力，建议给予受到过度焦虑困扰的学生更多获得接受心理支持的机会。教师、学校以及其他相关单位应当及时制定并采取有效的措施缓解学生因疫情带来的诸多焦虑并努力将影响降到最低。张硕（2015）通过对北京地区一中外高校合作办学项目开展个案分析的方法，开展促进学生心理健康相关研究，提出从三个方面激发学习动机，以促进学生的心理健康，包括充分利用反馈信息，给予学生合适的评价；指导学生开展学习成败归因以及与教学管理者商榷考试难度系数的调整。Liu（2009）提出了具有文化敏感性的协作规划建议，旨在提升心理医生、心理社工、任课教师以及学院其他学术人员的水平为学生提供更加有效的帮助。作者表示，为更有效地解决学生健康问题，还应从心理医生和心理工作者二个方面入手。一是心理医生和心理健康社会工作者了解多元文化培训的重要性，以提高他们对中国国际学生求助行为的认识。二是从业者要帮助学生学会应对心理问题的策略，包括提升解决问题的能力与寻求社会帮助的能力。从业者应该关注学生确定的具体问题，并评估确定的问题是否来自特定的限制，如语言障碍。同样重要的是，帮助学生认识到他们在特定的时间段内能解决什么和不能解决什么，以免当没有任何积极的结果时，他们变得更加情绪不安或不快乐。从业者还应充分考虑中国同学普遍依赖咨询师来明确方向这一文化特点以及其留美时间带来的影响，以区分辅导方式的不同。从学校层面来看，为了满足国际学生的需要，学院和大学可能需要为其国际学生办公室招募更多的员工。学院也可以充分利用专业的支持帮助学生提升心理健康水平。此外，给学生配备导师或者来自美国的学友导师也是对其心理问题进行干预的有效手段。

综上所述，虽然前人开展了一定对留学生心理健康问题、影响因素以及对策的研究，然而针对中外合作办学项目中国学生相关问题的研究相对较少，因此本研究具有一定理论与现实意义。

3 案例1：A同学

3.1 问题浮现

9月10日，教师节，也是一个周日，A同学下午6点多给我发了一条消息，这样写道：

"老师，我们学校有心理老师吗？"

紧接着A同学直接拨打了电话，然而我并没有立即接到，所以电话很快取消了。

15分钟后，我看到了消息。我无法准确回忆起当时的感受，但肯定不是在一个节日+假日傍晚所期待的信息。可能我的潜意识也在排斥处理这一局面，因此我没有选择第一时间给他回电话。我用文字回复：

"有心理咨询室。"

也许是觉得仅仅六个字太冰冷了，我又马上发了一条语音，向 A 同学解释学校心理咨询室的位置、开放时间、预约方法等。

A 同学几乎是守在手机边，我这边话音刚落，他就接上：

"今天是不是不开门啊？"

这时候我犹豫了，一方面我是胆怯退缩的，面临学生有关心理问题的求助时，转交给更专业的人士无疑是最优解。然而，另一方面我担心情况是否紧急到必须介入，否则就错过了学生发出的最关键的"求救信号"。一瞬间我心里想了很多，但打字的手比脑子反应得更快。

"周末大概率没有人。"

"好的好的，那我明天再去找他们。"

"方便和我说说怎么了吗？"

出乎我的意料，A 同学完全没有保留，很坦诚地告诉我：

"我感觉身体很不舒服，但脑子一直在转。我以前的朋友担心心理问题躯体化。"

心理问题躯体化，我再次心头一紧。这是一个比较专业的名词，很可能 A 同学在进入北外国商求学之前就已经遭受这方面的困扰，也许还接受过干预。但作为他的招生咨询老师，我竟然对此一无所知。

3.2 前情回顾

A 同学来自东部沿海发达城市的一所普通高中，妈妈是这所高中的教师。高二一读完，他们就打定主意放弃高考，转而走出国留学道路。在我做招生的工作经历中，很少遇到这样有魄力选择国际教育的家长。甚至不用我多说高三一年的复习备考对学生心理造成的影响，A 同学的妈妈自己就深有体会。对他们而言，出国留学是司空见惯的事情。在前期咨询时，他们就告诉我，A 同学的初中好朋友有很多都已经被美国的藤校录取。因此，他们咨询的重点就放在选择北外国商经济管理国际项目哪个课程体系能去到排名更高的国外大学。

在选择课程体系之前，A 同学先参加了北外国商的入学测试。入学测试分为三部分：英语笔试、数学笔试和面试。其中，面试既可以考核学生的英语口语表达和语言运用能力，也是观察学生的言谈举止和心理状态的绝佳机会。很多时候，家长倾向于回避、隐瞒学生的心理问题，因此学校只能出此下策——绕过家长，直接与学生沟通。这样做更多是出于对学生和家庭负责的考虑，因为学校也要权衡是否有能力应对学生的心理需求。

A 同学很顺利地通过了入学测试，笔试成绩非常优秀，面试表现也很自然，虽然提到了此前疫情期间休学过一年，但无论是面试老师还是我都没有往心理问题的方向上联想。

我向 A 同学和其家长介绍了北外国商开设的对接学校层次最高的两个课程——EAP 班和 IFP 班。每年这两个班有很多学生拿到伦敦政治经济学院（LSE）、伦敦国王学院（KCL）、曼彻斯特大学、墨尔本大学等世界顶尖名校的录取通知书。区别在于，EAP 班更偏过程性评估，学生需要每学期完成一到两个课程作业，如 3000 字的论文、5 分钟的带展示文稿的脱稿演讲等，学生接到任务后有充裕的时间准备。IFP 班则更像高考那样一考定终身，每年 5 月，连着一星期，用试卷检验过去一年学习的成果。

A 同学纠结了两周，最终选择了 EAP 班。

3.3 案例分析

以 A 同学的性格，他会很适应在北外国商的学习。A 同学十分好学，学习态度端正得远超同龄人。开学没两天就问我学校有没有二手或外文书店，他想买英文原版书看看。甚至，A 同学对学习的重视超过了对自己身体的关注，有一次感觉头晕恶心、四肢酸痛无力，一量体温已经烧到 38.7 摄氏度，而他担心的却是耽误第二天上课，只因为论文相关作业还没写完。A 同学对自己学习的高要求还体现在，即便是不喜欢的课程也依旧能学得很好。根据过往经验，像 A 同学这样认真刻苦的学生都能取得不错的成绩，去到理想的国外大学。然而，往往表面上令人瞩目的成果背后都有不为人知的苦痛，这可能是每一个出国留学生的写照。

在我接到 A 同学求助的那个晚上，我们聊了很久，我询问了他当下所处的地点、环境、是否有同伴、是否进食等，以及表达了如果他需要帮助可以随时联系我。除此之外，我不知道还能为 A 同学做什么，束手无策的我甚至无从判断是否应该告知其家长，是否需要通知宿管老师去看看情况。

第二天，我还是选择将 A 同学的情况告知负责学生事务的辅导员老师们，我知道大学每年都会对学生做心理测评，有需要重点关注的学生名单，我想这个信息对辅导员老师们的后续工作也有一定的帮助。

即便如此，我还是很困惑，是什么造成 A 同学面临的心理问题呢？抱着这个疑问，我也和他的任课老师沟通，发现有类似情况的学生居然不在少数！尤其是开学初的一个月，很多在国内教育体制下成绩优异的学生，刚进入北外国商都有或长或短的阵痛期，因为他们要重新熟悉和适应一套完全不同的教育模式。

为了帮助出国留学生更好地过渡，北外国商采用的是和国外大学类似的教学方法。全英文的教学语言只是最浅显的区别，更重要的是对知识的态度，从死记硬背到会分析（analyze）、运用（apply）和评价（evaluate）的转变。再加上在北外国商的学习内容不再是抽象的基础学科，而是更贴近生活的经济学和商务学，更需要有实际的思考和观点的产出，这对中国学生来说不是易事。

值得庆幸的是，A 同学在任课老师的帮助下调整得很快，几乎每节课后都会和老师聊天，通过这种方式缓解学业上的压力。此外，A 同学在去到国外大学选择专业时，没有再强迫自己学不喜欢的数学，而是发挥爱看书的长处读纯文科方向，这有助于他更好地接纳自我。

4 案例2：B 同学

4.1 案例背景

B 同学为北京外国语大学国际商学院国际经管项目的一年级学生。该生入学成绩中等，性格内向，课上课下与老师及同学的互动有限。经过一学期的学习后，其成绩仍处于班级中游水平。入学初期，该生即已意识到自己与他人的差距，并表现出一定的自卑心理。后续考试与考查的成绩不理想则进一步加重了学生的心理负担，使其丧失学习动力、缺乏信心、否定自我价值。尤其经历连续三次雅思考试失利后，学生的心理状态急转直下。该生自述由于心理压力过大，考试前失眠，考试期间出现心跳加速、全身颤抖、四肢发冷等生理表现，导致几次雅思成绩均低于模考成绩 1 至 1.5 分，与目标院校的成绩相差较大。由学业压力与学业焦虑引起的学生心理健康问题严重影响了学生的学习积极性与学习效率。若压力与焦虑短期内得不到妥善解决，将导致学生注意力不集中、记忆减退、缺乏学习兴趣、出现拖延行为、消极应对考试，从而发展成为心理困扰及抑郁倾向，对学生的心理与生理健康及学业发展均造成消极影响，不容忽视。

4.2 案例分析

4.2.1 个人因素

通过各任课老师的观察发现，该生学习习惯欠佳：注意力不集中、浅尝辄止、拈轻怕重、作业完成质量不稳定。因此，该生预期分数与实际分数的差距不排除是由于学生对自己的情况过于乐观的估计而造成的。学科阶段性测试的结果也验证了这一判断。大一第一学期的各科阶段性测试结果表明，学生对知识点的掌握并不扎实、不透彻。同时考虑到，在阶段性测试以及雅思模拟考试中，学生的心情更为放松，从而抵消掉由于紧张焦虑造成的考试失误，因此容易在模考中考取更高的成绩。综上分析，学生本身的能力因素及心理因素共同作用造成了该生在正式考试中表现不及预期。

4.2.2 家庭因素

该生的父母均接受过良好的高等教育，且均为各自从业领域内的优秀人士，对学生的期待高、要求严。因此，家长的期许在考前、考中、考后均对学生造成了巨大的无形的压力。学生考试发挥失常后，将遭受来自父母的"问询"："这次为什么又没考好？""这次其他同学考得如何？""班级里的平均分/最高分是多少？""你为什么和别人有这么大的差距？""你好好反思一下自己！"接二连三的质问让学生"喘不过气"。而一次又一次的考试失利似乎印证了家长的质疑，久而久之使学生变得自卑，自我否定，缺乏自信，进而形成"我不行"的心理暗示，在应试中影响其正常发挥。

4.2.3 学校因素

随着知识经济时代的到来，国内外培养选拔人才的标准均日趋多元化。《中国学生发展核心素养》表明，我国以培养"全面发展的人"为核心，从文化基础、自主发展、社会参与三个维度培养学生，使之具备人文底蕴、科学精神、学会学习、健康生活、责任担当、实践创新六大素养（褚宏启，2022）。

21世纪学习联盟（Partnership for 21st Century Learning，2009）的4C素养模型提出了批判性思维能力（Critical Thinking）、沟通能力（Communication Skills）、团队协作（Collaboration）、创造与创新（Creativity and Innovation）是学生走向成功的必备能力。

如此多元化的要求，让本就对学业焦虑的学生更加无所适从，像西西弗斯被困在永远无法成功与失败的围城之中无法自救。此外，大学阶段的学生已经形成了自主学习的能力，学生作为学习的主体需要充分发挥主观能动性，积极规划学习目标、积极完成学习任务、积极与教师沟通。该生性格内向，不主动向任课教师寻求帮助，造成双方沟通障碍，从而导致了学生渴望教师赞扬与教师不给予赞扬之间的矛盾，造成学生内心强烈的失落感、无助感。

4.2.4 心理疏导策略

上述情况对学生的身心健康、生活、学习都造成了巨大困扰，班主任在了解到该生的情况后，第一时间积极介入，多方沟通协调，帮助学生缓解焦虑。

（1）正视问题、克服问题

任课教师普遍反馈称该生学科基础较好，但学习态度、学习习惯、学习方法均需加强。因此，任课教师针对科目特点与学生进行深入交谈，帮助其剖析、正视自身问题，传授适宜的学习方法并在课堂上持续追踪该生后续表现。同时，针对学生展现出的考试焦虑，辅导员老师帮助学生进行脱敏治疗，通过让学生反复想象使其感到焦虑的情景，并引导学生以轻松的心态应对此类情景，逐渐适应焦虑直至完全脱敏为止。

（2）激励教育、重振信心

根据伯纳德·韦纳（Weiner, B., 1985）的归因理论，人对前一次成就的归因将会影响到其下一次成就行为的期望、情绪和努力程度等。成功归因于稳定性因素如能力、任务难度，将期望今后再度成功。失败归因于稳定性因素如缺乏能力将期待再失败，并引起冷漠抑郁的情绪，导致放弃类似任务的行为倾向，并减少个体的努力。期望的增加或减少直接与稳定性因素的特点（程度）有关，并影响个体对将来行为的情绪（延续或夸大）。因此，班主任积极与任课老师沟通，希望任课教师在教学的过程中能及时肯定学生的努力与进步，帮助学生建立正确的归因，认可自身努力与能力，以健康自信的心态面对学习与生活中的各类挑战。

（3）树立目标、激起斗志

在学生取得初步的稳定进步后，可适度提高目标，增加挑战性。在此阶段中，班主任与学生共同商讨并制订学习计划及短中长期目标，并定期评估目标的完成情况，给予适度的奖励或惩戒，鞭策学生不断自我超越。

（4）家校沟通、共同关注

依附于现有的家校合作机制，形成家校合力，共同关注学生心理健康问题。班主任定期在学期初与学期末召开家长会，与家长同步学习安排、留学申请进度、学生表现与心理状况等，并听取家长的意见及建议。对于需重点关注的学生，班主任与家长建立长期一对一的沟通渠道，及时互通有无，共同商讨适合学生的教育方式。在与该生的父母交流后，学院提出的教育方案得到了家长的认可与大力的支持。

4.2.5 辅导效果

通过多措并举、多方合力，历时约三个月的时间，学生的学习状态、应试表现与考试成绩终于有了较为明显的提升。单科成绩平均提升了 6 分，并且也在两次雅思考试后考取了目标分数，顺利申请到了理想的院校。

5 案例3：C同学

5.1 案例背景

C同学的基本情况：经济管理国际项目大一新生，女，年龄17岁，南方人，身高158cm，体态偏瘦，性格温和，看上去有些腼腆。

C同学面临的问题：宿舍环境不适应以及室友关系的不融洽。

5.2 沟通的措施和步骤

5.2.1 沟通的具体措施

初步评估：通过面谈收集C同学的详细信息。

认知重构（Beck, A.T., 1963）：帮助C同学识别和改变导致不适应的负面思维。

行为干预：引导C同学建立积极的自我对话，培养自信心，从而转变对人际关系相处的态度。

技能训练：教授认知模式的改变对情绪和行为的影响等。

5.2.2 沟通的具体步骤

第一次谈话

了解 C 同学的情绪和问题；

分析问题的根源，引导 C 同学关注自身的认知模式；

利用苏格拉底式提问帮助 C 同学识别和纠正消极的认知偏差（Tversky, A., and Kahneman, D., 1974）；

发散性思维（Guilford, J.P., 1950）技术讨论 C 同学认为室友不友好；

指导 C 同学建立积极的自我对话和思维模式；

引导 C 同学自我观察和记录负面情绪。

第二次谈话

鼓励 C 同学主动参与宿舍卫生维护；

培养 C 同学积极的社交技能、改善室友关系。

5.2.3 现场谈话记录

第一次谈话

C 同学：你好，老师，我要请假回家。

辅导员：你好，C 同学。你才入学一周多的时间，为什么啊，请假是家里有什么事情需要你回去吗？

C 同学：我在这里不适应，在宿舍也感觉特别地不舒服。

辅导员：C 同学，你指的不舒服，是身体上的还是情绪上的？你能简单和我说说吗？

C 同学：宿舍太小了不自在，室友也找我麻烦，然后环境条件差，宿舍内的公共区域平时还轮流打扫，我也不太会收拾。

辅导员：哦哦，那宿舍内的公共区域你有打扫过吗？

C 同学：我都没有收拾过，我很少做家务，我家都是妈妈或阿姨做的。

辅导员：跟同宿舍室友中有聊得来的同学吗？

C 同学：没有聊得来的室友，她们还让我把自己的地方收拾干净，不要乱放等，而且她们说话声音都很大，我感觉她们在针对我，那我也不愿意跟她们说话和交往。

辅导员：与室友发生过什么不愉快事情吗？

C 同学：没有什么特别的事情，她们之间平时都是有说有笑，我都很少说话。我开始怀疑是不是我做错了什么，有些沮丧，这让我感到很孤独。

辅导员：感到孤独是很正常的情绪反应，特别是在与人相处中遇到困难时。你能说一下你的孤独感有几分吗？0~10 分，0 分最低，不孤独；10 分最高，特别孤独。

C 同学：我感觉有 8 分吧。

辅导员：哦，8 分，是吧。你能具体描述一下刚才你提到的，她们在有说有笑的时候，你很少说话，是什么原因呢？

C 同学：她们好像是一个地方的吧，以前可能就认识，说的事情我不太知道，就不说话，也有时候是我想说又不知道说什么。

辅导员：嗯嗯，你还提到宿舍太小，环境差，是吧？

C 同学：是的，我们的房间太小了，三个人住在一间房里，在家我自己的房间都比这个大，而且她们总说我的床铺和学习桌子乱七八糟的，晚上她们睡觉也很晚，在那说话或看综艺节目，聊八卦。

辅导员：你在这之前有住过集体宿舍吗？与隔壁屋里的室友关系怎么样？

C 同学：没有住过宿舍。和她们也一般，因为公共区域卫生她们也觉得我笨吧。

辅导员：好的，我明白了。那就是你在宿舍不适应，与室友相处不好，感到孤独，缺乏亲近感和支持。

C同学：是的，每天回到宿舍就很紧张，不想回到宿舍。

辅导员：回到宿舍明显感到紧张和焦虑是吗？

C同学：是的，老师。

辅导员：那像刚才那样，如果给你的紧张和焦虑感打分，你会打几分呢？

C同学：10分吧。

辅导员：那真是很严重。你的这些情况与感受，最近跟你的爸妈沟通过吗？

C同学：每天打电话会跟他们说。

辅导员：你感觉爸爸妈妈理解你的感受吗？

C同学：他们听了后，也认为室友对我不友好，还让我跟老师说说调换宿舍。

辅导员：那你觉得呢，调换宿舍能解决问题吗？

C同学：我也不知道，我就是有点想家。

辅导员：C同学，我们一起分析了你当下的感受以及让你感觉不舒服的原因所在，我总结了一下有三点，你看看是吗？

第一，你第一次离开父母独自住宿，本身就没有安全感，加上宿舍的生活环境跟你之前家里相差很大，让你不舒服；

第二，你之前没有做过家务，独立生活后需要承担自己照顾自己的责任，同时还要承担其他的应尽义务；

第三，你感觉室友对你不友好，不知道如何与她们相处。

我说的这三点你认同吗？或者你看看还有其他补充的吗？

C同学：没有了老师，基本就是这样吧，就像您说的这样！

辅导员：你看，这些问题导致你出现很消极的想法，有一些负面的情绪，伤心、无力，然后就想回家了，是吧！那老师与你一起努力，分析一下这些问题的根源，看看是什么导致了你的不适应、焦虑等困扰。

C同学：嗯嗯。

辅导员：那我们先来看第一条：你有什么证据支持你的想法是正确的？能具体说说吗？

C同学：家里我的房间很大，每天也不用自己打扫，阿姨都会帮我收拾得干干净净，也非常漂亮。在这我就要自己收拾，我也不太会弄，也不会叠衣服，都是胡乱地一堆，但我也尝试着努力去收拾了，室友还觉得是我影响了宿舍的整洁；她们还排了值日表要求每天都要有人打扫客厅的公共区域和卫生间，可卫生间也太……我从没干过，在家这些都是阿姨干的。

辅导员：是啊，所以让你感到不舒服了，那还有什么证据吗？

C同学：还有就是这房子让我想到家里的房间，家里一个人住啊。

辅导员：嗯嗯，你说的确实也是客观存在的。我们在外求学，宿舍环境千差万别，自然不能和家里相比的，再加上我们宿舍的独特性，它是单元房的形式，更让你联想到家里的房间，形成对比；房间小了，同时还多住两个人，又不熟悉，也没有亲人的支持和陪伴，让自己不知所措，产生紧张焦虑感了，对吗？

C同学：是的，现在，即使爸爸妈妈每天也会给我打电话、视频，但我还是感觉孤单，也没有好朋友在身边一起玩耍。

辅导员：你看啊，你出现了很多自动的消极想法，觉得条件差，又没有家人在身边支持你，所以才会感到不舒服和困扰吧。那你有没有想过你现在也有好的一面呢，想想有证据支持吗？

C同学：我没想过，应该也没有吧。

辅导员：是吗，那现在你试着想想呢？比如说新的生活，新的环境，新的同学……

C同学：嗯，我想想（沉默了一会儿），可能现在的宿舍环境也是个过渡的适应吧，毕竟我将来是要出国的，也不确定国外的条件如何；到国外后毕竟离爸爸妈妈更远了，他们也不能照顾我了，必须全靠我自己了，所以我需要尽快独立起来，学会适应新的环境，学会照顾自己。

辅导员：太好了，你看通过我们的分析，你自己能够找出这么正向积极的想法，同样的环境，你看待的角度发生了变化，你的看法也就改变了，自然你的情绪是不是也变了呢？接下来你的做法会不会也有改变呢？这就是我想跟你说的一个心理学的理论。我们知道，个体的情绪和行为受到认知的影响，即我们的想法和看法会影响我们的情绪和行为反应，对应一个ABC模型的理论（Ellis, A., 1957），其中，A为情境或事件、B为认知（想法）或信念、C为情绪和行为结果。你想想，你的B是不是针对宿舍环境以及需要独立生活的消极想法，C就是情绪上表现为情绪低落，行为上反应为想回家了。

C同学：我明白了，可能是我一直把注意力放在了消极的方面，没有意识到是自己的想法有偏差。那我是不是在其他方面也是这样啊？我希望能够改变这种想法，让自己更加积极乐观。

辅导员：很好，C同学，你意识到问题的根源是关键的一步。在接下来的过程中，我们将一起探讨你的认知（想法）模式，帮助你识别并纠正可能存在的认知偏差，引导你建立更加积极健康的认知模式。通过这样的努力，相信你能够逐渐调整情绪，适应当下生活，我们一起努力，共同解决问题。

C同学：好的，老师。

辅导员：接下来我们用发散性思维来讨论一下你与室友的关系吧，分析一下你的这些想法的合理性和客观性。

C同学：好的，老师。

辅导员：那你们最近有发生什么不愉快的事情让你觉得她们对你不友好了吗？

C同学：有的，周末我起床以后发现她俩出去了，没有叫我一起。

辅导员：那你当时的想法是什么？

C同学：她俩不愿意和我玩，故意疏远我，孤立我，早早就出去了。

辅导员：对，"故意疏远我，孤立我"就是你的认知模式，咱们也可以称作"自动思维"，那有什么证据来支持你这个想法呢？

C同学：之前她们聊天时我听到她们说想周末去逛街，她们今天没在，肯定去了，不想带我去。

辅导员：那你用发散性的思维方式，想想有没有其他可能性呢？我解释一下，什么是发散性思维，简单说，发散性思维就是指能够产生多种可能性和解决方案的思维方式，这个你能理解吗？

C同学：我大概明白了，我想想，可能她俩走时我还没起床，我今天11点才起的，不叫我是怕打扰我睡觉吧；也可能是她俩是见老乡去了，带我也不合适吧；也有可能她俩不是一起去逛街，一个喜欢去图书馆，她作业很多；另一个喜欢交朋友，可能跟别人出去了。

辅导员：嗯嗯，你说了四种可能性。那你给这四种可能性各自发生的概率打个分，用百分制来说，你怎么评估？

C同学：逛街30%，怕影响我睡觉70%，见老乡20%，各自出去50%吧。

辅导员：那好，你有验证最后到底是怎么回事吗？

C同学：没有，我也不打算问的。

辅导员：我想说，既然你觉得存在其他可能性，可偏偏又认为是疏远你，孤立你，是不是这就是你的消极想法呢，也就是你的认知存在问题呢？你应该去验证，看看是不是你自己的认知影响你，你应该自己尝试走出这个谜团（猜疑心），你自己的情绪也许就会有变化啊。

C同学：我可以回去跟她们聊聊天，问问她们周末干什么去啦，我起来没发现她们。

辅导员：很好，那我们就把这个当作你的作业，好吧，你准备什么时间去问问她们呢？

C同学：今晚我就问，正好也可以找个话题跟她们聊一聊。

辅导员：C同学，你做得很好。咱们今天谈话基本到这里。老师给你留两个作业吧，一个就是今晚和室友聊聊天，把你的谜团打开；第二个作业是尝试记录你本周的负面情绪，可以试着使用今天学到的ABC理论和发散思维来处理下一次问题。下周某一天，我们再约一次，看看你的作业反馈以及第三个问题打扫宿舍如何解决，找到处理的方式方法，进一步提高你的情绪和生活质量，你看好吗？

C同学：好的，谢谢，老师。

第二次谈话

辅导员：你好，C同学，我们再一次见面了。

C同学：你好，老师，我这段时间里感觉好多了。

辅导员：是的，你一进门老师就感觉出你的不一样，比之前爱笑了。

C同学：嗯嗯，我回去跟室友聊了，她们周末是一起出去的，因为看我还在睡觉，就没打扰我，她们一起去的东校区，一个是去图书馆查资料了，另外一个去学跳舞了，她们回来时不是一起回来的，是我想多了（自己低下头，笑了）。我们也聊了一些别的，感觉还挺好的。

辅导员：如果现在让你对最近的室友关系和宿舍环境来打分的话，你对回到宿舍的紧张和焦虑感来打分的话，从0到10打分，你会打几分？0分很差，10分很好。

C同学：我觉得室友关系有7分吧，宿舍环境也感觉没那么差了。

辅导员：有变化哦，所以问题本身反而没那么重要，重要的是我们要用积极的认知模式去看待问题。那第二个作业怎么样啊？

C同学：老师，我有主动跟室友沟通我怎么整理物品、收拾卫生。宿舍的公共卫生我也尝试地做了一点，因为我这个实在做不来，也做不好，我总觉得那是别人的事。

辅导员：C同学，什么都有第一次，你在这方面已经开始迈出重要的一步了，也开始向室友请教如何整理了，是否感觉出有改善了？

C同学：是的，之前我觉得宿舍条件不好，自己和室友相处得不好，都是我自己认为的。上次谈话回去后，我开始想，或许我应该更加尝试多去跟她们沟通，主动去了解她们。

辅导员：这是一个很好的观点。有时候，我们的内心想法会影响我们看待事情的方式。关于你对新环境和室友的看法，你认为有哪些地方是你可以尝试改变的？

C同学：我可以试着邀请她们一起做些事情，这样可能会改变我们之间的关系。

辅导员：这是个非常好的开始。通过主动出击，你不仅能够改善与室友的关系，也会在这个过程中建立更积极的自我对话。当你感到犹豫或焦虑时，尝试着做几组深呼吸，慢慢地让自己放松下来，回到当下，默默地告诉自己："我会拥有更好的人际关系，我可以通过行动来改变现状。"

C同学：我明白了。我应该更加相信自己，不要总是假设别人不喜欢我。

辅导员：完全正确。记住，每个人都在某种程度上会感到不确定和担忧，特别是在新的环境中，这是人之常情。关键是如何管理这些感受所带来的情绪。当你开始对自己和周围的人持有更加积极的态度时，你会发现自己的情绪和人际关系都会有所改善。

C同学：谢谢您老师，我会尝试按照我们讨论的去做。我想我现在有了一些方向了。

辅导员：我相信你会做得越来越好的。那下面我们看看你的独立生活能力和需要承担的宿舍责任吧。参与宿舍的卫生打扫不仅能帮助你体验生活，还是增进室友关系的一个好机会。你愿意尝试主动承担一些卫生任务，看看会发生什么变化吗？

C同学：我愿意的，我之前也请室友教了我一些。

辅导员：很好，可以具体说说吗？

C同学：就是我跟她们说，我不是不愿意做，是我真的不会做，所以请她们具体告诉我公共区域应该干什么，我自己的小范围应该怎么收拾会比较好。

辅导员：那你的室友怎么做的呢？

C同学：她们非常愿意教我，把我当成一个小妹妹，带着我一起收拾了我的床铺，衣服怎么叠不占地方，桌子上的东西怎么放整洁；公共区域两个屋商量这周末大家一起大扫除，之后每天有人轮流简单收拾一下就好了。

辅导员：太好了，你们商量了值日表，室友带着你也收拾了自己的"地盘"。那你这周的感受如何呢？

C同学：我很开心，我们现在相处得非常好；之前都是我自己存在想法上的偏见，就像老师你说的，我的认知信念有偏差，我现在遇到事情都会尝试用你教的那两个方法来分析。我现在也不想回家了，感觉宿舍挺好的，也没那么差，我来这是好好学习的，其他外在环境不是重点，我可以适应的。另外我还和室友约好，周末我们一起去爬长城呢（说完，自己又笑了）。

辅导员：看到你今天的笑容，我很高兴能帮到你，我们走进大学，这是我们进入社会之前的过渡期，所以在这里我们不仅仅要学会知识，还要学会不断地适应新环境、人际交往、独立生活、承担责任等。学习人际交往就像任何知识一样，需要时间和练习来提高。记住，我一直在这里支持你。随时欢迎你来分享你的进展和任何感受，我们可以一起继续探索和解决遇到的问题。

5.2.4 分析沟通的效果

情绪改善：C同学的情绪低落状态有所改善，明显变得更加乐观、积极。她能够管理自己的情绪，遇到挑战也能保持相对平和的心态。

宿舍环境适应：通过认知重构，C同学学会了调整自己对宿舍环境的看法，她开始寻找宿舍生活中的积极方面，比如宿舍的便利性和自己舍友间偶尔的欢乐时光，这帮助她减少了对宿舍环境的不满。

室友关系改善：C同学和她的室友进行了坦诚的沟通，表达了彼此的期望和需求。通过沟通，她们制定了"温馨小家"的合约守则，彼此尊重，共同守护。

社交活动参与度提高：C同学开始参与更多的校园活动，加入自己喜好的协会，结识了更多新朋友。参与这些活动不仅丰富了她的大学生活，也提高了她的社交技巧和自信心。

6　总结与展望

根据多年的经验，我院老师发现，学生出现心理问题的主要诱因有如下几个方面：原生家庭环境、学业压力和感情问题。我院老师会针对每个孩子的个案作相应的辅导，尽全力帮助孩子顺利在国内完成学业。当学生在国外大学学习期间遇到心理问题时，如果学生向我院老师寻求帮助，我院老师会给予远程的疏导，并协助学生在当地寻找合适的咨询师或者及时就医。

虽然我院已经采取了一些措施，但仍有进步的空间。在人员方面，我院将培养更专业的心理健康服务团队，这些专业人员可以提供个性化的支持，帮助学生应对压力、焦虑和其他心理问题。在服务内容方面，加强心理健康教育，定期举办心理健康讲座，提高学生对心理健康的认知，以便更早地识别和处理问题。总之，北京外国语大学国际商学院将继续关注经济管理国际项目学生的心理健康，不断改进服务，为学生创造更好的学习和生活环境。

参考文献

［1］AUERBACH R P, MORTIER P, BRUFFAERTS R, ALONSO J, BENJET C, CUIJPERS P, DE-MYTTENAERE K, EBERT D D, Green J G, HASKING P, MURRAY E, NOCK M K, PINDER-AMAKER S, SAMPSON N A, STEIN D J, VILAGUT G, ZASLAVSKY A M, KESSLER R C, WHO WMH-ICS COLLABORATORS. WHO World Mental Health Surveys International College Student Project: Prevalence and Distribution of Mental Disorders［J］. Journal of Abnormal Psychology, 2018, 127（7）: 623-638.

［2］BECK A T. Thinking and depression: I. Idiosyncratic content and cognitive distortions［J］. Archives of General Psychiatry, 1963, 9（4）: 324-333.

［3］ELLIS A. Rational psychotherapy and individual psychology［J］. Journal of Individual Psychology, 1957（13）38-44.

［4］GUILFORD J P. Creativity［J］. American Psychologist, 1950, 5（9）: 444-454.

［5］LIU M. Addressing the Mental Health Problems of Chinese International College Students in the United States［J］. Advances in Social Work, 2009, 10（1）: 69-86.

［6］MORI S C. Addressing the Mental Health Concerns of International Students［J］. Journal of Counseling & Development, 2000（78）: 137-144.

［7］SMITH R. KHAWAJA G. A Review of the Acculturation Experiences of International Students［J］. International Journal of Intercultural Relations, 2011, 35（6）: 699-713.

［8］SAHU P. Closure of Universities Due to Coronavirus Disease 2019（COVID-19）: Impact on Education and Mental Health of Students and Academic Staff［J］. Cureus, 2020, 12（4）: 1-6.

［9］TVERSKY A, KAHNEMAN D. Judgment under Uncertainty: Heuristics and Biases［J］. Science, 1974, 185（4157）: 1124-1131.

［10］WEINER B. Human motivation［M］. Psychology Press, 1985.

［11］YU, et al. Mental Health Conditions of Chinese International Students and Associated Predictors amidst the Pandemic［J］. Journal of Migration and Health, 2023, 7: 1-7.

［12］ZHOU, et al. Theoretical Models of Culture Shock and Adaptation in International Students in Higher Education［J］. Studies in Higher Education, 2008, 33（1）: 63-75.

［13］谭瑜，陶瑞. 高校中外合作办学项目学生跨文化适应状况及其影响因素［J］. 北方民族大学

学报（哲学社会科学版），2014（6）：114-117.

[14] 周毅敏. 广西少数民族大学生出国留学前焦虑成因研究与有效疏导——以桂林电子科技大学爱尔兰2+2项目为例[J]. 中国成人教育，2015（1），77-79.

[15] 张硕. 从激发学习动机的角度促进中外高校合作办学项目下学生的心理健康[J]. 教育观察，2015，4（27）：39-40.

[16] 褚宏启. 以核心素养为导向持续提升义务教育质量. 2022，教育部. http://www.moe.gov.cn/fbh/live/2022/54598/zjwz/202206/t20220622_639734.html.

留学生活中的负性情绪调适

李旭培① 郭 晶 章严平 杨文娟

（中国科学院心理研究所心理健康应用中心

北京外国语大学国际商学院）

出国留学是诸多学生实现学业生涯发展的重要途径，目前我国年度出国留学的人员总数超过60万人。出国留学对学生而言是一项重要挑战，他们需要在陌生的环境里独立开始新生活，需要面对学业适应、人际适应、文化适应、生活习惯的改变等诸多问题。对于很多学生而言，并不能立即或总是适应良好，不可避免地会产生一些负性情绪，从而对其学业生涯产生一定影响，需要引起关注和重视。

1 留学生活中的负性情绪特点及产生原因

留学生的负面情绪主要有哪些？李同归指出有以下几种：有的同学早晨醒后先浏览手机信息消磨时间，感到索然无味，不知是否应该起床、上学，心里觉得空落落的；还有的同学会自责，后悔离开家乡出国留学，感到无助、无望；一些同学会紧张，甚至会无缘无故地担心发生不好的事，总怀疑自己身体出了问题；还有的同学会变得易怒、暴躁，以往不在意的事现在也能使自己心烦等（周姝芸，2022）。除了常见的负性情绪，人们也通常会关注留学生所表现出的典型负面情绪，特别是留学过程中可能出现的抑郁、焦虑等心理问题。

留学生活中的负面情绪表现出随时间变化的特点。有研究指出，留学生心理健康状况同其在他国停留时间呈非线性变化的关系。一般来说，最初数月留学生会因新奇体验而拥有较为良好的情绪和心理状态，在发展到一定时期后会出现情绪低落状况，再经历一段时间后，会根据个体不同的自我调节能力而出现不同程度的回升，即停留时间会使得相关留学生心理状态呈现极高到低落再回升的状态（陈洪兵，王悦，2023）。

研究者认为，留学生负性情绪的产生主要来自适应困难。马雪丽和郭倩蓉（2023）认为，留学生从衣食住行等基本生活到文化适应都面临着各种困难，因为语言能力的不足，造成人际关系存在困难，加上对故乡的思念以及没有亲人朋友陪伴带来的孤独感也会造成很大的压力。陈洪兵和王悦（2023）指出，除了适应困难，文化距离、社会支持、群体特征也是讨论的热点。文化距离是指留学生自身原有文化同其当前所处环境文化的差异性，文化距离同留学生心理适应性呈显著负相关，对于跨文化的留学生来说，文化

---

① 通讯作者：李旭培，中国科学院心理研究所心理健康应用中心。

距离相距越远，则其对于留学地本土文化的适应难度越大。社会支持也会对留学生心理健康状况造成影响，有效的社会支持如适当的社交活动、语言辅导，能让留学生群体更好地融入当地生活，从而缓解自身思乡、抑郁等症状，增强心理健康与满意度，而缺乏社会支持所造成的留学生生活困难等情况，将会对留学生心理状况造成严重不利影响。在群体特征方面，男性留学生群体往往比女性留学生群体有着更好的心理状态，女性留学生适应新环境难度更大，心理健康情况也相对较差；年龄越大、学历水平越高的留学生群体心理健康水平越高，部分高中乃至初中就赴海外留学的青少年，往往是最易产生心理问题的群体；在经济性因素上，如果自身或家庭面临较大经济负担或压力时，往往也会导致留学生自身产生心理压力；此外，地域因素也在一定程度上可能引发地域歧视或类似歧视行为的产生，对于留学生健康心理状态的形成造成不利影响。

2 负性情绪对留学生活的影响

2.1 负性情绪的作用机制

Spector, Zapf, & Chen（2000）提出了负性情绪在压力过程中的六种作用机制，有助于帮助我们理解负性情绪是如何影响留学生的学习和生活的。这六种机制分别是：知觉机制，即那些具有负性情绪特质的人，倾向于以更消极的视角看待环境，也更倾向于报告出更强烈的身心反应；过度反应机制，负性情绪程度高的人容易对环境产生过度的反应，容易出现夸大的紧张反应，造成负性情绪与压力源交互地、协同地影响身心紧张；选择机制，即负性情绪与客观条件相关联，那些负性情绪更高的人容易被更差的环境所选择；制造压力源机制，即在较高负性情绪下产生的行为容易带来更多的压力源，特别是社会性压力源；情绪机制，即负性情绪在一定程度上是压力的必然结果；因果机制，即环境的改变会影响负性情绪状态的变化。上述六个机制虽然是在工作压力研究中提出，但对于理解留学生负性情绪的影响有一定的启发意义。

2.2 负性情绪对认知能力的影响

留学生活的核心任务是学习，是不断提升自己的认知能力和水平，从而获得学业上的成功。研究人员关注了负性情绪对认知加工、记忆、创造力等方面的影响，并比较了负性情绪与正性情绪所产生的影响的不同。

在对认知加工的影响上，研究人员考察了不同情绪状态对信息加工方式的影响。双加工理论根据对信息加工方式的不同，将认知过程区分为直觉加工（也称作"启发式加工"，是快速、自动、基本无意识的信息加工过程）和分析加工（也称作"反思性加工"，是缓慢、受控、基本有意识的信息加工过程）。一般来说，直觉加工能在短时间内处理大量原始信息，分析加工只能对有限的信息进行深入加工，且比直觉加工消耗更多的认知资源。研究指出，积极情绪往往会促进直觉加工，但可能会受到知识经验、表面信息、任务性质以及加工条件的影响；消极情绪会让个体倾向于分析思考，能注意到局部、细节的信息，从而提高个体在推理问题上的表现（叶舒琪、尹俊婷、李招贤、罗俊龙，2023）。

在对记忆的影响上，关于不同强度的负性材料对情绪记忆影响的研究发现，依赖于回想的再认随着负性强度的增加而逐步提高，依赖于熟悉性的再认随着负性强度的减弱而逐步提高，说明负性情绪对记忆的影响也与记忆任务的性质有关（王宝玺、程琛、熊思雅、李富洪、张璟、向玲，2018）。

情绪状态同样对创造力有着重要影响。研究者通常认为，正性情绪对创造性科学问题提出能力具有显著的促进作用，尤其是高兴情绪状态，这可能是由于正性情绪能够扩展注意与认知的范围，让创造者处于高度的知觉状态，使更多的资源进入意识。而有些特定的负性情绪，例如恐惧情绪，则抑制了创造性科学问题提出能力，这可能是由于恐惧导致了担忧和认知唤醒，从而影响了信息加工效能（胡卫平、王兴起，2010）。尽管大量研究结果表明，积极情绪有利于促进创造性的产生，消极情绪阻碍创造性的产生，但也有不少研究得出了截然相反的结论，即消极情绪促进创造性的产生，积极情绪阻碍创造性的产生。积极情绪和消极情绪对创造力的产生正向作用的机制不同，积极情绪主要通过增强认知灵活性来提高创造力，而消极情绪则主要通过增强持续性来提高创造力（胡卫平、王博韬、段海军、程丽芳、周寰、李晶晶，2015）。

2.3 负性情绪对不健康行为倾向的影响

留学生活中可能出现的行为问题是研究者和学生家长都十分关注的话题，特别是与健康生活相关的手机依赖和饮食问题，以及与社会良好适应相关的攻击行为问题。

学者通常从自我控制和情绪调节的角度解释负性情绪对个体负性行为倾向的影响。通常而言，自我控制能力强的个体也具有良好的情绪调节与管理能力。但是，个体的情绪与自我控制能力是相互影响的，个体的自我控制能力有限，一些负性情绪也可以较大地削弱自我控制资源，导致个体自我控制能力下降（马翔、赵思路、毛惠梨、张彩玉、黄思静、杨小兵，2021）。抑郁、社交焦虑等负面情绪较多的个体，可能因为本身缺乏情绪调节和自我管理能力，进而过度依赖微信等社交媒体，甚至产生手机成瘾行为。

在情绪与饮食行为的关系上，情绪能够影响个体的饮食行为，食物的消耗也会影响人们的情绪，受情绪影响的不健康饮食行为会引起一系列健康问题甚至疾病。消极情绪容易促进个体的注意和认知资源从长期目标转移到缓解负面情绪的即时目标，从而导致自我调节失败后的危险行为，例如无节制地进食（周爱保、谢珮、田喆、潘超超，2021）。与无节制饮食相似的另一种行为是放纵消费。放纵消费被看作是一种非理性的消费决策，是指纵容自我，屈服于希望、满意或自我要求的消费行为，放纵消费往往与自我控制失败和屈服于诱惑的概念相关联。在消极情绪状态下，人们往往期望通过选择放纵的、享乐性的消费来弥补，从而让自己感觉好一些，这是消极情绪的修复补偿机制在刺激人们产生放纵消费行为（陶洪美、吕娜，2021）。

情绪也一直被视为影响攻击产生的重要因素。情绪调节理论认为，情绪之所以会导致攻击行为产生，是因为处于负面情绪状态的个体会产生情绪调节动机，即期望调节当下的情绪状态，攻击则被认为是一种可以调节情绪的手段，因此个体会出于调节情绪的目的实施攻击（刘宇平、周冰涛、杨波，2022）。处于负面情绪状态下的个体会期望通过攻击调节情绪，进而实施攻击行为（Bushman, Baumeister, and Phillips, 2001）。

2.4 负性情绪对职业决策的影响

学生出国留学的主要目的之一是为将来的职业选择增加竞争力，进行职业决策也是留学生不可回避的重要人生议题。职业决策主要是指决策者组织有关自我的职业环境信息，仔细考虑各种可供选择职业的前景，作出职业行为的公开承诺，职业决策不仅是一个即时的职业选择行为，而且是一个决策过程。梅敏君和王大伟（2009）比较了积极情绪和消极情绪对职业决策的影响，结果发现，情绪会显著影响职业决策。具体表现为：积极情绪决策者的职业决策加工时间变长，信息搜索的深度增加，职业决策策略更加倾向于选项的加工，也是较多地选择线性策略；而消极情绪的被试则信息搜索的深度逐渐降低，特别在职业决策策略上更加倾向于基于属性的加工，即更多是非线性策略的选择。

对留学生而言，不仅是职业决策，他们在生活中要面临很多的跨期决策情境。跨期决策是指对发生在不同时间点上的成本与收益进行权衡，进而作出选择的过程。蒋元萍和孙红月（2019）综合大量研究结果发现，正性情绪可以使个体更加偏爱长期选项，负性情绪可以使个体更加偏爱短期选项，倾向于能够及早兑现的较小奖赏。当然，不是所有负面情绪都会产生这种短视的影响，评价倾向框架理论认为，情绪具有6个认知评价维度：确定性（未来事件可否预测的程度）、愉悦性（个体感到积极或消极的程度）、注意活动（个体是否关注）、控制性（事件是由个体还是情景控制）、预期努力（需要付出生理或心理上努力的程度）和责任感（他人或自身对事件负责的程度），人们可以根据这些认知评价维度区分不同的情绪。不同的认知评价维度对每一种情绪的作用不同，其中对情绪起主导作用的评价维度被称为"核心评价主题"，核心评价主题可激发个体对未来事件形成一种内隐的认知评价倾向，因此情绪对决策的影响是通过认知评价倾向而实现的。由于不同情绪的认知评价倾向不同，进而决定了其对决策的可能影响也是不同的。例如，悲伤的认知评价维度主要是低愉悦性和低控制性，因此悲伤个体在跨期决策中，面对即时诱惑容易失去自我控制，并且认为立即获得能够给予即时的安慰。

3 负性情绪的调适

3.1 提升情绪调节的灵活性

情绪调节是个体在一定情境下为了达成情绪调节目标而使用情绪调节策略，即个体为了满足情境需求而对内在体验、生理反应及行为表现进行调控（Gross，2015）。Gross提出的情绪调节过程模型主张，针对情境—注意—评价—反应这四个情绪产生的阶段，存在情境选择、情境修正、注意分配、认知改变和反应调整这五类情绪调节的策略，并强调情绪调节的效果受到策略和情境的共同影响。情绪调节的效果不仅取决于个体在特定情境下使用特定的情绪调节策略，还取决于个体在变化情境下灵活使用不同的情绪调节策略。

情绪调节灵活性是个体根据不断变化的情境需求灵活地部署调节策略的能力，也是衡量情绪调节能力个体差异的主要指标之一（王小琴、谈雅菲、蒙杰、刘源、位东涛、杨文静等，2023）。张少华、桑标、潘婷婷、刘影、马明伟（2017）总结指出，情绪调节灵活性的前提是情境改变，包括客观的情境改变和主观的情境改变，客观的情境改变是指情境本身的改变，主观的情境改变是指个体对情境评估的改变；情绪调节灵活性的核心是策略改变，包括自主的策略改变和受控的策略改变，自主的策略改变是指个体自主选择策略的改变，即个体在情境改变时可以自由选择使用某种策略，受控的策略改变是指个体受控使用策略的改变，即个体在情境改变时需要依据指导语使用某种策略；情绪调节灵活性的关键是同步改变，包括绝对的同步改变和相对的同步改变，绝对的同步改变是指情境改变和策略改变在时间上不存在延迟，即情境改变和策略改变几乎同时发生，相对的同步改变是指情境改变和策略改变在时间上存在延迟，即情境改变发生在策略改变之前或之后，只有情境和策略的同步改变才属于情绪调节灵活性，而情境和策略的不同步改变则不属于情绪调节灵活性。

3.2 负性情绪的认知调适

面对负性情绪时，认知重评和分心策略是两种广泛应用的情绪调节策略。相比之下，认知重评比分心策略会产生更高的认知损耗，因此，个体倾向于在高负性情境中选择分心策略，而在低负性情境中更倾向使用认知重评策略（王小琴、谈雅菲、蒙杰、刘源、位东涛、杨文静 等，2023）。这可能是因为，认知重评策略涉及的认知改变过程需要较多认知资源卷入，可以产生持久的调节效果，因此在低负性情境中使用更具有优势；分心策略通过无关刺激代替情境需要较低认知资源卷入，但只能维持短时的调节效果，因此在高负性情境中使用更具有优势。

认知重评是对负性情绪刺激的重新评价，即通过改变个体的思维方式来改变个体的情绪体验，从而减少一次原本令人痛苦的经历所带来的负面情绪体验。认知重评可分为分离认知重评和积极认知重评。分离认知重评是个体把注意力集中在情境的非情感方面，以此减少负面情绪反应；积极认知重评是个体用积极的眼光来看待情境，虽然关注的是消极事件，但却承认消极事件的积极方面和积极结果（王彩凤、张奇、张笑笑，2021）。

认知重评的重点在于改变一个人对负性刺激的心理定势和原有信息的处理模式，重新表征和构建对当前情境的认知。但是传统认知重评存在重构程度不够高、条件效果不明显的问题。为此，我国学者提出了"创造性认知重评"的情绪调节策略，并证明了该方法的有效性。创造性认知重评是指一种具有高度创造性的、适配于当前情绪刺激的、新颖独特的解读，个体在情绪调节过程中将该解释框架与刺激情境进行联合时会产生豁然开朗，类似于"啊哈！"的顿悟类体验（武晓菲、肖风、罗劲，2022）。在学业、人际关系和社会压力下，创造性认知重评能够提升青少年的心理健康水平，尤其是学会创造性（幽默）认知重评，可以帮助青少年掌握有效的沟通方式，构建良好的人际关系。

留学生可以采取一些具体的方法来调整情绪和改善对环境的认知，正念训练被认为是一种有效的方法。正念是在此时此刻对当下出现的各种身心经验不加评判的觉察，正念训练可以显著提升积极情绪或显著降低消极情绪，研究表明，即使是短时（10分钟）的正念干预，也能够（暂时）提高个体的正念水平，降低主观唤醒度，以及对有意识加工条件下情绪图片的唤醒度评定（王汉林、李博文、任维聪，2023），系统性的正念培育有助于提升心理韧性（李翠、徐远超、张镇、李素娟、段思岚，2023）。

3.3 提升负性情绪分化能力

情绪分化也称为"情绪粒度"，是指个体在相似情绪状态之间做出粒度化细微区分的能力。个体能够细腻地区分相似的情绪体验，特别是负性情绪体验，对其身心健康具有重要意义（叶伟豪、于美琪、张利会、高琪、傅明珠、卢家楣，2023）。

在日常生活中，人们容易区分出正性情绪和负性情绪，但对于相同效价下不同种类的情绪的区分相对困难，例如抑郁和悲伤、生气和沮丧。叶伟豪等（2023）在总结前人研究的基础上指出，高、低情绪粒度个体在区分自身情绪体验时存在不同模式，高情绪粒度个体能对自身情绪体验进行细微区分，并使用特异性的术语来标记和表征这些情绪体验（如生气、沮丧、恼怒），而低情绪粒度个体则在自身情绪体验的区分上表现出劣势，通常采用一般性的术语标记和表征情绪体验（如感到不好）。情绪粒度对于理解情绪体验具有重要意义，当个体面对一系列的负性情景时，使用特异性的情绪词汇来区分当下情景自身的情绪体验能更好地传达与情景相关和指导后续行为的信息；被精细区分的情绪体验更容易被个体掌控。例如，准确区分负性情绪的个体能在风险决策过程中更少受到负性情绪的影响，作出更为理智的决策；准确地理解负性情绪有利于个体长期的健康情绪管理，当个体无法区分自身负性情绪体验而导致情绪调节困难时，其更有可能沉溺于适应不良行为从而获得短期的情绪稳定，而这不利于个体长期的情绪健康。

提升负性情绪分化能力有助于留学生更好理解情绪，并开展适应性情绪调节。叶伟豪等（2023）指出，高负性情绪粒度能促进个体采取适应性情绪调节策略，减少适应不良情绪调节策略的使用，并在情绪调节策略的有效性上表现出优势。具体表现为，负性情绪粒度可以减少反刍、回避等适应不良情绪调节策略的使用，促进个体采用认知重评、接受等适应性情绪调节策略。负性情绪粒度的作用还体现在情绪调节策略的有效性上。在个体层面上，负性情绪粒度能通过情绪调节策略的选择性和有效性维持情绪稳定，进而促进个体身心健康；在社会层面上，负性情绪粒度也与人际情绪技能有着紧密联系；负性情绪粒度也能减少个体对他人进行道德判断时的偏见，接受过负性情绪粒度训练的个体（负性情绪粒度得到短暂提升）在进行道德判断时更少受到厌恶情绪的影响，作出了更为理性的道德判断。除了维持个体短期的情绪稳定，负性情绪粒度对于个体长期的社会适应也有重要意义，具体表现为高负性情绪粒度可以缓解由负性情绪引起的不良反应，减少个体产生内化问题和外化问题的可能性。

叶伟豪等（2023）总结了两种提升情绪分化能力的方法，分别是基于情绪词汇的干预和基于正念的干预。基于情绪词汇的干预训练的核心在于丰富个体的情绪概念性知识。低负性情绪粒度个体以粗糙、未分化的形式区分情绪体验，本质上是缺乏相应的情绪性概念知识。通过情绪词汇的训练，不仅可以扩充个体对情绪词汇的储备，也有利于其对情绪概念的理解，突出相似情绪状态的差异性，进而促使个体精细地区分负性情绪体验。情绪词汇的学习可以减少个体在分类情绪体验时的认知负荷，从而提升个体的负性情绪粒度。基于情绪词汇的干预训练较为简单、易于操作，且对于负性情绪粒度的短期提升具有较好效果。正念干预训练能有效地提升个体的情绪粒度，并且该效果具有一定的持续性。正念强调个体对自身情绪体验的觉察，其不直接改变情绪体验，而是改变自身与情绪体验的关系。正念干预积极地训练个体将注意力集中于自身的内在状态上，这种视角的转换有利于个体负性情绪粒度的提升，为细致地了解和描绘自身负性情绪体验提供了可能。除了视角的转换，正念干预训练有利于缓解身心疾患群体的过度泛化问题，而习惯性的过度泛化不利于个体的负性情绪粒度提升。需要特别指出的是，个体的情绪粒度会随时间和情景的变化而变化，个体内负性情绪粒度的动态变化性受到压力水平的影响，压力水平越高，个体内负性情绪粒度越低。

3.4 科学开展体育活动

与听音乐、看电影、读书等休闲活动相比，身体活动是更为经济有效的情绪调节手段，也是留学生更容易"上手"的情绪调节策略。

蒋长好和陈婷婷（2014）总结前人研究发现，与久坐少动的被试相比，闲暇时间坚持慢跑的被试，大学生压力水平更低，对生活的不满意感也更低；经常参加运动的大学生比不参加运动的大学生的抑郁、迷惑水平更低，活力水平更高，自尊感更强；每周参加有氧锻炼活动有助于降低失望、抑郁等消极情绪。可见有规律的身体活动尤其是有氧锻炼能够有效缓解消极情绪，增进心理健康。

马雪丽和郭倩蓉（2023）指出，通过运动可以以积极的态度面对遇到的困难，可以提高心理韧性，从而减缓压力和逆境造成的消极影响；规律地参与体育活动，可以缓解社会焦虑感，增加对学校生活的满足感。留学生通过参与体育活动可以缓解压力，克服对母国的思念，更好地融入他国的社会和文化。然而，需要注意的是，运动也要适量。毕映琛、苗成龙、马冉（2023）关于文化适应、体育活动和留学生抑郁之间关系的研究发现，高水平的身体活动导致文化适应压力加重了留学生的忧郁情绪。体育活动本身是一种有益的应对方式，有助于提高人们的情绪和减少压力，但得出该研究结果的原因之一是留学生这一研究对象的特殊性。即由于学业困难、孤独、无法适应新环境等外部因素的存在，体育活动有可能会作为强化文化适应压力与忧郁之间的工具。因为留学生在他国，所以交友存在困难，很难有机会与留学国家学生一起参与体育活动。因此，高水平的体育活动不会提供与其他人进行社交的机会，反而体育活动加重了身体疲劳和孤独感。

研究表明，不同锻炼方式的大学生在正、负性情绪体验上有显著差异（蒋钦、袁鸾鸾、王恩界、李红，2016）。其中，与朋友、同学一起锻炼的大学生在正性情绪体验上显著高于其他锻炼方式的大学生，独自锻炼的大学生在负性情绪体验上得分则高于与朋友、同学一起锻炼和与家人一起锻炼者。这一结果符合体育锻炼的社会交往理论。社会交往理论认为，多数锻炼是由两人或两人以上共同进行的，在锻炼过程中同伴间相互交流，增强了信任感，对于保持个体身心愉悦具有很大的影响。因此，对留学生而言，应考虑在体育锻炼中增加其社交属性。

4 消极情绪的积极作用

尽管在多数情况下，负性情绪对留学生活产生了负面影响，但这并不是说负性情绪就是一无是处的，我们应全面看待负性情绪的作用。

王凯和叶浩生（2020）提出，消极情绪对幸福具有积极作用，具体表现为消极情绪对个体障碍的警示作用，对积极情绪的增强作用以及对心理殷盛（flourishing）的维持作用。消极情绪对个体相关障碍的出现具有警示作用。也就是说，当健康个体有向情感和社会功能障碍发展的趋势时，消极情绪就会对个体提出警示，在相关障碍出现之前，消极情绪就以阻碍身体发展的方式预测个体的身心状况。与积极情绪和中性情绪相比，处于消极情绪条件下的个体在接受积极情绪刺激后可以体验到更多的积极情绪，这说明尽管幸福感的高低在很大程度上直接取决于积极情绪的强弱，但消极情绪可以通过增强个体的积极情绪来间接提升幸福感。心理殷盛（flourishing）是指个体的幸福感、创造力、成长能力、复原力等达到最佳水平，它包含享乐主义的幸福和实现主义的幸福。个体对消极情绪与积极情绪的混合体验对实现主义幸福具有积极作用，混合情绪体验可能会促进个体对意义创造的加工，最终有利于实现幸福。

正处于人生发展重要阶段的留学生应正确认识负性情绪的作用，科学应对负性情绪的影响，采用恰当策略和方法调适负性情绪，从而顺利完成学业，更好报效祖国。

参考文献

[1] 毕映琛，苗成龙，马冉. 文化适应压力对中国留学生抑郁情绪的影响——身体活动的调节效应［J］. 上饶师范学院学报，2023，43（6）：66-72.

[2] 陈洪兵，王悦. 新形势下留学预科学生心理健康问题及对策研究［J］. 北方工业大学学报，2023，35（5）：8-18.

[3] 胡卫平，王博韬，段海军，程丽芳，周寰，李晶晶. 情绪影响创造性认知过程的神经机制［J］. 心理科学进展，2015，23（11）：1869-1878.

[4] 胡卫平，王兴起. 情绪对创造性科学问题提出能力的影响［J］. 心理科学，2010，33（03）：608-611.

[5] 蒋长好，陈婷婷. 身体活动对情绪的影响及其脑机制［J］. 心理科学进展，2014，22（12）：1889-1898.

［6］蒋钦，袁鸾鸾，王恩界，李红. 大学生体育锻炼对正、负性情绪体验的影响［J］. 中国健康心理学杂志，2016，24（1）：126-130.

［7］蒋元萍，孙红月. 情绪对跨期决策的影响［J］. 心理科学进展，2019，27（9）：1622-1630.

［8］李翠，徐远超，张镇，李素娟，段思岚. 正念培育对缓解大学生负性情绪的作用：心理韧性的中介效应［J］. 心理月刊，2023，18（18），57-61.

［9］刘宇平，周冰涛，杨波. 情绪如何引发暴力犯的攻击？基于情绪调节理论的解释［J］. 心理学报，2022，54（3）：270-280.

［10］马翔，赵思路，毛惠梨，张彩玉，黄思静，杨小兵. 负性情绪在大学生自我控制与微信成瘾间的中介作用［J］. 校园心理，2021，19（5）：431-433.

［11］马雪丽，郭倩蓉. 参与体育活动的在韩中国留学生的文化适应压力、心理韧性和留学生活满足度的关系研究［J］. 第十三届全国体育科学大会论文摘要集，2023：183-185.

［12］梅敏君，王大伟. 情绪对职业决策的影响［J］. 心理科学，2009，32（4）：986-988，985.

［13］陶洪美，吕娜. 消极情绪、放纵消费和主观幸福感的关系［J］. 心理月刊，2021，16（20）：220-221，43.

［14］王宝玺，程琛，熊思雅，李富洪，张璟，向玲. 负性情绪强度对双加工再认提取的影响［J］. 心理科学，2018，41（3）：540-545.

［15］王彩凤，张奇，张笑笑. 积极与分离认知重评负性情绪调节效果和成功程度的差异：青年、中老年和少年的实验结果［J］. 心理科学，2021，44（6）：1376-1382.

［16］王汉林，李博文，任维聪. 短时正念训练对大学生负性情绪唤醒度的效应［J］. 中国心理卫生杂志，2023，37（9）：801-806.

［17］王凯，叶浩生. 幸福：消极情绪的积极作用［J］. 心理研究，2020，13（6）：490-495.

［18］王小琴，谈雅菲，蒙杰，刘源，位东涛，杨文静，邱江. 情绪调节灵活性对负性情绪的影响：来自经验取样的证据［J］. 心理学报，2023，55（2）：192-209.

［19］叶舒琪，尹俊婷，李招贤，罗俊龙. 情绪对直觉与分析加工的影响机制［J］. 心理科学进展，2023，31（5）：736-746.

［20］叶伟豪，于美琪，张利会，高琪，傅明珠，卢家楣. 精准的意义：负性情绪粒度的作用机制与干预［J］. 心理科学进展，2023，31（6）：1030-1043.

［21］张少华，桑标，潘婷婷，刘影，马明伟. 情绪调节灵活性的研究进展［J］. 心理科学，2017，40（4）：905-912.

［22］周爱保，谢珮，田喆，潘超超. 情绪对饮食行为的影响［J］. 心理科学进展，2021，29（11）：2013-2023.

［23］周姝芸. 留学期间如何保持心理健康［N］. 人民日报海外版，2022-06-16（8）.

［24］BUSHMAN B J, BAUMEISTER R F, PHILLIPS C M, Do people aggress to improve their mood Catharsis beliefs, affect regulation opportunity, and aggressive responding［J］. Journal of Personality and Social Psychology, 2001, 81（1）：17-32.

［25］GROSS J J, Emotion regulation：Current status and future prospects［J］. Psychological Inquiry, 2015, 26（1）：1-26.

［26］SPECTOR P E, ZAPF D, CHEN P Y, Why negative affectivity should not be controlled in Job stress research：don't throw out the baby with the bath water［J］. Journal of Organizational Behavior, 2000, 21：79-95.

留学期间如何识别和应对抑郁

曹玉萍

（中南大学精神卫生研究所）

随着世界的快速发展，越来越多的学生选择出国求学，接触新的文化与知识。绝大部分留学生在出国之前，想到可以去欣赏不同的美景、领略不同的文化，自然会比较兴奋。但当真正到达一个陌生的国度时，可能会遇到一些困惑与压力，比如对新环境的陌生、新社会模式的不适应、用一门新语言沟通的不流利等，尤其是漂泊在外的孤独感，大部分留学生都深有体会。

其次，饮食习惯改变所带来的不适应也不容小觑，中国作为世界美食大国，不管是国人抑或外国友人，都对中国的美食赞不绝口，当身处国外，饮食结构不可避免地会发生巨大的变化，也会给留学生们带来不小的困扰。

更重要的是，相当一部分留学生在年龄较小时便远离家乡和父母，前往异国他乡，用他国语言来学习，是非常具有挑战性的。从社会角度，国家之间的关系、新冠病毒的肆虐等，无疑会给留学生造成一定的心理压力。本文主要探讨，留学生在外求学期间，面对一些特殊的情况及心理压力时，如何正确识别自身状况，调动自身心理潜能，从而改善对压力的应对方式，最终实现维护身心健康，在异国他乡建立良好的学习生活的心理环境。

1 正确识别自身的状态

对自身状态的正确识别，是维护身心健康的基础。首先，要了解可能对身心健康造成损害的主要因素——心理压力。

压力，原本是一个物理概念，指的是一个物体与另一物体接触时所产生的垂直作用力。而心理压力通常指的是当机体面对外界的应激性因素时，心理上产生的一种主观感觉，以及内心对该事件所产生的相应的心理反应，包括个人的情绪、行为等等。心理压力跟物理压力不一样的地方，在于物理压力仅引起外界某一物体对另一物体所造成的力的作用，而心理压力对机体除了造成刺激作用以外，更重要的是会引发机体对压力所产生的心理反应。压力对机体造成的影响是呈倒 U 字形的，并不是绝对的负面影响。

心理学与压力相关的耶克斯-多德森定律说明，适当的压力可以使人体的潜能、工作效率发挥到最大程度。若日常完全没有压力或面对的压力过大，都会对工作学习效率的发展、潜能的发挥造成限制。

面对压力时，所产生的心理反应称为"应激反应"，指的是机体面对外界应激性的事件之下，会出现"fight or flight"，即"战斗或逃跑"的反应，表现为机体面对压力产生应激反应后，引发一系列神经和腺体反应，使得机体做好防御、挣扎或者逃跑的准备，能面对压力时战斗，无法克服压力时便逃跑。打个比方，在动物园时突然有老虎朝自己跑来，那机体的本能反应肯定是逃跑，因此时面对的压力已经远超过自身所能应对该事件的能力，为了逃生，心输出量在危急的情况下可以是平常的 5 倍以上，使跑步速度较平时大大提升。且在逃生时，就算躯体、四肢受外伤、流血了，但机体可能感受不到疼痛，并不会使跑步的速度减慢下来。这充分说明，机体的潜能是很大的，只是在日常情况下，潜能可能没有得到充分的发挥。有趣的是，如果此时停下来，向后看发现老虎是人装扮的，再看到自己的伤口，可能马上会感觉到伤口的疼痛、全身的酸痛与乏力，以至于无法继续前行。

人体非常奇妙，在不同的情况下，机体会产生不同的感受。所以当机体处在某一种压力状态之下，如果此时的心理压力程度适当，可以有助于提高机体的注意力、记忆力、包括思维的灵活性等，可调动机体的潜能，增强对应激事件的应对能力。若此时面对的压力过大，压力对机体的影响会像这个倒 U 形一样，产生负面的影响，可能引起焦虑、抑郁、失眠等躯体症状，甚至引发不同严重程度的精神障碍，如最常见的急性应激障碍。

其次，了解心理压力等因素会对心理状态造成一定的影响后，关注自身情绪状态的改变，有助于正确识别机体此时异常的心理状态，最常见表现为出现不良情绪，如低落、紧张等情绪。当机体受到一些外界不良因素的刺激时，可能会引起做事兴趣下降，感到懊恼、自责，甚至怀疑人生，质疑当初选择出国的决定。如果意识到自身出现了"无用感、无助感、无希望感"这种"三无"的感觉，例如，觉得自己很无用，在同样的情况下别人都比自己做得好，觉得没有人能够帮助自己，觉得自己没有希望，深陷目前的困境难以自拔，同时可能伴随不同程度的睡眠、饮食相关的问题，则需警醒、注意，此时自身处于负性的情绪反应。

当然，出现了以上的负性情绪反应，并不等同于患有抑郁障碍、焦虑障碍等精神疾病。古人说，"人有七情六欲"，此时的低落情绪，是正常的情绪之一，机体可能处于一过性的抑郁状态，如同"心灵感冒"，不必惊慌，这是机体对外界应激性事件所产生的一种常见的情绪反应而已。若是本就因为应激性事件而出现负性情绪，同时又担心自身是否患有抑郁症，对调整自身状态百害而无一利。抑郁症的诊断标准中，除了情绪低落以外，还需具备其他的相关症状，如思维能力下降，兴趣减退等，且至少持续两周。若处于以上状态超过两周，同时影响到了正常的生活、学习或工作状态，则需引起注意，建议在当地寻求一些专业的医疗帮助，判断此时的抑郁状态是否达到了抑郁症的程度。

当意识到机体处于抑郁状态甚至抑郁症状态时，可通过适当的治疗手段来进行及时的干预。轻、中度的抑郁症可以不依赖药物治疗，在专业指导下，可通过认知行为治疗、放松训练等有效治疗手段来进行干预和调整。若是重度抑郁症，则需在专业的医疗指导下，以药物治疗为基础，辅以心理、物理等治疗手段来对机体的抑郁状态进行及时有效的干预。

除了低落情绪外，紧张情绪亦是一种面对压力时出现的常见的情绪反应，甚至出现一些过分的担心和紧张。常见表现为情绪上的焦虑、紧张，感到焦躁不安，易激惹，敏感程度异常增高，容易与人发生冲突，看人不顺眼，做事不顺心，对人对事都表现出一种弥散性的敌意，对各种事件的结果都有过于负面的认知，把小概率事件无限放大，从而诱发恐惧、害怕的情绪。

以上的情绪改变，同时也会引起不同程度的躯体症状，如睡眠障碍，表现为入睡困难、眠浅多梦、噩梦多或者是梦中被追赶等会引发产生紧张焦虑情绪的一些梦境；如感到头、颈、肩背部等不同程度的紧张性疼痛，或无明显诱因的心悸、心慌等心血管系统的症状，或感到呼吸急促、通气不畅，或食欲下降等胃肠道的症状，还可能会出现尿频、尿急等泌尿生殖系统的症状。同时因为出现生理上的不适症状，又容易加重原有的紧张情绪，担心自身是否得了什么疾病，使得整体状态形成恶性循环。这种长期的情绪状态反过来可能引发躯体疾病，即由心病引起的身体疾病，专业上称之为"身心疾病"。常见的身心疾病包括皮肤病、高血压、胃溃疡等。有时躯体不适症状累计超过4个系统或以上，大部分是与情绪相关的。当然，若躯体不适症状时间较长，建议前往医疗机构进行相关的检查，排除器质性的躯体疾病。

当出现以上不良状态时，无需着急、担心，更重要的是了解自身产生不良状态的源头，是与紧张焦虑的情绪相关，而非机体生理上病变引起的不适，同时通过适当的方法来对不良情绪进行干预。可以依靠自己或身边同伴的支持来应对。当出现以上症状且与心理因素相关时，及时调整良好的心理状态，并进行方式训练，生理上的不适症状自然会消除。

那么如何识别自身的心理状态是否健康？

可以从三个方面来判断。第一是纵向比较，指的是将近期自身的感觉和表现跟自身既往的一贯状态进行比较，是否有很大改变。比如近期思维较以前灵活度明显下降，近期食欲较以前明显减低，若近期状态较既往一贯的状态有较大差距，则需引起注意。

第二是横向比较，即将自身状态与身边的同龄、同处境的人群状态进行比较，是否有较大差距。比如面对新冠，加上国家之间的冲突，自身与大部分人群对局势的担心程度是否一致，若自身心理反应过于强烈，担心远超身边人群的担心程度，甚至产生的担忧与身处的环境、当地的文化背景并不协调，也需引起注意。

第三是机体的心理的体验较平常出现较大异常，如感受到异常的痛苦、难受，更严重时甚至还出现心理状态与外在行为的不协调。机体的心理状态包括了认知、情感、意志行为，在正常情况下，我们的"知、情、意"是相互协调的，如遇到不良事件时，情绪上感受到痛苦，外在表现为难过、想哭的表情、对其他事情的兴趣可能降低等；若遇到重大不良事件时，大部分人可感觉到难受等负面情绪，而自身却有着不符合情况的开心的正面情绪，这称为"心理过程的不协调"。若身边的朋友、室友、同学发现自己的言行举止怪异，情绪与行为不协调，此时需要警惕，是否机体的心理处于不健康的状态，甚至出现了心理疾患，建议及时前往当地的医疗机构就医。

综上，可以从这三个方面来正确判断自身心理状态健康与否，亦可帮助他人来初步鉴别其心理状态。

2　有效调动自身的潜能

当意识到自身处于不健康的心理状态时，身处异国他乡，同时要用非母语的语言去与当地的医务人员进行沟通，使得看病的过程难度直线上升，问题被高效解决的概率也相对下降。但是，如果能够掌握一部分相关知识，有效调动自身的心理潜能，则有助于增加对所面临困境的应对能力。

世界卫生组织对健康的定义至少包括了三个方面，第一是身体健康，第二是心理健康，第三个就是良好的社会功能。而达到心理健康需要具备以下三个方面，即具有良好的自我意识、良好的社会功能以及良好的应对方式。

首先，具有良好的自我意识是心理健康的基础。可以借助一些心理学的专业指标来认识自己，如智商、情商和逆商等。智商，是全球公认的对智力水平高低的测量工具，可反映个体的抽象思维能力、推理能力、获得知识的能力、解决问题的能力等思维能力，包括言语性智商和操作性智商，是一个可以被测量的指标。情商，是大众口中常说的，可反映个体的情绪稳定性、与周围环境的契合能力的一个指标，可以借助量表工具来体现，如通过用艾森克人格量表来测量人格，从而判断其性格的内外向和情绪的稳定性水平。性格没有高低优劣之分，各种性格都有不同的优势，比如做科研，那就更需要相对内向的人，内向的人相对比较沉静，比较喜欢周围安静的环境，但如果让内向的人去做主持人或是推销员，他可能会在一段时间内面临比较大的困扰。这种情况会更适合外向性格的人，外向的性格有利于他跟陌生人进行沟通。同时要学会扬长避短。不同性格的个体其情绪稳定性也会具有不同程度上的差异。具有某些个性的个体，比如过于内向同时情绪不稳定，可称之为"神经质个性"，可能较常人更容易出现心理困扰，甚至罹患精神疾病。就算不通过量表测定，我们也可感受到自身的性格，内向或外向，活泼或稳定等，但是对自身情绪稳定性的感知是否准确？举个例子，一个性格非常内向的人，但实际上情绪非常地不稳定。表面上看，比如上课的时候，他坐在教室的一隅，安安静静的，看似很平静，但是内心经常翻江倒海，经常对周围的环境有过度的反应，比方说这个同学讲了一句什么话，是不是针对自己的，说自己某一些事情做得不好，是不是又给人带来了一些不好的影响等等。内心里各种各样复杂的想法，致使他的情绪经常处于波澜起伏之中。

正确认识自我，对建立未来的生活非常有利，可以指导我们以后选择从事什么工作，从事什么专业，选择更切合自己性格的生活。虽然俗话说"江山易改本性难移"，但是性格的外显方式是可以调整的。还有一个是最近在国内的家长们讲得较多的逆商，也是大众口中常说的，反映个体的抗干扰、抗压能力的指标，体现为能否自我接纳，爱惜自己，珍惜时间，尊重自己的名誉等等。

其次就是良好的社会功能，这也是心理健康非常重要的一点，要有较好的生存能力，才能适应外界的环境。环境包括了自然环境和社会环境，目前看来，至少在国内的青少年人群当中，他们是可以适应自然的。因为现在的自然环境总体来说还是比较好，我们不愁吃穿，不需要为了温饱而发愁，不需要去狩猎来提供我们的饮食等等。但是仍有一部分人不适应社会的环境，不知道如何跟人沟通交流，所以会更容易产生更孤独更苦闷的负性情绪。社会交往能力，包括了在家庭里面，比方说能否很好地与父母亲沟通交流，在学校与同学进行沟通交流，更广一点甚至包括在社区与邻里友好的沟通交流。

最后就是良好的应对方式，包括对客观环境的认识和对主观环境的认识。我们每个人都有很强大的内在潜能，不仅身体的潜能很大，心理的潜能也很大。

根据积极心理学的原理，我们每个人内心都有一个"内在的英雄（HERO）"，在遇到任何问题的时候，都会自主或者不自主地对事情抱有希望、积极的态度。就像三字经里面讲到，"人之初性本善"，我们天生就是善良的，那么在遇到困境的时候，其实我们也是天生就抱有希望的。这种希望（Hope）源自于积极的动机、积极的规划，然后在积极的规划下成功应对了这件事情后，这种成功的感觉又可能会强化我们内心的内在英雄，形成一个良性循环。

第二个就是效能（Self-Efficacy），在特定的情况下，如果能够实现一些特定的目标，比方说身处国外，虽然在用非母语学习，但假如经过自己的努力后能够很好地应对学习任务，这样就可以增加我们对自己能力的肯定，这种能力的肯定非常有助于我们建立自信心。

同时我们每个人都有抗压的能力，其实就是逆商，也称为"心理韧性"（Resilience）。当然有些人的抗压能力强，有些人的抗压能力稍微弱一点，但不管怎么样，如果在逆境当中能够积极地去应对，在应对的过程当中，或者说能够从压力或者失败中恢复，这就是非常好的。我们每个人心理都是有很大的弹性的，这也是我们内在的潜能。

第三个就是乐观主义（Optimism），我们遇到积极的事情后，需要解释、归因，比方说这次考试考得比较好，那可以归因为自己学习能力比较强或者比较聪明，这称为良性的自我暗示；如果遇到一件不太好的事情，可以归因于外界的环境，比方说一个天天锻炼的人，最近不想去锻炼了，就可以找一些理由，如"今天天气不好"，所以今天没去锻炼，并不是因为自己没有毅力，而是因为天气不好。这样的归因心态，就是我们所说的乐观主义精神。在这种比较乐观的想法下，自我的潜能更容易被调动起来。假如遇到事情你就认为自己不行了，怀疑自己是不是没有能力，是不是没有毅力，这样一定程度上会让自身的潜能不容易得到发挥。所以保持乐观积极的心态，能够很好地增强我们的应对能力。当然我们自身也是需要具有一些很好的调适能力的，比方说某一件事情发生了，事情的后果其实主要不在于事情的本身，而在于自己对这件事情的看法。这与前面讲到的心理压力密切相关。除了外界的应激性事件之外，事情的结果最主要取决于对事情的反应。如果用积极的心态去面对，那就会有积极的后果；如果用消极的心态去面对，那就可能是消极的后果。有句话叫作"世间本无事，庸人自扰之"。

很多时候我们所被困扰的，不一定是事情的本身。比方说我们目前身处新冠当中，或者觉得国际上的军事冲突与自己所在的地方距离较近，但是如果稍微调整一下对事情的看法，虽然近，但是毕竟不是在我们身边，我们与军事冲突是有一段距离的，现在还是处于一个比较安全的环境，这样用积极的心态去看待身边的事物，那焦虑抑郁的情绪就不那么容易产生。当改变了对世界认知的观念，所见到的世界可能就不一样了。以一种积极的心态去看待问题，整个世界就会变得更阳光一些；如果以一种很消极的心态去看待问题，所看见的世界就会像戴着墨镜一样，即便阳光灿烂，看到的却是阴天。所以我们是能够很好地来进行自我调适的。

3 改善自身对压力的应对方式

当遇到了一些压力或者困扰的时候，改善自身对压力的应对方式，以顺利应对问题是非常重要的。以下从两方面来进行探讨。

首先就是要有规律的作息。规律的作息有助于机体的健康，而健康的身体是能顺利应对压力的基础。就拿医学来举例，实践性是医学课程的核心特征之一，医学生一定要在临床中练习，与病人接触，才能增加医学课程的有效性。在疫情比较严重的时候，学生们被要求居家隔离。老师进行网上教学，学生在网上听视频课。因为疫情的原因，教师无法带学生去病房进行临床学习，学生对课程的兴趣也有不同程度的下降，在网上听课时无精打采，同时作息也无法规律调整，早上起床困难，所以有时候部分学生把电脑打开后又去睡觉了。规律作息的重要性，不仅体现在有优质的睡眠上，睡觉的时间点亦非常重要。人类的睡眠是与地球的自转密切相关的，"日出而作，日落而息"，白天需要起来活动，晚上才睡觉、休息。

回顾日常门诊所接触到的病人，尤其是青少年，大部分青少年的作息都不规律。比如，一位青少年说自己一天睡10个小时，凌晨5点入睡，下午才起床，他认为自己的睡眠没有问题。同样是睡觉，不同时间段的睡眠具有不同的功效。正常的晚间睡眠，在人体睡着后，机体会分泌不同的激素去维持人体正常的内分泌环境，并且有些激素按照时间节律，只在晚上睡眠期间分泌，并不会在白天睡眠期间分泌，故白天睡眠和晚上睡眠的功效是有很大差别的。假如长期睡眠不规律，容易导致内分泌失调，引起不同程度的躯体不适，甚至严重时罹患内分泌相关疾病。

也有另一种情况，有一类患者说自己想拥有规律的作息，但是偶尔会无法入睡，一旦睡不着时能否就去服用药呢？医学上并不建议这样的行为。首先，目前安眠药此类药物是受到严格管控的，不管是在国内还是国外。其次，更重要的是失眠是可以通过以下的方式，对机体自身调整来缓解的。

第一，可以改善睡眠卫生，创造良好的睡眠环境。良好的睡眠环境，可由良好的生理卫生与睡眠卫生所构成。比如睡觉之前要洗脸、刷牙、洗澡等，这是指良好的生理卫生。至于良好的睡眠卫生，首先就是上文提到的规律的作息时间。

第二，白天时进行适度的运动有助于夜间睡眠。

第三，可以控制大脑睡前所接触到的刺激，例如睡前少玩手机，减少接触打斗、恐怖类的视频或电影，减少大脑细胞被强烈刺激的机会，保持稳定的情绪，使自身处于相对平和的环境中，构建安静的睡眠环境。

第四，明确睡眠环境的功能。床的功能是很重要的，吃东西、看书、学习、睡觉都在床上进行，不利于大脑对床和睡眠形成条件联系。明确床的功能，只有睡觉时才上床，其余非睡眠的活动都不要在床上进行。长期下来，形成"床—睡觉"一对一的关联，这样有助于上床后快速入睡。

第五，面临失眠时，不建议借助酒精来助眠。酒精，甚至是高度白酒，在社会上都是具有高度的可获得性的。曾有许多病人分享，睡不着觉时会饮酒，饮酒后便倒头就睡。酒精，固然有助眠的作用，但是长期借助酒精来助眠，反而会降低睡眠质量。因为酒精虽然让人睡着，但它会改变睡眠结构，使得睡眠慢慢变浅，增加浅睡眠的时间，同时意味着减少深睡眠的时间。而深睡眠的时段，是机体进行大脑的功能恢复的重要阶段，长期深睡眠时间的缺乏，是对大脑、身体的健康有所损害的。每个人每晚做的梦是一个定数，若一晚上睡7个小时，可能会做四五个梦，但梦通常不会被大脑所记得。所以有人说一夜无梦，实则是因睡眠质量较好，所以没能把梦记住；有人说一整个晚上都在做梦，是因为睡眠质量低，睡眠较浅，所以梦境被记住了，产生了梦很多的错觉。

第六，假如晚上眠浅易醒，醒来后不要看时钟。每个人在每天晚上都可能会有4~5次自然的觉醒，只是因为醒后又马上重新入睡，所以大部分人并不能感知到这个苏醒的过程。醒后看时间，会对自身提供负性的不良的暗示。记住自己醒来的时间，实则是一次又一次反复强调自身失眠的情况，最终会加深自身对失眠的担忧与焦虑。醒后只要还没天亮，就继续闭眼入睡，这样有助于改善我们的睡眠。

第七，可以借助认知行为治疗，从内在调整对不同睡眠状态的认知。比如，有一个晚上或两个晚上睡不着，有的人会处于很紧张的情绪状态中，担心、忧愁自己睡不着觉，影响第二天的生活，并且基于悲观认知，产生一系列负性连锁反应。在入睡困难的基础上，再叠加焦虑、紧张情绪，形成"失眠—焦虑—失眠"的恶性循环，最终只会加深对机体的负面影响。面对这样的情况，我们应用积极的心态去看待这个问题。人的一生中有1/3的时间花在睡眠上，设想一下，假若一个人活到100岁，有30年都在睡觉。再加上一个人的前20年少不更事，老了后的后20年亦是老不理事，所以真正的清醒的能够认真工作、学习、与人交往的时间并不多。上文提到心理健康的其中一条标准，就是要珍惜时间，珍惜生命。偶尔一两个晚上睡不着又有什么关系呢，人生1/3的时间都花在睡眠上，那一两个晚上对于这30年来说，甚至算不上沧海一粟。若是这样调整对失眠的认知，就可以在一定程度上消除因为睡不好觉所引发的焦虑，"失眠—焦虑—失眠"这种恶性循环就容易被打破。

第八，在睡觉前可以做一些有效的放松训练来助眠。比如缓慢地吸气、呼气，听轻音乐等，或是尝试在视频的带领下每晚睡前或闲暇时进行正念冥想，都可帮助对抗焦虑、抑郁，有助于睡前放松，最终改善睡眠质量。

同时，应有合适的方式来应对压力。我们所要应对的压力分为两大类：

第一类是客观环境的压力，比如新冠，比如国际上的战争冲突。面对新冠时，就算有的国家对新冠持开放态度，甚至颁布开放政策，假如比较在意自身的健康，可防患于未然，加强保护措施如出门戴口罩、勤洗手、勤扔垃圾等等；面对战争时，一味地焦虑反而不利于我们应对现实中所面临的压力，正确的做法是要获取更多的资讯，了解冲突的本质、所在之地，若不是与本人直接挂钩或距离过近，则无需担忧。只有这样，才可以帮助我们应对客观的环境所带来的压力。因为环境是没有办法改变的，只有调整自身去很好地适应环境，才可增加自己的自信心，增强对压力的应对能力。

第二类，是对我们更重要的，如何克服主观上的这种精神挫折。

首先我们要学会调整、改善对事物的价值观念。比如一些国家或者地区冬天的时间比较长，有些家乡在南方的学生，一到冬天会很不适应当地的气候。假如这时一味地心里不接受，一到了冬天便每日抱怨、诉苦，则无法跨越自己内心所面对的精神挫折。若是调整一下，将对寒冷冬季的抱怨转化为对从小很少接触的气候的新鲜体验，则可将负面情绪转化为正性情绪，不仅顺利应对所面对的压力，还给自身带来了正能量。所以我们应学会调整、改善自己的思维，使自己的情绪得到改善。比如考试，大多数人会积极追求非常高的成绩或每次都要评级为 A，但有的时候可能事与愿违，此时，则需调整自己的想法与观念，学习并不一定要达到最好的标准。退一步说，90 分和 60 分，最终所获得的学位证是一样的。当然，这仅适用于本身学习能力就不差，又对自己要求非常高，同时深受学习压力困扰的学生，并不广泛适用于所有人。

其次要学会向外界寻求支持，提高应对压力的能力。比如遇到了困难时可以找人倾诉，现代科技如此发达，我们可以通过网络与家人、好朋友进行沟通和交流，就算隔着千山万水，亦可获得最温暖的心理支持。

最后，鼓励适当参加娱乐活动，学会放松。有条件的情况下可去周边欣赏美景，感受不同国度的文化，多发展自己新的兴趣爱好，拓宽自己的生活圈子。对于留学生而言，庞大的留学生群体、大使馆、留服中心等，都是很强大的社会支持资源，都是可为我们利用的资源。同时还可以拓宽自身的好友圈至当地的外国人或者其他国家的留学生圈子，交际圈子越广泛，负面的情绪越不容易被积压，自身也就越不容易陷入到负性情绪之中。

当然，也可通过合适的发泄渠道，对情绪进行适当的疏泄。有情绪，就需要发泄，可通过正当的途径，比如进行体育运动，去跑步，去打球，去出一身汗，随着流汗的过程，负性的情绪也会随之得到疏泄。比如可以找个没人的地方，放声地喊一喊叫一叫，尽可能把肺里的气呼出去，吸一些新鲜空气进来，这都是一些良性的疏泄情绪的方式。当然，最好的就是要善于利用多种应对方式，这样的话不管面临什么困境，面对多少的压力，都可以兵来将挡，水来土掩了。

参考文献

［1］张亚林. 主编. 高级精神病学［M］. 长沙：中南大学出版社，2007.

［2］曹玉萍，张燕，李卫晖. 给心灵戴上"口罩"——应对新冠疫情心理疏导［M］. 长沙：湖南教育出版社，2020.

［3］张亚林，曹玉萍. 心理咨询与心理治疗技术操作规范［M］. 北京：科学出版社，2014.

维护自尊，增加自信，完善心理支持体系
——留学生遭遇电信诈骗后的心理危机干预个案分析

李同归

（北京大学心理与认知科学学院，北京 100871
行为与心理健康北京市重点实验室，北京 100871）

外交部领事直通车 2020 年 7 月 8 日介绍了一起驻某国大使馆处理的"假绑架，真诈骗"的案例。在该国的一位女留学生遭遇电信诈骗，损失巨大。事件发生后，"北京大学—清华大学出国人员心理健康支持项目组"第一时间与外交部领事保护中心合作，及时联系大使馆领事官员和警务联络官等相关资源，通过受害者家长对女留学生进行了有效的心理危机干预。下面将本次心理危机干预基本步骤及相关技术进行简要回顾，以期能为海外留学人员，尤其是新冠疫情下遭遇过危机事件的女留学生们有所启示。

1 "假绑架，真诈骗"事件回顾

在征得受害者家长的同意后，基于家长对整个电信诈骗事件的口述，整理成下面的文字，以家长的视角还原事情的经过。

女儿在日本一所著名大学留学，因为疫情原因，她回不来，我们也过不去。

一家三口，专门有个家庭小群，只有我们三个人，五个微信号。平常几乎每天都在这个微信群里视频聊天，女儿的生活工作状态我们自认为是非常了解的。女儿也住在学校附近一个公寓，干净整洁，独自一人住一间，公寓需要刷门卡才能出入，十分安全。

女儿这段时间在找工作，面试，也在一家机构（类似国内的艺术培训机构）里打工，教课，还带着几个学生。同时，新学期延期一个月开学，五月份也开始网上上课了，每周还要跟教授进行研究组会，要进行学术发表之类的，学习也很忙……

16 日，高中同学家长的来电：女儿要借 8 万元

6 月 16 日，接到一位女儿高中同学的妈妈打来的电话，大意是问女儿在日本还好吗？是不是遇到什么困难？我女儿跟这个高中同学要借 8 万元人民币，说是要交学费。本来学费应该在 3 月底之前交的，因为疫情原因，可以延期到 8 月底再交也行。

很惊讶，因为我们刚刚给女儿交完了接下来一年的学费和住宿费。为孩子的留学，我们做足了这些准备，学费和生活费完全没有问题。这种理由向中学同学借钱，显然会让家长产生疑问。好在这位家长存有我的电话，及时跟我沟通，还再三告诉我，不要跟孩子说，是这位高中同学跟我们联系，否则，她们的朋友关系也做不了了……

15 日，学车的钱，2 万元人民币

其实，就在前一天，15 日，周一的时候，女儿给我发来微信消息："老爹方便给我往建行卡里打点钱吗？我想学车"。

因为女儿一个月前就说过要在日本学车。毕竟学车也是掌握一门技能，所以，我毫不犹豫地给孩子的建行卡打过去了 2 万元人民币，

诡异的是，到了 15 日下午 5：30 左右，女儿又发来信息：
"老爹，还记得我 497 的号的取款密码吗？"

微信电话里说是取款密码输入错误，三次输错了以后，银行卡被冻结了。我还提醒孩子说，你的国内手机号可以收到取款验证码的，她说 SIM 卡坏掉了，收不到信息。我说第二天到建行卡去查一查。

16 日，日本学弟出车祸，要借 20 万元人民币支援

16 日晚，我们视频聊天的时候，再三追问是否向这位高中同学借钱了。孩子一直否认这件事情，还一个劲儿地道歉，说给爸妈添麻烦了，我们觉得孩子知道错了，改过来就好了。但在我们的再三追问下，孩子哭诉，的确遇到了一个问题，不敢跟爸妈开口要钱。

女儿说，她有一个学弟，日本人，在同一所大学读大四，平时她在学校时，帮了很多忙。这些以前提到过，这个日本学弟对女儿有好感。

接下来，女儿说，这个日本学弟骑摩托车遭遇车祸，现在在医院躺着进行手术，急需大约 30 万元人民币的手术费，说这个学弟给她打电话借钱，需要她的支持。

能帮助别人是好的。我们问女儿，去医院看过这个学弟吗？伤得如何？在哪里做手术？有没有照片？或者视频？

女儿支支吾吾，回答问题也躲躲闪闪的，也许是两人的关系处于暧昧阶段。

但这么一大笔钱，似乎更应该由这个学弟的家长，以及保险负担，在日本每个人都要缴纳国民健康保险的，强制性的，所以，遇到住院这样的大事，基本上是可以用保险来负担大部分的，不会有这么多的现金需求。

最后，我们跟女儿商量的结果是，找个学校的朋友一起，去医院看看这个学弟，最多送 10 万日元的礼金就行了。

但妈妈还是担心女儿，是不是借了别人的钱，被人催债，这个时候，女儿开始哭泣，说是借了些钱，要是今天能有 10 万元人民币就什么都解决了。妈妈觉得昨天已经有 2 万元寄过去，加上支付宝里的 2 万多元人民币，估计再有 5 万元人民币就可以了。

于是，妈妈把支付宝中的 5 万元人民币转给了女儿。平时，所有的女儿的资金往来，包括付学费、住宿费、电话费、日常消费，全是我通过银行境外汇款，以及信用卡还款来支付的。这是妈妈唯一一次给孩子转大额资金。

18 日，50 万元人民币贷款

下午，女儿终于向我坦白，说她借了 50 万人民币的贷款，要创业合伙开公司，被人诈骗了。我们斥责女儿的同时，也心疼她所承受的巨大压力，决定替她还贷。中间非常曲折，又遭遇了女儿失联、被电话勒索等事件，最终在中国驻日本大使馆、东京警方、北京属地派出所的共同努力，以及亲朋好友的支持与陪伴下，我们才找到女儿，将骗局侦破，悬在嗓子眼儿的那颗心，才放下来。

女儿讲述经过

我一直很疑惑，女儿怎么会不断地编造理由借这么多钱呢？

直到 21 日下午，女儿通过微信电话，才大致了解到整个事件的脉络。

6 月 5 日，女儿接到一个电话，说是有个顺丰快递，问是不是她寄到国内上海的。当

然孩子会否认。然后，女儿被告知里面有十几张身份证和银行卡。涉嫌参与洗钱。接着，有警察出来要远程进行笔录，要求女儿下载 Skype 软件，加上他的号码，然后威胁女儿想要证明自己是清白的就需要 24 小时开着 Skype，就这样女儿被监控了。

然后威胁女儿需要 27.8 万元的保释金，否则会抓回上海第一监狱。怂恿女儿从网上贷款，因为女儿的国内手机卡确实是坏的，因此他们只能胁迫女儿向所有的同学朋友借钱，筹集保释金。所以，女儿一周之内从同学朋友那儿凑集到了 22.5 万元，加上妈妈从支付宝转的 5 万元，才凑够了所谓的保释金。

最后说已经收到保释金，但他们还要 50 万元的财力证明。这样才有了编造 50 万元贷款的故事。尽管漏洞百出，被我们不断质疑，但孩子的哀求和痛苦的表现，让我们觉得是真的。直到 21 日上午，妈妈还惦记着要去银行转 50 万元。

至于为什么会离开宿舍？

女儿说，宿管阿姨开门进来后，跟孩子聊了几句，再三问她是否有困难，还嘱咐孩子跟家长联系，骗子们觉得可能要被揭穿了，所以宿管阿姨离开后，他们威胁孩子，这是泄露案情的行为，要受到法律的制裁，应该尽快离开，找一个酒店住下。所以，女儿才带上在留卡独自上路。先去了川崎，在那里用真实姓名开了一个宾馆，待了一个晚上；第二天准备到上野的，但因为那里的酒店都需要实名登记，所以，女儿临时改变主意，去了横滨中华街，因为我的日本朋友夫妇以前在横滨中华街附近居住，她曾经去过那儿。

日本警方通过监控，发现她到了横滨，然后打电话给日本朋友夫妇，问女儿在横滨喜欢吃什么，常去哪些地方玩，有没有熟悉的酒店。朋友夫妇提供了她的这些信息，果然在酒店里找到了女儿。

刚开始见到日本警察的时候，女儿是蒙圈的，因为诈骗分子说不会把这些案件信息通报给日本警方的，怎么日本警察还来找她？好在日本警察比较友好和温和，让她稍稍放心些。在和警察一起回东京的路上，女儿还在用骗子教给她的那些话语与日本警察进行周旋。到了东京警察署，四名警察和她在一个屋子里问话，其中还有一位翻译，女儿才把事情的来龙去脉全部交代清楚。

之后，女儿便见到大使馆的警务联络官和领事官员，才彻底放松下来，感觉见到了亲人一样。

骗子套路

前面的套路都是老套路，快递出问题，涉及洗钱，收集所有的个人信息等等。在长达两周的 24 小时监控和不断地洗脑，让女儿几乎到了崩溃边缘，最后配合骗子手写贷款的借条，手拿借条照相，录制"爸爸妈妈救救我"的语音。

24 小时监控，不断洗脑，切断与父母和朋友的联系，最后，任人摆布。骗子的骗术的确高超。利用家长着急的心态，威逼利诱，无论是对留学生还是其家长，都是巨大的心理压力。明知道女儿要钱的理由不合常理，但也相信孩子只是一时头脑发昏，走错了一步棋，尽快满足对方的要求，解脱出来就算了。

【几点感悟】

（1）平安留学的教育应该覆盖每个留学生。出国留学行前进行安全教育，真的是非常必要的手段。每一个留学生，无论是公派还是自费，都应该接受这种教育。骗子的诈骗术，不断地在翻新，但防范意识千万不能少。目前平安留学对公派留学生是全覆盖，惠及部分自费留学生。希望每一位出国留学人员都能接受这方面的培训。

（2）及时求助，是将损失减到最小的方法。这次我们及时拨打12308领事保护电话，并得到领事保护中心、驻日本大使馆、日本警方的大力支持，多方紧密配合，才能把损失降到最低。

（3）父母要及时与孩子沟通。我们几乎每天都与孩子进行视频通话，自认为对孩子的状况是比较了解的。

但是，当觉察到孩子以各种理由，向家长要钱的时候，一定要冷静。不会撒谎的孩子突然会撒谎了，不一定是人品的问题，有可能是受到胁迫。

（4）尽早让孩子把最常交往的朋友的联系方式记下来，以便碰到危急情况时，能够就近找到能够帮忙的朋友。

这点相当重要，我们通过女儿提供的同学们的微信号，一一加上之后，才发现她已经向很多同学，借了高达20多万元的钱。同学们也提供了一些女儿日常生活的重要细节。

（5）一旦遇到这种情况，家长切莫慌张。及时报警，或者及时拨打12308领保热线。使领馆会第一时间与留学所在国的警务部门合作，开展搜查工作。一般情况下，孩子的人身安全是没有问题的。

（6）任何时候，亲戚朋友的关心和陪伴，都是度过危难时期的重要保障。这次事件中，幸亏有外交部、公安部、中国驻日本大使馆的朋友们的帮助和安抚，我才能度过这煎熬的30多个小时……也正是有孩子的舅舅、舅妈、姨姨、姨夫的陪伴，孩子妈妈才能度过这个劫难。

遭遇电信诈骗，一方面损失了钱财，另一方面对受害者的心理上的伤害尤其严重，长达半个月的精神控制，让女留学生承受了巨大的心理压力，几乎接近崩溃边缘。如果不能及时得到处理，极有可能会发展成为创伤后应激障碍（PTSD）。因此，及时进行心理危机干预，是防止出现这种严重后果的重要环节，也是我们"北京大学—清华大学出国人员心理健康支持项目组"面向广大留学生提供社会心理服务体系建设的重要内容。

2　稳定情绪，是心理危机干预的第一步

所谓心理危机，是指当一个人面对突然或重大生活困难情景（problematic situration），其先前处理问题的方式以及惯常的支持系统不足以应对眼前的处境，即他必须面对的困难情景超过了他的应对能力时，这个人就会产生暂时的心理困扰，这种暂时性的心理失调状态就是心理危机（Caplan，1964；张凤华、方来坛、高鹏，2008）。也有学者认为心理危机是一种情感紊乱状态；也可以是情感上的重大事件，该事件可作为人生变好或变坏的重要转折点（Mitchell and Resnik）。Punukollu（1991）认为心理危机是个体运用通常应对应激的方式或机制，仍不能处理目前所遭遇外界或内部应激时所出现的一种反应；Roberts（1991）认为心理危机是一个心理失去平衡的时期，个体遇到了由重大问题所导致的危机后果或处于危机情境之中而无法采用以往的应对策略应对此种情境。张光涛等人（2005）认为心理危机的产生不但与应激事件有关还取决于个体解决应激的有效资源及个体对困难情境的评估（边玉芳、钟惊雷、周燕、蒋赞，2010）。

心理危机也有很多具体的表现。刘杰（2005）认为高校学生的心理危机的具体表现应包含情绪、认知、行为、身体等四个方面的改变。其中情绪和认知上的负面变化可能

会导致其行为上出现此前没有过的非典型行为或者破坏性的行为表现，且身体生理上出现不适感。张运红（2009）认为除行为外，情绪及认知上的变化是一种综合性的症状表现，心理危机在大学生身上的异常表现还包括言语以及状态上的明显变化，其中言语和行为上的变化对心理危机产生的个体周围的人具有明显的影响和传染性。赵倩（2016）则认为高校学生的心理危机表现可以分为四个维度：生理、情绪、认知及行为。产生心理危机的当事人在这四个维度方面会出现各不相同的表现，大多都与平时的状态相差甚远。

遭遇电信诈骗，对于留学生来说，无疑是一件极为重大的负性生活事件，除了财产上的损失，心理上的创伤更大，而长达半个月的精神控制，使得受害者在情绪上也已经处于崩溃边缘，不但按照诈骗分子编造的"剧本"跟父母撒谎要钱，而且还在诈骗分子的逼迫下，频繁向同学和朋友们以各种理由借钱，汇入诈骗分子的账户上。诈骗团伙通过饰演多重角色，不断向受害人施压，导致其每天处在惊恐之中，体验到各种负面的情绪，包括焦虑、抑郁、害怕、恐惧、怀疑、绝望、无助、紧张、不安、自责，完全无法放松。注意力和认知决策能力都受到极大的影响，不能像平时那样理智地作出决定，出现典型的心理危机表现。

一般来说，出现心理危机，会带来四种可能的后果：第一种，当事人不仅顺利度过危机而且从危机过程中学会了处理危机的新方式，不仅心理健康水平得到提高还获得成长的机会；第二种，虽然渡过危机但当事人却在心理留下创伤形成偏见，当下次遇到同样的危机事件时可能出现新的不适应的情况；第三种是自杀，当事人经不住强大的心理压力，对未来产生失望的情绪于是企图以结束生命来得到解脱；第四种是未能渡过危机陷于精神病。因此，心理危机可能带来紧张、焦虑、抑郁、恐慌、悲伤、痛苦等消极情绪，这些情绪能对人的心理和生理造成极大伤害（张凤华、方来坛、高鹏，2008）。因此，及时给处于心理危机中的个体提供有效的帮助和心理支持，就显得尤为重要，通过调动他们自身的潜能来重新建立或恢复到危机前的心理平衡状态，获得新的技能，以预防再次发生心理危机（Gilliland, B. E. and James, R. K. 2000）。

尽量阻止应激事件后悲痛情绪的进一步扩大和蔓延，防止过激行为如自伤、自杀或攻击性行为等，是心理危机干预的基本目标之一。危急状态下的受害者，通常都处于一种心理情绪失衡状态，他们原有的应对机制和解决问题的方法不足以满足他们当前的需要。因此心理危机干预的重点在于稳定情绪，使他们重新获得危机前的平衡状态。

在这起电信诈骗案中，大使馆领事官员是第一个对女留学生进行情绪安抚的人。6月20日17：25大使馆领事官员给女留学生父母发来信息，"警方告知人已找到，很安全"，并第一时间去警察署对女留学生进行了领事探视，了解事件的经过，安抚受害人的情绪。

女留学生在被当地警方找到后，带到首都警察署，进行例行的、必要的盘问和调查。因为见到当地警察时，她第一反应是发蒙的，以为当地警方是以涉嫌洗钱罪来抓她的，仍然以诈骗分子洗脑的那一套与警方周旋。警方刚开始怀疑是自导自演，后来了解事情经过后，才确信是电信诈骗案。

解除了戒备心理的受害人，如梦初醒，才发觉自己受骗上当了，意识到给家里带来了巨大的经济损失，情绪上的崩溃是必然的。心理危机事件会造成情绪上的危险状态，即使他们已经被安定下来，也仍然很有可能处于不适应的高危状态，因此心理危机干预的关键一点是迅速介入。研究发现导致危机最本质的因素是压力和问题的重要性，遭遇电信诈骗所带来的压力超出了留学生们平时身心所能承受的范围，他们无法通过常规的问题解决手段去对付面临的困难，使他们陷于惊慌失措的情绪状态，从而失去了导向及自我控制力。这是个体无法承受的局面，有引起个体的心理结构颓败的潜在可能，因此必须尽早干预（边玉芳、钟惊雷、周燕、蒋赞，2010）。

所以父母第一时间跟女儿取得联系，及时进行情绪疏导，相当重要。我们事先提醒家长，在跟女儿对话时尽量记住，无论被骗了多少钱，都要淡化经济损失，强调孩子平安回来就是最好的结果。千万不要在电话中指责孩子，沉住气，先倾听孩子的诉说，尽量引导孩子认识到"只有经历过痛苦，才能真正得到成长"的道理。家长首先要以积极的眼光看待这件事情。

果不其然，女留学生在警察署通过微信给父母打来电话。第一句话就是"你们没有汇 50 万块钱吧？他们演警察演得太像了，我都被这个警察感动了……"然后，还是对不起爸爸妈妈，被骗了那么多钱的内疚和自责的口吻。

当联系到女儿后，父母告诉她安全回来就好，告诉孩子不要担心经济损失，而应该更多地关注自己的安全和健康，引导孩子关注当下的事情，比如晚上的住宿、吃饭等琐碎杂事，并一直与孩子保持紧密联系。待孩子晚上回到宾馆后，提醒她及时与借钱给她的朋友们进行联系，告诉他们目前的状况。毕竟这件事情在当地的影响比较大，她就读的学校、住宿的公寓、打工的机构等都被调动起来，大使馆也发动当地的留学生们进行了大范围的搜寻。大家都很担心她的安危，及时告知大家自己比较安全，而且也要通知那些朋友们，确定还钱的时间……毫无疑问，受害人当晚肯定是处于情绪极度亢奋阶段，专注于当下的杂事，强调以目前的问题为主，让受害人能够容易地获得自己所需要的各种支持，可以避免产生负面的悲伤情绪。

与此同时，我们鼓励父母要给予受害人支持性反应，帮助她宣泄痛苦情绪、不阻止、不批评的正确引导，使之将心中的痛苦诉说出来。这些支持技术主要包括暗示、保证、宣泄等方法，要求父母以同情的心态听取并理解女儿的处境，给她以适当的支持与鼓励，帮助她振作精神、鼓起勇气，提高应对危机的信心。

3　维护自尊，改变不合理认知，是心理危机干预的重要手段

心理危机干预中的认知模型认为，危机事件导致心理伤害的主要原因在于，受害者对危机事件和围绕事件的境遇进行了错误的思维，而不在于事件本身或与事件有关的事实。该模型的基本原则是通过改变当事人的思维方式，尤其是通过认识其认知中的非理性的和自我否定的部分，重新获得理性和自我肯定，从而使得当事人获得对自己生活中的危机的控制。其主要目的在于通过训练和学习新的自我说服，使个体的思想变得更为积极，更为肯定，直到旧的、否定性的和懦弱的自言自语消失为止（Belkin，1988）。

因此，我们鼓励父母帮助女留学生认识到存在于自己认知中的非理性和自我否定成分，重新获得思维中的理性和自我肯定的部分，从而使她能够实现对危机的控制。

这一步最为关键的是引导受害人对受骗进行归因。所谓归因是个体对行为或事件的结果原因的解释。每个人都有自己习惯的归因方式，这就形成了每个人不同的归因风格。一个人的归因方式会反过来激发他的动机，影响他的行为、期望和情绪反应。比如内控论者相信自己能够驾驭生活，事件的后果主要取决于个人的努力，如果没有成功，他们会把原因归结为自己努力不够，并较容易采取积极的应对方式去找出问题的症结所在，进而努力去克服。而外控论者认为事件的结果主要取决于命运、机会，或其他外在不可

控力量，个人的努力无济于事，不会对结果产生什么影响，在困难中一般采取逃避等消极应对方式（段鑫星、程婧，2006）。

通常，遭遇电信诈骗以女性为主，这可能与她们富有同情心、容易相信陌生人、情绪稳定性较差、容易引起恐惧害怕心理有关。而一旦受骗后，产生"我真的比较傻""我就是能力差，容易上当"等不合理认知的话，极易产生自我评价低下，从而丧失自尊，导致严重的不良后果。引导受害人对这一危机事件进行良好的归因，是改变其不合理认知的重要途径。

在这个基础上，尽量让受害人把这次遭受诈骗事件归因于疫情等外在的不良因素，而不是自身的因素所致，同时，把成功归因于自我的努力等内在因素，这种归因的"自利性偏差"对于维护受害人的自尊相当重要。在接下来的心理危机干预中，我们要求女留学生的父母帮助她分析，之所以这么老套的电信诈骗让她上当，原因在于疫情导致她不能跟朋友进行正常交往，从而得不到外部的支持所致。列举了一些她在疫情期间所面临的困境，比如：

女留学生住在学校附近一个公寓，很干净整洁，独自一人住一间，需要刷门卡才能出入，是很安全的地方。她一直跟父母抱怨比较累，因为她已经是研究生二年级，需要找工作，各种面试，而且她也在一家培训机构打工，教课，带学生……，因为新冠疫情，新学期延期一个月开学，五月份开始上网课了，每周还要跟教授进行研究组会，要进行学术发表之类的，学习也很忙……

这些都是留学生活的日常行为，也是留学生的主要压力来源。有调查表明①，留学生产生负面情绪或心理困扰的原因最主要是学业、社交和人际关系。正常情况下，她完全可以通过跟导师面对面进行交流时，反映自己接到一个可疑电话，或者和朋友聚会时，也可以透露自己老是有些烦恼的事情等，但因为疫情，只能待在宿舍，很少有面对面的交流，才导致这场危机。假如没有疫情，这些问题可能都不会发生。

积极引导受害人对遭遇电信诈骗进行合理化认知，比如，"骗子太可恶，只有经历了，才深知其可恨之处""这些经历，真的可以作为鲜活的案例，要广泛宣传，让更多的留学生谨防电信诈骗"……并鼓励女留学生通过回顾事情发生的一切，理解电信诈骗发生的过程，了解危机事件发生后的各种影响，增加对其控制感。同时，待她情绪平静下来后，及时总结受骗的全过程，详细地整理各种资料，配合当地警方以及大使馆，对遭遇电信诈骗的资料进行汇总（领事直通车的推文，正是在她提供的这些资料上进行编辑而成）。在汇总这些资料的过程中，女留学生也会改变一些不合理的认知，从而采用升华等积极的应对方式，直面这场危机事件。

4 重建安全感，完善社会支持体系，是心理危机干预的最终目标

电信诈骗的可恨之处在于破坏了受害者的心理安全感。女留学生讲述的经过是这样的：

（诈骗）都是老套路，快递出问题，涉及洗钱，收集所有的个人信息等。在长达两个礼拜的24小时监控和不断洗脑，让我几乎崩溃，最后配合骗子手写贷款借条，手拿借

---

① 微信公众号：KnowYourself. 基于10000+留学生的真实数据，我们做出了这份《中国留学生心理自助手册》，见 https://mp.weixin.qq.com/s/b5IewpqDLSVygP4wd1KMRw.

条照相，录制"爸爸妈妈救救我"的语音，都是我心甘情愿地配合骗子们，因为我觉得马上要完成了一件重大事件，终于就要解脱了。

在这个过程中，骗子们首先是让她进行网贷，好在她国内的手机确实不能使用，无法进行网贷。骗子转而逼迫她向同学和朋友借款，然后每借到一笔，就切断与朋友的联系，最终，让所有的同学朋友都觉得这个人说谎，人品有问题……这样切断了女留学生最直接的社会支持系统。而且，威胁女留学生不要跟父母讲这件事情，否则就是泄密，犯的是重罪……24小时监控，不断洗脑，切断与父母和朋友的联系，最后，任人摆布。骗子的骗术的确高超。利用家长着急的心态，威逼利诱，无论是给女留学生，还是对家长，都是巨大的心理压力。明知道女儿要钱的理由不合常理，但也相信孩子只是一时头脑发昏，走错了一步棋，尽快满足对方的要求，解脱出来就算了……骗子操控孩子进行配合，编制了各种各样的剧本来威胁家长。

这些套路最直接的后果是破坏了女留学生的心理安全感。因此，恢复受害者的安全感，重建她的各项心理和社会功能，以及恢复对生活的适应，这是危机干预的最终目标。要达到这个目标，我们需要做的事情有很多。

一是积极帮助女留学生使用各种资源，来获得控制感。这是非常重要的环节。危机事件发生后，受害者对自己生命或环境的控制感被摧毁，很容易导致无助和绝望的情绪，影响心理重建。

因此，第一步是让女留学生重建社会支持网络。社会支持对于心理危机干预有重要影响（吉晓青、汤娜，2023）。研究表明，社会支持能够在负性生活事件与抑郁障碍、焦虑情绪、攻击倾向之间起缓解作用，确保个体心理健康处于稳定状态（李相南、李志勇，2017）。无论个体是否面临应激事件，只要及时给予适当的社会支持，就可以使个体适应社会，维持身心和谐（朱阳莉、陶云，2022）。

众所周知，家庭是个体面临心理危机时的心理港湾，是重要的能量补给站。遇到心理危机时能从家庭中获得支持和力量，并及时调整应对策略（吉晓青、汤娜，2023）。在这次留学生遭遇电信诈骗的心理危机干预中，我们通过受害人父母，指导她积极配合当地警方和大使馆的官员，同时，也鼓励她及时与导师、研究室的同学、院系的助手、学校学生处的老师进行联系，告知校方自己是安全的，获取社会、使馆、学校方面的持续支持，也鼓励她在疫情期间做好个人防护的基础上，与熟悉的朋友面对面进行交流，一起做饭、买菜、逛街等等。把那些曾经受到影响的朋友关系重新接续上，尽管疫情期间不能正常线下接触，但通过线上方式，保持跟朋友们的联络。大量研究也表明，朋辈互助是使学生在互相帮助的过程中，共同面对成长中的心理困扰，从而实现有效管控行为、培养优良心理品质、积极适应社会的目标（鲁萍、陈建俏，2020）。更重要的是，保持跟父母每天有联系，毕竟父母是最重要的、最基础的社会支持来源。

二是改变或转换环境。与引发危机事件的刺激脱离接触，在生活上提供帮助，保证营养与日常生活需要，注意安全和护理，逐渐消除受害者的无助感和恐惧感。了解到女留学生的父母在当地有认识十几年的朋友，他们还会一点点中文，语言交流上不存在障碍，因此，通过父母联系到他们的朋友，让女留学生在事件发生后的几周内能够去他们家里住几天，跟他们一起过家庭生活，这样能够大大地缓解女留学生的焦虑和紧张。另外，长时间在原来的宿舍里封闭，回到这个环境里，就会回想起受骗的场景，因此，鼓励她尽快搬家，脱离这个容易引发恐惧的环境，也是不错的选择。正好她找到了一家实习的单位，也需要重新租房子，因此，鼓励她搬家以适应新的环境，也是消除负面情绪，建立安全感的最好途径。

三是稳定支持网络。建立物质上和心理上的支持网络，尽快恢复学习生活秩序，以稳定受害者的心态。促进稳定是心理重建的第一步，有利于尽快恢复受害者的各项心理机能。因为该女留学生正处于最繁重的毕业和找工作的阶段，鼓励她把精力放到毕业设计和毕业论文上，帮助她适应正常的学习生活，同时也积极支持她去参加面试，寻找实习单位……，这样在日常的学习生活中，她都能感受到来自父母、学校、朋友的支持，为她能够顺利完成学业打下良好的基础。更要鼓励她主动去为自己量身定制"心理支持资源包"，其中的支持资源可能是朋友的陪伴、兴趣爱好、能带来慰藉的小物件、学校心理辅导中心的专业咨询服务，或是心理互助团体，留学所在国的中国大使馆教育处等等。只要有效、可及，就值得去探索和尝试。

四是鼓励自信，不要让受害人产生依赖心理。依赖主要表现为缺乏信心，放弃了自己的主见，总觉得自己能力不足，难以独立，甘愿置身于从属地位。依赖心理严重的个体，往往优柔寡断，往往对亲近与归属有过分的渴求，这种渴求往往是强迫的、盲目的、非理性的，独立能力差，决策能力弱（段鑫星、程婧，2006）。

因此，注重自力更生能力在心理重建中有着重要作用。我们建议家长提醒受害者，在日常生活里要做好自我关怀，只有这样，在压力集中出现时才能更好地应对。心理学家建议留学生注意避免"HALT"——别让自己太饿（hungry）、太生气（angry）、太孤独（lonely）或太累（tired）。我们指导父母观察女留学生的自我关怀能力，并对她在学业和人际交往中的每一个细小的进步，都给予积极的反馈和鼓励，激发她的主动性，发挥她自身的能力，主动地、积极寻找有效的方法解决危机事件发生后的各种问题。

同时，也要降低求助羞耻感，增强求助学生的安全感。在遇到心理危机时，羞耻感越高，心理求助的态度越消极（李凤栏、周春晓、董虹媛，2016）。一些对于心理问题理解有偏差的学生在遇到心理问题时，倾向于向外界报告觉察到的躯体不适，对情绪的觉察能力不高，经常压抑自身的情绪反应，甚至即便认识到躯体方面的问题是由心理因素引发的，也会避免暴露出来。因此，在干预过程中，通过家长让受害者用积极信条"只有勇者才敢于求助"替换"求助等于懦弱"的旧观念，引导受害者形成积极的求助观念（吉晓青、汤娜，2023）。

罗伯特·希斯在《危机管理》中首次提出 4R 危机管理理论，认为危机管理不仅要包括事前、事中、事后方面的管理，还应站在全局的角度来控制危机的产生，集合各方资源，使危机的危害降至最低。他将危机划分为四个阶段：危机缩减（reduction）、危机预备（readiness）、危机反应（response）和危机恢复（resilience），其核心就是将危机管理看作是一个周期策略工程，即危机尚未出现时预测危机，危机出现苗头时发现危机，危机发生时处理危机，危机结束后恢复秩序（王利军、曾珍、黄蕾，2023）。在我们的这次干预中，调动了驻日大使馆、东京警方、留学生所在学校、家长、学友会（由留日中国留学生组成的团体）等各方面资源，及时迅速协同行动，能够在短时间内降低危机风险，及时规避了受害者的严重的危机反应，尽快让受害者恢复到正常水平，取得了较为良好的效果。研究者认为心理危机干预的最低目标是在心理上帮助当事人解决危机，使其功能恢复到危机前水平，最高目标是提高当事人的心理平衡水平，使其高于危机前的平衡状态（Aguilern and Messick, 1978）。

通过上述这些努力，女留学生很快走出了遭遇电信诈骗所带来的心理阴影，目前已经很顺利地完成了毕业设计和论文，获得了学校颁发的奖学金，并顺利地在当地找到了一份工作……一切都走上了正轨。尽管还会有各种各样的困难，但我们相信她一定能够顺利地完成学业，学成归国的。

总之，心理危机干预的目的，在于将个体内部适当的应对方式，与社会支持和环境资源充分地结合起来，从而使受害者能够有更多的选择问题解决方式的机会。强调危机事件中，个体自身对其行为和决定所负有的责任，帮助个体建立积极的应对策略。同时，调动社会支持资源给予受害者支持和帮助，如家庭、朋友、同事、社会组织等的支持。对受害者来说，家庭亲友的关心与支持、心理工作者的早期介入、社会各界的热心援助等都成为应对危机事件中有力的社会支持（曹兴华，2023）。

祈愿每一位在海外的留学生，都能真正做到平安留学，健康留学，成功留学，成为堪当大任的栋梁之材！

参考文献

［1］AGUILERA D，MESSICK J，Crisis intervention：theory and methodology［M］. St. Louis：Mosby，1978.

［2］BELKIN G S. Introduction to counselling［M］. 3rd Ed. Dubuque Inwa G. G. Brown，1988.

［3］CAPLAN G. Principles of preventive psychiatruy［M］. New York：Basic Books，1964.

［4］MITCHELL J T，RESNIK H L. Emergency response to crisis［M］. Marryland：R. J. Brady Company，1981.

［5］PUNUKOLLU N R. Recent advances in crisis intervention［J］. Huddersfield，HC ICP，1991：25-36.

［6］ROBERTS A R. Conceptualizing crisis theory and the crisis intervention mode［M］. In：Roberts，A. R. ed. Contemporary perspectives on crisis intervention and prevention. Englewood Cliffs. NJ：Prentice Hall，1991：3-17.

［7］GILLILAND B E，JAMES R K，肖水源. 危机干预策略［M］. 北京：中国轻工业出版社，2000.

［8］边玉芳，钟惊雷，周燕，蒋赞. 青少年心理危机干预［M］. 上海：华东师范大学出版社，2010.

［9］曹兴华. 心理健康视角下大学生心理危机后干预机制建构——基于42所世界一流大学建设高校的实证分析［J］. 中国卫生法制，2023，31（2）：17-22.

［10］段鑫星，程婧. 大学生心理危机干预［M］. 北京：科学出版社，2006.

［11］吉晓青，汤娜. 社会支持视域下高校心理危机干预体系运行现状及优化策略——基于学生视角［J］. 西部素质教育，2023，9（22）：122-126.

［12］刘杰. 论大学生心理危机及干预策略［J］. 山东社会科学，2005（6）：3.

［13］李凤栏，周春晓，董虹嫒. 面临心理问题的大学生的心理求助行为研究［J］. 国家教育行政学院学报，2016（6）：72-79.

［14］李相南，李志勇，张丽. 青少年社会支持与攻击的关系：自尊、自我控制的链式中介作用［J］. 心理发展与教育，2017（2）：240-248.

［15］张凤华，方来坛，高鹏. 心理危机及其干预的研究［J］. 世界科技研究与发展，2008，30（4）：504-508.

［16］鲁萍，陈建俏. 以朋辈互助促进心理育人［J］. 北京教育（德育），2020（11）：77-80.

［17］王利军，曾珍，黄蕾. 基于4R理论的高校心理危机事件全阶段干预模式研究［J］. 心理月刊，2023，18（24）：183-185.

［18］张光涛，李海红. 大学生心理档案建设及危机干预研究［J］. 烟台教育学院学报，2005（2）：18.

[19] 张运红. 大学生心理危机预防途径探讨 [J]. 现代预防医学, 2009, 36 (3): 2.

[20] 赵倩. 大学生心理危机表现问卷编制及信效度分析 [J]. 现代预防医学, 2016, 43 (21): 6.

[21] 朱阳莉, 陶云. 大学生付出—回报失衡与积极心理资本的关系: 社会支持的中介作用 [J]. 华南师范大学学报 (自然科学版), 2022 (2): 120-128.

不同好梦，一样安眠
——睡眠质量及其改善方式

张阳阳　陈玉雪

（中央民族大学心理健康教育与咨询中心，北京 100081）

1　睡眠质量及其评估

睡眠是与觉醒相对的精神状态，人的一生中大概三分之一的时间均处于睡眠之中，若缺少睡眠，人会出现精神涣散、肥胖、注意力无法集中、反应迟钝等现象，而在心理方面同样会出现焦虑、抑郁，甚至幻想等情况（梁宁建，2006）。关于睡眠质量，Buysse 认为，睡眠质量是一个较难界定的概念，它既包括一些更为客观的定量因素，也包括一些纯粹的主观因素，例如在客观方面，入睡时间、睡眠持续时间以及觉醒的次数都是可测量的外显标准，而在主观方面，个体对睡眠的满意程度也能衡量一个人的睡眠质量（Buysse, et. al, 1989）。

在探讨个体睡眠质量的客观评估标准时，我们通常考虑以下三种因素：首先，我们应考虑入睡效率，即个体从准备就寝到实际入睡所需的时间。若此过程超过30分钟，则可能表明存在入睡困难。其次，睡眠连续性是另一个关键指标，它涉及个体在夜间的觉醒次数及其再次入睡的难易程度。若个体频繁觉醒且难以再次入睡，则可能表明睡眠维持存在问题。最后，睡眠后的功能状态，即个体在清晨醒来时的精神状态，也是衡量睡眠质量的重要标准。若个体在醒来后仍感到极度疲惫，这可能意味着其睡眠质量不佳。

2019年，丁香医生发布了《2019睡眠状况洞察报告》，报告显示大多数人的平均入睡时间约为晚上11点半，而平均起床时间为第二天早上7点半，平均睡眠时间约为8小时。该调查还揭示了不同年龄段人群的睡眠习惯差异。例如，73%的95后和35%的90后倾向于在深夜12点后入睡，其主要原因包括阅读、社交和观看电视剧。相比之下，老年人的睡眠障碍多与生理因素（如褪黑素减少）相关，而中年人则更多受到心理压力的影响。尽管不同年龄群体的睡眠障碍原因各异，但都可能对个体的睡眠质量产生负面影响。

睡眠具有多重生理功能，包括保护大脑、促进身体恢复、加速皮肤再生、增强身体和大脑功能以及提高机体抵抗力。而如前所述，睡眠不足可能导致情绪波动和精力下降等不良影响。因此，对改善睡眠质量，进而促进身心健康的探讨，显得尤为重要。

2　健康睡眠的多维思维

个体睡眠质量的好坏一方面与外部因素如睡眠环境、压力事件、社会支持等有关，同时与个体的情绪、人格特征等内部因素有关，而在其中，个人对于睡眠本身的认知也影响着个体的睡眠。想要改善睡眠质量，可以先从改变对睡眠的看法开始。秉持科学的睡眠认知、用多种科学思维看待睡眠，成为提升睡眠质量必经的一环。

2.1 系统思维

有研究者曾对 11917 名社区老年人进行了研究，发现与睡眠质量较好的老年人相比，睡眠质量一般和睡眠质量较差的老年人与较高的慢性病共病罹患风险有关。而睡眠时长与慢性病共病罹患风险呈"U"形非线性关联，最佳睡眠时长约为 7 小时（夏高艳、刘明、齐雨欣等，2024）。而在青少年及成人中，睡眠质量同样提高了高血压以及糖尿病、冠心病等疾病的发生可能性（陈玉明、陶舒曼、邹立巍等，2024）。

睡眠时长不够，睡眠质量差与各类疾病密切相关，并破坏个体的免疫系统，但这并不代表着具有睡眠困扰的个体在健康问题面前束手无策，面对睡眠，应具有系统思维：均衡营养、合理运动、缓解压力、积极心态——通过其他因素的积极调整，个体同样可以维护自身健康。而对睡眠影响健康的过分焦虑，反而会进一步影响个体睡眠，造成恶性循环。

2.2 节律思维

睡眠的节律性是个体生物钟的重要组成部分。人类的松果体通过感知光线变化来调节睡眠觉醒周期和内分泌状态。尽管早睡早起被广泛推崇，但并非适用于所有个体。睡眠节律存在个体差异，不同人的睡眠节律通常可相差两小时左右。因此，建立个人化的睡眠规律对于维护睡眠质量至关重要。但与此同时，睡眠也不应过晚，如刘贤臣等人曾对 560 名学生的睡眠质量及其相关影响因素进行研究，其团队发现，"睡觉迟"在影响睡眠的主要危险因素中排名第四（刘贤臣、唐茂芹、胡蕾等，1995），因此睡眠时间超过 12 点依然会对个体产生不利影响。

2.3 基因思维

个体的睡眠需求部分由遗传因素决定，它部分地决定了我们入睡的速度和睡眠的维持时间。因此，部分个体不需要 6 个小时的睡眠也可以充满活力。加州大学旧金山分校的傅嫈惠团队发现 DCE 2 和 NPSR 1 基因的变异可能与较短的自然睡眠时间和更高的睡眠效率相关。此外，国外多项双生子研究均表明睡眠表型（持续时间、入睡时间、质量）在一定程度上是可以遗传的，而遗传因素占睡眠时间、质量以及变异模式的 30% 到 65%（Ancoli-Israel，2009；Wang J, et al., 2019；Daghlaset, et al., 2019；Nishiyama, et al., 2019）。因此，个体应认识到基因对睡眠模式的影响，并接受自身的睡眠时间与他人的不同。

2.4 随缘思维

随缘思维鼓励个体接受自身可能存在的睡眠障碍，并避免因过度关注睡眠而产生的情绪问题。研究表明，给自己贴上失眠标签的人群中，有 70% 并未达到医学诊断的失眠标准，但这种自我标签化可能导致更强烈的情绪问题，会进一步影响个体的睡眠状况。借鉴白熊实验我们可以发现，个体对于睡眠的过分担心反而是一种强化行为，加重失眠状况。因此，个体在面对睡眠问题时，尝试接纳自身睡眠状况，更有利于应对失眠。

2.5 医学思维

个体自身关于睡眠的思维调整十分重要，但当睡眠问题严重影响个体的日常功能时，医学干预同样也成为必要。治疗睡眠障碍的药物种类繁多，医生会根据个体情况制定个性化的治疗方案。因此，个体不应过分担忧药物的依赖性，而应遵循医生的指导进行系统治疗。

综上所述，睡眠的科学研究揭示了系统思维、节律思维、基因思维和随缘思维在维护睡眠质量中的重要性，而医学思维则为解决严重的睡眠障碍提供了途径。通过综合考虑这些因素，个体可以放松心态，实现良好的睡眠。

3 睡眠状况的改善策略

如前所述，实现健康良好的睡眠是内外部多重因素综合作用的结果，为提高睡眠质量，除了在认知上秉持更加科学的睡眠思维之外，积极通过环境、饮食以及行为来改善睡眠也是必不可少的。

3.1 睡眠环境的优化

研究表明，睡眠时的环境对个体的睡眠质量具有一定影响，如吴炜炜等人对养老院里的老年人的睡眠质量进行调查，发现其睡眠质量随着共同居住人数的增加而显著下降（吴炜炜、姜小鹰、张旋、朱秀兰，2016），而王小丹等人也验证了宿舍环境对于大学生睡眠质量的消极影响（王小丹、郭玉燕、李巧等，2014）。为了提高睡眠质量，建议营造一个简洁且有序的睡眠环境。过度复杂的装饰可能会引发焦虑情绪，并可能对个体产生负面的心理暗示，影响入睡。此外，环境温度的管理同样重要：夏季宜维持在 25~26 摄氏度，冬季则建议保持在 20 摄氏度左右。适宜的温度有助于人体放松，进而促进入睡。

3.2 饮食对睡眠的影响

饮食选择对睡眠质量具有显著影响。建议摄入富含色氨酸的高钙低脂食物，如禽肉，以及富含维生素 B 族的麦片，这些营养素有助于促进褪黑素的分泌，从而改善睡眠质量。同时，应避免摄入油腻高脂食物，因为它们可能影响消化过程，进而干扰夜间睡眠。

3.3 饮料选择与睡眠

在饮料选择方面，牛奶和果汁是较优选项，因为它们含有色氨酸，有助于褪黑素的合成，促进睡眠。相比之下，应避免酒精和含咖啡因饮料的摄入，如咖啡。尽管酒精可能带来初步的催眠效果，但它会降低睡眠质量，导致浅睡眠，并且由于其具有利尿作用，可能会增加夜间醒来上厕所的次数。咖啡因则因其兴奋作用，可能延长入睡时间。

3.4 运动与睡眠

适量的规律运动对改善睡眠质量具有积极作用。一方面，运动引起的身体疲劳可以增加深度睡眠的时间，从而提高睡眠质量。另一方面，运动后体温的升高和随后的下降可以增加与基础体温之间的温度差，这种温度变化有助于促进睡眠。因此，建议采取适量的运动，避免久坐不动。而中国传统文化中的八段锦、健康十巧手和乐眠操三种体育活动已被证明对促进睡眠质量具有积极作用。这些活动不仅有助于放松身心，还能通过促进血液循环和疏通筋脉来改善睡眠。

八段锦作为一种源自中国传统文化的体育活动，在中老年群体中广泛流行。该活动以一系列简单、有序的动作组成，旨在促进气血流通和身心和谐。八段锦的实践证明，其有助于缓解压力，放松身心，从而改善睡眠。

健康十巧手是一种适合在家庭环境中进行的体育活动。它不需要大面积场地或复杂设备，可以在进行日常活动如观看电视、使用电脑或阅读时轻松实践。该活动包含一系列手部动作，从第一巧至第十巧，每种动作都有其特定的健康益处。这些动作的练习，可以促进手部和全身的血液循环，有助于放松身心，进而改善睡眠。

乐眠操是一种在 2020 年疫情期间由武汉方舱医院的医生为轻症患者设计的体育活动。该活动由北医六院的孙伟教授设计，其灵感来源于道家的筑基功。筑基功通过疏通任督二脉来促进身体的血液循环和筋脉疏通。孙伟教授的研究显示，乐眠操能有效延长患者的睡眠维持时间，改善睡眠质量（骆蕾、徐文静、李丽霞等，2024）。

因此，建议个体根据自身情况选择合适的体育活动，以实现改善睡眠的目标，进而享受到安稳的睡眠。

参考文献

[1] 梁宁建. 心理学导论［M］. 上海：上海教育出版社，2011.

[2] BUYSSE D J, REYNOLDS C F, MONK T H, BERMAN S R, KUPFER D J. The pittsburgh sleep quality index：A new instrument for psychiatric practice and research［J］. Psychiatry Research，1989，28（2）：193-21.

[3] 夏高艳，刘明，齐雨欣，等. 中国社区老年人夜间睡眠状况与慢性病共病的关联研究［J］. 中国全科医学，2024，27（4）：440-446.

[4] 陈玉明，陶舒曼，邹立巍，等. 大学生社会时差和睡眠质量与心血管代谢风险的关联［J］. 中国学校卫生，2024，45（4）：492-496.

[5] 刘贤臣，唐茂芹，胡蕾，等. 学生睡眠质量及其相关因素［J］. 中国心理卫生杂志，1995，（4）：148-150，191.

[6] ANCOLI ISRAEL S. Sleep and its disorders in aging populations［J］. Sleep Medicine，2009.

[7] WANG J, et al. Sleep duration and risk of diabetes：Observational and Mendelian randomization studies［J］. Preventive Medicine，2019.

[8] NISHIYAMA T, et al. Sleep duration and myocardial infarction［J］. Journal of the American College of Cardiology，2019.

[9] NISHIYAMA T, et al. Genome-wide association meta-analysis and Mendelian randomization analysis confirm the influence of ALDH2 on sleep duration in the Japanese population［J］. Sleep，2019.

[10] 吴炜炜，姜小鹰，张旋，朱秀兰. 福州市养老机构老年人睡眠质量及影响因素分析［J］. 中华护理杂志，2016（3）：352-355.

[11] 王小丹，郭玉燕，李巧，相振宇，高允锁，陈用成. 海南省 3 所高校大学生睡眠质量影响因素分析［J］. 中国学校卫生，2014（11）：1675-1678.

[12] 骆蕾，徐文静，李丽霞，等. 乐眠操对抑郁伴失眠患者睡眠质量的效果观察［J］. 中国医学科学院学报，2024，46（1）：49-54.

"一带一路"共建国家来华留学生跨文化适应性研究

贾茹[1] 庄明科[2][①]

(首都师范大学国际文化学院，北京 100089

北京大学学生心理健康教育与咨询中心，北京 100871)

1 前言

自"一带一路"倡议提出以来，来华留学生教育工作成为了我国国际化人才培养的重要部分。2015 年中国发布的《推动共建"一带一路"愿景与行动》中提出，"民心相通"是中国与"一带一路"国家的合作重点，"一带一路"来华留学生的培养与教育工作不仅仅服务于国际化建设，更重要的是担负着为国家对外关系发展和国际战略培养人才的使命，因此，对于"一带一路"共建国家来华留学生的关注、了解和研究至关重要。

随着倡议的提出，共建国家来华留学生规模逐渐增大，据教育部统计，2018 年在来华留学生生源地排前 15 位的国家中，"一带一路"共建国家占其中的 10 个，依次为泰国、巴基斯坦、印度、俄罗斯、印度尼西亚、老挝、哈萨克斯坦、越南、孟加拉国、马来西亚[1]。这与中国的政策环境密切相关，教育部近年来陆续出台了《推进共建"一带一路"教育行动》《学校招收和培养国际学生管理规定》等文件，实施"丝绸之路"留学推进计划，与沿线 24 国签订了学历学位互认协议，计划 5 年内建成 10 个海外科教基地，每年资助 1 万名共建国家新生来华学习或研修。北京市政府于 2017 年至 2019 年重点建设了不少于 30 个"一带一路"国家人才培养基地。自 2017 年起，每年新增资助 300 名"紫禁城奖学金"学生，共资助 3 届学生，直到学段结束，资助总规模最多达 900 人[2]。

来华留学生大量往来于中国与共建国家，为国家间关系的良好发展架起了桥梁，首先，来华留学能够促进"一带一路"共建国家青年一代更好地了解中国文化与国情，日益提高的汉语水平使得他们能更好地在中国生活，与中国人沟通，深入学习中国的风土人情，将中国故事带回本国，这将成为共建国家民众正面认识中国、理解中国的有效方式。其次，"一带一路"来华留学生成为了共建国家民间外交的主力军，提升来华留学生教育质量，促进双边民众建立深厚的信任和友谊，搭建平等交流的平台，实现和谐温暖的沟通环境，这对于"一带一路"倡议中民心相通的实现有着不可取代的意义。再次，"一带一路"来华留学生有着与其他国家来华留学生不同的重要身份，他们是"一带一路"建设的参与者，是"一带一路"各国之间的交流使者，是"一带一路"倡议的研究者，在某种程度上，他们已经与沿线各国形成了"你中有我，我中有你"的利益共同体。因此，"一带一路"来华留学生是区域发展战略中的重要资源，为我国软实力的增长以及在"共建人类命运共同体"的进程中发挥应有责任提供了坚实的基础。

综上所述，以"一带一路"来华留学生为研究对象，探究他们来到中国学习与生活的适应过程至关重要。然而，"一带一路"国家中涵盖了中东欧国家、中亚国家、西亚

---

① 通讯作者：庄明科，北京大学学生心理健康教育与咨询中心，zmk@pku.edu.cn。

国家和南亚国家，每个地区都具有鲜明的文化特点，并且与中国有很大差异，因此，"一带一路"共建国家留学生来华以后，必定会面临自然环境、社会环境、人文环境等各个方面的变化，对他们来说，或多或少都会产生不适应的情况，而这些留学生能否在华顺利完成学业，在相当大的程度上取决于他们能否顺利完成这一跨文化的适应过程。

2 研究现状

文化适应这个概念最早是由美国人类学家罗伯特·雷德菲尔德（Redfield）、拉尔夫·林顿（Ralf Linton）和梅尔维尔·赫斯科维茨（Melville Herskonvits）等人于1936年提出的[3]。它主要是指当个体从他们的家乡文化迁移到一些新的、不熟悉的环境中时，试图"建立（或重建）并与这些环境保持相对稳定、互惠和功能性的关系"[4]。

2.1 跨文化适应理论与模型

到目前为止，西方学者关于跨文化适应的研究提出了许多理论和模型，比较有代表性的有以下几种：

1. 由利兹格德（Lysgaard，1955）提出的U形曲线模型，我们发现旅居者一开始进入异国就像在度蜜月一样兴奋，但随后会遭遇文化不适应所带来的低谷期，最终会接受和适应异国文化。在U型曲线的启发下，Oberg（1960）提出了文化冲击的概念（cultural shock），该模型在提出后的30年里都占据着跨文化适应模型的主导地位。

2. Adler（1975）认为，个体在从习惯的文化环境过渡到新的、不同的文化中时，会经历接触、崩溃、重新整合、自治和独立五个阶段，这反映出一种从低自我的文化认知状态朝高自我的文化认知的跃迁[5]。

3. 把跨文化适应看作是一个内部稳定的机制，认为跨文化适应是一个动态的、周期性的紧张缓解过程，直到达到平衡（Gudykunst and Hammer，1987）。在这些内部稳定的条件下，留学生处在陌生的环境中，巨大的变化和扰动使他们失去平衡，而适应的过程便是在减少那些不平衡，比如紧张/动力/需要/不确定等[6]。

4. Berry（1997）提出"跨文化适应模型"，他认为，跨文化适应可以采用四种途径：(1) 同化，旅居者排斥本国文化，完全接受东道国文化；(2) 分离，旅居者保留本国文化，排斥东道国文化；(3) 融合，旅居者既肯定了本国文化，也肯定了东道国文化；(4) 边缘化，旅居者在东道国中被排斥，因为他们既无法融入本国文化，也无法融入东道国文化[7]。

5. Searle 和 Ward（1990）将注意力转向适应的具体层面，提出了两种跨文化适应维度：心理适应和社会文化适应。前者指的是心理或情感上的幸福，而后者指的是社交技能，或融入东道国文化的能力。心理适应与压力和应对过程有关，而社会文化适应则是文化学习经历的结果[8]。

2.2 来华留学生跨文化适应相关研究

关于来华留学生跨文化适应相关的研究主要使用量化研究的方法，对来华留学生跨文化适应情况进行不同维度的测量，从而评估影响其适应情况的因素。许多学者延续了Ward对跨文化适应的维度划分：心理适应和社会文化适应，雷龙云（2004）采用了Ward社会文化适应量表和宗氏自评抑郁量表对来华留学生的跨文化适应水平进行测量，发现SDS平均分高于我国常模，说明来华留学生是心理疾病出现较多的特殊人群[9]。李萍（2009）亦用此量表得出了相同的结论[10]。亓华（2009）测量了在京韩国留学生跨文化适应水平，发现韩国留学生的抑郁症大都处于中等偏高水平。

尽管 Ward 的跨文化适应量表已经比较成熟，但由于研究者是欧美国家学者，研究对象是赴西方国家留学的留学生，前人的研究大部分是基于西方人的视角探究当地留学生群体，然而中西方有着不同的社会文化背景，因此，陈慧（2003）基于中国社会文化特点，提出影响留学生适应中国社会文化的价值观因素有"差序格局""中国人看待自我的方式""中国人对待朋友的方式""情境中心"四个方面[11]。

除此，在近年来的来华留学生跨文化适应研究中，研究者对影响适应水平的维度不断细化和丰富，陈慧（2003）将来华留学生跨文化适应分为了 7 个维度：生活适应、公德意识适应、交往适应、社会支持适应、服务模式适应、社会环境适应和当地人生活习惯适应[12]。朱国辉（2011）认为，来华留学生有一个重要身份是"学习者"，因此，在以上几个维度之外，加上了"学术适应"维度[13]，张云桥（2016）又在此基础上引入了"环境适应"维度[14]。关于来华留学生来华学习动机的研究也在展开，吴文英（2012）发现留学生来华动机与跨文化适应性显著相关，陈秀琼（2018）在进一步研究来华留学生跨文化学业适应时发现，学习动机与之呈显著正相关[15]。

2.3 关于"一带一路"来华留学生的研究现状

目前，关于"一带一路"来华留学生的研究主要集中在以下几个方面。

1. "一带一路"来华留学生的教育，中国的"一带一路"倡议为共建国家的学生来华学习提供了长期稳定的支持，如何将这一批有志青年培养成未来能服务多边关系发展的国际人才是非常值得探究的课题[16]。

2. "一带一路"来华留学生的管理，随着越来越多的共建国家学生来华学习，做好他们的管理工作日益重要，完善留学生管理组织架构、加强管理队伍建设、提供留学生跨文化适应指导等工作需提上日程[17]。

3. 通过对"一带一路"来华留学生留学动因、人际互动、学习投入、留学变化等问题的研究，从较为微观的角度对该区域的来华留学生进行调查和分析，并提出相关政策建议[18]。

综上，我们发现专门探讨"一带一路"来华留学生的跨文化适应性的研究几乎空白，因此，本文的主要研究目标为通过定量研究与定性研究，探索"一带一路"来华留学生跨文化适应性的特点，以期为这类学生在面对适应问题时提供建议。

2 研究方法与过程

2.1 研究对象

在关于来华留学生跨文化适应性的研究中，以某一国或某一地区的留学生为研究对象的居多，以"一带一路"共建国家来华留学生为研究对象的较少，鉴于调查研究的可操作性和严谨性，本文以首都师范大学的"一带一路"来华留学生作为研究对象。根据近 5 年的数据统计，该校"一带一路"来华留学生数量持续增长，并且在 2017 年，入选了首批北京市"一带一路"国家人才培养基地项目，2018 年，首都师范大学在校"一带一路"共建国家来华留学生达到 500 余名，其中包括了预科生、本科生和研究生，90%以上的学生就读于汉语言专业。本研究向首都师范大学的 110 名"一带一路"来华留学生发放问卷，回收有效问卷 100 份，回收有效率 91%，并通过"目的性抽样"的方式，对其中 14 名留学生进行了访谈。

2.2 研究方法与工具

本研究采用定量研究和定性研究结合的方法。在定量研究中作者对 100 名"一带一路"来华留学生发放了《大五人格量表》[19]《生涯适应力量表》[20] 以及《跨文化适应力量表》[21]。

《大五人格量表》采用 Gerlitz 和 Schupp 于 2005 年编制的大五人格简版问卷（BFI-S），共 15 道题，分为开放性、外倾性、亲和性、尽责性和情绪稳定性 5 个维度，采用五点计分，从 1 到 5 依次代表"非常不符"到"非常符合"。《生涯适应力量表》来源于 Savickas（1997）提出的生涯适应力（Career Adaptability）概念，该量表测量个体准备好面临生涯发展中可预见的任务和不可预见的生涯变动的能力，分为 4 个子维度：生涯关注、生涯控制、生涯好奇和生涯自信，采用五点计分，从 1 到 5 依次代表"不强"到"非常强"，内部一致性系数为 0.941。《跨文化适应力量表》采用 Colleen Kelley 和 Judith Meyers 编制于 1987 年并修订于 1992 年的版本，采用六点计分，从 1 到 6 依次代表"非常符合"到"非常不符合"，内部一致性系数为 0.759。整理审核后的有效问卷，通过数据录入软件 SPSS23.0 进行统计处理，根据数据类型选用描述统计、相关分析等方法。

同时，本研究还采用了质性研究方法，运用扎根理论对量化结果进行更深层次考查。该方法擅长表现被研究者的文化传统、价值观念、行为规范、兴趣、利益和动机[22]。跨文化适应性涉及个人的一些内隐的特质、状态能力等方面，因此，本文以"目的性抽样的方式"，抽取了 14 名"一带一路"国家来华留学生进行深入访谈。主要访谈的内容有：

1. 为什么选择来中国学习？曾经在本国有学习的专业吗？
2. 在来华留学初期，哪些方面不适应？
3. 你做了什么，使自己得以走出这些不适应？
4. 在华是否参加社会实践活动，有什么样的收获？
5. 毕业以后，希望从事什么样的职业？回国还是在中国？如果是回国，未来还愿意来到中国吗？
6. 在中国学习的收获有哪些？对你未来职业生涯最有影响的有哪些方面？
7. 你觉得相对于你的国家的其他同龄人，有什么样的优势？

访谈过程使用中文交流，在留学生汉语使用不熟练的情况下，用英文交流，然后从访谈的原始资料中建立分析类别，以期通过这样的过程，更深入地分析在华就读的"一带一路"共建国家留学生跨文化适应性的特点。

在质性研究过程中，本文使用了 Nvivo11 这款支持定性研究的软件，它不仅能够帮助研究者快速收集、整理和分析访谈音频、文本等内容，还能很便捷、清晰地编码，以及理清类属之间的关系并建构理论。

2.3 访谈资料的收集和整理

在对 14 位"一带一路"来华留学生的访谈中，主要让他们讲述选择来华的原因、在华所经历的重要生涯事件以及自己的应对方式和未来的生涯发展目标，特别关注他们在跨文化经历中，是哪些因素支持他们能够良好地适应中国的生活、学习环境。作者以录音笔记录了整个谈话过程。

在资料整理过程中，作者将访谈录音转录为文本，全部导入 Nvivo11 软件中，为每一位访谈者建立一个文件夹。

2.4 访谈资料的分析

在对访谈原始文本进行反复阅读以后，作者对材料进行了开放式编码、轴心编码和核心编码，理论建构，量化检验。

2.4.1 编码

首先作者对原始资料进行了一级编码，即开放式编码。作者以一种开放的心态，尽量"悬置"个人的"倾见"和研究界的"定见"，将所有资料按其本身所呈现的状态进行登录（编码）[23]。比如一位学生在谈到自己用了什么方法度过刚来中国时的不适应期时说道："然后我开始跟中国人交流，开始交很多中国朋友，我刚来的时候，只有QQ，没有微信，我下载了QQ，我加上了很多很多人，没事就聊天，开始交朋友，然后慢慢就好了。"作者将这段话编码为"中国朋友"。

其次，作者进行了二级编码，即轴心编码，经过对一级编码形成的代码进行比较、归纳和分类以后，从中提取出了七个范畴，作为"一带一路"留学生跨文化适应力的特点：外倾、自信、自我认知清晰、对所学专业了解、毕业计划清晰、对中国发展前景乐观、所在国与中国关系良好。作者对上述七个范畴作了进一步分析和归类，最终抽象出三个核心类别，即开放自信的人格特性、清晰明确的职业目标、积极乐观的对华态度。

2.4.2 理论建构

在三级编码的基础上，作者再次深入研究访谈原始资料，挖掘出与核心编码相关的内容，建构出关于"一带一路"来华留学生跨文化适应性的特点。

3 研究结果

（一）根据 spss23 的数据统计，在对"一带一路"来华留学生的大五人格、生涯适应力和跨文化适应力进行相关检验的结果如下。

大五人格中，开放性、亲和性和尽责性都与跨文化适应力存在相关关系，其中，开放性和亲和性与跨文化适应力存在显著相关关系（$r=0.283, p<0.01; r=0.237, p<0.01$）。在生涯适应力中，生涯关注、生涯控制、生涯好奇和生涯自信与跨文化适应力显著相关（$r=0.322, p<0.001; r=0.401, p<0.001; r=0.426, p<0.001; r=0.422, p<0.001$），即生涯适应力越强，跨文化适应力越强。

表 1 大五人格、生涯适应力与跨文化适应力的相关性

	大五人格					生涯适应力			
	开放性	外倾性	亲和性	尽责性	情绪稳定性	生涯关注	生涯控制	生涯好奇	生涯自信
跨文化适应力	0.283**	0.113	0.237**	0.217*	0.104	0.322**	0.401**	0.426**	0.422**

注：*$p<0.05$，**$p<0.01$。

（二）根据扎根理论，下表为对本研究访谈的编码情况。

由此可以看出，"一带一路"国家来华留学生跨文化适应的特点为清晰明确的职业目标、开放自信的人格特性、积极乐观的对华态度。

表2 "一带一路"来华留学生跨文化适应特点

名称		材料来源	参考点（开放编码）
核心编码1	开放自信的人格特性	15	20
	轴心编码1.1：开放	7	9
	轴心编码1.2：自信	6	15
核心编码2	清晰明确的职业目标	11	31
	轴心编码2.1：对自我有清晰的认识	10	24
	轴心编码2.2：对所选专业很了解	8	15
	轴心编码2.3：较为清晰的毕业计划	11	30
核心编码3	积极乐观的对华态度	13	25
	轴心编码3.1：对中国发展前景乐观	8	12
	轴心编码3.2：所在国与中国关系良好	7	8

1. 开放自信的人格特性。在访谈中，很多学生都提及自己在留学初期所遇到的困难，比如语言不通导致无法和他人沟通、饮食不习惯、气候不习惯、没有朋友等，但是大概半年时间，他们都顺利度过困难期，到现在已经非常适应中国的各个方面，在克服困难的这个过程中，学生们表现出很多相似的人格特性。

第一，开放。在访谈过程中，很多学生提到愿意认识中国朋友，和他们聊天，愿意了解更多的中国文化，让自己快速适应新环境。

"我会参加娱乐活动，和他们交流，开始聊天，我也好奇中国人的生活，他们也好奇我的生活。这样慢慢就已经习惯。通过多交朋友，然后让你慢慢地就适应了。"（SH，乌兹别克斯坦）

"所以开始交中国朋友，对。现在真的有好多中国朋友，我特别开心，有什么事有什么困难他们都愿意帮我。"（HL，土耳其）

"我那时候跟中国朋友一起玩，一开始我不大会写那个汉语，我就跟他一起，然后就会了。"（JS，乌兹别克斯坦）

第二，自信。有不少学生在谈到自己最初来中国遇到的各种不适应时，都提到了这个方面。

"我看到别的同学可以学好，所以我相信我也可以，但刚开始的时候我觉得必须付出很大的努力，因为这个语音跟我以前学习的也不一样，声调也很难，还有汉字啊，很难，所以我必须更加努力。"（LN2，埃及）

"一开始，真的很难，但我跟自己说，没关系，所以只要相信自己就行了。我对自己很有自信。"（SH，乌兹别克斯坦）

2. 清晰明确的职业目标。在访谈过程中，"一带一路"国家来华留学生普遍反映出他们有着很清晰明确的职业发展方向。从上表及访谈资料中可以看出，他们给自己规划的职业发展方向主要基于三个方面：对自我有清晰的认识，对所选专业很了解，有较为清晰的毕业计划。

第一，对自我有清晰的认识。

在访谈中，很多留学生都提到了自己的兴趣，自己比较擅长做的事情，以及未来期待的生活方式。

"我更喜欢文学方面，我那个时候，不喜欢就是数学啊、化学啊、生物啊这些，然后我慢慢长大一点以后，做过一段时间兼职老师，发现可以帮助不会的人学会一些东西，就很喜欢。"（LN1，土库曼斯坦）

"我觉得老师这个行业真的很有价值，嗯，就是觉得当老师会很快乐，就是帮助别人，会让我觉得很有成就感。"（LN2，埃及）

第二，对所选专业很了解。

在访谈中，每个学生都谈到自己选择汉语言专业的原因，并且也很清楚，学习完这个专业自己能找什么样的工作。

"我选这个专业，因为觉得学汉语很有发展，在我们国家，可以当汉语老师。"（JS，乌兹别克斯坦）

"首先是因为我觉得中文现在非常重要，在埃及也非常重要，如果我回埃及找工作的话可以有更多的机会。"（NH，埃及）

"学习汉语有比较大的好处，因为我觉得啊，中国和越南在贸易这个方面还是有比较密切的关系。然后现在越南也有很多中国的公司，很多中国人来越南做生意，所以我觉得我学了汉语以后回国找工作比较容易。"（RQX，越南）

第三，较为清晰的毕业计划。

访谈中，当我问及学生毕业以后的设想时，大部分学生都能脱口而出对于未来的种种想法以及实现路径。

"如果我继续读研究生，我可能会去学那个物流这种，或者跟淘宝这种差不多的电子商务。这种在哈萨克斯坦我觉得有，但是做得不是很好，没有中国那么发达。我觉得学这个比较有用。"（LYL，哈萨克斯坦）

"我想要毕业以后做生意，比方说从中国买东西，然后到泰国去卖，因为在泰国，我觉得大部分的东西是从中国来的，在泰国卖的时候比较贵。我听说义乌是一个比较集中的卖小商品的地方，所以我打算有机会要去看看。"（LZH，泰国）

3. 积极乐观的对华态度。在访谈中，几乎每一位学生都提到了非常看好中国未来的发展趋势，正是因为有这样的信念，学生都非常愿意并积极投入地在中国学习。

第一，对中国发展前景乐观。

"我觉得中国越来越发达，交通也非常好。"（NH，埃及）

"我来中国之前，就知道中国是一个很有发展的国家。"（SH，乌兹别克斯坦）

"就是那个时候我觉得中国发展特别好，然后特别想去中国把自己"发展"一下。"（LN1，土库曼斯坦）

第二，所在国与中国关系良好。在访谈中，很多学生谈到对中国的信心来源于中国与他们所在国在政治、经济方面关系良好。

"中国和埃及的关系非常好，因为我们一直关系非常好，然后他们说现在也有很多合作，然后很多中国人也在埃及做生意。"（NG，埃及）

"我感觉中国和土耳其之间的关系不错，所以我觉得来中国很好。"（HL，土耳其）

5 结语

根据问卷统计结果以及访谈分析，作者发现，"一带一路"来华留学生跨文化适应力受内部因素和外部因素共同影响。

第一，根据问卷统计，留学生的开放性、亲和性和尽责性人格特点与跨文化适应力显著相关，生涯适应力（包括生涯关注、生涯控制、生涯好奇和生涯自信）与跨文化适应力显著相关。通过访谈，我们也同样发现"开放自信的人格"与"清晰明确的生涯目标"构成了跨文化适应力的特点。因此，从"一带一路"来华留学生个体的角度来看，若要提升跨文化适应力，可以从两个方面予以加强：一是增强自身的开放性、亲和性和尽责性特质，即在进入陌生的文化环境时，保持对新观念、新现象的好奇心和活跃的想象力，愿意去接纳和探求新鲜事物、新鲜体验、新鲜情景和新文化；对在新环境中遇到的人和事保持积极乐观的态度，即便在这一过程遇到困难也相信自己有能力改变，促使自身能够快速并顺利地融入新环境。二是提升生涯适应力，即提高对即将发生的事情及其发生可能性的意识，增强留学生对自身生涯发展的掌控能力和责任感，激发他们去探索多种职业角色，构建自己的生涯路径，并克服困难，建立解决问题的信心和自我效能感。

除了留学生个体需增强自我的探索和学习外，作为承载来华留学生的高校也需在以下两个方面加强建设：（1）高校在制定留学生培养方案的时候，除了立足于专业类课程以外，还应当增加职业生涯教育类课程，将留学生职业生涯教育纳入来华留学生教育体系，提高留学生的职业规划意识，为留学生提供科学合理的就业指导，搭建适合留学生的就业实习平台；（2）高校应建立跨文化心理咨询服务平台，以缓解留学生在来华初期遇到的心理上的不适应，同时为留学生快速适应新的社会文化提供科学有效的方法和指导。

第二，根据对14名"一带一路"来华留学生的访谈，作者发现，"积极乐观的对话态度"也是该区域来华留学生跨文化适应力的重要特点。一方面，"一带一路"共建国家无论从基础设施建设，还是社会经济的发展程度，与中国相比都有一定差距，留学生对中国心存向往，有学生表示："我觉得中国发展很好，想来看看。"（SH，乌兹别克斯坦）来到中国以后，感到生活方面与本国相比，更加便利，更加发达，同时，博大精深的中国文化也深深吸引了留学生。除此以外，中国经济飞速发展，并与"一带一路"国家达成了多项贸易协定，使得学生看到未来的就业前景，相信来到中国留学对自己未来的发展一定很好。因此，"一带一路"国家的来华留学生想要"适应"中国环境的意愿比较强烈。

另一方面，这部分留学生和其他国家来华留学生的不同在于，他们选择来华留学背后有很强的外交政策予以支持。中国在2015年发布的《推动共建"一带一路"愿景与行动》[24]中，"民心相通"是中国与"一带一路"国家的合作重点，同时，在2019年发布的《中国教育现代化2035》[25]中提到，要继续扎实推进"一带一路"教育行动，再次说明了中国政府对"一带一路"来华留学生的重视。"一带一路"来华留学生在这一适应过程中，也成为了民间外交的重要力量，逐步构建出新的身份认同，他们一方面通过在中国的学习和生活，更加确信中国是一个既有着悠久历史，又是一个负责任的大国，另一方面，他们也慢慢认识到自己是"一带一路"倡议中的重要人才，愿意将自己的生涯发展融入到深化中外各领域合作中，这对助力构建周边命运共同体、人类命运共同体有着重要意义。

通过对100位"一带一路"共建国家来华留学生的问卷调查，作者发现学生具备越高的开放性、亲和性和尽责性的人格特性，以及越强的生涯适应力，其跨文化适应力越强。在此基础上，作者对14位"一带一路"共建国家来华留学生展开了访谈，进一步发现开放自信的人格特性、清晰明确的职业目标以及积极乐观的对华态度对"一带一路"来华留学生跨文化适应力有着重要作用。综上所述，"一带一路"来华留学生良好的跨文化适应性是由开放性、亲和性和尽责性的人格特性、明确的生涯目标以及对华积极乐观的态度共同构成的。

参考文献

［1］忠建丰. 2018年来华留学统计［N］. 中华人民共和国教育部网站，2019-4-12.

［2］孟竹、鲍聪颖."北京市教委成立紫禁城奖学金"资助留学高端人才［N］. 人民网，2017-06-27.

［3］杨军红. 来华留学生跨文化适应问题研究［M］. 上海：上海社会科学院出版，2009：44-45.

［4］KIM YY. Becoming intercultural：an integrated theory of communication and cross-cultural adaptation.［M］. Thousand Oaks，2001，CA：31-32.

［5］ADLEER PS. The transitional experience：an alternative view of culture shock［J］. Journal of Humanistic Psychology，1975（15），13-23.

［6］MALCOLM Lewthwaite. A study of international students' perspectives on cross-cultural adaptation［J］. International Journal for the Advancement of Counselling. 1996，19：167-185.

［7］BERRY JW IMMIGRATION，acculturation and adaptation［J］. Applied psychology，An International Review，1997，46（1），5-68.

［8］SEARLE W，C WARD. 1990. The Prediction of Psychological and Sociocultural Adjustment during Cross-Cultural Transitions［J］. International Journal of Intercultural Relations. 1990（14）：449-464.

［9］雷龙云、甘怡群. 来华留学生的跨文化适应状况调查［J］. 中国心理卫生杂志，2004，18（10）：729.

［10］李萍. 留学生跨文化适应现状与管理对策研究［J］. 浙江社会科学，2009（5）：114-118.

［11］［12］陈慧. 留学生中国社会文化适应性的社会心理研究［J］. 北京师范大学学报（社会科学版），2003（6）：135-142.

［12］朱国辉. 高校来华留学生跨文化适应问题研究［D］. 上海：华东师范大学，2011：34-35.

［13］张云桥. 来华留学生的跨交化适应问题研究——以天津理工大学为例［J］. 亚太教育，2016：285-286.

［14］陈秀琼、龚晓. 来华非洲留学生——跨文化学业适应调查与分析［J］. 教育评论，2018（9）：55-59.

［15］陈强、文雯."一带一路"倡议下来华留学生教育：使命、挑战和对策［J］. 高校教育管理，2018，12（3）：28-33.

［16］游菲."一带一路"战略背景下来华留学生教育管理研究［J］. 南京理工大学学报（社会科学版），2017，30（5）：36-40.

［17］马佳妮."一带一路"沿线高端留学生教育面临的挑战及其对策［J］. 高等教育研究，2018，39（1）：100-106.

［18］HAHN E.，GOTTSCHLING J. Spinath，F. M. Short measurements of personality-validity and reliability of the gsoep big five inventory（bfi-s）［J］. Journal of Research in Personality，2012，46（3）：355-359.

［19］HOU Z. J.，LEUNG S. A.，Li，X.，Li，X.，and Xu，H：Career adaptabilities scale – China form：construction and initial validation［J］. Journal of Vocational Behavior. 2012（80）：686-691.

［20］NHUNG T. Nguyen，MICHAEL D. Biderman & Lisa D. McNary. A validation study of the Cross-Cultural Adaptability Inventory［J］，International Journal of Training and Development，2010（14）：112-129.

［21］王海平. 优秀教师专业发展的动力构成——对41位中学特级教师的访谈分析［J］. 上海教育科研，2016（5）：45-49.

［22］陈向明. 质的研究方法与社会科学研究［M］. 北京：教育科学出版社，2000：332-333.

［23］宋诚. 共建"一带一路"愿景与行动文件发布（全文）［N］. 求是网，2017-05-12.

［24］钱丽欣. 中共中央、国务院印发《中国教育现代化2035》［J］. 人民教育，2019（5）：7-10.

第二部分　测评篇

平安留学适应力测试
——理论模型建立、编制及运用

李同归

（北京大学心理与认知科学学院，北京 100871
行为与心理健康北京市重点实验室，北京 100871）

1 平安留学理念

留学工作是我国改革开放的重要组成部分，也是我国教育事业的重要组成部分。党的十九大明确指出社会主要矛盾已经转化为人民日益增长的美好生活需要和不平衡不充分的发展之间的矛盾。在留学服务领域同样也存在着发展不平衡不充分的问题。在出国留学方面，中国公民出国留学相比以前方便了，随着留学规模和人数的增加，留学人员群体已经成为我国海外公民的重要组成部分。而近年来涉及留学人员的案件频发，留学人员结构多样化，国（境）外局势复杂，留学人员安全和合法权益问题日益受到广大民众的关注（张力玮，2018）。

因此，教育部留学服务中心提出不仅要满足人们出国留学的基本需求，还要在更高层次实现平安留学、健康留学、成功留学。自 2009 年起，积极倡导"平安留学"理念，预防不安全事件发生，保障学生学者权益，成为留学服务中的一个重要环节。

教育部留学服务中心程家财主任指出（2019）："平安留学关系到千家万户，涉及老百姓的幸福生活。它既是民生，也是社会关注的热点问题，平安留学最关键是理念，要让平安留学的理念深入人心，让学生和家长牢牢树立安全意识。留学生出去能否安全，关键还是要靠自己"。因此在出国之前，了解自己的心理状况，为适应异文化环境找到合适的途径，是每一个出国留学人员在出国前必须要认真对待的事情。有鉴于此，教育部留学服务中心委托"北京大学-清华大学出国人员心理健康支持项目组"编制了"平安留学适应力测试"，并在教育部"平安留学"系列培训中进行运用，帮助了解出国留学人员的特点，进行有针对性的培训和服务。

1.1 出国留学热潮持续升温

随着我国改革开放的不断深入，我国留外学生人数不断增加。中国已经成为全球最大的留学输出国之一，根据教育部以及中国统计年鉴提供的数据，从 1978—2010 年，出国留学人数约达 190.54 万人，出国留学人数平均增长 25.8%，出国留学规模扩大了 313 倍，共有 63.22 万留学人员学成后选择回国发展。而教育部最新发布的数据表明：2017 年我国出国留学人数首次突破 60 万大关，达 60.84 万人，同比增长 11.74%，持续保持世界最大留学生生源国地位。同时，2017 年留学人员回国人数较上一年增长 11.19%，达到 48.09 万人，其中获得硕博研究生学历及博士后出站人员达到 22.74 万，同比增长 14.90%。统计显示，出国留学规模的持续增长，使中国生源领跑世界。改革开放 40 年来，各类出国留学人员累计已达 519.49 万人，目前有 145.41 万人正在国外进行相关阶段的学习和研究。国家公派出国留学全年派出 3.12 万人，分赴 94 个国家。访问学者 1.28 万人，占派出总数的 41.17%，硕博研究生 1.32 万人，占 42.29%，培养了一大批具有国际视野和竞争能力的紧缺人才和战略后备人才。单位公派留学瞄准行业需求，派出人数较上一年度翻番，达到3.59万人，增幅119.71%。2017年出国留学人员中，自费留学人员共54.13万人，占出国留学总人数的88.97%。呈现出"公派留学为引领，自费留学为主体"的态势。

教育部最新发布的信息显示（教育部平安留学公众号，2019）：2018年度我国出国留学人员总数为66.21万人。其中，国家公派3.02万人，单位公派3.56万人，自费留学59.63万人。2018年度各类留学回国人员总数为51.94万人。其中，国家公派2.53万人，单位公派2.65万人，自费留学46.76万人。出国留学已经成为年轻人职业生涯发展的一个大趋势。

1.2 留学生心理问题日益突出，亟待引起重视

越来越多的数据也表明，出国留学人员是国家宝贵的人力资源之一。但是出国留学人员作为一个特殊的群体，长期以来，一直被忽视。家长们以为把孩子送出国去读书了，自己就完成了一项重大的人生任务；国内的学校认为已经把自己的学生送出国读书，这是我们学校优秀的人才，自然不会有问题了；而在留学的所在国家或地区，因为种种原因，这些出国留学人员又不愿主动寻求帮助，造成了出国留学人员心理问题长期得不到疏导，容易引起一些极端事件的发生。这是造成留外学生处于"三不管"境地的主要背景。

随着出国留学人员的增加，尤其是2017年出国留学人员已经超过60万，成为一个庞大的群体，但近年来出国留学人员出现的心理问题日益增多，因为心理问题而导致的极端事件时有发生。

随着中国逐渐扩大的开放政策，中国留学生日益增多，而且留学低龄化现象也越来越显著，很多问题接踵而来，比如近年来关于中国留学生的负面新闻偶有发生，甚至骇人听闻。其实，这些事件背后隐藏着一个被长期忽视的问题——留学生心理健康问题。这些问题可以通过一些相关机构进行的调查中得到印证。

一项针对在日本学习的中国留学生的调查发现（赵庆华，2018），超过33%的在日中国留学生处于轻度甚至中度抑郁状态。而据美国大学健康协会统计（课外大师公众号，2017），平均一学年有32%的学生被确诊患有抑郁症，13.5%的学生因为抑郁症而成绩下降。一份2015年由加州大学伯克利分校发表的研究报告显示，47%的博士生和37%的硕士生有抑郁症状，而近10%的本科新生表示自己时常感到抑郁，只有50%的受访者认为他们的情绪是健康的。

很多中国留学生都是独自远赴重洋，只身来到美国留学。由于文化生活的不适应，很多学生都会感到孤独。美国厚仁教育研究中心发布的《2016留美中国学生现状白皮书》中指出（北美留学生护卫队，2016），因心理问题导致被劝退的留学生由2015年的0.44%上升至3.43%。学生缺乏独立学习和生活的经验，当他们身处一个陌生的环境，又面临诸多问题时，倍感压力，手足无措。学生们也因缺乏中美跨文化指导，产生心理问题。所有一切都表明，对留学生的心理健康问题进行根源分析，并进行有效应对，颇为必要。

据耶鲁大学研究人员2013年发布的一项调查数据显示（红星深度，2017），在耶鲁学习的中国留学生中，45%的人有抑郁症状，29%的人有焦虑症状，远高于美国大学生整体抑郁症和焦虑症比例的13%。另一些包括澳大利亚和英国学校在内的高校调查也收到了类似的反馈。大多数同学在大学一年级都会出现心理问题，有些人能够在适应环境

后渐渐好转，有些人则直到三、四年级都还存在障碍。

另一方面，国外对待"精神病人"的处置方式跟国内有很大的不同，由此而导致的麻烦也越来越多。据报道（美国侨报网，2019），近期中国驻纽约总领馆接到多起中国公民因自身表现被强制送精神病院诊治的求助案例。据中国领事服务网消息，近日，纽约州留学生张某向驻纽约总领馆求助称，其因琐事与同学发生争吵，周围同学感觉异常，叫来学校心理医生，校医与张某简短交流后，即呼叫救护车将其送到精神病院检查。张某事后回忆称，自己与同学争吵以及与校医沟通过程中情绪激动、紧张，对校医的问题"是否想报复他人""是否有过自杀想法"极为反感，万没想到自己因此就被送到精神疾病医院检查，最终张某在医院留院观察48小时后经医生许可出院。

出国留学让人羡慕，可事实却是在国外生活并不比在国内容易，语言的差异、生活习惯的不同等原因使有些留学生不能适应，而家人又不在身边，有些事无法释怀，心理长期压抑才会有种种过激行为。孤独感对于留学生来说不可避免，初来乍到由于语言与文化的障碍交不到朋友，导致不合群，这种情况远比想象中普遍。当负面情绪和心理压力无法通过正常渠道排解时，就容易出现心理问题，小则孤僻、厌学，任其发展则可能出现抑郁的症状，甚至需要就医，导致学生无法正常学习，终止学业。

因此，我们有必要在学生们出国之前，让他们了解到自己适应环境的优势和劣势，对自己有比较科学、客观的了解，并能够有针对性地进行一些训练或者有意识地培养自己的抗压、抗挫折能力，这对于帮助出国留学人员更好、更快地适应国外的留学生活，具有重要的现实意义。

2 留学人员的跨文化适应的相关研究现状

2.1 有关留学生的学术研究现状

在已经检索到的学术论文中，有关中国出国留学生的研究才刚刚起步，仅有的几篇中文文献是在"出国留学预备班"里进行的调查：周晓燕等（2012）在江苏的调查表明，出国班学生心理健康的总体状况良好；与普通高中生相比，学习焦虑显著较低。研究认为良好的人际关系、特殊的学校教育、日趋成熟的自身因素及良好的父母教养方式都会促进出国班学生心理的健康发展。而陆勤等人（2012）在广州的调查表明，出国留学生心理健康水平好于对照组，但出国留学生心理异常率为14.4%，认为个别心理问题应引起家长和社会的高度重视。

在英文文献检索中，Tang等人（2012）报告在英国的中国留学生们比对照组表现出较少的开放性，不愿意主动寻求专业的心理咨询帮助；Han等人（2013）对耶鲁大学的130名中国留学生进行了调查，结果45%的学生报告有抑郁，29%的学生报告有焦虑，这些主要来自与导师的关系恶劣，不良的生活习惯。而27%的学生根本不关心心理健康和校园咨询服务方面的问题。Pan等人（2007）对400名在香港学习的中国学生和227名在澳大利亚学习的中国学生进行了对比研究，发现在澳的中国学生有更大的文化适应压力，且其负性情绪也明显地高于在港学习的学生；Wei等人（2007）对189名中国留学生的调查表明文化适应的压力与他们的不当适应行为（期望和现实之间的差距）密切相关，并且都对留学生的抑郁有很大的预测作用；同时Wei等人（2012）也对188名中国留学生的文化相关的应对策略以及心理压力的关系作过分析，发现当文化适应压力较大时，如果对文化认同较低，采用容忍和克制的策略反而会导致较多的心理问题；而zhou等人（2007）对109名英国学生和86名留英的中国学生进行比较研究发现，在职业选择困难上两者存在显著的差异，中国学生明显低于英国学生，导致他们容易在这些方面产生相当大的压力，从而产生心理问题。

乔治·华盛顿大学曾对在校的4067位国际学生作过调查（吕雪萱，2018），发现学业压力、与同学社交困难、说好英语和适应美国文化，是留学生最担忧的挑战。再加上美国不同于他国"以学生为本"的教育体系，留学生可能会出现睡眠不足、财务压力大、严重忧郁甚至轻生的状况。久而久之，他们也不再与父母联系或更新自己的情况。麻州总医院"留学生行为健康中心"的医师刘立指出，比较中美文化，中国尊重权威，美国注重个体和鼓励挑战。中国人有永远争取第一的文化，重选择的美国人则偏属"自助餐文化"。中国人经常身负家庭和父母期许的责任；美国人则是管好自己就好。各种年龄层的中国留学生因文化差异、生活适应等导致的心理煎熬、精神疾病问题已经逐一显现。

其实，梳理上面提到的那些令人痛心的发生在留学生群体中的极端事件的报道，可以看出，其实很多自杀学生都是品学兼优的优秀学子！在大好的花样年华中选择放弃自己的生命，显然不是因为他们的智商低下，更多的是来自他们的心理负担，以及对心理压力的应对方式出现的问题（选校帝App，2019）。比如来自学业上的压力。相信每个留学生都会遇到，每逢mid-term，final各种夺命连环due。哪怕仅仅是平时的上课发言、小组讨论，都会面临不小的心理压力。毕竟英语是第二语言，刚刚来美国的留学生，适应语言都需要不少时间。有些同学一时无法适应快节奏、高压的学业，在国内时大多是优等生，好面子，没办法接受自己表现不佳，从而产生自卑心理。第二个心理压力来自不可避免的孤独。可以说孤独几乎是每个留学生都要经历的心理状态。生活上的孤独只是一部分，有些人要维持辛苦漫长的异地恋，有的小伙伴遇到麻烦的时候和朋友们寻求安慰，因为时差的关系得不到及时回复。本着"报喜不报忧"的原则，心情郁闷时又不愿告诉家人，怕爸妈担心，逢年过节看着朋友圈里热热闹闹的，自己还要在图书馆复习、熬夜赶期末论文，心情何止是崩溃。第三个心理上的压力来自于新环境。留学生圈子小，朋友少，平时生活全靠自己。留学生被逼学会的技能数都数不清，什么做饭，搬家，司机，组装家具，修水管，全都不在话下。万能的背后是所有事情一人扛的巨大压力。留学生要在新的环境下建立新的人际关系圈，在大家交谈的时候，没有相似的话题多数时候只能尬聊。

在这些留学生群体中，大多数都是佼佼者，但压力大、很焦虑，又拉不下面子去做心理疏导咨询，只能硬扛，从而导致极端事件频发。有心理咨询师认为"那些选择放弃生命的学生，通常有完美主义的人格成分在里面，对自己要求比较高，一旦达不到自己的要求、自我评价过低，便难以自拔，有巨大的自我价值丧失感。同时，他们对于发生的事情往往想得很严重、很糟糕，比正常人更加感到绝望。这里面值得我们反思的是一个人的成长环境往往形成他（她）独特的人格特点。所以很多从小家教严厉、缺少接纳和宽容、具有完美主义倾向的孩子，长大后更容易有抑郁情绪。"

这些为数不多的文献中，我们也可以看出，出国留学的学生中文化适应和心理调适能力欠缺，急需相应的心理支持，从而帮助他们及时克服困难，顺利完成学业，健康成长。

2.2　出国留学人员适应的特点

出国留学人员的社会适应能力，是指一个人在心理上适应社会生活和社会环境的能力（胡婷 等，2017）。从某种意义上讲，社会适应能力的高低，表明了一个人的成熟程度。适应的前提是一个人在从心理上判断他所处的社会生活和社会环境是否安全的基础上，所作出心理和行为的反应。而安全感是对可能出现的对身体或心理的危险或风险的预感，以及个体在应对风险时的有力或无力感，主要表现为确定感和可控感。如果一个人认为他所处的社会生活和社会环境是不安全的，他表现的是紧张、焦虑的心理和行为。

以美国为例，中国留美学生越来越多，包括大陆留学生，港澳台留学生以及本身已经在美国生活一段时间的中国学生。虽然很多中国学生在学业的完成上不会遇到太多困难，他们却可能遇到很多其他问题，比如社会融入困难、日常生活技巧欠缺、思乡之情、社会角色冲突、学业问题、抑郁、身体症状以及在文化适应上的困难（Rahman and Rollock，2004；Wang and Mallinckrodt，2006）。此外，Yan（2017）发现中国留学生对心理咨询服务的接受度较低，这可能与他们的文化背景和对心理咨询的误解有关。中国留学生在美国的适应过程是一个复杂的心理和社会过程，需要多方面的支持和帮助。Berry（1987）将这种进入美国社会并且进行文化适应后个体感知到的社会上和心理上的消极反应称为"文化适应压力"。

从社交的角度上看，中国留学生学会了谦卑、中庸，不直接表达以及挽回脸面的习惯（Ho，1989）。这使得中国学生和美国本土人社交的时候更容易感到不易融入他们的更直接的对话。中国留学生不容易适应美国本土学生直接的情感表达、意见表达以及个人信息的透露。因此，在美国生活的中国留学生可能会面对很多试图融入社会生活时的压力。

2.3 跨文化适应与心理健康

"文化适应"这个名词源于人类学的发展，指的是在群组层面上两个文化接触的时候出现的群组上的改变（Redfield，Linton and Herskovits，1936）。文化适应在心理学研究中，指的是当一个移民或者少数种族个体在试图适应主流文化和行为的准则时进行的个人价值观、信仰、行为和生活方式的改变。文化适应的过程要求个体在面对自己对家乡的文化中的信念，社会关系的承诺的同时，也要面对适应所在环境，融入所在环境的社区群体的选择。文化适应的文献将这个现象描述为一个双向的模型，在这个模型中，移民或者少数个体发展出在保存自己家乡文化身份和适应新环境身份之间的平衡。研究发现，在文化适应中有困难的移民者以及移民家庭中的大学生更容易发展出社会/心理问题，或者出现精神疾病症状。Alamilla等（2010）发现了在移民群体中，躯体症状和社会/心理适应同时出现。在一个对148位墨西哥裔美国人的实验中，研究者发现了文化适应的压力与心理压力之间的相关性。

研究者对文化适应有两种不同的解读。第一种解读认为文化适应是一种状态，也就是关注移民或者少数群体在多数群体的环境下改变了的文化价值观、信念、习俗以及行为的数量（Ward，1996）。研究者发现了文化适应与世界观、感受到的歧视之间的关系（Frey and Roysircar，2004），也有文化适应与国际学生对于寻求专业心理咨询服务态度的关系（Zhang and Dixon，2003）。

在第二种解读中，文化适应被看作是一种过程。认同这种解读的研究一般会考虑到环境或者个人变量在跨时间地影响着文化适应的变化，或者文化适应过程对个人心理健康的影响。举例来说，一个针对亚裔留学生的研究发现，社会支持和语言能力都与文化适应压力形成负相关，但是年龄、性别以及婚姻状况与文化适应压力没有显著关系。

Berry等提出了文化适应过程模型，在这个模型中，学者们提出了对文化适应的五个影响因素：社会环境、文化适应群组的类型、文化适应的类别、个体基本情况及社交情况、个体的心理特征。在第一个因素中，主体种族社会中的人群对文化可能有不同的态度，他们可能对文化多样性有很大的宽容度，也可能对单一的文化准则有很高要求。在第二个因素中，学者们认为文化适应群组的类型根据个体与主体文化的接触分为五种类型：移民、难民、本地人、不同种族人以及"旅居者"（sojourner）。根据这个分类，留学生应该被归为旅居者的类别。

Berry 等理论中的第三个因素指的是文化适应的不同类别。首先，学者们提出了在文化适应过程中的两个区间：对自己家乡文化的态度（也就是个体坚持自己家乡文化的程度），和对主体文化的态度（包括自己的个人价值观、期望以及主动与主体产生文化接触）。根据在这两个区间上得分高或者低，学者们提出了四种文化适应的类别。个体认为保持家乡文化和融入主体社会群体的关系同样重要，处于整合（integration）类型；只对自己家乡文化看重，不看重主体文化，是分离（separation）类型；看重融入主体社会群体关系而不保持自己家乡文化的个体，属于融入（assimilation）类型；不看重自己家乡文化，也不看重融入主体社会群体的个体，属于边缘（marginalization）类型。研究显示，不同的文化适应类型对不同的文化适应压力以及心理适应有影响。边缘类型或者分离类型的个体更容易感受到文化适应的压力以及心理适应问题，但整合类型的个体报告了较少的压力，也能够更好地适应主体社会。

第四个因素为个体基本及社交情况，学者们认为个体的基本情况，如性别、年龄、经济水平、教育水平以及在进入主体文化之前的跨文化经验都会对文化适应的过程和结果产生影响。举例来说，有很多跨文化经验的个体就有更高的适应新的文化环境的能力，所以相较跨文化经验较少的个体，他们也就会经历较少的文化适应压力和困难。

第五个因素是个体在试图适应新的文化的时候的心理特征。这些特征包括个体的人格特征，而在不同的心理特征中，心理依恋类型与成功的适应息息相关。文化适应的过程中存在很多个体不熟悉乃至害怕的社交环境。在这种环境中，对新环境的成功适应可能要求个体像孩童期学习探索他们身边的物理环境一样，去探索新的文化社会环境。

2.4 安全感与心理健康

依恋理论是心理学中有关亲密关系的一个重要理论。该理论提出了对"安全基地"（secure base）的探索，认为孩童对他们的父母之间的安全依附性关系能够使孩童探索外部世界的能力增强。使用"陌生环境"（Strange Situation）实验方法的观察实验发现，安全依附型的孩童相比较不安全依附型的孩童更加深入地探索了新的游戏。这个对"安全基地"（secure base）的研究也适用于成人依恋的研究。Bowlby 认为，到青春期后，一直与父母保持安全依恋关系的，并且一直得到父母回应的个体容易发展出内化的安全感，这使得他们探索外部物理和社会环境的能力不断增强。因此，对于安全型依恋的成年人来说，哪怕他们处于不熟悉的环境，不在自己的家人朋友身边，他们也能够唤起具有安慰所用的家园精神图像。然而对于不安全型依恋的成年人来说，他们就缺乏在陌生社会环境中探索时的依恋对象的支持（李同归、加藤和生，2006）。

研究发现，在对美国在读大学生的成人依恋进行因子分析后，发现成人依恋还具有两个不同的区间：依恋焦虑和依恋回避。依恋焦虑指的是个体在人际交往过程中对他人认同的不断需求以及对被拒绝和被抛弃的恐惧。依恋回避指的是个体对自我独立性的过度依赖，对人际交往之间亲密或者依赖他人具有恐惧。安全依附型的个体具有较大的依恋焦虑和依恋回避水平。具有较高依恋焦虑水平、依恋回避水平或者两者兼有的个体更容易倾向于不安全依附类型。

留学生进入美国所遇到的环境转变、困难以及文化适应的过程与 Ainsworth 提出的"陌生环境"有很大相似性。进入美国学习意味着个体的物理环境发生很大改变，同时也和自己的家人朋友有了物理上的分离。美国的主体文化对留学生来说是十分新奇的，可以引发对这个新环境的好奇或者恐惧。从成人依恋理论的角度，安全依附型的留学生内化的安全感能够使他们在主体文化中更好地面对压力和困难，更加深入地探索新的社会环境，发展出新的社会关系，寻找新的社会支持来源，这些都增加了他们保持心理健康水平的可能性。与之相反的，具有较高依恋回避水平的中国留学生在拥有一个消极的探索模型的基础上，可能不会在面对文化适应困难的时候寻求帮助，这使得他们不容易在主体文化中发展合适的社会人际交往关系。依恋焦虑的留学生更倾向于在独处的时候感到不安，在伴侣不在的时候感到沮丧，依恋焦虑的个体也有更强的想和自己的伴侣融为一体的渴望。在与他们的伴侣分开的过程中，依恋焦虑的留学生也要面对在一个陌生的新环境自己一个人生活的困难。在这种情况下，他们的心理健康水平可能会下降。

也有报道（吕雪萱，2018）认为，中国留学生面对几个独特的心理挑战，大大增加了他们的心理压力。这些问题包括：

（1）来自父母期望的压力。许多传统中国家庭中孩子和父母的心理距离比西方亲子间的心理距离要小。孩子被期望能够实现父母的期望，有时这个期望非常苛刻。中国学生经常体验到巨大的外部压力，为了成功不惜任何代价，当孩子们由于在兴趣爱好上或能力上不匹配而不能满足这些期望时，可能导致毁灭性的结果。

（2）面子和耻辱。中国传统文化在很大程度上依靠羞耻为基础，来规范个人行为，并维护社会和谐。在美国，中国移民社区的集体主义和亲密本性，使保存脸面更显重要。长辈试图通过与其他孩子的比较，刺激子女更加努力，但也加剧了竞争和压力。有研究发现，羞耻感是产生自杀念头和行为的因素之一。

（3）文化冲突。中国留学生一直被灌输勤能补拙的理念，强调辛勤工作是成功的主要前提，而"成功"的定义又非常狭窄。他们在中学要当社团会长、乐团首席，进名校大学等。许多进入大学后的中国学生发现自己准备不足，不能满足西方社会期望的独立思考和不同的兴趣爱好，导致压力和自我怀疑。

（4）自我认知的形成。许多被过度保护的中国孩子进入大学后才首度体验独立、面对多元。他们意识到自身不同于西方价值的特性，而有摆脱孝顺听话形象、与父母发生冲突的"迟到的青春期"。

从这些文献可以看出，出国留学面临的各种压力和困难是可想而知的。但对于如何适应出国的异文化环境，研究者们从自身感兴趣的角度进行一些探讨，但缺乏相应的理论体系。尽管如此，这些研究都提供了一种清晰的思路：个体因素是影响留学适应的主要变量。因此，如果在出国前，能够了解个体的一些心理状况，应该是能够帮助他们尽快融入留学新环境中的重要途径。有鉴于此，我们在教育部留学服务中心的指导下，着手编制"平安留学适应力测试"。

3 心理服务伦理准则

从事心理服务，应该了解心理服务领域专业伦理的核心理念和专业责任，以保证和提升专业服务的水准，保障寻求专业服务者和心理服务者的权益，提升民众心理健康水平，促进社会和谐发展。本研究亦遵守中国心理学会制定的《临床与咨询心理学工作伦理守则》。

《中国心理学会临床与咨询心理学工作伦理守则》（2018）由中国心理学会授权临床心理学注册工作委员会在2007年制定，并于2018年3月进行修订。心理服务的职业伦理中，有如下准则。

善行：心理师的工作目的是使寻求专业服务者从其提供的专业服务中获益，心理师应保障寻求专业服务者的权利，努力使其得到适当的服务并避免受到伤害。

正是由于这个伦理准则，我们编制的"平安留学适应力测试"，最终的目的并非为了判断受测者是否能够出国留学，不是给受测者贴上一个"可以出国"或者"不可以出国"的标签，而是给出一个完整、全面的心理素质的测评结果，告诉受测者在哪些方面表现较好，在哪些方面还需要提高，需要在出国之前进行哪些有针对性的训练，在留学期间，应该有意识地培养自己哪些方面的能力。

责任：心理师在工作中应保持其服务的专业水准，认清自己专业的、伦理的及法律的责任，维护专业信誉，并承担相应的社会责任。

留学适应力测评是一个基于严格的心理学理论模型而编制的一套心理测试系统，有非常专业的心理测量学指标要求，是一套科学的、专业的心理测量系统。

诚信：心理师在工作中应做到诚实守信，在临床实践、研究及发表、教学工作及宣传推广中保持真实性。

公正：心理师应公平、公正地对待自己的专业工作及相关人员，采取谨慎的态度防止自己潜在的偏见、能力局限、技术限制等导致的不适当行为。

尊重：心理师应尊重每位寻求专业服务者，尊重个人隐私权、保密性和自我决定的权利。

具体到有关心理测量方面的伦理包括：

心理测量与评估是咨询与治疗工作的组成部分。心理师应正确理解心理测量与评估手段在临床服务中的意义和作用，考虑被测量者或被评估者的个人特征和文化背景，恰当使用测量与评估工具来促进寻求专业服务者的福祉，并要求注意以下几点：

（1）心理测量与评估的目的在于促进寻求专业服务者的福祉，其使用不应超越服务目的和适用范围。心理师不得滥用心理测量或评估。

（2）心理师应在接受相关培训并具备适当专业知识和技能后，实施相关测量或评估工作。

（3）心理师应根据测量目的与对象，采用自己熟悉的、已经在国内建立并证实信度、效度的测量工具。若无可靠信度、效度数据，需要说明测验结果及解释的说服力和局限性。

（4）心理师应尊重寻求专业服务者了解和获得测量与评估结果的权利，在测量或评估后对结果给予准确、客观、对方能理解的解释，避免寻求专业服务者误解。

（5）未经寻求专业服务者授权，心理师不得向非专业人员或机构泄露其测量和评估的内容与结果。

（6）心理师有责任维护心理测验材料（测验手册、测量工具和测验项目等）和其他评估工具的公正、完整和安全，不得以任何形式向非专业人员泄露或提供不应公开的内容。

"平安留学适应力测评系统"严格遵循中国心理学会制定的这些伦理守则。按照伦理守则要求制定和编制符合留学生实际情况的测评系统，旨在促进出国留学人员福祉，帮助出国人员尽快适应留学生活，从而真正做到平安留学、健康留学、文明留学、成功留学，成为真正的、有担当的国家栋梁，早日成长为"胸怀大志，刻苦学习，可堪大任的优秀人才",促使他们把个人梦想融入中国梦,投身新时代中国特色社会主义事业之中,成为新时代我国经济社会发展的重要力量,成为实施科教兴国战略、人才强国战略、创新驱动发展战略和"大众创业、万众创新"的生力军(朱国亮,2018)。

4 "平安留学适应力测试"的理论模型

留学适应力是个比较模糊的概念,因此,编制这套测试,首先必须要在理论上对这个概念进行探讨。

4.1 PKU-PRISM 模型

编制"平安留学适应力测试",首先要建立有关适应力的理论模型。这个模型的提出,是在我们对优秀外交人员胜任力的课题中提炼出来的。我们通过对外交官的访谈,以及大规模的开放式问卷调查的基础上,收集了大量的质性数据,并作了详细的分析,由此在对外交部公务员选拔中,提出了一个个体如何适应国外环境的理论模型,称为"PKU-PRISM 模型(北大棱镜模型)"。该模型认为个体的心理特征是可以通过科学的测评手段客观地测量出来的。正如我们看到一束白色的光柱,其实,通过三棱镜,我们可以看出这束白色光柱原来是五彩缤纷的,而心理测量其实就是这个三棱镜!该模型已经注册,并获得著作权(李同归,2016)。

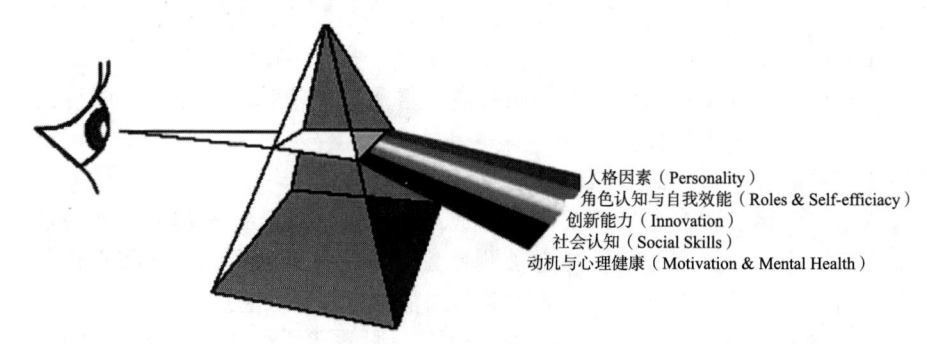

图 1 PKU-PRISM 模型

作为三棱镜的基础,心理测量是通过科学、客观、标准的测量手段对人的特质(trait)进行测量、分析和评价的一种方法。它是根据一定法则(心理学的理论和方法)对人的行为用数字加以确定的方法。通俗地说,心理测验就是通过观察人的少数有代表性的行为,对于贯穿在人的行为活动中的心理特征,依据确定的原则进行推论和数量化分析的一种科学手段。

该模型是在基于文献查阅,并对外交部的访谈的基础上概括总结出来的。简而言之,适应力应该包含五个大的维度:人格特质(Personality)、角色认知与自我效能(Roles and self-efficient)、创新能力(Innovation)、社会技能(Social skill)、动机与心理健康水平(Motivation and mental health)。

4.1.1 人格

这五个维度中,人格是最为稳定,发展最为缓慢的一个维度。人格(personality)是一系列复杂的具有跨时间、跨情境特点的,对个体特征性行为模式(内隐的以及外显的)有影响的独特的心理品质。人格的内涵非常丰富,它包括如下几个特征:

(1)独特性。一个人的人格是在复杂的先天条件和后天条件共同作用下产生的结果,它与每个人特有的遗传和教养环境息息相关,而这种条件无疑是难以复制的,因此每个人的人格具有其独特性。正如世界上没有两片完全相同的树叶一样，也难以找到两个具有完全相同人格的人。

（2）跨情境一致性。人格是描述一个人时非常稳定的维度，偶然行为中体现出来的心理特点并不能称之为人格，只有那些不受时间地点影响的特点才能称之为人格。例如，小李在大部分情境中都可能很内向，这种具有跨情境一致性的特点并不会有太大的改变，可被称为人格；而如果某位同学在某些特殊的情境中（比如醉酒）可能会变得外向，这种现象是暂时的，是在特殊的情境中产生的，并不能称之为人格。

（3）整体性。人格是一个人的行为模式中体现出来的心理特性的整合体，它并不是直接可见的行为，却能够表现出个体特有的行为风格，体现在人们的种种不同行为当中。健康的人格要求人格的各个结构和功能彼此和谐一致，否则将出现多种人格障碍，影响个体的社会适应能力。

（4）功能性。人格能够影响人们在不同情境中的具体行为反应，心理学家们也可以通过对人格的理解来预测行为和生活事件，例如，通过测量，发现某位同学的内向水平较高，那么可以预测他在上台讲述自己的实验报告时可能会局促不安。

4.1.2 角色认知与自我效能

社会角色（social role）是在社会系统中与一定社会位置相关联的符合社会要求的一套个人行为模式，也可以理解为个体在社会群体中被赋予的身份及该身份应发挥的功能。换言之，每个角色都代表着一系列有关行为的社会标准，这些标准决定了个体在社会中应有的责任与行为。每个人在社会生活中都在扮演自己应该扮演的角色，这里不仅意味着占有特定社会位置的人所完成的行为，同时也意味着社会、他人对占有这个位置的人所持有的期望。

社会角色主要包括了三种含义：①社会角色是一套社会行为模式；②社会角色是由人的社会地位和身份所决定，而非自定的；③社会角色是符合社会期望（社会规范、责任、义务等）的。因此，对于任何一种角色行为，只要符合上述三点特征，都可以被认为是社会角色。

而个体在社会中的角色认知与他的自我效能感有着密切的联系。所谓自我效能感是指个体对自己是否有能力完成某一行为所进行的推测与判断。社会心理学家班杜拉认为自我效能感是指"人们对自身能否利用所拥有的技能去完成某项工作行为的自信程度"。心理学的研究表明，自我效能感具有下述功能：①决定人们对活动的选择及对该活动的坚持性；②影响人们在困难面前的态度；③影响新行为的获得和习得行为的表现；④影响活动时的情绪。

自我效能感影响或决定人们对行为的选择，以及对该行为的坚持性和努力程度，影响人们的思维模式和情感反应模式，进而影响新行为的习得和习得行为的表现。具体表现为：

（1）自我效能感高的人：期望值高，显示成功，遇事理智处理，乐于迎接紧急情况的挑战，能够控制自暴自弃的想法——需要时能发挥智慧和技能。

（2）自我效能低的人：畏缩不前，显示失败，情绪化地处理问题，在压力面前束手无策，易受惧怕，恐慌和羞涩的干扰——当需要时，其知识和技能无以发挥。

4.1.3 创新能力

创新能力有不同的定义，但一般认为创新能力是个体运用一切已知信息，包括已有的知识和经验等，产生某种独特、新颖、有社会或个人价值的产品的能力。它包括创新意识、创新思维和创新技能等三部分，核心是创新思维。通常情况下，创新能力表现为两个相互关联的部分，一部分是对已有知识的获取、改造和运用；另一部分是对新思想、新技术、新产品的研究与发明。也有学者从创新能力应具备的知识结构着手，认为创新能力应具备的知识结构包括基础知识、专业知识、工具性知识或方法论知识以及综合性知识四类。

4.1.4 社会技能

社会技能是指在特定情景下的一种反应，这种反应将尽可能产生或维持某种强化行为，尽可能减少或消除惩罚。它可以对某些特定的社会行为的前因和后果进行识别，并能详细说明和具体操作，以达到评价和干预的目的。也有研究者认为社会技能是在给定的情景下，能预测个体的某些主要社会性发展结果的行为。

这些重要的社会性结果是：
（1）同伴接纳或受欢迎度；
（2）对自己有重要影响的他人的评判；
（3）与前两者都有关的其他的社会性行为。

社会技能是通过一系列适应性行为表现出来的，通常与人们熟知的情商紧密联系。

4.1.5 动机和心理健康水平

动机（motivation）是发起、指引和维持躯体和心理活动的一种内部过程，它包括三个成分：第一，动机的指向，即"人们要做什么"，生活中与之相关的表达包括目标、理想、兴趣等；第二，动机的强度，即"人们这样做的愿望有多强"，相关的日常表达包括投入、热情等；第三，动机的持续性，即"人们能坚持多久"，相关日常用语包括执着、毅力、意志等。

动机具有激活、指向、维持和调整功能。动机是个体能动性的一个主要方面，它具有发动行为的作用，能推动个体产生某种活动，使个体从静止状态转向活动状态。同时它还能将行为指向一定的对象或目标。当个体活动由于动机激发而产生后，能否坚持活动同样受到动机的调节和支配。

形成良好的社会动机，是保持心理健康的重要保障。一般说来，心理健康的人都能够善待自己，善待他人，适应环境，情绪正常，人格和谐。心理健康的人并非没有痛苦和烦恼，而是他们能适时地从痛苦和烦恼中解脱出来，积极地寻求改变不利现状的新途径。他们能够深切领悟人生冲突的严峻性和不可回避性，也能深刻体察人性的阴阳善恶。他们是那些能够自由、适度地表达、展现自己个性的人，并且和环境和谐地相处。他们善于不断地学习，利用各种资源，不断地充实自己。他们也会享受美好人生，同时也明白知足常乐的道理。他们不会去钻牛角尖，而是善于从不同角度看待问题。

根据这个模型，我们可以从这五个大的维度对个体跨文化适应力进行科学测试。

4.2 基于 PKU-PRISM 模型的测验框架

为了编制"平安留学适应力测试"，必须将上述的理论模型转换为可以操作的结构。因此，在已有文献的基础上，根据我们在外交部研究中得到的数据和积累的经验，考虑到出国留学人员在知识、技能方面都应该能够达到一定的要求，而且可以通过各种书面考试即可进行选择，我们的模型侧重于对人格特征、情绪控制与自我认知、动机和心理健康三个方面的测查。

根据棱镜模型，我们建立了出国留学适应力测评的三个维度：人格特质维度、情绪控制与自我认知维度、动机与心理健康维度。其中人格特质是比较稳定的心理特质，深层次、内隐地影响着个体将来在异文化环境下能够顺利适应的重要表现；而情绪控制与自我认知相对而言，是外显可见部分，表层影响着个体在异文化环境中，与人沟通和交流的实际表现。比较重要的是，动机和心理健康水平是动态变化的，需要追踪，会突发性地影响个体在国外环境的适应程度。这个适应力的三维度模型见图2。

根据这个适应力的操作模型，我们在研究基础上，将适应力测试的主要内容设定为三个维度，得到14个指标，见下表。全部做完需要15分钟左右。

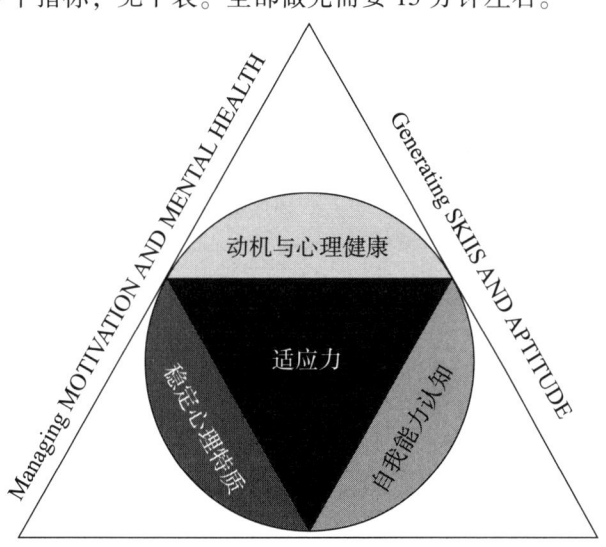

图 2　适应力测试的三维度操作模型

表 1　平安留学适应力测评维度及得分高低含义

维度	子维度	得分	维度得分含义
人格特质	外倾性	低分	您的测评结果显示：您对外部世界不太感兴趣，喜欢独处，往往安静、抑制、谨慎。当然，您的独立和谨慎有时会被别人错误认为是不友好或傲慢，其实一旦和您接触就会发现您是一个非常和善的人。当然，学会积极主动与人打交道是尽快适应留学新环境的重要环节，建议您在日常生活中，有意识地训练自己与人积极交流的能力。
		中分	您的测评结果显示：您平时喜欢跟人相处，乐于跟别人打成一片，对外部世界充满了好奇，在学习或者工作中充满了热情。有时也喜欢安静，也能享受独处的好时光。这些特质可能会帮助您尽快地适应留学环境。
		高分	您的测评结果显示：您积极投身于对外部世界的探索中。平时您乐于和人相处，充满活力，常常怀有积极的情绪体验。您给人的印象是非常健谈，自信，喜欢引起别人的注意。这些特质将会对您出国留学时，尽快适应新环境打下坚实的基础。

续表

维度	子维度	得分	维度得分含义
人格特质	神经质	低分	您的测评结果显示：您较少体验到烦恼，也较少情绪化，相对而言比较平静，有时也会有积极的情绪体验。
		中分	您的测评结果显示：您有时会体验到一些负性的情绪，比如焦虑、烦恼等，但同时您也能体验到一些积极的情绪，您会努力维持一种平静的心情。
		高分	您的测评结果显示：您比较容易体验到诸如愤怒、焦虑、抑郁等消极的情绪。而且您对外界刺激反应比一般人强烈，经常处于一种不良的情绪状态下。您的思维、决策以及有效应对外部压力的能力还有很大的提高空间。这些特质会让您在适应留学环境时产生一定的困难。因此，建议您留学前事先做好一些心理准备，学会基本的心理调适方法和技能。
	开放性	低分	您的测评结果显示：您比较讲求实际，偏爱常规，相对而言，您比较传统和保守。您比较实干，更喜欢现实思考，但也被人认为对美缺乏敏感性。您喜欢遵循权威和常规带来的稳定和安全感，不会去挑战现有秩序和权威。
		中分	您的测评结果显示：您的认知风格倾向于开放型。您尊重权威，也喜欢挑战。您比较现实，有较强的求知欲，也比较实干。
		高分	您的测评结果显示：您富有想象力和创造力，充满好奇，对美的事物比较敏感。您兴趣广泛，喜欢接触新的事物，体验不同的经历。您有强烈的求知欲，喜欢挑战权威、常规和传统观念。
	尽责性	低分	您的测评结果显示：您对自己的能力看法较低，认为自己很没有条理。有时您显得漫不经心、懒散，似乎没有追求成功的动力，缺乏抱负，可能看起来毫无目标，但您常常对自己的成就感到满意。当然，您有时也会拖延例行工作开始的时间，容易放弃。
		中分	您的测评结果显示：您对自己的能力有一定的自信，有时会深思熟虑，在评估行动前会仔细思考，总是尽力完成工作和任务，有一定的抱负水平，追求成功，有责任感。喜欢有条理，制定计划，有条不紊地学习。
		高分	您的测评结果显示：您勤奋，有目标，有生活方向感，也有较高的抱负，并努力工作以实现目标，也有激励自己把工作完成的能力。您严格遵守道德原则，一丝不苟地完成道德义务。您喜欢整齐、整洁，组织得很有条理，甚至会把东西摆放在恰当的地方。
	宜人性	低分	您的测评结果显示：您容易把自己的利益放在别人的利益之上。本质上，您不关心别人的利益，也不太乐意去帮助别人。大多数时候，您认为别人是自私的、危险的，因此，人际交往中往往掩饰自己，有时会怀疑别人的动机，防卫心理较重，给人以精明、机敏的感觉。
		中分	您的测评结果显示：您容易跟人相处，富有同情心，愿意竞争，也愿意跟人合作。有时也会比较慷慨，您通常会比较信任别人，与人交往时，比较坦诚，注重人际关系和谐。
		高分	您的测评结果显示：您是善解人意的、友好的、慷慨大方的、乐于助人的，并且愿意为了别人放弃自己的利益。您对人性持乐观的态度，相信他人是诚实的、心怀善意的，因此，您认为在与人交往时没必要去掩饰，显得坦率、真诚，愿意帮助别人。

续表

维度	子维度	得分	维度得分含义
情绪控制与自我认知	自我情绪感知	低分	您不能很好地觉察自己的情绪状态，有时甚至不明白自己的感受。
		中分	您能准确地把握自己的情绪状态，比较清楚自己的感受。
		高分	您能非常清晰地了解自己的情绪状态，能明白自己的感受。
	情绪调节	低分	您不能控制自己的情绪，对自己的情绪状态不能很好地进行调节。
		中分	您有时能够控制自己的情绪，并能及时调节自己的情绪状态。
		高分	您能够很好地控制自己的情绪，并能及时地调节自己的情绪状态。
	情绪运用	低分	您缺乏自我激励机制，容易情绪低落，导致目标落空。
		中分	您能够进行自我激励，为达到既定目标而努力。
		高分	您善于进行自我激励，毫不气馁，为达到设定的目标而全力以赴。
	他人情绪感知	低分	您不能准确地理解他人的情绪，无法感受到别人的感受。
		中分	您能够观察他人的情绪，从别人的行为表现中觉知到对方的感受。
		高分	您观察他人的情绪能力很强，能洞悉别人的感受和情绪。
	情绪智力总分	低分	您的情商有待开发，需要在日常生活中有意识地进行培养。
		中分	您有一定的情商，能够观察别人的情绪，也能了解和控制自身情绪。
		高分	您善于观察别人的情绪，也善于了解和控制自身的情绪，是高情商的人。
动机与心理健康	自评抑郁分数	低分	您目前的心理健康状况良好，没有明显的抑郁症状。希望在出国之后，也能学会自我心理调适的方法，随时保持这种健康的心理状态。
		中分	您目前没有明显的抑郁症状，心理健康状况良好。希望能够保持这种心理状态，并且即使在出国之后，也能学会自我心理调适的方法，随时保持良好的心理状态。
		高分	您目前抑郁症状比较明显，表明目前的困扰比较多，容易情绪低落，觉得自己没有价值，有时会出现绝望、食欲下降、注意力差、睡眠困扰等症状。建议及时进行自我心理调适，如果这些症状严重影响到了日常的学习或者生活，请一定要积极向专业人员求助。出国留学，身心健康是第一位的，建议在出国前一定要调整好自己的心态。
	应变能力分数	低分	您的随机应变能力较差，比较死板，不容易变通，因此，总是找不到解决难题的方法。
		中分	您有一定的随机应变能力，能够找到一些自己的方法去解决碰到的难题。
		高分	您有较强的随机应变能力，不死板，总能找到自己的方法去解决碰到的难题。
	心理适应分数	低分	您比较容易局限于过去的环境，要在心理上适应新的环境，您似乎比较困难。
		中分	您在心理上相对容易融入新环境中去，有较快适应新环境的能力。
		高分	您从心理上能很快地融入新环境中去，适应新环境的能力较强。

维度	子维度	得分	维度得分含义
动机与心理健康	安保知识	低分	您对于相关的安保知识欠缺了解，也未曾系统学习过有关消防、急救、逃生等方面的知识，或者在自己苦恼时不能正确应对，建议加强这方面的知识储备，关注教育部留学服务中心的平安留学相关网站。在踏出国门前，一定要做好"平安留学"的准备！
		中分	您对于相关的安保知识有一些了解，或者曾经学习过有关消防、急救、逃生等方面的知识，在自己苦恼时也知道寻求帮助，希望加强这方面的知识储备，为即将出国做好"平安留学"的准备！
		高分	您对于相关的安保知识有比较多的了解，或者接受过有关消防、急救、逃生等方面的讲座或者训练，在自己苦恼时也会积极地寻求帮助，这些特点都会有助于您真正做到"平安留学"！

5 "平安留学适应力测试"的心理测量学指标

心理测验在测量个别差异的时候，往往也只能对少数经过慎重选择的样本进行观察，来间接推知被试的心理特征。因此需要有一组有代表性的题目来引发被试的行为反应。从某种意义上说，测验即引起某种行为的工具。严格地说，就是通过观察测验时的行为，依据这个行为来推论个别差异。显然，这种行为必须是能够提供给我们足够有用的信息、能反映被试行为特征的一组行为。这组行为就称为"行为样本"。一个测验要有代表性，通常意味着测验的题目必须与所要测量的行为有关。

5.1 常模样本的选取及常模的制定

心理测量的结果如何进行解释？众所周知，物理测量的解释是客观的标准，比如它有绝对的零点，有相等的单位，譬如身高为150cm的个体比身高为152cm的个体矮2厘米，这个差异非常清晰，也非常容易理解。但心理测量的结果却是另外一种方式。它不是根据个体测试的原始分数来进行解释的。比如一个人在总分为100的智力测验中得到了80分，但这个分数不能提供任何判断他是否聪明的指标，因为不知道其他人在这个测验中的得分情况。举例而言，如果大家的平均得分为90分，则这个人的得分显示他并不怎么聪明。而如果大家的平均得分为60分，则可以判定这个得80分的人非常聪明。因此，对于心理测量的结果解释最为重要的是找到一个可以参考的群体标准。

在心理测验中有一个比较重要的专业术语——常模。它是指比较测验分数的标准，通常是一组具有代表性的被试样本的平均测验成绩。常模是否可靠，关键在于是否有一个代表性被试样本，即建立常模的这种被试要有足够的数量，而且是依据随机抽样和分层抽样原则挑选出来的。在本研究中，判断大学生是否能够胜任外交官的工作，最好的比较标准是已经在外交部工作的人员测试的结果。

常模与我们通常理解的"标准"是不相同的，常模通常是指一般被试能够达到的实际水平，而标准往往是主试理想上期望的水平。常模可能高于标准，也可能低于标准。

在制定了详细的测评方案，并编制了测评量表之后，研究小组将测试题放到专业的问卷收集平台上。在项目组秘书处的统一协调下，研究小组从2017年11月起，利用在各地进行行前培训的机会，另外，我们也通过网络招募、课堂调查等方式在企业员工、公务员群体，以及大学生群体中，通过分享二维码的方式收集到了大量的数据，在此基础上制定了"平安留学适应力测试"的常模。共收集到有效的常模数据6291份，常模样本群体的构成见表2和表3。

表2 常模样本群体的构成

	性别		合计
	男	女	
公务员	238	365	603
大学生	1483	2166	3649
企业员工	581	1458	2039
总计	2302	3989	6291

表3 常模样本受教育程度的构成

	性别		合计
	男	女	
中专/高中	78	95	173
大专	272	666	938
本科	1643	2436	4079
硕士	275	735	1010
博士	34	57	91
合计	2302	3989	6291

表4是针对不同性别的常模数据。根据6291人的原始数据进行分析的结果，存在着较大的性别差异，因此，我们需要分别针对不同的性别计算其平均数和标准差，并在此基础上进行常模计算。

表4 不同性别的常模分布情况

图标签	维度名称	男（$n=2302$）		女（$n=3989$）	
		均值	标准差	均值	标准差
人格特质	外倾性	30.58	7.08	30.58	7.08
	神经质	26.20	7.36	26.20	7.36
	开放性	32.20	6.40	32.20	6.40
	尽责性	33.13	6.57	33.13	6.57
	宜人性	37.16	5.93	37.16	5.93

续表

图标签	维度名称	男（$n=2302$）均值	男（$n=2302$）标准差	女（$n=3989$）均值	女（$n=3989$）标准差
情绪控制与自我认知	自我情绪感知	3.59	0.81	3.76	0.75
	情绪调节	3.31	0.81	3.13	0.91
	情绪运用	3.28	0.78	3.39	0.81
	他人情绪感知	3.42	0.79	3.57	0.89
	情绪智力总分	3.40	0.53	3.46	0.57
动机与心理健康	抑郁自评总分	13.12	10.21	13.43	10.48
	应变能力	21.57	2.56	21.74	2.46
	心理适应	17.14	2.96	17.17	2.93
	安全知识	0.00	1.00	0.00	1.00

根据这些常模数据，同时也为了符合读者的阅读习惯，我们将每个指标得分转化成平均数为80分，标准差为10分的标准分数。同时，把每一个维度的标准分划分为高、中、低三个档次：标准分≥86为高分；74≤标准分≤85为中分；标准分≤73为低分。每个维度高中低得分的含义见表1。

5.2 信度的验证

正如任何一个产品一样，心理测量的工具也有它自身的评价指标。在心理测量学中，信度、效度、项目区分度和有效的常模都是检验测量工具是否具有可靠性、有效性、鉴别性、可比性等良好测量特征的技术指标。

在这些指标中，最重要的心理测量学指标之一就是信度（reliability）。任何一项好的测量都必须有良好的信度，这是心理测量的核心问题，同时它也是标准化测评的一项基本要求和原则。

信度指的是测量数据和结果的一致性或可靠性程度，它用于分析测量工具测量结果的前后一致性水平，并以这种一致性的程度来判断测量工具或测量方法的可靠性。也就是说使用的测评工具可以稳定地测到它所要测量的事物的程度。在选择和使用测评工具或方法时，信度是必须考虑的重要问题。

测验的信度越高，表示测验结果越可信，但也无法期望两次测验结果完全一致，信度除受测验工具本身的影响外，还受很多其他因素的干扰，如所测量的被试样本特征等。因此没有一份测验是完全可靠的，信度只是一种程度上大小的差别而已。一致性高的测量工具是指同一群人接受性质相同、内容相同的测验后，在各结果间显示出的较强的正相关。稳定性高的测量工具则是指一批被试在不同的时间接受同样的测验时，结果间的差异很小。

信度的高低由于随机误差的大小而有所不同，由于造成测量的随机误差的来源形式多样，所以评估信度的方法有很多种。大体有两种途径可循，一种是估量测验结果的稳定性；另一种是估量测验题目的内部一致性，两种途径各有多种方法可以使用。在这里主要介绍重测信度、复本信度、内部一致性信度、评分者信度四种不同的信度类型和相应的评估方法。

信度中比较常用的是重测信度（test-retest reliability），又称"稳定性信度"，它是根据信度的定义而来的，是指用同一种测量工具或测评方法在不同的时间对同样的被试或被试群体施测两次所得结果之间的相关关系。这样计算得到的相关称为"重测信度系数"。

由于重测信度考察的误差来源是时间的变化所带来的随机影响，所以间隔的时间长短必须适度，间隔时间太长或太短都会影响再测信度系数的高低。如果间隔时间太短，被测对象对上次测验还有记忆，练习的影响较大，相关系数会提高，也不能准确反映测量工具的可靠性；如果间隔时间太长，则被试的发展成熟、学习训练、测验态度、突发事件等都会造成影响，而且所测的心理特质也已经不太稳定了，从而会使两次测量的相关系数降低，而这时所获得的相关系数也可能不再是重测信度系数了。理想的重测间隔时间在2周至6个月。

最理想的信度系数值是1，但在实际上是达不到的，因为误差总会存在的。那么究竟信度系数为多少才算合适呢？对于信度的高低，并没有绝对的评判标准。一般来说，信度系数大于0.90的测评被认为是可靠的，信度系数0.80左右的也认为是比较可靠的，而信度系数低于0.70则认为可靠性尚可，信度系数在0.60以上是可以接受的范围。

重测信度是衡量测验工具的结果稳定性和一致性的重要指标，但它也存在一些问题。一是第一次的测量可能会改变测量对象的特征。比如被试在重测时总是试图回忆先前测试时给出的答案。二是同样的测量工具由于重测的时间不同得到的重测信度也可以是不相同的。也就是说一模一样的量表重测信度也可以不同。所以，在报告重测信度时，不仅要说明相关系数、被试人数、被试基本情况等，还应同时说明施测间隔的时间。三是重测信度系数可能会由于被测项目自身之间的相关性而偏高。两次测量中，同一项目自身之间的相关性要比不同项目间的相关性高。这样会导致即使不同项目之间的相关性很差，也可能得到很高的相关系数。另外，重测信度的优点是能够提供测量数据随时间变化而改变的结果，为预测被试将来的行为提供依据。缺点是容易受第一次测验的影响，练习和记忆的效应比较大。

另一种信度类型——内部一致性信度系数就能较好地解决以上问题。它是把一个测验的项目分成不同的样本，计算样本间的相关系数，从而间接地得出信度系数的评估方法。内部一致性信度主要反映的是测验内部题目之间的关系，考察测验的各个题目是否测量了相同的内容或特质。内部一致性信度既体现了相关系数的概念，又考虑到实际的操作。它的逻辑推理是这样的，如果测验稳定性很高，那么它内部的项目的得分前后应该高度一致，它应该是一个稳定的整体，所以只要算出一份测验的项目间的相关系数，就可以估计出该测验的信度。它所考虑的问题是一个测量工具所有的维度测量的同一性。

分半信度是测量内部一致性的简单方法，也是最早的指标。分半信度（split-half reliability）是通过将测验的项目分成对等的两半，计算这两半测验之间的相关系数而获得的。这两半相关系数高，则说明量表内部一致性高。量表的项目可按题号的单数、双数分为两半，也可以随机地划分。对等两半测验的内容性质、难易程度最好尽可能一致。

同质性信度也是常用的内部一致性的指标。它是指测验内部的各题目在多大程度上考察了同一内容或特质。反映的是跨测验题目之间的一致性。在心理测量中，为了使测量的结果是可信的，保证测验只测量单一特质是非常重要的，也就是说要确保测验内部的题目之间具有高度的一致性。这里的一致性不仅指题目所测的特质或内容是相同的，而且所有题目的得分具有较高程度的正相关。这里强调的是题目得分之间的相关系数，而非题目的内容和格式。所以，当测验是同质的时候，就可以从被试在一个题目上的结果预测他在其他题目上的得分。相反，有的题目看起来测量的是同一特质，但如果题目之间的相关不是较高的正相关时，该测评还被认为是异质的。设计测评题目时，所有的测评题目都要保证只测评一种特质或内容，但有时候测验是某几个不同心理特质的综合，这时如果需要在一个测评中测评不同的内容，就应该将测验设计为几个分测验进行测量。

同质性信度的最常用指标是测验的α系数。它是量表所有可能的划分方法得到的分半信度系数的平均值。α系数的值正常情况下在0~1之间。如果α系数小于0.5，则认为内部一致信度不足。一般α系数为0.50~0.60即可。α系数的一个重要特性是它们的值会随着量表项目的增加而增加，因此，α系数可能由于量表中包含多余的测量项目而被人为地、不适当地提高。

为了检验平安留学适应力测试系统的信度指标，我们在2017年12月初，在课堂上对164名大学生进行了一次测试，间隔2个星期后，再使用同样的测试题目，采用同样的方法，进行第二次测试，把这些人在两次测试中的各维度得分，进行细致的分析，求出每个测试维度的相关，这样即可得到重测信度系数，以及内部一致性系数，即α系数。结果见表5。

表5 平安留学适应力测试的信度指标（$n=164$，间隔两周）

维度	维度名称	信度系数类型	
		重测信度	α系数
人格特质	外倾性	0.704	0.703
	神经质	0.698	0.731
	开放性	0.700	0.661
	尽责性	0.632	0.615
	宜人性	0.707	0.749
情绪控制与自我认知	自我情绪感知	0.683	0.754
	情绪调节	0.724	0.779
	情绪运用	0.647	0.702
	他人情绪感知	0.653	0.686
	情绪智力总分	0.728	0.700
动机与心理健康	抑郁自评总分	0.736	0.636
	应变能力	0.705	0.691
	心理适应	0.756	0.676
	安全知识	0.730	0.656

从表5可以看出，"平安留学适应力测试"各指标的重测信度系数大多在0.60~0.76之间，表明基本上是可以接受的，可以用来进行团体之间的比较。

5.3 效度的验证

在已经进行的研究中，我们曾经进行过两次重测，用以分析平安留学适应力测试的信度指标，但仅有信度保证还远远不够，心理测量学的另外一个指标——效度，这方面的证据也相当重要。

所谓效度是指测量的有效性，即能够测量到所要测量目标的程度。它是心理测量中另一个重要的评价指标。如果一个测量没有效度，即使它的信度再高，也不能说明任何问题。通过对测量效度的分析，可以了解测验对所要测量的心理学变量的测量准确性程度如何，以及对外在标准的预测能力。

最常用的效度指标是效标关联效度，也称"效标效度"（criterion validity）。它反映的是测验分数与外在标准（效标）的相关程度，即测验分数对个体效标行为表现进行预测的有效性程度。效标是考察测验效用的外在参照标准。例如在我们的这套测试系统中，最理想的效标就是已经在国外留学，并且能够很好地适应当地的生活的群体。我们可以在他们出国前进行测试，然后经过一段时间后，收集这些人员在国外学习和生活的实际工作表现，计算测评得分与工作表现之间的相关。这种效标关联效度主要用于预测性测验。

效标效度主要考虑测验分数与效标之间的关系。因此效标效度可以定义为测验分数与效标间的相关程度。效标的测量材料可以在测验实施时获得，也可以在测验实施之后很长时间才获得。根据效标材料收集的时间不同，可以将效标效度进一步区分为预测效度和同时效度。预测效度（predictive validity）的效标资料往往是测量结束后一段时间才获得，它反映的是由测验分数对任一时间间隔后被试行为表现的预测程度。预测效度适用于那些对人员选拔、分类、安置的人事测量，这些测验需要对被试未来的工作绩效进行可靠预测。

因此，探讨本套测试系统的预测效度是最主要、也是最迫切的工作之一。但这也是我们的研发工作中最困难的一个步骤。因为，要找到一个合适的效标团体非常困难。理想中的效标应该是将国外已经适应得比较好的群体和适应不太好的群体进行对照，这是最有说服力的比较标准。

最终，我们求助于已经在美国留学并学习心理学专业的学生，让他们帮忙收集到了宝贵的测量数据。在效度研究中，我们选取的对象是在美留学生，以及曾经是留学生现已工作的华人。由于研究对象的广泛性，被试的选取采取了滚雪球的方法，我们把测评内容放在专业的问卷收集平台上，生成二维码，然后通过在纽约州北部一所研究型高校校内发布信息以及社交网络的传播，本次研究共收集到了 207 份有效问卷。

所有 207 名被试均为在美华人，其中男性 109 人，女性 98 人，样本中被试的年龄、在美国时间、在美身份、出生地以及教育情况十分多样。62.3% 的被试在 28 岁以下，63.3% 的被试出生于中国大陆，17.4% 的被试出生于中国港澳台地区，58.5% 的被试在美生活不足五年。其他被试基本信息可见表 6。

表 6 效度测试中的被试基本信息

		人数	百分比
在美身份	读高中	1	0.5
	读大学本科	39	18.8
	读硕士研究生	69	33.3
	读博士研究生	56	27.1

续表

		人数	百分比
在美身份	从事博士后研究	36	17.4
	已经工作	6	2.9
专业情况	哲学类	34	16.4
	经济学类	61	29.5
	教育学类	12	5.8
	法学类	13	6.3
	文学类	16	7.7
	历史学类	6	2.9
	理学类	17	8.2
	工学类	15	7.2
	农学类	3	1.4
	医学类	14	6.8
	管理学类	4	1.9
	艺术学类	9	4.3
	其他	3	1.4

另一个非常困难的问题，在于校标的测量。在美留学人员的学习和生活的状况无法取得客观、合理的测评指标。在本次研究中，针对在美留学生，我们使用了目前最常用的一个研究异文化适应性量表——史蒂芬森多组文化适应量表（SMAS）作为测量异文化适应的水平，以其得分作为重要的效标指标。

史蒂芬森多组文化适应量表（SMAS）包括32项自我陈述，要求被试在4点量表上选择符合自己情况的选项，陈述包括被试的语言使用情况，社交情况，生活习惯等。该量表在多种不同种族的测试上都显示了较好的信效度。样本问题包括"我喜欢听来自我种族的音乐"（自我种族融入，ethnic society immersion），"我有很多（英裔）美国人熟人"（主体种族融入，dominant society immersion）。这两个分量表的内部一致性效度在之前研究中处于0.86~0.97之间，SMAS也显示出了可靠的效度（Stephenson，2000）。在本次研究中，项目组将SMAS翻译为中文以适应研究对象，中文翻译经过本项目组的认可和修改，最终进行发布。

本次研究采取网上发布问卷的形式，采用问卷星作为问卷发布的载体，潜在被试可以通过点击链接或者扫描二维码的形式获取问卷。问卷采集时间为2018年1月初至2018年3月上旬。采取网络问卷的方式突破了时间空间的限制，使这份问卷能够被美国各地的华人留学生在合适的时间地点填写。

本次研究首次发布问卷，采取了使用社交媒体传播的方式，利用合作者本身处于美国高校在读研究生的身份，将问卷发布到了微信朋友圈以及Facebook，以期得到同学的回应以及扩散。然而由于这两个社交网络中面对的中国留学生较少，本次研究没有提供填写问卷奖励，在很长一段时间内，填写了问卷的中国留学生数目很少。吸取在社交网络发布问卷的教训，同时意识到在美留学生群体在当地属于少数群体，研究者采取了在高校以及华人教堂等在美留学生经常光顾的地点张贴中文海报，将二维码和问卷网址清楚地印刷出来。第二波问卷发布取得了一定程度上的进步，但是仍然没有达到理想的被试数量。吸取第一和第二波问卷发布教训，研究者认为社交网络和海报张贴虽具有传播快、针对面广的特点，但是极不具有人情味，可能会导致潜在被试不愿填写问卷。第三波问卷发布多采取了面对面的方式，作者参加了纽约州北部的多个华人活动，包括社交活动，如庆祝新年；也包括教育活动，如求职研讨会。第三波问卷发布获得了较大的成功，面对面的交流使一定数量的被试有意愿填写问卷，同时也有意愿将问卷扩散给合适的潜在被试。通过这些努力，最后终于收集到了207份完整的测评数据。

在数据分析过程中，我们把被试在平安留学适应力测试中的14个指标得分，与史蒂芬森多组文化适应量表（SMAS）两个维度上得分求相关，这些数据可以作为留学适应力测试的重要校效效度的评价指标。结果见表7。

表7 平安留学适应力测试的效标效度指标

维度	维度名称	史蒂芬森多组文化适应量表（SMAS）	
		主体种族融入	自我种族融入
人格特质	外倾性	0.432	0.531
	神经质	0.362	0.412
	开放性	0.417	0.484
	尽责性	0.435	0.458
	宜人性	0.524	0.428
情绪控制与自我认知	自我情绪感知	0.414	0.494
	情绪调节	0.423	0.404
	情绪运用	0.451	0.416
	他人情绪感知	0.449	0.369
	情绪智力总分	0.429	0.401
动机与心理健康	抑郁自评总分	0.539	0.459
	应变能力	0.411	0.422
	心理适应	0.437	0.434
	安全知识	0.430	0.435

从上表可以看出，平安留学适应力测试的效标效度在0.46~0.53之间，属于比较良好的效度范围。表明这套留学适应力的测试确实能够测量到学生们在异文化环境下的适应情况。

另外，在这个样本的基础上，我们也用史蒂芬森多组文化适应量表（SMAS）的得分作为被预测变量，用留学适应力测试得到的14个指标作为预测变量，采用强制进入的方法，进行回归分析，得到了一个模型方程，根据这个方程，设定了每个测评指标的权重，最终计算出留学适应力的总分，并将这个总分分为五个等级，从一星到五星，以便直观地表明留学适应力的程度，每个星级对应的描述见表8。

表 8 留学适应力各等级含义

等级标识	等级含义
★	一星：意味着受测者在异文化适应力方面存在较大的问题，应该引起学生、家长和学校的高度关注，并建议在出国留学之前，接受系统的心理健康方面的训练。
★★	二星：意味着受测者在异文化适应力方面存在一定的问题，学生、家长和学校要关注受测者的心理健康状况的变化，并建议在出国留学之前，接受一些自我心理调适方面的训练。
★★★	三星：意味着受测者有一定的适应异文化环境的潜质。受测者可以适应崭新的留学新生活，但是对于外面纷繁复杂环境的变化，还需要加强自我心理调适的训练，并提高自己在遇到困难和情绪问题的时候，积极向专业机构求助的意识。建议及时留意自己心理健康状况的变化。
★★★★	四星：意味着受测者有良好的适应异文化环境的能力。受测者能够较好地适应崭新的留学新生活，需要保持良好的自我心理调适的技巧，并提高自己在遇到困难和情绪问题的时候，积极向专业机构求助的意识。建议在留学期间，多多留意自己心理健康状况的变化。
★★★★★	五星：意味着受测者有很好地适应异文化环境的能力。受测者有能力较快地融入崭新的留学新生活，需要保持良好的自我心理调适的技巧，并加强在遇到困难和情绪问题的时候，积极向专业机构求助的意识。建议在留学期间，留意自己心理健康状况的变化。

6 "平安留学适应力测试"的应用

在教育部留学服务中心的大力配合下，"平安留学适应力测试"已经于 2018 年 3 月底初步完成了程序编制及调试，并且已经在 2018 年 3 月下旬举行的"2018 中国国际教育巡回展（北京站）"上进行试运行。从 2018 年 5 月下旬开始，借助于教育部"平安留学"行前培训活动的平台，在参加行前培训的学生中进行推广试用，从已经实施的效果来看，出国留学人员的反馈是相当积极正面的。一致反映作为一种重要的测评工具，帮助了解自身的优点和缺点是非常重要、非常关键的一个环节。目前已经收集到 4072 份测试结果。下面的分析，是针对这些测试结果进行的。

6.1 测试对象基本信息

目前已经收集到 4072 名测试者信息。其中男生 1439 人，女生 2633 人。年龄范围从 18 岁到 49 岁，平均年龄为 27 岁，标准差 8 岁。基本信息见表 9。

表 9 留学适应力施测的基本人口学信息

		次数	百分比
性别	男	1439	35.3
	女	2633	64.7

续表

		次数	百分比
受教育程度	博士	1249	30.7
	硕士	828	20.3
	本科	1718	42.2
	大专	77	1.9
	高中及以下	200	4.9

我们把年龄段进行划分,从20世纪60年代,到21世纪,根据年代进行划分的结果见图3。从中可以看出,80后已经开始让位,占比约为13.4%;90后走上出国留学的正中央,已经占到了72.2%;00后已经开始踏上出国留学征程,占比已经达到6.9%。而60后(占2.4%)和70后(占5.2%)更多的恐怕只是为了弥补缺憾。

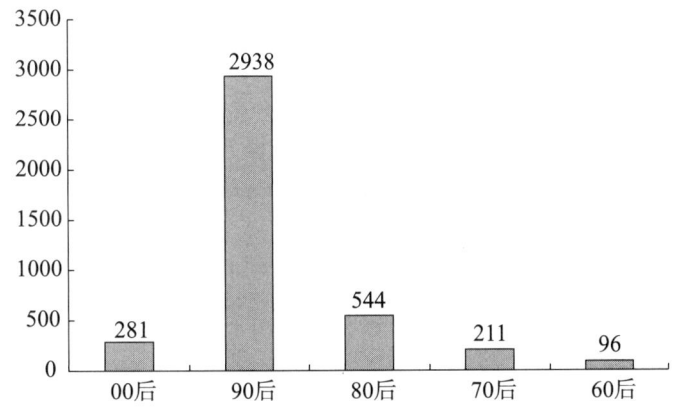

图3 留学适应力受测被试的年代分布

6.2 测试对象的适应力等级分布情况

根据我们编制的留学适应力测试,最终的总分是以1~5星的评价得出的。其中,4星和5星的结果反映出个体具有良好适应异文化环境的能力,3星表示适应力不错,通常意味着能够适应异文化环境,1星和2星则示得有些地方需要提高,需要接受一些自我心理调适方面的训练。

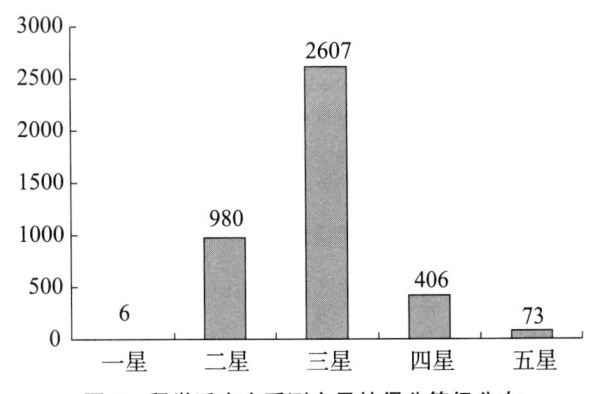

图4 留学适应力受测人员的得分等级分布

根据测试结果，4072 名受测者的得分等级分布如图 4。得分等级为一星的只有 6 人，有 980 人等级为 2 星；2607 人为三星；406 人为四星，73 人为五星。结果见图 4，这些结果表明受测人员的异文化适应力处于良好水平。

为了分析受测人员的得分等级分布是否存在性别差异。图 5 和表 10 是不同性别的受测人员得分等级的分布图。

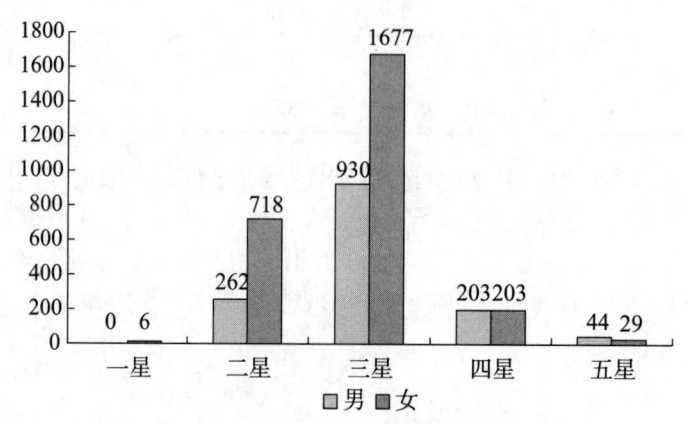

图 5 不同性别的受测人员得分等级的分布图

从最终得分各个等级的百分比来看，男生在四星（14.1%）和五星（3.1%）的比例显著高于女生（7.7% 和 1.1%），而女生（27.3%）在二星的比例显著高于男生（18.2%）。

表 10 不同性别的受测人员得分等级

		★	★★	★★★	★★★★	★★★★★
男	人数	0	262	930	203	44
	百分比	0.0%	18.2%	64.6%	14.1%	3.1%
女	人数	6	718	1677	203	29
	百分比	0.2%	27.3%	63.7%	7.7%	1.1%

6.3 测试对象主要留学目的地分布

根据调查结果，受测人员的出国留学目的地国家/地区分布情况见图 6。从图中可以看出，美国、英国、日本仍然是出国留学人员最为向往的留学目的地，占据留学意向国家的前三位，但从数据中可以看出，东南亚等"一带一路"国家成为新的热点。这些东南亚国家以泰国（140 人）、新加坡（114 人）、马来西亚（23 人）、越南（53 人）为主。

美国以 1267 人高居榜首，英国 455 人，日本 330 人紧随其后，占据前三甲。但东南亚国家以及"一带一路"国家的吸引力越来越大，调查中有 263 名学生打算留学东南亚国家。打算前往澳大利亚和加拿大的，分别有 226 人和 213 人。老牌欧洲留学目的地国家德国吸引了 183 人，俄罗斯 121 人，法国 119 人，北欧国家 229 人，其他欧洲国家 197 人，欧洲仍然是美加之外的重要留学目的地。亚洲国家除了日本 330 人居首位，韩国 115 人，新加坡 114 人。留学港澳台的人数 107 人。非洲吸引了 12 人，南美国家吸引了 21 人。

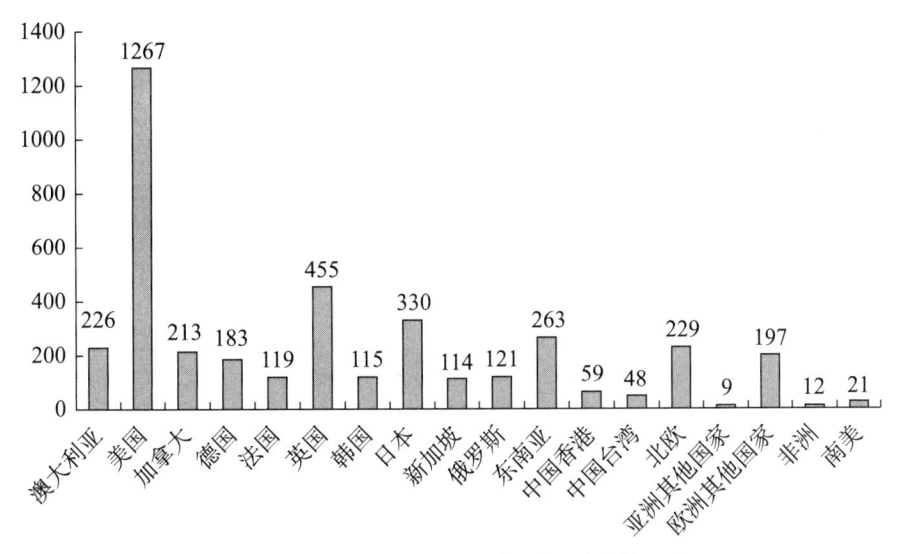

图 6　出国留学目的地国家/地区分布情况

6.4　测试对象在人格维度上的得分

在平安留学适应力测试中，我们采用的人格测试是在基于目前广泛使用"大五人格测试"（李同归、宗月琴，2011）的基础上进行改编而成的，人格反映了个体的行为方式和思维特点，因此和人的跨文化适应性密切相关。大五人格模型是从外向性（extraversion）、宜人性（agreeableness）、尽责性（conscientiousness）、神经质（neuroticism）和开放性（openness）五个方面描述一个人的人格。各维度的主要特征见表11。

表 11　人格各维度的特征描述

特质名称	特质描述
外向性	个体对外部世界的积极投入。外向者乐于和人相处，充满活力，常常怀有积极的情绪体验。内向者往往安静、抑制、谨慎，对外部世界不太感兴趣。内向者喜欢独处，内向者的独立和谨慎有时会被错认为不友好或傲慢。
宜人性	反映了个体在合作与社会和谐性方面的差异。宜人的个体重视和他人的和谐相处，因此他们体贴友好，大方乐于助人，愿意谦让。不宜人的个体更加关注自己的利益。他们一般不关心他人，有时候怀疑他人的动机。不宜人的个体非常理性，很适合科学、工程、军事等要求客观决策的情境。
尽责性	控制、管理和调节自身冲动的方式。冲动并不一定就是坏事，有时候环境要求我们能够快速决策。冲动的个体常被认为是快乐的、有趣的、很好的玩伴。但是冲动的行为常常会给自己带来麻烦，虽然会给个体带来暂时的满足，但却容易产生长期的不良后果，比如攻击他人，吸食毒品，等等。冲动的个体一般不会获得很大的成就。谨慎的人容易避免麻烦，能够获得更大的成功。人们一般认为谨慎的人更加聪明和可靠，但是谨慎的人可能是一个完美主义者或者是一个工作狂。极端谨慎的个体让人觉得单调、乏味、缺少生气。
神经质	个体体验消极情绪的倾向。神经质维度得分高的人更容易体验到诸如愤怒、焦虑、抑郁等消极的情绪。他们对外界刺激反应比一般人强烈，对情绪的调节能力比较差，经常处于一种不良的情绪状态下。并且这些人思维、决策以及有效应对外部压力的能力比较差。相反，神经质维度得分低的人较少烦恼，较少情绪化，比较平静，但这并不表明他们经常会有积极的情绪体验，积极情绪体验的频繁程度是外向性的主要内容。

特质名称	特质描述
开放性	一个人的认知风格。开放性得分高的人富有想象力和创造力，好奇，欣赏艺术，对美的事物比较敏感。开放性的人偏爱抽象思维，兴趣广泛。封闭性的人讲求实际，偏爱常规，比较传统和保守。

根据测试结果，不同性别的被试在五个测试结果上的得分见表12和图7。

统计分析结果表明，男生和女生在外倾性、神经质、开放性和尽责性四个指标上得分的差异都达到统计显著性水平，但在宜人性指标上没有显著的性别差异。

表12 不同性别的受测人员在人格各维度得分上的差异

	性别	平均数	标准差	$F_{(1,4070)}$	P
外倾性	男（$n=1439$）	80.63	9.66	13.659	0.000
	女（$n=2633$）	79.49	9.39		
神经质	男（$n=1439$）	75.43	10.17	119.14	0.000
	女（$n=2633$）	79.00	10.06		
开放性	男（$n=1439$）	83.70	8.96	29.09	0.000
	女（$n=2633$）	82.06	9.45		
尽责性	男（$n=1439$）	87.13	8.74	102.99	0.000
	女（$n=2633$）	84.14	9.09		
宜人性	男（$m=848$）	77.28	9.66	1.247	0.264
	女（$n=1606$）	77.62	8.81		

具体而言，女生在神经质得分上显著高于男生，意味着女生更容易体验到诸如愤怒、焦虑、抑郁等消极的情绪。她们对外界刺激反应比一般人强烈，对情绪的调节能力比较差，经常处于一种不良的情绪状态下。并且这些人思维、决策以及有效应对外部压力的能力比较差。

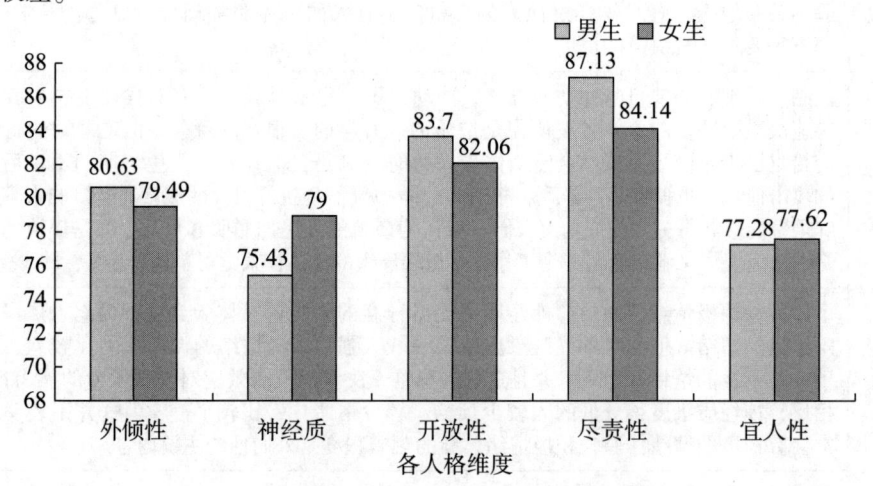

图7 不同性别的受测人员在人格各维度得分上的差异

在开放性得分上，男生要显著高于女生。这也意味着总体来说，男生更富有想象力和创造力，更具有好奇精神。他们在认知方面也更偏爱抽象思维，兴趣更加广泛。而女生则显得更加循规蹈矩，讲究实际。

比较有意思的结果是，男生的尽责性得分要显著高于女生。表明男生更加自信，更显得有目标、有生活方向感，也有较高的抱负，并努力工作以实现目标，也有激励自己把工作完成的能力。

6.5 测试对象在情绪控制方面的得分

情绪控制是异文化适应力的重要组成部分。这部分的测试是在近年来有关情绪智力的测评基础上加以改编而成的。情绪智力（Emotion Quotient，EQ）主要是指人在情绪、情感、意志、耐受挫折等方面的品质，是近年来心理学家们提出的与智力和智商相对应的概念。

情绪调节是近年来情绪研究中的一个热点，是指个体管理和改变自己情绪的过程。在这个过程中，个体通过一定的调节方式和机制，使情绪在主观感受、表情行为、生理反应等方面发生一定的变化。

情绪和行为的关系一直是国内外研究者关注的重要问题之一，情绪调节和行为表现有着密切的联系。大量研究表明（刘志军、刘旭 等，2009）个体的情绪调节与同伴接纳关系密切。情绪调节策略是作为个体对情绪进行有效调节并使个体处于良好的情绪状态以适应社会和环境需要的一种重要手段，主要是指个体为了达到情绪调节的目的，有计划、有意图的一种努力和做法。在我们有关情绪控制方面的测试中，主要包含了自我情绪感知、他人情绪感知、自我情绪控制和自我情绪利用4个维度。不同性别的受测人员在情绪控制各维度上的得分见表13和图8。

表13 不同性别的受测人员在情绪控制各维度得分上的差异

	性别	平均数	标准差	$F_{(1,4070)}$	P
自我情绪感知	男（$n=1439$）	86.20	7.847	71.402	0.000
	女（$n=2633$）	83.79	9.155		
情绪调节	男（$n=1439$）	86.50	9.299	88.049	0.000
	女（$n=2633$）	83.71	8.963		
情绪运用	男（$n=1439$）	89.19	8.335	141.018	0.000
	女（$n=2633$）	85.75	9.096		
他人情绪感知	男（$n=1439$）	86.23	9.111	51.697	0.000
	女（$n=2633$）	84.13	8.765		
情绪智力总分	男（$n=1439$）	89.81	8.497	170.246	0.000
	女（$n=2633$）	86.05	8.960		

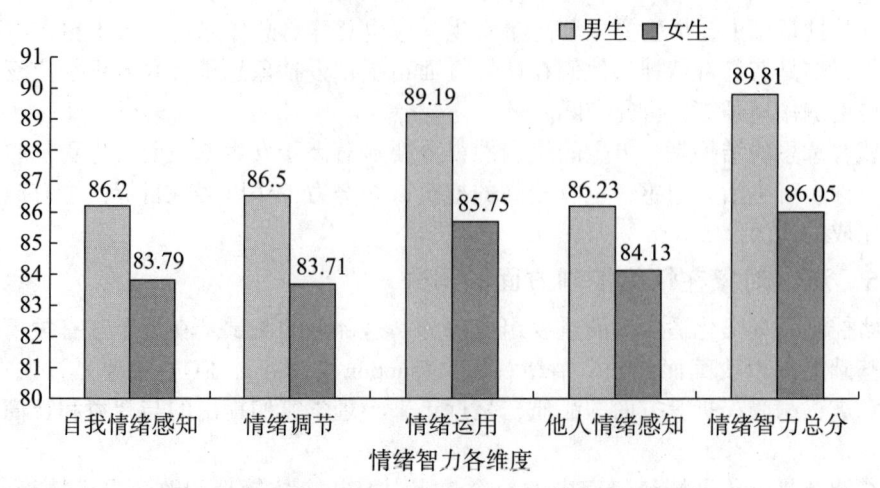

图 8 不同性别的受测人员在情绪控制各维度上的得分

从上述图表中，可以很直观地看到，男生在自我情绪感知、情绪调节、情绪运用、他人情绪感知以及情绪智力各个维度上的得分都显著高于女生。意味着从总体上看，男生在情绪控制方面比女生要有优势。

6.6 测试对象在动机和心理健康方面的得分

在平安留学适应力测试的第三个大模块中，主要涉及动机和心理健康方面的问题。我们设计了应变能力、心理适应、安全知识及抑郁自评分数四个维度。这些维度涉及出国留学人员在日常生活和工作中的跨文化适应的准备性。如果在出国前有比较好的心理准备，则比较容易适应新环境，开启留学新生活。

在这些指标上，不同性别的受测人员的得分情况见表 14 和图 9。

从这些图表中可以看出：

在安全知识和应变能力两个指标上，男生和女生的得分没有显著的差异。

但在心理适应指标上，男生的得分明显高于女生，可能意味着男生在心理上更容易接受新的环境刺激，更能容忍新的挑战，女生更多的是寻求稳定的环境。

表 14 不同性别的测试对象在动机和心理健康方面的得分

	性别	平均数	标准差	$F_{(1,4070)}$	P
应变能力	男（$n=1439$）	81.34	9.403	1.616	0.204
	女（$n=2633$）	80.94	9.729		
心理适应	男（$n=1439$）	69.46	10.511	74.913	0.000
	女（$n=2633$）	66.55	10.068		
安全知识	男（$n=1439$）	68.16	14.927	0.003	0.956
	女（$n=2633$）	68.18	14.259		
抑郁自评	男（$n=1439$）	77.47	8.531	26.053	0.000
	女（$n=2633$）	78.87	8.314		

在自评抑郁得分上，则是女生显著高于男生，这可能意味着女生更容易觉察到自己的抑郁心境，情绪更容易低落、敏感。而男生则通常不会在意自身的情绪变化，更多地

把注意力指向其他感兴趣的事情。

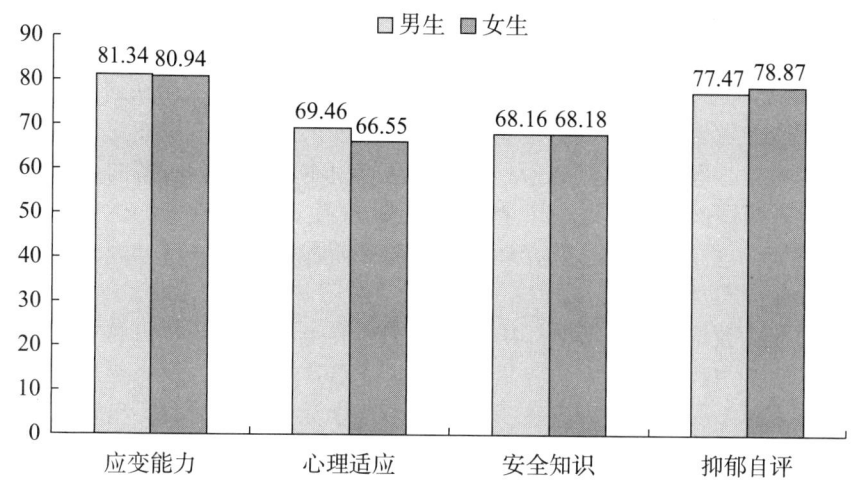

图9 不同性别的测试对象在动机和心理健康方面的得分

7 结语

新时代下，受到国际形势和国内发展态势的影响，出国留学事业呈现出了新的趋势，也面临一些新情况、新问题。这些趋势包括留学"去精英化"、留学服务市场化、海归规模扩大、留学价值出现分化，等等（李强、孙亚梅，2018）。如何站在新的历史起点，立足当代实际，正确认识和回应这些新情况，不仅牵动着出国留学的青年人及其家庭的前途和命运，也深刻影响着国家的高等教育事业和社会的整体发展，影响着中国在国际社会上的竞争优势。

7.1 防止留学价值分化

应该看到在出国留学人员中存在较为明显的分化现象。这种分化尤其体现在留学的动机和价值上。经典"推拉"理论认为，迁移行为受到迁出地"推力"和迁入地"拉力"的共同影响。作为国际教育迁移的一种表现形式，出国留学也会受到国内"推力"和国外"拉力"的共同作用。国内最为明显的"推力"包括升学竞争压力和相比于发达国家较为落后的教育体制。与之对应，出国留学的一个"拉力"是免去了应试这一关，代之以国外院校的申请流程，而申请过程也可以通过多样化的留学服务提供诸多便利；另一个"拉力"在于国外高校在学科发展、教育方式、培养模式等方面更加成熟，可以带来更好的职业发展前景。出于不同的留学动机，留学生群体出现了自然分化，一部分主要是想躲避国内升学竞争压力而在国外就读一般大学的留学生，另一部分则主要是不满足于国内教育现状，想凭借优异学业表现跻身于国际一流高校的留学生。入学群体的分化也导致了不同群体留学价值的分化。

留学价值，指因出国接受教育而在专业知识、思维方式、人际交往、生活体验等方面取得的收获，尤其是相比在国内接受教育而言，通过出国获得的比较优势。留学价值一方面来自学生在国外教育方式下对思维方式的训练和对知识的掌握；另一方面来自异文化生活环境带来的益处，如锻炼外语能力、开阔国际视野、增强交往和适应能力、丰富生活体验等。与之对应，留学价值可通过两个方面体现：一是海外文凭赋予的在就业薪资和发展前景上的优势；二是异文化环境中个人能力和综合素质的提升。就目前来看，留学生群体内部在两个方面都存在分化。

　　出国留学人员的这些留学价值的分化，其实是在出国留学之前，家长和学生们就要注意的问题。因为说起留学，外界的第一印象多是"开启新生活、结交新朋友的振奋之旅"。但在接触新鲜事物之余，在海外学习生活也充满巨大挑战，而在这些挑战的共同作用下，有时可能会发展成不自知的心理疾病。而心理疾病一般不易察觉，加上每个人的情况不同，如果对心理疾病没有概念，认知不清，根本无法掌握病情的严重程度，更别提就医。只有在出国前对自己做一次全面的心理筛查，了解到自己的优势和长处，以及需要弥补的短板，这样才能在出现心理问题的萌芽阶段，及时进行处理，避免产生因为心理原因而导致的严重后果。

　　从我们收集的数据来看，基本都集中在性别差异上，而不同学历和年龄则没有显著性的差异，这也许与我们的样本主要集中在大学生群体中有关，没有更多地涵盖国际高中班的同学。实际上，有很多研究表明，以高中留学为主的群体中，出现问题的情况比较普遍。教育部数据显示：高中留学人员越来越多，本科阶段是主力，研究生已经达到平台期，出国留学呈低龄化趋势；从留学生的生源结构和质量上来讲，出国留学已经不再是精英阶层和学霸，而是越来越多的资质一般的学生（刘凌，2018）。美国开放报告（Open Door Report）也发布类似的数据：27.4万名中国留美学生中大约2.35万名中国学生被美国中学录取。汇总低龄出国留学生家长的经验教训和专家的分析，低龄且在国内就学习不好的学生而追求出国留学的，有一类典型弊端，那就是低龄留学生在异国他乡成为弱势群体。他们因年龄太小，心智尚未成熟，不了解国外法律，自我保护能力和规则意识不强，出国留学后，有的患上抑郁症，有的被开除，有的成为校园欺凌对象，有的甚至犯法坐牢等等。据美国相关机构估算：2015年被开除的中国留美学生大约有8000人，其中，因学术表现差或学术不诚实而被开除的学生占80.55%，22岁以下的学生占被开除学生的67.1%。而这些行为后面，大部分都隐藏着一些心理问题。

7.2　提升出国心理服务

　　2016年国家卫生计生委等22个部门联合印发了《关于加强心理健康服务的指导意见》，对加强心理健康服务提出具体要求，对心理学研究和心理学工作者，特别是社会心理服务工作者，提出了具体要求，指明了工作方向。

　　具体到跨文化适应问题，大部分的研究者都认为影响跨文化适应的因素分为内部因素和外部因素。外部因素包括社会支持、生活变化、文化距离、旅居时间、歧视与偏见等；内部因素包括认知评价方式、人口统计学因素、应对方式以及与文化相关的知识与技能等。我们目前所做的"平安留学适应力测试"，仅从个体的内部因素出发，这些工作只是我们为出国留学人员进行心理健康支持的第一步。

　　为了系统地为出国留学人员提供支持，我们提出了"测评为榫、追踪为卯、服务为锚、咨询为锭"的工作模式，见图10。

　　榫卯是中国古代建筑、家具及其他器械的主要结构方式，是在两个构件上采用凹凸部位相结合的一种连接方式。凸出部分叫榫（或叫榫头），凹进部分叫卯（或叫榫眼、榫槽），这样可以不需要一根钉子，就能把两个构件完美地结合在一起。每个出国留学人员都有自己独特的、具有鲜明个人印记的特质，因此，在出国留学之前要进行测试，以全面了解个体的这些人格、能力、技能、动机等方面的基本情况，因此，了解个体的"留学适应力"状况，是踏出国门前的第一步。

　　个体在留学所在国，能否适应当地的文化环境，就像合适的榫头，要找到合适的榫槽一样。这是一个需要学习和努力调整自我的过程。因此，对每个出国留学人员进行有效的追踪，每隔一段时间，在一些特殊的时间节点上，及时给予他们关心和爱护，了解他们的心理健康变化状况，适时主动进行干预，能够大大缓解留学生的压力，帮助他们适应留学生活。

锚，一般指船锚，是锚泊设备的主要部件。铁制的停船器具，用铁链连在船上，把锚抛到水底，可以使船停稳。个体异文化适应过程中，最重要的是需要建立起心理上的安全感（secure base）。也就是说，需要有一个能够"促进他们进行探索行为的安全基地"。而这个安全感的构建，需要有两个重要的条件：一是提供服务的敏感性（sensitivity），一是情感上的可利用性（availability）。因此，我们需要建立一套反应及时，可利用性强的心理健康支持系统。

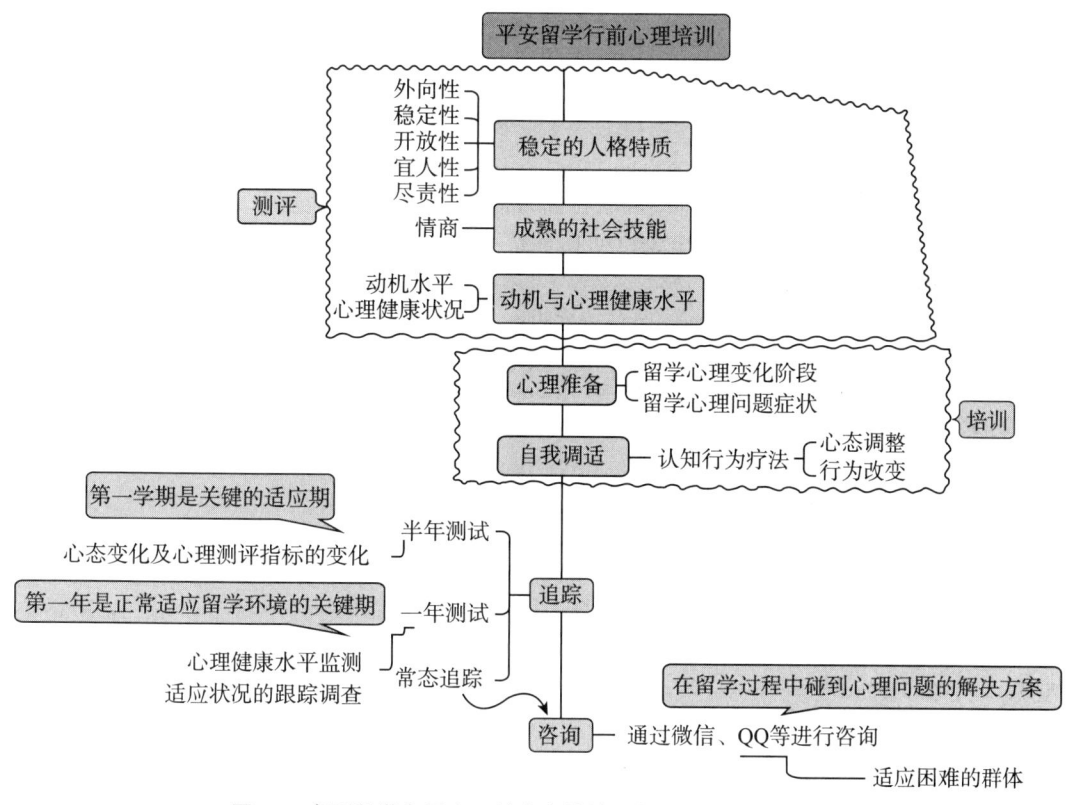

图10　出国留学人员心理健康支持的"榫卯锚锭"工作模式

锭，是指金属或药物等制成的块状物；通常所说的锭子，是指纺纱机上绕纱的机件。根据纺纱需要，可配上不同的粗纱锭或细纱锭，机器上纱锭越多，纺纱效率就越高。

在留学阶段，如何提高学习效率，尽快适应留学的异文化环境，保持良好的身心健康状态，这些需要有过硬的心理调适能力。如果在这些过程中，遇到严重的问题，就需要进行专业的辅导和咨询，借助于专家的外部资源，来帮助出国人员进行有效的心理调节，形成积极心态，能够真正做到成功留学！

随着"平安留学"活动的深入进行，在教育部国际合作与交流司的指导下，在教育部留学服务中心的领导下，我们相信"平安留学适应力测评"一定能够不断地得到完善和推广，惠及更多的留学生群体。"平安留学行前培训"活动也必将越来越深入人心，开启留学服务现代化的新征程！

参考文献

[1] ALAMILLA S G, KIM B S K, LAM A. Acculturation, enculturation, perceived racism, minority status stressors, and psychological symptomology among Latinos/as. Latino/Hispanic [J]. Journal of Behavioral Sciences, 2010 (32): 55-76. doi: 10. 1177/0739 986309352770.

[2] BERRY J W, KIM U, MINDE T, MOK D. Comparative studies of acculturative stress [J]. International Migration Review, 1987 (21): 490-511.

[3] FREY L L, ROYSIRCAR G. Effects of acculturation and worldview for White American, South American, South Asian, and Southeast Asian students [J]. International Journal for the Advancement of Counseling, 2004 (26): 229-248.

[4] HAN X, HAN X, LUO Q, JACOBS S, JEAN-BAPTISTE M. Report of a mental health survey among Chinese international students at Yale University. Journal of American College Health, 2013, 61 (1): 1-8.

[5] HO, D Y F. Continuity and variation in Chinese patterns of socialization [J]. Journal of Marriage and the Family, 1989 (51): 149-163.

[6] RAHMAN O, ROLLOCK D. Acculturation competence and mental health among south Asian students in the United States [J]. Journal of Multicultural Counseling and Development, 2004 (32): 130-142.

[7] REDFIELD R, LINTON R, HERSKOVITS M J. Memorandum for the study of acculturation. American Anthropologist, 1936 (38): 149-152.

[8] STEPHENSON M. Development and validation of the Stephenson Multigroup Acculturation Scale (SMAS) [J]. Psychological assessment, 2000, 12 (1): 77.

[9] TANG T T, REILLY J D, JOANNE M. Attitudes toward seeking professional psychological help among Chinese students at a UK university [J]. Counselling & Psychotherapy Research, 2012, 12 (4): 287-293.

[10] WARD C. Handbook of intercultural training [M], Thousand Oaks, CA: Sage, 1996: 124-147.

[11] WANG C C D, MALLINCKRODT B. Acculturation, attachment, and psychosocial adjustment of Chinese/Taiwanese international students [J]. Journal of Counseling Psychology, 2006, 53 (4): 422.

[12] WEI M F, HEPPNER P P, MALL M J, et al. Acculturative Stress, Perfectionism, Years in the United States, and Depression Among Chinese International Students [J]. Jouanl of Counseling psychology, 2007, 54 (4): 385-394.

[13] WEI M F, LIAO K Y H, HEPPNER P P, et al. Forbearance Coping, Identification With Heritage Culture, Acculturative Stress, and Psychological Distress Among Chinese International Students [J]. Jouanl of Counseling psychology, 2012, 59 (1): 97-106.

[14] YAN K. Chinese International Students' Stressors and Coping Strategies in the United States. In Maclean, R. (Eds.) Education in the Asia-Pacific Region: Issues, Concerns and Prospects [M]. Springer Nature Singapore Pte Ltd., 2017.

[15] ZHANG N, DIXON D N. Acculturation and attitudes of Asian international students toward seeking psychological help [J]. Journal of Multicultural Counseling and Development, 2003 (31): 205-222.

[16] ZHOU D Y, SANTOS A. Career decision-making difficulties of British and Chinese international university students [J]. British Journal of Guidance & Counselling, 2007, 35 (2): 219-235.

[17] 李强, 孙亚梅. 对于中国大学生出国留学四个趋势的认识与思考 [J]. 《北京行政学院学报》, 2018.

[18] 李同归. 大数据时代招聘心理测评新趋势: 基于 PKU-PRISM 模型的微博数据分析 [R]. 登记号: 国作登字-2016-A-00255090.

[19] 李同归, 加藤和生. 成人依恋的测量: 亲密关系经历量表 (ECR) [J]. 心理学报, 2006,

38（3）：399-406.

［20］李同归，宗月琴. 人事测量［M］. 北京：中国原子能出版社，2011.

［21］刘凌. 以文化自信构建新型开放体制的根基——基于过度境外消费、高端人才流失和盲目出国留学的反思［J］. 教育文化论坛，2018（5）：8-11.

［22］刘志军，刘旭等. 初中生情绪调节策略与问题行为的关系［J］. 中国临床心理学杂志，2009，17（2）：210-212.

［23］陆勤，陈小刚，王冰，何洪涛，盛鸿颖，卓锦雪. 广州地区出国留学生心理健康水平评估分析. 中国健康心理学杂志，2012，20（5）：750-752.

［24］吕雪萱. 留学心理健康问题渐增［N］. 北京日报，新知周刊·教育，2018-1-24.

［25］赵庆华. 留学观察：避免小留学生的心理问题［N］. 中国教育报，2018-11-2（6）.

［26］张力玮. 开启留学服务现代化新征程——访中国（教育部）留学服务中心主任程家财［J］. 世界教育信息，2018（6）：3-9.

［27］中国心理学会. 中国心理学会临床与咨询心理学工作伦理守则［J］. 心理学报，2018，50（11）：1314-1322.

［28］周晓燕，傅宏，"出国班"高中生心理健康调查研究［J］. 中小学心理健康教育，2012（20）：16-19.

第三部分　应用篇

出国留学，应该如何保持自身的心理健康

高鑫园　李同归

（北京大学心理与认知科学学院，北京 100871
行为与心理健康北京市重点实验室，北京 100871）

留学生离开父母、远离祖国，到异国他乡陌生的环境里求学深造，自然会面临学业、生活、人际关系等各方面的压力。如果留学生在国外不能顺利适应环境，缺乏应对各种困难和挫折的能力，久而久之就很有可能出现各种心理健康问题，导致学习和生活受到影响。特别是新冠疫情的持续蔓延，也进一步加重了海外留学生的生活和心理压力。

1　留学生面对的压力来源

一个刚刚出国的留学生，除了面临要学会照顾自己，尽快掌握做饭等生活技能的压力之外，还有许多更深层次、更重要的压力来源。

一是独立生活的压力。出国留学不同于去国外旅游。旅游时间短，只要开心就好。而留学是要在国外长期学习和生活，需要每一位留学生都能很好地适应当地的文化和生活环境。但是留学生圈子小，朋友少，平时生活全靠自己。这背后却是所有事情一人扛的巨大压力。

【案例回放】

在国内，学生们主要就餐的地方是学校食堂，多数的食堂都因为有补助而十分便宜；但是国外的食堂却是以盈利为目的的，如果想要每一餐都有质量保证，那么花费是巨大的。

当然，也可以自己动手，可是要购买食材，小A必须前往很远的超市或者集市，不仅需要相当长的时间，而且健康的食物普遍价格昂贵，如果想要吃饱又能节省，她只能选择干到掉渣的面包和充满脂肪和糖类的饼干。除了就餐，小A还要面对各种生活用品、衣服鞋帽甚至课本费用等的支出，尽管有各种节省的策略——超市在晚上比较便宜，趁着圣诞节和感恩节百货商店打折以及购买二手的书本等，小A仍旧觉得在国外生活成本太高，负担太重。

二是文化适应的压力。留学生的文化适应是留学生在适应新环境的主流文化和行为准则时，对个人价值观、信仰、行为和生活方式的调整和改变过程。文化适应的过程要求个体既要保留自己对家乡文化的信守，同时也要适应和融入新的文化环境，尊重当地的文化传统、法律法规、风俗习惯和生活方式。在一个陌生的环境中，要融入一个新的群体，并不是一件容易的事情。语言的差异、生活习惯不同等原因使得有些留学生不能完全或顺利适应。

[①] 本文是在作者给教育部留学服务中心编写的《出国留学心理调适》小册子（2018）和为北京市人民政府外事办公室领保处编写的《海外留学生安全手册》心理健康部分（2023）的基础上编辑而成的。

【案例回放】

小王曾经是个成绩非常优异的学生，但是最近老师对她第一次个人作业的反馈让她十分焦虑，她花费了大量的时间阅读完了老师给的读书清单，老师也将她的努力看在眼里，但是反映在她的作业上却并不是那么一回事，老师甚至怀疑小王的努力是不是仅仅是做做样子。

小王感觉十分委屈，她十分不理解自己明明已经非常刻苦用功了，但是老师仍然认为她的工作做得不到位，并且质疑她没有自己的思考，只是简单罗列观点。很快，有更大的问题接踵而至，她要参与到小组中和其他同学一起完成一个大作业，当大家在一起讨论的时候，她发现自己完全不能跟上同学的思维，同学们都有源源不断的想法，以及各式各样的呈现方式，但是她对此毫无头绪，甚至她开始觉得同学们都不希望和她一起完成作业，因为她没有自己的观点和思想体系。更重要的是，同学们有他们自己的合作方式，分工明晰，在合作的过程中，她完全插不上手，帮不上忙。小王突然发现，一向在学业上游刃有余的自己现在居然连作业都不会做了。

三是学业上的压力。留学生往往都有明确的留学目标，修学分、做研究、拿文凭等，都是比较现实的需求。但每个留学生每逢期中期末都会有各种夺命连环截止日期，哪怕仅仅是平时的上课发言、小组讨论，都会面临不小的心理压力。举例而言，即使你托福或者雅思考再高的分数，毕竟英语是第二语言，刚刚赴美的留学生，适应语言也都需要不少时间。有些同学在国内时大多是优等生，但一时无法适应快节奏、高压的学业，由于好面子，没办法接受自己表现不佳，也容易因此产生自卑心理。

【案例回放】

不管课前花费了多少精力在课业的预习上，对于长期生活在全中文环境中的小张来说，听懂老师上课的内容十分不易，不要说老师是否带有不同的口音，就是语速也快得让小张无暇思考，有时老师说了笑话，小张也常常不能理解其中的文化背景，根本不知道笑话的意思，只能茫然地跟着班里的同学大笑，让她十分尴尬难过。更困难的是，有时小张甚至不知道老师上课是否布置了作业或者是讨论，给她的学习带来了很大的麻烦和障碍。

四是缺乏社会支持导致的心理压力。当你进入一个新的异文化环境时，你原有的社会支持体系不一定能够很好地发挥作用。出国之后，留学生需要重新构建自己的朋友圈，这对刚踏上留学之路的同学可能不是那么快速和容易的事。这一点在疫情期间，表现更为突出。与家人朋友的团聚，是放松心情、发泄负性情绪、恢复心理健康非常有用的途径。但因为疫情，很多留学生被迫在留学所在国原地抗疫，与家人团聚变得不太容易，导致出现心理问题的个案明显增多。疫情给留学生的心理健康带来了很大的挑战。

缺乏社会支持的直接后果就是产生孤独感。孤独感对于留学生来说不可避免。当负面情绪和心理压力无法通过正常渠道排解时，就容易出现心理问题，小则孤僻、厌学，任其发展则可能出现抑郁的症状，甚至需要就医，导致学生无法正常学习而被迫终止学业。

【案例回放】

到纽约的第一天，汗淋淋的一天之后，躺在床上，给在国内的妈妈打电话。听见熟悉的声音，小赵浑身的酸痛和满心的委屈一下全跑出来了。依旧是聊着家常，人没变，心却变了。小赵突然发现，原来自己对家人的依恋是如此强烈。对于一个几乎没有怎么独自远行的人来说，这真不知是好是坏。

五是疫情持续蔓延的压力。新冠疫情在很大程度上改变了人们的生活方式和习惯。持续近三年的疫情，人们已经习惯了从线下学习转战到线上授课。大多数人已经习惯了网上购物，居家隔离，线上办公等等。也养成了出门戴口罩，勤洗手，少聚集等习惯。同时，疫情持续蔓延，给留学生的学业和生活带来诸多风险和不确定性，客观上也进一步加重了留学生原有的生活压力和心理压力。

2　拓展朋友圈，夯实安全感，尽快适应留学环境[①]

又到了留学季，踏上出国留学征程的同学们，是否做好了心理准备？毕竟远离父母亲人、独自在异国他乡学习和生活，对每一位出国留学的朋友来讲，都是一个挑战。其实，人类的成长就是逐步离开摇篮的适应过程。幼儿园、小学是第一次适应，离开家上大学或许是人生的第二次适应，而走出国门出国留学则也许是第三次，也可能是最大的一次适应。面对第三次适应，有的人适应得非常好，不仅完成了学业，而且身体好，心情好，甚至有的人还胖了，满面红光。也有的人对新环境缺乏顺利的适应，结果造成了疾病痛苦和磨难，甚至丧失了宝贵的生命。因此，顺利度过出国后最初阶段的适应期，对于留学生尽快融入新环境、保持身心健康和顺利完成学业具有重要意义。

留学生的适应期是一个心理适应的过程，包括兴奋期、敏感期、适应期、融合期四个不同的适应阶段。每个阶段度过得越顺利、越快，留学生的学习和生活就会越顺利。如何尽快地融入到留学环境中，从心理上适应异文化环境，下面几条建议希望能够对同学们有所帮助。

2.1　端正留学态度，追求留学价值

每一位留学生在出国前都有着美好的憧憬，坚信留学将开启人生的新篇章。的确，国外一些著名大学里，有比国内更先进的设备，更优美的环境，以及更先进的技术和不同于国内的人才培养模式，这些都会对未来的学习有重要的推动作用。

但是，要记住的是留学毕竟不同于境外旅游。如果你去境外旅游，可能会领略到风景名胜，体验到异国风土人情，你只需要开开心心就好。但如果你是去留学，则是另外一回事。你会发现在国外学习不可能一帆风顺，也不可能一蹴而就。留学是有着明确的学习目标的。你需要努力去适应异文化环境，要沉下心来，奋发图强。而在这个奋斗过程中，更多的时间里，你可能体验到的是焦虑、紧张、抑郁、寂寞、空虚等负性情绪，而如何应对这些留学过程中的挑战，反而是你的留学价值的体现。

所谓留学价值是指因出国接受教育而在专业知识、思维方式、人际交往、生活体验等方面取得的收获，相比于在国内接受教育而言，通过出国获得的比较优势。尤其是在疫情常态化阶段，国外的防疫政策与我国有较大差异，如何在不确定的环境里找到适当的应对方式，也是留学价值的重要表现。因此，在出国之前，端正留学态度，正确认识留学中可能会出现的困难和心理挑战，变"爸妈要我留学"为"我自己要去留学"，是留学生们必须要做的心理准备。

所以留学价值，乃至于留学生在海外接受的教育，因为他们的教育方式对于学生的思维方式的训练，知识的掌握，跟在国内真的是有很大的区别。而这种留学价值还体现

[①] 这一部分的内容经过修改后，发表在《人民日报》海外版 2022 年 9 月 15 日第 08 版。部分内容也参见《人民日报》海外版 2022 年 6 月 16 日第 08 版刊登的记者周姝芸采写的《留学期间如何保持心理健康》。

在，异文化的生活环境里，你去适应这个环境的时候，会产生一些比较好的收益，比如说你可以很好地去锻炼你的外语能力，开阔你的国际视野，然后你能够跟留学所在国的朋友进行交往，所以你的适应能力应该会得到一些提升，而且你的生活体验感也比较高，所以我们说留学价值有这么多方方面面的比较优势，它具体的体现在哪儿？

我相信大家也都能理解。第一个体现在你在国外留学以后获得的这个海外文凭，这对于你来讲，实际上是对于你就业，对于你将来创业，对于你的事业都有非常好的一个促进作用，这对于你的发展前景有帮助。那更重要的是你在异文化环境下，有一个亲身体验的适应过程时，对于你自己的综合素质有比较高的提升。大家可能说，这也不一定对，因为有很多出国留学回来后找不到工作的现象，"海归"变成"海待"了，这种现象确实存在，其实这个现象是一个特别明显的，我们叫留学价值的分化。

在留学生群体里，我们调查也发现存在着特别明显的分化现象。有一些是留学价值充分得到发挥的，有一些是留学价值一点也体现不出来的，留学价值分化的例子比比皆是。

举个简单例子，比如留学价值充分得到发挥的例子，黄大年是吉林大学的著名教授，他自己在一些访谈里，就特别深情地回忆，说自己的贡献、自己的工作实际上是与留学经历密切相联系的。黄大年同志是1992年，那时候他已34岁，获得了一个很好的机会，有全额奖学金去英国利兹大学攻读博士学位。后来他在英国也工作了十几年，到2009年时他全职回到国内。回国后对国家的国防事业，对于很多与国民经济相关联的重大行业作出了非常重要的贡献，是一位难得的战略科学家。

可以看出，留学经历对于黄大年同志来讲是相当重要的。他把留学所学到的知识和技能，以及为人处世的方式，转变成为国服务，奉献自己事业的铁饭碗，成为他事业的重要基石，这是留学价值得到充分发挥的典型例子。

同时，因为我自己也做心理咨询，也接触到很多留学生，也碰到过留学价值一点也没体现出来的案例。举个例子，有一位家长跟我诉苦，把孩子送到国外，学了5年，花了五六百万人民币，孩子去了美国，还是一所不错的公立大学，结果过去后发现这个班的同学，基本上全是中国孩子，他没有机会去接触到外国的同学。后来才知道可能是被中介公司坑了，这个中介公司跟这所美国大学合作办了一个班，专门面向中国的家长们。班里二三十个孩子，他们每天上课就在一个固定的教室，总是这些孩子在一起。只有那些上课的老师，可能会说英语，孩子们平时连说英语的机会都没有，他的孩子更多的时间是玩游戏，一起去抽烟喝酒，然后把国内的一些不太好的习惯，在那里发扬光大了。家长平时只知道孩子在学校里也上课，也交作业，但是后来才发现他有挂科，学分没修满，所以最后没有拿到毕业文凭，也没能正常毕业，算是被学校退回来了。总之，家长觉得很失望，认为花了这么多钱，花了那么多精力，全部投到孩子的教育上，结果孩子是这个状态，这个结果。这是留学价值完全没发挥出来的典型例子。

当然这毕竟是少数人，但我们有这些案例，所以我们希望大家在出国之前，就要考虑这些问题，怎样使你的留学价值能够最大化。

为什么会有这种留学价值两个极端的分化现象？这实际上与另一个重要的概念有关，我们称之为"留学动机"。这就涉及出国留学之前，到底是出于什么样的原因，出于什么样的动机要去留学。经典的推拉理论认为，我们的迁移行为，肯定是有迁出地的推力和迁入地的拉力，然后才能够完成这个迁移行为的。当然，国际教育的这种迁移行为，实际上就是出国留学，同样有推力和拉力。推力主要来自国内，拉力主要来自国外。

国内的推力其实很容易理解，国内有非常激烈的高考的竞争，而且大部分家庭都会把所有的希望寄托在一次考试之上，这种不确定性比较大。所以有很多人就觉得，"我要去过这个独木桥吗？我可以找其他更加可以合理操纵的方法和道路去走啊"，所以出国是一个很好的选择。还有一些很现实的原因，比如有孩子一直在北京上学，但是他没有北京户口，不能在北京参加高考，必须要回老家去高考，但他从小学一直到高中都在北京上的，你让他回老家去他也不乐意，所以还不如就到国外去算了。

国外的拉力也是显而易见的。很多家长和学生觉得国外的办学理念，办学思路可能会比国内要先进一些，毕竟国外的名牌大学，像哈佛、耶鲁都是300多年的历史，国内像北京大学这样的顶级名校到现在也就120多年的历史，这实质上是一种很强的拉力。国外的拉力还有一种，就是入学方式的多样化，不像国内只是看高考一次的成绩。它有一个综合评价的标准，而你要提升这种综合评价，是可以通过留学中介服务来帮助你实现的。有些家长觉得花钱找中介帮忙运作，也能够上个好学校。另外一个不可否认的是，国外的很多名校，像美国、欧洲的英国、法国、德国等，确实有很多很好的学校，其办学质量、办学理念确实是比国内要强，这是很强的拉力。

因为有推力，也有拉力，使得学生在出国之前，是有不同的动机的。如果纯粹是一种推力的作用，仅仅是为了逃避高考，避免走高考独木桥的目的，这是一种被动的、"爸妈要我出去留学"的动机，反正爸爸妈妈觉得有点钱，然后把我送出去，就不用参加那个严酷的高考。这种动机下出国，肯定会觉得我哪怕上个很一般的社区大学就行，这是留学动机比较弱的一种类型。

另外一种留学动机，是我真的想学一些新东西，我真的想丰富我的人生体验，所以我一定要去国外读一个名校，要拿这个名校的文凭回来，这是一种内生的、比较强烈的，是"我自己要留学"的强烈动机。

两种不一样的留学动机，其留学价值是完全不一样的。所以，在出国留学之前，就要把留学动机搞清楚，然后尽量把留学生活变得更加富有价值，成为你将来安身立命的人生的经历。这种情况下，就需要在留学前做好一些心理建设。在留学当中也要努力地、积极地去适应留学环境。

刚才提到的"爸爸妈妈要我留学"，那是处于一种很被动的状态。要是"我自己要留学"的话，就是一种非常积极主动的状态。所以，出国前要把这个目标定清楚，到底是爸爸妈妈让我去留学，还是我自己确实是想去留学？希望大家都能够把内生的动机激发出来。

当然，在出国留学之前，就应该认识到，出国留学不是游山玩水。国外旅行，待半个月或者两个礼拜，和你在那边去留学的感受，是完全不一样的。你要去国外旅游，你需要体验的是快乐与高兴，以欣赏美丽风光为主。但你要去留学，那是要以学习为主的。而在学习生活的过程中，就要面对很多的焦虑、紧张、寂寞、空虚等负性情绪。因此，要在出国留学之前，就接受这方面的训练，你要知道我在什么情况下，我的情绪是一个什么样的状态，我怎么知道我自己是处在一个抑郁状态或者是焦虑状态，还要学会一旦抑郁、焦虑的时候，我要采取什么样的方法去解决这个问题。

更加重要的是，要作好比较长远的生涯规划，将来你要干什么？如果你将来想做学术，想在大学里谋个教职，则最好在国外能够把博士读完，从本科一直读到博士，争取多出一些学术成果。这要花差不多近十年的时间，这样，你将来的竞争力就比较大了。如果你对做研究不感兴趣，就想大学毕业后，赶紧回国找工作，或者自己创业，这种情况下，你要清楚，你的大学时光应该如何度过，比如大一大二修学分，大三时就得想办法去找实习的机会，积攒职场经验，建立你的人脉网，这样本科毕业时，就可以有很多的这种经验，帮助你在国内就业或者创业。

所以，希望在留学之前就要把留学动机厘清，此外，也希望大家形成一个积极的、健康的、良好的心态，要有积极的思维方式，在国外的时候，尽管是一个异文化的环境，但你也不要消沉，不要那么消极地看问题。尽量用积极的思维去看待面临的困难，要采取积极的行动。譬如在国外很容易体验到焦虑紧张，这种情况下要学会做自己感兴趣的事情。如果你喜欢运动，喜欢跑步，喜欢打球，喜欢跟人家踢球，有这种感兴趣的事情做的时候，你的情绪就很容易调节过来。

在留学期间，也希望大家能够做好这种心理建设。当然，更重要的是在任何时候，我们都要有一种强烈的心理安全感，因为我们在人际关系中，最重要的一个功能就是要求得一种安全感。要知道碰到困难的时候，应该去找谁，谁能够帮我，谁能给我提供这种必要的支持。我们的亲密关系那就不用说了，你的父母、亲戚、朋友，这些都会是你的安全感的最主要的来源。对于我们每一位出国留学的同学来讲，要使你的留学价值发挥出来，一定要扩大你的朋友圈，完善你的这个社会支持体系。只有这样，在留学期间，才能够提升你的专业知识、思维方式、生活体验、人际交往等，才会有心理收益。

2.2 尽快熟悉新环境，兴奋中也要提高警惕

满怀理想和憧憬，踏上留学之路，兴奋是必不可少的。看着一切都是那么新鲜，那么诱人，周边所有的人都是那么友善，对未来的留学生活充满着期待……这是异文化环境下，心理适应的第一阶段，即兴奋期。几乎每位留学生都会体验到这种兴奋，晚上难以入眠，情绪容易高涨，探索欲望较强，看世界都是美好的。这些对于留学生们熟悉周边的物理环境非常重要。但这个时期最重要的问题是容易受骗上当，大部分电信诈骗都是针对这些刚出国的留学生们的，因此，即使在兴奋期，也要始终绷紧严防电信诈骗这根弦。

要记住，第 1 周的适应至关重要！到国外留学的第 1 周一定要注意身体的适应，长时间乘坐飞机和汽车会导致电解质紊乱、时差和身体的极大不适应，如果原来有疾病的话，就会诱发疾病加重。

【案例回放】

"留学第 1 周猝死"

几年前的一个夏天，在英国某大学读书的中国留学生刘某某在图书馆里突然晕厥，虽然学校的保安对他实施了简单的心肺复苏急救，还及时送到了校医院，但最终该留学生还是丧失了生命。

刘某某是 7 月 7 日到达伦敦的，也就是说他的死亡距离到达伦敦只有一周的时间，病因是心肌炎或心梗。认真分析一下这个案例。

1. 案发时间。刘某某到英国学习一周就因心肌炎离世，这里边有两种可能性。一是压力过大不能适应，这里有语言的压力、生活环境的压力、学业的压力等等。二是他可能原来本身就有心脏病，在压力的作用下导致病情突然恶化。

2. 案发地点。留学所在国大学图书馆内。这说明他并没有体力劳动和过度的运动，最大的可能是心理压力过大。

3. 案发氛围。留学生大多数面临着巨大的学习压力，这些压力包括语言、学业、经济负担、心理障碍、疾病等等。一方面，留学生刚到国外，处处新鲜、事事刺激会忘记

疲劳；另一方面，舟车劳顿，连日奔波，也会造成生理和心理极大的不适应。

到达留学国及留学城市后，留学生应尽快做好以下几项事情。

（1）给家里打电话报平安。这时家人会十分牵挂，不要因为自己的过度兴奋而忘记家庭的牵挂。"可怜天下父母心"，要记住，下了飞机马上打电话，不要延误。

（2）尽快安排好住宿。建立自己的小窝是留学生最重要的第1步。选择住处既要考虑经济实力，更要考虑安全。宁可多花钱，也要保证居住环境的安全和整洁。第1个晚上的睡眠非常重要，如果实在没有办法，就近住旅馆也是一项不错的选择。旅途劳累，安排好住宿后先洗个热水澡休息。第1天晚上不要去参加什么聚会，安安静静地在屋里休息。第2天早晨不宜锻炼，千万不要晨跑。

【案例回放】

"羊皮大衣真暖和"

某留学生要到赫尔辛基大学学习，临走前想到芬兰会很冷，就买了一件军用的羊皮大衣，还买了大头棉鞋。到了芬兰的第1天晚上，走进宿舍大吃一惊，宿舍是很好，但是里边没有床，没有家具。所以，这位同学就把羊皮大衣铺在地上对付了一晚。幸好有这件羊皮大衣他才没有冻着，第2天早晨他醒来的时候禁不住感叹了一句"羊皮大衣真暖和！"

【案例回放】

"晨跑和电解质紊乱"

某高校教师坐了三天火车，到达目的地后没有适当休息，第2天早晨起来晨跑，觉得有一只脚的鞋夹脚，当他蹲下来整理鞋的时候突然失去了知觉，瘫倒在地，全身瘫痪。送到医院之后，医生诊断是身体缺钾，原因是电解质平衡紊乱。于是立即输液补充钾，两小时之后病情缓解。结论是长途旅行和疲劳会导致体内电解质平衡紊乱，所以出国出差的第2天早晨不宜进行剧烈的体育锻炼。

（3）尽快熟悉周边环境。包括住宿地、学校周边环境特点和交通出行方法等。尽快找到附近的超市，准备好一周的食材。给自己做一顿可口的饭菜，是建立积极向上的生存环境的关键。注意第1天不要喝当地的水，而是要喝瓶装水，因为很可能会出现水土不服。

【案例回放】

"吃了一瓶黄连素"

某代表团去埃及访问，看到金字塔都很兴奋。代表团的4个成员晚上分住两间房子，第1间房子的同事有经验，喝的是矿泉水，所以身体很好；第2间房子的同事没有经验，喝的是旅馆里的水，结果上吐下泻，吃了一瓶黄连素也没有见好。结论是在国外的第1天最好喝瓶装水，而不要喝当地的水。

（4）银行开户。第1天不着急到银行开户，但三天之内必须找到合适的银行，有的人随身带着一些外币零钱，最好也把它储存起来。

（5）认识警察局。在留学的第1周，要记住当地的报警电话，最好能熟悉一下就近的警察局。当遇到困难、遇到危险的时候，依靠警察是最佳的选择。

【案例回放】

"把钥匙锁在屋里的时候"

公派留学生王先生，第1天到英国学生宿舍，出门把钥匙锁在了屋里，这时天已黑，他该怎么办？在当地他没有一个熟人和认识的朋友，他记得香港电影里有一句台词"打

999啊"，因此，他估计英国的报警电话也是999，于是他拨打电话向警察求助。20分钟之后，警察到现场给他打开了门。这是第1天遇到困难向警察求救的真实案例。

到了国外，不论是坐卧行走、喝水吃饭、运动锻炼、娱乐活动，都要探索着进行。遇事先不要动，多听多看，发现隐患，注意躲避。适应之后，逐步探索，再进入正轨的生活。

2.3 主动与身边重要的人交往，尽快度过敏感期

随着时间的推移，慢慢地适应了留学生活节奏，知道在哪儿买菜做饭，在哪儿上课自习，怎么应付作业等，这种兴奋感就会消退，过渡到另一个比较麻烦的阶段：敏感期。

这个时期最大的问题是对人敏感，有极强的防备心，对谁都不信任，怀疑他人，总觉得给你提供帮助的都是居心不良……而要适应一个异文化环境，有良好的社会支持又是相当重要的必要条件。因此，即使在敏感期，也需要从你身边重要的他人入手，主动跟对方交往，建立和扩大新的朋友圈。这些重要的他人包括你的研究室导师、师兄师姐、同宿舍的同学、隔壁宿舍的朋友、当地的同学等，这些都是在紧急情况下，能够给你提供直接帮助的人，一定要有意识地、主动地接触，才能构建起新的朋友圈，提高应对新环境中各种突发事件的能力，尽快地适应新的环境。

对留学生而言，面对国外异文化生活环境，从效果上看，会形成三种不同的适应模式：

1. 较好适应模式，迅速融入当地的社会。对饮食生活环境极度地适应，吃得好睡得香，心情愉快，人还长胖了。其实所有的家长都期待着这个模式。

【案例回放】

"顺利的留学生涯"

一趟从北京起飞，飞往美国芝加哥的飞机再转机到爱荷华城把我从中国带到了地球的另一边——美国。在这个陌生的国度，我独自开始了四年的留学生涯。出了机场，第一感受是天真的很蓝，云朵仿佛在头顶飘浮一般，空气可真好啊。我的大学坐落在美国中西部一个小城市爱荷华城。爱荷华城是一个非常美丽的小城市，四周围绕着玉米地，小镇上当地人对待留学生非常热情。刚到学校时，最惊讶的发现莫过于经常能在路边看见蹲着的毛茸茸、眼睛黑溜溜的松鼠。这些松鼠天生不怕人，如果你正吃着零食，它们可能会蹲在你脚边，眼巴巴地想分一杯羹。在美国校园你能感受到人和动物的和谐相处。时间久点会发现，这里的气候相当于中国的北方。冬季非常的漫长，大雪能从12月持续到开春四月，其他季节气温适合。这里的住宅和房子都配有空调。而且美国大学的校园空调一年四季开放，所以在学校里学习会非常的舒适。

在交友和选专业方面，在美国，如果想要快速融入集体，你得主动和别人沟通交流。在一些基础课，例如数学、政治经济学等课上，有很多来自不同专业的同学，这个时候就应该抓住机会和更多人接触，练习口语的同时也能收获一份友谊。另外，说到选专业一事，大家大可不必急于一时。因为在美国大学，大一基本上是通识课程，大二读完后才真正确定你的专业方向。如果你刚来美国无法确定专业，没关系，你可以先多修几门感兴趣的学科，你有充足的时间考虑兴趣爱好、未来就业、人生规划，再作选择。

在宿舍和食堂方面，爱荷华大学的寝室什么形式的都有。单人间、双人间还有三人间。在入学之前学校根据你提供的选择来分配你的室友。如果入住后发现性格不合，可以和宿管说调换室友。美国大学的食堂都还超棒的。在那里，你可以吃到中餐、意大利面、寿司、韩国料理。不过我还是最爱学校的炸鸡和汉堡。这里地道的中部的炸鸡会给

你咪觉极大的享受。

2. 中等适应模式。虽然有这样那样的困难，但是留学生还是要试着去适应，经过三个多月的努力，就基本适应了国外的生活。

【案例回放】

"累，但充实"

从学习氛围说起。到美国以后，不知道是不是语言不通的原因，总觉得自己需要多花时间学习，在美国的这一年可以说是我大学四年里最辛苦的一年，其实每个学期的课程比在国内都少了将近一半，可是花在学习上的时间确实比在国内多，特别是第二个学期。还有一点感触很深，就是美国学生的悠闲，这是一种很特别的感受，特别是进入夏季，在学校的草地上，基本上随处可见拿着书本晒着太阳的美国学生，悠闲但不散漫，总觉得这种情形在国内是看不到的。

再到学习难度。以前以为美国没有考试，结果每门课都有两次以上的考试，以前以为美国的课程没有作业，结果作业非常多，让我有种回到高中的错觉。也许是因为以前有这些错误的认识，所以反而对这些事情有了更深的感触。说实话，虽然在美国学习生活比在财大要累，但是却觉得更加充实，或者说更有满足感。

虽然平时会累一些，但是起码期末考试的时候相对没有这么累，而且我觉得平常有一些考试的压力，也许会学得更好。其实，关于这个想法，在学习美国联邦税法的时候，每次快要单元测试的时候就在想，这要是在国内多好，但是就我个人而言，其实我更喜欢这种教学方式，因为我不用每到期末就开始紧张，可能因为我自己比较懒惰，平常多考试，不会让我觉得学得很厌烦，或者说让我学起来比较有动力。

再者，我觉得美国老师上课好像更注重实用性，他们对理论的讲解相对偏少，可能因为我在国内和美国都学了税法，对这门课的感受是最深的，在美国的教科书上是看不到税法条款的，当然不排除是因为美国的税收条款太过于复杂的原因，但是上课的时候老师讲解的内容确实更多的是围绕怎么样进行纳税申报，同时，基本上比较重要的内容都会在星期五也就是在机房上课的时候，带着我们实际进行一遍操作。

最终我逐渐适应了这里的学习方式以及节奏。

3. 失败适应模式。有的留学生原来就有慢性疾病，比如胃病、肝炎、心脏病等，还有的留学生原来就有一定的心理疾患，比如抑郁、焦虑，由于生活的不适应，诱发焦虑倾向，而焦虑倾向又转过来成为躯体症状，加重原来的病情。这样雪上加霜，导致有些留学生病得很重，有的体重迅速下降，最后不得不终止学业回国矫正治疗。

【案例回放】

"不适应环境患抑郁症被迫休学"

"抑郁性，建议药物治疗辅助心理治疗。"当医生的建议话语在 Jason 耳边响起，他陷入了沉默。Jason，23 岁，目前在美国一所大学读大四。如今因为抑郁和国外生活不适应，学术表现不理想被迫休学。

四年前，在国内高考失利后，Jason 选择了出国留学这条路。父母也很支持，他们想，有国外的学历加成，回来找工作应该很容易。让 Jason 没有想到的是，自己对美国文化、生活并不适应，性格内向的他不擅长与人交流，与留学生相处得并不融洽。尤其是自己选择的专业，原本以为是自己感兴趣的，结果实际课程却大失所望，很多专业课程难度超出想象，也不是自己感兴趣的方向。

在多重压力下，他开始失眠，还得了胃病。最终在国外唯一要好的朋友鼓励下，向医生寻求帮助。但同时，因为学业表现糟糕，也到了退学的处境。

2.4 主动融入，接纳尊重多元文化，尽快多出成果

度过了艰难的前两个时期，留学生在国外生活半年左右，开始逐渐熟悉周围的环境，并且与自己周围的人建立了稳定的关系，基本上适应了当地的环境，无论是物理上还是心理上，进入到融合期。

处于融合期的留学生们已经能够意识到文化的差异，但是应尊重文化的差异。留学生应当勇于去和不同文化背景的人接触，开始尝试不同的新鲜的活动，并且保持开放的、多元的、尊重的态度。这一时期的留学生跟导师、同学关系比较密切，能够熟练融入留学所在的环境中，也是容易出成果的时期。

【案例回放】

"自由选择的追逐"

以 Hill 毕业之后，我本科入读的是一个文理学院，Carleton college，一个排名比较靠前、非常优秀的文理学院。

首先是关于我中学的母校，Hill school，学校共有 500 名学生，占地超过 350 公顷，在那里，我度过了人生非常充实愉悦的几年。在学校，我读了很多书，包括很多世界名著。学习之余我参加了很多课外活动，因为自小学习钢琴，很幸运，我成为了 hill 乐团的团长。除了乐团之外，我还实现了自己的戏剧梦，虽然我的长相不太适合做演员，但我以戏剧配乐的身份参与其中。除此之外，我还参与了一些体育活动。

接下来我要回顾的是我们学校的室内冰球场，因为同学的参与，最初完全不了解冰球的我成为了我们学校冰球队的经理，之后，我便跟随着我们冰球队，沿着美国东岸参加各种比赛，跟队员们吃在一起，住在一起，最终在我毕业的时候，我也定格在冰球队的集体照里，而这张照片被永远封存了我们学校的体育楼的走廊里面。如此，我的高中生涯便充实愉悦地度过了，当然，在这个过程中，我也交了很多朋友，各种肤色、各种文化的朋友，其中几位都成为了我终生的挚友。

高中之后，我去了 Carleton college，在这个处于明尼苏达州冰天雪地零下 30 度的校园里我生活了 4 年，当时主修的专业是政治经济国际关系，研究的是一些宏观经济政策对国家的影响。学习之余，我在大学里继续上着钢琴课，此外，我还成为我们学校大型合唱团的首席钢琴伴奏。当时，作为学校大型合唱团的首席钢琴伴奏，我还可以拿到每小时税后 9.24 美金的酬劳，所以首席伴奏我一直做到了毕业。毕业那天，我穿着中国国旗的绶带接过我的文凭，成为学校成绩排名前 15% 的优秀毕业生。

总结我在美国的经历，就是认真学习，认真体会，认真感受。

2.5 夯实心理安全感，坦然面对各种艰难困苦

新冠疫情下出国留学，难免会时不时感受到寂寞、孤独，而应对这些负面情绪的最有效的方法是夯实自己的安全感，包括现实的安全感和心理安全感。前者是指最大限度地消除潜在的伤害，比如尽量把周边的物理环境了然于胸，出现地震、海啸等自然灾害，以及火灾等人为灾害时，能够知道逃生方法、路径等。同时，对于自身躯体上的症状，比如出现发热、乏力、干咳等身体不适时，知道如何及时就医，让自己身处安全的环境之中，并且获得足够的生活必需品和物资。

更重要的是夯实心理安全感，这就需要跟自己的父母、亲戚、同学、朋友等保持良好的沟通和交流，能够把自己感受到的酸甜苦辣，真实地表达出来，求得支持和安慰。

经常与那些关心支持你的同学朋友联结在一起，表达感受、交流体验、分享知识、相互扶持，感受到自己并不孤单，能极大地增强心理安全感。让每位留学生感受到自己的能力并善加利用、感受到自己与他人与社会的联结，对将来怀有希望，是留学生保持心理健康的重要途径。

3 激发内心的 HERO，应对不确定性的世界①

请参加一个简单的实验：

请你用牙齿咬住一支铅笔，且嘴唇不能与铅笔接触（让你无意识保持了微笑的动作，如果你还会嘴角肌上扬、颧骨肌上提，眼角肌收缩的话，就会露出典型的迪香式微笑）；同时，让你的朋友用下嘴唇含住一支铅笔的尾端（使他无意识保持了皱眉的表情）。坚持一段时间后，停止咬铅笔。

3.1 感受"迪香式微笑"

感觉怎么样？请跟你的朋友交流下感受，你是不是比你的朋友感觉更快乐？这是心理学家们设计的一个相当巧妙的实验。结果发现即便是在停止咬铅笔后，那些无意识微笑着的参与者依然会感到快乐，而无意识皱眉者依然会感到烦恼，这也正与你们所做出的表情相符。

简单的无意识的微笑表情，就能使人们的积极情绪体验增加。而且心理学家们发现拥有迪香式微笑的人，具有更积极的情绪，更具有创造力，也更具有感染力，有更好的人际关系。

3.2 发现身边的"小确幸"

除了微笑，保持阳光心态的另一个有用方法是发现你身边的"小确幸"。这是日本著名作家村上春树创造出的一个词语，是指生活中一些"微小但确切的幸福与满足"。很多事物都可以成为自己的"小确幸"，只要你用心去体会就能发现。比如去核酸检测的路上，看到路边的一朵芍药花开得如此鲜艳，怎么以前从来没有留意过？……它们是生活中小小的幸运与快乐，也是维持阳光心态的重要来源。

3.3 及时觉察，有效调适

主动对自身的心理状况进行觉知，并及时进行调整，是保持健康心理状态的重要途径。在纷繁复杂的社会生活中，我们会产生各种各样的心理压力，并导致一些负面的认知和不合理的信念。因此，及时觉察到自身心理问题的症状，是进行有效心理调适的第一步。譬如，当你觉察到下面这些症状时，一定要保持警惕并及时寻求帮助。

（1）兴趣的缺失。对于原来特别感兴趣的事情，比如看小说、逛街、跳舞等，现在突然提不起兴致了。

（2）时常有空虚感。比如早晨起来就开始纠结，要不要去上课？去吧，觉得没意思。不去吧，也觉得没劲。

（3）有自责感。对自己的选择感到懊悔，比如时常想"我为什么要做这些事情""跑这么远来上学有什么意义"。

（4）有强烈的无望和无助感。觉得谁也帮助不了自己，谁也指望不上。

（5）过度愤怒，易被激惹。一丁点儿小事，就能让你暴跳如雷。

---

① 这部分的内容经修改后，发表在《学生健康报》2022年4月20日第5版。

当然，这些感觉大部分是心理上的主观感受，有些留学生可能对自身的心理状态不是很敏感，但有两个重要的生理指标，你一定能感受到，那就是睡眠障碍（失眠或者嗜睡）和饮食障碍（无食欲或者暴饮暴食）。

3.4　换一换看问题的方式

上述症状，其实大部分人或多或少都有过，因为这是留学生最常见的压力反应。怎么应对这些问题，如何调适心理状态？心理学家们提出可以在两方面做些工作。

一是及时改变自己的认知，用积极的思维方式去看待问题。压力人人都有，但压力会不会导致心理问题，主要看你用什么样的认知和信念去对待。举个例子，你早晨匆匆赶往教室时，迎面与很熟悉的朋友撞上，你热情地与他打招呼，结果他头也不抬，像陌生人一样从你身边匆匆走过。如果你想的是"这家伙不喜欢我了？平时号称是'铁哥们儿'，怎么今天扭头就不认识我了"，就很容易陷入一种被朋友抛弃的不良情绪中。但是换一种想法："这家伙今天是不是遇到什么糟心事了？这么急急忙忙地，连我打招呼都没听到，下课后一定好好问他。"这样，你就会在课后及时找朋友沟通，了解朋友当时的状况，你们之间的友情会进一步加深。

可见，换一换看问题的方式，你会豁然开朗。同样的场景，不同的认知方式，带来的结果可能是完全不一样的。

二是要有意识地构建自己的社会支持体系，积极主动地向外界求助。比如跟亲朋好友保持联系，经常与那些关心支持你的同学、朋友联结在一起，表达感受、交流体验、分享知识、相互扶持。感受到自己并不孤单，能极大地增强你的心理安全感，而这又会极大地提升自我价值感。这种价值感，是你不断前行的重要动力。无论是保持微笑，发现身边的"小确幸"，还是掌握一些基本的心理调适技巧，比如放松、冥想等，都能让你用积极、乐观、健康的方式去看待遇到的问题，让你更有能力去应对压力。当然，这些都需要留学生凭借自身的努力来完成。

总之，任何时候都要记住：在家里，你是炽热的太阳，你的父母亲人会为你的成长和发展添砖加瓦；而在社会上，你是一颗闪亮的星星，在浩瀚的宇宙中，一定有你的位置和光芒。期待所有的留学生，都能保持阳光心态，认真学习，快乐生活。

3.5　唤起内心的英雄

更重要的是，心理学家们认为每个人的内心都有自己的 HERO（英雄）！这是指每个人都有自己的潜能，也称为"心理资本"，它是个体成长和发展中一种积极的、可测量、可开发、可管理的心理状态或心理能量，具体包括希望（Hope）、效能（Efficacy）、心理韧性（Resilience）和乐观（Optimism）四个维度，是能将潜力转化为现实能力的重要工具。

对未来充满希望，是保持阳光心态的"驱动力"。它是一种带有目标性的路径。如果你坚信"疫情很快就会过去的，我的学业一定可以完成的！"，这样即使遇到困难（不能去学校上课，只能在宿舍上网课），受到挫折（这么多期末作业，怎么下手啊），往往也能保持学习的新鲜活力，及时地调整应对方法，主动将现有目标合理分解为若干个小目标（如本周要完成课堂报告，下周五之前完成课程期末作业等等），一步一步努力去完成，这样才能减轻焦虑，静下心来达成目标。

自我效能感是保持阳光心态的"孵化器"。所谓效能感是指对自己能够成功完成某项特定工作或者行为所拥有的信息。相信自己具备成功的要素，更愿意投入努力。通过自我效能感，留学生可以对自己成功适应不确定环境所需要付出的努力作出合理的预估，并能有效地提升日常生活中的意志力。

乐观精神是保持阳光心态的"调适器"。乐观反映的是对事物的归因方式。乐观的人通常认为挫折是暂时性的、可变化的，积极的事物是稳定的、长效的。把在疫情期间，能够坚持上好网课，在居家学习工作期间，获得的一些成绩，归因于是自己努力的结果，而把一些未能做好的事情，归因于疫情等外在因素，从而保持自己的自尊心。

心理韧性是保持阳光心态的"脊梁柱"。它是指个体在遭遇逆境时，能够展现出良好的适应能力，以最快的可能性恢复与发展，能够成功地应对困境。集中体现在寻求目标实现路径的自我驱动力和适应力。疫情的不确定性，使得大家总会遇到许多不可预料的风险和挑战（说不定居住的小区哪天会被封锁），只有增强自身的心理韧性，才能顺利度过逆境，真正实现个人的自我成长。

在这个充满不确定性的世界中，只有激发个体内在的潜能，唤醒内心的 HERO，才能适应环境。期待所有留学生们，都能保持阳光心态，认真学习，快乐生活，将来一定能够成为堪当大任的栋梁之材！

4 留学生心理问题的主要表现

4.1 社交封闭

社交封闭是指不想和陌生人交往，也不想和认识的人沟通。一个人的时候感觉自由自在，当需要与人当面沟通交流的时候，反倒会觉得非常不自在甚至反感。

处于这一阶段的留学生，可能会存在自我封闭，不敢交朋友，害怕社交等情况。但是与他人建立良好的社会关系，获得社会支持是非常重要的。尽管我们确实是需要"孤独"的状态来进行自我提升，但除此之外也是非常需要与人交往的。

那么，如何进行调节？如果自我封闭的状态是轻微的、可控的，可以进行一些自我的调适，例如和周围能够接触的同学、同门等建立联系，又或者是通过学校的社团，寻找具有共同兴趣爱好的伙伴，也能更加顺利地建立关系。如果严重到出现躯体的不适，就需要外界的心理干预，在咨询师的帮助下缓解症状，并顺利地去和他人建立关系。

【案例回放】

"社交封闭的小杨"

小杨经过艰苦的努力，终于申请到了赴美国某名校知名教授的实验室学习的机会。导师是个严肃但是却很活泼的老教授。刚出国的她英语说得结结巴巴，往往是词不达意，有时着急起来，她甚至会忘记一些很简单的单词，往往要手舞足蹈才能使对方明白。每次和导师沟通的时候，小杨都会紧张到浑身冒冷汗，担心这样会给导师留下不好的印象，甚至是如果遇到急事，可能会给导师造成很大的麻烦。每次要和导师汇报的时候，小杨总是事先预演好几遍，以免出现什么意外。这种跟导师交流造成的障碍，后来发展成在社交时常常手足无措，严重时甚至不敢在公共场合打电话，不敢单独和陌生人会面，有人在旁边就无法专心工作。更为严重的是还会伴有心慌、颤抖、出汗、呼吸困难等身体不适症状。这些负面的状态带来的直接影响就是使小杨陷入自卑、焦虑、担忧、不安的情绪中。

4.2 行动退缩

行动退缩是指在日常生活中，对人际交往和学业方面的消极应对的表现。主要包括人际退缩和学业退缩。

在人际领域，行动退缩表现为孤僻、胆小、退缩，不愿与其他人交往，更不愿到陌生的环境中去，把自己封闭起来以获得安全感。社会支持对于孤身一人在异地求学的留学生是非常重要的。当与他人产生联结时，会增加归属感、幸福感，也会降低抑郁和焦虑形成的概率。在学业领域，表现为不愿下床、不愿完成任务、拖延、采取其他行动消磨时间来替代繁重学习任务等情况。

如果发生以上的情形，建议从小事开始做起，从小事开始激活自己的行为。例如简单的叠被子、发邮件、完成简单的学业任务。每当完成这样的小任务时，会产生一种胜任感，进而会有信心去完成稍微复杂、困难的任务，以此形成向上发展的螺旋。

【案例回放】

留学生小王在刚刚抵达异国他乡的这一阶段，感觉到十分的不适应，首先是学业上，由于语言的障碍，学业受阻。其次是很难交往到新的朋友，认为自己和别人没有什么共同的话题。小王陷入全面封闭和退缩的状态，整天一个人待在房间里，不出门上课，也不参加任何社交活动。

4.3 网络成瘾

网络成瘾，是指上网者迷恋于网络手机中的游戏程序、电子游戏，从而逐步上瘾，不能自拔，严重影响生理健康、心理健康，以至于不能完成学业，不能正常生活和工作的行为。网络成瘾甚至可以影响终身，是一种家长和社会深恶痛绝的丑恶现象。

通俗地讲，网络成瘾是指长时间地和习惯性地沉浸在网络时空当中，对互联网产生强烈的依赖，以至于达到了痴迷的程度而难以自我解脱的行为状态和心理状态。当明确网络成瘾的原因时，即可寻找调适或干预的方法。

留学生网络成瘾的原因有很多。比如：（1）留学的低龄化，使得部分年轻的留学生在脱离家庭监控下沉溺于网络；（2）有的留学生在出国前就沉溺于网络，学习成绩比较差，无法参加高考，家长以为到了国外，更换一个环境就可以有所改观，结果反而给孩子提供了一个无人看管、可以任意玩游戏机的机会；（3）有的留学生社会化程度低，性格内向，不善交往，在现实生活中无法融入集体，得不到社会的承认，于是转向网络，在网络中获取承认和"自我实现"；（4）有的留学生学习压力大，语言表达能力差，学习成绩差，每天以网络游戏逃避现实，逃避学习；（5）有的留学生缺乏自身生活能力，社会化程度很低，国内有家长保护，到了国外则无法适应，寸步难行；（6）小留学生面对各种危机无法应对，产生了破罐破摔，随波逐流的心理状态，这时，网络游戏就成为他们唯一的解脱。

网络成瘾诱发的疾病有很多，眼病、颈椎病、免疫力低下、昼夜失眠、身体肥胖、少白头、癫痫等。同时，网络成瘾也会造成内心世界的巨大损伤，心理危害十分严重。网络成瘾的心理危害包括人格的丧失、自控能力的丧失，学生无法上学，青年人无法工作，甚至不愿意结婚，没有任何的社会责任感。

如果原来有焦虑抑郁的倾向，网络成瘾会加重这些倾向。抑郁焦虑的倾向会导致躯体化症状的泛滥，产生各种各样的病态，产生以自我为中心的心理变化，认为自己一切的不成功都是父母导致的。学习不好是父母给自己的压力大，生活不好是父母没有给自己钱，把一切压力扭曲和挫折都归结于父母和社会，浑浑噩噩，抱怨终身。

【案例回顾】

"自控能力的丧失"

小李是个初中生，沉溺网络，达到了无法上学的程度。

周一，小李背着书包去上学，走出门口5分钟回来了，说今天外面下小雨不去上学了。

周二，小李背着书包去上学，走出门口5分钟又回来了，说外面有沙尘暴，今天不去了。妈妈哄着说要给他做好吃的，让他周三一定去。

周三，小李出门5分钟又回来了，说今天头疼得很厉害明天再去吧。妈妈又苦口婆心地做工作，给了他很多鼓励，小李答应明天一定上学。

周四，小李干脆不起床了，妈妈问他"不是说今天要上学吗？"小李说"今天都礼拜四了，明天就礼拜五了，咱们下周再好好上学你看好吗？"

如果说心理危害和生理危害只是伤及个人的话，那么网络成瘾最大的弊病是社会危害。据统计，青少年犯罪的百分之六七十，都直接或间接地和网络成瘾有关。主要表现在：(1) 有的网络成瘾的人，没有钱玩电子游戏，转为抢劫杀人；(2) 有的网络成瘾的人，应对不了社会的压力，生活没有目标，选择了自杀；(3) 有的网络成瘾的人，终身不选择奋斗和劳动，不工作不学习，成了典型的宅男、妈宝、啃老一族。有的胡子都白了，头发都白了，还没有工作一天。

如何预防和解决网络成瘾？首先要认识到网络成瘾是自己在逃避现实，因此，接下来需要去面对现实，解决问题以及寻求他人的帮助是非常重要的。除此之外，还需要设定合理的网络游戏时间，或者寻求其他可以带给自己满足感和愉悦感的活动。

【案例回放】

小W，男生，被父母送到国外读初中，最高上网纪录是三天三夜。据他的父母说，再不送到心理咨询室来，就会死在网吧里了。小W上初中后成绩很差，喜欢玩CS枪战网游。他向心理老师解释，没有谁会表扬他，只有在网络游戏中，他才能获得快乐与胜利的成就感。妈妈每天都唠叨同样的话题，逼着他学习。喜欢的事做不了，不喜欢的事非得做，他感到深深的厌恶，就产生与妈妈对着干的想法。他甚至说，上网就是上给妈妈看的。

4.4 情感困扰

留学生处于异国，常常会感觉到孤单。当进入一段恋爱关系时，可能会"搭伙过日子"。这非常考验双方的智慧。往往两人在一起时，会为了能够维持下去这段关系，而默默地忍受很多的矛盾和争吵，即使有时在关系中出现了一些非常不正常的现象，也会选择忽视和忍让。

并非所有的留学生都能把恋爱关系处理得相对妥当。尤其是有些人格尚未完全成熟，甚至还没上大学的男女学生同居在一起，吵架、闹分手，甚至涉及一些潜在的家庭暴力的现象。因此在恋爱中，选择同居应谨慎，这可能会让两人都缺少独立的生活空间，对于关系的维持也可能会带来不利的影响。

4.5 人际冲突

当出现沟通不顺利或者受阻时，就会出现人际冲突。下面是一个典型的人际冲突案例。它告诉我们，人际冲突是如何产生的，我们应该做些什么来避免冲突或解决冲突。

【案例回放】

"沉默的冲突"

在国内度过愉快的假期之后，小张马上就要前往国外开始留学生活。开学后，小张发现自己和国外的同学的学习生活全然不同。小张是个内向的女孩，习惯了自己看书学习，不喜欢公众场合；室友A是个十分会生活的女孩，工作日的时间她喜欢图书馆的清净，周末却是网球、游泳和沙滩冲浪的最美时光；室友B是个十足的派对女王，每天流转在不同的聚会里。一个月过去了，也不知道是语言文化不通还是自己不会交际，小张的话越来越少，也不太愿意和其他人接触，虽然与两位室友天天见面，却不知道能对她们说什么。小张给她们提出一些建议和要求。她们不但不听，反而恶言相向。就这样她与室友经常因为一些琐事发生争执，她认为自己是对的，但其他人并不理睬，几乎没人跟她说话。现在她和室友的关系很糟糕，已经到了孤立无援的地步。

小张的问题主要是在与室友相处的过程中，由于性格内向只顾学习而缺乏人际交往的锻炼，来到大学后过上了集体生活，各自生活习惯的不同，导致生活节奏无法与室友保持同拍，产生一定差距，需要大家一起慢慢磨合。而在磨合的过程中，她可能没有较好地遵循人际交往的"平等""尊重"等原则，致使沟通受阻、误会加深，甚至发生人际冲突，受到孤立，导致人际关系僵化。可见不仅仅沟通的内容很重要，沟通时的态度同样是非常重要的。

在人际关系中，应注意保持良好的沟通态度，才能顺利地沟通，从而能够避免人际冲突。

5 留学生心理症状的识别

留学生的心理健康状况是非常值得关注的，在异国他乡，人际关系网络会相对更加单薄，因而留学生的心理状态很难被他人发现。所以留学生应该时刻关注自我的状态，及时发现并且调整，可以更好地面对和完成留学任务。

下面介绍了不同类型的心理症状特征以及相关的案例，可以帮助留学生更好地识别自我心理状态。

5.1 广场恐惧症

广场恐惧症是指个体对于公共场所的恐惧，担心自己在公共场合发生意外而其他人无法施救。

【案例回放】

"广场恐惧症"

小李今年35岁，是一名商店经理。他住在工作场所的街对面，每天两点一线地生活着。他告诉媒体，自己错过了很多"家庭里程碑式"的日子，包括家人的生日、婚礼和葬礼。小李19岁时开始患有广场恐惧症。那年的一天，开车去学校时，他的心脏开始猛烈跳动，并感到头晕目眩。不一会儿，因为视力变得扭曲，他开始出现呼吸急促的问题，从那以后他的生活就不一样了。"那天早上，我以为我的世界就只在我的脚下，几个小时后，我看待世界、看待生活的方式完全改变了。多年来，我一直默默地受苦……"他说，他的生活变得极为有限，因为他只能前往他觉得舒服的特定地方。其实，小李已经熟悉了这种情况，因为他的母亲患有这种疾病，但没想到它会以这种方式进入他的生活。小李解释："有些墙和界限是我无法逾越的。如果我尝试逾越，我真的觉得我要死了。"

5.2 社交恐惧症

社交恐惧是指个体对于社交的恐惧，担心自己在社交场合做出不恰当的行为而受到别人的嘲笑。

【案例回放】
"社交恐惧"

小赵，男，22岁，大学三年级学生，自小偏内向胆小，很少主动与他人说话。在小学及中学阶段小赵一心专注学习，避免参加公众活动，学习成绩良好。当上了大学之后，逐渐发现同寝室的室友都善于交际，有不少朋友，为此感到羡慕不已，自己也想主动和别人交往，可是每次主动说话时就感到紧张、心慌、词不达意、面红耳赤，让自己困扰不已。

5.3 特殊恐惧症

特殊恐惧症是指个体对于某些事物（如小狗、吸烟）有着不相符的恐惧感，担心这些事物会伤害自己，这种不相符是指这些事物能够造成的伤害与个体的恐惧程度是不相符合的。

【案例回放】
"特殊恐惧症"

当小陈看到猫时，就会极度恐惧，甚至见了一幅画着猫的画，也会如此。在感到恐惧的同时，还会出现恶心、呼吸心跳加快、心慌、全身出汗。此时，他的脑子里会出现如下的想法："赶快离猫远一些，我不能忍受这种局面。"然后就跑到见不着猫的地方去了。据小陈家长讲述，他从三四岁时起，就已开始怕猫。记得他当时看见两只猫正在打架，打得满身是血，其中一只转过身，双眼瞪着他，让他浑身打战，害怕极了。从此以后，他就再不敢去可能有猫的地方。去邻居家前，必须了解他家是否有猫。他甚至不敢逛卖贺卡的商店，因为那里有许多印着猫的卡片。这些情况极大地影响了小陈的日常生活，并且随着时间推移，问题也变得越来越严重。

5.4 广泛性焦虑障碍

广泛性焦虑障碍是以经常或持续的、全面的、无明确对象或固定内容的紧张不安，及过度焦虑感为特征的焦虑症状。这种焦虑与周围任何特定的情境没有关系，而一般是由过度的担忧引起的。典型的表现常常是对现实生活中的某些问题过分担心或烦恼，如担心自己或亲戚患病或发生意外，异常担心经济状况，过分担心工作或社会能力。这种紧张不安、担心或烦恼与现实很不相称，使患者感到难以忍受，但又无法摆脱，常伴有自主神经功能亢进、运动性紧张和过分警惕。

【案例回放】
"广泛性焦虑障碍"

小D高二时有一次考试考了全班第一，特别激动地想告诉妈妈，可是妈妈出差不在家，无法倾诉，当晚失眠。第二天头晕学不进去，担心下次考不到第一怎么办。从此以后再也没考过第一。每次到考试前就学不进去，失眠头晕，生病。高三最后一学期症状更严重，一看书就头晕恶心，连晚自习都不能上。大一第一学期开始住校生活，各方面都适应不良，频繁请假回家。有一天身体不适，在宿舍楼值班室躺了一会儿，管理员询问完状况后说看着像心脏病，帮她拨打了120，从此她认定自己有心脏病，在医院做了多次体检，结果一切正常，但她依然担心自己会心脏病突然发作死去。第二学期回家更频繁，甚至提出休学或让妈妈陪读，其母亲焦急万分。小D几乎什么都不能做，上下楼梯、打水、快走、跑操、上体育课等，稍微有点累就觉得呼吸困难、心悸、头晕、浑身发抖、面色苍白，怕自己死了；在食堂、教室等人多的地方，觉得人们都在看自己，浑身不舒

398

服；不能独自离开校园，怕自己突然晕倒，死在外面，也不敢独自去乘公交或火车，人多的地方都会觉得不舒服；不敢独自行动，一个人走在校园里觉得腿上没有力气，人是飘着的，走起路来深一步浅一步；上课时听到老师提问，马上有窒息感，全身发抖，想冲到外面去。在学校的大部分时间里，她从不主动和别人交往，总担心有不好的事情要发生。

5.5 惊恐障碍

曾经有过惊恐发作的个体会存在惊恐障碍。惊恐发作亦称为"急性焦虑发作"。患者突然发生强烈不适，会有胸闷、透不过来气的感觉，心悸、出汗、胃不适、颤抖、手足发麻，有濒死感，有要发疯感或失去控制感，每次发作约一刻钟。发作可无明显原因或无特殊情境。而惊恐障碍则是指患者非常担心自己会惊恐发作，或者非常担心惊恐发作会带来后遗症。

【案例回放】
"惊恐障碍"

李先生为一大型公司的高管，国内某著名高校硕士研究生，身体健壮，平时喜欢踢足球，工作勤奋。一年多前完成公司一项重要任务时，带领团队夜以继日，攻坚克难，身心疲惫。在一次深夜开完会回到家后，李先生突然感到心慌，呼吸困难，极度恐惧，大汗淋漓，说好像"周围没有空气了""天要塌下来了""自己要死掉了"。家人赶紧拨打"120"，10多分钟急救车来到后，急救人员及家人将其抬到救护车上后，患者就感觉舒服多了。到了医院急诊科，医生给他做了心电图和血生化检查，并未发现有明显疾病，患者便自行回家了。李先生事后回忆起来，认为可能是工作太辛苦，休息一下就好了。此后李先生工作不再像以前那么紧张忙碌，工作清闲，但是在晚上睡觉的时候也会经常发作，每次发作10多分钟，程度较首次轻，多表现为突然心慌、胸闷，出现濒死感，抓住家人或司机的手不放，并让他们赶快拨打"120"，经常是上了救护车或到了医院急诊科就好了。李先生非常苦恼，不明白自己到底患的是什么疾病，为此去过多家医院，做了很多检查，服用多种药物，但并无明显效果。

5.6 强迫症

强迫症包括强迫思维和强迫行为。其特点为有意识的强迫和反强迫并存，一些毫无意义，甚至违背自己意愿的想法或冲动，反反复复侵入患者的日常生活。

【案例回放】
"强迫症"

小A因各种不必要的焦虑和担心而感到很困扰，备受煎熬。比如：怕被洁厕剂腐蚀而不敢靠近；担心大小便后身上留有异味，会反复擦拭；怀疑自己是否偷了别人东西，即使不断回忆和确认仍不能安心等。小A自述初中起就有很多担心和焦虑，如担心丢东西、担心门没锁好，总要反复检查才放心。高中开始演变为对清洁卫生和细菌很在意，如担心接触公共卫生间门把手而感染细菌，要反复漂洗衣服直到完全没有泡沫等。入大学后，小A感觉状况变得更为严重了。有一天小A洗衣服时，突然开始担心室友放在洗漱台上的洁厕剂会不会倒进洗衣盆里，而自己如果穿了染上洁厕剂的衣服后身体会被腐蚀。这种焦虑驱使小A在洗完衣服后总要在头脑中一遍遍地回忆整个过程，或通过减少洗衣服频率等方法来缓解；但这些方法均只能在短期内奏效，时间一长小A又会对新的细节不放心。小A从此每天都会花费两三个小时在各种焦虑和确认上，导致注意力不集中，学习效率下降。

5.7 创伤后应激障碍

创伤后应激障碍（PTSD）是指个体经历、目睹或遭遇到一个或多个涉及自身或他人的实际死亡，或受到死亡的威胁，或严重的受伤，或躯体完整性受到威胁后，所导致的个体延迟出现和持续存在的精神障碍。重大创伤性事件是 PTSD 发病的基本条件。PTSD 的核心症状有三种表现，即创伤性再体验症状、回避和麻木类症状、警觉性增高症状。

创伤性再体验症状主要表现为患者的思维、记忆或梦中反复、不自主地涌现与创伤有关的情境或内容，也可出现严重的触景生情反应，甚至感觉创伤性事件好像再次发生一样。

回避和麻木类症状主要表现为患者长期或持续性地极力回避与创伤经历有关的事件或情境，拒绝参加有关的活动，回避创伤的地点或与创伤有关的人或事，有些患者甚至出现选择性遗忘，不能回忆起与创伤有关的事件细节。

警觉性增高症主要表现为过度警觉、惊跳反应增强，可伴有注意力不集中、激惹性增高及焦虑情绪。

5.8 抑郁症

抑郁症是现在最常见的一种心理疾病，以连续且长期的心情低落为主要的临床特征，是现代人心理疾病最重要的类型。抑郁症的核心症状有三组，包括心境低落、思维迟缓以及意志活动减退。

心境低落主要表现为显著而持久的情感低落，抑郁悲观。轻者闷闷不乐、无愉快感、兴趣减退，重者痛不欲生、悲观绝望、度日如年、生不如死。典型患者的抑郁心境有晨重夜轻的节律变化。在心境低落的基础上，患者会出现自我评价降低，产生无用感、无望感、无助感和无价值感，常伴有自责自罪，严重者出现罪恶妄想和疑病妄想，部分患者可出现幻觉。

思维迟缓患者思维联想速度缓慢，反应迟钝，思路闭塞，自觉"脑子好像是生了锈的机器""脑子像涂了一层糨糊一样"。临床上可见主动言语减少，语速明显减慢，声音低沉，对答困难，严重者交流无法顺利进行。

意志活动减退患者意志活动呈显著持久的抑制。临床表现为行为缓慢，生活被动、疏懒，不想做事，不愿和周围人接触交往，常独坐一旁，或整日卧床，闭门独居，疏远亲友，回避社交。严重时连吃、喝等生理需要和个人卫生都不顾，蓬头垢面，不修边幅，甚至发展为不语、不动、不食，称为"抑郁性木僵"，但仔细进行精神检查，患者仍流露痛苦抑郁情绪。伴有焦虑的患者，可有坐立不安、手指抓握、搓手顿足或踱来踱去等症状。严重的患者常伴有消极自杀的观念或行为。

【案例回放】

"抑郁症"

2012 年 1 月 10 日下午，留学生杨某在美国堪萨斯州 35 号公路驾驶的车辆内饮弹自尽。杨某毕业于大连一所重点大学，后赴美读 MBA，在美国学习后转学至堪萨斯州某大学。根据美国华文媒体报道，杨某曾在餐馆打工，因太辛苦而不干了，加上 3 年一直未毕业，人们猜测，杨某或因生存压力过大而自杀。

2014 年 10 月 16 日下午，在美国巴尔的摩市名校约翰斯·霍普金斯大学附近的一所公寓内，来自中国的艺术与科学学院大学生李某跳楼自杀。他曾在一篇英文日志里写道：

"在经历一段时间的失眠和焦虑之后，我终于看起来像自己了，当然，经过服用一些药物，我现在不太关注外面的世界了。老实说，我只想做一个普通的、正常的人。但也许不现实，对吗？"

5.9 双相情感障碍

双相情感障碍（BD）又名"双相障碍"，是一种既有躁狂症发作，又有抑郁症发作（典型特征）的常见精神障碍。当躁狂发作时，患者有情感高涨、言语活动增多、精力充沛等表现；而当抑郁发作时，患者又常表现出情绪低落、愉快感丧失、言语活动减少、疲劳迟钝等症状。其临床表现复杂，主要体现在情绪低落或者高涨、反复、交替，不规则呈现的同时，伴有注意力分散、轻率、夸大、思维奔逸、高反应性、睡眠减少和言语增多等紊乱症状。还常见焦虑症、强迫症、滥用金钱，还会出现幻听、被害妄想症、精神高度紧张等精神病症状。

【案例回放】

"双相情感障碍"

2020年12月，留学生A学成归国后，就职于一所大公司。公司因为一次竞标失败蒙受重大损失，而这个项目又是他入职以来接手的第一个项目。竞标的失败则标志着公司将要进行裁员。这对于A来说，承受的重压都是不可估量的。最关键的是A在接手这个项目的时候，领导明确告诉他，如果这次竞标成功，就破格提拔他为项目部经理。没想到，费心费力做了一个月的项目，却在最后关头失败。此时的A不仅要承受来自同事的谴责，还要面临领导的问责。就这样，第二天上班的时候，领导把A叫去办公室，当着一众高层的面将A狠狠地骂了一顿，这对A来说是无法接受的。因为从小到大，他接受的全都是赞赏，从来没有遇到过被人骂得狗血淋头的时候。所以，A就一气之下辞职了。

自从辞职后，A的心情就很差。每天都宅在家里，同学叫他出去聚会也不去。渐渐地，A变得越来越不愿与人交流，就连之前最爱打的游戏也不玩了，整天不是躺在床上睡觉，就是坐在书桌前发呆，整个人似乎变得呆滞迟钝了。起初，A的异样并未引起父母的重视，他们都认为A只是"心情不好"而已，也许过一阵儿就没事了。几天后，A的心情好了起来，兴奋地对妈妈说他以后的成就肯定连比尔·盖茨都赶不上，还说自己是"天才中的天才"，而且整个人显得非常地亢奋且自信，精力也很充沛。妈妈以为A心情好了所以就没在意他说的这些话。可是，晚饭期间，A突然对妈妈指手画脚，说妈妈做的饭不好吃，家里也不打扫干净点……一直说个没完。而且第二天出去买了好多东西，开始变得大手大脚，完全就像变了个人似的，一点都没有之前听话乖巧的样子。妈妈看到A花钱毫无节制，就说了A。没想到A就和妈妈吵了起来，开始大吵大闹，后来越吵越眼红，居然动手打了自己的妈妈。

5.10 "空心病"

这是一种由于价值观缺陷导致的心理障碍，症状为觉得人生毫无意义，对生活感到十分迷茫，不知道自己想要什么。疲惫、孤独、情绪差，感觉学习和生活没有什么意义。人生看不到希望，终日重复没有结果，生活迷茫对未来没有任何希望，存在感缺失，身心被掏空。空心病看起来像是抑郁症，情绪低落，兴趣减退，快感缺乏，但药物治疗却无效果。

【案例回放】
"空心病"

在欧洲某国留学的小 A 同学，经过层层选拔，进入某著名教授实验室，但她自从进入该实验室后，研究一直没有多大的进展。所以，小 A 倍感烦闷，到了晚上，就是睡不着觉，心里面有一种莫名的孤独感和空虚感，感到莫名的伤心，她也不知道为什么。有的时候会回想到以前的一些事情，小 A 时常感到缺爱，感觉到童年缺乏什么，就想找个对象弥补这一方面的空虚，不过更多时候感觉没有事可做，感觉做什么事情都无法充实自己，而且学习也没办法坚持下去。一段感情失败之后，又会思考生活的意义是什么。

5.11 进食障碍

进食障碍包括神经性厌食以及神经性贪食。其中神经性厌食是指患者有意识地节制饮食，导致体重明显低于正常标准。神经性贪食则是具有反复发作的、不可抗拒的进食欲望以及多食或暴食行为，但在进食后，又担心发胖而采取各种方法减轻体重，导致患者体重变化的一种疾病。在当下的社会文化背景下，女性把身材的苗条作为自信、自我约束、成功的代表。所以青春期发育的女性在追求心理上的强大和独立时，很容易将目标锁定在减肥上。而媒体大力宣传减肥的功效，鼓吹极致身材人人皆可拥有，也让追求完美、幻想极致的女孩更容易陷进去，从而患上进食障碍症。

【案例回放】
神经性厌食

某患者因减肥开始节食，上网搜索减肥知识，得知肉含脂肪多，吃脂肪会长胖，因此制定减肥计划，保证一日三餐，每餐只吃一小碗米饭，进食少量蔬菜，食肉较少，身体变差。后患者家属带其到当地医院就诊，治疗效果欠佳。患者家属又带其到某三甲医院门诊就诊，查胃镜为慢性浅表性胃炎，未系统治疗。患者开始厌食，厌油腻，没有饥饿感。为了不让母亲吵自己，患者会每餐进食一两饭，进食少量蔬菜，不吃鸡蛋和肉类。患者平常吃东西都会看脂肪、蛋白含量。看见含油稍微多一点的食物就会烦躁，觉得吃油的东西会长胖。平常母亲炒菜只让放一点点油，稍微多放一些油就会很生气。如果母亲强逼自己吃了肉，自己就会很后悔，觉得吃肉会长胖。后来患者厌食加重，一吃点东西就感觉腹胀、打嗝，没有饥饿感，饮水也减少。感觉浑身乏力，想运动又没有力气。患者后来就诊于广州某三甲医院，诊断为"神经性厌食症"。患者服药两天，自觉效果不好，不再服药。近来患者饮食明显下降，厌油，大便干结难排，体重下降 24kg。

6 留学生心理问题的自我调适

6.1 放松训练

放松训练是指使机体从紧张状态松弛下来的一种练习过程。放松有两层意思，一是肌肉松弛，二是消除紧张。放松训练的直接目的是使肌肉放松，最终目的是使整个机体活动水平降低，达到心理上的松弛，从而使机体保持内环境平衡与稳定。放松训练有以下三种基本的训练方式。

6.1.1 呼吸放松法

放松训练可以先从锻炼觉察和意识到自己的呼吸状况入手。因为人们躺着的时候采用的是腹式呼吸，可以躺下来去体验。进行放松训练需要集中注意力。

进行呼吸放松练习时，要穿舒适宽松的衣服，保持舒适的躺姿，两脚向两边自然张开，一只手臂放在上腹，另一只手臂自然放在身体一侧。缓慢地通过鼻孔呼吸，感觉吸入的气体有点凉凉的，呼出的气息有点暖。吸气和呼气的同时，感受腹部的涨落运动。保持深而慢的呼吸，吸气和呼气的中间有一个短暂的停顿。几分钟过后，坐直，一只手放在小腹上，另一只手放在胸前，注意两手在吸气和呼气中的运动，判断哪一只手活动更明显。如果放在胸部的手运动得比另一只手更明显，就意味着我们采用得更多的是胸式呼吸而非腹式呼吸。因此要有意识地提高腹式呼吸。

第一次做放松训练大概需要 20 分钟时间，但比较快的时候也可以两三分钟。开始不一定要做得很完美，只要试着去做和体会就可以。不管坐车还是做其他事情，都可以把深呼吸带进去。考试之前也可以做，借以调整身心。因为对呼吸的监控可以增强大脑对植物性神经系统的控制，减少焦虑紧张情绪。通常认为，呼吸是连接躯体和心灵的桥梁，呼吸训练既对身体有好处，又有助于保持情绪稳定，用心练好处很多。呼吸训练时，提示自己身上哪些部位还紧张，想象气体从哪些部位流过，带走紧张，从而达到放松的目的。

6.1.2　冥想练习法

1. 要有一个空间，可以一个人安静地待着。
2. 确保感觉舒适，房间温暖，穿舒适的衣服，排空肠胃，餐后一个小时内不做练习。
3. 后背挺直，身体放松，眼睛全闭或半闭。
4. 呼吸通过鼻腔向下进入腹腔，确保呼吸规则、缓慢、均匀。
5. 将注意力集中在一个风景、物体、单词、短语或自己的呼吸上，保持大脑清净无杂念，只去思考一件具体的事。
6. 对外界引起分心的事情保持被动、放松的态度。
7. 有规律地进行练习，至少一周六天，坚持三个星期。

6.1.3　肌肉放松法

肌肉放松训练对于应对紧张、焦虑、不安、气愤的情绪与情境非常有用，可以帮助人们振作精神，恢复体力，消除疲劳，稳定情绪。这与中国的气功、太极拳、站桩功、坐禅等很相似，有助于全身肌肉放松，形成自我抑制状态，促进血液循环，平稳呼吸，增强个体应对紧张事件的能力。而且在方法上放松训练比气功等更为简便易行，不需要大量的时间学习。

训练程序

（1）准备工作：治疗者要帮助来访者先学会这一程序，进而自行练习。

·找到一个舒服的姿势。可以靠在沙发上或躺在床上，这个姿势使来访者有轻松、毫无紧张的感受。

·要在安静的环境中进行练习。光线不要太亮，尽量减少无关的刺激，保证放松练习的顺利进行。

（2）放松的顺序：手臂部→头部→躯干部→腿部。

这一顺序不是绝对的。训练者可对此顺序进行新的编组排列，并按确定的顺序下达放松指令。治疗者教来访者放松时可做两遍：第一遍由治疗者边示范边带来访者做；第二遍由治疗者发指令，来访者先以舒服的姿势闭眼躺好或坐好，跟随治疗者指令进行练习。

· 手臂部的放松

伸出右手，握紧拳，紧张右前臂；

伸出左手，握紧拳，紧张左前臂；

双臂伸直，两手同时握紧拳，紧张手和臂部。

· 头部的放松

皱起前额部肌肉，似老人额前部一样皱起；

皱起眉头；

皱起鼻子和脸颊（可咬紧牙关，使嘴角尽量向两边咧，鼓起两腮，似在极度痛苦状态下使劲一样）。

· 躯干部位的放松

耸起双肩，紧张肩部肌肉；

挺起胸部，紧张胸部肌肉；

拱起背部，紧张背部肌肉；

屏住呼吸，紧张腹部肌肉。

· 腿部的放松

伸出右腿，右脚向前用力像在蹬一堵墙，紧张右腿；

伸出左腿，左脚向前用力像在蹬一堵墙，紧张左腿。

（3）放松的方法。

国外有研究者把每一部分肌肉放松的训练过程总结为如下 5 个步骤：集中注意—肌肉紧张—保持紧张—解除紧张—肌肉松弛。

这几个步骤结合每部分肌肉的紧张—放松过程，训练者可按下述方法进行肌肉放松训练。

手臂部的放松：伸出你的右手，握紧拳，使劲儿握，就好像要握碎什么东西一样，注意手臂紧张感觉（集中注意和肌肉紧张）……坚持一下……再坚持一下（保持紧张）……好，放松……感到手臂很放松了……（解除紧张和肌肉松弛）。

躯干部位的放松：耸起你的双肩，使肩部肌肉紧张，非常紧张，注意这种紧张的感觉……坚持一下……再坚持一下……好，放松……非常放松……

当各部分肌肉放松都做完之后，训练者还可继续暗示自己：你感到很安静、很放松……非常非常安静、非常放松……全身都放松了……（然后缓慢地从 1 数到 50）……睁开眼睛。

当有治疗者在场时，治疗者在给出放松的指示时，特别要注意利用自己的声调语气来创造出一个有利于来访者放松的气氛。从开始到最后，语速是逐渐变慢的，但也不能太慢，注意发出的指令要与来访者的呼吸协调一致。每部分肌肉由紧张到放松的过程都要有一定的时间间隔，为对方更好地体验紧张和放松留有适当的余地。

另外，学习后，来访者可根据在治疗中学习的放松方法回去自行练习，坚持每日 1~2 次，也可由治疗者提供录好的有指示语的磁带进行练习。

6.1.4 想象放松法

想象放松训练步骤如下。

1. 选一个安静的房间，平躺在床上或坐在沙发上。
2. 闭上双眼，想象放松每部分紧张的肌肉。
3. 想象一个你熟悉的、令人高兴的、具有快乐联想的景致，或是校园或是公园。

4. 仔细看着它，寻找细致之处。如果是花园，找到花坛、树林的位置，看着它们的颜色和形状，尽量准确地观察它。

5. 敞开想象的翅膀，幻想你来到一个海滩（或草原），你躺在海边，周围风平浪静，波光熠熠，一望无际，使你心旷神怡，内心充满宁静、祥和。

随着景象越来越清晰，幻想自己越来越轻柔，飘飘忽忽离开躺着的地方，融进环境之中。阳光、微风轻拂着你。你已成为景象的一部分，没有事要做，没有压力，只有宁静和轻松。

6. 在这种状态下停留一会儿，然后想象自己慢慢地又躺回海边，景象渐渐离你而去。再躺一会儿，周围是蓝天白云，碧涛沙滩。然后做好准备，睁开眼睛，回到现实。此时，头脑平静，全身轻松，非常舒服。

6.2 认知行为疗法

认知行为治疗（Cognitive Behavior Therapy，简称 CBT）是由心理学家贝克在 60 年代发展出的一种有结构、短程、认知取向的心理治疗方法。主要针对抑郁症、焦虑症等心理疾病和不合理认知导致的心理问题。认知是指一个人对一件事或某个对象的认知和看法，对自己的看法，对别人的想法，对环境的认识和对事的见解等。该方法的主要着眼点，放在矫正患者不合理的认知问题上，通过改变患者对己、对人或对事的看法与态度来改变心理问题。

6.2.1 认知行为疗法的原理

认知行为疗法认为：人的情绪来自人对所遭遇的事情的信念、评价、解释或哲学观点，而非来自事情本身。正如认知疗法的主要代表人物贝克所说"适应不良的行为与情绪，都源于适应不良的认知"。例如，一个人一直"认为"自己表现得不够好，连自己的父母也不喜欢他，因此做什么事都没有信心，很自卑，心情也很不好。治疗的策略，便在于帮助他重新构建认知结构，重新评价自己，重建对自己的信心，更改认为自己"不好"的认知。认知行为治疗认为治疗的目标不仅是针对行为、情绪这些外在表现，还要分析患者的思维活动和应付现实的策略，找出错误的认知加以纠正。

心理学研究认为，人的认知评估或信念对情绪反应或行为有重要影响，非理性或错误的认知往往导致异常的情感或行为。而这种歪曲和错误的认知通常包含着很大的主观臆测成分，往往以"自动思维"的形式出现，即这些错误思想常常是不知不觉地、习惯地进行，因而不易被认识到。不同的心理障碍有不同内容的认知歪曲。例如：抑郁症大多对自己，对现实和将来都持消极态度，抱有偏见，认为自己是失败者，对任何事都不如意，认为将来毫无希望。焦虑症则对现实中的威胁持有偏见，过分地夸大事情的后果，面对问题，只强调不利因素，而忽视有利因素。常见的认知歪曲表现有 4 点。

（1）主观臆想：缺乏根据，主观武断推测。如某患者某件工作未做好，便推想所有的同事会因此看不起他。

（2）一叶障目：不顾总体前后关系和背景，只看细节或一时的表现而做出结论。如某学生一次考试中有一题答不出，事后一心只想着未答的那道题，并感到这场考试全都失败了。

（3）乱贴标签：片面地把自己或别人公式化。例如某患者将孩子学习不好归于自己，并认为自己是个"坏母亲"。

（4）非此即彼的绝对思想：认为非白即黑，非好即坏，不能容忍错误，要求十全十美。例如某位患者有一次考试未达到预定目标，便认为自己是个失败者，一切都完了。

6.2.2 认知行为疗法的具体步骤

1. 寻找迹象：请觉察那些引发较大情绪的场景，记录当时发生了什么，哪些情景引发了自己的情绪。例如，当男朋友没有及时回复自己的消息，自己会非常焦虑、愤怒、难过。

2. 明确自动思维：明确这些情景引发了自己的何种自动思维；以及正是这些自动思维引发了自己的情绪。例如，男朋友没有及时回复自己的消息，可能会引起自己的自动思维，认为"他出轨了，他在和其他的女生暧昧"，继而引发愤怒的情绪。又或者引发的自动思维是"他不喜欢我了，我即将被抛弃"，继而引发难过和悲伤的情绪。

3. 寻找证据：寻找现实层面的事实来证明或者证伪自动思维。例如，最近男朋友对自己还不错，昨天还送自己节日礼物。那这样的证据就可以证伪自动思维，说明这样的自动思维是不正确的。

4. 替代的想法：这样的情景，有没有其他的解释呢？例如，男朋友没有及时回复自己的消息，另外一种解释包括可能对方在忙其他的事情，没有看到消息等等。

6.3 正念训练

正念（Mindfulness）最初源于佛教禅修，是从坐禅、冥想、参悟等发展而来。有目的、有意识地关注、觉察当下的一切，而对当下的一切又都不作任何判断、任何分析、任何反应，只是单纯地觉察它、注意它。后来，在正念基础上发展成一种系统的心理疗法，即正念疗法，就是以"正念"为基础的心理疗法。

正念疗法的步骤如下。

1. 首先需要为自己选择一个可以注意的对象。可以是一个声音，或者单词，或者一个短语，或者自己的呼吸、身体感觉、运动感觉。

2. 在选择完注意的对象之后，舒适地坐着，闭上眼睛，进行一个简单的腹部呼吸放松练习（不超过一分钟）。

3. 再调整呼吸，将注意力集中于所选择的注意对象。当被试者在训练时头脑中出现了一些其他的想法、感受或者感情从而使被试者的注意力出现转移，也不要紧，只需要随时回到原来的注意力上就可以。无论头脑中出现什么想法，都不用担心，只需要将注意力简单地返回到呼吸上来就可以。不用害怕，不用后悔，也不用任何评判。

4. 在像这样训练 10~15 分钟之后，静静地休息 1~2 分钟，然后再从事其他正常的工作活动。

6.4 内观法

内观法是印度最古老的禅修方法之一，曾一度失传，后在 2500 多年前被释迦牟尼佛重新发现。在印度巴利语中，内观意为如实观察。观察事物真正的实相，是透过观察自身来净化身心的一个过程。

6.4.1 内观疗法的原理

日本的心理咨询师们在吸收西方各种心理咨询理论和方法的同时，通过长期的实践，也创造出了许多具有日本特色的心理咨询方法。"内观法"就是其中影响较大的一种心理咨询方法，它由日本学者吉本伊信所创造。吉本的内观法是在对"身调"这种修行方法，不断加工完善、改良而成。"身调"是日本佛教中净土真宗流派中的一种修行方法，它要求信徒以强烈的信仰心，按照净土真宗所说的将人们导向"宿善开发"（若以一生为限，从前迄今所作之善事称为"宿善"）的境界。

内观法是由咨询师指定一些像"关于母亲""关于父亲"以及与自身有很深厚关系的人物为对象的话题，将冥想和自我反省的内容转变为思考与这些人物间的各种关联。关于思考的内容，可以包括一些像"那是你多大时的事情？"这类把个体记忆进行年代区分的问题等，吉本所悉心追求的是强调要有具体化的回忆。另外，思考还可按照回忆对象和年代区分的形式进行，内容包括"别人对你做过的事情""你报答别人的事情""给别人添麻烦的事情"三项相关的人物和对象。

如此建立起的"内观法"，可以进行自我发现、自我启发、消除烦恼，因而成为解决问题行为、有益身心健康的"内观疗法"。

6.4.2 内观冥想的操作

内观法是在精心布置的半封闭环境中，要求内观者回想以下相关内容。

1. 对象人物和年代进行区分

在屏风围起的狭小空间中，要求内观者去回忆有关过去的人际关系，这是一种对自身客观的、多面的、带有时间序列的重新审视的作业。这个作业的过程并不是漠然的、无意义的回忆，而是根据既定的条件在外部指导下进行的思考过程。

作为思考的对象，选择时按照与本人关系密切的程度，依次进行思考。这个对象一般来讲，最初基本都被指定为"母亲"。

从小学一年级到三年级，接下来是四年级到六年级，这样每三年为一间隔，围绕"①自己得到的，②自己回报的，③自己为对方造成的困扰"这三个问题，对回想对象（母亲）有关的事件进行思考。这些问题被统称为"内观三项目"。

自己在回首有关自身记忆的时候，记忆中所残存的有关与回想对象之间的关系，依照具体的事实而回忆出来。以这种形式按照内观三项目的内容，以每三年为一间隔时间段直至当前，一点一点地进行下去。对于回想过程中时间间隔的划分，如果内观者是未成年人，以一年或一学期为间隔的情况也是可以的。如果回想对象是已经过世的情况，就回忆直至其去世之前的事情。另外如果是早年丧母的情况，那么对这个内观者来说，最初就应选择一个像"母亲一样存在"的对象，按照内观三项目的内容来进行回想。其次是以父亲、配偶、兄弟姐妹等为对象来进行回想。但是，对抱有憎恨、愤怒等情感的对象进行回想，要放在7天内观过程的后半段进行。

2. 回想题目

说到回想过程中各部分内容的比重，基本上要求①"自己所得到的"占20%，②"自己所做出的回报"占20%，③"自己为他人带来的困扰"占60%，以这样的比重进行回想。此外，对于内观者所固有的一些问题，如"欺骗与偷盗""赡养费的计算""酒钱的计算""酒后误事"等有关问题为题目进行回想的情况也是有的。

3. 对指导者的报告

在内观过程中，按照上述三项目的内容进行思考的同时，还要对与回想对象之间的关系，以及以该对象为镜面作用，更客观地对自己过去的人际关系反复进行审视。指导者要以1~1.5小时左右的间隔来询问一下内观者。首先，指导者在关闭的屏风前坐下，在外面合掌礼拜之后，打开屏风，对屏风内的内观者说话，并提出这样的问题："现在，你正在回想些什么问题呢？"内观者基于指导者的问题，对自己现在正在回想的问题等内容进行回答。但这个时候没有必要将全部回想到的内容都进行汇报。报告内容有赖于内观者自身的意愿，可以自由选择。

内观者在与指导者面谈过程中，没有将所回想到的内容必须汇报给指导者的义务，报告内容尽量按照内观者自身意愿，自由选择最好。报告在这1~1.5小时的内观过程中，内观者与想定的对象人物之间的关系，已回想起的内容的要点，以此作为向指导者汇报的内容。

4. 内观的指导者

按照内观法的基本方法和原理，指导者在与内观者面谈的时候，首先，要坐在内观者封闭的屏风前，合掌礼拜后说"打扰了"，而后打开屏风。接下来指导者与内观者正面相向而坐，再次合掌，以坐姿深深行礼。之后问："现在，想到了些什么呢？"，再听取内观者的回答。面谈的时间是3~4分钟。

内观者从前一次的面谈开始，将这1~1.5小时内回想的内容进行简短的汇报。指导者对此内容既不加以解释也不加以分析，只是倾听其表述。不过要对内观过程的内容进行检查，主要内容包括：①是否是针对该特定的人物的；②是否是按照所限定的年代来区分时间段的；③是否是按照三项目的题目进行回想的。

如果有偏离以上三点、不太恰当的内容出现时，要按照内观的正确方法进行指导。然后，再次确认直至下次面谈，而后结束此次面谈。

6.5 叙事疗法

叙事疗法是受到广泛关注的后现代心理治疗方式，它摆脱了传统上将人看作为问题的治疗观念，透过"故事叙说""问题外化""由薄到厚"等方法，使人变得更自主、更有动力。透过叙事心理治疗，不仅可以让当事人的心理得以成长，同时还可以让咨询师对自我的角色有重新的统合与反思。

叙事疗法通过以下途径帮助人们解决困难：帮助人们把自己的生活及与他人的关系，从他们认为压榨生命的知识和故事中区分出来；帮助他们挑战他们觉得受压抑的生活方式；鼓励人们根据不同的、更倾向关于个人自我的故事来重新塑造自己的生活。叙事疗法和家庭疗法以及其他同样关注来访者本身的疗法有着特殊的关联，而且承认环境、互动以及意识的社会性和重要性。

叙事心理治疗的方法和策略。

6.5.1 编排和诠释

叙述心理治疗主要是让当事人先讲出自己的生命故事，以此为主轴，再透过治疗者的重写，丰富故事内容。对一般人来说，说故事是为了向别人传达一件自身经历的或听来的、阅读来的事情。不过，心理学家认为，说故事可以改变自己。因为，我们可以在重新叙述自己的故事甚至只是重新叙述一个不是自己的故事中，发现新的角度，产生新的态度，从而产生新的重建力量。简单地说，好的故事可以产生洞察力，或者使得那些本来只是模模糊糊的感觉与生命力得以彰显出来，并被我们所强烈地意识到。面对日常生活的困扰、平庸或是烦闷，把自己的人生、历史用不同的角度来"重新编排"，成为一个积极的、自己的故事。这样或许可以改变盲目与抑郁的心境。

哲学家萨特认为，人类一直是一个说故事者，总是活在自身与他人的故事中。也总是透过这些故事来看一切事物，并且以好像在不断地重新述说这些故事的方式生活下去。可以说，故事创造一种世界观，一种人生价值。

好的故事不仅可以治疗心理疾病和精神扭曲，而且可以从中寻找自信和认同，透过令人愉悦、感动的隐喻故事，我们可以重新找到面对烦恼的方法，正视我们的过去，并且找到一个未来继续努力、正向发展的深层动机和强大动力。

叙事心理治疗的故事所引发的不是封闭的结论，而是开放的感想。有时在故事中还需要加入"重要他人"的角色，从中寻找新的意义与方向，让当事人能够清楚地看到自己的生命过程。例如，有一个寻求帮助的当事人，他觉得自己不受别人的重视而感到挫折、沮丧、自卑。当他讲述自己的生命故事时，觉得一无是处，但咨询师要求他回忆过去生命中哪个人对他"还不错"，原本脑中空白的当事人，勉强回忆起一个小学老师的名字。治疗师鼓励他打电话给老师，结果却得到一个"意外的惊喜"。这名教师虽然已经忘了他的姓名和长相，但还是向他连连道谢，并且表示，因为当事人的电话，让他感受到了自己的存在价值，对教学工作已经深感疲惫的他，又重新获得了动力。

一通电话的结果是当事人不仅帮助了老师，也意识到自己的生命原来也是这么重要。

6.5.2 问题外化

叙事治疗的另一个特点是"外化"，也就是将问题与人分开，把贴上标签的人还原，让问题是问题，人是人。如果问题被看成是和人一体的，要想改变相当困难，改变者与被改变者都会感到相当棘手。问题外化之后，问题和人分家，人的内在本质会被重新看见与认可，转而才有能力与能量反身去解决自己的问题。

例如有位老师反映，"对于一个成绩一直落后的学生，想尽办法鼓励，都没能让他有成就感，如何是好？采用进步奖励的方式，但是每次考试的难易标准不一，看不出进步；如果采用百分等级或排名，这名学生永远都在后面，该怎么办？"把成绩不好等同于学生自身，无疑是把问题内化。怎样才能把问题外化？有的老师把问题与人拉开距离，采用多元智能的观点，找出学生成绩以外的优势，在优势上予以鼓励。学生的自尊心一旦建立起来，成绩也就有可能慢慢提升到合理的位置。这就是把问题外化的思维方式。

6.5.3 由薄到厚

一般来说，人的经验有上有下。上层的经验大多是成功的经验，形成正向积极的自我认同；下层的经验大多是挫折的经验，形成负面消极的自我认同。一个学生如果累积了比较多的积极自我认同，凡事较有自信，所思所为就会上轨道，不需要教师、父母多操心。相反，如果一个学生消极的自我认同远多于积极的自我认同，就会失去支撑其向上的力量，使他沉沦下去。叙事心理治疗的辅导方法是在消极的自我认同中，寻找隐藏在其中的积极的自我认同。

叙事心理治疗的策略，有点像中国古老的太极图：在黑色的区域里隐藏着一个白点，这个白点不仔细看还看不到。其实白点和黑面是共生的。如果在人的内心，当白点由点被扩大到一个面的程度，整个情形就会由量变到质变。找到白点之后，如何让白点扩大呢？叙事心理辅导采用的是"由单薄到丰厚"的策略。

叙事疗法认为，当事人积极的资产有时会被自己压缩成薄片，甚至视而不见。如果将薄片还原，在意识层面加深自己的觉察，这样由薄而厚，就能形成积极有力的自我观念。

7 留学生积极心态建设

疫情下留学，如何才能保持身心健康？心理学家认为培养积极的心态是一个重要的环节。要培养积极心态，可以通过下面的三个步骤进行：

第一，要有积极的思维。新冠疫情本身对留学人员不一定造成伤害，而对疫情的想法则容易对留学人员造成伤害。改变留学人员对疫情的认识和判断，可能会帮助其超越负面情绪体验。留学人员需要多多关注自己该做的事情，关注当下，关注眼前。如果实在是觉得难以集中精力解决自己要做的事情，则可以通过各种正念、禅修、冥想、内观等方式，去锻炼一种关注当下的能力。

第二，要提高留学人员的积极心态，加强人与人之间的关系。留学人员需要维持和发展和谐的亲情、友情和同学关系。让留学人员觉得有支援，有互助，有稳定的互动关系。这里有两个简单的方法，可以帮助留学人员培养这种同理心。一是增加接触、沟通和交流，跟他人谈一些共同感兴趣的问题，或者生活中美好的事情。二是进行感恩练习，去欣赏自己的亲人、家人、朋友和同事，表达彼此间的欣赏、关怀、照顾，听一听对方潜在的情绪、期待、渴望，等等。

第三，要有积极的行动。比如协助防疫控疫，做慈善和公益，参加志愿者活动等等，尤其是要多运动，如跑步、太极、瑜伽等，也可以去欣赏自己的爱好，或者打扫房间、做饭，这些都是一种心态的自我调整。照顾好自己的身体，洗澡、化妆、打扮也有类似的作用，写东西、画画、练书法、说话、倾诉、表达、练习演讲、唱歌、微笑、品茶、品咖啡、品美食、欣赏花花草草，看一看老照片，看一看自然景观，这些行动都有助于恢复身心平衡的状态。

面对新冠疫情，帮助留学人员获得安全感，感受到自己的能力并善加利用，感受到自己与他人、与社会的联结，对将来怀有希望，是让留学人员保持心理健康的有效的、重要的途径。

8 疾病与特殊公共卫生事件发生时的应对

出国留学，难免会碰到一些特殊时期，比如每个人总有头疼脑热的时候，生病了应该怎么办？如果碰到了一些特殊公共卫生事件，比如大家都经历过的"新冠"疫情，这种严重的疫情，是典型的人类历史上的公共卫生灾难性事件，它来势凶猛、感染人数多，影响范围广，造成的生理和心理压力都非常大，那么，留学生应该如何面对这些事件呢？

8.1 应对疾病

8.1.1 对疾病的两种态度

留学生中有两种对待疾病不好的态度。一是有病不看，认为拖一拖就好了，自己原来就有这些症状，因此觉得无所谓。另一种是有一点小病就惊慌失措，诱发抑郁焦虑倾向，而焦虑倾向又会反过来影响身心健康，加重病情发展。

8.1.2 做好日常保健工作

留学生在日常生活中，应该建立良好的保健意识，以应对生活中的常见疾病。主动采取自我保护行为。注意营养，加强锻炼，保证睡眠，保持良好心态。

若出现发热、干咳等身体不适症状，不要带病工作、学习，应及时就近在当地医疗机构就诊，并告知医务人员相关接触史。就诊期间戴口罩，不要触摸就诊环境中的物品。

同时，常备一些家庭用药，比如布洛芬缓释胶囊、连花清瘟、板蓝根、999感冒灵冲剂等感冒药；诺氟沙星胶囊、健胃消食片等肠胃药。诺氟沙星滴眼液、口罩、创可贴、温度计等也可以携带。但千万注意有些药品禁止入关，一定要事先了解清楚，更重要的是，自己不要随意吃抗生素类的药，一定要在医生的指导下用药！

8.1.3 重大疾病要及时就医

凡遇到下列情况应及时就医。

1. 高烧不退，伴有其他严重症状。
2. 严重外伤，如骨折、头外伤等严重的伤害。
3. 流血不止，外伤流血不止，吐血或便血。
4. 出现黄疸，食欲不振，两肋疼痛，面色焦黄，眼睛虹膜发黄。
5. 意识不清，半臂手麻脚麻，出现中风症状。
6. 腹泻不止，超过一天，伴有发烧四肢无力。
7. 剧烈的头痛腹痛，持续时间较长。
8. 遭遇犯罪侵害，群殴或外伤。
9. 猫狗咬伤抓伤，要及时打狂犬疫苗。
10. 食物中毒。
11. 突然无原因的消瘦，体重下降迅速。
12. 其他自己感觉危险的疾病症状。

如存在上述情况，并且在留学国内无法诊断治疗的话，应果断采取其他措施。
1. 马上与国内家属沟通，通过视频求医问药。
2. 购买机票马上回国，求助就医。

8.2 应对突发公共卫生事件

2020年1月，新型冠状病毒疫情开始被报告，并随即在全世界范围内暴发。迄今仍然被世界卫生组织列为"全球卫生紧急事件"。新冠疫情改变了世界，也改变了人类的个体行为，对人类的发展产生了不可忽视的影响。尤其对出国留学人员来说，是一个巨大的心理冲击，首当其冲出现的就是心理应激反应。

8.2.1 心理应激反应

应激是指机体遭遇外界或内部的各种异常刺激后所产生的非特异性反应的总和。这里的"异常刺激"称为"刺激源"（例如新冠肺炎在世界各地呈暴发趋势，或者出国留学人员所处的地方出现了确诊新冠肺炎患者），不断调整与处理的过程被称为"应激反应"（比如陷于恐慌，焦虑之中），付出生理和心理能量的过程被称为"应对"（比如找人倾诉，每天不停刷手机，寻找有关新冠疫情的消息）。

心理应激反应分为三个阶段。首先是警戒期，疫情刚发生时，人们受到外界环境中危险信号的刺激，表现出各种心理应激反应。一些人因疫情而焦虑、恐慌、愤怒、失望、抱怨、委屈，体现在行为上就是情绪起伏大，易怒，不愿意做事情，控制不住地想看手机，更容易关注与疫情相关的负面信息，等等。

警戒期持续一段时间后，心理应激反应慢慢减弱，开始进入抵抗期。这个阶段通常是从疫情发生几天后到几周内。人们逐渐适应了疫情带来的各种不良情绪体验，适应了隔离生活带来的各种不适，但由于警戒期身体抵抗压力消耗了一定资源，免疫力可能会降低。在这一阶段，有些人能够很好地调整和适应，而有些人不能通过自己的努力进行调整和适应，或者由于身边的社会支持系统没能发挥作用，无法缓解疫情带来的心理压力，因此可能会面临比较严重的心理困扰。

随着时间的推移，第三阶段是消退期或衰竭期。如果适应较好，疫情带来的压力会逐渐消退，随着疫情防控政策的不断推进而调整心理和重建生活平衡。如果适应不好，可能进入衰竭期，有些人会有持续性的创伤体验，做噩梦、反复痛苦回忆疫情带来的创伤，也有些人表现为持续性地回避或整体性的反应麻木，还有些人持续保持警觉性增高、情绪烦躁、入睡困难等。进入衰竭期的人往往会感觉非常痛苦，甚至社会功能受损。

8.2.2 应激情况下的情绪反应

当个体遭受应激创伤时，情绪最先出现反应。在重大疫情下，处于应激状态的人们，往往会出现各种各样的情绪反应，常见的情绪反应包括恐慌、担心、焦虑、多疑、愤怒、激惹、冲动等。

（1）焦虑、多疑。焦虑是最常出现的情绪性应激反应，是人们预计将要发生危险或不良后果时所表现出的紧张、恐惧、担心等情绪状态。随着疫情形势的日益严峻，逐步向世界范围内扩散，加上各国政府的应对政策在不断变化和调整之中，随着舆论的大力宣传，大部分出国留学人员可能都已经认识到新型冠状病毒疫情的严重性，但是由于初期无法分辨谁是感染者或携带者，许多人会担心难以保障自己和家人的健康。

（2）惶恐、不安。惶恐是一种遇到灾难时内心感到害怕不安的情绪反应。由于对疾病本身具有恐慌情绪以及科学防护信息的缺乏，部分人还可能会出现"疑病，不敢按电梯和触摸门把手""反复洗手、消毒""不出门，更不敢去医院""感觉谁都像携带者"等行为及想法。这些想法和行为可能会使焦虑情绪发展为恐慌情绪。

（3）愤怒、暴躁。愤怒和暴躁是与挫折和威胁有关的情绪状态，由于目标受到阻碍，自尊心受到打击，为排除阻碍或恢复自尊而引发，多伴有攻击性行为。在许多国家，随着疫情变化采取的隔离措施的不断加强，人们获得信息的手段多样化，每日可能面对各种社交媒体上充满负面信息和不良情绪的文字，例如，个别携带者隐瞒病情导致病毒扩散，网络"喷子"辱骂喜欢吃"野味"的人、歧视亚裔国家的留学生，甚至控诉管理者的防控不力，并且这些文字下面的评论里也不乏赞同者、批评讽刺者、散播者。有些人在压力下变得极度敏感，有时可能因为过分敏感，一点小事就急躁、发脾气，甚至出现冲动行为。

（4）抑郁、悲伤。抑郁表现为情绪低落、消极悲观、孤独、无助、无望等情绪状态，伴有失眠、食欲减退、性欲下降等身体不适感，严重时甚至有悲观厌世的想法。由于新型冠状病毒的确诊需要实验室检查及临床观察，有些处在隔离状态的人可能整日忧心忡忡，既希望能尽快被排除感染而回归正常生活，又担心自己被确诊为感染者连累亲人，害怕面对现实，出现情绪低落，甚至悲伤、绝望，似乎对一切都失去了兴趣，难以感到愉悦。每天都十分疲劳，精神不振，也很难集中注意力去思考，还可能出现睡眠问题。

（5）恐惧、害怕。由于对疾病本身具有恐慌情绪，再加上网上各种难辨真假的谣言，许多人很容易出现恐惧害怕的情绪。特别是一些感染患者和疑似患者，病痛的折磨已使他们心力交瘁，周围的亲人及医护人员佩戴的厚厚的防护用具，使这些疑似患者对亲人或医护人员本应有的亲切感和信赖感被陌生感及恐惧感代替。

（6）盲目乐观。面对日益严峻的疫情形势，作为个人，面对疫情时适度的乐观是必要的。但是，部分出国留学人员可能会抱有"疫情很遥远，不会有危险""我抵抗力强，不可能感染"的错误想法，产生盲目的乐观情绪，更有甚者认为事不关己，不听朋友及家人的劝说，不做防护。

（7）孤独、寂寞。孤独和寂寞是一种缺少陪伴、感到孤单或内心没有着落的情绪反应。为防止感染和交叉感染导致疫情扩散，留学人员所在的地区也可能像中国一样，实行隔离和限制出行的措施，而长时间的隔离导致与外界沟通和交流的缺乏，会使得人们感到孤独寂寞。大部分留学人员，孤身一人在异乡隔离，无法与亲人或朋友团聚，使得孤独、寂寞感更加强烈。

(8) 自卑、自责。由于新型冠状病毒存活期较长,一些患者潜伏期不易被察觉,一旦被确诊则担心之前与自己有过接触的亲人朋友有被传染的风险,而感到十分内疚,有极大的自责感,感觉自己是"罪魁祸首",连累了家人和朋友。有些人可能存在对疾病的耻辱感和自罪感,认为患病是非常可耻、丢人的事情,别人会指责、笑话自己,使得他们不敢也不愿意主动、公开就医。有些人可能将感染新型冠状病毒归因于自己的某些错误,是遭了报应,甚至是犯了罪。

(9) 挫败、无助。挫败和无助是受到挫折或失败以后的一种失落及缺乏支持感。特别是一些留学人员对当地的情况不像国内那么熟悉,或者缺乏足够可利用的资源,容易产生挫败和无助的情绪。

(10) 冲动、激惹。由于疫情形势严峻,各个国家的确诊患者和疑似患者人数激增,因为内心的恐慌,少数留学人员可能产生激惹、冲动等不理智的行为。此外,疫情情况变化无常。许多人压抑的情绪不能释放,就可能在某些情况下突然爆发,宣泄情绪,导致产生一些冲动的、不理智的情绪及行为。

8.2.3 应激情况下的行为反应

在疫情期间,留学人员易出现社会交往活动减少、回避与重大应激性事件有关的场景和事物,有时会拒绝与亲朋好友通话等行为。此外,有些个体可能会出现睡眠紊乱,如入睡困难、眠浅易醒、噩梦。少数个体还可能出现激越性活动过多,如逃跑、神游等。

在疫情蔓延阶段,留学人员在日常生活中情绪易怒,经常和人争吵;还会时常性测体温、洗手、消毒;忍不住刷手机看新闻,看到任何相关消息,都要转发给周围的人;不愿意动,无法正常工作;有时甚至没办法休息或放松。

8.2.4 应激情况下的认知反应

经历过重大应激性事件,个体可出现意识范围局限、注意狭窄,表现为对周围环境的觉察能力降低,或外界环境变化与个体的真实感受不符,处于"恍惚"状态,导致决策困难,时常会不自主地回想疫情相关事件;也可出现解离性的遗忘,即部分遗忘或选择性遗忘重大应激性事件的某个重要部分。此外,在新型冠状病毒肆虐之际,少数留学人员还会对疾病产生病耻感,感到尴尬、难堪,担心他人可能会因此向自己投来异样的眼光。

8.2.5 应激情况下的躯体反应

躯体症状主要表现为与自主神经过度唤起有关的躯体症状,如心悸、手抖、坐立不安等。疫情比较严重的地区,留学人员容易出现出汗或寒战、头晕、头痛、头胀、肌肉酸痛、肌肉抽搐、耳朵发闷、疲乏、月经紊乱,甚至产生听觉丧失、胃部不适、恶心、腹泻等症状。

不过,特别要提醒的是,这些情绪反应、行为反应、认知反应和躯体反应,只要持续的时间不是太长,都是在应激状态下的正常反应,留学生要自己能够觉察到这些反应,时时留意自己的心理状态,一旦有过于强烈的反应,或者持续时间超过两个礼拜的反应,就必须积极主动地向专业人员求助,尽快从应激状态中走出来。

8.3 "三JING"原则:后疫情时代保持心理健康的法宝

尽管各国抗疫思路和抗疫措施各异,但无疑地,大多数国家都采取了与病毒共存的抗疫思路,因此,在相当长的一段时间内,我们都会处于一种后疫情时代。在后疫情时代,留学生们应该做好三个字:净、镜、静。

8.3.1 净：搞好时间管理

"净"，面上指干净、卫生的环境。毕竟仍然处在疫情期间，留学生们可能会重新进行网络授课、自主复习，各种生活学习节奏有可能被打乱。因此，留学生们要有个干净卫生的环境，保持良好的通风，尤其是对学习空间提供保障。当然，做好个人防护，戴口罩，勤洗手，尽量减少外出，保持社交距离，这些疫情期间的防护措施，得要牢牢记住。

其实，这里的"净"，更进一步的含义是学习的桌面上要保持干净！要做到这一点，需要留学生们做好计划和时间管理。当你居家学习时，好处是可以随时找到吃的、喝的，自由自在，这也带来一个严重的后果，容易分心。因此，做好计划，搞好时间管理非常重要。心理学家们认为，可以根据事情的重要性和紧迫性，把时间管理分成四种类型：既紧急又重要的事情（比如马上要提交的作业），要抓紧时间去做；不紧急但重要的事情（比如经常要阅读的文献）要坚持去做；紧急但不重要的事情（比如参加各种志愿者活动）要有选择地去做；既不紧急也不重要的事情（比如刷手机，看视频等），尽量少做或者限制去做。

8.3.2 镜：以人为镜，可正衣冠

"镜"，没错，就是镜子，可以用来"正衣冠"的。后疫情时代，会有大把时间窝在家里，这种感觉很好：不用穿校服，不用精心洗脸梳头，一件睡衣可以穿一礼拜……但这带来的负面影响，不仅仅是人显得邋遢，而且精神也显得萎靡不振。这会极大影响学习效率。

因此每天早上起来，梳洗完毕后，照照镜子，看着元气满满的自己，握紧拳头说声"我能行，我最棒！"然后投入到新的一天的学习中去。镜子的深层含义是"以人为镜"。因此，良好的自我认知是留学生成功的基础。借鉴别人成功失败的经验教训，来弥补自己的不足，发挥自己的优势和特长。每个人都有自己擅长的兴趣点，也有自己的短板，因此，留学生通过与他人进行比较，见贤思齐，踏踏实实地学好知识，为将来学成归国，报效祖国，打下坚实的基础。

8.3.3 静：筑牢安全感，心静事则成

"静"，当然是安静。后疫情时代，环境可能不像以前那么喧闹嘈杂，校园里也恢复了安静。然而，在留学期间，重要的任务仍然是进行学习。如何能够静下心来，专注学业是当务之急。当然，这里的"静"，是指以一种平和的心态去应对这段留学生活。毋庸置疑，每位留学生在适应留学环境时，都会有紧张和焦虑，这是正常现象，适当的焦虑程度有时会提升学习的效率。重要的是，要学会建立起强有力的"安全感"，来达到"心静"的目的。安全感是所有亲密关系的核心功能。正因为爸爸妈妈在身边，小孩子才能心安理得地、痛痛快快地玩玩具；正因为有学校老师的鼎力支持，学生们才能奋笔疾书，刻苦学习；也正因为有朋友们的拔刀相助，我们才能心无旁骛地去做自己的事业。

9 留学生心理支持网络建设

9.1 开展心理测评预警

心理测量是通过科学、客观、标准的测量手段对人的特质（trait）进行测量、分析和评价的一种方法。它是根据一定法则（心理学的理论和方法）对人的行为用数字加以确定的方法。通俗地说，心理测验就是通过观察人的少数有代表性的行为，对于贯穿在人的行为活动中的心理特征，依据确定的原则进行推论和量化分析的一种科学手段。

留学生通过心理测评可以了解自身的心理健康状况，同时可以根据测试结果对个体的心理症状进行评估和预警。比如，通过下面的抑郁自评量表，可以大致评估下自己最近一段时间的心理健康状况，如果得分比较高，则说明可能存在一些抑郁症状，需要及时进行调节。

抑郁自评量表（SDS）

指导语：下面有 20 道条目，描述的都是日常生活中人们体验到的感觉。请仔细阅读每一条，把意思弄明白。然后根据您最近一个星期的实际感觉，在适当的方格里画√。每一条文字后有 4 个方格，分别表示没有或很少时间，小部分时间，相当多时间，绝大部分或全部时间。

	没有或很少时间	小部分时间	相当多时间	绝大部分或全部时间
1. 我觉得闷闷不乐，情绪低沉	1	2	3	4
2. 我觉得一天之中早晨最好	4	3	2	1
3. 我会一阵阵哭出来或是想哭	1	2	3	4
4. 我晚上睡眠不好	1	2	3	4
5. 我吃得和平常一样多	4	3	2	1
6. 我与异性接触时和以往一样感到愉快	4	3	2	1
7. 我发觉我的体重在下降	1	2	3	4
8. 我有便秘的苦恼	1	2	3	4
9. 我心跳比平常快	1	2	3	4
10. 我无缘无故地感到疲乏	1	2	3	4
11. 我的头脑和平时一样清楚	4	3	2	1
12. 我觉得经常做的事情并没有困难	4	3	2	1
13. 我觉得不安而平静不下来	1	2	3	4
14. 我对将来抱有希望	4	3	2	1
15. 我比平常容易生气激动	1	2	3	4
16. 我觉得作出决定是容易的	4	3	2	1
17. 我觉得自己是个有用的人，有人需要我	4	3	2	1
18. 我的生活过得很有意思	4	3	2	1
19. 我认为如果我死了别人会生活得更好	1	2	3	4
20. 平常感兴趣的事我仍然照样感兴趣	4	3	2	1

该量表目前广泛应用于个体抑郁症状的评定和粗筛，共 20 个项目，分为 4 级评分。

SDS 的计分方式如下：总粗分（20 项合计）正常上限为 41 分，分值越低则状态越好。总粗分×1.25＝标准分，当标准分大于等于 50 分，表示有明显的抑郁症状。但是要记住的是，抑郁症状并不等于抑郁症！

类似的心理测评量表还有很多，有测试人格特质的，也有测试动机、兴趣等方面的，还有很多探测个体心理健康状况的量表。这对于了解自身心理状态有帮助。留学生通过测评，可以根据测评数据和结果，及时建立起心理健康的预警系统。

9.2 普及心理健康知识

在国外留学，留学生不仅要维护自身的心理健康，还必须在留学生群体中间，宣传和普及心理健康方面的知识。

在异文化适应过程中，难免会遇到各种各样的困难和痛苦，自我心理调适是应对困难和痛苦的相当重要的一种手段和途径。而掌握这些基本的原理和方法，是留学生们应该选修的一门必修课！

但是，在网络空间，充斥着形形色色的伪心理学知识，所谓"江湖心理学"利用商业炒作模式，大行其道，严重混淆了科学心理学的知识传播。正因为如此，"北京大学-清华大学出国人员心理健康支持项目组"在教育部留学服务中心的指导下，组织一批心理专家，录制了一系列心理辅导视频，面向留学生们，详细讲解心理健康、人际交往、情绪控制、时间管理等方面的知识，以及一些自我心理调适的方法，在教育部平安留学网站上，可以免费学习。

9.3 寻求心理支持

在海外留学，遇到各种压力源，导致心理症状出现的时候，首先应该学会的是自我心理调适。但万一自己不能很好地进行自我调节，问题一直不能解决的时候，主动地、有意识地寻求外界的帮助，就成为应对留学心理压力的重要手段！

9.3.1 父母是心理支持体系的核心和基石

寻求外部心理支持，其实是要求留学人员建立起两个相互关联的圈子。一是自己的个人朋友圈。这部分包括你的父母、亲戚、朋友、同学、老师等，以及身边能够给你提供切实帮助的他人。这个朋友圈是个体的核心社会支持来源，也是最坚强的安全感的来源。尤其是父母，任何时候都是个体的坚强后盾，是你最重要的安全港湾！当你苦闷的时候、痛苦的时候、悲伤的时候，父母都是你最忠实的倾听者。也正因为如此，电信诈骗犯罪分子通用的手段，也是首先破坏你跟父母的联系，告诉你"这件事情千万不要让你爸妈知道，否则他们也会牵扯到这起严重的刑事案件中……"犯罪分子正是在破坏了你跟父母的这种牢固的安全感连接之后，才进行恐吓、威逼、引诱汇款、实施诈骗的。因此，无论任何时候，都要及时与父母保持联系，不要"报喜不报忧"，把自己的真实情况跟父母聊聊，是得到安慰，恢复心理能量的重要途径。

我们尤其要强调父母在留学生的心理支持体系中的核心和基石作用。有人说，如果把孩子看成是马拉松比赛的运动员，家长就是陪跑者、啦啦队员、补给保障队员，甚至是教练。实际上心理学家认为，在这个漫长的陪伴过程中，家长的主要功能是给孩子提供一个让孩子能够静下心来，探索外部世界的安全基地。其实，亲密关系就是这样一种神奇的存在，它仿佛是大自然的某种神奇力量，像风、力、电一样，虽然无法用肉眼可见，但你却能深深感受到它的存在，将孩子和父母紧密联结起来，在彼此间产生强大的相互作用。甚至随着时间推移，可以从其中一个人的身上辨识出另一个人的影响。

把孩子送到国外去留学，很多家长认为这已经是完成了人生中最重大的一件事情，总算把风筝放到空中，自己可以解脱了。但是要知道在漫长的留学生涯中，家长与作为留学生的孩子进行良好的沟通，是孩子前行的强心剂。毫无疑问，来自父母的鼓励与支持，是别人无法替代的。身为留学生，既要完成不同于国内的大量的学习任务，又要应付一场接一场的发表、作业和考试。这时，父母一个简单的问候，让孩子感受到良好的家庭氛围就显得格外重要。其实，在留学期间，留学生和父母之间的交流都是碎片化、不定期的，不经意的。也许视频时一个眼神，一句简单的问答，敏感的父母都能感受到孩子情绪的变化。如果孩子愿意聊一些学习和生活中的事情，父母要认真地倾听，并给出自己的看法，但最好结束时要加上一句："这是爸妈的建议，仅供你参考哦。"

如果孩子愿意跟父母分享自己的事情，不用你问，他也会在第一时间告诉你每天生活中的点点滴滴，如果孩子不愿意与你分享，多问也无益，反而会增加他的心理压力。要知道父母对孩子的期望越高，他的压力越大，就越害怕失败。他们会产生"我如果在留学期间，出不了好成绩，拿不到学位，就很对不起父母""我一定不能失败"等担忧，在学业不理想或者适应不良时，他们便会陷入自我怀疑、自我否定，从而影响正常的学习和生活。

良好的沟通方式，会对孩子产生明显的激励作用，同时，要给予孩子更多的积极暗示，比如"看起来，你这几个月的效率不错哦，比刚去的时候好多了""这段时间的节奏很好，按照这个坚持住啊""你今天看起来比昨天精神了啊"……对孩子在一些生活中看起来微不足道的小事上取得的细小的进步，进行提醒和赞赏，一方面可以让孩子感受到来自父母的全心全意的爱，另一方面也能从中得到鼓舞，增加自信。

在留学生成长的过程中，与孩子进行良好的沟通，是孩子前行的指南针。有些父母喜欢替孩子包办事务，每天吃什么穿什么，都要亲自做主。但是，留学生出门在外，远隔千里，父母一定会觉得鞭长莫及。另一方面，父母与孩子毕竟扮演着不同的角色，父母的选择只代表他们的主观判断，并不一定有很强的建设性和指导性。并且留学生毕竟是以学业为主，他们可能长时间进行单调枯燥的学习，本来就沉浸在压抑的心理状态下，如果再加上父母严格管制，很容易产生逆反情绪。

其实，在漫长的留学生成长的过程中，作为安全基地的父母的作用更像是指南针，给孩子提供一种导向和引领的作用。这个时候的沟通，可以采用 GROW 策略。也就是要给孩子设置一些目标（Goal），分析目前的现实情况（Reality），并提供一些行动选项（Option），最终激发他们的意愿（Will）。譬如孩子问"我这学期的期末考试，如果考不好怎么办？"对这个问题，父母要给孩子设定合理的目标（"嘿，你把目标设定成了要全A啦？其实，能得到B的成绩也相当不错了，爸妈也会很高兴呢"），同时，也要分析孩子目前的现实情况（"你感兴趣的专业，好好学习就行啊"），更重要的是提供一些可行的方案给孩子选择（"你可以抽空跟你的导师聊聊啊，看看有哪些不会的地方，让他推荐书籍或者找人教教你"），并给予孩子足够的激励（"踏踏实实学习就行，一定能够顺利毕业，平平安安地回来，报效祖国！"）。

当然，并不是所有的家长都能给孩子当教练的。但掌握这种沟通技巧，引导孩子把精力放到适应留学环境和学业上去，是完全可以做到的。

在漫长的留学生成长的过程中，与孩子进行良好的沟通，是孩子前行的稳定器。亲密关系的核心功能是提供安全基地。从亲子关系来看，安全基地指孩子认为依恋对象有可依赖性和响应的能力，这样孩子在探索世界和学习时就会感到自由和安全。安全基地使人忘记恐惧，这是一种极其宝贵的心理资源和内在状态。安全基地就像是当船出海前，相信遇到威胁时能有小岛依靠的信念。

留学生正处在青春探索欲望强烈的时期，往往对世界充满好奇，喜欢探索未知的世界。但是在他们认识世界、走向社会的过程中，难免会遇到挫折，他们原有的价值观也难免会受到冲击。而个体在感到威胁，需要求助时就会使用安全基地策略。我们经常耳闻的青少年忧郁症频发、自杀现象屡见不鲜，细究起来，都可以看到这些心理现象背后，是安全基地的缺失。父母的这种安全基地功能，就像一个稳定器，让孩子处在一种宁静平和的状态之中。遇到紧急情况也会有条不紊地进行处理。当孩子在留学期间遇到一些意外事件，比如第一学期的考试发挥不理想，跟室友的关系有点紧张等突发情况，这时父母首先要稳定住自己的情绪，不要责怪、斥责孩子，要及时给予孩子安慰："没关系的，你其实做得已经很棒了"，毕竟情绪是可以相互传递的，无论碰到多么艰难的情况，只要父母放松心态，孩子也会以平和的心态投入到紧张的学习生活中，学习才能渐入佳境。

父母高质量的陪伴，才是孩子能够在留学期间安心学习，努力适应环境的基础。即使是在重大事件发生期间，比如毕业论文撰写时，父母也只需要如往常一样生活和工作，无需过多打扰孩子，无需频繁地询问孩子适应得如何……抓住孩子的一个眼神，一个动作，一句漫不经心的抱怨，就能知道孩子想要什么，及时给他支持，孩子的安全基地就已经建立起来啦。目送着孩子们不断成长，乘风破浪，向着梦想彼岸远航，父母可以通过良好的沟通，和孩子共同经历困难、挫折，相互支撑，是一定能顺利抵达目的地的。

9.3.2 祖国是你坚强的后盾

寻求心理支持的另一个途径是扩大自己的社会圈子。调查发现，留学生的交往圈子通常比较狭窄，交往对象往往还是以内地出去的留学生为主。其实，多跟留学所在国的同学进行交往，了解他们关心的热点新闻，熟悉他们的日常生活，才是尽快融入留学环境的捷径。在你居住的社区，会有一些团体机构为留学生提供相应的服务。在学校里，有很多为留学生提供服务的机构，比如在国外的大学里，也有很多类似国内学生心理咨询中心的机构，或者是留学生中心等，这些机构的老师也是大家重要的社会支持来源。一些专职的心理咨询师也能提供非常专业的心理咨询服务。

当然，留学生所在的学校里，一定也有中国留学生自己的组织。比如一般国外的大学里，都会有类似中国留学生联谊会、学友会、中国留学生会等机构，也能够为你提供相关的帮助渠道和资源。

更重要的是，每位中国留学生后面，都有一个强大的祖国，"使馆是你的家，祖国在你身边"，不仅仅是一句口号，而是能够实实在在给你提供贴心服务的坚强后盾。

9.4 利用个性化咨询服务

在留学阶段，尽快适应留学的异文化环境，保持良好的身心健康状态，提高学习效率，需要有过硬的心理调适能力。如果在这些过程中，遇到严重的问题，就需要进行专业的辅导和咨询，借助于专家的外部资源，来帮助出国人员进行有效的心理调节，形成积极心态，真正能够做到成功留学。为了系统地为出国留学人员提供支持，"北京大学-清华大学出国人员心理健康支持项目组"在教育部留学服务中心的指导下，组织一批心理专家，专门为海外留学生提供个性化心理咨询服务，并提出了"测评为桦、追踪为卯、服务为锚、咨询为锭"的工作模式。

留学生适应当地的文化环境，是一个需要学习和努力调整自我的过程。因此，留学生遇到各种困难和问题时，还可以通过网络，寻求国内心理学专家的指导。他们可以针对留学生面临的具体困难和问题，为其提供有益的建议，引导留学生主动进行心理干预，帮助留学生缓解留学的心理压力，尽快适应留学生活。